Physica-Schriften zur Betriebswirtschaft

Markus Funk

Industrielle Energieversorgung als betriebswirtschaftliches Planungsproblem

Mit 37 Abbildungen

Physica-Verlag Heidelberg

Dr. Markus Funk
Bennstraße 19c
D-6705 Deidesheim

ISBN-13: 978-3-7908-0520-8 e-ISBN-13: 978-3-642-99759-4
DOI: 10.1007/978-3-642-99759-4

CIP-Titelaufnahme der Deutschen Bibliothek

Funk, Markus:
Industrielle Energieversorgung als betriebswirtschaftliches
Planungsproblem / Markus Funk. - Heidelberg: Physica-Verl.,
1990
(Physica-Schriften zur Betriebswirtschaft; Bd. 32)
ISBN-13: 978-3-7908-0520-8
NE: GT

7120/7130-543210

Vorwort

Die vorliegende Arbeit befaßt sich mit der wirtschaftlichen Bereitstellung von Nutzenergien (Wärme, Kraft, Licht) in Industriebetrieben. Zu den Aufgaben des betrieblichen Energiemanagements zählen die Konfiguration und die Steuerung von Industriekraftwerken, die Auswahl und Gestaltung von Strombezugsverträgen, die Ermittlung innerbetrieblicher Energieverrechnungspreise und die Abstimmung der Energieversorgung mit der Fertigung.

Die betriebswirtschaftliche Analyse dieser und anderer Planungsprobleme einer industriellen Energiewirtschaft erfolgt unter Berücksichtigung der jeweils entscheidungsrelevanten rechtlichen, ökologischen und technischen Rahmenbedingungen. Hierzu werden Planungsbausteine entwickelt, die sich zum Aufbau modell- und EDV-gestützter Wirtschaftlichkeitsanalysen im betrieblichen Einzelfall systematisch kombinieren lassen.

Praxisnahe Betriebsmodelle erläutern konkret die Anwendung moderner Planungsmethoden zur wirtschaftlichen Optimierung einer industriellen Energieversorgung. Dabei finden die EDV-technische Realisierbarkeit und die Verfügbarkeit der Daten ebenso Beachtung wie die Planungskosten.

Die numerische Lösung der Zahlenbeispiele läßt sich auf Mikrocomputern unter weitgehender Verwendung von Standardsoftware nachvollziehen. Sensitivitätsanalysen erlauben die einzelwirtschaftliche Überprüfung vieler in der Öffentlichkeit und in der Fachwelt umstrittener Thesen - z.B. zu energiewirtschaftlich und umweltpolitisch "sinnvollen" Industriestrompreisen.

Allen Personen, die den Entwurf der Arbeit unterstützten, spreche ich hiermit meinen herzlichen Dank aus. Herr Prof. Dr. Werner Dinkelbach regte die Themenstellung an und förderte die Untersuchung sowohl fachlich wie auch organisatorisch durch die ausgezeichneten Arbeitsbedingungen an dem von ihm geführten Lehrstuhl für Allgemeine Betriebswirtschaftslehre, insbesondere Unternehmensforschung, an der Universität des Saarlandes. Für die Übernahme des Korreferats danke ich Herrn Prof. Dr. Horst Glaser.

Die Gespräche mit meiner Kollegin Frau Dipl.-Kfm. Andrea Piro sowie mit meinen Kollegen - Herrn Dipl.-Kfm. Ralf Regnitter, Herrn Dipl.-Inform. Bernd Serf und Herrn Dr. Fritz Wengler - trugen zur Klärung offener Fragen bei. Die Mitarbeiter der Abteilung Rohstoffe und Energie/Controlling der BASF AG in Ludwigshafen/Rhein - die Herren Diplom-Ingenieure Fritz Finkbeiner, Rolf Dähne, Elmar Didion, Axel Moritz und insbesondere Konrad Schiller - halfen mir bei der Generierung praxisnaher Beispieldaten und prüften die technische Konsistenz der entwickelten Betriebsmodelle.

Deidesheim, im Mai 1990 Markus Funk

Gliederung

Seite

1. Einführung

1.1. Problemstellung 1
1.2. Industrielle Energiewirtschaft in der Literatur . 4
1.3. Ein deskriptives Grundmodell 13
1.4. Inhaltlicher Aufbau 31
1.5. Methodischer Aufbau 36

2. Produktionstechnische Grundlagen

2.1. Elementare Energieumwandlungsprozesse 41
2.2. Dampfkessel 43
2.2.1. Funktionsprinzip 43
2.2.2. Technische Varianten 47
2.2.3. Einsatzstoffe 49
2.2.4. Umwandlungsprodukte 56
2.3. Dampfturbine 62
2.3.1. Funktionsprinzip 62
2.3.2. Dampfentspannung 63
2.3.3. Kondensator 70
2.3.4. Technische Varianten 73
2.4. Generator 78
2.5. Dampferzeugungsprozeß und Dampfkraftprozeß 81
2.6. Kraft-Wärme-Kopplung (KWK) 89
2.6.1. KWK bei starrer Kuppelproduktion 89
2.6.2. KWK bei variabler Kuppelproduktion 100
2.6.3. KWK-Varianten und Industriekraftwerke 106

3. Elektrizitätswirtschaftliche Grundlagen

3.1. Einführung 111
3.2. Die Planung der Energieversorgungsunternehmen ... 113
3.3. Grundformen der Preisdifferenzierung 128
3.4. Die Strompreiskalkulation in der Elektrizitätswirtschaft 136

Seite

4. Der Fremdbezug elektrischer Energie

4.1. Einführung 154
4.2. Ein Betriebsmodell zur Planung des Strombezugs .. 157
4.3. Produktions- und Absatzplanung bei einem linearen Stromtarif 164
4.4. Produktions- und Absatzplanung mit einem durchschnittlichen Strompreis 179
4.5. Auswahl eines Sonderabnehmervertrags 189
4.6. Produktions- und Absatzplanung mit differenzierten Strompreisen 208
4.7. Pragmatische Ansätze zur Planung des Strombezugs 231

5. Die Eigenerzeugung elektrischer Energie

5.1. Einführung 254
5.2. Der Stoff- und Energiefluß in einem Industriekraftwerk 257
5.3. Die variablen Kosten einer betrieblichen Energieversorgung 274
5.4. Produktionsvollzugsplanung 288
5.5. Produktions- und Investitionsplanung 300
5.6. Weitere Möglichkeiten einer modellgestützten Planung 321

6. Zusammenfassung **331**

Abbildungsverzeichnis 342

Tabellenverzeichnis 343

Literaturverzeichnis 345

1. Einführung

1.1. Problemstellung

Die öffentliche und private Bereitstellung verschiedener Nutzenergiearten (Wärme, Kraft, Licht) ist mit vielfältigen technischen, juristischen, ökonomischen, politischen und ökologischen Fragestellungen verbunden. Während über die dreifache Zielsetzung einer wirtschaftlichen, sicheren und umweltverträglichen Energieversorgung ein breiter gesellschaftlicher Konsens herrscht, fällt die Bewertung energiepolitischer, energietechnischer und energiewirtschaftlicher Entscheidungen zur Realisierung dieser Ziele infolge der unterschiedlichen Präferenzen der einzelnen Interessengruppen kontrovers aus.

Beispielhaft werden die Stichpunkte Wiederaufarbeitung von Kernbrennstoffen, Subventionierung inländischer Steinkohle, Emissionsbegrenzung, erneuerbare Energien, Energiesteuern und Stromtarife genannt. Die Begrenztheit der fossilen Primärenergievorräte (Erdöl, Erdgas, Kohle), die Umwelteinflüsse ihrer Verbrennung in großen Mengen und der finanzielle und zeitliche Aufwand zur Entwicklung neuer Umwandlungstechnologien skizzieren ein Problemfeld, das umfassend nur langfristig und in einem weltwirtschaftlichen Rahmen zu sehen ist.[1]

Die Bereitstellung der Nutzenergien ist Voraussetzung menschlichen Lebens und menschlicher Zivilisation; sie ist notwendig zur Realisierung industrieller Produktion. Die gesamte Nutzenergienachfrage einer Volkswirtschaft resultiert aus den Konsum- und Investitionsentscheidungen aller Wirtschaftssubjekte. Die Bereitstellung (Erzeugung) der Nutzenergien erfolgt mit Hilfe spezieller Technologien durch verschiedene, mit Verlusten verbundene Umwandlungen der Primärenergien.[2]

Die Technologien zur Nutzenergieerzeugung und zum Nutzenergietransport werden in einem Oberbegriff als *Energieversorgungssysteme* bezeichnet.[3] Beim Aufbau und beim Betrieb von Energieversorgungssystemen entstehen Auswahlprobleme bezüglich der einzusetzenden Potential- und Verbrauchsfaktoren. Diese Produktionsfaktoren sind knapp im Sinne der Definition

[1] Zu allgemeinen energiewirtschaftlichen Zusammenhängen vgl. CAP [1981], BISCHOFF/GERLT [1981] und KAPLAN [1983].

[2] Zur Definition energiewirtschaftlicher Grundbegriffe siehe EBERSBACH/SCHAEFER [1980], S.10-16, HILDEBRAND [1975], S.16-31, JÜTTEMANN [1983], S.5-7, SCHAEFER [1980a], S.334-337, VDEW [1978].

[3] Eine nähere Spezifizierung erfolgt in Kapitel 2.

eines Wirtschaftsgutes.[4] Die Gestaltung von Energieversorgungssystemen ist deshalb u.a. ein ökonomisches Problem.

Infolge der universellen Energieanwendung sind Entscheidungen über den Aufbau und den Betrieb von Energieversorgungssystemen auf alle gesellschaftlichen Gruppen verteilt. Die Gesetzgebung des Staates setzt dabei den zulässigen Handlungsrahmen für alle Entscheidungsträger: Im wesentlichen sind dies die Unternehmen, die privaten Haushalte und die Institutionen und Betriebe des Staates selbst.

So entscheiden etwa private Haushalte durch die Auswahl einer Heizungstechnologie über den Aufbau einer Wärmeversorgung und über den Einsatz eines oder mehrerer Energieträger. Darüber hinaus beeinflußt die Art und die Menge der von den Haushalten konsumierten Verbrauchs- und Gebrauchsgüter die Struktur der Energieversorgung und den Energieverbrauch bei den Produzenten dieser Güter.

In einem produzierenden Unternehmen wird der Nutzenergiebedarf primär durch das betriebliche Produktions- und Absatzprogramm sowie durch die Produktionstechnologie bestimmt. Die vorliegende Arbeit untersucht die *Energieversorgung* von Unternehmen, speziell von *Industriebetrieben* mit einer materiellen Produktion, aus *einzelwirtschaftlicher* Sicht.

Im Mittelpunkt der Betrachtung stehen dabei *betriebswirtschaftliche* Planungsprobleme von wettbewerbsorientierten Unternehmen, die Energie als einen wesentlichen *Produktionsfaktor*[5] in industriellen Fertigungsprozessen einsetzen. Der vom Staat gesetzte Handlungsrahmen wird als vorgegeben und nicht gestaltbar angenommen.

Da in jeder materiellen Produktion an vielen Stellen Nutzenergie benötigt wird,[6] ist eine energiespezifische Wirtschaftlichkeitsanalyse grundsätzlich für jeden Betrieb interessant. Zum Teil werden jedoch Versorgungskonzepte und Planungstechniken behandelt, deren Kosten nur bei einem hohen betrieblichen Energiebedarf tragbar sind. Dies gilt insbesondere für den Aufbau einer betriebseigenen Stromerzeugung.

[4] Vgl. etwa WOLL [1984], S.49-53; zum Produktionsfaktor Energie in der Volkswirtschaftslehre siehe auch KRETSCHMER/STOY [1987], S.815-816.

[5] Zum Produktionsfaktor Energie in der Betriebswirtschaftslehre vgl. BÖTTGES [1984], S.25, DINKELBACH [1983], S.10-15., FÖRSTER [1973] und LAYER/STREBEL [1984], S.640-641.

[6] "Kein Produktionsprozeß wäre möglich, wenn nicht beim Einsatz der Produktionsfaktoren die Energie als treibende Kraft in vielfältiger Form wirken würde; ...Faktoreinsatz und Energieeinsatz sind untrennbar miteinander verbunden." (NÜRCK [1961], S.286/287).

In Teilen der Arbeit wird deshalb zusätzlich eine *energieintensive Fertigung* unterstellt. Eine solche Fertigung zeichnet sich durch einen relativ großen Anteil der Energiekosten an den Herstellkosten der erzeugten Produkte aus.[7] Dies trifft insbesondere für Unternehmen zu, die sowohl elektrische Energie wie auch Wärmeenergie (Prozeßwärme) in nennenswertem Umfang für eine industrielle Produktion benötigen.

Ausgangspunkt der Untersuchung ist die Frage, ob - und gegebenenfalls wie - ökonomisch relevante Entscheidungen in einer industriellen Energiewirtschaft mit betriebswirtschaftlichen Planungsverfahren vorbereitet werden können. In einer ersten Abgrenzung wird die *Struktur* betriebswirtschaftlicher Entscheidungsprobleme untersucht, die bei der *Gestaltung* und beim *Betrieb* einer industriellen Energie*versorgung* auftreten.

Mit Bezug auf die *Gestaltung*[8] einer Energieversorgung wird auf den Bau betriebseigener Kraftwerke und auf den Abschluß von Bezugsverträgen mit Energieversorgungsunternehmen und Brennstofflieferanten hingewiesen. Bei einem gegebenen Energieversorgungssystem ist zu entscheiden, wie dessen *Betrieb*[9] mit den Fertigungsstellen abzustimmen ist, d.h., welche Bezugsmöglichkeiten und welche Eigenanlagen mit welchen Einsatzstoffen wann und wie zur Deckung des Nutzenergiebedarfs beitragen.

Der Text ist in 6 Kapitel gegliedert, deren Inhalt in Abschnitt 1.4 erläutert wird. In den weiteren Abschnitten dieses einführenden Kapitels erfolgt zunächst schrittweise eine genauere Themenabgrenzung. Abschnitt 1.2 beginnt mit einer Einordnung der Arbeit anhand einer Literaturübersicht zur industriellen Energiewirtschaft.

[7] Dieser Energiekostenanteil kann - beispielsweise bei der Chlor-Elektrolyse - bis zu 50 % betragen. Aber auch Fertigungsprozesse mit einem Energiekostenanteil von 10 % werden als energieintensiv bezeichnet. Weitere Beispiele findet man bei BÖKE/HERZWURM [1983] oder bei KÖNIG u.a. [1984]. Neben der Art der Fertigungsprozesse spielt die *Betriebsgröße* eine Rolle. In Großbetrieben rechtfertigt bereits der Grundbedarf an Nutzenergie (Heizung, Beleuchtung etc.) die Organisation einer betrieblichen Energiewirtschaft.

[8] ... mittel- bis langfristige Planung, Investitionsplanung;

[9] ... mittel- bis kurzfristige Planung, Produktionsplanung;

1.2. Industrielle Energiewirtschaft in der Literatur

Die Aufgabe einer *industriellen Energiewirtschaft* besteht in einer systematischen Analyse aller betriebswirtschaftlich relevanten Planungs- und Kontrollprobleme, die mit dem Einsatz des Produktionsfaktors Energie in einem Industriebetrieb verbunden sind. In diesem Abschnitt wird die gewählte Themenstellung unter Bezugnahme auf die Literatur abgegrenzt.

Eine spezialisierte Analyse der industriellen Energiewirtschaft ist kein traditionelles Themengebiet der Betriebswirtschaftslehre. Lediglich in der Produktions- und Kostentheorie sind Energieverbrauchsfunktionen[10] ein Schulbeispiel zur Erläuterung intensitätsmäßiger Anpassungsprozesse.

Nach einem Hinweis auf zwei ältere Arbeiten zu diesem Thema[11] stellt Dinkelbach noch 1983 fest: "... in neueren Veröffentlichungen zur Allgemeinen Betriebswirtschaftslehre ... wird das Thema Energie höchstens beiläufig oder nur in dem bekannten Zusammenhang mit der intensitätsmäßigen Anpassung aufgegriffen".[12]

Die *intensitätsmäßige Anpassung* ist zugleich ein *Grund* für diese Zurückhaltung der Betriebswirtschaftslehre. Im weiteren Text wird deutlich, daß eine Berücksichtigung der Nutzenergien elektrische Energie und Prozeßwärme in einem betriebswirtschaftlichen Planungsmodell wegen der *Nichtlagerbarkeit* dieser Energien gerade zu einer Modellstruktur führt, die eine intensitätsmäßige Anpassung *ohne* Splitting abbildet.

Dieser Prozeßtyp kommt in einer industriellen Fertigung derart selten vor, daß z.B. Kilger auf eine nähere Untersuchung dieser Anpassungsform im Rahmen einer Produktions- und Absatzplanung verzichtet.[13] Darüber hinaus ist dieser Prozeßtyp mit den meisten betriebswirtschaftlichen Planungsverfahren nicht oder nur mit einem großem Aufwand kompatibel.

Ein weiterer Grund für die mangelnde Berücksichtigung energiespezifischer Probleme in der Betriebswirtschaftslehre mag der ausgeprägte technische Charakter vieler Planungsprobleme darstellen. In der Tat gibt es einige, für Nichttechniker nicht gerade leicht verständliche, thermodynamische Zusammenhänge, die auch in betriebswirtschaftlichen Untersuchungen zu beachten sind. Einige beachtenswerte Arbeiten zur industriellen

[10] Zum Begriff der Verbrauchsfunktion vgl. GUTENBERG [1983], S.327 und Kapitel 2.

[11] GÄLWEILER [1960] und SCHENKEL [1961];

[12] DINKELBACH [1983], S.1-2;

[13] Vgl. KILGER [1973], S.271.

Energiewirtschaft[14] stammen deshalb ebenso wie Zeitschriftenartikel[15] und Sammelbände[16] zu diesem Thema vorwiegend aus dem technischen Bereich.

Lediglich die Kostenrechnung hat einige energiespezifische Probleme frühzeitig aufgegriffen.[17] Ansonsten wird die energiebezogene Untersuchung selbst traditioneller betriebswirtschaftlicher Themen wie etwa die Ermittlung innerbetrieblicher Verrechnungspreise bei Kuppelproduktion,[18] die Minimierung von Beschaffungskosten[19] oder die Gestaltung einer Investitionsrechnung[20] fast ausschließlich in der technischen Literatur behandelt, bevorzugt in technischen Fachzeitschriften.

Ökonomische Analysen im Rahmen einer industriellen Energiewirtschaft sind dennoch kein Untersuchungsgegenstand der Ingenieur*wissenschaften*. Viele Veröffentlichungen stammen daher von Praktikern bzw. von Vereinen und Verbänden[21]. Einige ausgewählte, technisch orientierte Beiträge mit betriebswirtschaftlichem Bezug werden in das Literaturverzeichnis aufgenommen, um dies zu dokumentieren.[22]

14 GOFMANN/GOSPITALNIK [1958], LANG [1961], HUGEL/SCHMITZ [1977], MOOG [1983], RIESNER/SIEBER [1985], SCHMIDT/BECKERS [1957], SZARGUT/ZIEBIK [1976];

15 Z.B. EBERSBACH [1969], EBERSBACH/RUDOLPH [1975], KÖNIG [1978], MAIER [1977] und [1979], QUACK/QUACK [1949];

16 Vgl. DEPARADE [1977], HUGEL/SCHMITZ [1977], STEINMETZ [1977].

17 Vgl. KILGER [1958b] und HOITSCH [1974].

18 Vgl. die bei ZSCHERLICH [1971] und bei PILLER/RUDOLPH [1984] angegebene Literatur, sowie die Literaturhinweise in Kapitel 5.

19 Vgl. FLAD [1977], VETTERMANN [1965] und Kapitel 4.

20 Vgl. LÖFFEL [1977], SCHÜLLER [1985] und Kapitel 5.

21 In der Bundesrepublik Deutschland gibt es eine Vielzahl von Interessensverbänden, deren Stellungnahmen und Veröffentlichungen direkten oder indirekten Bezug zur industriellen Energiewirtschaft aufweisen, z.B. der BDI (Bundesverband der Deutschen Industrie e.V.), der BGV (Bundesverband der deutschen Gas- und Wasserwirtschaft e.V.), der VDI (Verein Deutscher Ingenieure e.V.), der VEA (Bundesverband der Energieabnehmer e.V.), die VDEW (Vereinigung Deutscher Elektrizitätswerke e.V.), der VDMA (Verband Deutscher Maschinen- und Anlagenbau e.V.), die VIK (Vereinigung Industrielle Kraftwirtschaft e.V.).

22 Umgekehrt können kaufmännisch interessierte Techniker betriebswirtschaftliche Standardliteratur finden, die in der Energiewirtschaft auftretende, ökonomische Fragen in allgemeiner Form behandelt. Auf spezielle betriebswirtschaftliche Arbeiten zu Energiefragen wird jeweils an geeigneter Stelle hingewiesen.

Forderungen nach einer vertieften ökonomischen Analyse der betrieblichen Energiewirtschaft wurden insbesondere infolge der sog. Energiekrisen in den siebziger Jahren laut. Bis dahin galt die Energieversorgung oft als ein kapitalintensiver, wegen seiner Betriebsnotwendigkeit zu tolerierender Hilfs- und Nebenbetrieb. Erst aufkeimende Versorgungsrisiken, steigende Brennstoff- und Umweltschutzkosten sowie Forderungen nach einer energiesparenden und umweltfreundlichen Gestaltung sowohl der Produkte als auch der Fertigungsverfahren stellten ökonomische Analysen vor allem in der betrieblichen Praxis stärker in den Mittelpunkt.[23]

Seither werden auch in der Betriebswirtschaftslehre Vorschläge zum Aufbau einer betrieblichen Energiewirtschaft diskutiert[24]. So versucht etwa Dinkelbach, "... den Faktor Energie betriebswirtschaftlich zu problematisieren und Ansätze für eine 'betriebswirtschaftliche Energielehre' aufzuzeigen".[25] Neuere Veröffentlichungen greifen diese Ansätze auf und bauen sie aus. An dieser Stelle kann lediglich auf einige Themenschwerpunkte dieser Arbeiten hingewiesen werden.

Eine umfassende Beschreibung möglicher Elemente einer "energieorientierten Unternehmensplanung" vermittelt die Arbeit von Hoffmann[26]. Im Vordergrund stehen dabei Übersichten über die Strategie und die Organisation eines Energiemanagements mit entsprechenden Maßnahmenkatalogen. Ein "systemanalytisches Konzept der Energierationalisierung"[27] schlägt Böttges in Form einer Fallstudie für die Glasindustrie vor.

Die Arbeit von Nosko[28] beschreibt nach einer Einordnung der Energie in ein System betrieblicher Produktionsfaktoren eine Fülle von Einzelmaßnahmen; diese sind stärker technisch und an der betrieblichen Praxis orientiert, als die Vorschläge von Hoffmann. Das Buch von Wolf[29] enthält eine Übersicht über Trendanalysen der industriebetrieblichen Energienutzung und verschiedene Ansätze zum Aufbau einer energiewirtschaftli-

23 "Nicht die Technik, sondern die wirtschaftlichen Rahmenbedingungen entscheiden darüber, wieviele KWK-Anlagen in der Industrie und im Gewerbe neu gebaut werden." (ELSÄSSER/MAIER [1984], S.17);

24 Vgl. dazu BESCHORNER u.a. [1985], JOCHER [1984], LAYER/STREBEL [1984], KERN [1981] und [1984], RÜHLAND [1981], SCHNEIDER [1981].

25 DINKELBACH [1983], S.31;

26 HOFFMANN [1983];

27 BÖTTGES [1984];

28 NOSKO [1986];

29 WOLF [1987];

chen Produktionsvollzugsplanung, insbesondere zur Planung von Abschaltungen beim Bezug leitungsgebundener Energieträger (Strom und Erdgas).

Brettar schlägt eine an der betriebswirtschaftlichen Theorie, insbesondere eine am Aufbau der Unternehmensplanung orientierte, umfassende "Konzeption einer betrieblichen Energiewirtschaft"[30] vor. Diese Arbeit enthält u.a. eine Zusammenfassung der rechtlichen Rahmenbedingungen, eine Input-Output-Analyse betrieblicher Energieströme, einen Portfolioansatz zur strategischen Planung, ein Modell zur Bestimmung optimaler Bestellzeitpunkte für Heizöl und Beispiele zur Kostenstellenrechnung.

Die Arbeit von Püschel gehört thematisch zwar nicht zur industriellen Energiewirtschaft, sie enthält jedoch einen interessanten Vorschlag zur Modellierung zeitabhängiger Energieverbrauchsfunktionen[31]. In einem Ansatz zur simultanen Produktions- und Investitionsplanung wird die "optimale Wärmeversorgungskonfiguration" privater Haushalte untersucht, die aus verschiedenen Wärmepumpen, herkömmlichen Heizsystemen oder Kombinationen davon aufzubauen ist.

Interessanterweise wurde nicht nur in den Wirtschaftswissenschaften ein "energetisches", sondern auch im technischen Bereich ein ökonomisches Defizit festgestellt. Dies führte zur Auflage mehrerer Handbücher[32], die - mit unterschiedlichen Schwerpunkten - neben physikalischen, thermodynamischen, anlagentechnischen, juristischen, volkswirtschaftlichen und betriebswirtschaftlichen Grundlagen[33] viele Vorschläge zur konkreten Umsetzung betrieblicher Energiesparprogramme[34] enthalten.

Solche umfassenden, interdisziplinären Arbeiten mit detaillierten Anleitungen zur personellen, institutionellen, zeitlichen und technischen Organisa-

30 BRETTAR [1988];

31 Die Produktionskoeffizienten (die Wirkungsgrade) von Wärmepumpen hängen u.a. von der Außentemperatur ab, d.h., die Betriebskosten sind abhängig vom Betriebszeitpunkt. Vgl. dazu PÜSCHEL [1984].

32 BOHN [1982], CUBE [1983], KISS u.a. [1980], MOOG [1983], WINJE/HANITSCH [1986];

33 Die Notwendigkeit zu interdisziplinären Analysen ergibt sich aus der Vielschichtigkeit der Energieerzeugung und -verwendung. Um ein anderes, hier nicht weiter behandeltes Beispiel zu nennen, sei auf Querbezüge zur Rechtswissenschaft hingewiesen: vgl. dazu BÜDENBENDER [1982] und EVERS [1983].

34 Formblätter zur Datenerfassung, Maßnahmenkataloge etc.;

tion[35] und Durchführung energetischer Betriebsanalysen wurden international[36] erarbeitet. Die Fülle dieser Vorschläge wird unter dem Begriff *Energiemanagement* zusammengefaßt. Der - immer vorhandene - betriebswirtschaftliche Teil dieser Bücher enthält oft technisch orientierte Fallbeispiele und ist i.d.R. grundlegend und praxisnah aufgebaut.

Insbesondere diese umfangreichen, den ganzen Betrieb und alle Planungsfelder ansprechenden Gesamtdarstellungen verdeutlichen ein Grundproblem der industriellen Energiewirtschaft: Wegen der - bisher zwar vorwiegend technisch untersuchten - allgemein jedoch mehrfach interdisziplinären Problemstellung liegt ein äußerst komplexes Entscheidungsfeld vor, das nur schrittweise untersucht werden kann. Auch der vorliegende Text betrachtet nur einen Ausschnitt davon.

In einer betriebswirtschaftlich-funktionalen Gliederung kann man unterscheiden, ob die *Verwendung* (Energie*anwendung*) oder die *Bereitstellung* verschiedener Nutzenergien (Energie*versorgung*) zur Diskussion steht. Ein wesentliches Element *verwendungs*orientierter energetischer Analysen ist die systematische Planung, Erfassung, Dokumentation und Kontrolle der *Energieströme* durch alle Teile einer industriellen Fertigung.

Hierzu werden neben allgemeinen Anleitungen[37] spezielle Techniken vorgeschlagen wie etwa Checklisten[38], Energiebilanzen[39], Energieflußgraphen[40], Sankey-Diagramme[41], Energie-Kennzahlensysteme[42], Input-Output-Tabellen[43], Netzwerke[44] und thermodynamische Konzepte einer kombinier-

35 Zum Aufgabengebiet eines Energiebeauftragten (Energy Manager) vgl. TAYLOR [1984]; zum Wesen betrieblicher Energiesparkonferenzen (Energy Audits) siehe z.B. LESOURD/CONSONNI [1984] oder REIFF [1984].

36 Im englischen Sprachraum vgl. z.B. BOUSTEAD/HANCOCK [1979], DICK-LARKAM [1979], HENRY u.a. [1980], MURPHY/McKAY [1982], REIS u.a. [1984], TURNER [1982].

37 EBERSBACH [1969], MUELLER [1963], ROUVEL [1967], SCHAEFER [1982b], SCHMIDT-BURR [1981], WEIDNER [1963];

38 KOREK [1981];

39 DECKER [1983], JETTER [1977];

40 BRETTAR [1988], GEHRECKE [1969];

41 EBERSBACH [1986], SCHAEFER [1975] und [1980b], SUTTOR [1971];

42 NOSKO [1986], SCHAEFER [1982a], STREBEL/NOSKO [1984], WIESENACK [1958];

43 DINKELBACH [1983], RECKER/MIEBACH [1980];

44 Dies ist eine sehr anschauliche Technik zur Darstellung von Material- und Energiefluß; vgl. dazu BOUSTEAD/HANCOCK [1979], S.37-87.

ten Stoff- und Energiewirtschaft[45]. Aufgrund des umfangreichen Zahlenmaterials und der komplexen Vernetzung der Energieströme können diese Vorschläge nur mit Hilfe der EDV[46] realisiert werden.

Die Planung und die Kontrolle der *Energiekosten* (bewerteter Energiefluß) sind Aufgaben der Kostenrechnung. Ausgewählte energiespezifische Themen werden in Standardwerken zur Kostenrechnung besprochen.[47] Eine geschlossene Darstellung eines EDV-gestützten betrieblichen Energiecontrolling ist noch nicht bekannt.[48] Auch die vorliegende Arbeit geht auf dieses Thema nicht ein. Einige kostenrechnerische Teilprobleme - etwa die Ermittlung von Energieverrechnungspreisen - werden jedoch behandelt.

Im Mittelpunkt der Untersuchung stehen die Fragen einer *wirtschaftlichen* Planung des Aufbaus und des Betriebs einer betrieblichen Energieversorgung. Auf breit angelegte *technische* Arbeiten zu diesem Thema wurde hingewiesen. Literaturhinweise zu - ökonomisch relevanten - technischen Einzelfragen werden im weiteren Text an geeigneter Stelle eingefügt.

In der *betriebswirtschaftlichen* Literatur sind Arbeiten zum Thema Investitions- und Produktionsplanung einer industriellen Energie*versorgung* kaum bekannt. Eine Ausnahme bildet eine Sammlung von Fallstudien zur optimalen Lastverteilung in Industriekraftwerken.[49] Diese Arbeiten demonstrieren die Anwendung der dynamischen und der linearen Programmierung für die Produktionsvollzugsplanung in einem Industriekraftwerk.

45 SCHARMER [1984] und [1987];

46 Neben den stark verdichtenden und selten um energiewirtschaftliche Aspekte ergänzten Programmen zur Finanzbuchhaltung und Kostenrechnung ist kaum betriebswirtschaftliche Planungs- und Controllingsoftware zur Energiedatenerfassung und -aufbereitung bekannt; einige mögliche Elemente diskutieren LEWANDOWSKI [1981], GEHRECKE [1969], SCHMIDT-BURR [1981]. Theoretische Ansätze zur Erfassung des Mengenflusses findet man bei ZSCHOCKE [1974].

47 Z.B. Verrechnung von Energiekosten als Sondereinzelkosten der Fertigung, Planung und Kontrolle (Definition indirekter Bezugsgrößen, Aufbau von Kostenstellenplänen) der Energiekostenstellen; vgl. BARTLIN-BRAUCHLE [1982], GÄLWEILER [1981], HOITSCH [1974] und KILGER [1981].

48 Eine Übersicht wichtiger Elemente zeigen STREBEL/NOSKO [1984].

49 PACK u.a. [1971]. Diese Ansätze wurden von den Ingenieurwissenschaften übernommen und insbesondere für die Lastverteilung von Energieversorgungsunternehmen in vielfältiger Weise ausgebaut und verfeinert. Vgl. dazu etwa die Arbeit von DUBOIS [1986] und die dort zitierte Literatur. Weitere Hinweise findet man in Kapitel 5.

Ein linearer Ansatz geht auf eine technische Arbeit von Meyer[50] zurück. Das in Kapitel 5 entwickelte Betriebsmodell einer industriellen Energieversorgung orientiert sich an der Optimierungsidee dieser Fallstudie und erweitert das Planungskonzept um mehrere ökonomisch relevante Aspekte, während einige technische Einzelheiten vernachlässigt werden.

In der betrieblichen Praxis resultiert ein zunehmender Bedarf an verfeinerten betriebswirtschaftlichen Analysen primär aus Zweifeln an der zukünftigen Wirtschaftlichkeit industrieller Kraft-Wärme-Kopplungs-Konzepte. Dies kommt u.a. in Statistiken und Prognosen über die Entwicklung der industriellen Kraft- und Wärmewirtschaft in der Bundesrepublik Deutschland[51] zum Ausdruck.

Ohne auf diese Untersuchungen detailliert einzugehen, werden einige Ergebnisse und Schlußfolgerungen in Stichpunkten zusammengefaßt:

- Der Energiebedarf der Industrie entspricht etwa einem Drittel des Endenergiebedarfs der Bundesrepublik Deutschland; dieser Anteil ist seit Jahren leicht rückläufig.[52] Der Anteil der industriellen Stromerzeugung liegt bei 15 Prozent der Gesamterzeugung.[53] Auch Kennzahlen der Energieintensität der industriellen Produktion nehmen tendenziell ab.[54]

- Neben dem Bergbau sind die Stahlindustrie und die chemische Industrie die größten industriellen Energieverbraucher. Die relative Bedeutung dieser Grundstoffindustrien nimmt tendenziell ab.[55]

50 Vgl. MEYER [1967].

51 Vgl. etwa HUTTER u.a. [1984], VIK [1985b] und die Zusammenfassung bei WOLF [1987], S.62-129. Zur Entwicklung industrieller KWK-Anlagen in den USA vgl. LOTZ [1985] und NOYES [1978].

52 Zur sektoralen Entwicklung siehe TRENKLER [1986], S.92 und WOLF [1987], S.65-70. Angaben zur installierten Kraftwerkskapazität und zu jährlichen Kraftwerksinvestitionen in der Industrie findet man in den Jahrbüchern des Statistischen Bundesamtes. Siehe dazu z.B. STATISTISCHES BUNDESAMT [1987], S.210-211.

53 Zur Entwicklung der industriellen Eigenstromerzeugung vgl. DEHLI [1983], S.400, MAIER [1986], S.71, SUTTOR [1981], S.249 und [1986], S.4.

54 Vgl. dazu KRETSCHMER/STOY [1987], S.738.

55 Angaben zum industriellen Energieverbrauch nach Branchen findet man bei CASSIER [1981], SUTTOR [1984] und [1986]; vgl. auch HUTTER u.a. [1984].

- Die Ölkrisen der siebziger Jahre führten zur Absenkung des industriellen Brennstoffverbrauchs, nicht aber zur Absenkung des Stromverbrauchs.[56] Im Wärmebereich waren höhere Einsparpotentiale vorhanden.

- Die Politik des "Weg vom Öl" wird weitgehend als erfolgreich beurteilt, die Entkopplung von Wirtschaftswachstum[57] und Energieverbrauch wird bestätigt. In der industriellen Energiewirtschaft wird langfristig mit stagnierendem Brennstoff- und Stromverbrauch gerechnet.[58]

- Die leicht realisierbaren[59] Energieeinsparungen in der industriellen Fertigung sind weitgehend ausgeschöpft. Verschärfte Umweltschutzauflagen verteuern die industrielle Stromerzeugung.[60]

Viele dieser Trendaussagen werden in der energiepolitischen Diskussion als Argumente benutzt, insbesondere in Auseinandersetzungen zwischen den Industrieverbänden und den Energieversorgungsunternehmen (EVU).

Energiepolitische Fragen werden im Rahmen dieser Arbeit nicht behandelt.[61] Eine betriebswirtschaftliche Untersuchung muß jedoch die Auswirkungen politisch und gesamtwirtschaftlich definierter bzw. veränderter Rahmendaten auf die betrieblichen Zielgrößen und Entscheidungen in einer industriellen Energiewirtschaft überprüfen können.

Während in der Vergangenheit die meisten Konzepte einer betrieblichen Energieversorgung bereits aufgrund prozeßbedingter Vorteile[62] rentabel waren, wird heute die Rentabilität derartiger Projekte infolge der Unsicherheiten insbesondere in der Entwicklung dieser energiewirtschaftlichen und energiepolitischen Rahmendaten zunehmend in Frage gestellt.

56 Dieser Trend wird auch als "Bummerangeffekt" in den westlichen Industrieländern bezeichnet; vgl. KRETSCHMER/STOY [1987], S.733-734.

57 ... Wachstum des Bruttosozialprodukts;

58 Entsprechend negativ fallen öffentlich geförderte Studien zum Potential zusätzlicher KWK-Anlagen in der Industrie aus. Vgl. dazu ELSÄSSER/ MAIER [1984], HUTTER u.a. [1984] und die aktualisierte Zusammenfassung von SUTTOR mit dem Fazit: "Die beschriebenen externen und internen Bedingungen haben seit 12 Jahren die Bedingungen industrieller Kraftwerke wesentlich verschlechtert." (SUTTOR [1986], S.6)

59 Meist werden Projekte mit einer dynamischen Amortisationszeit unter zehn Jahren als "leicht realisierbar" klassifiziert.

60 Vgl. z.B. DEHLI [1983], S.400 oder KOCH [1984].

61 Die Kapitel 3 und 4 enthalten Literaturhinweise zu dieser Diskussion.

62 Vgl. dazu Kapitel 2.

Zur Gestaltung einer betriebswirtschaftlichen Planung in einer industriellen Energiewirtschaft werden deshalb einerseits flexible und andererseits mächtige (simultane) Ansätze benötigt, die sich an eine Vielzahl denkbarer Planungssituationen und Datenkonstellationen anpassen lassen und komplexe technische und ökonomische Interdependenzen abbilden können.

Beide Forderungen sprechen für eine EDV-unterstützte Planung, die bisher in der industriellen Energiewirtschaft kaum durchgeführt wird. Zur Implementierung projektspezifischer und leicht modifizierbarer Wirtschaftlichkeitsuntersuchungen sind in erster Linie die Abteilungsrechner und Mikrocomputer geeignet, die in den Planungsstäben der betrieblichen Energiewirtschaft zunehmend installiert werden.

Für diese Rechner gibt es ein wachsendes Angebot flexibler und benutzerfreundlicher Software, die komplexe Planungsmethoden mit tragbaren Entwicklungskosten und nach realistischen Implementierungszeiten verfügbar macht. Es wird untersucht, wie sich diese Instrumente für die Lösung betriebswirtschaftlicher Entscheidungsprobleme im Rahmen einer industriellen Energiewirtschaft einsetzen lassen.

Zusammenfassend ergeben sich aus der Durchsicht der Literatur drei Ansatzpunkte für die hier gewählte Themenstellung. Erstens werden die mit dem Aufbau und dem Betrieb einer betrieblichen Energie*versorgung* verbundenen Planungsprobleme im Rahmen der aktuellen betriebswirtschaftlichen Forschung zur industriellen Energie*wirtschaft* noch nicht vertieft behandelt. Zweitens existiert ein Bedarf der betrieblichen Praxis an verfeinerten, ökonomischen Planungsverfahren in diesem Bereich. Drittens gestatten die Fortschritte in der EDV eine Anwendung dieser Verfahren.

Im nachfolgenden Abschnitt wird ein deskriptives Modell einer industriellen Energiewirtschaft entwickelt, um den interdisziplinären Charakter und eine betriebswirtschaftliche Strukturierung des Themas aufzuzeigen.

1.3. Ein deskriptives Grundmodell

Dieser Abschnitt erläutert das Aufgabenfeld einer betrieblichen Energiewirtschaft an einem Strukturmodell eines *Industriebetriebs* nach Abbildung 1.1.[63] Bevor die energiewirtschaftlichen Aspekte näher erläutert werden, ist kurz[64] auf den Gesamtaufbau der Übersicht einzugehen. Auf einen dort mit x numerierten Pfeil wird im Text mit {x} verwiesen.

Der äußere Rahmen in Abbildung 1.1 markiert die Schnittstelle zwischen dem Industriebetrieb und der *Außenwelt*, welche in die *Sektoren Absatzmarkt, Beschaffungsmarkt, Kapitalmarkt, Staat* und natürliche *Umwelt* unterteilt wird. Das Rechteck im Zentrum der Abbildung kennzeichnet den *Produktionsbereich*, in dem durch die Kombination verschiedener Produktionsfaktoren die industriellen Absatzgüter erstellt werden.

Die Beschaffung der Produktionsfaktoren vor dem Kombinationsprozeß und der Absatz der erzeugten Güter danach bedingt einen nach rechts fliessenden *Güterstrom* im unteren Teil der Abbildung. Die aus dem Absatz erzielten Erlöse entsprechen einem Geldzufluß, die Kosten zur Beschaffung der Produktionsfaktoren einem Geldabfluß. Daraus resultiert ein im oberen Drittel der Abbildung skizzierter *Geldstrom* in entgegengesetzter Richtung. Durch zeitliche Schwankungen und Verzögerungen innerhalb und zwischen den Güter- und Geldströmen entstehen *Läger* bzw. *Kredite*.

Zur Abgrenzung einer *industriellen Energieversorgung* dient der gleichermaßen benannte Rahmen in der Übersicht. Wenn nichts anderes gesagt wird, beziehen sich die Ausführungen in dieser Arbeit auf Planungsfragen innerhalb dieses Rahmens. Wird beispielsweise allgemein von Produktionsplanung oder von Investitionsplanung gesprochen, so sind damit entsprechende Planungsprobleme speziell der betrieblichen Energieversorgung nach Abbildung 1.1 gemeint.

Auf die Einbeziehung von Betriebsteilen außerhalb der betrieblichen Energieversorgung wird jeweils explizit hingewiesen. Dabei wird die Gesamtheit der "eigentlichen", in der Übersicht *industrieller Fertigungsprozeß ohne Energiebereitstellung* genannten, industriellen Produktionsprozesse kurz als *Fertigung* bezeichnet. Da Energie nicht gefertigt wird, ist dieser Begriff eindeutig.

[63] Der Aufbau der Abbildung ist übernommen aus KILGER [1980], S.2.

[64] Zu detaillierten Ausführungen siehe KILGER [1980], S.1-5.

Die einzelnen Pfeile[65] repräsentieren folgende Güter- und Zahlungsströme:

I. Angaben zum Güterstrom

A) Nicht-energetischer Güterstrom

{1} Verkauf industrieller Endprodukte am Absatzmarkt

{2} Bezug von Produktionsfaktoren außerhalb der betrieblichen Energiewirtschaft, z.B. Vorprodukte und nicht energetische Rohstoffe

B) Elektrische Energie[66]

{3} Bereitstellung von elektrischer Energie (Strom) für die Fertigung

{4} Zukauf von Strom am Beschaffungsmarkt (EVU)

{5} Verkauf von Strom (Überschußstrom) am Absatzmarkt (EVU)

C) Wärmeenergie[67]

{6} Bereitstellung von Wärmeenergie für die Fertigung

{7} Zukauf von Wärmeenergie am Beschaffungsmarkt

{8} Verkauf von Wärmeenergie Absatzmarkt

D) Sonstiger, energiespezifischer Güterfluß

{9} Bezug sonstiger marktgängiger energetischer Produktionsfaktoren, die zum Aufbau und zum Betrieb einer betrieblichen Energiewirtschaft eingesetzt werden (z.B. Brennstoffe)

{10} Entnahme von Umweltgütern (Flußwasser, Luft)

{11} Abgabe von Gütern an die Umwelt (Abgas, Abwasser, Abwärme)

II. Angaben zum Zahlungsstrom

A) Zahlungen aus dem Gütertransfer am Beschaffungs- und Absatzmarkt

{12} Umsatzerlöse aus dem Verkauf der Absatzgüter {1},{5},{8}

{13} Auszahlungen für die Beschaffung der Produktionsfaktoren {2},{4}, {7},{9}

B) Zahlungen aus dem Finanztransfer am Kapitalmarkt

{14} Kapitalzufluß (z.B. Eigenkapital, Kredite, Gewinn aus Finanzanlagen)

{15} Kapitalabfluß (z.B. Kapitalrückzahlungen, Zinsen, Dividenden}

C) Zahlungsverkehr mit dem Staat

{16} Steuern, Abgaben und Gebühren aus {1} bis {14}

{17} Steuerrückzahlungen, Subventionen

[65] Nicht überbrückte Verzweigungen und Kreuzungen von Pfeilen sind Aufspaltungen bzw. Vereinigungen der Güter- und Geldströme.

[66] Elektrische Energie ist kein materieller Güterstrom, sie kann ökonomisch jedoch wie ein Güterstrom behandelt werden; vgl. Kapitel 3.

[67] Der materielle Güterstrom kann anhand des verwendeten Energieträgers - z.B. Wasserdampf - gemessen werden.

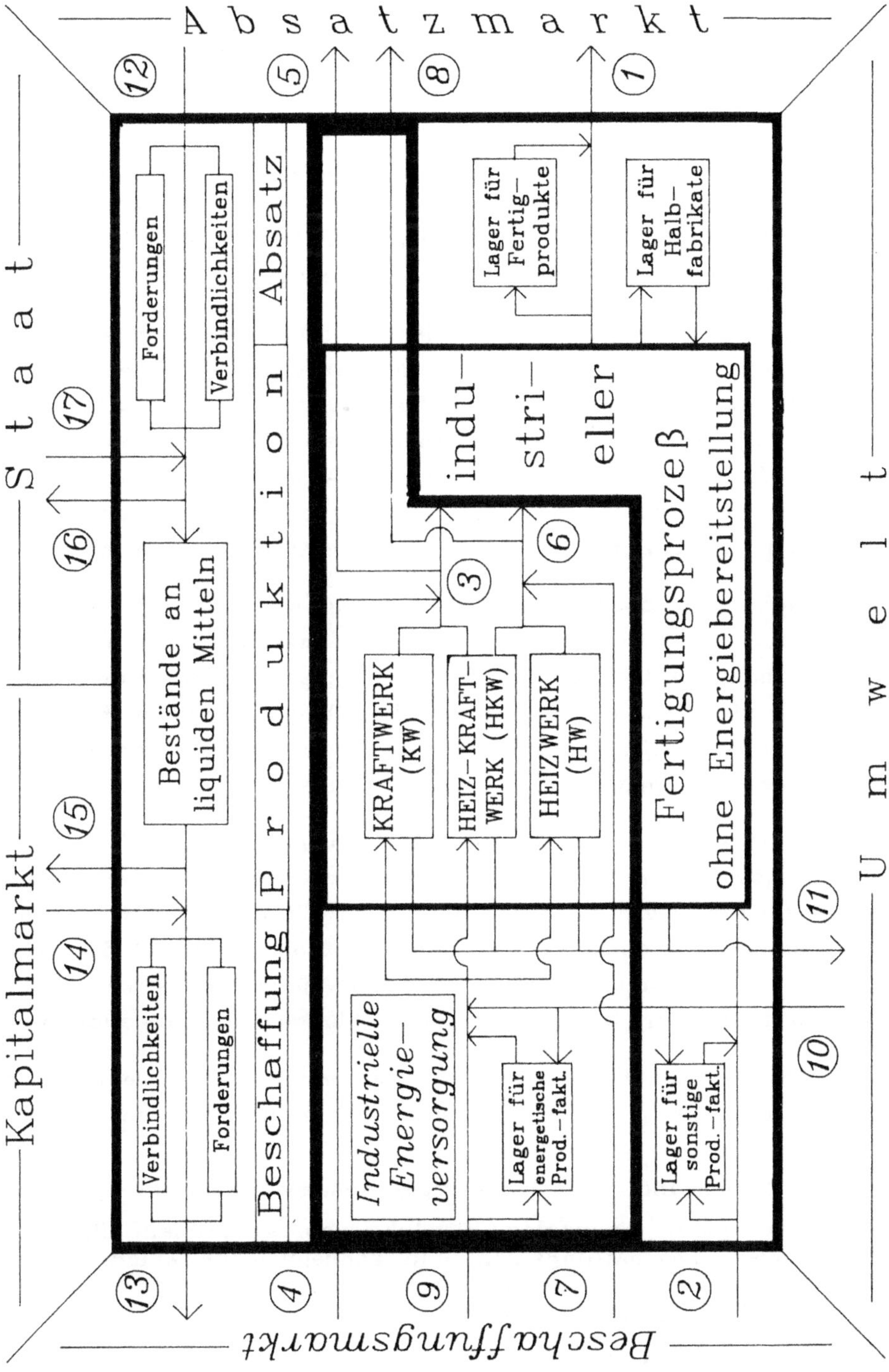

Abbildung 1.1: Funktionsbereiche einer industriellen Energiewirtschaft

In Abschnitt 1.2 wird die betriebliche Energiewirtschaft unterteilt in die Bereiche Energie*versorgung* und Energie*anwendung*. Der Oberbegriff industrielle Energie*wirtschaft* umfaßt mit der Energieanwendung Teile der Fertigung in Abbildung 1.1. Da der innerbetriebliche Energiefluß hier nicht weiter untersucht wird, genügt die Abgrenzung einer betrieblichen Energieversorgung. Wenn Verwechslungen aus dem Zusammenhang heraus ausgeschlossen sind, werden die Begriffe betriebliche Energieversorgung und betriebliche Energiewirtschaft auch synonym verwendet.

Die Ermittlung der für eine ökonomische Untersuchung relevanten *Zahlungsströme* basiert auf einer monetären Bewertung der Güterströme, über die mit Hilfe betriebswirtschaftlicher Planungsverfahren entschieden wird. Die Zahlungsströme werden aus Gründen der Übersichtlichkeit nicht in energiespezifische und sonstige Teile aufgespalten. Nach der materiellen Abgrenzung eines Planungsproblems sind nur die durch dieses Teilproblem verursachten *Änderungen* der Zahlungsströme entscheidungsrelevant.

Die qualitative und quantitative Abschätzung des am Markt absetzbaren Güterstroms ({1}) - der Absatzplan - ist der Ausgangspunkt einer sukzessiven Unternehmensplanung. Aus dem Absatzplan werden unter Beachtung der auftretenden Interdependenzen[68] die übrigen Teilpläne[69] abgeleitet. Neben der *funktionalen* Untergliederung einer betrieblichen Planung ist die Länge des Planungszeitraums, der *Planungshorizont*, zu beachten.

Dabei wird unterteilt in *langfristige Rahmenplanung, strategische Planung, langfristig operative* und *kurzfristig operative* Planung.[70] Die vorliegende Arbeit betrachtet operative Planungsprobleme.[71] Infolge der langen Nutzungsdauer energietechnischer Anlagen[72] muß der meist mit 5 Jahren angegebene Projektierungszeitraum von langfristig operativen Entscheidungen zumindest für die Prognose der Zahlungsströme erweitert werden.

Die Rahmendaten für diese Entscheidungen werden aus dem *langfristigen Absatzplan* abgeleitet, indem zunächst die zur Realisierung des Absatz-

[68] ... schrittweise und in wechselseitiger Abstimmung ...

[69] Investitionsplan, Finanzplan, Produktionsprogrammplan, Produktionsvollzugsplan, Beschaffungsplan und schließlich Erlösplan, Kostenplan und Gewinnplan; zum System der betrieblichen Teilpläne vgl. KILGER [1973], S.23 und [1986], S.174-181.

[70] Vgl. dazu KILGER [1986], S.112.

[71] Auf Arbeiten zur strategischen Planung in der industriellen Energiewirtschaft wird in Abschnitt 1.2. hingewiesen.

[72] Je nach Wartungsaufwand, Nutzungsart und -dauer werden mehr als 20 Jahre erreicht.

plans notwendigen Kapazitäten im Fertigungsbereich und über die Auswahl einer Fertigungstechnologie in einem zweiten Schritt die *Kapazitäten der Energieversorgung* bestimmt werden.

Die *kurzfristige Absatzplanung* liefert Ausgangsdaten für die Produktionsplanung[73] im Fertigungsbereich (Sukzessivplanung) oder wird mit dieser gemeinsam festgelegt (Simultanplanung). Die kurzfristige *Bereitstellungsplanung für Nutzenergien und Primärenergieträger* muß mit dem Produktionsplan abgestimmt werden.

Die Abgabe elektrischer Energie nach außen ({5}) ist nur Betrieben mit eigener Stromerzeugung möglich[74]. Als Abnehmer elektrischer Energie kommen ausschließlich die EVU in Frage,[75] die verpflichtet sind, Strom aus Kraft-Wärme-Kopplungs-Anlagen (KWK) abzunehmen. Eine KWK-Anlage ist ein besonders rationeller Kuppelprozeß, der zeitgleich elektrische Energie und Wärmeenergie bereitstellt.[76]

Der für derartige *Stromrücklieferungen* vergütete Preis richtet sich nach den beim EVU vermiedenen Kosten.[77] In der Bundesrepublik Deutschland ist dieser Preis so bemessen, daß der Stromverkauf i.d.R. nur für spezielle Betriebszustände der KWK-Anlage - z.B. für einen aus Kuppelproduktion resultierenden, nicht verwertbaren *Überschußstrom*[78] - rentabel ist. Ein Spezialfall ist die kostenpflichtige, individuell vertraglich zu regelnde

[73] Produktionsplanung ist ein Sammelbegriff für Verfahren zur Lösung von Wahlproblemen, die bei der Gestaltung der Kombination von Produktionsfaktoren in der kurzfristigen Planung auftreten; dabei bedeutet kurzfristige Planung, daß die als Potentialfaktoren bezeichneten Produktionsfaktoren als gegeben angesehen werden. Teilgebiete der Produktionsplanung sind etwa die Produktionsprogrammplanung (Produktauswahl bei Engpässen in der Fertigung), die Produktionsvollzugsplanung (Auswahl alternativer Fertigungsverfahren) und die Ablaufplanung (Bestimmung von Losgrößen, von Maschinenbelegungsplänen etc.). Wenn Probleme der Beschaffungsplanung integriert werden, sind Bestellmengen, Bestellzeitpunkte und Lagermengen kostenminimal zu bestimmen.

[74] Ein Stromhandel ist wegen der allgemeinen Versorgungspflicht der EVU und aufgrund der zwischen Gemeinden und EVU bzw. zwischen verschiedenen EVU abgeschlossenen Konzessions- und Demarkationsverträge ausgeschlossen. Vgl. BÜDENBENDER [1982] und EVERS [1983].

[75] Ein Ausnahmefall liegt vor, wenn Grundstücke potentieller Abnehmer direkt an das Werksgelände angrenzen.

[76] Zur genauen Definition vgl. Kapitel 2.

[77] Vgl. Kapitel 5.

[78] Vgl. Kapitel 5.

Durchleitung selbst erzeugter elektrischer Energie durch das EVU-Netz zu einem Zweigwerk des Industriebetriebs an einem anderen Standort.

Von geringer praktischer Bedeutung ist der *Verkauf von Wärmeenergie* ({8}). Prozeßwärme kann nur über kurze Entfernungen und nicht über betriebsfremde Grundstücke transportiert werden. Die Abgabe von Niedertemperaturwärme könnte interessant sein, wenn innerbetrieblich nicht nutzbare Abwärme in ein bereits existierendes Fernwärmenetz eingespeist und der zeitliche Wärmebedarf potentieller Abnehmer mit dem produktionsbedingten Wärmeanfall des Betriebs abgestimmt werden kann. Das gleichzeitige Eintreten dieser Randbedingungen ist unwahrscheinlich. Investitionen zur *innerbetrieblichen Abwärmenutzung*[79] und zur *Wärmeisolation* sind geeignetere Maßnahmen der wärmeseitigen Kosteneinsparung aus betrieblicher Sicht. Eine Verkaufsmöglichkeit für Wärmeenergie wird deshalb im weiteren ausgeschlossen.

Da Wärmeverkäufe ({8}) lediglich in Sonderfällen und Stromverkäufe ({5}) nur für einige durch die Produktionsvollzugsplanung bedingte Ausnahmesituationen interessant sind, spielt der vom Absatzmarkt zufließende Geldstrom {(12)} - und damit der Absatzmarkt selbst - im Rahmen einer industriellen Energiewirtschaft eine untergeordnete Rolle.[80]

Die aktive Planung einer betrieblichen Energieversorgung konzentriert sich auf den energiespezifischen Produktions- und Beschaffungsbereich mit dem Ziel, die in der Fertigung benötigten Nutzenergien wirtschaftlich, d.h., kostenminimal unter Einhaltung einer vorgegebenen Versorgungssicherheit bereitzustellen. Der Fertigungs- und der Absatzbereich lassen sich nicht vollständig ausschließen, da umgekehrt der Energieversorgungsplan mit den Teilplänen dieser Bereiche abzustimmen ist.[81]

Am Beschaffungsmarkt werden drei energiewirtschaftlich relevante Güterströme ({4}, {9}, {7}) ausgewiesen. In den *sonstigen Produktionsfaktoren* ({2}) sind alle Wirtschaftsgüter zusammengefaßt, deren Beschaffung und Verwendung nicht durch die industrielle Energiewirtschaft zu planen sind, wie etwa nicht energetische Rohstoffe[82] und fremd gefertigte Vorprodukte.

[79] Vgl. INGWERSEN [1986].

[80] Dabei darf jedoch nicht vergessen werden, daß der an den Absatzmarkt fließende *Güterstrom industrieller Endprodukte* ({1}) die *wichtigste Bestimmungsgröße des betrieblichen Energieverbrauchs* darstellt.

[81] Auf diese Interdependenzen geht Kapitel 4 ein.

[82] Falls Primärenergieträger wie in einer nichtenergetischen Verwendung in die Produktion eingehen (z.B. Erdöl in der Kunststoffproduktion), liegt es nahe, deren Beschaffungsplanung mit der Energiewirtschaft in

Bei der Hervorhebung (Vergrößerung) der industriellen Energiewirtschaft in Abbildung 1.1 darf nicht vergessen werden, daß dieser Güterstrom den *größeren* Gesamtkostenanteil einer industriellen Fertigung ausmacht.

Der *Fremdbezug elektrischer Energie* ({4}) ist unentbehrlich zur Durchführung der Produktion. Auch Betriebe mit eigenen Kraftwerken erzeugen meist nur einen Teil ihres Werkstrombedarfs selbst.[83] Nur in Ausnahmefällen - etwa an ausländischen Standorten mit einer unzuverlässigen öffentlichen Elektrizitätsversorgung - kann eine vollständige Eigenstromversorgung, ein sog. Inselbetrieb, sinnvoll sein. Die Planung und Kontrolle der industriebetrieblichen Stromversorgung ist die wichtigste Aufgabe einer betrieblichen Energiewirtschaft.

Der *Zukauf von Wärmeenergie* ({7}) kann in einigen Stadtgebieten in Form von Niedertemperaturwärme über ein Fernwärmenetz erfolgen. Die mit höheren Temperaturen benötigte Prozeßwärme läßt sich nicht wirtschaftlich über größere Distanzen transportieren und muß deshalb durch die Verbrennung von Primärenergieträgern (vgl. {9}) selbst erzeugt werden. Auf die örtliche Zusammenlegung mehrerer Betriebe in *Industrieparks* - u.a. mit dem Ziel einer zentralen Energieversorgung - wird nicht eingegangen.

Vielmehr wird angenommen, daß kein Fernwärmeanschluß existiert und daß Prozeßwärme gegebenenfalls selbst erstellt wird. Zusätzlich zu Pfeil {8} entfällt daher Pfeil {7}, d.h., Möglichkeiten eines Wärmeverbundes werden nicht betrachtet. Eine Erweiterung der in Kapitel 5 entwickelten Modelle um diese Aspekte ist jedoch nicht schwierig.[84]

In Pfeil {9} sind alle Produktionsfaktoren zusammengefaßt, die zur Bereitstellung von Prozeßwärme und elektrischer Energie *innerhalb* des Betriebs benötigt werden. Eine herausragende Rolle spielt dabei die Beschaffung der fossilen *Brennstoffe* Erdgas, Heizöl und Kohle. Die Brennstoffkosten bilden den größten Teil der variablen Kosten einer betriebseigenen Energieversorgung.[85]

Eine Lagerung erfolgt meist nur für flüssige und feste Brennstoffe, wobei der lagerwirtschaftliche Optimierungsspielraum nicht sehr hoch ist. Die zeitlichen Schwankungen in der Anlieferung und im Verbrauch führen zu

einer Abteilung "Rohstoffe und Energie" zusammenzulegen. Dieser Spezialfall wird nicht weiter verfolgt.

83 Zur energiewirtschaftlichen Begründung dieser Tatsache vgl. Kapitel 5.

84 Vorschläge zur Intensivierung der Zusammenarbeit zwischen Industriebetrieben und EVU findet man bei SUTTOR [1984], S.252-253.

85 Vgl. die Kostenstruktur des Betriebsmodells in Kapitel 5.

Brennstoffbeständen in Höhe von zwei bis drei Monatsbedarfen. Strategische Reserven zur Überbrückung von Versorgungsausfällen oder zur Ausnutzung längerfristiger Preisschwankungen werden selten gehalten[86]. Betriebswirtschaftliche Standardansätze zur optimalen Lagerhaltung[87] sind auf die Planung eines Brennstofflagers übertragbar.[88] Auf einige Spezialprobleme wie die Importkohleregelung[89] in der Bundesrepublik Deutschland oder die Preisbindung der verschiedenen Energieträger kann hier lediglich hingewiesen werden.

Eine Schwierigkeit der Brennstoff-Beschaffungsplanung liegt in der Unsicherheit der Preisprognosen. Das Risiko möglicher Versorgungsengpässe nimmt dagegen mit der fortschreitenden Diversifizierung der internationalen Bezugsquellen ab. Ein rückblickender Vergleich der Brennstoffbedarfs-, -versorgungs- und -preisprognosen mit der realen Entwicklung in den letzten 15 Jahren[90] unterstreicht den hohen Unsicherheitsgrad in diesem Bereich.

Die unterschiedlichen Ergebnisse und der große Streubereich verschiedener, gesamtwirtschaftlicher Prognosen und die Vielzahl möglicher Einflußgrößen machen auch betriebliche, stochastische Ansätze zur Brennstoffbeschaffung kaum quantifizierbar. In dieser Arbeit werden ausschließlich deterministische Planungsverfahren vorgeschlagen. Mit diesen Verfahren können vielfältige und flexible Sensitivitätsanalysen durchgeführt werden.

Der Auszahlungsstrom für die Beschaffung der Produktionsfaktoren {13} ergibt sich durch die monetäre Bewertung der Güterströme aus dem Beschaffungsmarkt. Die wichtigsten Lieferanten einer industriellen Energiewirtschaft sind die EVU (Strom und Erdgas) und der Brennstoffhandel (Heizöl, Kohle) bzw. der Bergbau, soweit keine betriebseigenen Zechen oder Ölfelder nutzbar sind. In der Investitionsplanung kommen Lieferanten energietechnischer Anlagen (Industriekraftwerke, Entschwefelungs- und Entstickungsanlagen und Übertragungsnetze) und Baufirmen hinzu.

[86] Neben dem Platzbedarf eines größeren Brennstofflagers sind Aufwendungen für eine sichere und verlustarme Lagerung zu berücksichtigen.

[87] Vgl. etwa ARNOLDS u.a. [1985] und die dort angegebene Literatur.

[88] Ein Beispiel zeigt BRETTAR [1988], S.226-235.

[89] Importkohle ist billiger als heimische Steinkohle; die Importmenge ist gesetzlich kontingentiert und wird über Bezugscheine verteilt; es muß zunächst eine bestimmte Menge heimischer Steinkohle verstromt werden, um Anrechte auf den Erwerb von Importkohle zu erhalten. Eine Übersicht über diese Regelung findet man bei MICHAELIS [1987].

[90] Vgl. dazu ANADERE/KERSCHKAMP [1985], S.795 und VOSS [1983], S.215.

Um die besondere Bedeutung umweltspezifischer Fragen in der betrieblichen Energiewirtschaft[91] herauszustellen, wird ein Außensektor natürliche *Umwelt* ausgewiesen. In Rahmen dieser Arbeit werden diese umweltspezifischen Fragen nicht vertieft behandelt. Es wird jedoch versucht, diejenigen *Kosten* des gesetzlich vorgeschriebenen Umweltschutzes approximativ zu erfassen, die im Entscheidungsfeld einer betrieblichen Energie*versorgung* zu beachten sind.[92] Die Verbindung zu einer umfassenderen umweltspezifischen Unternehmensanalyse wird hier lediglich mit einigen Stichpunkten und Literaturhinweisen hergestellt.

Abschnitt 1.2 spricht die Entwicklung von Energiemanagementprogrammen für umfassende energetische Betriebsanalysen an. Ähnliche Vorschläge findet man in der aktuellen Literatur zum Aufbau einer umweltorientierten Unternehmensplanung.[93] Im Vordergrund stehen dabei die Einführung energiesparender *und* umweltverträglicher Produkte[94] und Fertigungsverfahren. Die gleichen Aspekte sollen darüber hinaus bei der Planung von Gebäuden, bei der Einführung von Recyclingkonzepten[95] und bei der Gestaltung einer betrieblichen Abfallwirtschaft[96] betont werden.

Solange die Beurteilung dieser Vorschläge primär mit Hilfe *eines* monetären Kriteriums[97] erfolgt, sind betriebswirtschaftliche Planungsverfahren, wie sie in diesem Text verwendet werden, auch im Umweltbereich anwendbar. Bei dieser Zielsetzung gestaltet man aber eine Unternehmensplanung nicht energie- oder umwelt*orientiert*, sondern (langfristig) ertragsorien-

91 Alle industriell verwendeten Technologien zur Nutzenergiebereitstellung sind mit Abgas-, Abwasser-, Wärme- und Lärmemissionen verbunden; vgl. dazu Kapitel 2.

92 Diese Kosten müssen insbesondere bei einem Vergleich zwischen der Eigenerstellung und dem Fremdbezug elektrischer Energie berücksichtigt werden. Vgl. die Kosten für "REA/DENOX" in Abschnitt 5.4.

93 Vgl. dazu EICHHORN [1972], HILLEBRAND [1981], PIEROTH/WICKE [1988], SCHREINER [1988], STEGER [1988], STREBEL [1980]; zur umweltbezogenen Technologieauswahl im Energiebereich vgl. MÜLLENDORFF [1981], RENTZ [1979] und [1988]; produktionstheoretische Aspekte erläutern u.a. LANGE [1978] und STREBEL [1981]; umweltspezifische LP-Ansätze entwerfen KISTNER [1982], PECHAN [1984], SCHERER [1976], THOMPSON u.a. [1976]; zur Materialwirtschaft siehe STAHLMANN [1988].

94 Vgl. OSPELT [1977], PIEROTH/WICKE [1988], SENN [1986].

95 Vgl. BOUSTEAD/HANCOCK [1979], DINKELBACH [1987], GLASSEY/GUPTA [1975], GÖRG [1981], JÄGER [1983], JAHNKE [1986], OSPELT [1977], STAUDT/SCHULTHEISS [1973].

96 Vgl. STREBEL [1978].

97 ... aus einzelwirtschaftlicher Sicht;

tiert. Dies schließt eine verstärkte - und notwendige - Berücksichtigung energie- und umweltspezifischer Chancen und Risiken nicht aus.[98]

In einer ertragsorientierten Planung gehen daher Aufwendungen, die aus Vorschriften nach dem Verursacherprinzip resultieren, meist als beschäftigungsabhängige Kosten, Zuschüsse aus Gemeinlastregelungen i.d.R. als Finanzierungsinstrumente in das betriebswirtschaftliche Kalkül ein.[99] Auf das Mengengerüst bezogene Vorschriften[100] werden als Restriktionen formuliert und eingehalten.[101]

Löst man sich von der einzelwirtschaftlichen Betrachtung, wird deutlich, daß einerseits am Beschaffungsmarkt bezogene Wirtschaftsgüter aus natürlichen Rohstoffen unter Energieeinsatz gefertigt und andererseits am Absatzmarkt abgegebene Produkte unter weiterem Energieeinsatz zumindest teilweise in die natürliche Umwelt zu entsorgen sind. So gesehen sind Absatz- und Beschaffungsmarkt *Teile* des Umweltsektors.

Diese Betrachtung führt teilweise zu Vorschlägen für einen energie- und umweltorientierten Aufbau des betrieblichen Rechnungswesens[102] und für eine um gesamtwirtschaftliche Ziele erweiterte Unternehmensplanung.[103]

98 In einer Wettbewerbswirtschaft ist es *primär* die Aufgabe des Gesetzgebers, die externen Kosten der Umweltnutzung so zu definieren, daß sie entweder *wertmäßig* (Umweltabgaben, Strafen) oder *restriktiv* (Emissionsbeschränkung, Produktionsverbot) in eine *ertragsorientierte* Unternehmensplanung eingehen können.

99 Eine betriebswirtschaftliche Klassifizierung staatlicher Maßnahmen zum Umweltschutz findet man bei ZWEHL [1973]. Zur Definition und zur Beurteilung des Verursacher- bzw. des Gemeinlastprinzips aus betrieblicher Sicht vgl. z.B. KNÖDGEN [1982] und die dort zitierte Literatur. Das Verursacherprinzip wird allgemein - auch in der Umweltschutz-Gesetzgebung der Bundesrepublik Deutschland - präferiert, während das Gemeinlastprinzip nur dann angewendet werden soll, wenn Verursacher nicht oder nicht mehr feststellbar sind. Auf Durchsetzungsprobleme des Verursacherprinzips wie etwa die Abwanderung von Grundstoffindustrien ins Ausland kann hier nur hingewiesen werden; vgl. dazu KNÖDGEN [1982] und ULLMANN [1982].

100 Z.B. Emissionsgrenzwerte, maximale Betriebszeiten etc.; zur Aufnahme entsprechender Restriktionen in Modelle siehe z.B. KISTNER [1982], STREBEL [1981].

101 Die meisten Umweltschutzgesetze und Vorschriften zum Betrieb von Energieversorgungsanlagen sind als Restriktion formuliert.

102 Vgl. BRAUN [1974], LAYER/STREBEL [1979], MÜLLER-WENK [1978], PICOT [1977].

103 Vgl. PICOT [1977], SIEBEN [1974], UTZ [1978], WEITZIG [1979] und die bei ULLMANN [1988] angegebene Literatur; zur volkswirtschaftlich orientierten Erläuterung siehe WICKE [1982].

Die bisherigen Anwendungen *multikriterieller Optimierungsverfahren* in der Energiewirtschaft beziehen sich nicht auf betriebliche,[104] sondern auf gesamtwirtschaftliche oder regionale Planungsfragen.[105]

Auch in dieser Arbeit werden Mehrfachziele nicht berücksichtigt. Die Planung von Umweltschutztechnologien im Bereich der industriellen Energiewirtschaft wird ebenfalls nicht vertieft. Der Umweltsektor in Abbildung 1.1 könnte deshalb planungstechnisch in den übrigen Außensektoren aufgehen.[106] Da es für die Entnahme einiger Umweltgüter (z.B. Flußwasser) bzw. für die Entsorgung einiger Nebenprodukte (z.B. Abgase) keine rechtsfähigen Lieferanten bzw. Abnehmer gibt, entstehen bei der Zuordnung von durch diese Güterströme ({10},{11}) ausgelösten Zahlungen ähnliche Abgrenzungsprobleme wie im Außensektor Staat.[107]

Zusammenfassend gehen wir zur Einbeziehung der in einer betrieblichen Energieversorgung relevanten Umweltfragen von der Unterteilung der Güterströme in Abbildung 1.1 aus und vereinbaren zusätzlich:

- Alle von einem Vorlieferanten bezogenen Güter und Energien - insbesondere fossile Brennstoffe und elektrische Energie - und die dadurch

104 Eine umfassende und sehr detaillierte Aufspaltung energiewirtschaftlicher Einzelziele verwendet REBSTOCK [1986] für ein Scoring-Modell.

105 Vgl. dazu CHERNIAVSKY [1981], FENDT [1980], GRAUER [1985], HANICKE [1986], KAVRAKOGLU/KIZILTAN [1983], KEENEY u.a. [1986], KOK/LOOTSMA [1985], LEGRADY u.a. [1983], MERRILL/SCHWEPPE [1984], READWIN [1985], TEGHEM/KUNSCH [1985], RUTZ u.a. [1979], SCHULZ/STEHFEST [1984], SIEBEN/GOETZKE [1976], SCHWIEGER [1982], WALBECK u.a. [1988]. Zur Quantifizierung der Ziele Umweltschutz und Versorgungssicherheit vgl. HALBRITTER/PASCHEN [1982], MUNASINGHE [1980], SCHÄRER [1980].

106 Dies führt lediglich zu etwas ungewohnten Ansätzen, etwa bei der Behandlung zu entsorgender Kuppelprodukte, wie das Beispiel der Deponierung von Verbrennungsrückständen zeigt: *Ohne* Umweltsektor muß man Rückflüsse in den Beschaffungsmarkt oder Absatzgüter mit negativen Preisen zulassen. Umgekehrt macht dieses Beispiel deutlich, daß *mit* der Einführung eines Umweltsektors auch *Zahlungsströme* in diesen Bereich verbunden sind - etwa Deponiegebühren an ein Entsorgungsunternehmen. Zur Berücksichtigung von Entsorgung und Recycling in Produktionsfunktionen vgl. DINKELBACH [1987].

107 Beispielsweise empfiehlt es sich, von staatlichen Betrieben bezogene, materielle Leistungen dem Sektor Beschaffungsmarkt zuzuordnen; vgl. dazu KILGER [1980], S.4.

ausgelösten Zahlungsströme gehören zum Sektor Beschaffungsmarkt und werden als betriebliche Verbrauchsfaktoren behandelt.[108]

- Im Umweltsektor werden ausschließlich direkte materielle Entnahmen und Abgaben erfaßt und gegebenenfalls mit den effektiv anfallenden Kosten bewertet.[109] An der Schnittstelle zwischen Energiewirtschaft und natürlicher Umwelt müssen verschiedene Reinigungstechnologien installiert werden: Beim Bezug von Umweltgütern ({10}) handelt es sich dabei um Anlagen zur Wasseraufbereitung und um Luftfilter, auf der Emissionsseite ({11}) sind Rauchgasreinigungsanlagen vorgeschrieben.[110]

- Sonstige Umweltschutzkosten fallen entweder über den Beschaffungsmarkt[111] oder in Form von Abgaben an den Staat[112] an.

- Der Betrieb verhält sich gewinnmaximierend.

Damit sind die Ausführungen zum Umweltsektor abgeschlossen.

Die Schnittstelle zwischen Industriebetrieb und Kapitalmarkt ({14},{15}) repräsentiert die externe Unternehmensfinanzierung. Die Aufrechterhaltung des finanziellen Gleichgewichts ist eine Existenzbedingung für jede Unternehmung. Im Rahmen einer betrieblichen Energiewirtschaft spielen finanzielle Engpässe eine bedeutende Rolle, da Investitionen in energiesparende Fertigungstechnologien oder in Industriekraftwerke lange Amortisationszeiten aufweisen.[113]

Die langfristige Finanzplanung ist jedoch keine spezifisch energiewirtschaftliche, sondern eine für die gesamte Unternehmung zu lösende Auf-

[108] Vgl. die Berechnung der Brennstoffkosten in Kapitel 5 und die Berechnung der Strombezugskosten in Kapitel 4 - dort speziell auch den Umweltschutzkostenzuschlag u in Tabelle 4.16.

[109] Vgl. die Deponierungskosten, die Kosten der Wasseraufbereitung und die Kosten des Gebläseantriebs in Abschnitt 5.3.

[110] Zur Funktionsweise dieser Anlagen siehe Kapitel 2. Zur Berechnung der zugehörigen Umweltschutzkosten vgl. die Ermittlung des elektrischen Eigenbedarfs und der sonstigen Betriebskosten der Rauchgasreinigung (REA, DENOX) in Kapitel 5.

[111] Z.B. Katalysatoren, Additive;

[112] Z.B. spezielle Steuern oder Gebühren, die an die Mengenflüsse {10} und {11} gekoppelt sind;

[113] Investitionsprojekte im Energiebereich konkurrieren mit lukrativeren und z.T. betriebsnotwendigen Investitionen, die stärker an den Betriebszweck gebunden sind (Fertigung, Marketing, Forschung etc.), um knappe finanzielle Mittel.

gabe. Da hier lediglich ein betrieblicher Teilbereich (Energieversorgung) betrachtet wird, wird angenommen, daß zur Disposition stehende Investitionen zu einem vorgegebenen Kalkulationszinsfuß finanzierbar[114] sind.[115]

Der hohe Kapitalbedarf umweltpolitisch und volkswirtschaftlich vorteilhafter Investitionen[116] in der industriellen Energiewirtschaft führte zu einer Reihe staatlicher Förderprogramme für diese Projekte. Es gibt verschiedene Subventionen und Steuererleichterung auf EG-, Bundes- und Länderebene.[117] Aufgrund vielfältiger Sonder- und Ausschlußregelungen[118] ist die Auswahl einer optimalen Förderungsstrategie ein eigenes, komplexes Planungsproblem. Oft entstehen zusätzlich Abgrenzungsprobleme, weil nur bestimmte Teile eines Industriekraftwerks gefördert werden oder weil vorgeschriebene Mindestanforderungen[119] an ein zu förderndes Projekt nur schrittweise oder nur annähernd erfüllt werden können.[120]

Der Aufwand zur Berücksichtigung von staatlichen Förderungsmaßnahmen und von Steuern in produktionswirtschaftlichen Modellen[121], wie sie hier zur Diskussion stehen, ist unterschiedlich. Im einfachsten Fall zieht man etwa eine erwartete Investitionszulage direkt von den geplanten Anschaffungsauszahlungen ab. Wenn jedoch Spezialprobleme - z.B. die Auswahl eines optimalen Abschreibungsverfahrens - genauer erfaßt werden sollen, lassen sich Steuern und staatliche Förderungsmaßnahmen nur schwierig in

114 Es wird ein vollkommener (unbeschränkter) Kapitalmarkt unterstellt. Vgl. dazu KRUSCHWITZ [1987], S.58-59.

115 Zur weiteren Integration der Finanzplanung wird auf betriebswirtschaftliche Standardwerke verwiesen. Vgl. etwa SCHNEIDER, D. [1988] und die dort angegebene Literatur.

116 Hierzu zählen KWK-Anlagen, wie in Kapitel 2 gezeigt wird.

117 Zu staatlichen Finanzierungshilfen vgl. ARKENBERG [1984], ARKENBERG u.a. [1984], BEA/KÖTZLE [1977], DITTES [1983]. Einige in diesen Übersichten beschriebene Maßnahmen sind heute (Stand 1988) ausgelaufen.

118 U.a. auch Kumulationsverbote verschiedener Förderprogramme;

119 Z.B. Emissionsgrenzwerte;

120 Konflikte zwischen einem Industriebetrieb und verschiedenen staatlichen Vollzugsbehörden entstehen in der betrieblichen Energiewirtschaft vergleichsweise häufig; meist wird in Verhandlungen mit den Behörden ein auf den Einzelfall bezogener Kompromiß gefunden. Vgl. dazu HUCKE/ULLMANN [1980].

121 In diesen Modellen verändern Steuern und Subventionen "nur" das Wertgerüst.

produktionswirtschaftliche Teilmodelle integrieren[122] und erhöhen darüber hinaus die Modellgröße beträchtlich.[123]

Steuern und Abgaben, staatliche Subventionen und Steuererleichterung bedingen zusammen mit der vom Betrieb zu zahlenden Ausgleichsabgabe (Kohlepfennig)[124] für selbst erzeugte elektrische Energie die Zahlungsströme an der Schnittstelle zum Außensektor Staat ({16},{17}).

Als Kern der industriellen Energiewirtschaft wird eine *zentrale* Versorgung der Fertigung mit elektrischer Energie ({3}) und mit Wärmeenergie ({6}) in Abbildung 1.1 eingezeichnet. Die technischen Gegebenheiten legen eine solche zentralisierte Organisationsform nahe.[125] Dezentrale Versorgungskonzepte wie etwa lokal in Teilbetrieben[126] plazierte oder an einzelne Fertigungsprozesse[127] gekoppelte, energietechnische Anlagen lassen sich eigenständig in einem ähnlichen Schema betrachten.

Die innerbetriebliche Standortwahl für eine zentrale oder mehrere dezentrale, vernetzte Anlagen zur Energieversorgung ist eng verbunden[128] mit der optimalen Auslegung und Trassenführung[129] von Werksnetzen zur

122 Zum Problem der Abgrenzung einer projektbezogenen Finanzierung vgl. BLOHM/LÜDER [1988], S.119-121.

123 Vgl. dazu HAEGERT [1978].

124 Vgl. MICHAELIS [1987] und Abschnitt 5.3.

125 Z.B. ist es wenig sinnvoll, Entscheidungen zur Bestimmung eines kostenminimalen Primärenergieträgermix direkt über die Fertigungsprozesse zu steuern, da es kaum Produktionsprozesse gibt, die eine Substitution von Primärenergieträgern technisch erlauben.

126 Eine Dezentralisierung einer betrieblichen Energieversorgung erläutern ALTHOFF/DITSCHEID [1986].

127 Z.B. Maßnahmen zur Abwärmenutzung; vgl. dazu EBERSBACH [1984], PAPPERITZ u.a. [1980], STUMPF [1981], SUTTOR/SCHARFF [1979].

128 Bei großen Industriestandorten mit verzweigten Prozeßdampfnetzen muß die Verteilung einzelner Industriekraftwerke über das Werksgelände gemeinsam mit den Werksnetzen geplant werden. Das Industriekraftwerk in Abbildung 2.22 ist z.B. eine von drei KWK-Anlagen in einem Werk. Ansätze zur simultanen Kraftwerks- und Netzplanung werden vorwiegend für die Planung der EVU publiziert; vgl. etwa EDWIN [1985], MUCKENHUBER [1984], RABENSTEINER [1983], SAWEY/ZINN [1977]. Zur Standortplanung ganzer Betriebe vgl. auch HANSMANN [1974] und HALBRITTER [1979].

129 Zur Planung elektrischer Werksnetze vgl. STYCZYNSKI [1980]; Optimierungsmodelle für Überlandnetze (EVU-Planung) entwickeln BERRIE [1983], CICHOWSKI/WINDMÖLLER [1987], MELIOPOULOS u.a. [1982], SILLABER [1981], SULLIVAN [1977] und ZEISE [1978]; weitere Hinweise enthält die Bibliographie von GONEN/MAHMOUD [1983].

Übertragung von Strom und Dampf, die hier nicht behandelt werden. Vielmehr wird angenommen, daß an der Schnittstelle zwischen einer zentralen, betrieblichen Energieversorgung und der Fertigung die Einspeisung von elektrischer Energie und von Prozeßwärme in bereits vorhandene Werksnetze erfolgt. Hierzu sind einige Vorüberlegungen zur energetischen Qualität dieser Nutzenergien angebracht.

Insbesondere ist zu beachten, daß Strom über Leitungsnetze unterschiedlicher Spannung und Prozeßwärme über Rohrnetze verschiedenen Drucks und unterschiedlicher Temperatur transportiert werden.

Die Stromverteilung muß elektrische Energie in derjenigen Spannungsstufe bei einem Stromverbraucher anliefern, für die dieser technisch konzipiert ist. Dabei gibt es viele kleine Verbraucher im Niederspannungsnetz (z.B. Beleuchtung) und wenige Großverbraucher in Mittelspannungsnetzen (Fertigungsanlagen). In der öffentlichen Versorgung sind Stromnetze hierarchisch nach Spannungsstufen[130] aufgebaut, da mit zunehmender elektrischer Spannung die Kapazität einer Übertragungsleitung steigt und zusätzlich die Transportverluste abnehmen.

Aufgrund der kurzen Entfernungen spielen Hochspannungsnetze auf einem Betriebsgelände keine Rolle. Meist gibt es ein oder zwei Mittelspannungsnetze und ein Niederspannungsnetz. Die Netzeinspeisung der Kraftwerke ({3}) erfolgt auf der höchsten installierten Spannungsstufe, welche die daran angeschlossenen Verbraucher und das Netz der nächst niedrigen Spannungsstufe über Transformatoren[131] (Umspannung) versorgt; dieses Verteilungsprinzip setzt sich fort bis zum Niederspannungsnetz.

Die Kapazität jedes Netzes richtet sich daher nach dem höchsten gleichzeitigen Bedarf der nachfolgenden Spannungsstufe und der direkt angeschlossenen Verbraucher.[132] Sowohl der von außen bezogene ({4}) wie auch der selbst erzeugte Strom werden auf der höchsten im Betrieb installierten Spannungsstufe in das Werksnetz eingespeist; auch Überschußstrom ({5}) kann mit dieser Netzspannung nach außen abgegeben werden. Unter Beachtung der oben gesetzten Prämisse vorgegebener Werksnetze wird deshalb die Stromversorgung des Betriebs in *einem* Netzeinspeisepunkt ({3}) zusammengefaßt.

130 Es werden Hoch- (Netzspannung > 100 kV), Mittel- (Netzspannung > 5 kV) und Niederspannungsnetze (Netzspannung = 220/380 V) unterschieden.

131 Zum Aufbau und zur Funktionsweise von Transformatoren siehe BAEHR/ CASPER 1985.

132 Vgl. das Prinzip der Spannungsstufen-Divisionskalkulation in Kapitel 3.

Diese Vereinfachung läßt sich nicht auf Netze zur Wärmeversorgung übertragen. Als Wärmeträger wird Wasser bzw. Wasserdampf verwendet, dessen Bedarfsgeschwindigkeit - gemessen in Tonnen pro Stunde [t/h] - und dessen Qualität - definiert durch Dampfdruck und Dampftemperatur - die Auslegung eines Dampfnetzes bestimmen.[133]

Bei der Festlegung der bereitzustellenden Dampfqualitäten ist von den Prozeßtemperaturen auszugehen, die in der Fertigung benötigt werden. Um dort eine effektive Wärmeabgabe zu erreichen, legt man einen Netzdampfdruck etwas oberhalb[134] des Siededrucks[135] fest, der zur benötigten Prozeßtemperatur gehört.[136] Wird nun an mehreren Fertigungsstellen Prozeßwärme verschiedener Temperatur benötigt, installiert man entsprechende Dampfnetze unterschiedlichen Drucks.

Im Gegensatz zur Stromversorgung wird in diese Netze jedoch *getrennt* eingespeist: Da zur Erhitzung des Wasserdampfes Brennstoffkosten anfallen, ist eine Abkühlung von Prozeßdampf durch Wassereinspritzung nicht sinnvoll;[137] die Ausnutzung solcher Unterschiede in der Qualität des benötigten Prozeßdampfes zur zusätzlichen Stromerzeugung ist gerade ein charakteristischer Vorteil von industriellen KWK-Anlagen.

Bei mehreren Dampfnetzen wird daher Dampf unterschiedlicher Qualität vom Industriekraftwerk abgegeben, d.h., in Planungsmodellen für KWK-Anlagen sind *unterschiedliche "Wärmeprodukte"* anzusetzen, während Strom als ein *homogenes Gut* betrachtet werden kann. Die Schnittstelle zur Wärmeversorgung der Fertigung in Abbildung 1.1 ({6}) ist daher eine Vereinfachung, die in Kapitel 5 aufgehoben wird. Für die Erläuterungen dieses Abschnitts genügt zunächst die Kenntnis von der Existenz *eines* Dampfversorgungsnetzes zwischen Industriekraftwerk und Fertigung.

Im Zentrum der industriellen Energieversorgung sind drei technologische Basiskonzepte HW, HKW, KW zur Bereitstellung der in der Fertigung benötigten Nutzenergien jeweils in Form einer Black Box eingezeichnet.

133 Vgl. dazu Kapitel 2.

134 Eine Kondensation des Wasserdampfes soll verhindert werden, Druck- und Temperaturverluste im Netz sind abzudecken.

135 Wasser wird u.a. wegen seiner hohen spezifischen Verdampfungswärme als Wärmeträger genutzt; vgl. HÖHENBERGER/KESSLER [1983], S.303-305.

136 Die thermodynamischen Zusammenhänge werden in Kapitel 2 erläutert.

137 Zur Begründung vgl. die Ausführungen zu Abbildung 2.8.

In dieser Darstellung ist ein Kraftwerk (KW) eine Technologie, die unter Einsatz marktgängiger ({9}, z.B. Brennstoffe) und direkt der Umwelt entnommener ({10}, z.B. Rohwasser, Verbrennungsluft) Produktionsfaktoren elektrische Energie für die Fertigung bereitstellt ({3}), wobei Nebenprodukte an die natürliche Umwelt abgegeben werden ({11}, z.B. Abgase, feste Verbrennungsrückstände, Kühlwasser).

Die beiden verbleibenden Basistechnologien Heizwerk (HW) und Heizkraftwerk (HKW) benötigen qualitativ den gleichen Inputstrom und erzeugen die gleichen Nebenprodukte ({9}, {10}, {11}). Sie unterscheiden sich im Output. Ein Heizwerk erzeugt ausschließlich Wärmeenergie ({6}), während ein Heizkraftwerk sowohl elektrische als auch thermische Energie bereitstellt ({3}, {6}). Die Begriffe Heizkraftwerk und Heizwerk werden im industriellen Bereich spezieller durch KWK-Anlage und Dampfkessel ersetzt.

Die Black-Box-Betrachtung in Abbildung 1.1 zeigt die elementaren Entscheidungsprobleme einer betrieblichen Energiewirtschaft auf. Zur Verdeutlichung soll jeweils ein Beispiel aus der Produktionsplanung und aus der Investitionsplanung angesprochen werden.

In der Produktionsplanung wird von gegebenen Kapazitäten sowohl in der Fertigung wie auch im Energiebereich ausgegangen. Beim Strombezug und einer eventuellen Stromrücklieferung bedeuten "gegebene Kapazitäten", daß die Regelungen und Preisdaten eines bereits abgeschlossenen Sonderabnehmervertrags[138] mit einem EVU vorgegeben sind. Da ein Wärmeverbund ausgeschlossen wird, ist der Mengenfluß an den Pfeilen {7} und {8} gleich null. Unter Ausschluß einer Lagermöglichkeit für Strom und Dampf lautet ein einfaches Produktionsplanungsproblem wie folgt.

Im Fertigungsbereich wird ein Produktionsvollzugsplan für eine Schicht aufgestellt, dessen Bedarf an Strom und Dampf von der betrieblichen Energieversorgung zu decken ist. Aus diesem vorgegebenen Produktionsvollzugsplan sind über verfahrensspezifische Energieverbrauchsfunktionen halbstündige Lastpunkte[139] für die Bereitstellung von elektrischer und thermischer Energie zu ermitteln.

Mit Bezug auf Abbildung 1.1 handelt es sich dabei um eine zeitlich geordnete Menge von Wertepaaren, die für einen vorgegebenen Zeitraum - hier eine halbe Stunde - die Flußgeschwindigkeit der Güterströme (Intensität,

138 Vgl. Kapitel 4.

139 Eine in der Praxis übliche Technik, um Stützpunkte für die graphische Darstellung der Energieverbrauchsgeschwindigkeit über die Zeit (Lastkurve) zu ermitteln; vgl. dazu Kapitel 3.

Last) an den Endpunkten der Pfeile {3} und {6} definieren. Für diese Lastvektoren wird ein Einsatzplan[140] der drei Versorgungsanlagen unter Einbeziehung der Stromzukaufs- und Stromverkaufsmöglichkeiten gesucht, der die (Verbrauchs-) Geschwindigkeit der Güterströme {4}, {5}, {9}, {10} und {11} kostenminimal[141] bestimmt.

Im Rahmen der Investitionsplanung hat die betriebliche Energiewirtschaft die Aufgabe, die Kapazitäten und die konkrete Ausgestaltung der drei Basistechnologien (Größe, Auslegung und Verschaltung von KW, HKW, HW, Brennstoffwahl, Auswahl einer Umweltschutztechnologie, Werksnetzausbau) und die mittelfristigen Lieferverträge mit dem EVU (Restriktionen und monetäre Bewertung zu {4} und {5}) und sonstigen Lieferanten ({9}; z.B. Brennstofflieferverträge) zu planen: Der Kapitalwert der Summe der zum Kapazitätsaufbau erforderlichen Anschaffungsauszahlungen und der Auszahlungen, die durch die Nutzenergiebereitstellung ({9}, {10}, {11}) für die geplante Beschäftigung verursacht werden, ist zu minimieren.

Diese Beispiele beenden die Beschreibung einer industriellen Energiewirtschaft nach Abbildung 1.1. Die Stellung der Energieversorgung im Rahmen einer betrieblichen Gesamtplanung und das breite Aufgabenspektrum in diesem Bereich sind aufgezeigt und betriebswirtschaftlich klassifiziert. Die in dieser Arbeit behandelte Thematik wird in den nachfolgenden Abschnitten präzisiert; der Zusammenhang zu den nicht weiter vertieften Fragen ist hergestellt, ergänzt durch Hinweise auf entsprechende Literatur.

Die Arbeit ist *inhaltlich* in einen grundlegenden Teil (Kapitel 1, 2 und 3) und in einen Hauptteil (Kapitel 4 und 5) gegliedert. Der *methodische* Aufbau ergibt sich durch die Entwicklung abschnittsübergreifender *Betriebsmodelle* innerhalb der einzelnen Kapitel. In Abschnitt 1.4 erfolgt zunächst ein inhaltlicher Überblick.

[140] ... der Produktionsvollzugsplan für die Energieversorgung;

[141] Stromerlöse aus {5} sind dabei negativ anzusetzen.

1.4. Inhaltlicher Aufbau

Im voranstehenden Abschnitt wird die besondere Bedeutung der *elektrischen* Energieversorgung eines Industriebetriebs deutlich. Die Gestaltungsmöglichkeiten in der Bereitstellung dieser Nutzenergieform definieren das Grundraster des energiespezifischen, betrieblichen Entscheidungsfeldes. Die Variation der Gestaltungsmöglichkeiten einer betrieblichen Stromversorgung bildet daher den "roten Faden" der Arbeit.

Die Gliederung des Textes orientiert sich an der betriebswirtschaftlichen Struktur der Themenstellung. Auf diese Einleitung (Kapitel 1) folgt ein produktions- und kostentheoretischer Grundlagenteil (Kapitel 2, 3), ein nach Eigenerstellung und Fremdbezug (elektrischer Energie) unterteilter Optimierungsteil (Kapitel 4, 5) und eine Zusammenfassung (Kapitel 6).

Das 1. Kapitel führt in die Themenstellung ein. Aufbauend auf dem in Abschnitt 1.3 entwickelten, deskriptiven Grundmodell einer betrieblichen Energiewirtschaft, werden in dieser Inhaltsübersicht die im weiteren Text behandelten Themen näher abgegrenzt. Abschnitt 1.5 beschließt die Einführung mit einer Erläuterung der methodischen Vorgehensweise.

Das 2. Kapitel behandelt die *technischen Grundlagen*. Der Schwerpunkt liegt dabei auf einer *produktionstheoretischen* Einordnung der *elementaren Energieumwandlungtechnologien*, aus denen die Vielfalt der betrieblichen Energieversorgungskonzepte *modular* aufgebaut wird. Hierzu wird jeder Technologiebaustein in einem Produktionsflußbild (Input-Output-Analyse) abgebildet, thermodynamisch berechnet und schließlich in eine *Faktoreinsatzfunktion* umgesetzt, die zum Aufbau *operabler, betriebswirtschaftlicher* Planungsverfahren geeignet ist.

Eine ökonomische Untersuchung der betrieblichen Energiewirtschaft ist ohne ein Mindestmaß an technischem Hintergrundwissen nicht möglich. Die produktionstheoretische Analyse jeder Basistechnologie wird deshalb ergänzt durch einen - für Nichttechniker konzipierten - *qualitativen Überblick über die wichtigsten, technischen Auslegungsvarianten*. Mit dieser Ergänzung versucht das 2. Kapitel einen Brückenschlag zwischen Ingenieurwissenschaften und Betriebswirtschaftslehre, um die Herleitung der später entwickelten Modelle für beide Seiten verständlich zu halten.[142]

Als Strukturkomponenten einer industriellen Energiewirtschaft werden das Prinzip der Kraft-Wärme-Kopplung (KWK) und die technischen KWK-Grund-

142 Abschnitt 5.1 geht auf das Problem einer geeigneten Zusammenarbeit beider Disziplinen ein.

schaltungen (Gegendruckturbine, Entnahmekondensationsturbine) erläutert. Die Installation von KWK-Prozessen bedeutet, daß ein Betrieb erstens Prozeßwärme benötigt und zweitens elektrische Energie selbst erzeugt. Mit Verweis auf die genaueren Ausführungen in Kapitel 2 verwenden wir die Begriffe KWK-Anlage und Industriekraftwerk synonym.

Nach der Einführung der Energie*technik* in Kapitel 2 behandelt Kapitel 3 die Grundlagen der Energie*wirtschaft*, die zum Aufbau einer betrieblichen Energieversorgungsplanung benötigt werden bzw. die als Informationen über den "Energiebeschaffungsmarkt" bekannt sein müssen.

Im allgemeinen Sprachgebrauch wird der Begriff Energiewirtschaft speziell auf den Bereich der öffentlichen Energieversorgung und auf die Energieversorgungsunternehmen (EVU) bezogen. Die meisten der in Abschnitt 1.2 genannten Veröffentlichungen zur *industriellen* Energiewirtschaft nehmen eine scharfe Abgrenzung zwischen den energiespezifischen Planungsproblemen eines Industriebetriebs und der Planung eines EVU vor.

Für eine solche Abgrenzung sprechen Unterschiede der Zielsetzung,[143] der Marktseite[144] und der Marktposition.[145] Untersucht man jedoch die (einzel-) betriebliche Planung eines EVU etwas genauer, so erkennt man, daß es sich für eine industrielle Energiewirtschaft in vierfacher Hinsicht lohnt, die in der öffentlichen Energieversorgung entwickelten Planungstechniken näher zu betrachten.

Erstens ist ein EVU infolge seines Betriebszwecks auf *technisch* bedingte, d.h. von den o.g. Unterschieden *un*abhängige energiespezifische Planungsfragen spezialisiert. Im Zuge dieser Spezialisierung wurden von den EVU elektrizitätswirtschaftliche *Kennlinien und Kennziffern* und grundlegende *energiewirtschaftliche Planungstechniken* entwickelt, die sich - teilweise modifiziert - in einer betrieblichen Planung anwenden lassen. Die wichtigsten dieser Grundlagen werden in Kapitel 3 besprochen.

Zweitens ist ein EVU ein mächtiger - an einem Standort der einzige - Lieferant für die wichtigste betriebliche Nutzenergieform, die elektrische Energie. Die Gestaltungsmöglichkeiten dieser Geschäftsbeziehung begrenzen wesentlich den Handlungsspielraum einer betrieblichen Energieversorgung. In Verhandlungen mit dem EVU ist es deshalb hilfreich, das *Grundraster einer energiewirtschaftlichen Gesamtplanung*, d.h. die *betriebliche Interes-*

[143] ... öffentlicher Versorgungsauftrag und betriebliches Gewinnstreben;

[144] ... Energiebereitstellung (Verkauf) und Energieverbrauch (Zukauf);

[145] ... regionales Angebotsmonopol und (vollständige) Konkurrenz;

senlage des EVU und den *gesamtwirtschaftlichen Hintergrund* einer EVU-Planung, zu kennen. Auch auf diese Aspekte geht Kapitel 3 ein.

Drittens setzt der Aufbau einer betrieblichen Strombezugsplanung die Kenntnis und das Verständnis der Stromlieferkonditionen und der Strompreisregelungen voraus, die mit einem EVU zu vereinbaren sind. Insbesondere wird zur Herleitung einer betrieblichen Strombezugskostenfunktion eine formale Notation der verschiedenen Grundbestandteile einer Strompreisregelung benötigt. Während der *Aufbau* dieser durchweg komplizierten Preisregelungen durch verschiedene Kombinationen der *Grundformen der Preisdifferenzierung* entsteht, wird die *Höhe* der Strompreise durch die Verfahren einer *energiewirtschaftlichen Kalkulation* bestimmt. Kapitel 3 erläutert diese Punkte. Im weiteren Text ergeben sich daraus zusätzlich einige Anregungen für ein betriebliches Energiecontrolling.

Viertens findet man in der Literatur zur Planung der EVU nicht nur die Beschreibung der o.g. elementaren Planungstechniken, sondern auch eine Vielzahl *fortgeschrittener Planungsmodelle*, deren potentieller Beitrag zum Aufbau einer betrieblichen Planung nur in Kenntnis der dort abgebildeten Entscheidungsprobleme zu beurteilen ist. In einem Vergleich der Kapitel 3 und 5 kommt es vor allem darauf an, die - bzgl. der Formulierung von Optimierungsmodellen - *strukturelle Ähnlichkeit* der auf Kraftwerks*blöcke* ausgerichteten EVU-Planung und einer auf Kraftwerks*komponenten* bezogenen betrieblichen Energieversorgungsplanung aufzuzeigen.[146]

Kapitel 4 untersucht den Fremdstrombezug für Betriebe ohne Eigenstromerzeugung. Da elektrische Energie in jeder industriellen Fertigung benötigt und in den weitaus meisten Unternehmen von außen bezogen wird, ist die Planung und Kontrolle des Strombezugs die wichtigste Aufgabe einer betrieblichen Energiewirtschaft. Darüber hinaus vereinigt der Fremdstrombezug die *Besonderheiten*, die aus betriebswirtschaftlich-*theoretischer* Sicht eine *energiespezifische betriebliche* Planung auszeichnen.

Die aus der Nichtlagerbarkeit und aus der Leitungsgebundenheit resultierenden, *produktionstheoretischen* Besonderheiten lassen sich auf den zweiten, in Kapitel 5 untersuchten Nutzenergieträger *Prozeßdampf* ohne Schwierigkeiten übertragen. Die mit einem mehrfach differenzierten Beschaffungspreissystem verbundenen *kostentheoretischen* Besonderheiten treten analog bei der Planung des *Erdgasbezugs* auf.

[146] An verschiedenen Stellen der Arbeit wird auf theoretisch anspruchsvolle Optimierungsmodelle der EVU hingewiesen, deren Elemente sich für eine modellgestützte Planung der betrieblichen Energieversorgung modifizieren lassen. Vgl. z.B. die Anmerkungen 128, 129 in Abschnitt 1.3 und insbesondere die Hinweise in Kapitel 5.

Im Mittelpunkt von Kapitel 4 steht die *Abstimmung des Fremdstrombezugs mit einer betrieblichen Produktions- und Absatzplanung.* Eine Voruntersuchung ermittelt als entscheidungsrelevante Kostenbestimmungsfaktoren einer solchen Abstimmung erstens *die Art der Strompreisregelung,* zweitens die *Art der Anpassung an Beschäftigungsschwankungen* und drittens *die Art der Planungsmethode.* Die verschiedenen Ausprägungen dieser Einflußfaktoren werden eingeführt und kombiniert.

Entsprechend der Themenstellung erfolgt die Analyse der verschiedenen *Strompreisregelungen* dabei vertieft. Die Struktur des Strompreissystems gliedert das Kapitel. Um die komplizierte, in den Lieferverträgen nur verbal beschriebene Ermittlung der Strombezugskosten einer quantitativen und anwendungsnahen Analyse zugänglich zu machen, wird aus den Vertragstexten der wichtigsten in der Bundesrepublik Deutschland angebotenen Sonderabnehmerverträge eine *universelle* (vertragsübergreifende) *Strombezugskostenfunktion* abgeleitet.

Aufbauend auf dieser Kostenfunktion erfolgt zunächst eine *systematische Analyse* und ein *Vergleich* der verschiedenen Preissysteme. Dabei wird deutlich, daß die Planung des produktionstheoretisch zunächst einfach erscheinenden homogenen Guts "elektrische Energie" kostentheoretisch zu komplizierten Problemen führen kann. Zur *optimalen Auswahl eines Sonderabnehmervertrags* wird eine *Sensitivitätsanalyse* vorgeschlagen.

In einem zweiten Schritt wird versucht, die Strombezugskostenfunktion in die betriebswirtschaftlichen Standardansätze zur Produktions- und Absatzplanung einzubauen. Wie oben bereits angedeutet, wird dabei nach den Anpassungsarten an Beschäftigungsschwankungen (zeitlich, intensitätsmäßig etc.) und nach der Planungskonzeption (Simultanplanung, Sukzessivplanung) unterschieden. Die Ausführungen zur Sukzessivplanung weisen zusätzlich auf einige, *energiespezifische Probleme in der Kostenrechnung* hin und enthalten eine Untersuchung zur Bildung *innerbetrieblicher Verrechnungspreise für elektrische Energie.*

Das 5. Kapitel befaßt sich mit der *Planung einer betriebseigenen Stromerzeugung.* Abschnitt 1.3 weist bereits darauf hin, daß die Eigenerzeugung elektrischer Energie i.d.R. nur in Verbindung mit einer zeitgleichen *Prozeßdampfproduktion* einerseits und mit einem ergänzenden Stromfremdbezug andererseits wirtschaftlich ist. Die zentrale ökonomische Fragestellung in der Planung eines Industriekraftwerks ist deshalb die optimale *Wahl zwischen der Eigenerzeugung und dem Fremdbezug elektrischer Energie.*

Von dieser Problemstellung läßt sich sowohl in der kurzfristigen, wie auch in der mittel- bis langfristigen operativen Planung eine Vielzahl weiterer betriebswirtschaftlich relevanter Fragen ableiten. Im kurzfristigen Bereich gehören hierzu Probleme der optimalen Lastverteilung, die Behandlung von Anfahr- und Laständerungskosten, die Berücksichtigung einer stochastischen (Last-) Nachfrage und die innerbetriebliche Verrechnung der Dampfkosten. Langfristig wird auf den Aufbau eines Industriekraftwerks und auf die Bestimmung einer Reservekapazität hingewiesen.

Es ist nicht möglich, alle diese Themen zu behandeln. In Kapitel 5 wird vielmehr versucht, die energiespezifischen Planungselemente für das Grundproblem - die Wahl zwischen der Eigenerzeugung und dem Fremdbezug elektrischer Energie - so darzustellen, daß die übrigen Teilprobleme mit Hilfe dieser Planungselemente durch eine Anwendung der betriebswirtschaftlichen Standardverfahren erschlossen werden können.

Dies erscheint deshalb möglich, weil die anwendungsbezogenen (energiespezifischen) Besonderheiten einer Eigenstromerzeugung vorwiegend produktionstheoretischer Natur sind. Wenn die Herleitung geeigneter Produktionsmodelle grundsätzlich einmal erläutert ist, kann der Ausbau oder die Verfeinerung dieser Ansätze anhand der o.g. Standardverfahren erfolgen. Beispielsweise ist die Konstruktion eines integrierten Investitions- und Produktionsplanungsmodells nicht schwierig, wenn einerseits die Vorgehensweise zur Konstruktion eines Technologiemodells und andererseits die integrierten Standardansätze zur Investitionsplanung bekannt sind.

Aufbauend auf den in Kapitel 2 erläuterten Elementarbausteinen und Faktoreinsatzfunktionen werden deshalb in Kapitel 5 *Techniken zur Formulierung produktionswirtschaftlicher Modelle von Industriekraftwerken* vorgestellt. Dabei geht es weniger um eine exakte Abbildung technischer Einzelheiten, als vielmehr darum, ein operables Kalkül zur Beurteilung der *ökonomisch* relevanten Planungsprobleme zu entwerfen. Ein Schwerpunkt liegt dabei auf einer geeigneten Erfassung der *Betriebskosten*.

Um die universellen *Ausbaumöglichkeiten* der vorgeschlagenen Modelle aufzuzeigen, werden einige *Modifikationsvorschläge* konkret angegeben und Querbezüge erstens zu *betriebswirtschaftlichen Standardmodellen* und zweitens zu *spezialisierten EVU-Modellen* erläutert. Dies führt zu weiteren Anregungen für die konkrete Entwicklung projekt- und problemspezifischer Planungsmodelle. Abschließend wird das Problem der Verrechnungspreisbildung bei Kuppelproduktion kurz aufgegriffen, und einige Möglichkeiten einer EDV-unterstützten Projektplanung werden skizziert.

Das 6. Kapitel enthält eine Zusammenfassung.

1.5. Methodischer Aufbau

Ein erster Versuch beim Entwurf dieser Arbeit bestand in der Entwicklung eines umfassenden, integrierten Planungsmodells einer betrieblichen Energiewirtschaft durch eine schrittweise Verfeinerung und Quantifizierung des Strukturmodells in Abbildung 1.1. Ausgehend von dem in der Industriebetriebslehre[147] bekannten Grundaufbau einer Unternehmensplanung bieten sich dabei insbesondere die betriebswirtschaftlichen Standardverfahren zur (kurzfristigen) Produktions- und Absatzplanung[148] und zur (langfristigen) Investitions- und Produktionsplanung[149] an.

Die *Produktionsplanung* ist das verbindende Element dieser Ansätze. Der Versuch, ein *allgemeingültiges* Produktionsmodell (Technologiemodell) der betrieblichen Energieversorgung zu entwickeln, scheitert an der nicht überschaubaren Vielfalt der technisch möglichen - und konkret installierten - industriebetrieblichen Energieversorgungskonzepte: "... die Vielzahl möglicher Auslegungskriterien der Industriekraftwerke macht es schwierig, solche Anlagen systematisch abzuhandeln."[150]

Auch eine produktionstheoretische Standardisierung dieser Technologien mit der Zielsetzung, ein *repräsentatives* Produktionsmodell zu entwickeln, ist nur mit Hilfe von starken Vereinfachungen möglich, insbesondere mit solchen Vereinfachungen die energiespezifische und ökonomisch interessante Aspekte gerade verdecken.[151] Beispiele für derartige Vereinfachungen sind konstante Verbrauchsfunktionen auf der Basis maximaler Wirkungsgrade und die Modellierung eines Industriekraftwerks oder eines Sonderabnehmervertrags in Form einer Black Box.

Das Gegenstück zu einem allgemeingültigen oder repräsentativen Gesamtmodell ist eine alle Aspekte *einer* betrieblichen Energieversorgung umfassende *Fallstudie*. In der betrieblichen Praxis einsetzbare Planungskonzepte sind *unternehmens-*,[152] *projekt-*[153] und *problemspezifisch*[154] zu

147 Vgl. HEINEN [1985], JACOB [1986], KILGER [1986], HANSMANN [1984].

148 Vgl. KILGER [1973].

149 Vgl. JACOB [1976], ROSENBERG [1975], SEELBACH [1967], SCHWEIM [1969].

150 SCHÜLLER [1984], S.279; vgl. dazu auch Kapitel 2.

151 Zur generellen Problematik der Wahl einer geeigneten Problemabgrenzung und eines Abstraktionsgrades vgl. ZENTES [1976].

152 ... z.B. abhängig von der Branche und von der Fertigungstechnologie.

153 ... z.B. abhängig vom konkreten Aufbau der Energieversorgung.

154 ... z.B. abhängig vom Planungshorizont.

formulieren, d.h., in einer Fallstudie müssen technische und betriebsindividuelle Details erläutert und eine Vielzahl empirischer Daten ermittelt werden. Wegen des Aufwands und des Einzelfallcharakters eines solchen Ansatzes kann es nicht das Ziel dieser Arbeit sein, ein realitätsnahes Abbild einer speziellen betrieblichen Energieversorgung zu erarbeiten.

Da weder ein formalisiertes Gesamtmodell noch eine geschlossene Fallstudie geeignet sind , die ökonomisch relevanten Planungsprobleme einer industriellen Energiewirtschaft in einer universell anwendbaren Form darzustellen, liegt eine *modular* aufgebaute Untersuchung nahe, d.h., die Entwicklung einer Sammlung von *Bausteinen*, die zum Aufbau einer betriebsindividuellen Planung verwendet werden können.

Bei einem modularen Ansatz tritt an die Stelle der Komplexität eines Gesamtmodells jedoch das Problem der Schnittstellendefinition. Bei einer isolierten Betrachtung eines Teilplans besteht die Gefahr, wesentliche Interdependenzen zu übersehen.

Darüber hinaus ist auch eine Erläuterung *einzelner* energiespezifischer Planungsaspekte ohne ein *greifbares Technologiemodell* nicht möglich. Wenn man die allgemeinen Planungsverfahren der Betriebswirtschaftslehre als universell (anwendungsneutral) auffaßt, definiert ein energiespezifisches Produktions- oder Technologiemodell gerade den betriebswirtschaftlichen *Anwendungsbereich*, der hier zu untersuchen ist.

Aus diesen Vorüberlegungen läßt sich für den Aufbau einer betriebswirtschaftlichen Untersuchung zur industriellen Energieversorgung die Forderung nach einem *möglichst integrierten, modularen, anwendungsorientierten, aber einzelfallunabhängigen Ansatz* ableiten. Wir versuchen, diesen teilweise konkurrierenden Kriterien mit der Entwicklung mehrerer *Betriebsmodelle* gerecht zu werden.

An einem Betriebsmodell wird die *Struktur* betriebswirtschaftlicher Entscheidungsprobleme untersucht, die im Rahmen einer industriellen Energiewirtschaft auftreten. Jedes Kapitel der Arbeit - die Zusammenfassung ausgenommen - enthält ein abgeschlossenes Betriebsmodell. Das zum 1. Kapitel gehörende, deskriptive Betriebsmodell einer industriellen Energiewirtschaft wird in Abschnitt 1.3 behandelt.

Die Betriebsmodelle in den weiteren Kapiteln sind abschnittsübergreifend in dem Sinn, daß verschiedene Planungsbausteine durch die Variation oder Erweiterung eines Entscheidungsmodells oder eines Ausgangsbeispiels schrittweise erläutert werden. Die *Entstehung* dieser *abschnittsübergreifenden Betriebsmodelle* kann man sich wie folgt vorstellen.

Die *inhaltliche Strukturierung* des Stoffes ergibt zunächst die Gliederung, die in den Überschriften der Kapitel und Abschnitte zum Ausdruck kommt. In Abschnitt 1.4 wird erläutert, welche Punkte in dieser Einführung (Kapitel 1), in den produktionstechnischen (Kapitel 2) und den energiewirtschaftlichen (Kapitel 3) Grundlagen sowie in den beiden Hauptkapiteln zur Planung einer betrieblichen Energieversorgung ohne (Kapitel 4) und mit (Kapitel 5) einer eigenen Stromerzeugung behandelt werden.

Jedes dieser Kapitel enthält jeweils die in dieser Untersuchung gefundenen oder als ökonomisch interessant erachteten *energiespezifischen Planungselemente*. Ausgehend von der Gesamtheit dieser energiespezifischen, betriebswirtschaftlich relevanten Planungselemente eines Kapitels wird ein Planungsproblem (ein Betriebsmodell) *konstruiert* (!), das

- schrittweise und z.T. in mehreren Varianten aus diesen Planungselementen aufgebaut wird. Insofern erfolgt der Aufbau des Modells *modular*.

- möglichst viele Planungselemente in ihrer gegenseitigen Abhängigkeit enthält. Deshalb sind zumindest diese Planungselemente *integriert*.

- in allen energiespezifischen Teilen mit realitätsnahen und aktuellen technischen und ökonomischen Daten konkret formuliert und gelöst wird. Ein Betriebsmodell ist daher *anwendungsorientiert*.

- Planungselemente kombiniert, deren Zusammenstellung auf allgemeine Überlegungen und insbesondere *nicht* auf eine spezielle Energieversorgung zurückgeht. Insofern ist ein Betriebsmodell *einzelfallunabhängig*.

Ein Betriebsmodell ist demnach weder ein akademisches noch ein reales Beispiel. Vielmehr handelt es sich um ein nach ausgewählten, realen Sachverhalten konstruiertes Fallbeispiel, an dem die Anwendung energiespezifisch charakteristischer Planungselemente untersucht und demonstriert wird. Die Besonderheit eines Betriebsmodells besteht darin, daß es inhaltlich zusammengehörige und einzelfallunabhängige, energiespezifische Aspekte *detailliert* und mit realitätsnahen Daten abbildet.[155]

[155] Beispielhaft wird auf die Modellierung konkreter Strombezugs-*Muster*verträge in Kapitel 4 oder auf die Betriebskostenapproximation einer aus den in Kapitel 2 behandelten Elementarbausteinen *konstruierten* Wärmeschaltung in Kapitel 5 hingewiesen.

Die zur Erläuterung notwendigen, *nicht* energiespezifischen Modellteile werden dagegen stark vereinfacht.[156] Diese Modellteile sind "rein akademisch". Die Struktur (Größe) eines Betriebsmodells ist minimal unter der Nebenbedingung, daß die in der Realität geltenden, energiespezifischen Aspekte gerade erfaßt sind.

Auf diese Weise wird versucht, ökonomisch relevante, *energiespezifische* Planungsbausteine für eine Vielzahl möglicher Projekte und Probleme zu entwickeln, d.h., eine energiespezifische, aber einzelfallunabhängige betriebswirtschaftliche Methoden- und Ideensammlung zum schrittweisen Aufbau konkreter Planungsmodelle zusammenzustellen.

Darüber hinaus wird unter einer theoretischen Zielsetzung ein *Instrumentarium* bereitgestellt, das die Planung einer industriellen Energiewirtschaft einer *quantitativen Untersuchung* zugänglich macht. Dies gilt nicht nur für die in dieser Arbeit behandelten Betriebsmodelle, sondern auch für viele *weiterführende Untersuchungen*, auf die an geeigneter Stelle jeweils hingewiesen wird.[157] Dabei werden auch *allgemeine betriebswirtschaftliche Zusammenhänge* deutlich.[158]

Ein Vorteil der detaillierten Formulierung des energiespezifischen Teils der Betriebsmodelle besteht darin, daß einige theoretisch interessante Probleme erst in Kenntnis der in der Realität geltenden *Einzelheiten* und *Interdependenzen* entstehen.[159] Zusätzlich werden eventuelle Schwierigkeiten der *Datenbeschaffung* deutlich.

Die *konkrete Lösung* der Betriebsmodelle unterstützt die Beurteilung ihrer *Komplexität*. Die relative Bedeutung einzelner Restriktionen und Variablen läßt sich in konkretisierten Teilmodellen einfacher abschätzen. Dadurch

156 Beispiele hierfür sind die Betrachtung eines *Einproduktbetriebes* in Kapitel 4 oder auch das dort verwendete *Zeitraster* der Planung, das gerade die Tarifzeiten des Strombezugs erfaßt.

157 An einigen Stellen bieten sich zusätzlich Schnittstellen *zwischen* den einzelnen Betriebsmodellen an. Die Modelle sind jedoch *nicht* speziell in dieser Absicht (Dekomposition, Aggregation) entwickelt.

158 Hierzu zählen produktions- und kostentheoretische Eigenschaften von KWK-Anlagen und die Struktur von Strombezugskostenfunktionen. Auch die energiespezifischen Interdependenzen zwischen Produktionsprogramm- und Produktionsvollzugsplanung und zwischen Produktions- und Investitionsplanung gehören dazu. Eine Abgrenzung dieser Teilpläne in einer betrieblichen Energiewirtschaft erfolgt in Kapitel 4.

159 Beispielsweise wird man eine komplexe Rabattregelung, wie sie der Sonderabnehmervertrag Z anbietet, in der betriebswirtschaftlich-theoretischen Literatur kaum finden. Vgl. Tabelle 4.17.

wird es möglich, pragmatische *Vorschläge zur Vereinfachung* oder Verdichtung integrierter Ansätze herzuleiten.[160]

Entsprechend der inhaltlichen Gliederung findet man in Kapitel 3 ein - für das externe Informationsbedürfnis eines Industriebetriebs vereinfachtes - *Betriebsmodell eines EVU*. Kapitel 4 enthält das Betriebsmodell eines *industriellen Vollstrombeziehers* und Kapitel 5 schließlich das *Betriebsmodell eines Industriekraftwerks* unter Einschluß des Stromfremdbezugs. Im einzelnen werden diese Ansätze in den genannten Kapiteln vorgestellt.

Das in Kapitel 2 untersuchte Betriebsmodell entsteht schrittweise dadurch, daß die Beispielrechnungen der einzelnen Anlagenkomponenten auf der Basis *einer* einheitlich strukturierten thermodynamischen Datensammlung erfolgt. Neben einer - an den technischen Kraftwerksbausteinen orientierten - modularen Ermittlung der planungsrelevanten Faktoreinsatzfunktionen erlaubt diese Vorgehensweise einen produktionstheoretischen Vergleich der Elementarbausteine, aus denen jede KWK-Anlage aufgebaut ist.

In diesem Sinne werden die Erläuterungen und Beispiele in Kapitel 2 als *Betriebsmodell einer Entnahmekondensationsturbine* in den *Abbildungen 2.15-2.17* zusammengefaßt. Darüber hinaus entsteht ein enger Zusammenhang zu dem in Kapitel 5 entwickelten Betriebsmodell einer KWK-Anlage dadurch, daß die dort benutzte Wärmeschaltung ebenfalls auf den in Kapitel 2 eingeführten, thermodynamischen Grunddaten aufbaut.[161]

Abschließend wird darauf hingewiesen, daß die Arbeit vollständig, d.h. der Text, die selbst erstellten Abbildungen, die Tabellen und alle Rechnungen, auf einem Mikrocomputersystem erstellt wurde. Dies hat einige wenige Einschränkungen zur Folge. So sind etwa die in der Technik üblichen, griechischen Wirkungsgradsymbole im Zeichensatz des verwendeten Textsystems nicht vorhanden.[162] Bezüglich der Numerik gibt es ebenfalls einige Besonderheiten zu beachten, die Abschnitt 3.1 für alle von dort aus nachfolgenden Berechnungen erläutert.

In Kapitel 2 werden nun die produktionstechnischen Grundlagen besprochen, deren Kenntnis zu einer weiteren Konkretisierung der ökonomischen Planungsprobleme in einer betrieblichen Energiewirtschaft notwendig ist.

160 Vgl. dazu etwa die Untersuchung in Abschnitt 4.7.

161 Eine Zusammenstellung dieser Daten findet man in Tabelle 5.1.

162 Auch eine gleichzeitige $^{\text{Hoch-}}$ und $_{\text{Tiefstellung}}$ auf einer Zeichenposition ist nicht möglich.

2. Produktionstechnische Grundlagen

Die weitere Untersuchung der in Kapitel 1 aufgeworfenen Planungsfragen setzt Grundkenntnisse der verfügbaren Produktionstechnik voraus. Eine Darstellung dreier Basistechnologien[1] in Form einer Black-Box reicht dazu nicht aus. Die Funktionsprinzipien energietechnischer Anlagen beruhen auf naturgesetzlichen Aussagen der Physik, insbesondere der Thermodynamik[2], deren Anwendungen im Maschinenbau und in der Elektrotechnik behandelt werden. Industriekraftwerke sind besonders komplexe energietechnische Anlagen, die nach einer Art Baukastensystem für die individuellen Bedürfnisse eines Betriebs aufgebaut werden. Als Bausteine werden dabei - meist durch die Hersteller normierte - Standardtechnologien zur Energieumwandlung verwendet, deren Funktionsweise bei der Herleitung von Produktions- und Kostenfunktionen bekannt sein muß.

Dieses Kapitel vermittelt eine Vorstellung von der Vielfalt und von der Funktionsweise der (realen) Maschinen, über deren Aufbau und Betrieb nach (abstrakten) ökonomischen Kriterien - d.h. mit Hilfe von Produktions- und Kostenfunktionen - zu entscheiden ist. Dieser technologische Überblick enthält eine *qualitative* Beschreibung der Basistechnologien zur Energieumwandlung, die jeweils durch eine Zusammenfassung technischer Auslegungsvarianten ergänzt wird. Die *quantitative* Analyse beschränkt sich auf die Herleitung von Faktoreinsatzfunktionen, die in Kapitel 5 benötigt werden. Die Beispielrechnungen basieren - wie in Abschnitt 1.5 erläutert - auf einer einheitlichen, thermodynamischen Datensammlung.

2.1. Elementare Energieumwandlungsprozesse

Energie bezeichnet die Fähigkeit eines festen, flüssigen oder gasförmigen Körpers, Arbeit zu verrichten.[3] Die physikalische Messung von Arbeit und Energie erfolgt in Joule [J], wobei $1\ J = 1\ kgm^2/s^2 = 1\ Ws$ (Wattsekunde).

[1] Vgl. Abbildung 1.1.

[2] Baehr definiert *Thermodynamik* als eine Allgemeine Energielehre: Sie ... " ... lehrt, die Energieformen zu unterscheiden, zeigt ihre gegenseitige Verknüpfung ... und ... die Bedingungen und Grenzen für die Umwandlung der verschiedenen Energieformen bei natürlichen Vorgängen und technischen Prozessen." (BAEHR [1984], S.7).

[3] Für eine ausführliche Erläuterung dieser Definition und anderer nachfolgend verwendeter physikalischer Begriffe, Maßgrößen und Sätze wird auf Standardwerke der Physik verwiesen, z.B. auf GERTHSEN/KNESER/VOGEL [1982], HEINLOTH [1983]. Zusammenfassende Darstellungen von Energieumwandlungsprozessen findet man in naturwissenschaftlich-technischen Handbüchern wie etwa BIBLIOGRAPHISCHES INSTITUT [1973], GRUHN/FRATSCHER/HEIDENREICH [1979] und SCHUH [1980].

Energie tritt in verschiedenen *Energieformen* oder *Energiearten*[4] auf, die in physikalisch-technischen Prozessen ineinander umwandelbar sind. Insbesondere ist die Erzeugung einer bestimmten Nutzenergieform durch *Umwandlung* einer anderen, bereits vorhandenen Energieform möglich.[5] Die physikalische Erscheinungsform einer Energieart heißt *Energieträger*.

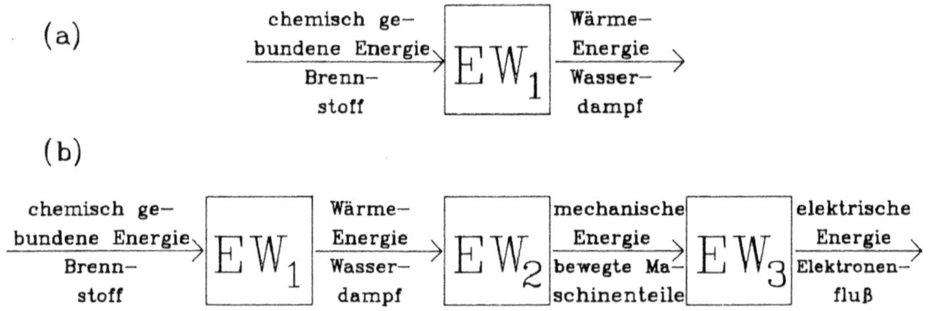

Abbildung 2.1: Energieumwandlungsprozesse (EW_i) zur Bereitstellung von Wärmeenergie (a) und elektrischer Energie (b): Energiearten und Energieträger

Am Anfang der hier betrachteten Umwandlungsprozesse[6] zur Bereitstellung von elektrischer Energie und Wärmeenergie steht die Umwandlung chemisch gebundener Energie in Wärmeenergie, die sich in einer zweiten und dritten Stufe zuerst in mechanische und dann in elektrische Energie umformen läßt. Die wichtigsten Energieträger chemisch gebundener Energie sind in der Natur vorkommende Brennstoffe, sog. Primärenergieträger. Aus Primärenergien gewonnene Energieformen heißen Sekundärenergien. Als Wärmeenergieträger werden nachfolgend ausschließlich Wasser- bzw. Wasserdampfmoleküle betrachtet. Energieträger mechanischer Energie sind bewegte Maschinenteile. Die Übertragung elektrischer Energie erfolgt über in Schwingung versetzte Elektronen in elektrischen Leitern.

Wärmeenergie und elektrische Energie werden durch ein- bzw. dreistufige Umwandlungsprozesse (EW_i) bereitgestellt, die sich anhand der auftretenden Energieformen bzw. Energieträger nach Abbildung 2.1 charakterisie-

[4] Zusammenstellungen energiewirtschaftlicher Begriffsbestimmungen sind aufgeführt bei JÜTTEMANN [1983], S.5-17, EBERSBACH/SCHAEFER [1980], S.10-16, HILDEBRAND [1975], S.16-31 und VDEW [1978].

[5] Zum Energieerhaltungssatz vgl. GERTHSEN/KNESER/VOGEL [1982], S.21.

[6] Zur Klassifizierung von Energie-Umwandlungsprozessen vgl. BACHL [1967], S.12 und BOHN [1982a], S.31-74.

ren lassen.[7] Für jeden dieser Umwandlungsprozesse gibt es energietechnische Anlagen, die nachfolgend besprochen werden.

2.2. Dampfkessel

2.2.1. Funktionsprinzip

Dampfkessel sind Anlagen zur Umwandlung der in Brennstoffen chemisch gebundenen Energie in Wärme und zur Übertragung dieser Wärme auf den Energieträger Wasser (EW_1 in Abbildung 2.1). Die wichtigsten Bestandteile eines Dampfkessels sind die *Feuerung* und der *Dampferzeuger*:[8]

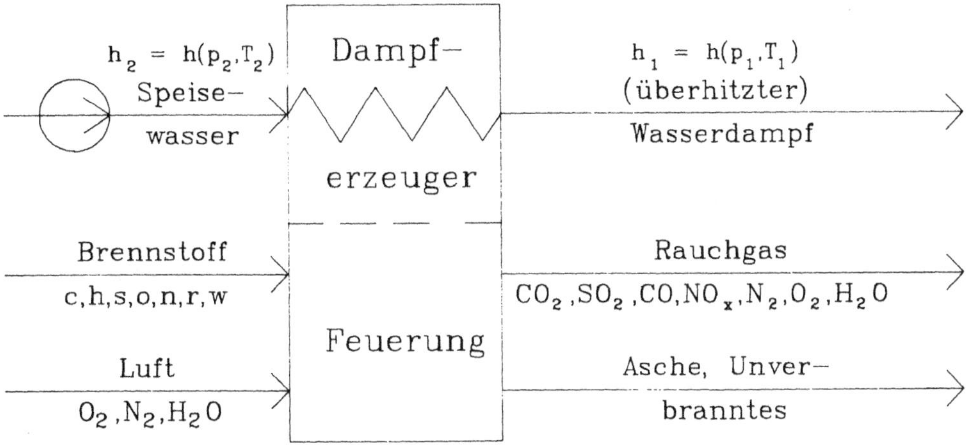

Abbildung 2.2: Produktionsflußbild eines Dampfkessels

Der Prozeß zur Freisetzung der im Brennstoff chemisch gebundenen Energie als Wärmeenergie heißt Verbrennung. Chemisch versteht man darunter die Vereinigung von Brennstoffbestandteilen mit Sauerstoff (Oxidation) bei einer vom Brennstoff abhängigen Zündtemperatur. Feuerung ist der technische Begriff für eine Verbrennungsanlage. Der untere Teil in Abbildung 2.2 zeigt den Stoffumsatz in einer *Feuerung*.[9] Man charakterisiert einen Brennstoff nach seiner atomaren Zusammensetzung in Massenanteilen nach folgender Gleichung:

[7] Zwischen beiden Umwandlungsprozessen der Abbildung 2.1 erkennt man die Bereitstellung mechanischer Energie als zweistufigen Vorgang; ein Beispiel hierzu sind Antriebe mit Verbrennungsmotoren. Die weitere Betrachtung beschränkt sich auf die beiden ausgezeichneten Prozesse.

[8] Zum Aufbau und zur Funktionsweise von Dampfkesseln vgl. LENZ [1983], Kap.L.1.-L.5., MAYR [1983], Kap.2 und THOMAS [1975], Kap.4.

[9] Vgl. HAMPEL [1983], S.85-87.

$$c + h + s + o + n + r + w = 1 \text{ , wobei}$$

c : Kohlenstoff;
h : Wasserstoff;
s : Schwefel;
o : Sauerstoff;
n : Stickstoff;
r : Asche (Verbrennungs-Rückstand);
w : Wasser.

Die wichtigsten in der Verbrennungsluft bzw. im Rauchgas enthaltenen Moleküle sind durch ihre chemische Formel angegeben:

O_2 : Sauerstoff;
N_2 : Stickstoff;
H_2O : Wasser;
CO_2 : Kohlendioxid;
SO_2 : Schwefeldioxid;
CO : Kohlenmonoxid;
NO_x : Stickoxide.

Der *Dampferzeuger* überträgt die im Rauchgas enthaltene Wärmeenergie auf Wasser(-dampf): Die in der Feuerung entstehenden Rauchgase umströmen und erhitzen metallische Wasserbehälter[10] - meist Wasserrohre - und verdampfen das darin enthaltene Wasser. Wasserdampf, der auf Temperaturen oberhalb der Siedetemperatur erhitzt wird, heißt überhitzter Wasserdampf; er wird in drei Phasen erzeugt: Erwärmung des Speisewassers auf Siedetemperatur, Verdampfung des Wassers bei konstanter Siedetemperatur und Überhitzung des Wasserdampfes. In der Verdampfungsphase liegt ein Gemisch aus Wasser und Wasserdampf vor, dessen Zusammensetzung durch den *spezifischen Dampfgehalt* x $(0<x<1)$ angegeben wird. Nicht überhitzter Wasserdampf mit $x = 1$ heißt Sattdampf.[11]

Hinsichtlich der Art der Wärmeübertragung unterscheidet man Wärmeleitung (Fortpflanzung der Wärme in einem Körper), Konvektion (Wärmeübergang an der Berührungsfläche zweier Körper unterschiedlichen Aggregatzustands) und Wärmestrahlung (Übertragung durch elektromagnetische Wellen).[12] Beim Dampfkessel erfolgt die Wärmeübertragung in den drei Phasen Konvektion (des heißen Rauchgases an die Wasserrohrwand), Wärmeleitung (durch die Wasserrohrwand) und wiederum Konvektion (von der Innenwand des Rohres an das Speisewasser).

[10] Zu den einzelnen Kesseltypen siehe Abschnitt 2.2.2.

[11] Vgl. dazu BAEHR [1984], S.186 und HAMPEL [1983], S.59.

[12] Zu den Formen der Wärmeübertragung und speziell zur Wärmeübertragung im Dampfkessel vgl. GERTHSEN/KNESER/VOGEL [1982], Kap.5.4, HAMPEL [1983], S.114-130, HAYD [1983], S.8-12, THOMAS [1975], Kap.4.4.

In einem Begriff bezeichnet man diesen dreiphasigen Vorgang auch als Wärmestrom.[13] Das eigentliche Zielprodukt, der aus dem Dampfkessel austretende Wasserdampf, heißt *Frischdampf*, die Rohrleitung zu seiner Fortführung Frischdampfleitung.

An die Reinheit des zugeführten[14] Speisewassers werden spezielle Anforderungen gestellt, um Verkrustungen und Schaumbildungen im Dampferzeuger zu vermeiden. Dem Kessel ist deshalb eine Anlage zur *Speisewasseraufbereitung* vorgeschaltet, deren Auslegung von der Qualität des verwendeten Rohwassers und von den Vorgabewerten des Kessels bestimmt wird. Hauptaufgaben dieser Anlage sind die Filterung und die Entsalzung des Rohwassers.[15] Derart vorbehandeltes Kesselspeisewasser wird kurz *VE-Wasser*[16] genannt.

Den Energiegehalt eines Brennstoffs mißt man mit Hilfe seines oberen Heizwerts H_o, der die bei vollständiger Verbrennung[17] einer Masseneinheit[18] des Brennstoffs abgegebene Wärmeenergie angibt, wobei die Bezugstemperatur aller Eingangs- und Ausgangsstoffe 25°C beträgt. Verringert man H_o um die Verdampfungswärme des im Rauchgas enthaltenen Wasserdampfes, erhält man den gebräuchlicheren *unteren Heizwert* H_u.[19]

Die Einteilung der Brennstoffe erfolgt nach ihrem Aggregatzustand (fest, flüssig, gasförmig) und nach ihrer Herkunft (natürliche und künstliche Brennstoffe, Abfälle).[20] Jeder Brennstoff läßt sich je nach Zusammensetzung in mehrere Untergruppen einteilen, Steinkohle beispielsweise in Gas-

13 Vgl. HAYD [1983], S.15.

14 Das kreisförmige Symbol in Abbildung 2.2 kennzeichnet eine Pumpe.

15 Zum Aufbau von Speisewasseraufbereitungsanlagen siehe HÖHENBERGER /KESSLER [1983], S.303-382, LIEDTKE [1983], Kap.L.6.4. und MARTINI [1985], S.324-337.

16 VE-Wasser ≡ "voll" entsalztes Wasser;

17 Bezogen auf Abbildung 2.2 heißt eine Verbrennung *vollständig*, wenn das Rauchgas nur CO_2, SO_2 und H_2O enthält; vgl. HAMPEL [1983], S.85.

18 Bei gasförmigen Brennstoffen bezieht sich die Definition des Heizwerts analog auf 1 m^3; vgl. JÜTTEMANN [1983], S.9. Maßeinheiten für Heizwerte sind also $[kJ/kg_B]$ und $[kJ/m^3]$.

19 Vgl. HILDEBRAND [1975], S.26.

20 Eine tabellarische Übersicht der wichtigsten Brennstoffe nach diesen Einteilungskriterien findet man bei LENZ [1983], S.553 ff. Dort sind auch detaillierte Angaben über einzelne Brennstoffqualitäten, deren chemische Beschaffenheit und deren Heizwerte zusammengestellt.

flamm-, Gas-, Fett-, Eß- und Magerkohle sowie Anthrazit.[21] Bei Einbeziehung der Brennstoffwahl in ökonomische Planungsmodelle wird mit Durchschnittswerten bzw. mit Angaben potentieller Lieferanten gerechnet:

Brennstoff	Index $b \in B$	Unterer Heizwert $H_{u\,b}$	Luftbedarf l_b
Steinkohle	k	32000 kJ/kg_B	10,0 m^3/kg_B
leichtes Heizöl	l	42700 kJ/kg_B	12,0 m^3/kg_B
schweres Heizöl	s	40200 kJ/kg_B	11,5 m^3/kg_B
Erdgas	g	35900 $kJ/m^3{}_B$	8,5 $m^3/m^3{}_B$
Rückstände	r	35000 kJ/kg_B	10,5 m^3/kg_B

Tabelle 2.1: Heizwert und Verbrennungsluftbedarf von Brennstoffen[22]

Brennbare industrielle Abfälle (Produktionsrückstände) fallen je nach Branche in festem, flüssigem oder gasförmigem Zustand an und weisen sehr unterschiedliche Zusammensetzungen auf. Es ist klar, daß der Einsatz ansonsten "wertloser" Abfälle zur Energiebereitstellung die Rentabilität von Eigenanlagen steigern kann. Entsorgungskosten und Deponiegebühren werden ebenso wie teure fossile Brennstoffe eingespart, weshalb Rückstände als mögliche Einsatzfaktoren zu berücksichtigen sind. Der Ansatz des in Tabelle 2.1 angegebenen Heizwertes für einen flüssigen Rückstand ist wie bei den übrigen Brennstoffen exemplarisch zu verstehen.

Der zur Oxidation eines Brennstoffs notwendige Sauerstoff gelangt durch Zufuhr von - eventuell vorgewärmter[23] - Verbrennungsluft (Umgebungsluft) in den Kesselraum.[24] Auf der Outputseite in Abbildung 2.2 erkennt man Kohlenstoff, Schwefel und Wasserstoff als oxidierbare (Verbindung mit Sauerstoff) Brennstoffbestandteile. Aus den chemischen Reaktionsgleichungen für die Oxidation dieser Elemente lassen sich unter Berücksichtigung der Brennstoffzusammensetzung genau die Sauerstoffmenge und damit die

[21] Vgl. FÖRSTER [1973], S. 27.

[22] Da im weiteren Text zusätzliche auf die physikalische Masse bezogene Energieinhalte - etwa für Wasser - benötigt werden, steht der Index "B" in kg_B für "Brennstoff". Zur Kennzeichnung eines bestimmten Brennstoffs wird der Index $b \in B = \{k,l,s,g,r\}$ verwendet.

[23] Zum Aufbau und zur Funktionsweise von Luftvorwärmern vgl. GLOGGER [1983], S.201-207. Luftvorwärmer gehören zu den prozeßtechnischen Verbesserungen im Dampfkesselprozeß; siehe dazu Abschnitt 2.5.

[24] Um Verbrennungsluft in optimaler Menge am richtigen Ort bereitzustellen, wird sie an verschiedenen Stellen des Feuerraums in unterschiedlicher Dosierung zugeführt; zur Gestaltung der Verbrennungsluftwege vgl. GLOGGER [1983], S.193 ff.

Luftmenge berechnen, die zur vollständigen Verbrennung notwendig sind (stöchiometrische Verbrennungsrechnung)[25].

Es ist jedoch technisch nicht möglich, jedem Brennstoffteilchen genau die zur Oxidation benötigte Luftmenge zuzuführen, weshalb mit einem Luftüberschuß verbrannt wird, der für eine annähernd vollständige Verbrennung gerade ausreicht; darüber hinausgehende Luftmengen führen zur Erhöhung der Rauchgas-Wärmeverluste und zur vermehrten Entstehung von Stickoxiden (NO_x).[26] Im weiteren Text werden die Luftmengen aus Tabelle 2.1 verwendet.

2.2.2. Technische Varianten

Das Konstruktionsprinzip des *Dampferzeugers* benennt die Bauart[27] eines Kessels: nach der Heranführung des zu verdampfenden Wassers an die in der Feuerung entstehenden heißen Rauchgase unterscheidet man Groß- und Kleinwasserraumkessel. In der ersten Gruppe erfolgt der Wärmeübergang durch Flammrohre oder Rauchrohre, die den mit Wasser gefüllten Kesselraum durchziehen. Bei Kleinwasserraumkesseln durchläuft das Speisewasser ein im heißen Rauchgasstrom angebrachtes Rohrsystem; diese Gruppe von Dampfkesseln heißt deshalb auch Wasserrohrkessel. Nach dem Prinzip des Wasser- bzw. Dampfdurchsatzes unterscheidet man Naturumlauf-[28], Zwangsumlauf-[29] und Zwangsdurchlaufkessel[30]. Derjenige Teil des Wasserrohrsystems, der nicht der eigentlichen Dampferzeugung, sondern der darüber hinausgehenden Erhitzung des bereits vollständig verdampften Wassers dient, heißt Überhitzer.[31]

Nach dem Aggregatzustand der Einsatzstoffe unterscheidet man *Feuerungen* für feste, flüssige und gasförmige Brennstoffe. Heizöl-Feuerungen[32]

25 Zur Verbrennungsrechnung siehe BRAUN/HUSCHAUER [1985], S.7-18, HAMPEL [1983], S.85-90 und HAYD [1983], S.38-45.

26 Das Verhältnis aus real benötigter Luftmenge und theoretischer Mindestluftmenge heißt *Luftverhältnis*. Es beträgt z.B. 1,1 bei Ölfeuerungen und 1,7 bei handbeschickten Kohlefeuerungen; (HAYD [1983], S.40).

27 Zur Typisierung von Dampfkesseln vgl. BRAUN/HUSCHAUER [1985], S.68-80, LENZ [1983], S.591-609 und MAYR [1983], S.59-112.

28 Die Auftriebskräfte des Dampfes bewirken den Wasserumlauf.

29 Zusätzlich existiert im Wasserkreislauf des Kessels eine Umwälzpumpe.

30 Es gibt keinen internen Wasserspeicher (Kesseltrommel): das Speisewasser wird durch das Wasserrohrsystem gepumpt.

31 Vgl. MAYR [1983], S.114-116.

32 Vgl. GLOGGER [1983], S.249-269 und LENZ [1983], S.575-578.

sind nach der Art des Brennstoffzerstäubers[33] typisiert, bei gasförmigen Brennstoffen werden Nieder- und Hochdruckbrenner nach dem Druck der zu verbrennenden Gase unterschieden.[34] Für feste Abfälle und Steinkohle kommen Rost- und Staubfeuerungen zum Einsatz. Auf Rosten verschiedener Bauart[35] werden die Brennstoffe ohne Vorbehandlung in den Brennraum eingebracht. Bei Kohlestaubfeuerungen wird die Kohle vor der Verbrennung gemahlen und getrocknet[36] und dann als Staub in die Brennkammer des Kessels eingeblasen, wo sie schwebend verbrennt. Rostfeuerungen sind für kleinere, Kohlestaubfeuerungen für größere Kesselleistungen geeignet.[37]

Eine neuere Feuerungstechnik im kleinen und mittleren Leistungsbereich ist die Wirbelschichtfeuerung.[38] Bei diesem Feuerungstyp wird die Verbrennungsluft durch Luftdüsen im Brennkammerboden eingeleitet, auf dem sich beim Anfahren[39] des Kessels eine Schicht aus feinem, reaktionsträgen Material befindet. Bei Betrieb des Kessels wird diese Schicht durch den heißen Verbrennungsluftstrom in einem flüssigkeitsähnlichen Zustand in Schwebe gehalten; sie bildet die Wirbelschicht, in die der Brennstoff eingeblasen wird und nahezu vollständig verbrennt. Dadurch können minderwertigere Brennstoffe verwendet werden.

Die Kapazität eines Kessels mißt man durch seine Dampfleistung in [kg_w/s] oder [t_w/h];[40] sie gibt den Massenstrom des erzeugten Frischdampfes an. *Nennleistung* bezeichnet die dauerhaft erbringbare höchste Dampfleistung. Die nur kurzfristig erzielbare *Spitzenleistung* liegt ca. 10% über der Nennleistung, die *Normalleistung* bis zu 20% darunter. Meist jedoch sind

[33] Öldruck-, Dampfdruck-, Luftdruck- und Drehzerstäuber;

[34] Die Unterscheidungsgrenze liegt bei 200 mbar. Siehe GLOGGER [1983], S.269-278 und LENZ [1983], S.578-580.

[35] Die wichtigsten Rosttypen sind Planrost, Vor- und Rückschubrost, Wanderrost, Schüttelrost, Walzen- und Schürrost; vgl. GLOGGER [1983] S.202-221 und LENZ [1983], S.566-568. Die Auswahl eines Rostes hängt hauptsächlich ab vom Brennstoff, von der Anlagengröße und vom gewünschten Automatisierungsgrad.

[36] Zu Kohle-Mahlanlagen vgl. LENZ [1983], S.570-572.

[37] Die Übergangsgrenze liegt bei Dampfleistungen von 20 bis 30 kg_w/s.

[38] Zur Wirbelschichtfeuerung siehe FELGENHAUER [1984], S.440-446, KESTNER [1985] S.489-497, WIEHN/MARTIN/ SCHUSTER [1985], S.1126-1132, und WITTCHOW [1985], S.479-489.

[39] Vorgang der Inbetriebnahme eines Kessels;

[40] Der Index "w" steht einheitlich für Wasser und Wasserdampf.

Nennleistung und Normalleistung identisch.[41] In der Industrie kommen Kesselanlagen mit Nennleistungen von 2,5-125 kgw/s zum Einsatz, während im Großkraftwerksbau Kesselleistungen über 620 kgw/s erreicht werden.

Neben der Quantität bestimmt die Qualität des produzierten Frischdampfes maßgeblich die Auslegung eines Kessels. Mit Bezug auf den Dampfdruck verschiedener, zu versorgender Dampfnetze wird oft vereinfachend von Hochdruck-, Mitteldruck- und Niederdruckkessel gesprochen. Die Unterscheidungsgrenzen sind nicht eindeutig festgelegt; sie beziehen sich meist auf ein Kraftwerksmodell.[42] Der erzeugte Wasserdampf ist das Zielprodukt des Dampfkesselprozesses nach Abbildung 2.2. Die Geschwindigkeit d der Dampfproduktion, gemessen in [tw/h] oder [kgw/s], bestimmt sowohl die Verbrauchsgeschwindigkeit der eingezeichneten Einsatzstoffe wie auch die Ausstoßgeschwindigkeit der Nebenprodukte.

Die Umwandlung chemisch im Brennstoff gebundener Energie in Wärmeenergie und deren Übertragung auf den Wärmeträger Wasser ist ein linearer Kuppelprozeß[43] mit starren Mengenverhältnissen[44]. Dieser Verfahrenstyp hat grundlegende Bedeutung für Energieumwandlungsprozesse, weshalb die Ermittlung des Brennstoffbedarfs im folgenden Abschnitt exemplarisch für die weiteren Prozesse etwas ausführlicher erfolgt.

2.2.3. Einsatzstoffe

Die Produktionsgeschwindigkeit d des Dampfes mißt das *Prozeßniveau* des Dampfkesselprozesses: der Frischdampf ist das *Leitprodukt* in einem *Kuppelprozeß*,[45] auf dessen Produktionsmenge die Mengenrelationen der übrigen Nebenprodukte und der Einsatzstoffe bezogen werden. Zur Berechnung dieser Mengenrelationen sind die im Dampfkesselprozeß umgesetzten Energien zu quantifizieren. Die thermodynamische Qualität von Wasser

41 Zur Definition der verschiedenen Leistungsbegriffe vgl. HILDEBRAND [1975], S.20-25, LENZ [1983], S.590 und RIESNER/SIEBER [1985], S.16.

42 Vgl. dazu etwa das Betriebsmodell in Kapitel 5.

43 Erst prozeßverbessernde Maßnahmen wie regenerative Speisewasservorwärmung führen zu zyklischen Kuppelprozessen; siehe dazu Abschnitt 2.5 und Kapitel 5.

44 Die technische Feinabstimmung der Mengenrelationen und der Ausbeutekoeffizienten in einem Dampfkesselprozeß ist für ökonomische Untersuchungen nicht relevant. Die verwendeten festen Relationen setzen die technisch bestmögliche (verbrauchsminimale) Einstellung voraus. Auf lastabhängige Veränderungen der thermodynamischen Prozeßdaten wird in Kapitel 5 hingewiesen.

45 Vgl. KILGER [1973], S.341-344.

bzw. Wasserdampf wird definiert durch die physikalischen Größen Druck p [bar], Temperatur T [°C] und spezifisches Volumen v [m^3/kg_W].[46] Zwischen diesen drei Größen besteht ein eindeutiger physikalischer Zusammenhang, so daß die Angabe von nur zwei Größen - z.B. Druck p und Temperatur T - genügt. Man bezeichnet eine durch ein Wertepaar p,T definierte Wasser- oder Dampfqualität kurz als Wasser- bzw. Dampf*zustand (p,T)*. Ein Dampfkessel wird zur Bereitstellung von Wasserdampf eines bestimmten Zustands (p,T) ausgelegt. Dieser Zustand entspricht z.B. der Dampfqualität des Werksnetzes, in das ein Kessel Dampf einspeist.[47]

Zunächst wird untersucht, wieviel kg_B Brennstoff die Erzeugung von 1 kg_W Frischdampf des Zustands (p_1,T_1) erfordert. Die in Tabelle 2.1 angegebenen Heizwerte geben bereits die Wärmeenergie an, die bei der Verbrennung von 1 kg_B Brennstoff freigesetzt wird. Nachfolgend wird untersucht, welche Wärmemenge zuzuführen ist, um aus 1 kg_W Speisewasser vom Zustand (p_2,T_2) 1 kg_W Dampf vom Zustand (p_1,T_1) zu gewinnen.

Diese Wärmemenge entspricht gerade der Differenz zwischen den spezifischen Wärmeenergieinhalten[48] des Frischdampfes und des Speisewassers. Der thermodynamische Begriff für den spezifischen Wärmeinhalt eines Stoffes ist *(spezifische) Enthalpie h*, gemessen in [kJ/kg_W]. Diese Größe ist für alle technisch realisierbaren Zustände (p,T) von Wasser in *Wasserdampftafeln* tabelliert.[49] In diesen Tabellen liest man die Enthalpien des Frischdampfes $h_1 = h(p_1,T_1)$ und des Kesselspeisewassers $h_2 = h(p_2,T_2)$ ab. Die Differenz $h_1 - h_2$ ist die zur Dampferzeugung benötigte Wärmemenge. Nach Division durch den Heizwert des Brennstoffs erhält man den theoretischen Brennstoffverbrauch a_K' zur Erzeugung von 1 kg_W Dampf:

(G.2.1) $$a_{Kb}' = \frac{h_1 - h_2}{H_{ub}}$$, wobei

a_{Kb}': theoretischer Brennstoffverbrauch zur Erzeugung von von 1 kg_W Dampf mit dem Brennstoff b [kg_B/kg_W];
h_1 : Enthalpie des Frischdampfes [kJ/kg_W];
h_2 : Enthalpie des Speisewassers [kJ/kg_W];
H_{ub} : unterer Heizwert des Brennstoffs b [kJ/kg_B].

46 Siehe BAEHR [1984], S.10-14 und HAMPEL [1983], S.39. Abweichend von der technischen Notation erfolgt keine symbolische Unterscheidung T und t zwischen der Celsius-Temperatur und der absoluten Temperatur.

47 In Abschnitt 1.3 wird erläutert, nach welchen Kriterien Dampfdruck und Dampftemperatur von Werksnetzen aus dem Wärmebedarf der Fertigung abzuleiten sind.

48 Spezifisch bedeutet: Bezogen auf 1 kg_W Wasser bzw. Dampf.

49 Für die in dieser Arbeit gerechneten Beispiele werden die Wasserdampftafeln von SCHMIDT [1969] verwendet.

Zur Verdeutlichung von G.2.1 wird das folgende Beispiel gerechnet: In einem Kohlekessel soll Frischdampf mit einem Druck von 18 bar und einer Temperatur von 287 °C erzeugt werden. Das Speisewasser hinter der Kesselspeisepumpe habe einen Druck von 30 bar[50] und eine Temperatur von 36 °C. Aus den Wasserdampftafeln liest man ab:[51]

$$h_1(18 \text{ bar}, 287\ ^\circ\text{C}) \approx 3000 \text{ kJ/kg}_W \ ; \quad h_2(30 \text{ bar}, 36\ ^\circ\text{C}) \approx 150 \text{ kJ/kg}_W.$$

Den Heizwert von Steinkohle entnimmt man aus Tabelle 2.1. Nach G.2.1 ergibt sich ein theoretischer, spezifischer Brennstoffverbrauch a_{Kk}' von:

$$a_{Kk}' = \frac{h_1 - h_2}{H_{uk}} = \frac{3000 \text{ kJ/kg}_W - 150 \text{ kJ/kg}_W}{32000 \text{ kJ/kg}_B} \approx 0{,}089 \text{ kg}_B/\text{kg}_W.$$

In betriebswirtschaftlicher Terminologie kann a_{Kk}' als ein Produktionskoeffizient aufgefaßt werden oder auch als ein dimensionsloses Mengenverhältnis zweier physikalischer Massenströme. Zur Verdeutlichung der weiteren Ausführungen ist es hilfreich, [kg_B] und [kg_W] zu unterscheiden.

G.2.1 unterstellt die Übertragung der gesamten Verbrennungswärme auf den Wasserdampf. Im Dampfkesselprozeß kommt es jedoch zu Wärmeverlusten durch die im Rauchgas enthaltene Restwärme[52], durch die in festen Verbrennungsrückständen (Asche, Schlacke) abgeführte Wärme und durch Wärmeabstrahlung an die Umgebung.[53]

a_{Kb}' ist deshalb durch einen Einsatzfaktor[54] $e_{Kb} > 1$ zu korrigieren:

(G.2.2) $a_{Kb} = e_{Kb} \cdot a_{Kb}'$, wobei

a_{Kb} : spezifischer Kessel-Brennstoffverbrauch [kg_B/kg_W];
e_{Kb} : Einsatzfaktor der Wärmeübertragung [].

50 Wegen der im Kessel auftretenden Druckverluste ist der Wasserdruck vor dem Kessel höher als der Frischdampfdruck.

51 Ergänzend seien die Siedetemperaturen $T_s(p_x)$ des Wassers angegeben. Es gilt: $T_s(18 \text{ bar}) \approx 207\ ^\circ\text{C}$ und $T_s(30 \text{ bar}) \approx 234\ ^\circ\text{C}$. Auch diese Werte findet man in den Wasserdampftafeln.

52 Nach der Wärmeabgabe im Dampferzeuger wird das Rauchgas durch einen Kamin an die Umgebung abgeführt. Um den Rauchgasdurchsatz aufrechtzuerhalten und um Beschädigungen durch Rauchgaskondensation und Schwefelsäurebildung zu vermeiden, muß eine ausreichend hohe Resttemperatur garantiert werden. Bei größeren Dampfkesseln wird der natürliche Rauchgaszug durch Frischluft- (vor der Feuerung) und Saugzuggebläse (nach der Feuerung) unterstützt. Vgl. dazu die Ermittlung des elektrischen Eigenbedarfs der Dampfkessel in Kapitel 5.

53 Eine vollständige Aufzählung und anteilige Quantifizierung der Kesselverluste findet man bei HAYD [1983], S.55-58.

54 Zur Definition von Einsatzfaktoren vgl. KILGER [1973], S.37.

Bei allen technischen Prozessen zur Energieumwandlung treten Verluste auf.[55] Die Verwendung von Einsatzfaktoren zur Quantifizierung dieser Verluste ist in der Technik ungebräuchlich. Speziell in der Energietechnik und in der Energiewirtschaft wird stattdessen mit Kehrwerten von Einsatzfaktoren, sog. Wirkungsgraden, gearbeitet. In allgemeiner Form ist der *Wirkungsgrad* μ eines Prozesses zur Energieumwandlung definiert als:[56]

$$\text{(G.2.3)} \qquad \mu = \frac{\text{abgegebene Zielenergie}}{\text{zugeführte Energie}}$$

Es bietet sich an, diese Konvention zu übernehmen. Hierzu sei:

$$\text{(G.2.4)} \qquad \mu_{Kb} = 1/e_{Kb} \quad \text{, wobei}$$

μ_{Kb} : Kesselwirkungsgrad [ ].

Wegen $\infty > e_{Kb} > 1$ gilt $0 < \mu_{Kb} < 1$. Aus G.2.1 - G.2.4 folgt:

$$\text{(G.2.5)} \qquad a_{Kb} = \frac{h_1 - h_2}{\mu_{Kb} \cdot H_{ub}}$$

Für einen Kesselwirkungsgrad von $\mu_{Kk} = 0{,}85$ errechnet sich für das angegebene Beispiel ein Brennstoffverbrauch von 105 kg_B Steinkohle zur Erzeugung von 1 t_W Frischdampf.

Im nächsten Schritt wird die Abhängigkeit des Produktionskoeffizienten a von der Prozeßintensität d untersucht. Eine Funktion a = f(d) heißt *Verbrauchsfunktion.*[57] Die Intensität wird, wie oben angegeben, durch die Produktionsgeschwindigkeit d des Dampfes gemessen. In Abschnitt 2.2.2 werden bereits einige Ausprägungen von d, die Normal-, Spitzen- und Nennleistung eines Kessels, eingeführt. Die Spitzenleistung sei d_{max}. d ist nicht über das ganze Intervall $[0, d_{max}]$ variierbar. Vielmehr gibt es eine technisch bedingte Untergrenze $d_{min} > 0$, d.h., $d \in [d_{min}, d_{max}]$. Je nach Kesseltyp beträgt diese Untergrenze 35 bis 70 % der Kesselnennleistung; in fast allen praktisch relevanten Fällen ist sie größer als 50 %.[58]

Im Hinblick auf die Produktionsplanung resultiert daraus das sog. *Anfahrproblem*: Wenn mehrere Kessel vorhanden sind, muß bei der Planung

55 Es ist eine Hauptaufgabe der Thermodynamik, die verschiedenen Verfahren zu klassifizieren und die Verluste zu quantifizieren.

56 Zur produktionstheoretischen Analyse elementarer Energieumwandlungsprozesse vgl. BRACHMANN [1972], [1974], DOTZENRATH [1977], PRESSMAR [1968], S.297-315, TSATSARONIS [1985].

57 Vgl. GUTENBERG [1983], S.110 ff. und S. 147 ff., KILGER [1958a], S.53 ff., KISTNER [1981], S.121 ff.

58 Vgl. dazu die Untergrenzen der Kesselleistungen in Kapitel 5.

der Fahrweise jedes Kessels zusätzlich entschieden werden, ob die Anlage überhaupt gestartet werden soll. Der Start eines Kessels benötigt eine bestimmte Anfahrzeit[59] und verursacht in dieser Zeit Anfahrkosten.[60] Nach dieser Startzeit muß mindestens eine Dampfleistung von d_{min} in der Produktion verwertbar sein. Der mit dem Kesselstart verbundene Brennstoffverbrauch kann als ein (auflage-) fixer Betrag erfaßt werden, so daß $a_K(d)$ für $d \in [d_{min}, d_{max}]$ als Verbrauchsfunktion zu untersuchen bleibt.

Hierzu wird die Definition G.2.5 von a_K näher untersucht. Die Qualitäten des Frischdampfes und des Speisewassers sind vorgegeben, d.h., die Enthalpiedifferenz h_1-h_2 ist unabhängig von d.[61] Das gleiche gilt für den Heizwert H_u des Brennstoffs. Es verbleibt damit die Abhängigkeit $\mu_K(d)$ für $d \in [d_{min}, d_{max}]$. Diese Abhängigkeit des Wirkungsgrads von der Intensität (der Last, der Fahrweise) ist bei allen Anlagen zur Energieumwandlung gegeben, weshalb einige grundlegende Anmerkungen dazu angebracht sind.[62]

Wirkungsgradfunktionen $\mu = f(d)$ weisen Energieumwandlungsprozesse als Gutenberg-Technologien[63] aus. Verbrauchsfunktionen nach Gutenberg werden in der Theorie meist durch streng konvexe ("u-förmige") und differenzierbare Funktionen $a = g(d)$ abgebildet, d.h., es läßt sich eine Intensität d^* berechnen, für die $a(d)$ minimal wird. Praktisch relevante Wirkungsgradfunktionen von Energieumwandlungsprozessen weisen ein eindeutiges Maximum auf, sind konkav und stetig. Aufgrund technischer Besonderheiten kommt es vor, daß Wirkungsgradfunktionen an einigen Punkten des Definitionsbereichs - insbesondere im Maximum - nicht differenzierbar sind.[64] Unter Beachtung von G.2.4 sind jedoch grundsätzlich die Eigenschaften einer Gutenberg-Technologie erfüllt.

Wirkungsgradfunktionen werden graphisch dokumentiert, d.h., sie werden für ausgewählte Stützpunkte geschätzt oder über Verbrauchsmessungen punktweise ermittelt. Einfache mathematische Funktionsgesetze lassen sich nicht angeben. Die den Wirkungsgrad maximierende Intensität d^* heißt in

59 Diese Zeit beträgt 30 bis 120 Minuten je nach Kesseltyp.

60 ...hauptsächlich Brennstoffkosten zum Aufbau der Mindestleistung d_{min}.

61 Insbesondere für h_1 gilt dies nicht exakt; für die Ermittlung von variablen Herstellkosten in Planungsmodellen sind geringfügige Schwankungen im Frischdampfzustand jedoch unerheblich; vgl. dazu Kapitel 5.

62 In den Folgeabschnitten wird auf diese Erläuterungen zurückgegriffen.

63 Vgl. DELLMANN [1980], S.74 ff., DINKELBACH [1987], S.14 ff.

64 Z.B. bei der Ventilgruppenregelung von Turbinen (vgl. Abschnitt 2.3.);

der Technik Bestpunkt, Bestlast oder Optimallast. Bei vielen Anlagen entspricht die Optimallast der Nennlast, die gleichzeitig die (Nenn-) Kapazität einer Anlage definiert. Intensitäten kleiner bzw. größer als d^* heißen Teillast bzw. Überlast. Der Überlastbereich energietechnischer Anlagen, das Intervall $[d^*, d_{max}]$, ist relativ klein.[65] In Planungsrechnungen wird oft vereinfachend $d^* := d_{max}$ gesetzt.

Die Berücksichtigung nicht konstanter Verbrauchsfunktionen in produktionswirtschaftlichen Planungsrechnungen führt zu nicht linearen Optimierungsmodellen, für die es keine praktikablen Lösungsalgorithmen gibt. Neben der Nichtexistenz mathematischer Funktionsgesetze ist dies ein weiterer Grund, Vereinfachungen zur Modellierung von Wirkungsgradfunktionen in ökonomischen Modellen zu suchen. Bei den hier zunächst zur Diskussion stehenden Dampfkesseln ist dies leicht möglich, da die Funktion $\mu_{Kb}(d)$ bei einem vorgegebenen Enthalpiegefälle $h_1 - h_2$ über dem Definitionsbereich $[d_{min}, d_{max}]$ sehr flach, nahezu konstant, verläuft. Deshalb wird vereinfachend definiert:

(G.2.6) $\mu_{Kb}(d) := \mu_{Kb}$, für $d \in [d_{min}, d_{max}]$, wobei
μ_{Kb} : konstanter Kesselwirkungsgrad [].

Als konstanter Kesselwirkungsgrad kann der Wirkungsgrad im Bestpunkt $\mu_{Kb}(d^*)$ oder ein durchschnittlicher Wirkungsgrad - hier vereinfachend μ_{Kb} bezeichnet - verwendet werden; beide Werte sind als Teil der Kesselauslegungsdaten bekannt; für Planungszwecke werden entsprechende Daten von Kessellieferanten zur Verfügung gestellt. Mit G.2.6 ist der Produktionskoeffizient des Dampfkesselprozesses nach G.2.5 unabhängig von d. Dies führt zu folgender Definition der Brennstoff-Verbrauchsgeschwindigkeit[66] b_b eines Dampfkessels:

(G.2.7) $$b_b(d) = a_{Kb} \cdot d = \frac{h_1 - h_2}{\mu_{Kb} \cdot H_{ub}} \cdot d , \quad \text{wobei}$$

b_b : Brennstoff-Verbrauchsgeschwindigkeit des Brennstoff b [kg_B/s];
d : Dampf-Produktionsgeschwindigkeit [kg_W/s].

Betreibt man nun einen - bereits angefahrenen - Kessel mit einer konstanten Produktionsgeschwindigkeit $\underline{d}$ über einen Zeitraum der Länge Z, so ergibt sich der Brennstoffverbrauch in diesem Zeitraum nach:

(G.2.8) $$B_b(Z) = b_b(\underline{d}) \cdot Z = a_{Kb} \cdot \underline{d} \cdot Z = \frac{h_1 - h_2}{\mu_{Kb} \cdot H_{ub}} \cdot \underline{d} \cdot Z , \quad \text{wobei}$$

B_b : Verbrauch des Brennstoffs b [kg_B/Periode].

65 Die Spitzenleistung liegt maximal 5 bis 10 % über der Optimalleistung.

66 b(d) ist eine *auf die Zeit umgerechnete Verbrauchsfunktion*. Vgl. dazu KILGER [1958a], S. 56.

In der Realität kann die Produktionsgeschwindigkeit eines Kessels kontinuierlich über die Zeit variieren. Um dies darzustellen, sind die Durchschnittsgeschwindigkeiten b_b und d durch Momentangeschwindigkeiten b_b' und d' zu ersetzen:

$$\text{(G.2.9)} \qquad B_b(Z) = \int_0^Z b_b'(d'(t))\delta t = a_{Kb}\int_0^Z d'(t)\delta t \; .$$

Ähnlich wie nicht lineare Wirkungsgradfunktionen sind kontinuierliche Energiebedarfsfunktionen d'(t) weder mathematisch-funktional formulierbar noch geeignet zum Aufbau von Planungsmodellen. Für Planungszwecke approximiert man deshalb G.2.9 durch eine Zerlegung von Z in t = 1...T Zeitintervalle[67] der Länge z_t mit zugehörigen Intensitätspunkten d_t:

$$\text{(G.2.10)} \qquad B_b(Z) = \sum_{t=1}^{T} b_b(d_t)\cdot z_t = a_{Kb}\cdot\sum_{t=1}^{T} d_t\cdot z_t = \frac{h_1 - h_2}{\mu_{Kb}\cdot H_{ub}}\cdot\sum_{t=1}^{T} d_t\cdot z_t \, ,$$

$$\text{wobei} \quad \sum_{t=1}^{T} z_t = Z \; , \; d_t \in [d_{min}, d_{max}] \; \text{und}$$

T : Anzahl der Zeitintervalle bzw. der Intensitätspunkte;
z_t : Länge des Zeitintervalls t [s].

Diese vereinfachende Zerlegung des Planungszeitraums in Zeitintervalle konstanter Prozeßintensität läßt sich analog auf alle anderen Produktionsfaktoren und Nebenprodukte übertragen. Es genügt deshalb für die weitere Betrachtung, jeweils die Abhängigkeit der Mengenrelationen von der Prozeßintensität d zu untersuchen.

Neben Brennstoff wird auf der Inputseite des Dampfkesselprozesses Speisewasser benötigt. Dabei ist mindestens diejenige Menge Wasser w einzusetzen, die verdampft wird. Zusätzlich treten Wasserverluste auf: Im Speisewasser sind Restsalze gelöst, die bei der Verdampfung im Kessel zurückbleiben. Die Beseitigung dieser Rückstände heißt *Abschlämmung*. Dabei entstehen geringe Wasserverluste, die durch einen von d unabhängigen Einsatzfaktor $(1 + v) > 1$ erfaßt werden:

$$\text{(G.2.11)} \qquad w(d) = (1 + v)\cdot d \; , \; \text{wobei}$$

w : Speisewasserbedarf [kg_W/s];
v : Wassermehreinsatz für Abschlämmverluste [];
d : Frischdampfproduktion [kg_W/s].

[67] Zur Zerlegung des Planungszeitraums bzw. zur Auswahl geeigneter Intensitätspunkte siehe Kapitel 4.

Mit dem Abschlämmwasser geht die darin gebundene Wärmeenergie verloren. Das Wasser selbst wird über die Speisewasseraufbereitung zum größten Teil zurückgeführt. In Kapitel 5 wird gezeigt, wie sich Wasserverluste mit geringem Aufwand in einem Betriebsmodell berücksichtigen lassen.

Als ein weiterer Einsatzstoff des Dampfkesselprozesses verbleibt die zur Oxidation des Brennstoffs benötigte Umgebungsluft. Da Luft in beliebiger Menge kostenlos zur Verfügung steht (freies Gut), ist Ihr Einsatz nicht planungsrelevant. Der Volumenstrom der in einen Kessel eingebrachten Verbrennungsluft ist jedoch identisch mit dem Volumenstrom der durch den Kamin emittierten Rauchgase, deren gesetzlich vorgeschriebene Reinigung sehr wohl Kosten verursacht. Darüber hinaus fallen Energiekosten für eventuelle Beschleunigungsgebläse in diesem Gasstrom an.

Mit Hinweis auf die im nächsten Abschnitt zu behandelnden Rauchgase und auf die Ausführungen zum elektrischen Eigenbedarf des Betriebsmodells in Kapitel 5 kann jedoch an dieser Stelle auf eine Berechnung der benötigten Verbrennungsluft verzichtet werden. Bei der Ermittlung oder Schätzung des Kesselwirkungsgrads μ_K, der in die Bestimmungsgleichung des Brennstoffbedarfs eingeht, wird die Zuführung gerade derjenigen Luftmenge vorausgesetzt, die für eine bei gegebener Technik möglichst vollständige Verbrennung erforderlich ist.[68]

2.2.4. Umwandlungsprodukte

Neben dem Zielprodukt Wasserdampf, dessen thermodynamische Eigenschaften der voranstehende Abschnitt behandelt, fallen auf der Outputseite des Dampfkesselprozesses nach Abbildung 2.2. *Verbrennungsrückstände* und *Rauchgas* an.

Feuerungen für feste Brennstoffe benötigen Einrichtungen zum Ascheabzug. Bei Rostfeuerung wird die Asche konstruktionsbedingt trocken abgezogen; zur Beseitigung festbackender Schlacke wird der Rost - meist automatisch - gereinigt.[69] In Kohlestaubfeuerungen anfallende Asche kann in fester oder eingeschmolzener, flüssiger Form (Schmelzfeuerung)[70] abgeführt werden. Feste Verbrennungsrückstände lassen sich mitunter als Grundsubstanz verschiedener Baumaterialien, z.B. im Straßenbau, weiterverwerten. Ihre Ablagerung in Deponien ist ökologisch unbedenklich. Je

68 Vgl. dazu Abschnitt 2.2.1.

69 Siehe GLOGGER [1983], S.207-233.

70 Die Asche schmilzt in einem besonders heißen Teil der Brennkammer, der sog. Schmelzkammer, bei Temperaturen von ca. 1500 °C; zur Funktionsweise von Schmelzkammerfeuerungen siehe MAYR [1983], S.96.

nachdem, ob ein weiterverwertender Abnehmer gefunden wird oder nicht, fallen Verkaufserlöse oder Deponiekosten an.

In Abschnitt 2.2.1 wird eine Gleichung zur Zusammensetzung der Brennstoffe nach Massenanteilen angegeben. Der dort aufgeführte Aschegehalt r quantifiziert die Ausstoßmenge fester Verbrennungsrückstände in Abhängigkeit vom Brennstoffverbrauch; zusammen mit G.2.7 gilt:

$$(G.2.12) \qquad v_b(d) = r_b \cdot b_b(d) = r_b \cdot a_{Kb} \cdot d = r_b \cdot \frac{h_1 - h_2}{\mu_{Kb} \cdot H_{ub}} \cdot d \text{ , wobei}$$

v_b : Produktionsgeschwindigkeit fester Verbrennungsrückstände (Asche) [kg_B/s];
r_b : Aschegehalt des Brennstoffs b [].

Nach weitgehender Abgabe seines Wärmeinhalts im Dampferzeuger wird das Rauchgas durch einen Kamin an die Umgebung abgeführt. Zuvor ist es von umweltbelastenden Feststoffteilchen und von Gasen, sog. luftfremden Stoffen, zu reinigen. Den gesetzlichen Rahmen für Emissionsbegrenzungen bildet das Bundesimmissionsschutzgesetz (BImSchG)[71] mit den zugehörigen Durchführungsverordnungen, speziell der Technischen Anleitung Luft (TA Luft)[72] und der Großfeuerungsanlagenverordnung (GFAVO).[73]

Grundgedanken des Gesetzes sind das Verursacherprinzip (Auflagen und Anforderungen richten sich an den Emittenten) und das Vorsorgeprinzip (Durchführung von dem aktuellen Stand der Technik entsprechenden emissionsmindernden Maßnahmen bereits beim Bau einer Anlage).[74] Die Einhaltung der in diesen Gesetzen festgelegten Auflagen wird erstmals im Vollzug der Genehmigung des Bauantrags zur Errichtung eines Dampfkessels überprüft.[75] Bei einer Verfeuerung der hier betrachteten Brennstoffe

[71] Gesetz zum Schutz vor schädlichen Umwelteinwirkungen durch Luftverunreinigung, Geräusche, Erschütterungen und ähnliche Vorgänge (Bundes-Immissionsschutzgesetz - BImSchG) vom 15.3.1974 (BGBl. I, S.721, 1183), geändert durch Gesetz vom 13.8.1980 (BGBl. I, S.1310).

[72] Allgemeine Verwaltungsvorschrift der Bundesregierung zur Ersten Verordnung zur Durchführung des Bundes-Immissionsschutzgesetzes (Verwaltungsvorschrift zur Verordnung über Feuerungsanlagen: 1.BimSchV) vom 19.10.1981, GMBl. 1981, S.482.

[73] Dreizehnte Verordnung zur Durchführung des Bundes-Immissionsschutzgesetzes (Verordnung über Großfeuerungsanlagen - 13.BimSchV) vom 22.6.1983, BGBl. I, S.719.

[74] Vgl. RÖDEL [1983], S.439.

[75] Zur Abgrenzung genehmigungsbedürftiger Anlagen und zur Unterscheidung zwischen förmlichem und vereinfachtem Genehmigungsverfahren siehe RÖDEL [1983], S.440-444. Die gesetzliche Grundlage ist die

ist der Ausstoß von Staub, von Schwefeldioxid (SO_2) und von Stickstoffoxiden (NO_x) begrenzt (vgl. Abbildung 2.2).[76]

Die gesetzlichen Regelungen schreiben differenziert nach Brennstoff und nach Feuerungsgröße Grenzwerte für den maximalen Mengenanteil jeder Schadstoffgruppe im emittierten Rauchgas vor (Angaben in mg Schadstoff pro m^3 Rauchgas [mg/m^3] eines definierten O_2-Gehalts).

Eine Übergangsregelung unterscheidet zusätzlich zwischen Altanlagen und Neuanlagen.[77] Während die TALuft allgemeingültige Grenzwerte angibt, gilt die GFAVO zusätzlich für Feuerungen mit einer thermischen Feuerungsleistung größer als 50 MW; für diese Anlagen werden stufenweise verschärfte Grenzwerte festgelegt. Tabelle 2.2 enthält vereinfacht die für Neuanlagen geltenden Vorschriften.

Die thermische Leistung P_{th} eines Kessels wird in [kW] gemessen. Sie errechnet sich aus der Kesselnennleistung d_n wie folgt:[78]

(G.2.13) $$P_{th} = \frac{h_1 - h_2}{\mu_K} \cdot d_n \text{ , wobei}$$

P_{th} : thermische Feuerungsleistung [kW];
d_n : Nennleistung des Kessels [kg_W/s].

Die Entwicklung technischer Verfahren zur Einhaltung dieser Grenzwerte ist noch nicht abgeschlossen: *Primärmaßnahmen* vermindern die Entstehung der Schadstoffe direkt an der Feuerung (Brenner) bzw. im Feuerraum. *Sekundärmaßnahmen* sind im Rauchgasstrom hinter der Feuerung angeordnet.[79] Am längsten erprobt sind Verfahren zur Staubabscheidung mit Hilfe von Elektrofiltern[80], die das Abgas von Feststoffanteilen reinigen. Bei Schmelzfeuerungen lassen sich die ausgefilterten Substanzen

Vierte Verordnung zur Durchführung des Bundes-Immissionsschutzgesetzes (Verordnung über genehmigungsbedürftige Anlagen, 4.BimSchV) vom 14.2.1975 (BGBl. I, S.499), geändert durch Verordnung vom 27.6.1980 (BGBl. I, S.775).

76 Neben diesen Hauptschadstoffen können Kohlenmonoxid, verschiedene Kohlenwasserstoffe und Halogene entstehen, auf die hier nicht eingegangen wird; siehe etwa BOHN [1982], S.217.

77 Siehe HAUG [1985], S.164.

78 Wegen 1 J = 1 Ws gilt 1 kJ/s = 1 kW.

79 Siehe FELGENHAUER [1984], S.444 und VIDAL/VERGNIOL [1985].

80 Zur Funktionsweise und Typisierung von Elektrofiltern siehe HAUG [1985], S.171-172 und RÖDEL [1983], S.471-476. Dort werden auch neu entwickelte Verfahren mit Gewebefiltern angesprochen.

teilweise in den Brennraum zurückführen. Ansonsten werden die Filterrückstände in Baumaterialien weiterverarbeitet oder deponiert.

Zur Reduktion der SO_2-Emissionen (Entschwefelung) gibt es drei prinzipielle Möglichkeiten: die Brennstoffentschwefelung[81], die Schwefeleinbindung durch Additive[82] und die Abgasentschwefelung. Von Bedeutung ist bisher nur die letzte Gruppe, in der zwischen dem Quasitrockenverfahren auf Kalkbasis (Endprodukt zur Deponie), dem Naßverfahren auf Kalksteinbasis (Endprodukt Gips) und der regenerativen Naßwäsche auf Basis von Natriumverbindungen (Endprodukt SO_2-Reichgas, aus dem Schwefelsäure oder Elementarschwefel gewonnen wird) zu unterscheiden ist.

thermische Feuerungs-leistung P_{th} [MW]	Aggregatzu-stand des Brennstoffs	Staub [mg/m³]	SO_2 [mg/m³]	NO_x [mg/m³]
(< 50)[83]	fest flüssig[84] gasförmig	50 50 / 80 5	2 000 1 700 35	500 250 / 450 200
50 - 100	fest flüssig gasförmig	" " "	" 1700[85] "	400 300 "
100 - 300	fest flüssig gasförmig	" " "	" " "	" " 200
> 300	fest flüssig gasförmig	" " "	400 400[86] "	200 150 100

Tabelle 2.2: Emissionsgrenzwerte für Neuanlagen (Der Eintrag " bedeutet, daß es in einer Leistungsklasse keine Verschärfung gibt, also der Grenzwert der zum betrachteten Aggregatzustand korrespondierenden nächst kleineren Leistungsklasse gilt.)

81 Siehe MICHELFELDER/CHUGHTAI [1985],S.488-489 und WETTSTEIN [1985], S.34-35

82 ... basische Sorptionsmittel; siehe HAUG [1985], S.165.

83 Leistungsunabhängige Werte nach TALuft; die übrigen drei Leistungsbereiche sind in der GFAVO festgelegt.

84 Der erste Wert gilt jeweils für leichtes, der zweite für schweres Heizöl.

85 ... und zusätzlich maximal 40 % des eingebrachten Schwefels.

86 ... und zusätzlich maximal 15 % des eingebrachten Schwefels.

Die größte Bedeutung haben bisher die Naßverfahren erlangt,[87] die von den EVU als Standardverfahren installiert werden. In diesem Zusammenhang wird diskutiert, wie sich die großen Mengen des anfallenden Entschwefelungsgipses weiterverwerten lassen.[88] Bei Industriefeuerungen kann ein Rückgriff auf andere Verfahren sinnvoll sein, insbesondere wenn die anfallenden Rückstände produktiv nutzbar sind.[89] Die in Rauchgasentschwefelungsanlagen (REA) anfallenden Abwässer müssen vor ihrer Ableitung in speziellen Anlagen nachbehandelt werden.

Während die Entstaubung und die Entschwefelung von Feuerungen vorwiegend durch die genannten Sekundärmaßnahmen erfolgt, werden bei der Entstickung (Reduktion von NO_x) beide Prinzipien angewandt.[90] NO_x entsteht vermehrt bei hohen Temperaturen in der Feuerung.[91] Die Primärmaßnahmen zur NO_x-Reduktion betreffen die Gestaltung des Feuerungsraums, die Auslegung der Luft- und Brennstoffzuführung (Düsenanordnung) und die Brennerkonstruktion.[92]

Wenn Verbrennungsluft und Brennstoff in mehreren Ebenen dem Feuerraum zugeführt werden, spricht man von Luftstufung bzw. von Brennstoffstufung.[93] Bei den Sekundärmaßnahmen zur NO_x-Reinigung wird bei einer Temperatur von ca. 850 °C Ammoniak zugeführt (selektive nicht-katalytische Reduktion: SNCR). Bei der selektiven katalytischen Reduktion (SCR[94]) erfolgt die Zugabe von Ammoniak bei 350-400 °C; zusätzlich sind im Abgasstrom Katalysatoren angebracht.

Als letzte Verfahrensgruppe zur Schadstoffreduzierung sind die Simultanverfahren anzusprechen. Es handelt sich dabei um noch im Entwicklungsstadium stehende Techniken, die sowohl die Entschwefelung als auch

[87] Zur Funktionsweise und Einteilung von Entschwefelungsanlagen siehe MICHELFELDER/CHUGHTAI [1985], S.488-489, HAUG [1985], S.164-166, HLUBEK [1985], S.1130-1132, PIETRZENIUK [1985], S.115-118, SCHÜLLER [1985], S.447-449 und WIEHN/MARTIN/SCHUSTER [1985], S.1129.

[88] Die Gipsproduktion der deutschen Kraftwerke ab 1988 beträgt ca. 2,6 Mio. t/a; siehe PIETRZENIUK [1985], S.118. Dort findet man auch eine Übersicht zu bekannten (Baugips, Zement) und weniger bekannten (Holzspanplatten, Bergbaumörtel) Verwertungsmöglichkeiten.

[89] Z.B. Schwefelsäure in der chemischen Industrie;

[90] Siehe HLUBEK [1985], S.1133-1137.

[91] Siehe SCHÜLLER [1985], S.449.

[92] Vgl. WIEHN/MARTIN/SCHUSTER [1985], S.1129.

[93] Siehe FELGENHAUER [1984] und HAUG [1985], S.166.

[94] Siehe WIEHN/MARTIN/SCHUSTER [1985], S.1129.

die Entstickung in einem Prozeß vornehmen. Als Endprodukte können Düngemittel (Ammonsulfat) oder Gips anfallen.[95] Auch verschiedene Varianten der Wirbelschichtfeuerung lassen sich in die Gruppe der Simultanverfahren einordnen.

Anlagen zur Rauchgasreinigung sind komplexe chemische (Teil-) Fabriken, die den Bau und den Betrieb von Feuerungsanlagen wesentlich beeinflussen. Ihr Bedarf an elektrischer Energie erhöht den elektrischen Eigenverbrauch der Anlage, ihr Prozeßwärmebedarf verschlechtert die Effizienz des Energieumwandlungsprozesses.

Wie in Kapitel 1 begründet, kann im Rahmen dieser Arbeit weder auf eine detaillierte Erfassung des Mengenflusses in Zusatzanlagen zum Umweltschutz noch auf Fragen der Technologieauswahl in diesem Bereich eingegangen werden. Es wird jedoch versucht, die durch Umweltschutzmaßnahmen verursachten Kosten sowohl für die Produktions- wie auch für die Investitionsplanung einer betrieblichen Energieversorgung näherungsweise zu erfassen.

Mit Hinweis auf die Ausführungen zur Luftzuführung im voranstehenden Abschnitt sei zunächst festgehalten, daß der zu reinigende Rauchgas-Volumenstrom eines Dampfkessels mit dem Volumenstrom der zugeführten Verbrennungsluft übereinstimmt. Lediglich die Zusammensetzung des Gasstromes hat sich durch den Verbrennungsprozeß geändert. Es reicht für die weitere Betrachtung aus, den Rauchgas-Volumenstrom wie folgt abzuschätzen:[96]

(G.2.14) $$g_b(d) = l_b \cdot b_b(d) = l_b \cdot a_{Kb} \cdot d = l_b \cdot \frac{h_1 - h_2}{\mu_{Kb} \cdot H_{ub}} \cdot d \text{ , wobei}$$

g_b : Rauchgas-Volumenstrom [m^3/s];

l_b : spezifischer Verbrennungsluft-Bedarf des Brennstoffs b nach Tabelle 2.1 [m^3/kg_B].

95 Vgl. PIETRZENIUK [1985], S.118 und WIEHN/MARTIN/SCHUSTER [1985], S.1130.

96 Zur Abschätzung der Betriebskosten von Rauchgasreinigungsanlagen sind bisher nur wenige Veröffentlichungen bekannt. Einige Schätzungen der EVU binden variable Umweltschutzkosten proportional an den Brennstoffverbrauch. Dies entspricht der hier gewählten Vorgehensweise. Vgl. dazu z.B. SCHNEIDER-FRESENIUS/KIRSCH [1985], S.50-54. Planungsprobleme und Kostenwirkungen von Umweltschutz-Auflagen werden auch angesprochen in GERKING [1975].

2.3. Dampfturbine

2.3.1. Funktionsprinzip

Dampfturbinen sind Anlagen zur Umwandlung der im Wasserdampf enthaltenen Wärmeenergie (Enthalpie) in mechanische Energie (EW_2 in Abbildung 2.1). Sie gehören zur Gruppe der Wärmekraftmaschinen[97] und der Strömungsmaschinen.[98] Die beiden Hauptbestandteile einer Turbine sind ein mit Schaufeln bestückter *Läufer* (Welle) und ein die Dampfführungselemente (Leitschaufeln) tragendes, den Läufer umschließendes *Gehäuse*:[99]

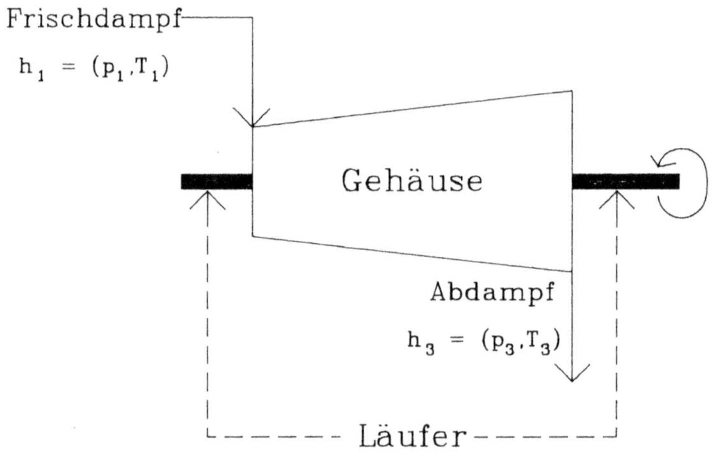

Abbildung 2.3: Produktionsflußbild einer Dampfturbine

Beim Durchströmen der Turbine in axialer Richtung[100] trifft Frischdampf mit hoher Geschwindigkeit auf mehrere in Dampfflußrichtung auf der Welle fest angebrachte Schaufelräder und versetzt dadurch den Turbinenläufer in eine Drehbewegung. Zwischen diesen Laufschaufeln stehende Leitschaufeln regeln die Strömungsrichtung (Düsenprinzip) und den Anströmwinkel des Dampfes auf das nachfolgende Schaufelrad (Turbinenstufe).[101] Die

[97] Vgl. BOHN [1982a], S.10-15 und S.96.

[98] Vgl. DIBELIUS [1983], S.855.

[99] Standardwerke zur Funktionsweise, Konstruktion und Auslegung von Dampfturbinen sind DIETZEL [1980] und TRAUPEL [1977].

[100] Radialturbinen kommen in Industriekraftwerken nicht mehr zum Einsatz; vgl. HAUBOLD [1975], S.26.

[101] Man unterscheidet dabei das Gleichdruckverfahren (nur die Leitschaufeln sind düsenförmig gestaltet, die Laufschaufeln haben gleiche

Druckenergie des Dampfes wird dadurch zunächst in kinetische Energie (Strömungsenergie) und schließlich in mechanische Energie (Drehung des Läufers) umgewandelt. Der Dampf leistet Arbeit und tritt am Turbinenende mit vermindertem Druck aus (Abdampf).

Zum Turbinenbetrieb werden weitere Hilfsstoffe benötigt, die in Abbildung 2.3 vereinfachend nicht eingezeichnet sind: Zur Schmierung, Steuerung und Abdichtung sind verschiedene Ölsysteme[102] installiert, die Kühlung übernimmt ein Kühlwasserkreislauf[103], für Steuer- und Überwachungsgeräte wird elektrische Energie[104] benötigt. Die dadurch verursachten Kosten sind für die hier untersuchten Planungsfragen unbedeutend oder lassen sich durch proportionale Zuschläge an die Dampfkosten binden.

2.3.2. Dampfentspannung

Abschnitt 2.2.3 führt die Größen Druck und Temperatur (p,T) zur Charakterisierung der thermodynamischen Qualität des Wasserdampfes ein. Dabei werden die für den Dampfkesselprozess maßgeblichen Energien durch die Enthalpien der auftretenden Wasserdampf- bzw. Wasserzustände (p_x, T_x) quantifiziert. In einer ähnlichen Rechnung ermittelt man den Energieumsatz in einer Turbine. In diesem Prozeß wird der Wärmeinhalt des Frischdampfes - genauer die Enthalpiedifferenz zwischen Frischdampf und Abdampf - in mechanische Arbeit umgewandelt. Diese Enthalpiedifferenz sei $h_1 - h_3$, wobei $h_1 = h(p_1, T_1)$ die Enthalpie des Frischdampfes und $h_3 = h(p_3, T_3)$ die Enthalpie des Abdampfes bezeichnen.

Die Energieumwandlung in der Turbine, der Übergang des Dampfes vom Zustand (p_1, T_1) zum Zustand (p_3, T_3), verläuft polytrop,[105] d.h., es gilt $p_3 < p_1$ und $T_3 < T_1$. Die verbleibende Zustandsgröße, das spezifische Volumen v - gemessen in $[m^3/kg_W]$ - nimmt dagegen zu: $v_3 > v_1$. Dies wird durch die Trichterform der Turbine in Abbildung 2.3 angedeutet.

Ein- und Austrittsquerschnitte) und das Überdruckverfahren (Leit- und Laufschaufeln sind düsenförmig ausgelegt). Nach dem Gleichdruckverfahren konstruierte Turbinen heißen auch Aktionsturbinen, nach dem Überdruckverfahren arbeitende Maschinen nennt man Reaktionsturbinen; moderne Turbinen arbeiten oft nach einer Mischform dieser beiden Grundvarianten. Siehe dazu HAUBOLD [1975], S.19-25, SCHWARZENBACH [1985], S.103-107 und THOMAS [1975], S.247-260.

102 Siehe HAUBOLD [1975], S.72-81.

103 Vgl. HAUBOLD [1975], S.93-95.

104 Ähnlich wie beim Dampfkessel kann dieser Eigenbedarf in einen Einsatzfaktor Eingang finden; siehe dazu Kapitel 5.

105 Siehe BAEHR [1984], S.242, BOHN [1982a], S.97-108, BROCKMANN [1983], S.235, DIETZEL [1980], S.72-75 und HAMPEL [1983], S.82.

Wegen der besonderen Bedeutung des Druckgefälles $p_1 - p_3$ bezeichnet man die Energieumwandlung in der Turbine kurz als *Dampfentspannung*. Nach dem 2. Hauptsatz der Thermodynamik kann Wärme nicht vollständig in mechanische Energie umgewandelt werden. Für jeden Zustand (p,T) des Wasserdampfes ist eindeutig eine Maßgröße, die *Entropie s*, definiert, die als thermodynamische Kenngröße zur Quantifizierung dieser Irreversibilität verwendet wird;[106] s hat die Dimension [kJ/kgK][107].

Im Gegensatz zur Enthalpie h, deren Bedeutung als Maßgröße des spezifischen Wärmeinhalts unmittelbar einleuchtet, ist es schwierig, Entropie anschaulich zu definieren. Für die Herleitung der hier gesuchten Produktionskoeffizienten wird darauf verzichtet. Der Begriff Entropie wird dennoch eingeführt, weil zur Berechnung des in einer Turbine umsetzbaren Wärmegefälles ein spezielles thermodynamisches Diagramm benötigt wird, das *Mollier-h,s-Diagramm* für Wasser[108].

Die Symbole h und s bezeichnen die Achsen dieses Diagramms, in dessen 1. Quadranten die Zustandsgrößen von Wasser (-dampf) in Form von Iso-Linien[109] und weitere thermodynamische Kenngrößen (z.B. Wassergehalt des Naßdampfes) eingezeichnet sind. Das h,s-Diagramm kann hier nicht detailliert erläutert werden. Es soll jedoch an einem Beispiel nach der vereinfachten Skizze[110] in Abbildung 2.4 gezeigt werden, wie der Ausgangswert zur Bestimmung des Produktionskoeffizienten einer Dampfturbine in einem h,s-Diagramm abzulesen ist.

Das Beispiel geht aus von einer Turbine nach Abbildung 2.3 und folgenden Daten: Der Frischdampfzustand sei (p_1,T_1) = (18 bar, 287 °C), der Abdampfdruck wird vorgegeben mit p_3 = 4,5 bar.[111] Gesucht ist die maximale mechanische Energie $1/a_T'$, die aus einem kg_W Dampf in der Turbine zu gewinnen ist; a_T' hat die Dimension $[kg_W/kJ] = [kg_W/kWs]$.

106 Zum Begriff der Entropie siehe BAEHR [1984], S.91 ff und GERTHSEN/ KNESER/VOGEL [1982], S.197 ff.

107 K ist das Symbol Kelvin, die Maßeinheit für die absolute Temperatur. Es gilt: 0 K ≈ -273 °C (absoluter Nullpunkt); 100 °C ≈ 373 K.

108 Dieses Diagramm liegt u.a. als Faltblatt den in Abschnitt 2.2.2 bereits erwähnten Wasserdampftafeln bei. Vgl. auch DIETZEL [1980], S.74.

109 Wertepaare (h,s) bei konstantem Druck p (Isobaren), konstanter Temperatur T (Isothermen) und konstantem spezifischen Volumen v (Isochoren).

110 Insbesondere ist diese Skizze nicht maßstabsgetreu.

111 Beispielsweise ist dies der Dampfdruck eines Werksnetzes, das den Turbinenabdampf aufnimmt. Vgl. dazu Abschnitt 2.6 und Kapitel 5.

Zur Lösung sind die folgenden Schritte durchzuführen:

- Suche im h,s-Diagramm die Isobare für p_1 = 18 bar.
- Suche die Isotherme für T_1 = 287 °C.
- Markiere den Schnittpunkt Q_1 beider Isolinien.
- Lies an der Ordinate ab: $h_1 = h(18 \text{ bar}, 287\ °C) \approx 3000$ kJ/kg_W.
- Suche die Isobare für p_3 = 4,5 bar.
- Zeichne eine Strecke parallel zur Ordinate, beginnend bei Q_1 bis zum Schnittpunkt Q_2 mit der Isobare für p_3 = 4,5 bar.
- An der Ordinate liest man ab: $h_3' = h(4{,}5 \text{ bar}, T_3') = 2720$ kJ/kg_W.
- Die maximal gewinnbare mechanische Energie $1/a_T'$ beträgt:

$$1/a_T' = h_1 - h_3' = 280 \text{ kJ/kg}_W = 280 \text{ kWs/kg}_W = \frac{280 \text{ kWh}}{3600 \text{ kg}_W} \approx 0{,}077 \text{ kWh/kg}_W .$$

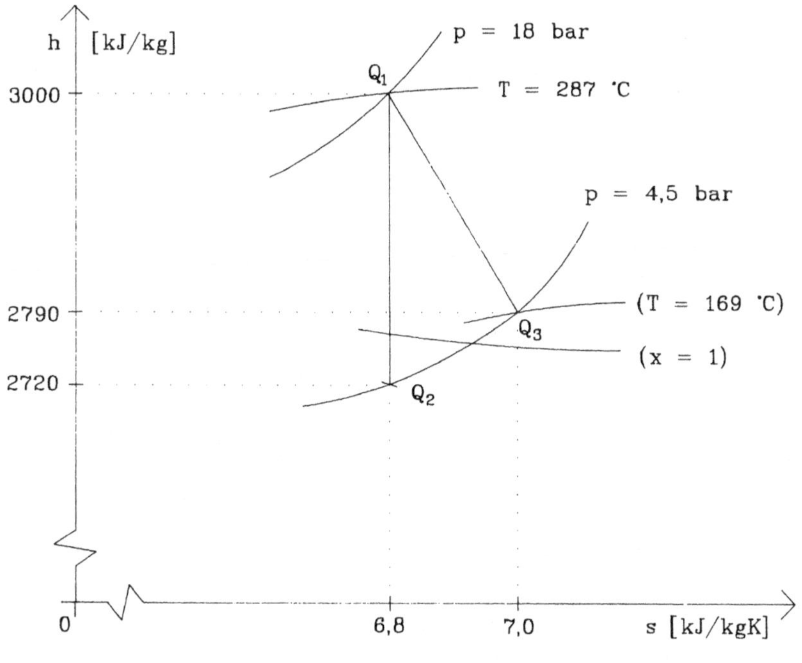

Abbildung 2.4: Anwendung des Mollier-h,s-Diagramms

$1/a_T'$ ist die Länge der Strecke Q_1-Q_2. Der Verlauf dieser Strecke parallel zur Ordinate von (h_1, s_1) nach (h_3', s_1) entspricht einem isentropen Zustandsübergang, d.h., einer Zustandsänderung bei konstanter Entropie s_1. $1/a_T'$ wird daher als isentropes Gefälle bezeichnet.[112] Die *isentrope*

[112] Siehe BAEHR [1984], S.193 und HAMPEL [1983], S.61-62.

Dampfentspannung ist der thermodynamisch ideale Turbinenprozeß.[113] Frischdampf ist der Einsatzfaktor der Turbine, mechanische Energie das Zielprodukt. Für die weiteren Ausführungen werden Faktoreinsatzfunktionen benötigt. Deshalb wird a_T' als Kehrwert angesetzt. Im Beispiel ist

$$a_T' = 1/0{,}077 \text{ kWh/kg}_W \approx 12{,}68 \text{ kg}_W\text{/kwh}$$

der theoretisch minimale Dampfdurchsatz zur Erzeugung von 1 kWh mechanischer Energie. Allgemein gilt:

$$\text{(G.2.15)} \qquad d'(m) = a_T' \cdot m = \frac{1}{h_1 - h_3'} \cdot m \quad , \text{ wobei}$$

d' : theoretische Dampf-Verbrauchsgeschwindigkeit [kg_W/s];
m : mechanische Leistung [kJ/s] = [kW];
h_1 : Frischdampf-Enthalpie [kJ/kg_W];
h_3': theoretische Abdampf-Enthalpie [kJ/kg_W].

Die beim technischen Turbinenprozeß auftretenden Energieverluste werden durch einen Turbinenwirkungsgrad $\mu_T(m)$ erfaßt. $1/\mu_T(m)$ beziffert den Dampfmehrverbrauch für *innere* (Beschaufelungs-, Spalt-, Radreibungs- und Ventilationsverluste) und *mechanische* (Lagerreibung, Hilfspumpenantriebe etc.) Umwandlungsverluste[114] bei der Turbinenbelastung (Intensität) m. Im Gegensatz zum Dampfkessel ist die Abhängigkeit des Wirkungsgrads von der Intensität hier nicht vernachlässigbar. Es ergibt sich zunächst der folgende, nicht lineare Zusammenhang:

$$\text{(G.2.16)} \qquad d(m) = a_T(m) \cdot m = \frac{1}{\mu_T(m) \cdot (h_1 - h_3')} \cdot m \quad , \text{ wobei}$$

d : Dampf-Verbrauchsgeschwindigkeit [kg_W/s];
a_T : spezifischer Dampfverbrauch [kg_W/kJ] = [kg_W/kWs];
μ_T : Wirkungsgrad der Turbine [].

Analog zum Dampfkessel definiert die Nennleistung m_n die Auslegungskapazität der Turbine, gemessen in [kW]. $\mu_T(m)$ ist für m_n maximal, d.h., es gilt: $\mu_T^* = \mu_T(m_n)$. Die Leistungsabgabe m ist über das gesamte Lastintervall $[0, m_{max}]$ variierbar, wobei m_{max} die Spitzenleistung bezeichnet.[115]

113 Vgl. BAEHR [1984], S.279-282.

114 Entsprechend dieser Unterscheidung setzt sich der Turbinenwirkungsgrad multiplikativ aus dem *inneren* und dem *mechanischen Wirkungsgrad* zusammen. Siehe DIETZEL [1980], S.111-112.

115 Die Definitionen der Leistungsbegriffe gelten sinngemäß wie in Abschnitt 2.2 erläutert. Die Maximalleistung m_{max} fällt beim maximal möglichen Dampfdurchsatz an. Auch bei Turbinen ist der Überlastbereich (fallender Ast der Wirkungsgradfunktion) relativ klein.

Eine Turbinenfahrweise im Intervall $[m_n, m_{max}]$ heißt auch Vollastbetrieb, unterhalb von m_n spricht man von Teillast[116]. Der Einfluß des Wirkungsgrads auf den Produktionskoeffizienten a_T wird zunächst an dem eingeführten Beispiel erläutert: Für eine Turbine nach Abbildung 2.2 sei der Wirkungsgrad im Bestpunkt $\mu_T(m_n) = \mu_T^* = 0{,}75$. Dadurch reduziert sich das nutzbare Wärmegefälle auf:

$$1/a_T^* = 1/a_T(m_n) = \mu_T^* \cdot (h_1 - h_3') = 0{,}75 \cdot 280 \text{ kJ/kg}_W = 210 \text{ kJ/kg}_W.$$

Die im realen Prozeß erreichbare Abdampfenthalpie beträgt daher nicht $h_3' = 2720$ kJ/kg_W, sondern nur $h_3 = h_1 - \mu_T^* \cdot (h_1 - h_3') \approx 2790$ kJ/kg_W.[117] Für $m \neq m_n$ verschlechtert sich dieser Wert weiter.[118] Bei gegebenem Druckgefälle - im Beispiel eine Dampfentspannung von 18 bar auf 4,5 bar - wird deshalb nicht der Idealpunkt Q_2, sondern lediglich der Punkt Q_3 in Abbildung 2.4 erreicht: der Prozeß verläuft unter Entropiezunahme. Q_3 liegt auf der Isotherme T = 169 °C; der reale Zustand des Turbinenabdampfs beträgt (p,T) = (4,5 bar, 169 °C).

Bei der Bestimmung der Enthalpie $h_3' = h(4{,}5 \text{ bar}, T_3')$ in Q_2 wird die Temperatur T_3' nicht ermittelt. Zum besseren Verständnis des Turbinenprozesses wird dies kurz nachgeholt. Durch den Punkt Q_2 verläuft keine Isotherme im h,s-Diagramm, da Q_2 unterhalb der Linie x = 1 liegt.

Diese Linie trennt das Zustandsgebiet reinen Wasserdampfes[119] von dem sog. Naßdampfgebiet[120] im h,s-Diagramm. In diesem Gebiet ist der Dampf bis auf den Kondensationspunkt abgekühlt, d.h., in Q_2 liegt ein Wasser-Dampfgemisch (Naßdampf) vor. Die Kondensation des Dampfes erfolgt bei konstanter Temperatur, genauer bei Siedetemperatur T_s. In den Wasserdampftafeln liest man ab: $T_s(4{,}5 \text{ bar}) = T_3' \approx 148$ °C.

Im nächsten Schritt wird untersucht, wie sich G.2.16 vereinfachen läßt. In dieser Gleichung gibt m diejenige Leistung an, die von der Turbinenwelle *abgegeben* wird, d.h., die zum Antrieb von an die Welle anzukoppelnden Maschinen nutzbar ist. Zusätzlich zur Nutzenergiebereitstellung ist Dampfkraft aufzuwenden, um die Welle zunächst auf eine Mindestdrehzahl zu beschleunigen (Anfahrvorgang) und danach ständig in Rotation zu halten.

116 Vgl. DIETZEL [1980], S.112.

117 Wegen $h_3 > h_3'$ ist das real genutzte Enthalpiegefälle *geringer*.

118 ... in Folge des konvexen Verlaufs von $a_T(m)$.

119 ... oberhalb von x = 1.

120 ... unterhalb von x = 1.

Die Bauart und der jeweilige Betriebszustand[121] einer Turbine bestimmen die Anfahr- bzw. Beschleunigungszeiten. Zur Durchführung von Start- und Laständerungsvorgängen gibt es detaillierte Herstellervorschriften.[122] Für Anfahrvorgänge wird eine fixe Dampfmenge benötigt, die hier nicht zu betrachten ist.[123] Die Bewertung des für Laständerungen benötigten Dampfverbrauchs führt zu beschleunigungsabhängigen Laständerungskosten.[124] Diese Kosten sind jedoch nur bei Fragen der Lastoptimierung im Minutenbereich interessant.

Der zur Aufrechterhaltung der Rotationsbewegung ständig erforderliche Dampfdurchsatz heißt *Leerlaufdampf* d_L [tw/h]. Der degressiv steigende Verlauf der Wirkungsgradfunktion $\mu_T(m)$ im Intervall $[0, m_n]$ kommt hauptsächlich durch die Proportionalisierung dieses Leerlaufdampfs über die nutzbare Turbinenleistung m zustande. Das Leistungsintervall $[m_n, m_{max}]$ ist bei Industrieturbinen relativ klein, oft gilt sogar $m_n = m_{max}$; darüber hinaus verläuft die Wirkungsgradfunktion in dieser Zone flach. Zur Vereinfachung von G.2.16 bietet es sich deshalb für $m_n < m_{max}$ zunächst an, m_n gleich m_{max} zu setzen ($m_n := m_{max}$), d.h., den Dampfmehrverbrauch im Überlastbereich zu vernachlässigen.

Dadurch wird d_{max} zum Bestpunkt; dies führt in Planungsmodellen zu Lösungen, in denen Turbinen oft im Überlastbereich gefahren werden; eine häufige oder längere Fahrweise in diesem Bereich ist jedoch unerwünscht: Die höhere Anlagenbeanspruchung verkürzt die Nutzungsdauer der Maschine - ein Effekt, der in den Dampfverbrauchskosten nicht zum Ausdruck kommt. Es empfiehlt sich deshalb, einen eventuell vorhandenen kleinen Überlastbereich entweder ganz zu vernachlässigen ($m_{max} := m_n$) oder ihn durch einen proportionalen Dampf-Verbrauchszuschlag explizit zu

121 Dabei unterscheidet man zwischen Kaltstart, Warmstart, Heißstart und Schnellstart; vgl. HAUBOLD [1975], S.122-126.

122 Tabellen oder auch Graphiken (Anfahrdiagramme) der erlaubten Laständerungsgeschwindigkeiten; vgl. SCHÜLLER [1985], S.406 ff.

123 Der hier untersuchte Zusammenhang d(m) setzt voraus, daß die Anlage läuft. In Kapitel 5 wird das Anfahrproblem kurz aufgegriffen.

124 Eine produktionstheoretische Untersuchung und Optimierung von Laständerungsvorgängen bei KWK-Anlagen findet man bei TEPASSE [1977] und RÜHLAND [1979]; vgl. dazu auch ALTROGGE [1971]. Diese Ansätze verwenden Verfahren der dynamischen Optimierung, die nur bei einfachen Kraftwerksschaltungen mit wenigen Nebenbedingungen überschaubar bleiben. Laständerungskosten sind aufgrund ihres geringen Anteils an den gesamten Betriebskosten vernachlässigbar; insgesamt muß "... deren Quantifizierung und Berücksichtigung als weitgehend ungelöstes Problem angesehen werden". (LINKE [1985], S.755).

erfassen.[125] Der zweite Vorschlag wird nachfolgend erläutert, der erste läßt sich daraus ableiten.[126]

Mit der Leerlaufdampfmenge und mit einem lastproportionalen Verbrauchszuschlag im Überlastbereich läßt sich G.2.16 durch G.2.17 approximieren:

$$\text{(G.2.17)} \qquad d(m) = \begin{cases} d_L + \dfrac{d_n - d_L}{m_n} m & \text{, für } 0 \le m \le m_n \\ d_n + \dfrac{d_{max} - d_n}{m_{max} - m_n} (m - m_n) & \text{, " } m_n < m \le m_{max} \end{cases} \text{, wobei}$$

$$d_n = \frac{m_n}{\mu_T^* \cdot (h_1 - h_3')} \text{ , } d_{max} = \frac{m_{max}}{\mu_T(m_{max}) \cdot (h_1 - h_3')} \text{ und}$$

m_n : Nennleistung der Turbine [kW];
m_{max} : Maximalleistung der Turbine [kW];
d_L : Leerlauf-Dampfdurchsatz [kg_W/s];
d_n : Dampfdurchsatz bei Nennleistung m_n [kg_W/s];
d_{max} : Dampfdurchsatz bei Maximalleistung m_{max} [kg_W/s].

Diese Formulierung ist ausreichend genau, gut modellierbar und leicht quantifizierbar: Die Wertepaare (m_n, d_n) und (m_{max}, d_{max}) sind als Turbinenkenndaten bekannt oder nach den angegebenen Formeln berechenbar; d_L kann geschätzt werden. Hierzu verwendet man empirisch ermittelte Funktionen der Form $d_L = f(d_n, (h_1 - h_3'))$[127]. Die zu G.2.17 gehörende Approximation der Verbrauchsfunktion $a_T(m)$ ergibt sich aus der Division von G.2.17 durch m.

Zur Verdeutlichung wird das bereits eingeführte Beispiel erweitert: Die Nennleistung der Turbine betrage m_n = 5 MW, der Überlastfaktor sei 10%, d.h., $m_{max} = 1{,}1 \cdot m_n$ = 5,5 MW. Der Wirkungsgrad im Bestpunkt $\mu_T(m_n) = \mu_K^*$ wurde bereits mit 0,75 angegeben, bei voller Öffnung des Überlastventils sei $\mu_T(m_{max})$ = 0,7. Daraus ergibt sich $d_n \approx$ 86 t_W/h und $d_{max} \approx$ 101 t_W/h. Für ein isentropes Enthalpiegefälle $h_1 - h_3'$ = 280 kJ/kg_W sind 22 % von d_n als Leerlaufbedarf anzusetzen:[128] $d_L = 0{,}22 \cdot 86$ t_W/h $\approx$ 19 t_W/h.

Aus G.2.17 folgt:

$$d(m) = \begin{cases} 19 + 13{,}4 \cdot m \ [t_W/h] & \text{, für } 0 \le m \le 5 \ [MW] \\ -64 + 30 \cdot m \ [t_W/h] & \text{, " } 5 < m \le 5{,}5 \ [MW] \end{cases}$$

In Abbildung 2.5 sind d(m) und $d(m)/m = a_T(m)$ graphisch dargestellt.

125 Siehe SCHÜLLER [1984], S.294.

126 ... durch Streichen des Ausdrucks für m > 5 MW in G.2.17.

127 Vgl. SCHÜLLER [1984], S.289.

128 Nach der Graphik für Gegendruckturbinen in SCHÜLLER [1984], S.289.

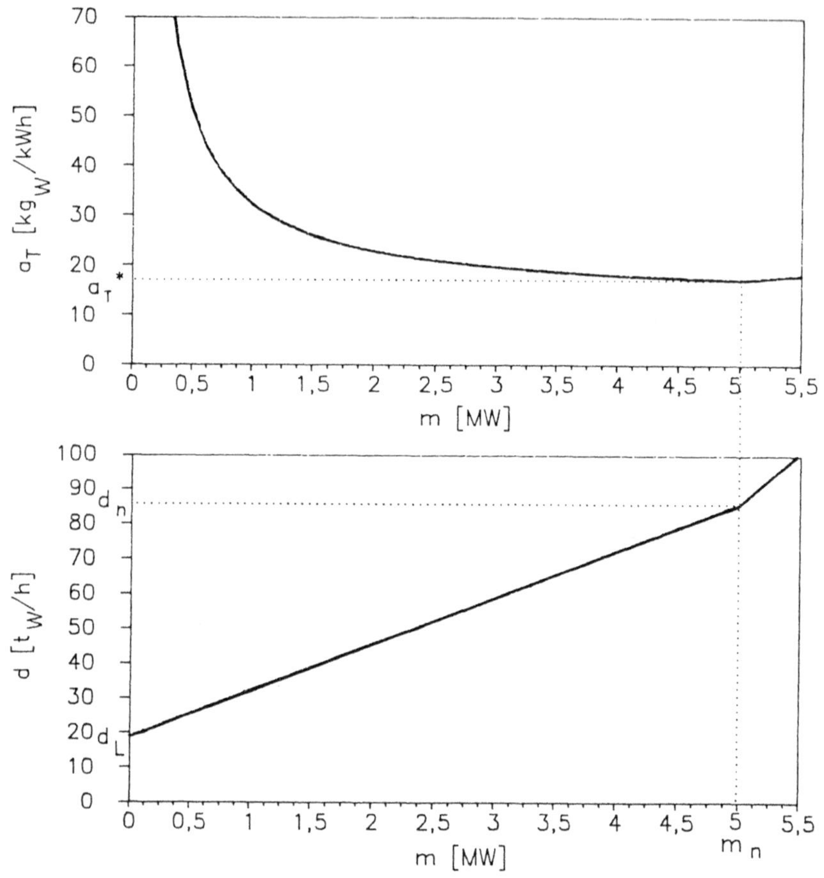

Abbildung 2.5: Verbrauchsfunktion einer Dampfturbine

2.3.3. Kondensator

Im voranstehenden Abschnitt wird die Dampf-Verbrauchsfunktion einer Turbine hergeleitet. Die Effizienz des Turbinenprozesses steigt nach G.2.17 mit wachsender Enthalpiedifferenz $h_1 - h_3$. Eine Erhöhung der Frischdampfenthalpie h_1 ist begrenzt durch die mit zunehmender Überhitzung steigenden Anforderungen an die Hitze- und Druckbeständigkeit der dampfführenden Bauteile.[129] Eine weitere Absenkung des Abdampfdrucks p_3 führt zur Naßdampfbildung am Turbinenende; die Bildung von Wassertropfen greift die Beschaufelung an.[130]

129 Frischdampfzustände von ca. 150 bar und 535°C sind mit ferritischen Stählen erreichbar. Für über diesen Punkt hinausgehende Zustände müssen teure austenitische Werkstoffe verwendet werden; vgl. JOHN [1962], S.66-69 und WIEHN/MARTIN/SCHUSTER [1985], S.1127.

130 Siehe SCHWARZENBACH [1985], S.125.

Um $h_3 = h(p_3, T_3)$ weiter abzusenken, muß p_3 und damit die Siedetemperatur $T_s(p_3)$ reduziert werden. Hierzu leitet man den Turbinenabdampf in einen Unterdruckbehälter, den Kondensator.[131] Der Abdampf kondensiert darin durch Übertragung eines Teils seines Restwärmeinhalts (Entzug der Verdampfungswärme) auf ein Kühlmedium zu Wasser (Kondensat). Mit dem Übergang des Abdampfes vom gasförmigen in den flüssigen Aggregatzustand ist eine starke Volumenabnahme verbunden, die den gewünschten Unterdruck p_3 erzeugt.[132]

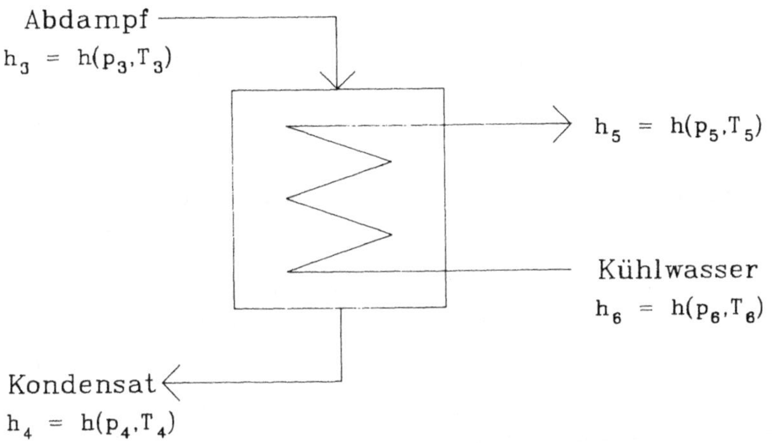

Abbildung 2.6: Produktionsflußbild eines Kondensators

Als Kühlmedium wird Umgebungsluft oder Rohwasser[133], bei Industriekraftwerken mit geringer Kondensatmenge auch Speisewasser[134] verwendet. Am häufigsten wird der wassergekühlte Oberflächenkondensator eingesetzt. Hinsichtlich der Kühlwasserversorgung unterscheidet man die Frischwasser-[135], die Ablauf-[136] und die Kreislaufkühlung[137].

131 Zur Typisierung und Funktionsweise von Kondensatoren siehe BLANGETTI/LANG [1985], S.209-284.

132 Übliche Werte sind p_3 = 0,02 - 0,1 bar und T_3 = 30 - 40 °C.

133 *Oberflächenkondensator*: der Kühlwasserkreislauf ist vom Speisewasserkreislauf getrennt (Wärmetauscher).

134 *Mischkondensator*: aufbereitetes Wasser wird zur Abkühlung des Abdampfes eingespritzt.

135 Bei der Frischwasserkühlung wird Kühlwasser aus einem Fluß oder See entnommen und dorthin (aufgewärmt) zurückgeleitet.

136 Vor die Kühlwasserableitung in einen Fluß oder See ist ein Kühlturm geschaltet.

Die Kreislaufkühlung wird weiter in nasse Rückkühlung[138], Trockenkühlung[139] und Hybridkühlung[140] unterteilt.[141] Mit Ausnahme der Frischwasserkühlung benötigen alle Verfahren Kühltürme zur Übertragung der Kühlwasserwärme an die Umgebung; i.d.R. kann man die im Kondensator anfallende Niedertemperaturwärme (30–38°C) nicht produktiv nutzen.

Der Kondensator erhöht das in der Turbine nutzbare Druckgefälle[142]. Die prozeßverbessernde Wirkung geht über h_3 in G.2.17 ein. Den Kühlwasserbedarf erhält man aus der Enthalpiedifferenz des Turbinenabdampfes zum Kondensat und aus der zulässigen Aufwärmung des Kühlwassers als *durchschnittliches Kühlwasserverhältnis*[143] k_W: Es gibt an, wieviel kg_W Kühlwasser für die Kondensierung von 1 kg_W Dampf benötigt werden.

Derartige Berechnungen des Wärmeübergangs von einem Medium zu einem anderen (Wärmetausch) kommen in der Kraftwerksplanung häufig vor. Zur Verdeutlichung einer solchen Rechnung wird der Kühlwasserbedarf für ein kleines Beispiel bestimmt.

Hierzu sei angenommen, daß der Turbinenabdampf mit einer Enthalpie von h_3 = h(0,06 bar, 36 °C) ≈ 2340 kJ/kg_W (x = 0,91)[144] im Kondensator anfällt. Das kondensierte Wasser wird vom Kondensator abgepumpt. Aus den Wasserdampftafeln liest man ab: h_4 = h(0,06 bar, 36 °C) ≈ 145 kJ/kg_W (x=1), d.h., die Wärme h_3 – h_4 ist über die Kondensatorkühlung abzuführen. Als Kühlmedium soll Wasser zur Verfügung stehen, das mit 18 °C einem Fluß entnommen und mit 30 °C in diesen zurückgeleitet werden kann:

h_5 = h(1 bar, 30°C) ≈ 126 kJ/kg_W ; h_6 = h(3 bar, 18°C) ≈ 76 kJ/kg_W.[145]

137 ... Wiederverwendung des Kühlwassers nach einer Rückkühlung in Kühltürmen.

138 ... Versprühung des Kühlwassers im Kühlturm.

139 ... Rückkühlung des Kühlwassers über Wärmetauscher im Kühlturm.

140 ... Kombination aus der effektiveren Naßkühlung mit der schwadenfreien Trockenkühlung.

141 Einen Überblick über die Technik der Kühlverfahren und deren Umweltwirkungen gibt SAUER [1985], S.285-322.

142 Am Turbinenausgang (Abdampfstutzen) wird ein möglichst hoher Unterdruck erzeugt, im obigen Beispiel etwa p_3 = 0,06 bar.

143 Siehe HAUBOLD [1975], S.85.

144 Die Siedetemperatur beträgt T_s(0,06 bar) ≈ 36 °C. Vgl. dazu auch das Beispiel in Abschnitt 2.5.

145 Der natürliche Umgebungsdruck beträgt 1 bar, vor dem Kondensator wird ein Druck von 3 bar (Pumpe) aufgebaut; vgl. dazu Abschnitt 5.2.

1 kg_W Kühlwasser kann die Wärmemenge $h_5 - h_6$ aufnehmen. Als Kühlwasserbedarf k erhält man:

$$k = k_W \cdot d = \frac{h_3 - h_4}{h_5 - h_6} \cdot d \,, \quad \text{wobei} \tag{G.2.18}$$

k : Kühlwasserbedarf [t_W/h];
k_W : durchschnittliches Kühlwasserverhältnis [];
d : Abdampfmenge [t_W/h].

Für das Zahlenbeispiel ergibt G.2.18 einen Bedarf von 43,9 kg_W (Liter) Kühlwasser zur Kondensation von 1 kg_W Dampf.

2.3.4. Technische Varianten

Neben den bereits angesprochenen Arbeitsverfahren[146] und der Dampfdurchflußrichtung[147] lassen sich weitere Klassifizierungsmerkmale für Dampfturbinen angeben. Die Bauart einer Turbine wird zunächst durch ihren Verwendungszweck bestimmt, also durch das Aggregat, das über die Turbinenwelle angetrieben wird. Es gibt vielfältige Einsatzmöglichkeiten.

Die wichtigsten Typen sind Kraftwerks-[148] (öffentliche Stromversorgung), Heizkraft-[149] (Strom- und Fernwärmeversorgung), Industrie-[150] und Direktantriebsturbinen[151]. Nach der Kraftübertragung an die angeschlossenen Aggregate unterscheidet man Getriebeturbinen und direkt gekuppelte Turbinen. Die für Industriekraftwerke wichtige Synchronisierungsmöglichkeit mit dem öffentlichen Netz (Parallelbetrieb)[152] erfordert eine konstante Betriebsdrehzahl, weshalb nachfolgend nur direkt gekuppelte Maschinen betrachtet werden.

Entsprechend dem Dampfzustand am Turbineneintritt (Nenndampfzustand) unterscheidet man Niederdruck- (bis 10 bar), Mitteldruck- (11-85 bar), Hochdruck- (85-220 bar) und Höchstdruckturbine (über 220 bar). Analog werden Temperaturintervalle benutzt: Sattdampfturbine (bis 200 °C), Mit-

146 Gleichdruck-, Überdruck- und kombinierte Verfahren;

147 Axial- und Radialturbine; vgl. HAUBOLD [1975], S.17.

148 Siehe BOHN [1985] und SCHRÖDER [1962].

149 Vgl. HAKANSSON [1973], Kap.3 und SIEMENS [1983], S.4-42.

150 Industrieturbinen werden in diesem Kapitel näher besprochen.

151 Antriebe für Kompressoren, Pumpen, Schiffsschrauben etc. Auch im Kraftwerk selbst können verschiedene Aggregate, z.B. die Kesselspeisepumpe, teilweise über Turbinen angetrieben werden; vgl. SCHWARZENBACH [1985], S.120-122.

152 Vgl. Abschnitt 1.3.

teltemperatur- (bis 485°C), Hochtemperatur- (486-565,°C) und Höchsttemperaturturbine (größer 565°C).[153] Nach der Dampfherkunft[154] spricht man von Frischdampf- (Zuleitung aus dem Dampfkessel), Abdampf- (Zuleitung des Abdampfes anderer Kraft- oder Wärmeprozesse)[155] und Speicherdampfturbinen[156] (Zuleitung aus Dampfspeichern).

Verschiedene Möglichkeiten der Dampfableitung führen zur Einteilung in Gegendruck-, Anzapf-, Entnahme- und Kondensationsturbine. Während bei der Kondensationsturbine der Abdampf in einem Kondensator[157] niedergeschlagen wird, versorgen die erstgenannten Bauarten nachgeschaltete Dampfnetze. Diese Modelle sind typisch für Industriekraftwerke; eine genauere Beschreibung erfolgt weiter unten. Schaltet man zwei Turbinen derart hintereinander, daß der Abdampf der einen Turbine (teilweise) zum Betrieb der anderen verwendet wird, spricht man von Vorschalt- und Nachschaltturbine.

Aufgrund großer Dampfvolumen, besonders im Niederdruckbereich, kann aus bautechnischen Gründen[158] eine Aufteilung des Dampfes in mehrere parallele Ströme notwendig werden, die man als mehrflutige Bauweise bezeichnet; wegen der beim Turbinenbetrieb entstehenden Axialkräfte (Schubkräfte)[159] werden die Fluten gegeneinander geschaltet.

Wird hingegen der Dampf nicht parallel, sondern hintereinander in verschiedenen Druckstufen durch mehrere getrennte Gehäuse geführt, so spricht man von mehrgehäusigen Turbinen.[160] Gründe für eine solche Auslegung können Festigkeitsprobleme bei größeren Maschinen (ab etwa 50 MW) sein oder aber technische Modifikationen, wie z.B. die Zwischenüberhitzung.[161]

[153] Einteilung und Zahlenangaben nach HAUBOLD [1975], S.26.

[154] Siehe KOCH [1983], S.908.

[155] Zur Mehrfachnutzung von Prozeßwärme siehe INGWERSEN [1986].

[156] Zum Einsatz von Dampfspeichern siehe SAUER/ZEISE [1983], S.251 und SCHÜLLER [1984], S.297-298.

[157] Vgl. Abschnitt 2.3.3.

[158] Zu hohe Umfangsgeschwindigkeit der langen Endschaufeln; vgl. DIETZEL [1980], S.115.

[159] Bei Einzelturbinen werden Ausgleichskolben zur Neutralisierung des Axialschubs eingebaut; vgl. DIETZEL [1980], S.101.

[160] Vgl. HAUBOLD [1975], S.30.

[161] Vgl. dazu Abschnitt 2.5.

Bei der Aufteilung des Dampfstroms in mehrere Fluten können die Schaufelgruppen gemeinsam einen einzigen Läufer oder mehrere getrennte Läufer antreiben. Entsprechend unterscheidet man Einwellenstrang- und Mehrwellenstranganlagen. Abbildung 2.7 verdeutlicht diese Begriffe.

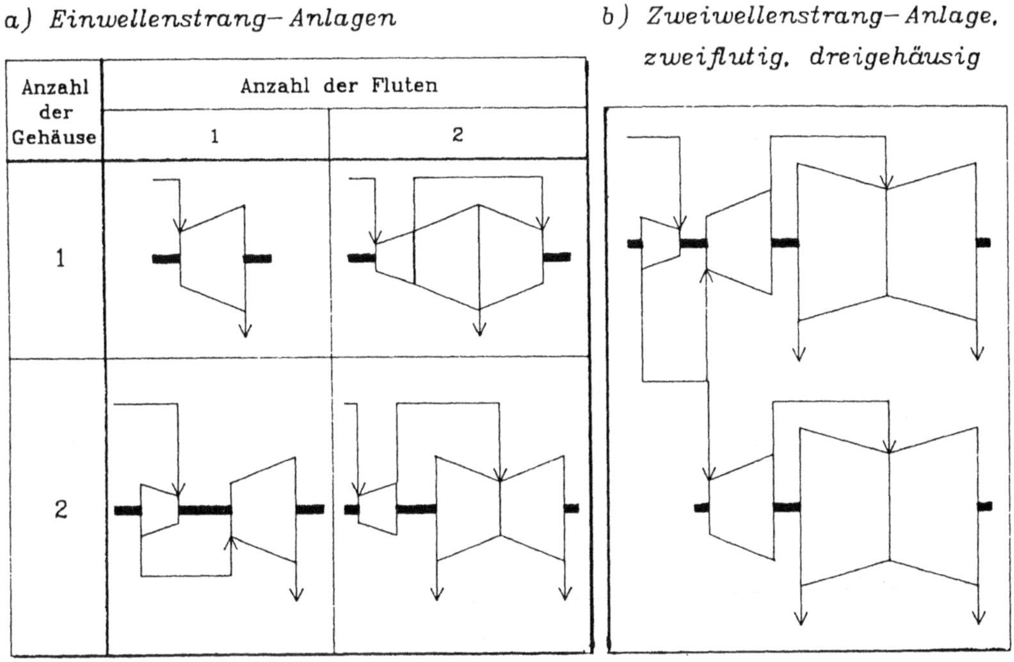

Abbildung 2.7: Schaltungsbeispiele für Dampfturbinen

Die *Regelung* einer Turbine (Laststeuerung) muß zu jedem Zeitpunkt ein Gleichgewicht zwischen der bereitzustellenden Leistung und der Belastung durch das anzutreibende Aggregat herstellen. Bei konstanter Turbinendrehzahl (s.o.) verbleiben die Enthalpiedifferenz $h_1 - h_3$ und die zugeführte Dampfmenge d als *Turbinenregelgrößen.*

Die Abhängigkeit der Turbinenleistung vom Dampfdurchsatz und vom umgesetzten Wärmegefälle wird in Abschnitt 2.3.2 hergeleitet. Bei den Regelungsarten unterscheidet man Verfahren mit konstantem und variablem Frischdampfdruck p_1. Regelungen mit variablem Frischdampfdruck steuern p_1 entsprechend der geforderten Turbinenleistung[162]; sie kommen vorwie-

162 Hierzu wird der Speisewasserdruck p_1 verändert, der von der Kesselspeisepumpe aufgebaut wird: vgl. Abbildung 2.2. Wegen $h_1 = h(p_1,T_1)$ ist auch der Frischdampfzustand h_1 variabel.

gend bei großen Kraftwerksturbinen der öffentlichen Stromversorgung zum Einsatz.[163]

Bei den in Industriekraftwerken üblichen Verfahren mit konstantem Frischdampfdruck wird zwischen Drossel- und Füllungsregelung[164] unterschieden. Bei einer Drosselregelung führt das teilweises Schließen des Turbineneinlaßventils sowohl zur Reduktion der zugeführten Dampfmenge wie auch zur Verringerung der Arbeitsfähigkeit des Dampfes bei konstanter Enthalpie[165].

Die Füllungsregelung steuert nur die Dampfmenge. Sie ist weniger verlustbehaftet und kommt deshalb häufiger zum Einsatz: Am Turbineneintritt gibt es eine Vielzahl von Einströmdüsen, die zu mehreren einzeln steuerbaren Düsengruppen zusammengefaßt sind. Bei variierender Turbinenbelastung werden diese Düsengruppen in einer festen Reihenfolge zu- und abgeschaltet. Alle Düsengruppen sind entweder ganz geöffnet oder geschlossen, mit Ausnahme der jeweils zuletzt zugeschalteten Gruppe, die im zugehörigen Regelungsintervall über eine Drosselung wie oben beschrieben gesteuert wird; in der Praxis ausgeführte Füllungsregelungen heißen deshalb genauer Drossel-Füllungsregelung.[166]

Ermittelt man die durch eine solche Regelung verursachte Dampfverbrauchsfunktion $a_T(m)$ genauer, so ergibt sich nicht exakt der in Abbildung 2.5 skizzierte Kurvenverlauf. Auf dem fallenden Ast der Kurve gibt es - ähnlich wie im Minimum - weitere nicht differenzierbare Punkte (Knickpunkte) - gerade so viele, wie Düsengruppen in der Turbinensteuerung vorhanden sind. Die Verbindungslinien dieser Ventilpunkte sind schwach konkav. G.2.17 ist deshalb auch insofern eine Vereinfachung, als die Steuerungscharakteristik einer Turbine vernachlässigt wird. Für sehr genaue Modelle zur Lastverteilung oder für die genaue Berechnung einer einzelnen Turbine lassen sich Ventilpunkte berücksichtigen, indem man den fallenden Ast von $a_T(m)$ entsprechend der Anzahl der Ventilgruppen stückweise linearisiert. Dies ist die gleiche Vorgehensweise, die im voranstehenden Abschnitt für den Überlastbereich verwendet wird.

163 Vgl. Abschnitt 2.5. Zur anteiligen Antriebsleistung der Speisepumpe bei verschiedenen Regelungsarten siehe SCHÜLLER [1985], S.411-412.

164 Zu Techniken der Turbinenregelung siehe SCHÜLLER [1985], S.399-406.

165 Entropiezunahme, Waagerechte im h,s-Diagramm; siehe BAEHR [1984], S.83 und DIETZEL [1980], S.78.

166 Eine reine Füllungsregelung würde unendlich viele Einlaßventile erfordern; siehe HAUBOLD [1975], S.51.

Auf die bei jeder Turbine installierten Sicherungssysteme und Schutzeinrichtungen[167] wird nicht näher eingegangen. Für ökonomische Untersuchungen wird lediglich die *Reduzierstation*[168] benötigt: während des Anfahrens, bei Störfällen und in gewissen Situationen des Stromüberschusses oder Dampfmehrbedarfs[169] wird Dampf über diese Einrichtung um die Turbine herumgeführt, d.h., Dampf wird ohne Arbeitsabgabe in ein System niedrigeren Drucks, z.B. in ein Dampfnetz oder einen Kondensator geleitet. Thermodynamisch spricht man von Dampfdrosselung[170]. Um die Dampftemperatur zu senken, wird Speisewasser eingespritzt. Der über die Reduzierstation geleitete Dampf hat den gleichen Zustand wie Turbinenabdampf, wird jedoch nicht zum Turbinenantrieb genutzt.

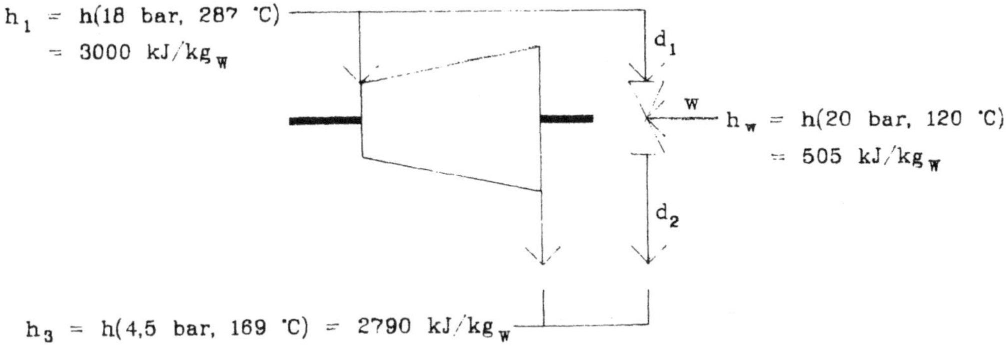

Abbildung 2.8: Reduzierstation

Bei der zur Dampfkühlung erforderlichen Einspritzung von Speisewasser in die Reduzierstation werden zwei Energieträger unterschiedlicher Enthalpie - Dampf und Speisewasser - gemischt. Das Ergebnis dieser Mischung ist Dampf mit geringerem Wärmeinhalt. Neben dem Wärmeaustausch ohne Vermischung der Energieträger, dessen Berechnung am Beispiel des Kondensators gezeigt wurde, sind Mischungsrechnungen mit einer Zusammenführung der Wärmeträger weitere zentrale Komponenten zur Ermittlung des Mengenflusses in Industriekraftwerken. Zur Verdeutlichung wird die Wassereinspritzmenge der gezeichneten Reduzierstation berechnet.

167 Zu Sicherheitseinrichtungen vgl. HÄFELE/KRIENER/OUDE-HENGEL [1985], S.494 ff. und JUNG [1985], S.557 ff.

168 Siehe HAUBOLD [1975], S.133-134.

169 Vgl. dazu Kapitel 5.

170 Horizontale Zustandsänderung im h,s-Diagramm.

Zu diesem Zweck sind die Zustände und die Enthalpien der beteiligten Massenströme bereits in Abbildung 2.8 eingezeichnet.[171] Die Symbole d_1, d_2 und w bezeichnen die Massenströme in den zugehörigen Dampf- bzw. Wasserrohren, gemessen in $[kg_w/h]$. Zur Berechnung der Mischungskoeffizienten $r_1 := w/d_2$ und $r_2 := d_1/d_2 = 1 - r_1$ müssen sowohl die *Massenbilanz* (*) wie auch die *Energiebilanz* (**) erfüllt sein:

$$(*) \quad d_2 = d_1 + w \quad ; \quad (**) \quad h_3 \cdot d_2 = h_1 \cdot d_1 + h_w \cdot w.$$

Durch Auflösen von (**) nach w bzw. d_1 und Einsetzen in (*) erhält man:

$$\text{(G.2.19)} \quad r_1 = \frac{w}{d_2} = \frac{h_1 - h_3}{h_1 - h_w} \quad \text{bzw.} \quad r_2 = \frac{d_1}{d_2} = \frac{h_3 - h_w}{h_1 - h_w}.$$

Der Mengenfluß der Reduzierstation berechnet sich damit wie folgt:

$$w = r_1 \cdot d_2 = \frac{3000 \text{ kJ/kg}_W - 2790 \text{ kJ/kg}_W}{3000 \text{ kJ/kg}_W - 505 \text{ kJ/kg}_W} \cdot d_2 \approx 0{,}084 \cdot d_2 \;;$$

$$d_1 = r_2 \cdot d_2 = \frac{2790 \text{ kJ/kg}_W - 505 \text{ kJ/kg}_W}{3000 \text{ kJ/kg}_W - 505 \text{ kJ/kg}_W} \cdot d_2 \approx 0{,}916 \cdot d_2 \,.$$

2.4. Generator

Generatoren sind Anlagen zur Umwandlung mechanischer Energie (Bewegungsenergie) in elektrische Energie (EW_3 in Abbildung 2.1). Ihr Funktionsprinzip beruht auf der Induktionswirkung[172] stromdurchflossener Leiterschleifen,[173] die sich in einem Magnetfeld drehen. Von Turbinen angetriebene Generatoren heißen Turbogeneratoren;[174] sie werden meist als Synchronmaschinen[175] zur Erzeugung von Drehstrom[176] gebaut.

Die Hauptbestandteile des Generators sind ein - als rotierender Elektromagnet wirkender - Läufer, der Rotor, und die zu induzierenden Wicklungen, die in einem Ständerblechkörper, dem Stator, eingelassen sind. In der Elektrotechnik bezeichnet man die induzierte Wicklung auch als Anker; bei Turbogeneratoren ist dies der Ständer. Die induzierende Wick-

[171] Für dieses Beispiel ist es unwichtig, wie das Einspritzwasser mit einer Temperatur von 120 °C bereitgestellt wird; vgl. dazu Kapitel 5.

[172] Siehe GERTHSEN/KNESER/VOGEL [1982], S.325-334.

[173] Dies ist das allgemeine Funktionsprinzip jeder elektrischen Maschine; vgl. BRETTHAUER [1983], S.1205.

[174] Siehe KOCH [1983], S.908.

[175] Siehe HAASE [1985], S.131 und BRETTHAUER [1983], S.1215.

[176] Drehstrom entsteht durch Anordnung von drei getrennten, um einen Winkel von 120° versetzten Spulen im Generator; siehe GERTHSEN/KNESER/VOGEL [1982], S.356-358.

lung auf dem Läufer wird von einem Gleichstrom durchflossen und erzeugt durch die Rotation des Magnetfelds Wechselstrom im Stator.[177]

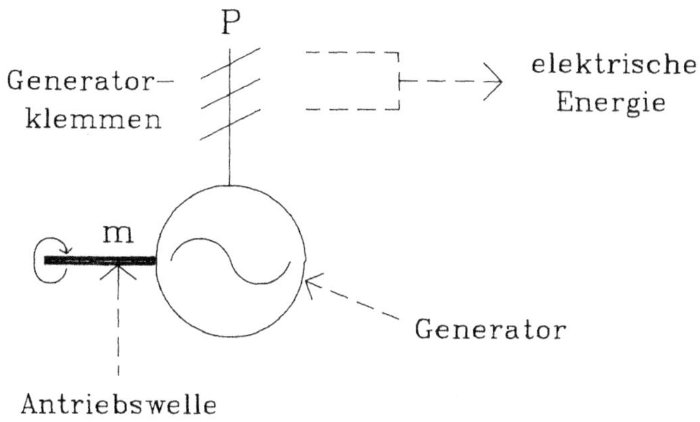

Abbildung 2.9: Produktionsflußbild eines Generators

Wird ein vom Generator versorgtes Werksnetz mit dem öffentlichen Stromnetz verbunden, so ist die Generatordrehzahl der dort festgelegten Netzfrequenz (50 Hz) anzupassen (Synchronisation).[178] Die Umwandlungsverluste des Generatorprozesses betragen 1-3 %[179] über den gesamten Lastbereich, d.h., 1-3 % der bereitgestellten mechanischen Energie werden nicht in elektrische Energie, sondern in Wärme umgewandelt.[180]

Zur Wärmeabfuhr ist ein Kühlsystem installiert, wobei als primäre Kühlmittel Luft oder Wasserstoff zum Einsatz kommen, welche die aufgenommene Abwärme an einen sekundären Kühlwasserkreislauf weitergeben. Zur Schmierung, Regelung etc. benötigt man weitere Hilfsstoffe. Auf die funktionale Erfassung dieser Mengenflüsse wird wie bei den bisher behandelten Umwandlungsprozessen verzichtet. Die Umwandlungsverluste lassen sich durch einen konstanten Wirkungsgrad μ_G berücksichtigen:

177 Zum Aufbau und zur Funktionsweise von Turbogeneratoren siehe HAASE [1985], S.131-152.

178 50 Hz entsprechen 3000 Umdrehungen pro Minute; in den USA gelten 60 Hz. Eine konstante Drehzahl ist nicht zu verwechseln mit einer konstanten Leistungsabgabe. Mit zunehmendem Leistungsbedarf steigt das am Läufer anzulegende Drehmoment, was bei konstanter Drehzahl einen vermehrten Dampfdurchsatz durch die antreibende Turbine erfordert; vgl. dazu Abschnitt 2.3. Beim Ankoppeln einer Eigenanlage an das öffentliche Netz und auch bei der Trennung beider Systeme gibt es einige spezielle Regelungsprobleme; vgl. dazu DIDION [1974].

179 Vgl. SCHÜLLER [1984], S.288.

180 Zu Generatorverlusten und -kühlsystemen vgl. HAASE [1985], S.154-167.

(G.2.20) $$m(P) = a_G \cdot P = \frac{1}{\mu_G} P$$, wobei

m : bereitzustellende mechanische Leistung [kW];
P : elektrische Leistung des Generators [kw];[181]
μ_G : Generatorwirkungsgrad [].

Die elektrische Leistung P eines Verbrauchers in einem Gleichstromnetz ist definiert als Produkt aus Spannung U und Stromstärke I: $P = U \cdot I$.[182] In Wechselstrom- und Drehstromnetzen folgt der zeitliche Verlauf beider Definitionsgrößen einer aus der Drehbewegung des Generators resultierenden Sinusschwingung. Bei Belastung des angeschlossenen Stromnetzes mit induktiven Verbrauchern (z.B. Elektromotoren) kommt es zu einer Phasenverschiebung im zeitlichen Verlauf von U und I um den Winkel f.

Dabei gelten die folgenden Definitionen:[183]

Wirkleistung: $P_w = U \cdot I \cdot \cos(f)$ [kW];
Blindleistung: $P_b = U \cdot I \cdot \sin(f)$ [kvar];
Scheinleistung: $P_s = U \cdot I$ [kVA];

$$P_s = (P_w^2 + P_b^2)^{0,5} \text{ [kVA]}.$$

Induktive Verbraucher wandeln nur einen Teil der vom Netz aufgenommenen Energie - den *Wirkstrom* [kWh] - in Arbeit und Wärme um. Der restliche Teil - der *Blindstrom* [kvarh] - dient zur Aufrechterhaltung der magnetischen Felder in diesen Verbrauchern, d.h., Blindstrom wird vom Netz aufgenommen, zur Magnetisierung benutzt und danach wieder an das Netz zurückgegeben.

Da kein Verbrauch vorliegt, wird Blindstrom von (Wirkstrom-) Elektrizitätszählern nicht erfaßt.[184] Er muß jedoch zur Verfügung gestellt werden, weshalb Bereitstellungskosten in den Erzeugungsanlagen, im Netz und in den Transformatoren anfallen. Die Kapazität von Generatoren und elektrischen Leitungsnetzen wird daher nicht durch die Wirkleistung [kW], sondern durch die Scheinleistung [kVA][185] bestimmt.

[181] Die Klemmenleistung entspricht der effektiv an ein Stromnetz abgegebenen elektrischen Leistung; die Generatorklemmen definieren die Schnittstelle zwischen Generator und Stromverteilungsnetz.

[182] GERTHSEN/KNESER/VOGEL [1982], S.273.

[183] Siehe BRETTHAUER [1983], S.1197.

[184] In diesem Sinne pendelt Blindstrom zwischen Erzeuger und Verbraucher hin und her; dazu und zu weiteren Ausführungen über Blindströme vgl. PFAFF [1977], S.85 ff.

[185] Trägt man Pw und Pq als senkrecht aufeinanderstehende Vektoren ab, läßt sich Ps aus deren vektoriellen Addition berechnen; vgl. dazu

Die Belastung der Versorgungsanlagen durch Blindströme läßt sich durch einen verbrauchernahen Einbau von Phasenschiebern (z.B. Kondensatoren) weitgehend vermeiden. Bei der üblichen Auslegung als Synchronmaschine dient auch der Generator zur Blindstromkompensation. Nachfolgend werden Generatorkapazitäten und auch die zu deckende elektrische Last vereinfachend in [kW] angegeben. Eine zusätzliche Berücksichtigung der Blindleistung erfordert die Analyse der individuellen Verbraucherstruktur in der Fertigung, von der in den weiteren Betrachtungen abstrahiert wird.[186]

2.5. Dampferzeugungsprozeß und Dampfkraftprozeß

Schaltet man die in den voranstehenden Abschnitten besprochenen Anlagen zur Energieumwandlung hintereinander, so erhält man den Dampfkraftprozeß nach Abbildung 2.10.(b). Die im Vergleich zu den bisherigen Produktionsflußbildern nicht mehr eingezeichneten Massenströme lassen sich nach den ermittelten Verbrauchsfunktionen aus dem noch gezeichneten Wasser- bzw. Dampfstrom ableiten. Man bezeichnet derart vereinfachte Produktionsflußbilder als *Wärmeschaltung*.[187]

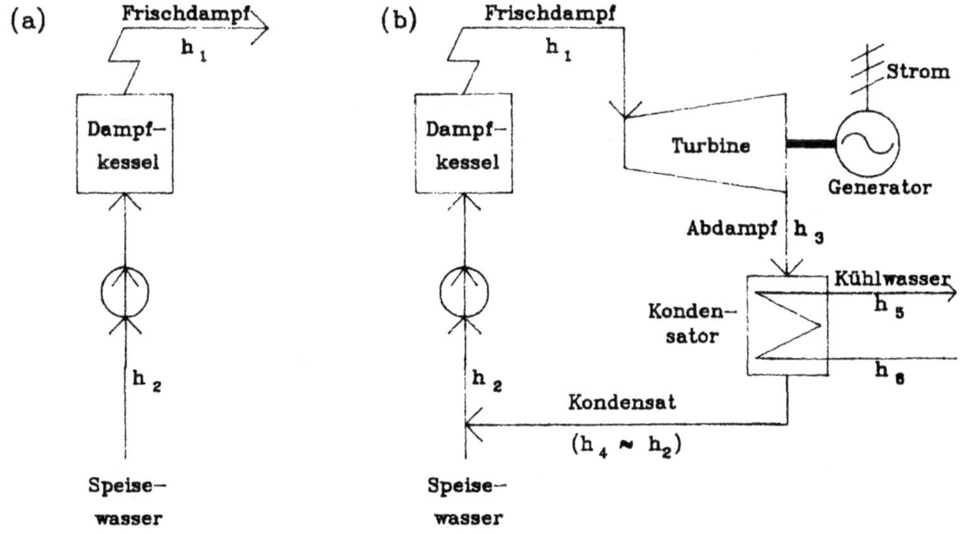

Abbildung 2.10: Dampferzeugungsprozeß (a) und Dampfkraftprozeß (b)

BRETTHAUER [1983], S.1197, FLAD [1977], S.157-162, PFAFF [1977], S.91 und VETTERMANN [1965], S.94.

186 Es wird von einem gegebenen Netz und einem gegebenen Wirkstrombedarf ausgegangen. Fragen der optimalen Blindstromkompensation werden nicht behandelt. Vgl. dazu FLAD [1977], S.154-187, PFAFF [1977], S.85-102, VETTERMANN [1965], S.94-98 und Abschnitt 4.7.

187 Siehe z.B. DIETZEL [1980], S.17.

Ausgehend von den elementaren Energieumwandlungsprozessen in Abbildung 2.1 erhält man als eine erste Konkretisierung der Basistechnologien HW und KW in Abbildung 1.1 die technischen Prozesse in Abbildung 2.10.

Der Dampferzeugungsprozeß (a) ist identisch mit dem isoliert betrachteten Dampfkesselprozeß in Abschnitt 2.2. Der Dampfkraftprozeß (b) beginnt bei der Zuleitung des Speisewassers durch die Kesselspeisepumpe zum Dampferzeuger. Dort wird das Speisewasser durch Zufuhr von Brennstoffwärme verdampft, überhitzt und als Frischdampf zur Turbine geleitet. Der Dampf expandiert, treibt über den Turbinenläufer einen Generator zur Stromerzeugung an und schlägt sich im Kondensator als Turbinenabdampf nieder. Das Kondensat kann von neuem als Speisewasser verwendet werden. Der größte Teil[188] des Speisewassers wird demnach im Prozeß (b) nicht verbraucht: er dient zum Transport der Wärmeenergie. Der zyklische Prozeß (b) heißt *Clausius-Rankine-Prozeß.*[189]

Nach dem geschlossenen Clausius-Rankine-Prozeß arbeiten vorwiegend die Kraftwerke der EVU, die ausschließlich elektrische Energie bereitstellen; zum Aufbau von Industriekraftwerken wird dieser Prozeß modifiziert. Bevor dies näher erläutert wird, soll kurz auf die bereits hergeleiteten Verbrauchsfunktionen hingewiesen werden. Zur Beschreibung des Dampfkesselprozesses lassen sich direkt die Funktionen in Abschnitt 2.2 verwenden. Für Prozeß (b) erhält man den Dampfverbrauch d zur Aufrechterhaltung einer bestimmten elektrischen Leistung P durch Einsetzen von G.2.20 in G.2.16:

$$\text{(G.2.21)} \qquad d(P) = a_T(P) \cdot a_G \cdot P = \frac{1}{(h_1 - h_3') \cdot \mu_T(P) \cdot \mu_G} \cdot P \,.$$

Der Brennstoffverbrauch ergibt sich durch Einsetzen von G.2.21 in G.2.7:

$$\text{(G.2.22)} \qquad b_b(P) = a_{Kb} \cdot a_T(P) \cdot a_G \cdot P = \frac{h_1 - h_2}{H_{ub} \cdot \mu_{Kb} \cdot (h_1 - h_3') \cdot \mu_T(P) \cdot \mu_G} \cdot P \,.$$

Beide Funktionen lassen sich mit Hilfe von G.2.17 linear approximieren. Daraus resultieren Funktionsverläufe wie in Abbildung 2.5.[190] Die drei Basistechnologien Kessel, Turbine und Generator sind kapazitiv und steuerungstechnisch aufeinander abgestimmt; man bezeichnet die gesamte Anlage als *einen Kraftwerksblock*. Eine Einheit bestehend aus Turbine und

[188] Zum Verlust von Speisewasser siehe Kapitel 5.

[189] Vgl. BAEHR [1984], S.381, BRECHTER [1962], S.616 und HAMPEL [1983], S.82-84.

[190] ... lediglich die Steigungsmaße sind größer. Vgl. dazu Abschnitt 2.6.

Generator heißt *Turbosatz.* Das Produkt aus Turbinen- und Generatorwirkungsgrad wird als *Klemmenwirkungsgrad* μ_{Kl} des Turbosatzes bezeichnet:

$$\mu_{Kl}(P) = \mu_T(P) \cdot \mu_G.$$

Zur Verdeutlichung wird ein einfaches Beispiel gerechnet: Ein Betrieb nach Abbildung 1.1 verfüge über zwei Technologien wie in Abbildung 2.10, um den von der Fertigung benötigten Strom bzw. den benötigten Prozeßdampf (ein Dampfnetz) selbst zu erzeugen.

Folgende Daten seien gegeben:

Daten des Dampfkesselprozesses: (Bereitstellung von Prozeßdampf)

- Frischdampf-Enthalpie: $h_1 = h(4{,}5 \text{ bar}, 169\ °C) \approx 2790 \text{ kJ/kg}_W$;
- Speisewasser-Enthalpie: $h_2 = h(1 \text{ bar}, 36\ °C) \approx 145 \text{ kJ/kg}_W$;
- Kesselwirkungsgrad: $\mu_{KK} = 0{,}86$.

Daten des Dampfkraftprozesses: (Bereitstellung von elektrischer Energie)

- Frischdampf-Enthalpie: $h_1 = h(120 \text{ bar}, 525\ °C) \approx 3420 \text{ kJ/kg}_W$;
- Speisewasser-Enthalpie: $h_2 = h(1 \text{ bar}, 36\ °C) \approx 145 \text{ kJ/kg}_W$ $(x = 0)$;
- Kesselwirkungsgrad[191]: $\mu_{KK} = 0{,}88$;
- Enthalpie bei insentroper Dampfentspannung:
  $h_3' = h(0{,}06 \text{ bar}, 36\ °C) \approx 2050 \text{ kJ/kg}_W$ $(x = 0{,}84)$;
- Wirkungsgrad der Kondensationsturbine bei Nennlast: $\mu_T^* = 0{,}74$.
- Abdampf-Enthalpie: $h_3 = h(0{,}06 \text{ bar}, 36\ °C) \approx 2406 \text{ kJ/kg}_W$ $(x = 0{,}91)$
- Generatorwirkungsgrad: $\mu_G = 0{,}98$.

Die Dampfkessel beider Prozesse werden mit Steinkohle befeuert, deren Heizwert $H_{uK} = 32000 \text{ kJ/kg}_B$ nach Tabelle 2.1 beträgt. Für beide Prozesse soll jeweils a^*, der spezifische Brennstoffverbrauch im Bestpunkt, ermittelt werden. Mit Bezug auf Abbildung 1.1 bezeichne der Index HW Prozeß (a), KW symbolisiere Prozeß (b). Nach G.2.7 bzw. G.2.22 ergibt sich:

$$a_{HW}^* = \frac{2790 \text{ kJ/kg}_W - 145 \text{ kJ/kg}_W}{0{,}86 \cdot 32000 \text{ kJ/kg}_B} \approx 0{,}096 \text{ kg}_B/\text{kg}_W;$$

$$a_{KW}^* = \frac{(3420 \text{ kJ/kg}_W - 145 \text{ kJ/kg}_W) \cdot 3600 \text{ s/h}}{32000 \text{ kJ/kg}_B (3420 \text{ kJ/kg}_W - 2050 \text{ kJ/kg}_W) 0{,}88 \cdot 0{,}74 \cdot 0{,}98} \approx 0{,}42 \text{ kg}_B/\text{kWh}.$$

Die Kehrwerte $1/a^*$ zeigen an, daß aus 1 kg_B Brennstoff 10,41 kg_W 4,5-Bar-Dampf nach Prozeß (a) bzw. 2,38 kWh Strom nach Prozeß (b) gewonnen werden. Die Division der erzeugten Nutzenergieströme durch die eingesetzten Energieströme ergibt die *energetischen Gesamtwirkungsgrade* μ^* beider Prozesse:

191 Es entspricht den technischen Gegebenheiten, für einen Hochdruckkessel (120 bar) einen etwas besseren Wirkungsgrad anzusetzen als für einen Niederdruckkessel (4,5 bar).

$$\mu_{HW}^* = \frac{10{,}41\ kg_W/kg_B \cdot 2790\ kJ/kg_W}{10{,}41\ kg_W/kg_B \cdot 145\ kJ/kg_W + 32000\ kJ/kg_B} \approx 0{,}866;$$

$$\mu_{KW}^* = \frac{2{,}38\ kWh/kg_B \cdot 3600\ kJ/kWh}{8{,}60\ kg_W/kg_B \cdot 145\ kJ/kg_W + 32000\ kJ/kg_B} \approx 0{,}258.$$

Diese sind zu unterscheiden von der *Brennstoffausnutzung* r^*, in deren Berechnung nur die Umwandlung der Brennstoffwärme, nicht jedoch die Enthalpie des Speisewassers eingeht:

$$r_{HW}^* = \frac{9{,}86\ kg_W/kg_B \cdot 2790\ kJ/kg_W}{32000\ kJ/kg_B} \approx 0{,}86 = \mu_{KK};$$

$$r_{KW}^* = \frac{8{,}23\ kg_W/kg_B \cdot (3420\ kJ/kg_W - 2050\ kJ/kg_W) \cdot 0{,}74 \cdot 0{,}98}{32000\ kJ/kg_B} \approx 0{,}256.$$

Zunächst stellt man fest, daß die Brennstoffausnutzung im Dampfkesselprozeß[192] wesentlich größer ist als im gesamten Dampfkraftprozeß. Aufgrund der hohen Abdampf-Enthalpie ist dies unmittelbar einleuchtend: ein großer Teil der Brennstoffwärme geht im Dampfkraftprozeß über die Kühlung des Kondensators "verloren". In der Regel gibt es keine ökonomisch sinnvolle Nutzungsmöglichkeit für diese große Menge an Niedertemperaturwärme (hier 36 °C). Bei realen Kondensationskraftwerken werden bessere Gesamtwirkungsgrade als die hier berechneten 26 % durch Einführung verschiedener *prozeßtechnischer Verbesserungen* erreicht. Deren kombinierte Anwendung erlaubt eine Wirkungsgradsteigerung bis zu 40 %; einige prozeßtechnische Verbesserungen werden kurz angesprochen.

Die *Kondensatrückführung* schließt den Wasser-Dampf-Kreislauf und ist in Abbildung 2.10 bereits eingezeichnet: Der im Kondensator niedergeschlagene Turbinenabdampf wird erneut dem Dampfkessel als Speisewasser zugeführt. Die Restenthalpie des Kondensats ist höher als die Enthalpie des frisch aufbereiteten Speisewassers, so daß der spezifische Brennstoffverbrauch geringer wird. Zusätzlich verringert sich die Menge des aufzubereitenden Speisewassers. Im günstigsten Fall entsteht in diesem Kreislauf ein Mengenverlust von 4-7 %, der kontinuierlich durch frisch aufbereitetes Speisewasser zu ersetzen ist. Die Berechnung der Mengen- und Energieanteile und damit der Ersparnis durch Kondensatrückführung ist eine Enthalpie-Mischrechnung nach dem Muster in Abschnitt 2.3.4.[193]

Einige weitere prozeßtechnische Verbesserungen zeigt Abbildung 2.11. Bei der *Speisewasservorwärmung* wird ein Teil des Wasserdampfes vorzeitig

[192] Prozeß (a) ist die erste Stufe von Prozeß (b)!

[193] Vgl. dazu das Zahlenbeispiel zur Reduzierstation. Zur Berechnung von Kraftwerken siehe KRIESE [1970] und HAUSMANN/SCHMITZ [1983].

aus der Turbine abgeleitet[194], um das Speisewasser vor Eintritt in den Dampferzeuger in Vorwärmern[195] (Economizern) aufzuwärmen. Die in Strömungsrichtung hinter der Anzapfstelle durch die Turbine zu leitende Dampfmenge reduziert sich entsprechend. Dadurch läßt sich der vordere Turbinenteil (Hochdruckteil) relativ vergrößern (größerer Dampfdurchsatz, d.h., größere Leistungsabgabe in diesem Turbinenabschnitt) bzw. der Niederdruckteil relativ verkleinern. Da mit zunehmender Expansion das Dampfvolumen stark zunimmt, ist es vorteilhaft, die Baugröße des Niederdruckteils[196] entsprechend zu verringern.[197]

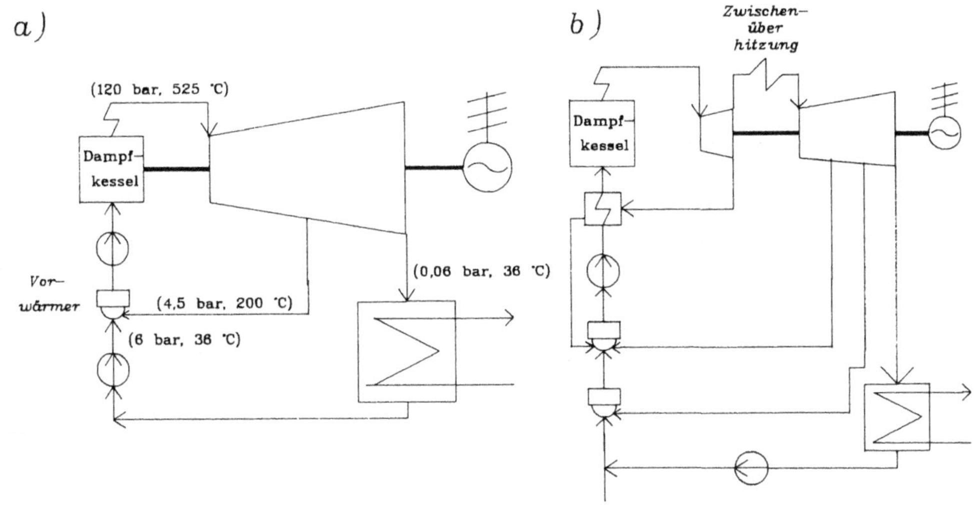

Abbildung 2.11: Prozeßtechnische Verbesserungen

Speisewasservorwärmer werden entweder als Mischvorwärmer (Einspritzung des abgezapften Turbinendampfes in das Speisewasser) oder als Oberflächenvorwärmer (Erwärmung über Wärmetauscher) ausgelegt.[198] Den ersten Typ berechnet man wie das Beispiel zur Reduzierstation[199], den

194 Zum Prinzip der Speisewasservorwärmung vgl. BAEHR [1984], S.395-399 und DIETZEL [1980], S.80.

195 Zur Typisierung und Auslegung von Speisewasservorwärmern siehe MARTINI [1985], S.324-336.

196 ... oder auch die Anzahl der Fluten... (vgl. Abbildung 2.7).

197 Vgl. DIETZEL [1980], S.79.

198 Meist sind mehrere Vorwärmstufen und mehrere Bautypen hintereinander geschaltet. Vgl. SCHÜLLER [1985], S.379-383.

199 Vgl. dazu Abschnitt 2.3.4.

zweiten wie das Beispiel zum Kondensator[200]. In Abbildung 2.11 sind eine einstufige Mischvorwärmung (a) und eine mehrstufige Misch- und Oberflächenvorwärmung (b) skizziert. Letztere ist kombiniert mit einer *Zwischenüberhitzung*. Bei dieser Technik wird die Dampfentspannung unterbrochen,[201] um den Dampf aus der Turbine zur nochmaligen Überhitzung in den Kessel zurückzuführen;[202] danach erfolgt die weitere Entspannung über das verbleibende Druckgefälle im zweiten Turbinenteil.[203]

Ausgehend von den Dampfzuständen vor und hinter den beiden Turbinenteilen (mehrgehäusige Ausfertigung[204]) gelangt man zur Gesamtverbrauchsfunktion über eine getrennte Berechnung der Dampfdurchsätze durch die Teilturbinen und deren anschließende Addition. Da die Zwischenüberhitzung bei Industriekraftwerken eine untergeordnete Rolle spielt, wird diese Methode für die Speisewasservorwärmung im vereinfachten Beispiel (a) gezeigt.

Die hierzu benötigten Symbole sind in Abbildung 2.11.(a) bereits eingetragen. Es wird ein Mischvorwärmer unterstellt. Die Vorwärmung des Speisewassers bedeutet eine Erhöhung der Wasserenthalpie vor Eintritt in den Dampfkessel und damit eine Brennstoffersparnis. Am Beispiel soll gezeigt werden, daß diese Einsparung an Brennstoffenergie größer ist als der durch die Dampfanzapfung verursachte Verlust in der Stromausbeute.

Als Referenzfall dient die Rechnung zu Abbildung 2.10.(b), die ohne Vorwärmung bereits durchgeführt wurde. Zusätzlich zu den dort genannten Beispieldaten wird der Anzapfdruck der Vorwärmung mit p_4 = 4,5 bar angegeben. Das Speisewasser soll um 100 °C aufgewärmt werden.

Zunächst ist die Enthalpie h_4 des Anzapfdampfes zu bestimmen. Im h,s-Diagramm ergibt der Schnittpunkt zwischen der Isobare p = 4,5 bar und der zum realen Entspannungsprozeß gehörenden Strecke:[205]

$$h_4 = h(4{,}5 \text{ bar}, 200\ ^\circ\text{C}) \approx 2860 \text{ kJ/kg}_W.$$

200 Vgl. dazu Abschnitt 2.3.3.

201 Etwa bei x = 1; vgl. DIETZEL [1980], S.78.

202 In Abbildung 2.10.(b) wird dies wie in technischen Zeichnungen nur angedeutet. Zur Auslegung von Anlagen mit Zwischenüberhitzung siehe SCHÜLLER [1985], S.441-444.

203 Zum Prinzip und zur Wirkungsweise der Zwischenüberhitzung siehe BAEHR [1984], S.390 ff.

204 Vgl. Abbildung 2.7.

205 Analog zur Strecke Q_1,Q_3 in Abbildung 2.4;

Zur Berechnung der Wärmeenergie (Enthalpiedifferenz), die zur Aufwärmung des Speisewassers[206] um 100 °C benötigt wird, entnimmt man den Wasserdampftafeln die Enthalpien

$$h_2 = h(6{,}0 \text{ bar}, 36\ ^\circ\text{C}) \approx 150 \text{ kJ/kg}_W,$$
$$h_5 = h(4{,}5 \text{ bar}, 136\ ^\circ\text{C}) \approx 570 \text{ kJ/kg}_W.$$ [207]

Die Mischungskoeffizienten des Vorwärmers sind wieder über die Massenbilanz (*) und die Energiebilanz (**) zu ermitteln:

$$(*)\ d_1 = d_2 + d_3; \quad (**)\ h_5 \cdot d_1 = h_2 \cdot d_3 + h_4 \cdot d_2.$$

Analog zu G.2.19 errechnet man: $r_1 \approx 0{,}845$ und $r_2 \approx 0{,}155$.

15,5 % des Dampfdurchsatzes werden also in der Turbine abgezapft. Um den Effekt der Vorwärmung aufzuzeigen, soll der spezifische Brennstoffbedarf dieser Schaltung berechnet werden. Hierzu muß der Dampfstrom in der Turbine zerlegt werden. Der gesamte Dampfstrom d_1 wird über die Enthalpiedifferenz $h_1 - h_4$ entspannt, über $h_4 - h_3$ wird nur noch d_3 genutzt. Der spezifische Brennstoffbedarf des Kessels beträgt nach G.2.5:

$$a_{KK}^* = \frac{h_1 - h_5}{H_{uK} \cdot \mu_{KK}} = \frac{3420 \text{ kJ/kg}_W - 570 \text{ kJ/kg}_W}{0{,}88 \cdot 32000 \text{ kJ/kg}_B} \approx 0{,}101 \text{ kg}_B/\text{kg}_W .$$

Die Stromerzeugung e_s^* aus 1 kg_W Frischdampf ist nach G.2.21:

$$e_s^* = \mu_G \cdot (1 \cdot (h_1 - h_4) + r_1 \cdot (h_4 - h_3)) = 925 \text{ kJ/kg}_W \approx 0{,}257 \text{ kWh/kg}_W.$$

Als spezifischen Brennstoffbedarf a_{KW}^* und Gesamtwirkungsgrad μ_{KW}^* erhält man schließlich nach dem gleichen Ansatz wie oben:

$$a_{KW}^* = a_{KK}^* : e_s^* \approx 0{,}393 \text{ kg}_B/\text{kWh}; \quad \mu_{KW}^* \approx 0{,}274.$$

Vergleicht man diese Werte mit dem weiter oben gerechneten Referenzfall ohne Speisewasservorwärmung, so erkennt man direkt den Brennstoff einsparenden bzw. den Wirkungsgrad steigernden Effekt dieser prozeßverbessernden Maßnahme. Darüber hinaus zeigt dieses Beispiel die prinzipielle Vorgehensweise zur Bilanzierung von Wärmeflußbildern: Durch Aufsplitten der gezeichneten Massenströme und durch zusätzliche Beachtung der zugehörigen Energiebilanzen läßt sich jedes Wärmeflußbild in einem Gleichungssystem abbilden.

206 Die Mischung aus frisch aufbereitetem Wasser und zurückgeführtem Kondensat wird dabei vernachlässigt.

207 Um Druckverluste im Dampfkessel auszugleichen, muß der Speisewasserdruck der Kesselpumpe (hier 140 bar) höher liegen, als der gewünschte Frischdampfdruck (hier 120 bar); hierzu und zum Energiebedarf der Speisepumpe siehe Abschnitt 5.2.

Die exakte Formulierung von i.a. nicht linearen Gleichungssystemen für komplexe Wärmeschaltungen ist Ingenieuraufgabe. Die Querbezüge zur betriebswirtschaftlichen Produktionstheorie wurden an linearisierten Beispielen erläutert: Speisewasservorwärmung und Zwischenüberhitzung führen etwa zu zyklischen Kuppelprozessen mit festen Mengenrelationen.[208] Diese Mengenrelationen lassen sich - wie in diesem Abschnitt erläutert - durch einfache Mischungsrechnungen in einer Genauigkeit bestimmen, die für die zur Diskussion stehenden Planungsrechnungen ausreicht.

Auf systematische Ansätze zur Abbildung von Wärmeflußbildern[209] in Gleichungssystemen wird wegen der vielen technischen Detailkenntnisse, die dazu erforderlich sind, nicht eingegangen. Das Betriebsmodell in Kapitel 5 verdeutlicht jedoch die prinzipielle Vorgehensweise in einer vollständigen Rechnung. Im Vordergrund steht dann die Frage, wie sich ein einmal ermitteltes Gleichungssystem in ein betriebswirtschaftliches Optimierungsmodell einbauen läßt und welche ökonomischen Analysen damit möglich sind.

Unter diesem Aspekt erfolgt die Darstellung des Mengenflusses weiterhin in Form von Faktoreinsatzfunktionen, die bei der Formulierung solcher Planungsmodelle hilfreich sind. Die in technischen Abhandlungen[210] üblichen Produktionsfunktionen ergeben sich als Umkehrfunktionen der hier benutzten Gleichungen. Die bisher angegebenen Verbrauchsfunktionen beziehen sich auf Brutto-Outputgrößen. Um die Elektrizitäts- und Wärmeströme zu ermitteln, die in die Werksnetze abgegeben werden, muß der Eigenbedarf[211] der Energieversorgung subtrahiert werden. Eine Möglichkeit hierzu ist eine geeignete Verminderung der Wirkungsgrade. Kapitel 5 enthält einen Vorschlag zur genaueren Erfassung des Eigenbedarfs.

Zusammenfassend sei festgehalten, daß sich auch bei einer Installation der hier angesprochenen prozeßtechnischen Verbesserungen Verbrauchsfunktionen der in Abbildung 2.5 angegebenen Struktur mit ausreichender Genauigkeit angeben lassen.[212] Aufbauend auf den produktionstechnischen Grundlagen dieses Abschnitts erläutert der Folgeabschnitt das Prinzip der Kraft-Wärme-Kopplung und den Aufbau von Industriekraftwerken.

208 Eine andere Bezeichnung hierfür ist prozeßinternes Recycling.

209 Vgl. dazu BAEHR [1984], S.397, DIETZEL [1980], S.80 und KRIESE [1970], S.341 und [1964], S.59 ff.

210 Vgl. etwa DIETZEL [1980], S.82-84.

211 Zur Typisierung, Schaltung und Energieversorgung von "Eigenbedarfsanlagen" vgl. ZIMMERMANN [1985], S.583-611.

212 Vgl. dazu genauer SCHÜLLER [1985], S.389.

2.6. Kraft-Wärme-Kopplung (KWK)

2.6.1. KWK bei starrer Kuppelproduktion

In Abschnitt 2.5 werden der Dampfkesselprozeß und der Dampfkraftprozeß als Basistechnologien zur *getrennten* Bereitstellung der Nutzenergien Prozeßwärme und elektrischer Strom vorgestellt. Der im Dampfkesselprozeß erzeugte Frischdampf wird nur so weit erhitzt, wie es die Auslegung des angeschlossenen Dampfnetzes - determiniert durch die qualitativen Anforderungen der Fertigung - vorgibt.[213] In den Beispielen wird ein Netzdampfzustand von (4,5 bar, 169 °C) angenommen. Im Dampfkraftprozeß dagegen liegt der Frischdampfzustand möglichst hoch - in den Beispielen bei (120 bar, 525 °C); zusätzlich ist ein Kondensator installiert, um ein großes Druckgefälle zur Dampfentspannung aufzubauen, d.h., um die spezifische Stromerzeugung zu maximieren.

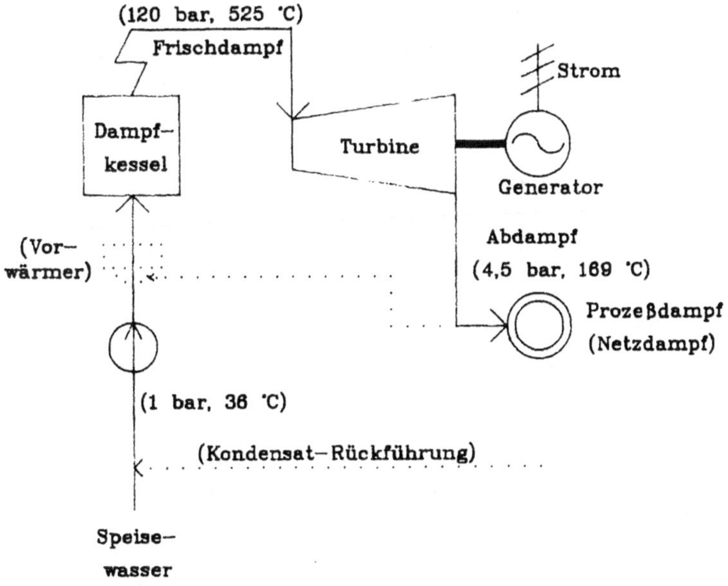

Abbildung 2.12: KWK-Prozeß mit einer Gegendruckturbine

Als eine Erweiterung des Dampfkesselprozesses liegt es nahe, den Dampf über den geforderten Netzdampfzustand hinaus zu erhitzen, um diese Zusatzwärme in einer Dampfturbine zur Stromerzeugung zu nutzen, bevor der Dampf in ein Netz eingespeist wird. Umgekehrt bietet es sich ausgehend vom Dampfkraftprozeß an, die Dampfentspannung vorzeitig abzubre-

[213] Vgl. dazu Abschnitt 1.3.

chen, um den Turbinenabdampf nicht mit niedriger Temperatur in einen Kondensator, sondern mit einer höheren, nutzbaren Temperatur direkt in ein Dampfnetz einzuspeisen. Beide Ansätze führen zu einer Anlage nach Abbildung 2.12, die gleichzeitig Wärmeenergie und elektrische Energie ("Kraft") in einem Kuppelprozeß bereitstellt.[214] Dieses Verfahrensprinzip nennt man *Kraft-Wärme-Kopplung* (KWK).[215] Der KWK-Prozeß ist die dritte Basistechnologie (HKW) nach Abbildung 1.1.

Teilweise wird nach dem primären Versorgungszweck zwischen KWK und WKK (*Wärme-Kraft-Kopplung*) unterschieden. Wie in Kapitel 1 erläutert, muß ein Industriebetrieb Prozeßwärme selbst erzeugen, während Strom zugekauft werden kann. Umgekehrt ist die Planungssituation für ein EVU: Für Elektrizität besteht eine Versorgungspflicht, ein zusätzliches Angebot von Fernwärme aus einem KWK-Prozeß ist fakultativ. Manche Autoren schlagen deshalb vor, den Begriff KWK nach dem Hauptprodukt Strom der öffentlichen Versorgungswirtschaft zuzuordnen und WKK für Industriekraftwerke zu verwenden;[216] nachfolgend wird ausschließlich das Kürzel KWK benutzt. In der englischsprachigen Literatur findet man die Kurzform *cogeneration* für *cogeneration of steam and power*.[217]

Ein KWK-Prozeß nach Abbildung 2.12 ist sinnvoll, wenn die gemeinsame Erzeugung von Strom und Prozeßdampf rationeller ist, als deren getrennte Bereitstellung. Um dies zu beurteilen, wird das Wärmeflußbild der Abbildung 2.12 mit den Flußbildern für die getrennte Erzeugung nach Abbildung 2.10 verglichen. Die dort angegebenen Beispieldaten sind in Abbildung 2.12 übertragen, wobei die Berechnung des Abdampfzustandes mit einem Turbinenwirkungsgrad von $\mu_T^* = 0{,}8$ erfolgt.[218] Der spezifische

214 Betrachtet man die Abwärme des Kondensators im Dampfkraftprozeß als (unvermeidbares Neben-) Produkt, so ist im strengen Sinne der Definition bereits ein Kondensationskraftwerk ein Mehrproduktbetrieb, insbesondere ein KWK-Prozeß. Die übliche Definition der KWK stellt jedoch auf die Bereitstellung *nutzbarer* Wärmeenergie ab.

215 Zur Definition und Beschreibung elementarer betrieblicher KWK-Konzepte siehe EBERSBACH/RUDOLPH [1975], LANG [1961], S.41-51, LÖFFEL [1981], S.13-14, GERSTBEIN [1980], S.235-237, REICHEL [1986], S.1-6, SCHLIERMANN [1978], S.2-4, SCHNEIDER [1974], S.199-201, SIEMENS [1983], STADLER [1978], STEINMETZ [1977], SUTTOR [1980].

216 Weitere Bezeichnungen sind Heizkraftkupplung (WEINGÄRTNER [1951], S.296) und Wärme-Kraft-Kupplung (SCHNEIDER [1974], S.195).

217 Vgl. etwa GRAYBEAL/MANCHESTER [1982], S.48 und NOYES [1978], S.1.

218 Der Wirkungsgrad von Gegendruckturbinen ist etwas besser als derjenige von Kondensationsturbinen (vgl. μ_T im Beispiel zu Abbildung 2.10); darüber hinaus steigt der Wirkungsgrad mit dem Enthalpiege-

Brennstoffverbrauch a_K^* zur Erzeugung von 1 kg_W Frischdampf mit dem Zustand (120 bar, 525 °C) ändert sich nicht:

$$a_{KWK}^* = \frac{h_1 - h_2}{\mu_{KK} \cdot H_{uK}} = \frac{3420 \text{ kJ/kg}_W - 145 \text{ kJ/kg}_W}{0{,}88 \cdot 32000 \text{ kJ/kg}_B} \approx 0{,}116 \text{ kg}_B/\text{kg}_W .$$

In Folge der höheren Abdampf-Enthalpie (geringeres Druckgefälle in der Turbine) beträgt die spezifische Stromerzeugung e_{sKWK} nur noch:

$$e_{sKWK} = \mu_G \cdot (h_1 - h_4) \approx 617 \text{ kJ/kg}_W \approx 0{,}171 \text{ kWh/kg}_W .$$

Der KWK-Prozeß benötigt also 0,116 kg_B Brennstoff zur *gemeinsamen* Erzeugung von 1 kg_W Prozeßdampf und 0,171 kWh elektrischer Energie. Bei getrennter Erzeugung nach Abbildung 2.10 werden zur Bereitstellung von 1 kg_W Prozeßdampf a^*_{HW}= 0,096 kg_B Brennstoff benötigt. Der Dampfkraftprozeß nach Abbildung 2.10 würde zusätzlich

$$a_{KW}^* \cdot 0{,}171 \text{ kWh} = 0{,}42 \text{ kg}_B/\text{kWh} \cdot 0{,}171 \text{ kWh} \approx 0{,}072 \text{ kg}_B$$

Brennstoff zur Bereitstellung von 0,171 kWh Strom verbrauchen. Insgesamt benötigt die *getrennte* Erzeugung 0,096 kg_B + 0,072 kg_B = 0,168 kg_B Brennstoff zur Erzeugung der Nutzenergiemengen, die der KWK-Prozeß mit 0,116 kg_B Brennstoff erzeugt. Die Brennstoffersparnis des Kuppelprozesses beträgt 0,052 kg_B bzw. 0,052 kg_B · 32000 kJ/kg_B = 1664 kJ (31 %).

Um den Gesamtwirkungsgrad dieses Prozesses zu ermitteln, wird der Output der Kuppelprodukte auf 1 kg_B Brennstoffeinsatz bezogen: Der KWK-Prozeß liefert $1/a^*_{KWK} \approx 8{,}62$ kg_W Prozeßdampf und $P_{KWK}/a^*_{KWK} \approx 1{,}474$ kWh elektrischen Strom je Kilogramm Brennstoffeinsatz. Als Gesamtwirkungsgrad μ_{KWK}^* und Brennstoffausnutzung r_{KWK}^* ergeben sich:

$$\mu_{KWK}^* = \frac{8{,}62 \text{ kg}_W/\text{kg}_B \cdot 2790 \text{ kJ/kg}_W + 1{,}474 \text{ kWh/kg}_B \cdot 3600 \text{ kJ/kWh}}{8{,}62 \text{ kg}_W/\text{kg}_B \cdot 145 \text{ kJ/kg}_W + 32000 \text{ kJ/kg}_B}$$
$$\approx 0{,}88 = \mu_{KK} ;$$

$$r_{KWK}^* = \frac{8{,}234 \text{ kg}_W/\text{kg}_B \cdot (2790 \text{ kJ/kg}_W + (3420 \text{ kJ/kg}_W - 2790 \text{ kJ/kg}_W) \cdot 0{,}8 \cdot 0{,}98}{32000 \text{ kJ/kg}}$$
$$\approx 0{,}845.$$

Zerlegt man μ_{KWK}^* nach den beiden Summanden im Zähler, so erhält man die *Kraftausbeute* β_P^* bzw. die *Wärmeausbeute* β_H^* des KWK-Prozesses.[219]

fälle, für das eine Turbine ausgelegt ist (vgl. μ_T im Beispiel zu Abbildung 2.4). Siehe SCHÜLLER [1984], S.286.

219 Vgl. zu dieser Definition LOU [1985], S.105.

Eine analoge Zerlegung von $r_{KWK}*$ gibt die *Brennstoffwärmeanteile* σ_P* und σ_H* an, die zur Erzeugung von Strom bzw. Prozeßdampf genutzt werden. Das Verhältnis $s_{KWK}*$ der beiden effektiv erzeugten Nutzenergiearten heißt *Stromkennzahl* des KWK-Prozesses.

Im Beispiel erhält man

$$\beta_P* = \frac{1{,}474 \text{ kWh/kg}_B \cdot 3600 \text{ kJ/kWh}}{33250 \text{ kJ/kg}_B} \approx 0{,}159;$$

$$\beta_H* = \frac{8{,}62 \text{ kg}_W\text{/kg}_B \cdot 2790 \text{ kJ/kg}_W}{33250 \text{ kJ/kg}_B} \approx 0{,}723;$$

$$\sigma_P* = \frac{8{,}234 \text{ kg}_W\text{/kg}_B \cdot 494 \text{ kJ/kWh}}{32000 \text{ kJ/kg}_B} \approx 0{,}127;$$

$$\sigma_H* = \frac{8{,}234 \text{ kg}_W\text{/kg}_B \cdot 2790 \text{ kJ/kg}_W}{32000 \text{ kJ/kg}_B} \approx 0{,}718;$$

$$s_{KWK}* = \frac{5306 \text{ kJ/kg}_B}{24050 \text{ kJ/kg}_B} \approx 0{,}22.$$

Es gilt $\mu_{KWK}* = \beta_P* + \beta_H*$ und $s_{KWK}* = \beta_P*/\beta_H*$. Außerdem ist $\beta_P* < \mu_{KW}*$, $\beta_H* < \mu_{HW}*$, $\sigma_P* < r_{KW}*$, $\sigma_H* < r_{HW}*$ und $r_{KW}* < r_{KWK}* < r_{HW}*$.[220] $s_{KWK}*$ gibt das (starre) Verhältnis der Energieinhalte der beiden Kuppelprodukte Strom und Dampf im Bestpunkt des KWK-Prozesses an.

Bei einem von der Fertigung definierten, festen Netzdampfzustand, d.h., bei einem konstanten Energieinhalt je Tonne Netzdampf, wird die Intensität der Dampfproduktion i.d.R. nicht durch den Wärmestrom, sondern durch den Massenstrom d [t_W/h] gemessen. Im Kuppelprozeß nach Abbildung 2.12 ist der Massenstrom des produzierten Prozeßdampfes [t_W/h] identisch mit dem Dampfverbrauch des Turbosatzes zur Stromerzeugung.[221]

Aus G.2.20 und G.2.17 folgt:

$$\text{(G.2.23)} \qquad d(P) = \begin{cases} d_L + \dfrac{d_n - d_L}{P_n} P & \text{, für } 0 \le P \le P_n \\ d_n + \dfrac{d_{max} - d_n}{P_{max} - P_n} (P - P_n) & \text{, '' } P_n < P \le P_{max} \end{cases} \text{, wobei}$$

[220] $\mu_{KWK}* > \mu_{HW}*$ gilt hier nur deshalb, weil für den Hochdruckkessel des KWK-Prozesses (120 bar) ein besserer Wirkungsgrad μ_K angesetzt wird als für den Niederdruckkessel zur isolierten Dampferzeugung (4,5 bar). Vgl. dazu Abschnitt 2.5.

[221] Die sehr geringen Dampfverluste in der Turbine (Stopfbüchsverluste) sind vernachlässigbar.

$$d_n = \frac{P_n}{\mu_T{}^* \cdot (h_1 - h_3') \cdot \mu_G}, \quad d_{max} = \frac{P_{max}}{\mu_T(P_{max}) \cdot (h_1 - h_3') \cdot \mu_G} \quad \text{und}$$

P_n : elektrische Nennleistung der Turbine [MW];
P_{max} : elektrische Maximalleistung der Turbine [MW];
d_L : Leerlauf-Dampfdurchsatz [tw/h], $d_L = f(d_n,(h_1 - h_3'))$;
d_n : Dampfdurchsatz bei Nennleistung m_n [tw/h];
d_{max} : Dampfdurchsatz bei Maximalleistung m_{max} [tw/h].

Zur Verdeutlichung soll ein Beispiel gerechnet werden: Zusätzlich zu den Daten in Abbildung 2.12 sei P_n = 20 MW, P_{max} = 21,5 MW, $\mu_T{}^*$ = 0,80, $\mu_T(P_{max})$ = 0,73 und μ_G = 0,98. Die isentrope Entspannung von Dampf der Enthalpie h_1 = h(120 bar, 525 °C) = 3420 kJ/kgw auf einen Druck von p_3 = 4,5 bar ergibt im h,s-Diagramm eine theoretische Abdampf-Enthalpie von h_3' = h(4,5 bar, 148 °C) ≈ 2632 kJ/kgw bei x = 0,94. Der in der Abbildung angegebene Abdampfzustand resultiert aus:

$$h_3 = h_1 - (h_1 - h_3') \cdot \mu_T{}^* \approx 2790 \text{ kJ/kgw} \approx h(4{,}5 \text{ bar}, 169\ ^\circ\text{C}).$$

Nach G.2.23 ist d_n ≈ 116 tw/h, d_{max} ≈ 134 tw/h, $d_L = 0{,}12 \cdot d_n$ ≈ 14 tw/h und schließlich:

$$d(P) \approx \begin{cases} 14 + 5{,}1 \cdot P \text{ [tw/h]}, & \text{für } 0 \le P \le 20 \text{ [MW]} \\ -124 + 12 \cdot P \text{ [tw/h]}, & \text{"} \quad 20 < P \le 21{,}5 \text{ [MW]} \end{cases}$$

In Abbildung 2.13 ist d(P) graphisch dargestellt.

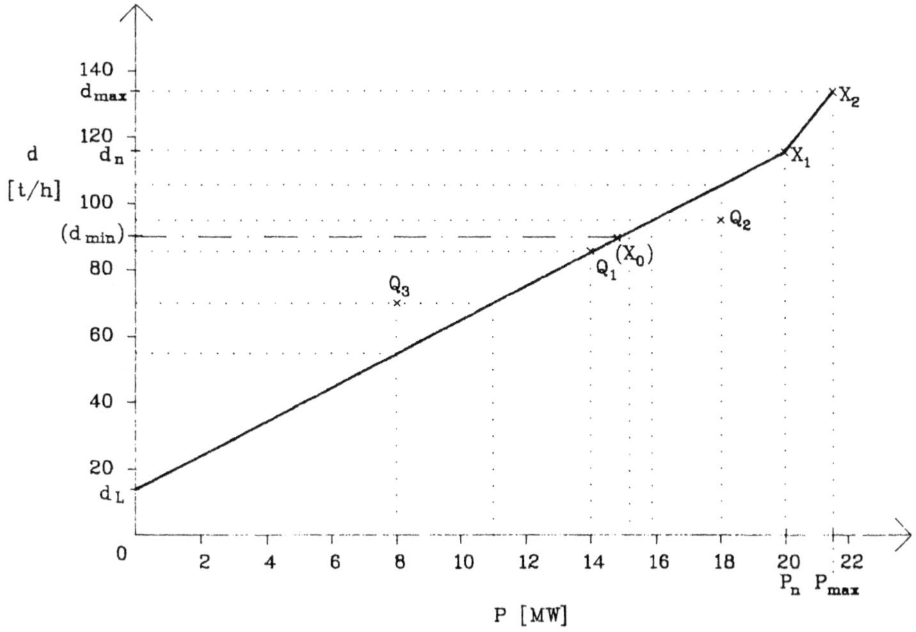

Abbildung 2.13: Gegendrucklinie

Die Funktion verläuft wegen der höheren Enthalpiedifferenz $h_1 - h_3$ flacher als in Abbildung 2.5: Dort wird Dampf von 18 bar auf 4,5 bar entspannt, hier wird Frischdampf von 120 bar eingesetzt. Das Betriebsmodell in Kapitel 5 macht deutlich, warum beide Varianten interessant sind. Die *Regelung* beider Anlagen richtet sich nach dem Dampfdruck im zu versorgenden Dampfnetz. Sinkt dieser Druck infolge eines steigenden Dampfverbrauchs in der Fertigung unter den vorgegebenen Sollwert (hier 4,5 bar), so sind die Turbine und mit ihr die Dampfproduktion des Kessels hochzufahren. Bei steigendem Netzdampfdruck (geringerer Dampfverbrauch in der Fertigung) werden Kessel und Turbine zurückgefahren. Aufgrund dieser Regelungstechnik nach dem Netzdampfdruck (Abdampfdruck der Turbine) heißt diese Turbinenart auch *Gegendruckturbine*.

Die Kennlinie in Abbildung 2.13 heißt *Gegendrucklinie*; sie repräsentiert alle Leistungskombinationen (P,d), die mit einer Gegendruckturbine im regulären Betrieb realisierbar sind: Jede Erhöhung bzw. Verminderung der Wärmeleistung d bedingt zwangsweise eine gleichgerichtete Veränderung der elektrischen Leistung P (starre Kuppelproduktion). Wenn nun eine von der Fertigung benötigte Leistungskombination ($\underline{P},\underline{d}$) bereitgestellt werden ***muß***, sind die folgenden Fallunterscheidungen zu treffen. P(d) bezeichnet dabei die Umkehrfunktion von d(P) nach Abbildung 2.13:

a) Es gilt $d(\underline{P}) = \underline{d}$ (Punkt Q_1 in Abbildung 2.13): Der Punkt ($\underline{P},\underline{d}$) liegt auf der Gegendrucklinie. Der Energiebedarf der Fertigung kann mit der KWK-Anlage gedeckt werden (regulärer Betrieb).

b) Es gilt $d(\underline{P}) > \underline{d} \Longleftrightarrow P(\underline{d}) < \underline{P}$ (Punkt Q_2): Die zur Erzeugung von $\underline{P}$ benötigte Dampfleistung ist nicht voll verwertbar, bzw. die mit der Bereitstellung von $\underline{d}$ erzeugte elektrische Leistung reicht nicht aus. Da Prozeßdampf nach den Erläuterungen in Abschnitt 1.3 nicht verkauft werden kann, verbleiben folgende Handlungsalternativen[222]:

b1) Produziere mit der KWK-Anlage den Punkt ($\underline{P},d(\underline{P})$) und vernichte den Anteil $d(\underline{P}) - \underline{d}$ des Prozeßdampfstroms.[223]

b2) Produziere mit der KWK-Anlage den Punkt ($P(\underline{d}),\underline{d}$) und stelle die fehlende elektrische Leistung $\underline{P} - P(\underline{d})$ bereit durch

b21) Fremdbezug vom EVU;

b22) ein eigenes Kraftwerk (Basistechnologie KW).

[222] ... und deren Konvexkombinationen.

[223] Der überschüssige Dampf wird über ein Auslaßventil in die Umgebungsluft abgegeben ("über Dach abgeblasen").

c) Es gilt $d(\underline{P}) < \underline{d} \Longleftrightarrow P(\underline{d}) > \underline{P}$ (Punkt Q_3): Der zur Erzeugung für $\underline{P}$ erforderliche Prozeßdampf reicht nicht aus, bzw. die mit der Bereitstellung von $\underline{d}$ erzeugte elektrische Leistung ist nicht voll verwertbar. Da Prozeßdampf nach den Erläuterungen in Abschnitt 1.3 selbst erstellt werden muß, verbleiben folgende Handlungsalternativen[224]:

   c1) Produziere mit der KWK-Anlage den Punkt $(\underline{P}, d(\underline{P}))$ und stelle die fehlende Dampfleistung $\underline{d} - d(\underline{P})$ mit einem zusätzlichen Dampfkessel bereit (Basistechnologie HW).

   c2) Produziere mit der KWK-Anlage den Punkt $(P(\underline{d}), \underline{d})$ und

      c21) vernichte die überschüssige elektrische Leistung $\underline{P} - P(\underline{d})$;[225]
      c21) verkaufe die elektrische Leistung $\underline{P} - P(\underline{d})$ an ein EVU.[226]

Eine wichtige - und realistische - Voraussetzung bei dieser Argumentation ist, daß weder Strom noch Prozeßdampf gelagert werden können. Die obige Fallunterscheidung verdeutlicht, wie stark die starre Kuppelproduktion einer Gegendruckturbine die Anpassung der Energiebereitstellung an den Bedarf der Fertigung einschränkt, wenn man einmal von irregulären Betriebsarten (teilweise Vernichtung einer Kuppelproduktart) absieht.

Der zulässige Betriebsbereich verkleinert sich weiter auf den Linienzug X_0, X_1, X_2, wenn zusätzlich die technisch bedingte Mindestkapazität d_{min} des vorgeschalteten Dampfkessels beachtet wird.[227] Wenn Kessel und Turbine zu einem Block zusammengeschaltet sind (*Blockschaltung*), greift diese Restriktion. Bei der in Industriekraftwerken üblichen *Sammelschienenschaltung*[228] können Turbinen jedoch über das ganze Lastintervall betrieben werden, weshalb d_{min} in Abbildung 2.13 nur angedeutet ist.

In der Literatur gibt es eine Diskussion darüber, mit welchen Kennziffern die drei Basistechnologien HW, KW und HKW thermodynamisch oder ökonomisch zu vergleichen sind.[229] Zu diesen Kennziffern zählen die energeti-

224 ... und deren Konvexkombinationen.

225 "Stromvernichtung" geschieht i.d.R. indirekt durch Umleitung des Dampfmehrbedarfs $\underline{d}-d(\underline{P})$ über die bei jeder Turbine installierte, hier jedoch nicht eingezeichnete *Reduzierstation* (vgl. Abbildung 2.8).

226 Wenn nur eine KWK-Anlage dieses Typs vorhanden ist, kann dies einer der in Abschnitt 1.3 angesprochenen betriebsbedingten Ausnahmefälle sein, in dem jeder positive Stromverkaufspreis "günstig" ist.

227 Vgl. dazu Abschnitt 2.2.3.

228 Vgl. dazu Abschnitt 2.6.3.

229 Siehe etwa ALEFELD [1988b], GASPAROVIC [1982], LOU [1985], PILLER/RUDOLPH [1984], S.19-26, WEINGÄRTNER [1951] und die dort jeweils angegebene Literatur.

schen Wirkungsgrade μ^* und die Brennstoffausnutzungen r^*, die oben ermittelt werden. So wird etwa die Rückwandlung elektrischer Energie in Wärmeenergie (Elektroheizung) aufgrund des "schlechten" Wirkungsgrads des Dampfkraftprozesses μ_{KW}^* im Vergleich zum Dampfkesselprozeß μ_{HW}^* unter dem Aspekt der Primärenergie- (Brennstoff-) ausnutzung abgelehnt.

Mit Bezug auf eine Wirkungsgrad-Definition, die der hier berechneten Brennstoffausnutzung entspricht, schreibt z.B. Gasparovic: "Nach der exergetischen Betrachtungsweise kann diese Wirkungsgrad-Definition nicht richtig sein. Eine Konsequenz dieser Definition wäre, keine Heizkraftwerke zu bauen, denn reine Heizwerke hätten nach dieser Definition einen besseren Wirkungsgrad."[230] Die Unterscheidung zwischen Energie, Exergie und Arbeitswert spielt bei vielen energiewirtschaftlichen Problemen eine Rolle, weshalb kurz auf diese Begriffe einzugehen ist. Hierzu werden die Energie h, die Exergie E und der Arbeitswert AW des Dampfes vor und hinter der Turbine nach Abbildung 2.12 ermittelt.

Die *Energie* des Dampfes entspricht definitionsgemäß seiner Enthalpie:

$$h(120\text{ bar}, 525\text{ °C}) = 3420\text{ kJ/kg}_W;\quad h(4{,}5\text{ bar}, 169\text{ °C}) = 2790\text{ kJ/kg}_W.$$

Exergie ist derjenige Anteil einer Energie, der verlustfrei in jede andere Energieform umwandelbar ist.[231] Der nicht umwandelbare Teil heißt *Anergie*. Bei allen Prozessen zur Energieumwandlung bleibt die Summe aus Exergie und Anergie - also die Energie - konstant (1. Hauptsatz der Thermodynamik), während die Anergie jeweils zunimmt oder konstant bleibt (2. Hauptsatz). Strom ist verlustfrei in Wärme umwandelbar; eine verlustfreie Umwandlung von Wärme in elektrische Energie ist dagegen nicht möglich. Die Exergie E eines Stoffes ist definiert durch[232]

$$E(p,T) = h(p,T) - T_u \cdot s(p,T),\text{ wobei}$$

T_u : Umgebungstemperatur, gemessen in Kelvin [K];
s : Entropie [kJ/(kg·K)].

Die Entropie s ist wie h in den Wasserdampftafeln tabelliert:

$$s(120\text{ bar}, 525\text{ °C}) \approx 6{,}6\text{ kJ/kg}_W\text{K};\quad s(4{,}5\text{ bar}, 169\text{ °C}) \approx 7{,}0\text{ kJ/kg}_W\text{K}.$$

Für eine Umgebungstemperatur von 0 °C = 273 K ergeben sich die Exergien:

$$E(120\text{ bar}, 525\text{°C}) = 3420\text{ kJ/kg}_W - 273\text{ K} \cdot 6{,}6\text{ kJ/kg}_W\text{K} = 1618\text{ kJ/kg}_W,$$
$$E(4{,}5\text{ bar}, 169\text{°C}) = 2790\text{ kJ/kg}_W - 273\text{ K} \cdot 7{,}0\text{ kJ/kg}_W\text{K} = 879\text{ kJ/kg}_W.$$

230 GASPAROVIC [1982], S.83.

231 Vgl. BAEHR [1984], S.129-137.

232 Vgl. ALEFELD [1988b], S.232, BAEHR [1984], S.147, LÖFFEL [1974], S.2.

Während die Exergie den *absolut* umwandelbaren Teil der Energie angibt, ist der Arbeitswert der "mit besten Maschinen *technisch erreichbare* Anteil"[233]. Dies ist gerade die real in einer (besten) Kondensationsturbine umsetzbare Enthalpiedifferenz, d.h.:

$$AW(p,T) = (h(p,T) - h(p_3,T_3')) \cdot \mu_T^* \cdot \mu_G.$$ [234]

Mit den bisher benutzten Beispieldaten ergibt sich:

$AW(120\ bar,\ 525°C) = (3420\ kJ/kg_W - 2025\ kJ/kg_W) \cdot 0{,}74 \cdot 0{,}98 \approx 1012\ kJ/kg_W,$
$AW(4{,}5\ bar,\ 169°C) = (2790\ kJ/kg_W - 2150\ kJ/kg_W) \cdot 0{,}74 \cdot 0{,}98 \approx 464\ kJ/kg_W.$

Der Arbeitswert des *Prozeßdampfes* ist demnach derjenige Anteil der darin gebundenen Wärmeenergie, der in einem fiktiven (Kondensations-) Kraftwerk (maximal) in elektrische Energie umgewandelt werden könnte.[235]

Dampf-Zustand (p,T)	Energie [kJ/kg$_W$]	[%]	Exergie [kJ/kg$_W$]	[%]	Arbeitswert [kJ/kg$_W$]	[%]
(120 bar, 525 °C)	3420	100	1618	100	1012	100
(4,5 bar, 169 °C)	2790	82	879	54	464	46
Differenz	630	18	739	46	553	54

Tabelle 2.3: Energie, Exergie und Arbeitswert von Wasserdampf

Tabelle 2.3 faßt die Ergebnisse des Beispiels zusammen. Die Differenzwerte in der letzten Tabellenzeile sind die zur Stromerzeugung genutzten Energie-, Exergie- bzw. Arbeitswert-Anteile des Frischdampfes, während der beim Netzdampfzustand notierte Wert noch im Prozeßdampf gebunden ist. Ausgehend von diesen Zahlen kann man unterschiedliche energetische und exergetische Wirkungsgrade des KWK-Prozesses und analog der verbleibenden Basistechnologien HW und KW definieren und vergleichen. Die angegebenen Prozentsätze werden u.a. als technische Äquivalenzziffern benutzt, um die Kosten einer KWK-Anlage nach dem Äquivalenzziffernverfahren auf die Kuppelprodukte Strom und Dampf aufzuteilen.[236]

233 LÖFFEL [1974], S.2.

234 Als der niedrigste, im Kondensator realisierbare Unterdruck p_3 kann $p_3 = 0{,}04$ bar angenommen werden. In den Beispielen wird einheitlich mit $p_3 = 0{,}06$ bar gerechnet.

235 Die Berechnung kann wie in Abschnitt 2.5 mit Hilfe des h,s-Diagramms für eine fiktive Kondensationsturbine erfolgen.

236 Vgl. Abschnitt 5.5.

In der Produktions- und Investitionsplanung sind alle diese Kennziffern wenig hilfreich. Die in den Wirkungsgrad-Definitionen für KWK-Anlagen erforderliche Addition bzw. Subtraktion der Energie-, Exergie- bzw. Arbeitswert-Inhalte der beiden Kuppelprodukte[237] unterstellt deren so gewichtete Substituierbarkeit in der Anwendung. Es ist jedoch nicht Aufgabe einer betrieblichen Energieversorgung, *ein* bestimmtes Potential an Energie, Exergie oder Arbeitswert - gleichgültig in welcher Energieform - mit einem minimalen Brennstoffeinsatz[238] oder kostenminimal bereitzustellen: Eine Fertigungsstraße, ein Rechenzentrum etc. lassen sich nicht mit Prozeßdampf betreiben.

Die Zielsetzung besteht vielmehr darin, *zwei* von einer betrieblichen Fertigung benötigte Potentiale an elektrischer Energie und an Wärmeenergie (Energiearten) in Form von elektrischem Strom bzw. von Prozeßdampf - also mit vorgegebenen Energieträgern - kostenminimal bereitzustellen.[239]

Der oben durchgeführte Vergleich der Brennstoffausnutzung und der Gesamtwirkungsgrade der Basistechnologien ist als eine Ergänzung der produktionstheoretischen Vorüberlegungen und als eine Querverbindung zu Ansätzen auf Basis dieser Wirkungsgrade anzusehen. Zur Herleitung der in Kapitel 5 benutzten Kostenfunktionen werden diese Kennziffern nicht benötigt. Es wird hier lediglich gezeigt, daß jede mit dem KWK-Prozeß realisierbare Leistungskombination aus Strom und Dampf mit einem geringeren Brennstoffeinsatz verbunden ist, als deren getrennte Bereitstellung in den beiden Referenzprozessen.

Wegen der weitgehenden technischen Identität der vorgeschalteten Dampfkesselanlagen reduzieren sich die Schadstoffemissionen im etwa gleichen Ausmaß wie der Brennstoffverbrauch - für das obige Beispiel um ca. 30 %. In diesem Sinn dienen KWK-Anlagen sowohl der Primärenergieeinsparung wie auch dem Umweltschutz.[240] Zusammenfassend wird die Brennstoffaus-

237 Zum Vergleich der additiven und subtraktiven Wirkungsgrad-Berechnung vgl. GASPAROVIC [1982].

238 ... mit einem maximalen Wirkungsgrad;

239 Eine hier nicht diskutierte Frage ist die Gestaltung der energieverbrauchenden Aggregate *innerhalb* der Fertigung. So kann man etwa mechanische Antriebe mit Elektromotoren, mit Verbrennungsmotoren oder auch mit Turbinen realisieren. Es wird angenommen, daß eine vorgegebene (bereits vorhandene) energetische Ausstattung der Fertigung den Bedarf an Prozeßwärme und Strom bestimmt.

240 Beide Ziele sind auch gesamtwirtschaftlicher Natur, weshalb Investitionen in KWK-Anlagen öffentlich gefördert werden; vgl. Abschnitt 1.3.

nutzung der drei Basistechnologien in Abbildung 2.14 mit den bisher benutzten Beispieldaten graphisch gegenübergestellt.[241]

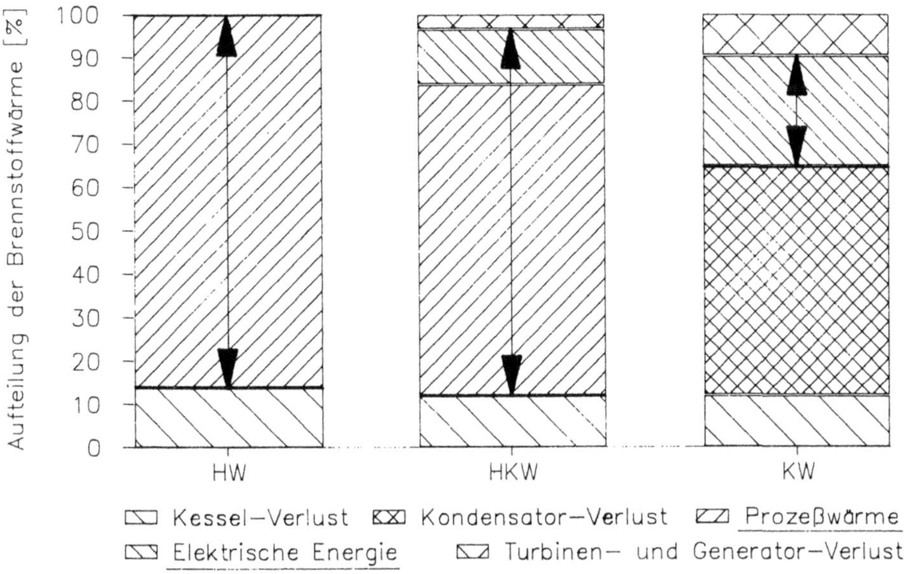

Abbildung 2.14: Brennstoffausnutzung der drei Basistechnologien

Als Referenzprozesse dienen in dieser Rechnung thermische Kraftwerke und Heizwerke jeweils auf gleicher Brennstoffbasis. Im gesamten Entscheidungsfeld einer industriellen Energiewirtschaft tritt als "Referenzprozeß" der Fremdbezug elektrischer Energie hinzu, der in Kapitel 4 behandelt wird. Es sei daran erinnert, daß in realen Kraftwerken (Basistechnologie KW) mit Hilfe der prozeßverbessernden Maßnahmen Gesamtwirkungsgrade bis zu 40 % erreicht werden.[242] Dieser Prozeß ist deshalb in Abbildung 2.14 etwas unterbewertet.

Durch einen Vergleich der Wärmeflußbilder in Abbildung 2.10, 2.11 und 2.12 sieht man jedoch, daß die besprochenen prozeßtechnischen Verbesserungen bei KWK-Prozessen ebenso wie im Dampfkraftprozeß installiert werden können. Nach den oben angegebenen Definitionen erhöht sich dadurch nicht nur der Wirkungsgrad $\mu_{KWK}*$, sondern auch die Stromkennzahl $s_{KWK}*$. Prozeßtechnische Verbesserungen sind deshalb zusätzlich ein Instrument zur Anpassung einer KWK-Anlage an das Verhältnis des Strom- und Dampfbedarfs der Fertigung.

[241] Vgl. dazu auch HÖHR [1978], S.61 und LÖFFEL [1981], S.13.

[242] Vgl. dazu Abschnitt 2.5.

In Abbildung 2.12 wird exemplarisch eine Vorwärmung mit Netzdampf durch punktierte Linien angedeutet. Die Mischungskoeffizienten des Vorwärmers werden bereits im Beispiel zu Abbildung 2.11 berechnet. Rechnet man das Wärmeflußbild in Abbildung 2.13 analog, so ergibt sich je kg_B Brennstoff eine elektrische Leistung von 1,61 kWh, eine Netzeinspeisung von 8,36 kg_W Prozeßdampf und ein zirkulierender Dampfstrom der Vorwärmung von 1,45 kg_W. Die Stromkennzahl s_{KWK}* ist damit bei annähernd identischer spezifischer Prozeßdampfproduktion von 0,22 auf ca. 0,25 gestiegen; die Gegendrucklinie verläuft flacher als in Abbildung 2.13.

Neben einer Vorwärmung aus dem Dampfnetz ist - wie in Abbildung 2.11 - auch eine (mehrstufige) Vorwärmung durch Turbinenanzapfung oder auch eine Zwischenüberhitzung in einem KWK-Prozeß installierbar. Zusätzlich denkbar ist eine - ebenfalls punktiert in Abbildung 2.13 eingezeichnete - Kondensat-Rückführung aus der Fertigung. Prozeßdampf kann in der Fertigung verbraucht werden - etwa durch Einspritzung in einen chemischen Prozeß. Meist jedoch wird die Prozeßwärme indirekt über Wärmetauscher in der Fertigung abgegeben: das Kondensat kann über ein Wasserleitungssystem gesammelt werden. Die Wirtschaftlichkeit dieser Maßnahme wird nicht näher untersucht.[243]

Neben dem Gegendruckprozeß in Abbildung 2.12 gibt es weitere grundlegende KWK-Varianten für Industriekraftwerke, die in den nächsten beiden Abschnitten vorgestellt werden.

2.6.2. KWK bei variabler Kuppelproduktion

Die Untersuchung des Gegendruckprozesses in Abschnitt 2.6.1 hat die Abstimmungsprobleme zwischen der Energiebereitstellung einer KWK-Anlage und dem Bedarf der Fertigung aufgezeigt. Der Dampf- und der Stromverbrauch in der Fertigung hängen ab von der Beschäftigung der einzelnen Fertigungsstellen, der Außentemperatur und vielen weiteren Parametern. Die zu einem Zeitpunkt benötigte Leistungskombination (P,d) wird nur selten exakt auf der Kennlinie einer Gegendruckturbine liegen. Es wird deshalb ein flexibleres Konzept einer KWK-Anlage benötigt.

Um dies zu erreichen, wird die Gegendruckturbine aus Abbildung 2.12 um einen Kondensationsteil ergänzt. Es entsteht dadurch die in Abbildung

[243] Sie hängt u.a. ab vom Grad der Kondensatverschmutzung in der Fertigung, von der Länge der Übertragungswege, von der Anzahl der benötigten Sammelpunkte ("angeschlossene" Fertigungsverfahren), von den Entsorgungskosten für abfallendes Prozeßwasser und von der Verfügbarkeit von Rohwasser und dessen Aufbereitungskosten.

2.15 skizzierte, zweigehäusige Einwellenstrang-Anlage[244], eine sog. Entnahmekondensationsturbine. Nach dem Druck des Dampfes heißen die beiden Turbinenteile Hochdruck- und Niederdruckteil. Der in den Niederdruckteil einzuleitende Dampfstrom d_k ist durch das eingezeichnete Ventil regelbar. Der vom Abdampf des Hochdruckteils entnommene Prozeßdampfstrom d_e heißt *Entnahmedampf*.

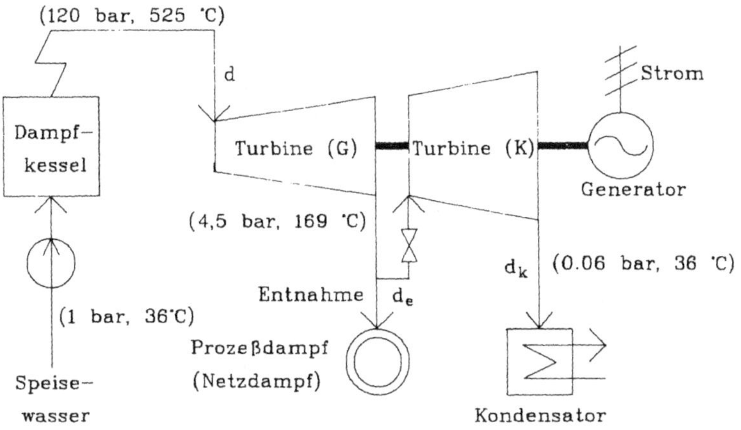

Abbildung 2.15: KWK-Prozeß mit einer Entnahmekondensationsturbine

Die Entnahmekondensationsturbine ist das einfachste Beispiel für einen KWK-Prozeß mit variabler Kuppelproduktion. Analog zur Gegendrucklinie bei starrer Kuppelproduktion wird auch für diese Anlage eine Graphik zur Darstellung aller zulässigen Leistungskombinationen (P,d) für ein Beispiel hergeleitet. Diese Vorarbeit erleichtert das Verständnis des Betriebsmodells in Kapitel 5. Darüber hinaus werden das Konstruktionsprinzip und der Konstruktionsaufwand sog. Entnahmediagramme deutlich, die in der Praxis zur Auslegung von Industriekraftwerken verwendet werden. Diese Kenntnisse relativieren den Aufwand zur Erstellung des in einem mathematischen Modell benötigten Restriktionensystems und setzen einen Vergleichsmaßstab für die Qualität der damit möglichen Analysen.

Zur Berechnung der Schaltung nach Abbildung 2.15 werden zunächst der Hochdruckteil der Entnahmekondensationsturbine wie eine Gegendruckturbine und der Niederdruckteil wie eine Kondensationsturbine behandelt.[245] Dementsprechend sind die Kenndaten des Hochdruckteils mit einem "G" und die Kenndaten des Kondensationsteils mit einem "K" indiziert. Die weiteren Ausführungen beziehen sich auf Abbildung 2.16.

[244] Vgl. dazu Abbildung 2.7.

[245] Die Herleitung der Abbildungen 2.16 und 2.17 orientiert sich an SCHÜLLER [1984], S.293-297.

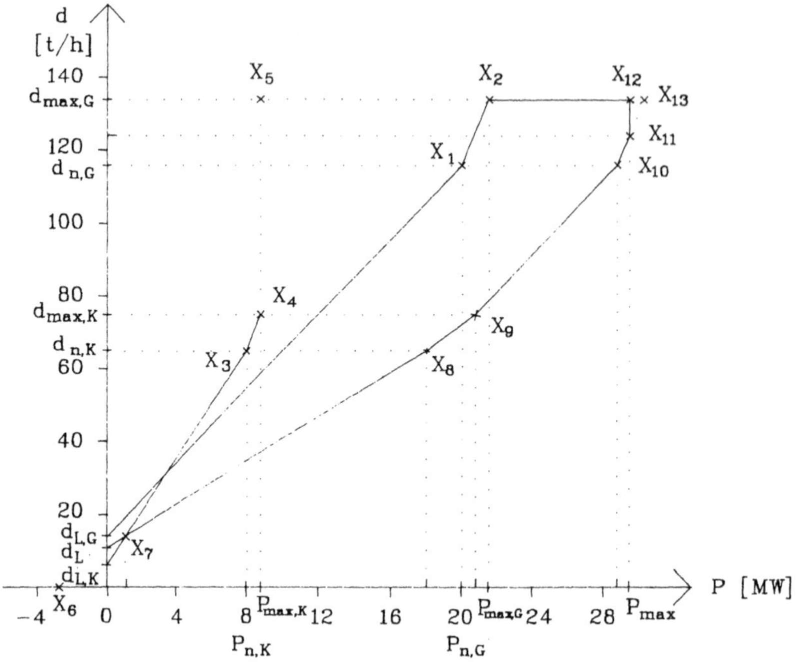

Abbildung 2.16: Betriebsbereich einer Entnahmekondensationsturbine

Die Dampfzustände, der Wirkungsgrad und die Kapazität des Hochdruckteils seien identisch mit den Beispieldaten in Abschnitt 2.6.1. Dadurch kann auf die nochmalige Auflistung der relevanten Dampfenthalpien ebenso verzichtet werden wie auf die Berechnung der Gegendrucklinie: Der Linienzug $(0, d_{L,G})$, X_1, X_2 wird aus Abbildung 2.13 übernommen. Dieser Linienzug gibt den Dampfdurchsatz d_G des Hochdruckteils für die in diesem Turbinenteil erzeugte elektrische Leistung P_G an.

An den Achsen des Diagramms sind die Koordinaten der Punkte $(0, d_{L,G})$, $X_1 = (P_{n,G}, d_{n,G})$ und $X_2 = (P_{max,G}, d_{max,G})$ abgetragen, mit deren Hilfe die Gegendrucklinie in Abschnitt 2.6.1 wie folgt berechnet wird:

$$d_G(P_G) \approx \begin{cases} 14 + 5{,}1 \cdot P_G \ [t_W/h], & \text{für} \quad 0 \le P_G \le 20 \quad [MW] \\ -124 + 12 \cdot P_G \ [t_W/h], & \text{"} \quad 20 < P_G \le 21{,}5 \quad [MW] \end{cases}$$

Im nächsten Schritt wird analog zum Hochdruckteil der isolierte Dampfverbrauch des Niederdruckteils ermittelt. Die charakteristischen Punkte seien $(0, d_{L,K}) = (0\ MW,\ 6\ t_W/h)$, $X_3 = (P_{n,K}, d_{n,K}) = (8\ MW,\ 65\ t_W/h)$ und $X_2 = (P_{max,K}, d_{max,K}) = (8{,}8\ MW,\ 75\ t_W/h)$. Diese Punkte errechnet man nach G.2.23 mit einem Turbinenwirkungsgrad von $\mu_{T,K} = 0{,}7$, mit einem (lastunabhängigen) Generatorwirkungsgrad von μ_G = 0,98 und mit den weiter oben bereits angegebenen Enthalpien des Dampfes vor und hinter dem Niederdruckteil.

Nach G.2.23 ergibt sich der Linienzug $(0, d_{L,K})$, X_3, X_4:

$$d_K(P_K) \approx \begin{cases} 6 + 7{,}375 \cdot P_K & [t_W/h]\ , \text{ für } \quad 0 \le P_K \le 8 \quad [MW] \\ -35 + 12{,}5 \cdot P_K & [t_W/h]\ , \quad \text{"} \quad 8 < P_K \le 8{,}5 \quad [MW] \end{cases}$$

Diese Kennlinie entspricht einem isolierten Betrieb des Niederdruckteils. Eine solche Betriebsweise ist jedoch nach der Schaltung in Abbildung 2.15 nicht realisierbar: Der durch den Niederdruckteil fließende Dampfstrom d_K wird zuvor durch den Hochdruckteil geleitet und trägt dort bereits zum Generatorantrieb und damit zur Stromerzeugung bei. Die Kennlinie des Niederdruckteils muß deshalb *horizontal* zur Gegendrucklinie addiert werden. Formal sind hierzu die Umkehrfunktionen der beiden Linien zu ermitteln, was nicht schwierig ist. Nachfolgend wird lediglich die graphische Addition erläutert. Hierzu sind einige Vorüberlegungen notwendig.

Die Dampfleistung $d_{max,K}$ begrenzt den Dampfdurchsatz des Niederdruckteils; man bezeichnet deshalb $d_{max,K}$ auch als das maximale Schluckvermögen dieses Turbinenteils. Gilt für die Abdampfleistung d_G des Hochdruckteils $d_G > d_{max,K}$, so muß die Dampfleistung $d_G - d_{max,K}$ in das Werksnetz eingespeist werden. Der Niederdruckteil kann über $P_{max,K}$ hinaus keine zusätzliche elektrische Leistung bereitstellen, weshalb die zugehörige Kennlinie fiktiv um die Strecke X_4, X_5 verlängert wird.

Wegen $d_{L,G} > d_{L,K}$ markiert die P-Koordinate des Punktes X_7 diejenige elektrische Leistung $P_K(d_{L,G})$, die der Leerlaufdampfdurchsatz $d_{L,G}$ des Hochdruckteils im Niederdruckteil erzeugt, falls kein Prozeßdampf entnommen wird ($d_e = 0$). Da Niederdruckteil und Hochdruckteil auf einer Antriebswelle angebracht sind, kann man den Niederdruckteil jedoch nicht völlig stillegen.[246] In jedem Betriebszustand ist mindestens die Leerlaufdampfleistung $d_{L,K}$ durchzusetzen. Um bei der Horizontaladdition den minimalen Dampfdurchsatz d_L ($d_{L,K} < d_L < d_{L,G}$) der Gesamtanlage zu erhalten, ab dem elektrische Energie erzeugbar ist, wird die Gegendrucklinie fiktiv bis zum Schnittpunkt X_6 mit der P-Achse verlängert.

Nach diesen Vorbereitungen erhält man durch die Horizontaladdition der Linienzüge X_6, X_1, X_2 und $(0, d_{L,K})$, X_3, X_4, X_5 im ersten Quadranten den

246 Der Niederdruckteil dreht sich immer mit; er wird durch den Leerlaufdampf zusätzlich gekühlt.

Polygonzug $(0, d_L)$, X_8, X_9, X_{10}, X_{13}. Der Linienzug $(0, d_L)$, X_8, X_9 repräsentiert die Betriebsweise der Anlage als reine Kondensationsturbine, also für eine Entnahmedampfleistung von $d_e = 0$: Es wird kein Prozeßdampf bereitgestellt.

In einigen Betriebspunkten, wie etwa auf der Strecke X_{10}, X_{13}, laufen beide Turbinenteile im Überlastbereich. Meist legt man den Generator einer Einwellenstrang-Anlage nicht für die Summe der Spitzenleistungen der Teilturbinen (21,5 MW + 8,5 MW = 30 MW im Punkt X_{13}) aus. Im Beispiel wird eine maximale Generatorleistung P_{max} = 29,5 MW angenommen, die den Betriebsbereich zusätzlich durch die Strecke X_{11}, X_{12} begrenzt.

Die Strecke X_2, X_{12} schließlich begrenzt den Bereich nach oben durch das maximale Schluckvermögen des Hochdruckteils. Insgesamt schließt der stark ausgezeichnete Polygonzug in Abbildung 2.16 den zulässigen Betriebsbereich der hier betrachteten Entnahmekondensationsturbine ein. Dieser Bereich enthält alle technisch realisierbaren Kombinationen der im Kuppelprozeß *einsetzbaren* Dampfleistung d und der damit *erzeugbaren* elektrischen Leistung P.

Um den Zusammenhang zwischen den eigentlichen Zielprodukten Prozeßdampfleistung d_e und elektrische Leistung P darzustellen, wird aus Abbildung 2.16 das *Entnahmediagramm* in Abbildung 2.17 abgeleitet. Die Achse für d_e skaliert die zusätzlich eingezeichneten Linien konstanter Entnahmedampfmenge $\underline{d}_e$. Man erhält diese Linien durch Parallelverschiebung des Linienzugs $(0, d_L)$, X_8, X_9 nach oben. Der Nullpunkt der d_e-Skala liegt in Höhe der Leerlaufdampfleistung des Niederdruckteils $d_{L,K}$.[247]

Ausgehend von einer bestimmten Prozeßdampfleistung $\underline{d}_e$ findet man über diese Skala den für diese Dampfmenge $\underline{d}_e$ zulässigen Betriebsbereich: dies sind gerade die Kombinationen (P,d), die auf der zu $\underline{d}_e$ gehörenden Entnahmelinie liegen. Auf diese Weise kann beurteilt werden, ob die realisierbaren Kombinationen (P, d_e) und damit die Auslegung einer geplanten Anlage den erwarteten Anforderungen der Fertigung entsprechen.

Wird z.B. durch beide Turbinenteile die Nenndampfleistung geleitet, so entspricht dies einer elektrischen Leistung von $P = P_{n,G} + P_{n,K}$ = 28 MW, einer Frischdampfproduktion von $d = d_{n,G}$ = 116 [t_W/h], einer Netzdampfeinspeisung von $d_e = d_{n,G} - d_{n,K}$ = 51 [t_W/h], und einem Dampfdurchsatz

[247] Der immer durchzusetzende Leerlaufdampf $d_{L,K}$ steht nicht zur Netzeinspeisung zur Verfügung. Falls prozeßtechnische Verbesserungen installiert sind, erhält die d_e-Skala nicht mehr die gleiche Skalierung wie die d-Skala.

durch den Niederdruckteil von $d - d_e = d_{n,K} = 65$ t_w/h (Punkt X_{14}). Als weitere Beispiele werden die Punkte Q_1, Q_2 und Q_3 aus Abbildung 2.14 in das Koordinatensystem (P,d_e) übernommen. Wegen des Leerlaufdampfbedarfs des Niederdruckteils ist der Punkt Q_1 mit dieser Anlage nicht mehr realisierbar. Der Punkt Q_3 ist weiterhin nicht produzierbar, während Q_2 nun innerhalb des zulässigen Betriebsbereichs liegt.

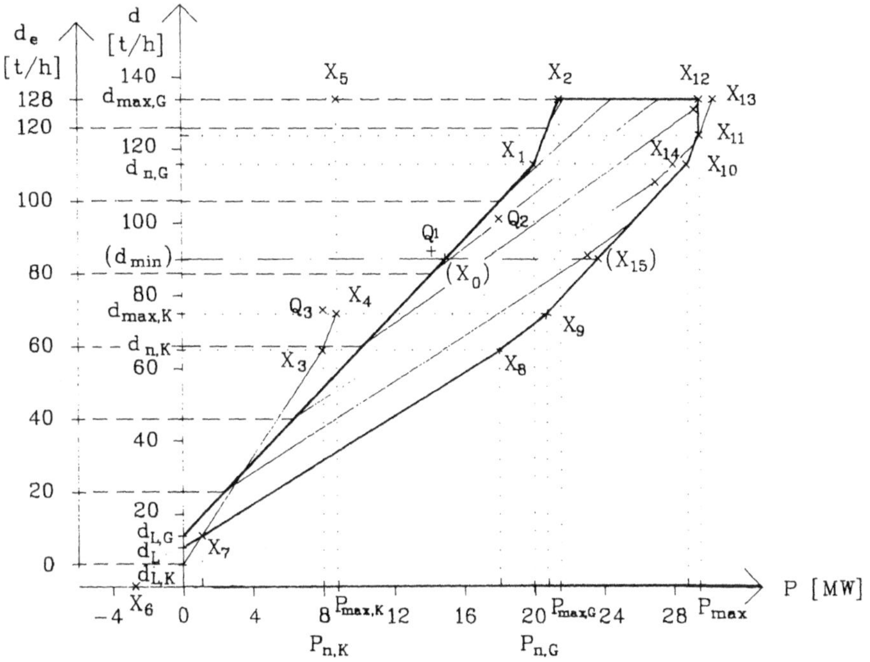

Abbildung 2.17: Entnahmediagramm

Als eine weitere, mögliche Einschränkung des Betriebsbereichs wird in Abbildung 2.17 - analog zu Abbildung 2.13 und mit der gleichen Begründung - eine minimale Kesselleistung d_{min} lediglich angedeutet.

Dieses Beispiel schließt die produktionstheoretische Betrachtung elementarer Bausteine für die Konstruktion von Industriekraftwerken ab. Die Ausführungen in den voranstehenden Abschnitten genügen zum Verständnis der in dieser Arbeit verwendeten Betriebsmodelle, die zur Untersuchung der grundlegenden Planungsprobleme benutzt werden.

Damit ist jedoch bei weitem kein umfassender Überblick über alle praktisch relevanten KWK-Technologien gegeben. Um die Übertragbarkeit der weiteren Untersuchungen auf andere KWK-Varianten anzudeuten, stellt der nachfolgende Abschnitt weitere, wärmetechnische Grundschaltungen und auch die Wärmeflußbilder zweier großer Industriekraftwerke vor.

2.6.3. KWK-Varianten und Industriekraftwerke

Dieser Abschnitt gibt einen Überblick über die Vielfalt möglicher KWK-Varianten und verdeutlicht den Aufbau realer Industriekraftwerke, um einen Eindruck von der Komplexität der Planung in der betrieblichen Praxis zu vermitteln. Zu diesem Zweck werden einige charakteristische Wärmeflußbilder aus der Literatur übernommen.

In Abbildung 2.18 sind Schaltungsbeispiele für Gegendruckturbinen zusammengestellt. Teilbild a entspricht Abbildung 2.12. Zwischen Generator und Turbine ist zusätzlich ein Getriebe eingezeichnet, das jedoch eine untergeordnete Rolle spielt. Die gestrichelte Linie mit dem eingekreisten *Minus*zeichen weist auf die Regelung der eingezeichneten Turbinen-Einlaßventile hin: Mit *fallendem* Netzdampfdruck ist die Dampfzuführung zu erhöhen.[248]

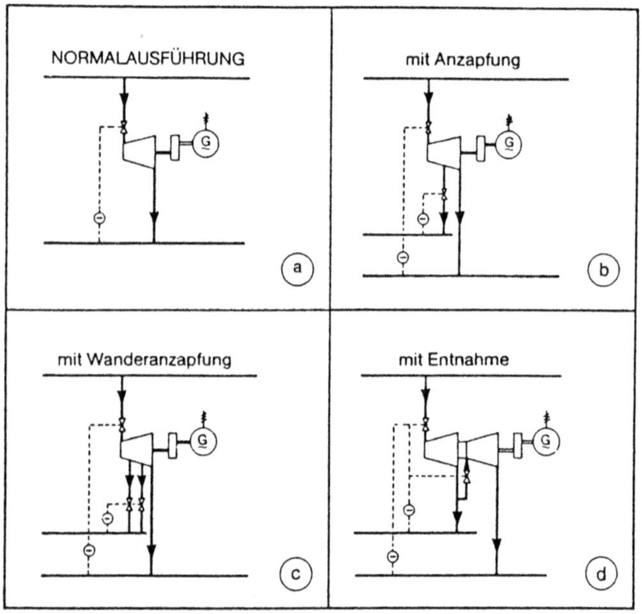

Abbildung 2.18: Technische Varianten von Gegendruckturbinen[249]

In den Teilbildern b, c und d werden - wie im Betriebsmodell in Kapitel 5 - zwei Dampfnetze unterschiedlichen Drucks über Gegendruckturbinen versorgt. Da diese Anlagen jeweils nach der von beiden Netzen benötigten Dampfleistung gesteuert werden, kann im Hinblick auf die damit verbun-

[248] Vgl. dazu Abschnitt 2.6.1.

[249] Die Abbildung ist entnommen aus SCHÜLLER [1984], S.280.

dene elektrische Leistung weiter von starrer Kuppelproduktion gesprochen werden.

Abbildung 2.19 zeigt verschiedene Varianten von Entnahmekondensationsturbinen. Teilbild a entspricht der Abbildung 2.15. Die übrigen Schaltungen sind nach den voranstehenden Erläuterungen selbsterklärend.

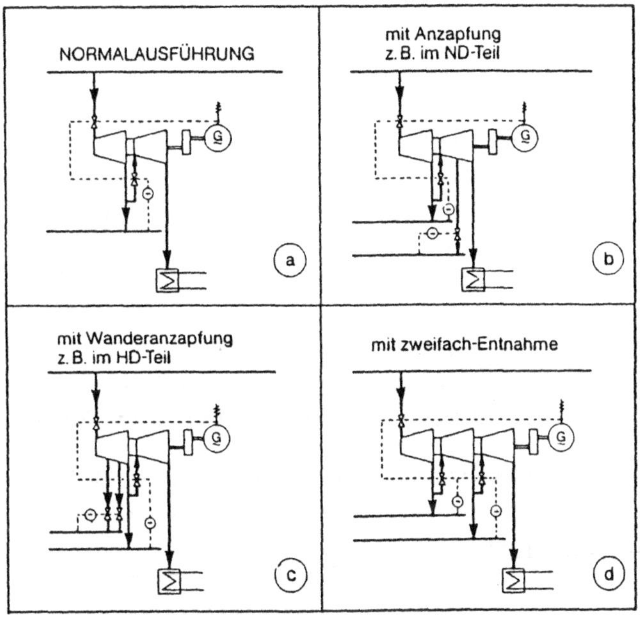

Abbildung 2.19: Varianten von Entnahmekondensationsturbinen[250]

Neben den bisher besprochenen Dampfturbinen werden auch Gasturbinen in KWK-Anlagen verwendet.[251] Den einfachsten Prozeß zeigt Teilbild a in Abbildung 2.20: Die Gasturbine treibt zusätzlich zum Generator einen Luftverdichter (Kompressor) an, der Umgebungsluft ansaugt, verdichtet und einer Brennkammer zuführt. Der nach der Verbrennung von Erdgas entstehende Gasstrom treibt zunächst eine Turbine an. Der Abgasstrom der Turbine erzeugt in einem sog. Abhitzekessel den benötigten Prozeßdampf (starre Kuppelproduktion).

Teilbild c zeigt das gleiche Prinzip für die Erzeugung von Heißwasser. Die Schaltungen in den Teilbildern c und d sind Kombinationen der bisher vorgestellten Prozesse.

250 Die Abbildung ist entnommen aus SCHÜLLER [1984], S.282.

251 Zum Funktionsprinzip von Gasturbinen siehe DIETZEL [1980], S.131-140 und BBC [1980]. Industriekraftwerke mit Gasturbinen beschreiben LÖFFEL/THINIUS [1985] und VIK [1986a].

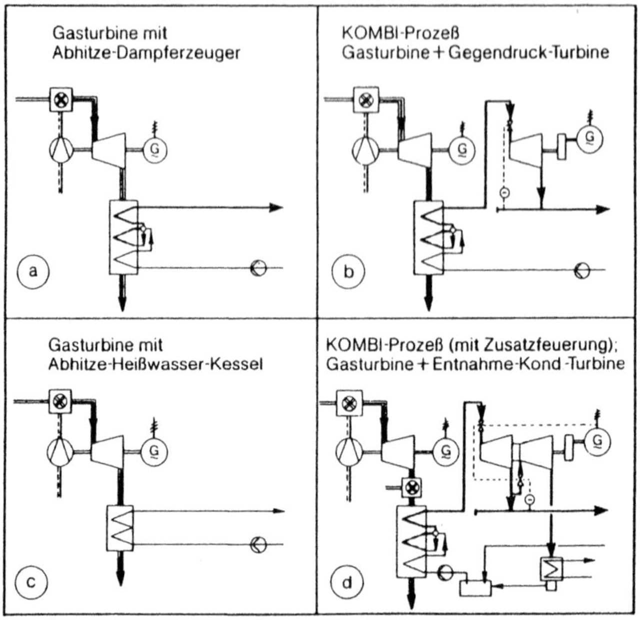

Abbildung 2.20: KWK-Anlagen mit Gasturbinen und Kombiprozesse[252]

Gasturbinen sind besonders einfach aufgebaut und leicht zu bedienen. Aufgrund ihres schlechteren Wirkungsgrades werden sie in Industriekraftwerken vorwiegend zur Abdeckung von Lastspitzen oder als Notaggregate verwendet. Im weiteren Text wird nicht weiter auf Gasturbinen eingegangen. Ebenso wird auf die Einbeziehung von Blockheizkraftwerken (BHKW)[253], von speziellen Konzepten der Abwärmenutzung[254], von Wärmepumpen[255] und von weiteren, selten verwendeten Technologien verzichtet.

Die Abbildungen 2.21 und 2.22 zeigen Beispiele für den Aufbau großer Industriekraftwerke in der chemischen Industrie. In diesen Zeichnungen wird deutlich, wie Industriekraftwerke aus den bisher vorgestellten, elementaren Bausteinen aufgebaut werden. Die rechteckigen Symbole in den verschiedenen Vorwärmstufen unterscheiden *Oberflächenvorwärmer* von den bisher vorwiegend besprochenen *Mischvorwärmern.*[256]

252 Die Abbildung ist entnommen aus SCHÜLLER [1984], S.283.

253 Blockheizkraftwerke sind KWK-Anlagen kleiner bis mittlerer Leistung auf der Basis von Verbrennungs*motoren* - vgl. MARESKE [1979], NICK [1980] und VIK [1985a].

254 Zur Abwärmenutzung im Betrieb vgl. EBERSBACH [1984], INGWERSEN [1986], PAPPERITZ/PICHLER/RÖMHELD [1980], STUMPF [1981] und SUTTOR/SCHARFF [1979]. Zur ORC-Technologie siehe BITTERLICH/KESTNER [1984].

255 Beispiele zur industriellen Anwendung gibt PAUL [1981].

256 Vgl. dazu Abschnitt 2.5.

Ein typisches Merkmal von Industriekraftwerken sind *Dampfsammelschienen*. Man versteht darunter Dampfleitungen, in die ein oder mehrere Kessel Dampf zur Versorgung mehrerer Turbinen einspeisen, oder die den Abdampf mehrerer Turbinen zur Einspeisung in Dampfnetze oder zur Weiterleitung in nachgeschaltete Turbinen aufnehmen. In den Abbildungen 2.21 und 2.22 sind diese Sammelschienen als durchgehende Dampfströme gleichen Drucks gut erkennbar. Sie gliedern die Wärmeflußbilder von Industriekraftwerken *horizontal* in mehrere *Druckstufen*.

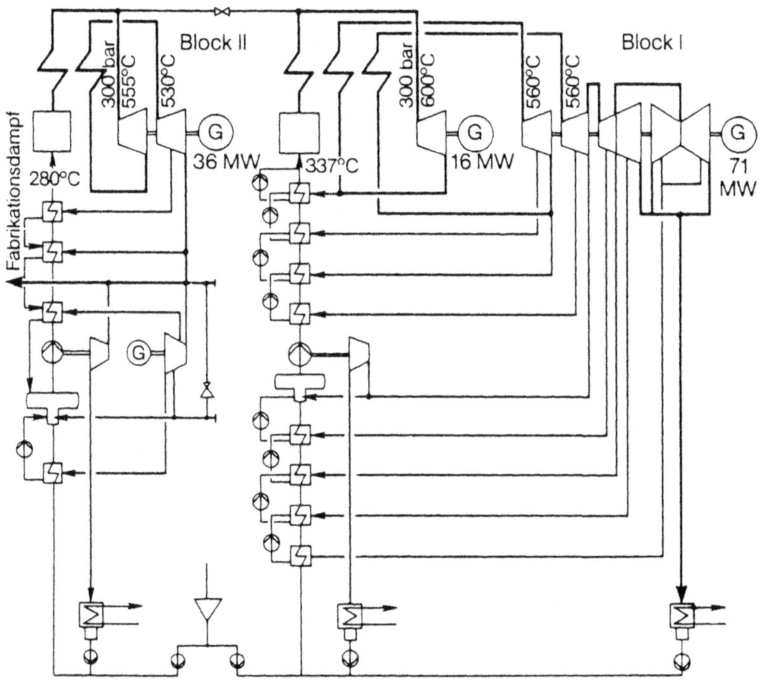

Abbildung 2.21: Industriekraftwerk (Beispiel 1)[257]

Abschließend wird darauf hingewiesen, daß die besprochenen Bausteine zum Aufbau von KWK-Anlagen (Kessel, Turbinen, Generatoren, Vorwärmer) wiederum aus genormten Teilen konstruiert werden.[258] Mit diesem Hinweis wird die energie*technische* Einführung abgeschlossen. Die ermittelten Faktoreinsatzfunktionen gehen in das Betriebsmodell in Kapitel 5 ein. Zunächst befaßt sich Kapitel 3 mit energie*wirtschaftlichen* Grundlagen.

257 Kraftwerk der Chemischen Werke Hüls AG, entnommen aus SCHÜLLER [1984], S.302.

258 Hierzu sei auf die Bausteinsysteme verschiedener Hersteller zur Konstruktion von Industrie-Dampfturbinen verwiesen. Vgl. etwa AEG-KANIS [1985], BBC [1982] und SIEMENS [1982].

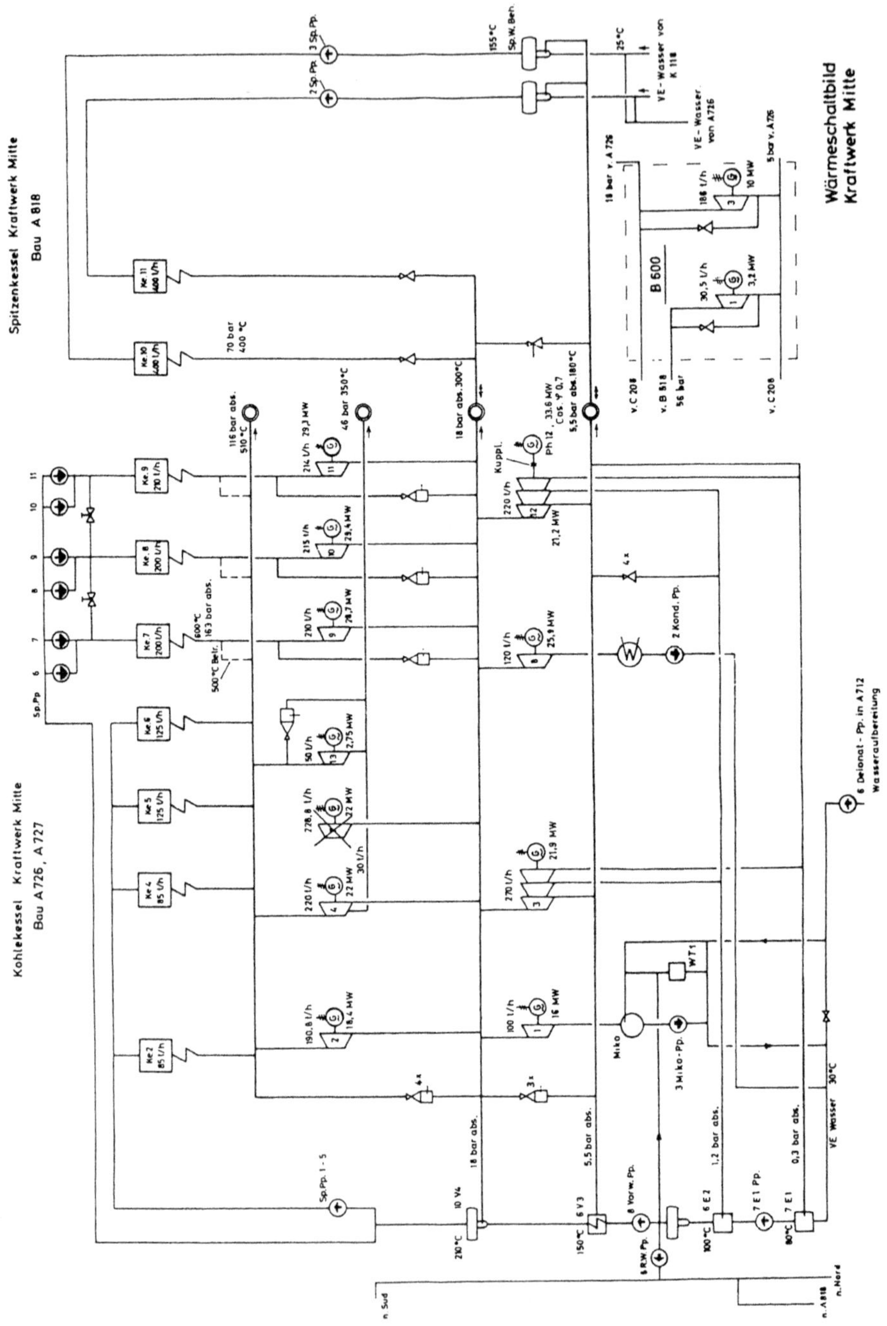

Abbildung 2.22: Industriekraftwerk (Beispiel 2)[259]

[259] Kraftwerk Mitte der BASF AG; die Abbildung wurde zu Verfügung gestellt von der BASF AG, Abteilung Rohstoffe und Energie/Controlling.

3. Elektrizitätswirtschaftliche Grundlagen

3.1. Einführung

Zur Analyse energiewirtschaftlicher Fragestellungen gibt es einige elementare Planungstechniken, die vorwiegend in der Elektrizitätswirtschaft entwickelt wurden. Zu diesen Planungstechniken gehören einerseits Darstellungshilfen wie Flußgraphen (z.B. Sankeydiagramme), Kennlinien (z.B. Lastganglinien) und Kennziffern (z.B. Benutzungsdauer) und andererseits ökonomische Grundrechnungen etwa zur Kraftwerksplanung (vgl. Abbildung 3.1), zur Lastverteilung (z.B. das Zuwachskostenverfahren) und zur Kalkulation (z.B. das Spitzenlastanteilverfahren).

Die Kenntnis dieser Grundlagen wird zur wirtschaftlichen Gestaltung des betrieblichen Fremdstrombezugs benötigt und erleichtert darüber hinaus die Behandlung energiewirtschaftlicher Fragen, die sich einer betriebseigenen Energieversorgung in ähnlicher Form wie den Energieversorgungsunternehmen (EVU) stellen.[1]

Die nachfolgenden Ausführungen können diese Grundlagen weder vollständig noch detailliert abhandeln. Es wird eine Auswahl getroffen und eine vereinfachte Darstellung gewählt. Diese Auswahl und die Art der Vereinfachungen orientieren sich an der Übertragbarkeit auf die industriebetriebliche Planungssituation[2] und an der Zielsetzung, eine Vorstellung von der Planung in einem EVU zu vermitteln.[3] Für einen Industriebetrieb sind diese Kenntnisse nützlich, weil die elektrizitätswirtschaftlichen Rahmendaten wesentlich den Handlungs- und Gestaltungsspielraum einer betrieblichen Energieversorgung bestimmen.[4]

[1] Im weiteren Text wird auf Planungsansätze der EVU hingewiesen, die sich teilweise auf Industriebetriebe übertragen lassen.

[2] So ist etwa die Ähnlichkeit der Probleme bei der Kraftwerksplanung, der Lastverteilung oder der Kalkulation größer als bei der Netzplanung.

[3] Eine vertiefte Untersuchung dieser Thematik ist nicht Gegenstand dieser Arbeit. Abhandlungen zur betrieblichen Planung der EVU (aus der Sicht der EVU) findet man bei BERRIE [1983] und SULLIVAN [1977]. Vgl. auch BRINKMANN [1980], MUSIL [1972] und STEPHENSON [1976].

[4] Die Geschäftsbeziehungen zwischen Industriebetrieb und EVU sind geprägt durch die besonderen technischen, wirtschaftlichen und rechtlichen Gegebenheiten in der öffentlichen Versorgung. Eine Planung und Gestaltung dieser Geschäftsbeziehungen setzt Kenntnisse über die Zielsetzung und die Organisation der Elektrizitätswirtschaft voraus.

Wir stellen daher die Erläuterung ausgewählter energiewirtschaftlicher[5] Grundlagen zunächst aus der Planungsperspektive eines EVU dar.[6] Hierzu wird ein abschnittsübergreifendes Betriebsmodell eingeführt, welches diese - in der Literatur isoliert behandelten - Grundlagen in einem zusammenhängenden Kontext erläutert. Dieser Kontext ist so gewählt, daß neben den vorgestellten Basisverfahren das *Grundraster* einer elektrizitätswirtschaftlichen Gesamtplanung deutlich wird, die bei der Konzipierung des Kraftwerksparks beginnt[7] und bei der Kalkulation der Strompreise endet.[8]

Ein solches *Übersichtsbeispiel* muß mit Vereinfachungen arbeiten. Um eine kurze Darstellung zu erreichen, wird insbesondere der für Industriebetriebe weniger interessante - für das EVU aber kapitalintensive - Bereich der Stromübertragung und -verteilung vernachlässigt. Es wird mit stark aggregierten Kosten- bzw. Auszahlungsströmen gerechnet, die für eine *konkrete* Planungsrechnung in einem EVU nicht geeignet sind.

Die Zahlenbeispiele in dieser Arbeit sind frei erfunden. Die *Grössenordnungen* der Beispieldaten liegen jedoch im Rahmen der realen Dimensionen, um eine Vorstellung von der *Struktur* der relevanten Mengen- und Zahlungsströme zu vermitteln. Dies erfordert eine Rechnung mit teilweise sehr großen (z.B. elektrische Jahresarbeit) und mit kleinen (z.B. Arbeitspreise) Zahlen. Ausgehend von den jeweils exakt angegebenen Eingangsdaten,[9] erfolgt die *Durchführung* der Berechnungen trotzdem über alle Zwischenschritte *numerisch exakt*, d.h., es wird keine numerisch wirksame Rundung von Zwischenergebnissen durchgeführt.

Die *Darstellung* von (Zwischen-) Ergebnissen erfolgt jedoch zur Erhaltung der Übersichtlichkeit teilweise *verkürzt* und *gerundet*. So werden etwa Zahlen ab einer bestimmten Grössenordnung mit einer fixierten Anzahl von Nachkommastellen[10] von kWh in MWh oder von TDM/MWh in Pf/kWh umge-

[5] Da sich die Betrachtung auf elektrische Energie beschränkt, wird in diesem Kapitel nicht von energiewirtschaftlichen, sondern von elektrizitätswirtschaftlichen Grundlagen gesprochen. Die Übertragung der Ausführungen auf andere nicht lagerbare oder leitungsgebundene Güter (etwa auf Gas, Fernwärme oder Prozeßdampf) ist teilweise möglich.

[6] Darauf aufbauend kehrt Kapitel 4 zur betrieblichen Problematik zurück.

[7] Vgl. Abbildung 3.1.

[8] Vgl. Tabelle 3.10.

[9] Die Eingangsdaten für das abschnittsübergreifende Betriebsmodell dieses Kapitels findet man in den Tabellen 3.1 und 3.3.

[10] Dabei werden Faktoren zur Umrechnung von Zehnerpotenzen nicht explizit mitgeführt. Sie ergeben sich jeweils eindeutig aus den Dimensionen der Daten bzw. der Symbole. Beispielsweise schreiben wir nicht

rechnet. Im ersten Fall treten u.U.[11] darstellungsbedingte *Rundungsfehler* auf. Im zweiten Fall kann ein Zwischenergebnis infolge einer erhöhten Anzahl von Dezimalstellen "plötzlich" *genauer* werden.[12]

3.2. Die Planung der Energieversorgungsunternehmen

Die ökonomischen Besonderheiten einer Planung, die sich mit der Erzeugung, der Verteilung und dem Verkauf elektrischer Energie befaßt, resultieren aus der Nichtlagerbarkeit des Produkts (elektrische Energie), aus der Leitungsgebundenheit seines Transports und aus dem hohen Kapitalbedarf für die Bereitstellung und den Betrieb großtechnischer Produktions- (Kraftwerke) und Verteilungsanlagen (Übertragungsnetze).

Der Bau weit verzweigter und flächendeckender Übertragungsleitungen bedarf einer gesetzlichen Regelung des Eigentums an den benötigten Übertragungswegen. In *Konzessionsverträgen* überlassen die Gebietskörperschaften (Länder, Gemeinden) den EVU exklusiv Ihre Verkehrswege zur Leitungsverlegung.[13] Die EVU grenzen untereinander in *Demarkationsverträgen* Versorgungsgebiete ab, die sie exklusiv mit Strom beliefern.[14]

EVU sind ertragsorientierte, meist als Aktiengesellschaft organisierte Unternehmen. Ihr Betriebszweck wird jedoch als ein gesamtwirtschaftlicher und energiepolitischer Versorgungsauftrag gesetzlich vorgeschrieben. Dabei steht die dreifache Zielsetzung Wirtschaftlichkeit, Umweltfreundlichkeit und Versorgungssicherheit im Mittelpunkt. Vereinfachend dargestellt, verfolgen die EVU diese Zielsetzung wie folgt.

Mit Hinweisen auf volkswirtschaftliche Schäden durch mögliche Versorgungsausfälle wird eine quasi 100-prozentige Versorgungssicherheit gewährleistet. Beim Aufbau der hierfür erforderlichen Kapazitäten sind Umweltschutzmaßnahmen mindestens im Rahmen der gesetzlichen Vorschriften durchzuführen. Diese Vorschriften orientieren sich am aktuellen Stand der Technik. Darüber hinausreichende Umweltschutzmaßnahmen sind selten re-

((2887950,93 DM : 49621,15 MWh)·100 Pf/DM):1000 kWh/MWh = 5,82 Pf/kWh, sondern nur 2888 TDM : 49621 MWh = 5,82 Pf/kWh.

11 ... z.B. wenn gerundet *dargestellte* Zahlen *exakt* addiert werden, und das Ergebnis wiederum gerundet angegeben wird.

12 Dies entspricht der in Tabellenkalkulationsprogrammen üblichen - im Rahmen der Prozessorgenauigkeit - exakten Rechnung bei formatierter Zahlendarstellung. Vgl. z.B. LOTUS [1986], S.4.48.

13 Das EVU zahlt für diese Rechte *Konzessionsabgaben* an die Gemeinden. Vgl. dazu BÜDENBENDER [1982], S.200 ff.

14 Zu Demarkationsverträgen siehe BÜDENBENDER [1982], S.219 ff.

alisierbar. Versorgungssicherheit und Umweltschutz werden daher eher als Restriktionen denn als Zielgrößen betrachtet. Innerhalb dieser Vorgaben erfolgt eine Minimierung der Kosten bzw. eine Gewinnmaximierung.[15]

Eine besondere Bedeutung kommt dabei der Gestaltung des Kraftwerksparks zu, dessen Gesamtkapazität[16] (maximale Netto-Engpaßleistung [MW]) infolge der Nichtlagerbarkeit des Endprodukts zur Deckung der maximalen Absatz*geschwindigkeit* im Planungszeitraum $[T_1,T_2]$ (erwartete maximale elektrische Leistung [MW]) ausreichen muß: Wenn Versorgungsausfälle ausgeschlossen werden, ist zu jedem Zeitpunkt $t \in [T_1,T_2]$ genau diejenige elektrische Leistung $P(t)$ bereitzustellen, die von der Gesamtheit aller Kunden zu diesem Zeitpunkt verlangt wird.

Bezeichnet man die Anzahl der Abnehmer mit K und die Leistungsabnahme eines Kunden mit $P_k(t)$, so ist

(G.3.1) $$P(t) = \sum_{k=1}^{K} P_k(t), \text{ für } t \in [T_1,T_2].$$ [17]

Für die im EVU zu installierende gesamte Kraftwerkskapazität P_{max} gilt

(G.3.2) $$P_{max} \geq \max \{ \sum_{k=1}^{K} P_k(t) \mid t \in [T_1,T_2] \}.$$

Die bis zu einem Zeitpunkt $t \in [T_1,T_2]$ erzeugte elektrische Arbeit $A(t)$ ist

(G.3.3) $$A(t) = \int_{T_1}^{t} P(t)dt.$$

Eine graphische Darstellung eines Lastverlaufs P über die Zeit t bezeichnet man als *Belastungskurve* oder *Lastganglinie* $P(t)$. Die Lastganglinie eines EVU ergibt sich aus der vertikalen (zeitgleichen) Addition der individuellen Belastungskurven $P_k(t)$ aller Abnehmer.

In Abbildung 3.1 ist dies für ein vereinfachtes Beispiel dargestellt. Reale Jahreslastganglinien verlaufen i.d.R. ohne Sprung- und Knickstellen. Für Planungszwecke ist man jedoch auf eine vereinfachte Darstellung mit ei-

[15] Auf Vorschläge zum Einsatz multikriterieller Entscheidungsmodelle in der Planung von EVU wird in Kapitel 1 hingewiesen.

[16] Wie in Kapitel 2 erläutert, entspricht die Kapazität eines Kraftwerks der maximalen Intensität, gemessen in kW.

[17] Die vom EVU erzeugte Nettoleistung (Abgabeleistung der Generatoren abzüglich Kraftwerks-Eigenverbrauch) ist größer als die Summe der Abnahmeleistungen aller Kunden. Die Zusatzleistung dient zur Deckung von Übertragungs- und Umspannverlusten in den Stromnetzen; sie wird der summierten Kundenlast zugeschlagen. Hier wird vereinfachend auf Zuschläge für Netz- und Umspannverluste verzichtet.

ner endlichen Anzahl von Stützpunkten angewiesen. In Abbildung 3.1 wird eine Approximation durch eine Treppenfunktion gewählt.[18]

1	2	3	4	5	6	7	8	9	10	11	12
t	T_t [h]	P_{1t} [MW]	P_{2t} [MW]	P_{3t} [MW]	P_t [MW]	A_{1t} [MWh]	A_{2t} [MWh]	A_{3t} [MWh]	A_t [MWh]	t	P_t [MW]
1	365	210	170	15	395	76650	62050	5475	144175	*4*	*590*
2	365	190	190	50	430	69350	69350	18250	156950	3	520
3	365	170	220	130	520	62050	*80300*	47450	189800	5	460
4	*365*	*160*	*200*	*230*	*590*	*58400*	*73000*	*83950*	*215350*	2	430
5	365	140	230	90	460	51100	83950	32850	167900	24	400
6	365	120	270	**0**	390	43800	98550	**0**	142350	1	395
7	365	130	210	**0**	340	47450	76650	**0**	124100	6	390
8	365	145	180	**0**	325	52925	65700	**0**	118625	23	360
9	365	100	190	20	310	36500	69350	7300	113150	7	340
10	365	60	170	70	300	21900	62050	25550	109500	22	330
11	365	80	150	60	290	29200	54750	21900	105850	8	325
12	365	40	180	65	285	14600	65700	23725	104025	21	315
13	365	50	160	60	270	18250	58400	21900	98550	9	310
14	365	30	150	50	230	10950	54750	18250	83950	20	305
15	365	**20**	**145**	35	**200**	**7300**	**52925**	12775	**73000**	10	300
16	365	40	170	40	250	14600	62050	14600	91250	19	295
17	365	50	150	60	260	18250	54750	21900	94900	11	290
18	365	40	160	80	280	14600	58400	29200	102200	12	285
19	365	70	160	65	295	25550	58400	23725	107675	18	280
20	365	90	150	65	305	32850	54750	23725	111325	13	270
21	365	110	170	35	315	40150	62050	12775	114975	17	260
22	365	120	160	50	330	43800	58400	18250	120450	16	250
23	365	170	150	40	360	62050	54750	14600	131400	14	230
24	365	215	175	10	400	*78475*	63875	3650	146000	**15**	**200**
Σ	8760	–	–	–	–	930750	1554900	481800	2967450	–	–

Tabelle 3.1: Lastganglinie und Belastungsdauerlinie

Das EVU beliefert drei Kunden K_1, K_2 und K_3 mit elektrischer Energie.[19] Die Jahreslastganglinien dieser Abnehmer werden durch äquidistante Intensitätspunkte P_{kt}, $t = 1...24$, $k = 1..3$ in Form von Treppenfunktionen repräsentiert (vgl. die Spalten 3, 4, 5 in Tabelle 3.1). Die zeitgleiche Addition dieser Leistungswerte ergibt die EVU-Belastung P_t (Spalte 6). Die Zeitintervalle haben eine Länge von $T_t = 8760$ h : $24 = 365$ h (Spalte 2). Wird eine elektrische Leistung $\underline{P}$ [MW] über einen Zeitraum T_t [h] erzeugt, so entspricht dies einer elektrischen Arbeit von $A_t(\underline{P}) = \underline{P} \cdot T_t$ [MWh].

18 Eine andere Approximation zeigt Abbildung 3.2.

19 Mit Bezug auf das Kalkulationsproblem in Abschnitt 3.4 ist das Beispiel anschaulicher, wenn man sich drei Kunden*gruppen* vorstellt.

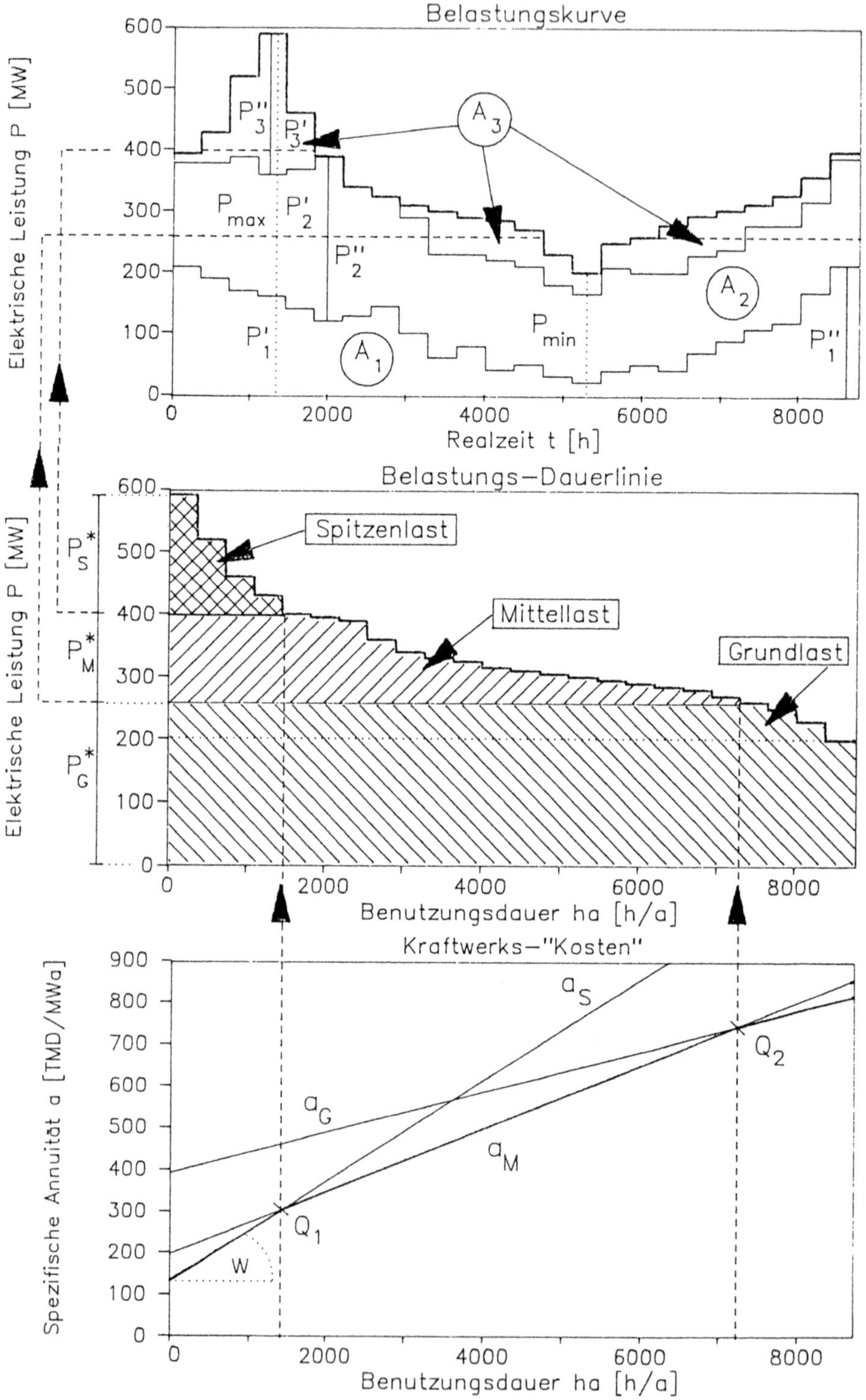

Abbildung 3.1: Abnehmerverhalten und Technologiewahl in einem EVU

In Tabelle 3.1 gilt

(G.3.4)
$$A_{kt} = T_t \cdot P_{kt}, \text{ für } t = 1...T,\ k = 1...K;$$
$$A_t = \sum_{k=1}^{K} A_{kt}, \text{ für } t = 1...T; \quad A_k = \sum_{t=1}^{T} A_{kt}, \text{ für } k = 1...K;$$
$$A = \sum_{k=1}^{K} A_k, = \sum_{t=1}^{T} A_t.$$

Die Summenzeile enthält die von den Kunden bezogene elektrische Jahresarbeit A_k bzw. die vom EVU insgesamt gelieferte Jahresenergie A.

In Abbildung 3.1 ist die Vertikaladdition der drei kundenspezifischen Lastganglinien mit den Daten der Tabelle 3.1 durchgeführt. Die untere Treppenfunktion entspricht der Lastganglinie des Kunden K_1. Die Lastganglinien der Kunden K_2 und K_3 sind darauf aufgesetzt; man bezeichnet sie in dieser Darstellung auch als *Lastbänder*. Der obere, stark ausgezeichnete Linienzug ist die Jahreslastganglinie des EVU.

Die Länge der Strecke P_k'' entspricht der maximalen elektrischen Leistung[20] und die Fläche A_k der gesamten elektrischen Arbeit[21], die ein Kunde k bezieht. P_{min} ist die minimale und P_{max} die maximale Leistung, die das EVU im Planungszeitraum bereitstellen muß. Da P_{max} die Gesamtkapazität der Kraftwerke bestimmt, ist es interessant zu wissen, welche Abnehmer P_{max} *verursachen*. Zu diesem Zweck ist der Lastanteil der Kunden P_k' an der Spitzenlast P_{max} des EVU in Abbildung 3.1 eingezeichnet:[22] Es gilt $P_{max} = P_1'+P_2'+P_3'$. $P_3' = P_3''$ bedeutet, daß die Spitzenlast des Abnehmers K_3 im gleichen Zeitintervall wie die Spitzenlast des EVU anfällt.

Offensichtlich könnte das EVU Kapazitäten einsparen, wenn sich ein Teil der Nachfrage vom ersten Drittel des Planungszeitraums auf spätere Zeitintervalle verschieben ließe. Für eine weitere Untersuchung dieser Frage werden die elektrizitätswirtschaftlichen Kenngrößen in Tabelle 3.2 benötigt. Die meisten Zahlen im oberen Teil dieser Tabelle sind aus Tabelle 3.1 übernommen.[23] Als Last-Schwankungs-Intervall wird die Differenz zwischen maximaler und minimaler Bezugs- bzw. Lieferleistung berechnet. Die aufgeführten Symbole stellen den Zusammenhang zu Abbildung 3.1 her.

20 ... die unterstrichenen Werte in den Spalten 3-5 der Tabelle 3.1.

21 ... die Werte in der Summenzeile der Tabelle. A_1 entspricht dabei dem Flächeninhalt zwischen der Zeitachse und der unteren Treppenkurve. A_2 bzw. A_3 repräsentieren jeweils die Flächen zwischen den oberhalb und unterhalb dieser Einträge verlaufenden Treppenkurven.

22 Vgl. dazu die *kursiv* gedruckte Zeile in Tabelle 3.1.

23 Vgl. die hervorgehobenen Einträge in Tabelle 3.1.

Elektrizitätswirtschaftliche Kenngröße		K_1	K_2	K_3	\EVU
Bezogene\gelieferte Arbeit	A_k \A [MWh/a]	930750	1554900	481800	2967450
Max. Bezugs-\Lieferleistung	P_k''\P_{max} [MW]	215	270	230	590
Min. Bezugs-\Lieferleistung	---\P_{min} [MW]	20	145	0	200
Last-Schwankungs-Intervall	[MW]	195	125	230	390
Last im EVU-Spitzenintervall	P_k'\P_{max} [MW]	160	200	230	590
Benutzungsdauer	ha_k\ha [h/a]	4329	5759	2094	5030
Belastungsfaktor	m_k\m [%]	49,4	65,7	23,9	57,4
Gleichzeitigkeitsfaktor	g_k\g [%]	74,4	74,1	100,0	82,5

Tabelle 3.2: Elektrizitätswirtschaftliche Kenngrößen

Zur Erläuterung der Kenngrößen im unteren Teil der Tabelle 3.2 wird angenommen, daß die insgesamt verfügbare Kraftwerkskapazität des EVU mit der nachgefragten Maximallast P_{max} = 590 MW übereinstimmt. In Abbildung 3.1 erkennt man, daß nur 200 MW dieser Kapazität voll ausgelastet sind, während die restlichen 390 MW zeitweise stillstehen. Die insgesamt erzeugte elektrische Arbeit beträgt 2 967 450 MWh, die über einen Zeitraum von 8760 h/a mit variierender Leistung geliefert werden. Bei voller Ausnutzung der Kapazitäten könnte man diese Jahresarbeit in

$$ha = 2\,967\,450 \text{ MWh/a} : 590 \text{ MW} \approx 5030 \text{ h/a}$$

erzeugen. Diese als (Jahres-) *Benutzungsdauer* ha bezeichnete Kennziffer wird als Maßgröße der Kapazitätsauslastung verwendet. Analog läßt sich eine kundenspezifische Benutzungsdauer ha_k der von den Abnehmern beanspruchten Maximalleistungen P_k'' berechnen:[24]

$$\text{(G.3.5)} \qquad ha = \frac{A}{P_{max}} \quad ; \quad ha_k = \frac{A_k}{P_k''} \quad , \text{ für } k = 1...K.$$

Ein Kunde mit hoher Benutzungsdauer - im Beispiel etwa K_2 - trägt über den ganzen Planungszeitraum zu einer relativ gleichmäßigen Auslastung des EVU bei. In Abbildung 3.1 kommt dies durch die ausgeglichene Breite des Lastbandes von K_2 über den Planungszeitraum zum Ausdruck.

Der Idealfall einer konstanten Leistungsabnahme wird als *Rechteckverbrauch* bezeichnet.[25] Bezieht man die Benutzungsdauer auf die Länge des Planungszeitraums - hier auf 8760 h, so erhält man m bzw. m_k als nor-

[24] Eine Zusammenstellung dieser und weiterer hier nicht genannter Ausnutzungs- und Verfügbarkeitskoeffizienten findet man bei VDEW [1978].

[25] Die Jahresbenutzungsdauer des Rechteckverbrauchers beträgt 8760 h/a.

mierte Maßgrößen der Kapazitätsauslastung; diese Kennziffern heißen in der Elektrizitätswirtschaft *Belastungsfaktoren*.

Bezüglich der vorzuhaltenden Kraftwerkskapazitäten tritt der schlechteste Fall aus Sicht des EVU dann auf, wenn alle individuellen Maximalleistungen P_K'' der Kunden zu *einem* Zeitpunkt auftreten, d.h., falls gilt:

$$P_{max} = \sum_{k=1}^{K} P_K''$$

Die Wahrscheinlichkeit für das Eintreten dieser Situation nimmt mit steigender Kundenzahl ab. Als Maßgröße für diesen Durchmischungseffekt dient eine weitere Kennziffer, der *Gleichzeitigkeitsfaktor* g. Auch hierfür gibt es eine auf den Kunden bezogenen Definition: g_k beziffert denjenigen Anteil der abnehmerspezifischen Maximalleistung P_k'', der zur Entstehung der Lastspitze P_{max} des EVU beiträgt:

$$\text{(G.3.6)} \qquad g = \frac{P_{max}}{\sum_{k=1}^{K} P_K''} \quad ; \quad g_k = \frac{P_k'}{P_k''} \quad , \quad \text{für } k = 1...K.$$

Ein wichtiges Hilfsmittel in der energiewirtschaftlichen Planung ist die *Belastungsdauerlinie*.[26] Sie gibt die gesamte Zeitdauer an, in der eine bestimmte elektrische Leistung P in einem Bezugszeitraum gerade erreicht oder überschritten wird. Man kann diese Laufzeit der Last P als deren maximale Benutzungsdauer interpretieren.[27] Zur Herleitung der Belastungsdauerlinie sind alle Punkte der Belastungskurve absteigend nach

[26] Hier wird nur auf Lastgang- und Belastungsdauerlinien eingegangen. Daneben gibt es weitere elektrizitätswirtschaftliche Kennlinien, wie etwa die *Arbeitssummenlinie* und die *Energieinhaltslinie*, die ebenfalls aus der Lastganglinie abgeleitet werden (vgl. RABENSTEINER [1984], S.27). Zusätzlich sei auf *Belastungsgebirge*, *Energieverbrauchsdiagramme*, *Niveauliniendiagramme* und *normalisierte* Diagramme hingewiesen. Die Interpretationsmöglichkeiten dieser Diagramme sind ebenso vielfältig wie die Verfahren und Algorithmen zu ihrer Bestimmung. Ein Standardwerk zu dieser Thematik ist das Buch von WOLF [1959].

[27] Normiert man den Planungszeitraum auf 1, so läßt sich die Belastungsdauerlinie als Verteilungsfunktion interpretieren. Sie mißt die Wahrscheinlichkeit dafür, daß eine bestimmte Leistung P erreicht oder überschritten wird. Auf diesem Konzept bauen verschiedene Ansätze zur Modellierung des - in Folge des unbekannten Abnehmerverhaltens einerseits und der begrenzten Kraftwerkszuverlässigkeit andererseits - stochastischen Charakters der Stromversorgung auf. Ein Beispiel ist die *CLDC* (*Combined Load Duration Curve*), eine Zerlegung der Dauerlinie in verschiedene Lastkomponenten: Zu einem deterministischen Lastanteil werden verschiedene stochastische Komponenten (Wartung, Störung, Kundenverhalten) addiert. Vgl. VARDI/ZAHAVI/AVI-ITZHAK [1977].

der P-Koordinate zu sortieren. Da Belastungskurven durch endlich viele Stützpunkte repräsentiert werden, ist dies leicht möglich.[28]

Im mittleren Diagramm der Abbildung 3.1 ist die Jahresbelastungsdauerlinie des EVU für das Zahlenbeispiel abgetragen. Zur Herleitung dieser monoton fallenden Funktion sortiert man die Zahlenwerte der Spalte 6 in Tabelle 3.1 absteigend.[29] Spalte 12 zeigt das Ergebnis dieser Sortierung. Die in Spalte 11 mitgeführten Indizes der Zeitintervalle verdeutlichen die vorgenommenen Vertauschungen der Treppenstufen.

Nach dem gleichen Prinzip kann man auch kundenspezifische Belastungsdauerlinien ermitteln.[30] Die Flächen unter der Lastganglinie und der Belastungsdauerlinie entsprechen jeweils der erzeugten bzw. gelieferten elektrischen Jahresarbeit [kWh/a].

Bei einer vorgegebenen Dauerlinie muß das EVU die Kraftwerkskapazitäten nach der erwarteten maximalen Leistungsanforderung P_{max} ausrichten. Im Beispiel sind mindestens 590 MW Kraftwerkskapazität bereitzustellen. Hierzu sollen drei Kraftwerkstechnologien $j \in \{G,M,S\}$ zur Verfügung stehen. Bevor nun die Bestimmung eines optimalen Kraftwerksparks im unteren Diagramm der Abbildung 3.1 durchgeführt wird, sei noch einmal daran erinnert, daß dieses Beispiel lediglich die grundlegende Planungssituation in der Elektrizitätswirtschaft erläutern soll. Auf eine vollständige Darstellung der Prämissen der folgenden Break-Even-Analyse wird verzichtet.[31]

Zur Berechnung des Kapitalwertes C_j eines Kraftwerkstyps j wird angenommen, daß sich die Anschaffungsauszahlungen proportional zur installierten Kraftwerksleistung P_j und die auszahlungswirksamen Stromherstellungskosten proportional zur erzeugten elektrischen Arbeit A_j verhalten.[32]

[28] Die Ermittlung von Lastganglinien erfolgt meist auf Basis 15- oder 30-minütiger Durchschnittsleistungen: Die in diesen Meßintervallen erfaßte elektrische Arbeit wird durch die Intervallänge dividiert.

[29] Bei einer nicht äquidistanten Lastgangapproximation sind die Längen der Zeitintervalle in der Sortierung mitzuführen.

[30] Wegen der i.a. unterschiedlichen Sortierung ist es hier nicht sinnvoll, diese Dauerlinien gemeinsam in ein Diagramm einzuzeichnen.

[31] Hierzu wird auf Standardliteratur der Investitionsrechnung und auf einige spezielle elektrizitätswirtschaftliche Arbeiten verwiesen. Zur Kapitalwert- bzw. zur Annuitätenmethode siehe z.B. SEICHT [1983]. Elektrizitätswirtschaftliche Ansätze findet man bei BERRIE [1983], S.142, SHERALI u.a. [1982] und MURPHY/SEN/SOYSTER [1981]. Auf weiterführende Arbeiten zur Kraftwerksplanung weist Kapitel 5 hin.

[32] Kapitel 2 zeigt, daß diese Linearitätsprämissen eine Vereinfachung darstellen. Ein EVU baut Kraftwerks*blöcke*, d.h., verschiedene Arten und

C_j ergibt sich zu

(G.3.7) $C_j = ko_j \cdot P_j + \sum_{\tau=1}^{n} ka_{j\tau} \cdot A_{j\tau} \cdot (1+i)^{-\tau}$, für $j \in \{G,M,S\}$, wobei

C_j : Kapitalwert der Technologie j [DM];
ko_j : spezifische Anschaffungsauszahlung der Technologie j [DM/MW];
P_j : Kapazität der Technologie j [MW];
$ka_{j\tau}$: variable Stromerzeugungskosten der Technologie j im Jahr τ [DM/MWh];
$A_{j\tau}$: mit der Technologie j im Jahr τ erzeugte elektrische Arbeit [MWh/a];
n : Länge des Planungszeitraums in Jahren;
i : Kalkulationszinsfuß [].

In G.3.7 werden konstante - insbesondere leistungsunabhängige - Stückkosten $ka_{j\tau}$ unterstellt. $A_{j\tau}$ läßt sich daher ersetzen durch:

$$A_{j\tau} = P_j \cdot ha_{j\tau} \text{ , wobei}$$

$ha_{j\tau}$: Benutzungsdauer der Technologie j im Jahr τ [h/a].

Zusätzlich nehmen wir an, daß sowohl die variablen Betriebskosten $ka_{j\tau}$ wie auch der Belastungsverlauf - und damit der optimale Erzeugungsbeitrag $A_{j\tau}$ einer Technologie - unabhängig von τ sind.[33]

Dadurch vereinfacht sich der Ansatz für C_j zu:

$$C_j = ko_j \cdot P_j + ka_j \cdot P_j \cdot ha_j \cdot \sum_{\tau=1}^{n} (1+i)^{-\tau}$$

$$= ko_j \cdot P_j + ka_j \cdot P_j \cdot ha_j \cdot r(i,n) \text{ , für } j \in \{G,M,S\}, \text{ wobei}$$

$r(i,n)$: Rentenbarwertfaktor.[34]

Normiert man C_j auf eine Kapazitätseinheit der Technologie j so erhält man mit $c_j = C_j/P_j$ [DM/MW] den spezifischen Kapitalwert

$$c_j = ko_j + ka_j \cdot ha_j \cdot r(i,n) \text{ , für } j \in \{G,M,S\}$$

und mit $a_j = w(i,n) \cdot c_j$ [DM/(MW·a)] die spezifische Annuität

(G.3.8) $a_j = w(i,n) \cdot ko_j + ka_j \cdot ha_j$, für $j \in \{G,M,S\}$, wobei

$w(i,n) = 1/r(i,n)$: Kapitalwiedergewinnungsfaktor.

Größen der Basistechnologie KW. In einem großen Kraftwerkspark läßt sich die Mehrzahl dieser Blöcke im Bestpunkt betreiben, so daß bzgl. der konstanten Betriebskosten ka_j kein großer Fehler entsteht. Bedenklich ist jedoch die Vernachlässigung der in der Realität geltenden Degression der spezifischen Anschaffungsauszahlungen $ko_j(P_j)$.

33 Mit anderen Worten: Alle Faktorpreise sind konstant, und die Jahresbelastungsdauerlinie repräsentiert die Abnahmeverhältnisse im gesamten Planungszeitraum.

34 Es gilt: $\sum_{t=1}^{n} (1+i)^{-t} = \frac{(1+i)^n - 1}{(1+i)^n \cdot i} = r(i,n)$.

Für feste i und n ergeben sich die spezifischen Annuitäten a_j als lineare Funktionen der Jahresbenutzungsdauer ha_j. Im unteren Teil der Abbildung 3.1 sind diese Funktionen für die Daten aus Tabelle 3.3 abgetragen.

Kraftwerks-"Kosten" \ Technologie j		G	M	S
Spez. Anschaffungsauszahlung ko_j	[TDM/MW]	3000	1500	1000
Variable Erzeugungskosten ka_j	[DM/MWh]	48	75	120
Spez. Kapitaldienst $w(0{,}1;\ 15)\cdot ko_j$	[TDM/(MW·a)]	394	197	131

Tabelle 3.3: Kostenstruktur verschiedener Kraftwerke[35]

Für den exemplarisch eingezeichneten Winkel w gilt: tan(w) = ka_S. Es wird mit einem Kalkulationszinssatz von 10 % und einer wirtschaftlichen Nutzungsdauer von 15 Jahren gerechnet.[36] Die drei Kraftwerksvarianten unterscheiden sich in ihrer Kostenstruktur.[37] Kraftwerkstyp G zeichnet sich durch relativ hohe Investitionskosten aus, während Typ S hohe Arbeitskosten verursacht. Typ M liegt dazwischen. G könnte etwa ein Kernkraftwerk, M ein Kohlekraftwerk und S ein Ölkraftwerk darstellen.

Im unteren Diagramm der Abbildung 3.1 läßt sich die kostenminimale Technologie[38] in Abhängigkeit einer geplanten Benutzungsdauer ha bestimmen.

Die eingezeichneten Geradenschnittpunkte sind

Q_1 = (1461 h/a, 307 TDM/MW·a) und Q_2 = (7304 h/a, 745 TDM/MW·a).

Diese Punkte markieren die kritische Benutzungsdauer (Beschäftigung) einer Technologie, ab der ein Übergang zu einem kapitalintensiveren Kraftwerkstyp rentabel ist. Die Installation einer Kapazitätseinheit (1 MW) der Technologie G ist für $ha_G \in [7304{,}8760]$ optimal. Nach der Belastungsdauerlinie können gerade $P_G^* = 260$ MW mit einer solchen Benutzungsdauer ausgelastet werden. Analog bestimmt man für $ha_M \in [1461{,}7304]$ die Kapazität $P_M^* = 400$ MW - 260 MW = 140 MW und für $ha_S \in [0{,}1461]$ die Kapazität $P_S^* = 590$ MW - 400 MW = 190 MW.

35 Zur Relevanz der Beispieldaten vgl. Abschnitt 3.1. Übersichten zur Kostenstruktur der EVU geben BRINKMANN [1980], S. 89 und BALD [1984].

36 Es gilt $w(i = 0{,}1\ ;\ n = 15) \approx 0{,}1315$.

37 Die Berücksichtigung (kosten-) verschiedener Kraftwerkstypen wird in der Kraftwerksplanung mit dem Begriff *heterogene Technologie* verbunden. Vgl. WENDERS [1976], S.232.

38 *Kostenminimal* bedeutet hier eine minimale Ausgaben-Annuität. Vgl. etwa BLOHM/LÜDER [1988], S.156.

Im mittleren Diagramm der Abbildung 3.1 ist skizziert, wie die optimalen Kraftwerkskapazitäten P_j* - ausgehend von den Punkten Q_1 und Q_2 - mit Hilfe der Belastungsdauerlinie abzulesen sind. Wir übertragen diese Kapazitäten in die erste Zeile der Tabelle 3.5.

Nunmehr sind auch die Kürzel G, M und S der Kraftwerkstechnologien erklärt: Der kapitalintensive Kraftwerkstyp G deckt die über die ganze Periode reichende elektrische *Grundlast*, die Technologie S (*Spitzenlast*-Kraftwerk) wird beim Auftreten kurzzeitiger Lastspitzen zugeschaltet. Dazwischen gibt es *Mittellast*-Kraftwerke M. Die von jedem Kraftwerkstyp erzeugte Jahresarbeit ist identisch mit dem in Abbildung 3.1 entsprechend markierten Flächeninhalt (mittleres Diagramm).

1	2	3	4	5	6	7	8	9	10	11	12
t	P_{Gt} [MW]	P_{Mt}	P_{St}	A_{Gt} [MWh]	A_{Mt} [MWh]	A_{St} [MWh]	Ka_{Gt} [TDM]	Ka_{Mt} [TDM]	Ka_{St} [TDM]	Ka_t [TDM]	ka_t [Pf/kWh]
1	260	135	0	94900	49275	0	4555	3696	0	8251	5,72
2	260	140	30	94900	51100	10950	4555	3833	1314	9702	6,18
3	260	140	120	94900	51100	43800	4555	3833	5256	13644	7,19
4	260	140	190	94900	51100	69350	4555	3833	8322	*16710*	7,76
5	260	140	60	94900	51100	21900	4555	3833	2628	11016	6,56
6	260	130	0	94900	47450	0	4555	3559	0	8114	5,70
7	260	80	0	94900	29200	0	4555	2190	0	6745	5,44
8	260	65	0	94900	23725	0	4555	1779	0	6335	5,34
9	260	50	0	94900	18250	0	4555	1369	0	5924	5,24
10	260	40	0	94900	14600	0	4555	1095	0	5650	5,16
11	260	30	0	94900	10950	0	4555	821	0	5376	5,08
12	260	25	0	94900	9125	0	4555	684	0	5240	5,04
13	260	10	0	94900	3650	0	4555	274	0	4829	4,90
14	230	0	0	83950	0	0	4030	0	0	4030	4,80
15	200	0	0	73000	0	0	3504	0	0	3504	4,80
16	250	0	0	91250	0	0	4380	0	0	4380	4,80
17	260	0	0	94900	0	0	4555	0	0	4555	4,80
18	260	20	0	94900	7300	0	4555	548	0	5103	4,99
19	260	35	0	94900	12775	0	4555	958	0	5513	5,12
20	260	45	0	94900	16425	0	4555	1232	0	5787	5,20
21	260	55	0	94900	20075	0	4555	1506	0	6061	5,27
22	260	70	0	94900	25550	0	4555	1916	0	6471	5,37
23	260	100	0	94900	36500	0	4555	2738	0	7293	5,55
24	260	140	0	94900	51100	0	4555	3833	0	8388	5,75
Σ	-	-	-	2241100	580350	146000	107573	43526	17520	168619	--

Tabelle 3.4: Lastverteilung und variable Stromerzeugungskosten

Mit dieser Planung wird sowohl die Zusammensetzung des Kraftwerksparks (Investitionsplanung) wie auch dessen Fahrweise über den Planungszeitraum (Produktionsplanung) festgelegt. In Abbildung 3.1 ist dies durch die Übertragung der Kraftwerkskapazitäten $P_j{}^*$ von der Belastungsdauerlinie in die Lastganglinie angedeutet. In der Belastungskurve läßt sich somit zu jedem Zeitpunkt der Leistungsbeitrag der drei Technologien ablesen.

Die gleiche Verfahrenswahl erfolgt nach der Grenzkostenregel bei gegebenen Kraftwerkskapazitäten.[39] Da bei der (kurzfristigen) Kraftwerkseinsatzplanung zu jedem Zeitpunkt eine elektrische Leistung (Last) von mehreren Kraftwerken zu decken ist, spricht man in der Elektrizitätswirtschaft von *Lastverteilung* oder *Lastoptimierung*. Die Grenzkostenregel wird als *Zuwachskostenverfahren* bezeichnet.

Für die Lastganglinie in Abbildung 3.1 ergeben sich die Lastbeiträge P_{jt} der drei Technologien in den Spalten 2-4 der Tabelle 3.4 sowohl nach dem Zuwachskostenverfahren[40] wie auch als Konsequenz der obigen Investitionsrechnung.[41] Die übrigen Spalten und die Summenzeile werden nach

$$A_{jt} = T_t \cdot P_{jt}\,;\; A_j = \sum_{t=1}^{T} A_{jt}\,;\; A_t = \sum_j A_{jt}\,;\; A = \sum_j A_j = \sum_{t=1}^{T} A_t\,;\; Ka_{jt} = ka_j \cdot A_{jt}\,;$$

$$\text{(G.3.9)} \quad Ka_j = \sum_{t=1}^{T} Ka_{jt}\,;\; Ka_t = \sum_j Ka_{jt}\,;\; Ka = \sum_j Ka_j = \sum_{t=1}^{T} Ka_t\,;\; ka_t = \frac{Ka_t}{A_t}\,;$$

berechnet. Während Tabelle 3.1 die erzeugte und gelieferte Jahresenergie A zeitlich (Index t) und nach Kunden (Index k) aufspaltet, untergliedert Tabelle 3.4 sowohl A wie auch die variablen Kosten Ka (Arbeitskosten) zeitlich (Index t) und technologisch (Index j).

Insgesamt fallen Arbeitskosten von Ka = 168 619 TDM/a an. Zur Berechnung der jährliche Fixkosten Kl (Leistungskosten) verwenden wir vereinfachend die Annuitäten Kl_j der Anschaffungsauszahlungen K_{0j} [DM/a]:[42]

[39] Die Auslastung von *vorhandenen* Maschinenkapazitäten erfolgt schrittweise nach steigenden Grenzkosten.

[40] Unter realistischen Bedingungen (Anfahr- und Laständerungskosten, Mindestlast etc.) ist dies ein einfaches heuristisches Verfahren der Lastverteilung. Je nach den Annahmen über die Kostenfunktionen der Kraftwerke werden Varianten des Zuwachskostenverfahrens vorgeschlagen, etwa das *Vollast-* oder *Grundlastverfahren*, das *Bestlastverfahren*, das *verhältnisgleiche* Vollast- bzw. Bestlastverfahren und das *Zuwachsverhältnisverfahren*. Diese auf den Einproduktfall (Strom) beschränkten Optimierungsverfahren werden nicht weiter untersucht; vgl. dazu etwa NEUHAUS [1975]. Auf Simultanplanungsverfahren zur Lastverteilung im EVU weist Kapitel 5 hin.

[41] D.h.: Für die Produktionsplanung (Zuwachskostenverfahren) wird angenommen, daß sich die geplante Dauerlinie realisiert, und die in der Investitionsrechnung bestimmten Kapazitäten vorhanden sind.

[42] Dies erlaubt eine einfache Fortführung des Beispiels in Abschnitt 3.4.

(G.3.10) $\quad Ko_j = klo_j \cdot P_j \quad$ und $\quad Kl_j = w(i;n) \cdot Ko_j \quad$, für $j \in \{G,M,S\}$;
$$Kl = \sum_j Kl_j .$$

Die Ermittlung dieser Größen für das Zahlenbeispiel erfolgt in Tabelle 3.5. Dem EVU entstehen demnach jährliche Fixkosten der Stromerzeugung von Kl = 155 139 TDM/a. Die Gesamtkosten der Stromerzeugung ergeben sich zu

(G.3.11) $\quad Ks = \sum_j Ks_j$, wobei $Ks_j = Kl_j + Ka_j$, für $j \in \{G,M,S\}$.

Im Beispiel beträgt Ks 323 758 TDM/a (vgl. Tabelle 3.5).

Kraftwerks-daten	Technologie j G	M	S	EVU (Σ)	Kostenübersicht [TDM/a]	[Pf/kWh]
P_j [MW]	260	140	190	590	Krf: 57544	krf: 1,94
A_j [MWh/a]	2241100	580350	146000	2967450	+ Krv: 118698	+ krv: 4,00
ha_j [h/a]	8620	4145	768	(5030)		
					= Kr : 176242	= kr : 5,94
Ko_j [TDM]	780000	210000	190000	1180000		
					Kr : 176242	kr : 5,94
Kl_j [TDM/a]	102550	27609	24980	155139-->	+ Kl : 155139	+ *kl* : 5,23
Ka_j [TDM/a]	107573	43526	17520	168619-->	+ Ka : 168619	+ ka : 5,68
Ks_j [TDM/a]	210122	71136	42500	323758	= K : 500000	= k : 16,85
K = Kf+Kv, mit Kf = Krf+Kl = 212683 TDM/a, Kv = Ka+Krv = 287317 TDM/a;						

Tabelle 3.5: Kraftwerkspark und Kostenstruktur eines EVU[43]

Zusätzlich zu den Stromerzeugungskosten entstehen Kosten für den Transport und die Verteilung der elektrischen Energie, für Verwaltung u.v.a. Wir fassen diese Kosten in einem Restkostenblock Kr = 176 242 TDM/a zusammen. Damit erhält man die jährlichen Gesamtkosten K des EVU nach

(G.3.12) $\quad K = Ks + Kr$, wobei $Ks = Kl + Ka$ und $Kr = Krf + Krv$.

Abschnitt 3.4 benötigt eine Auflösung von K in einen fixen (Kf) und einen variablen Bestandteil (Kv). Offensichtlich zählen Kl zu den fixen und Ka zu den variablen Kosten. Darüber hinaus nehmen wir an, daß sich Kr in einen fixen (Krf)[44] und in einen variablen Block (Krv)[45] auflösen läßt:

[43] Der auf die elektrische Arbeit bezogene Kostensatz *kl* [DM/kWh] ist *kursiv* dargestellt, um eine Verwechslung mit den Leistungskostensätzen kl [DM/(kW·a)] in Abschnitt 3.4 zu vermeiden.

[44] Krf enthält z.B. die Personalkosten und die fixen Verteilungskosten (Netzkosten). Vgl. die Hinweise zur Spannungsstufen-Divisionskalkulation in Abschnitt 3.4.

(G.3.13) $K = Kf + Kv$, wobei $Kf = Kl + Krf$ und $Kv = Ka + Krv$.

Tabelle 3.5 faßt diese vereinfachte Kostengliederung zusammen. Die Gesamtkosten K bilden die Kalkulationsgrundlage des EVU: Im Beispiel müssen K = 500 000 TDM/a aus den Verkaufserlösen von A = 2 967 450 MWh/a elektrischer Energie an drei Kunden (-gruppen) mindestens gedeckt werden.

In der letzten Spalte der Tabelle 3.5 wird ein Vollkostensatz für elektrische Energie von k = K:A = 16,85 Pf/kWh ermittelt, der sich aus kr = K:A = 5,94 Pf/kWh, *kl* = Kl:A = 5,23 Pf/kWh und ka = Ka:A = 5,68 Pf/KWh zusammensetzt. Im Hinblick auf die Absatz- und Erlösplanung des EVU ist k eine (langfristige) Strompreisuntergrenze.[46] Abschnitt 3.4 geht auf die besondere Bedeutung der elektrizitätswirtschaftlichen Strompreiskalkulation näher ein. Zuvor sind noch zwei Hinweise zu Abbildung 3.1 nachzutragen.

Der erste Punkt betrifft die Approximation von Lastganglinien durch Treppenfunktionen. Meist werden Lastganglinien nicht treppenförmig, sondern durch eine lineare Verbindung endlich vieler Meßpunkte (Stützpunkte) dargestellt, d.h., durch eine stückweise Linearisierung. In dieser Form werden sie auch empirisch ermittelt. Eine Treppenfunktion ergibt sich daraus am einfachsten über die Mittelwerte aller benachbarten Meßpunkte. So liegen etwa die in Abbildung 3.2 angegebenen Lastganglinien den Treppenfunktionen in Abbildung 3.1 zugrunde. Zusätzlich zur Darstellungsart wird die Reihenfolge der Vertikaladdition (K_2 vor K_1) geändert.

Um die Meßpunkte in Abbildung 3.2 von den Mittelwerten in Abbildung 3.1 zu unterscheiden, sind alle Symbole in Abbildung 3.2 *kursiv* geschrieben. Die linearisierte Darstellung kommt dem realen Verlauf einer Lastganglinie näher. Eine daraus abzuleitende Dauerlinie hat den charakteristischen s-förmigen Verlauf. Zur Formulierung linearer Entscheidungsmodelle werden jedoch Treppenfunktionen benötigt.[47]

Ein Vergleich der Abbildungen 3.1 und 3.2 macht eine mögliche Fehlerquelle von Treppenfunktionen deutlich. Nach Abbildung 3.2 muß im realen Lastverlauf eine momentane Lastspitze von P_{max} = 600 MW existieren, die durch die Mittelwertbildung in Abbildung 3.1 (P_{max} = 590 MW) "untergeht". Die Kraftwerkskapazität P_{max} reicht nicht aus.

[45] Hierzu zählen etwa variable Transport- und Umspannkosten oder die Ausgleichsabgabe. Auf eine detaillierte, EVU-spezifische Kostenartengliederung wird nicht eingegangen. Vgl. dazu VDEW [1987], S.30 ff.

[46] Vgl. KILGER [1980], S.279 ff.

[47] Vgl. dazu die nachfolgenden Kapitel.

Um dies zu vermeiden, kann man das erste Zeitintervall kleiner wählen und dort auf die Mittelwertbildung verzichten. In Simultan-Planungsmodellen wird unter Beibehaltung der ermittelten Treppe zusätzlich die als *spontaneous peak* bekannte Kapazitätsrestriktion[48]

$$\sum_j P_j \geq P_{max} \qquad \text{(G.3.14)}$$

eingeführt. Bei einer Berücksichtigung dieser Restriktion werden im Beispiel nicht 190 MW, sondern 200 MW Spitzenlastkapazität P_S installiert. Um die Kontinuität des Beispiels zu erhalten, gehen wir weiterhin von einer Lastspitze von 590 MW aus.

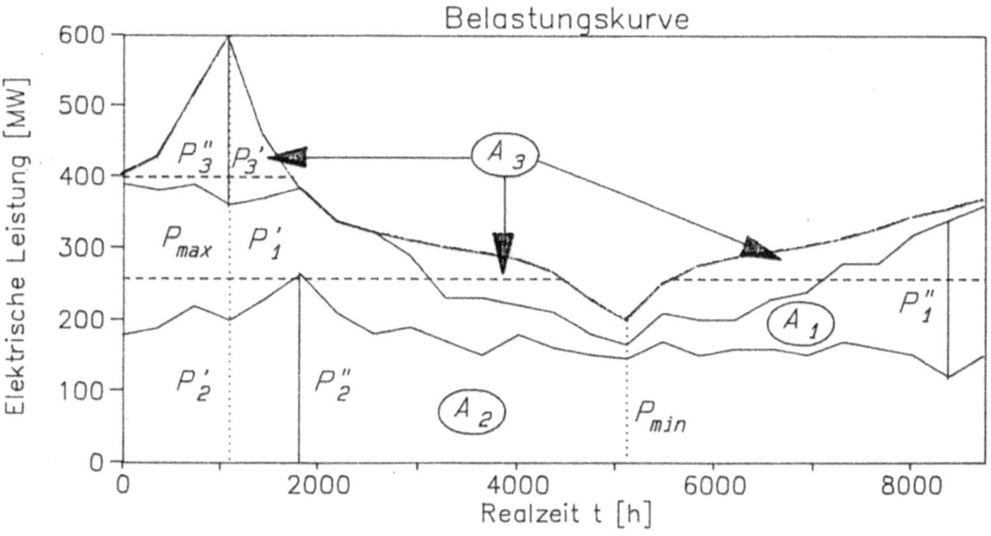

Abbildung 3.2: Linearisierte Lastganglinien

Im Unterschied zu Abbildung 3.1 sind in Abbildung 3.2 die Lastbänder der Abnehmer nach ihrer Benutzungsdauer h_{AK} aus Tabelle 3.2 sortiert. Ein Vergleich mit den Ergebnissen der Lastverteilung legt den Schluß nahe,[49] daß Grundlastabnehmer (hohe Benutzungsdauer) Grundlastkraftwerke nutzen und Spitzenlastabnehmner (niedrige Benutzungsdauer) Spitzenlastkraftwerke.

48 Diese Restriktion ist auch von besonderer Bedeutung bei der Bestimmung optimaler Strompreise mit Hilfe der Dualitätstheorie. Siehe dazu OYAMA [1987] und die weiteren Hinweise in Abschnitt 3.3.

49 Vgl. die durch gestrichelte Horizontalen begrenzten Teilflächen in Abbildung 3.1 mit den Lastbändern der Kunden in Abbildung 3.2.

Andererseits tragen jedoch alle Kunden wesentlich zur Lastspitze des EVU bei.[50] Derartige Überlegungen implizieren verschiedene Verfahren zur Aufteilung der Stromerzeugungskosten auf die Abnehmer. Diese Problematik steht im Mittelpunkt der folgenden beiden Abschnitte.

3.3. Grundformen der Preisdifferenzierung

Die besonderen Schwierigkeiten der Strompreisbildung ergeben sich aus der Monopolstellung der EVU einerseits und aus den technischen Eigenschaften elektrischer Energie andererseits. Da sich auf einem monopolisierten Markt kein Wettbewerbspreis bildet, ist eine Diskussion um die *Festlegung* von Preisen überhaupt erst erforderlich. Die technischen Eigenschaften und die Kostenstruktur der Übertragungsnetze und der Kraftwerke erfordern darüber hinaus eine Segmentierung des Absatzmarktes. Beide Punkte sollen kurz erläutert werden.

Infolge der Konzessions- und Demarkationsverträge[51] gibt es für jeden Stromabnehmer genau einen *zuständigen* Stromlieferanten an einem bestimmten Standort.[52] Innerhalb eines EVU-Versorgungsgebietes wird Strom an eine Vielzahl von Abnehmern geliefert. Gemessen an der *Anzahl der Marktteilnehmer* ist ein EVU ein regionaler Angebotsmonopolist. Ein rein monopolistisches *Verhalten* wird durch staatliche Regelungen verhindert.[53]

Aufgrund gesetzlicher Vorschriften sind weder die Absatzmenge noch der Absatzpreis[54] der elektrischen Energie frei wählbar: Die EVU unterliegen einer allgemeinen Versorgungspflicht (Kontrahierungszwang), einer staatlichen Preisaufsicht und einer kartellrechtlichen Mißbrauchsaufsicht.[55] Der

50 Vgl. die Werte der P_k' in Tabelle 3.2.

51 Vgl. Abschnitt 3.2.

52 Dies entspricht einer *Marktzutrittsbeschränkung* für weitere Anbieter.

53 Durch die privatwirtschaftliche Betriebsform einerseits und diese und weitere staatliche Vorschriften andererseits bewegt sich die Absatzpolitik der EVU "... im Spannungsfeld von Gewinnstreben und öffentlichen Leistungsansprüchen" (HAUSCHILDT [1964]). Zur Absatzpolitik der EVU vgl. auch PUTZKE [1983], SOLLING [1981], RAFFEE/FRITZ [1980] und WITT [1983]. Zur Beurteilung des Monopolverhaltens der EVU siehe BRACHMANN [1975].

54 Dies sind gerade die mikroökonomischen Verhaltenskriterien eines Angebotsmonopolisten. Vgl. z.B. WOLL [1988], S.195.

55 Zur gesetzlichen Überwachung der Strompreise siehe BÜDENBENDER [1982], S. 137 (Genehmigungsvorbehalt für Preiserhöhungen im Tarifbereich), S.148 (Preisstopverordnung und Preisänderungsklauseln für Sonderabnehmer), S.244 (Mißbrauchsaufsicht nach dem Maßstab der

Vollzug dieser Kontrollen orientiert sich am Gebot der Vollkostendeckung, der sog. *Eigenwirtschaftlichkeitsregel*. Nach dieser - in der Volkswirtschaftslehre für die Preissetzung staatlich regulierter Angebotsmonopole allgemein anerkannten - Regel sind Strompreise aus den Vollkosten als Selbstkostenpreise oder kostendeckende Preise abzuleiten.[56]

In einem Einproduktbetrieb erscheint die Ermittlung eines kostendeckenden Preises zunächst einfach. Mit einer Divisionskalkulation auf Vollkostenbasis ergibt sich der in Tabelle 3.5 ausgewiesene Kostensatz

$$(G.3.15) \qquad k = \frac{K}{A} = \frac{500\ 000\ \text{TDM}}{2\ 967\ 450\ \text{MWh}} \approx 16{,}85\ \frac{\text{Pf}}{\text{kWh}} .$$

Ein aus k abgeleiteter, durchschnittlicher Strompreis q ist die einfachste Variante eines *linearen Tarifs*.[57] Das EVU erzielt mit diesem Preis einen Jahresgewinn G aus dem Verkauf der elektrischen Energie A von

$$G = E - K \text{ , wobei}$$

$$(G.3.16) \qquad E = q \cdot A = \sum_{k=1}^{K} q \cdot A_k = \sum_{k=1}^{K} E_k \quad ; \quad q = k \cdot (1+g') \quad \text{und}$$

G : Jahresgewinn des EVU [DM/a];
E : Gesamterlös aus dem Verkauf elektrischer Energie [DM/a];
E_k : Erlös aus dem Stromverkauf an den Kunden k;
g' : Gewinnzuschlag [].

Bei einem Gewinnzuschlag von g' = 20,11 % erhält man z.B.[58] einen Strompreis q = 20,24 Pf/kWh und die in Zeile 19 der Tabelle 3.10 ausgewiesenen Erlöse E_k. Die Addition dieser Erlöse führt zu einem Gesamterlös des EVU von 600 561 TDM/a. Der Jahresgewinn beträgt im Zahlenbeispiel

$$G = E - K = 600\ 561\ \text{TDM/a} - 500\ 000\ \text{TDM/a} = 100\ 561\ \text{TDM/a}.$$

Die Verwendung *eines* einheitlichen Strompreises q nimmt keine Rücksicht auf die speziellen technischen Bedingungen der Stromversorgung: Aus Sicht eines Abnehmers besteht kein Anreiz zur Auslastung der EVU-Kapazitäten bzw. zur Vermeidung hoher Spitzenlasten beim EVU. Dies kann mit *differenzierten* Strompreisen erreicht werden.

Wettbewerbsanalogie) und S.296 (Diskriminierungsverbot). Eine ökonomisch bedingte Preisobergrenze bilden die Kosten einer Strom-Eigenerzeugung, auf die ein Abnehmer theoretisch ausweichen kann.

56 Dabei wird ein Gewinnzuschlag einkalkuliert. Zur volkswirtschaftlichen Bedeutung der Eigenwirtschaftlichkeitsregel vgl. FINSINGER [1980].

57 "Ein Tarif ist ein Schema, nach dem bestimmte Lieferungen, Leistungen, Abgaben und dgl. berechnet werden." (MROSS [1952], S.53).

58 Vgl. Anmerkung 100 in diesem Abschnitt.

Die Festlegung differenzierter Preissysteme wird in den Wirtschaftswissenschaften sowohl als ein wirtschaftspolitisches wie auch als ein kostenrechnerisches Problem diskutiert. In der Wirtschaftspolitik sucht man gesamtwirtschaftlich optimale (wohlfahrtsoptimale) Preise. Dieses Thema wird mit Hilfe mikroökonomischer Modelle in der Theorie des *Peak-Load-Pricing* behandelt. Das kostenrechnerische Problem betrifft die bereits angedeutete Aufteilung der Stromerzeugungskosten auf die Kunden eines EVU, die kundengruppenspezifische *Selbstkostenpreiskalkulation.*[59]

Sowohl das zur Volkswirtschaftslehre zählende Peak-Load-Pricing als auch das betriebswirtschaftliche Problem der Selbstkostenpreiskalkulation sind komplexe Fragestellungen, die sich im Rahmen dieser Arbeit nicht detailliert abhandeln lassen. Die Ansätze und die Ergebnisse zu diesen Fragen bestimmen jedoch wesentlich die Absatzpolitik der EVU und damit auch deren Verhalten gegenüber einem Industriebetrieb. In dessen wettbewerbsorientierter Planung kommen wohlfahrtstheoretische Analysen und Preiskalkulationen nicht lagerbarer Güter nur selten oder gar nicht vor. Die Strompreisregelungen und deren Begründungen durch die EVU sind daher für einen industriellen Stromabnehmer oft nur schwer verständlich.

Die EVU in der Bundesrepublik Deutschland betrachten die Strompreisbildung vorwiegend als ein betriebswirtschaftliches Kalkulationsproblem.[60] In diesem Bereich findet ein einzelner Kunde die näherliegenden und die konkreteren Anknüpfungspunkte. Darüber hinaus werden Varianten oder Teile der elektrizitätswirtschaftlichen Kalkulation auch in der betrieblichen Energieversorgung eingesetzt.[61] Wir behandeln daher das Kalkulationsproblem in Abschnitt 3.4 etwas genauer und beschränken uns in diesem Abschnitt auf die Herleitung der hierfür erforderlichen Grundlagen sowie auf einige Hinweise zu Ergebnissen des Peak-Load-Pricing, die eher gesamtwirtschaftliche und energiepolitische Zusammenhänge erschließen.

59 In der Elektrizitätswirtschaft werden die Kunden (-gruppen) als letzte Kostenträger angesehen. Eine Diskussion der Bedeutung und der Anwendung des Verursachungsprinzips in der elektrizitätswirtschaftlichen Kostenrechnung findet man bei MERGENTHALER [1984], S.40-45.

60 Dementsprechend stammen die meisten Beiträge zur Theorie und Anwendung des Peak-Load-Pricing in der Elektrizitätswirtschaft aus Frankreich, Großbritannien und den USA, während verschiedene Verfahren der Strompreiskalkulation verstärkt in der Bundesrepublik Deutschland diskutiert werden. Vgl. dazu die Literaturhinweise in den weiteren Anmerkungen dieses und des nachfolgenden Abschnitts.

61 Dies gilt insbesondere für die nachfolgend besprochenen Verfahren zur Aufteilung - im Betrieb zur Verrechnung - von Stromerzeugungskosten.

Die Mikroökonomie leitet Preisdifferenzierungen oder Preisdiskriminierungen aus dem Gewinnstreben eines Unternehmens ab, das zusätzlich zu einem Angebotsmonopol eine Marktsegmentierung durchsetzen kann.[62] Dabei werden verschiedene *Grundformen der Preisdifferenzierung* unterschieden, auf deren kombinierte Anwendung sich die meisten der in der Elektrizitätswirtschaft auftretenden Strompreissysteme zurückführen lassen. Zu diesen Grundformen zählen die *persönliche, zeitliche, sachliche und räumliche* Preisdifferenzierung.[63]

Die in der Bundesrepublik Deutschland für industrielle Abnehmer geltenden Stromtarife[64] verzichten auf keine dieser Differenzierungsmöglichkeiten. Im einzelnen geht Abschnitt 4.5 auf die konkreten Strompreisregelungen ein. An dieser Stelle übertragen wir die genannten Grundformen der Preisdifferenzierung zunächst auf die Erlösfunktion G.3.16.

Eine *persönliche* Preisdifferenzierung liegt vor, wenn ein EVU verschiedene Kunden oder Kundengruppen zu unterschiedlichen Preisen mit elektrischer Energie beliefert. In diesem Fall wird aus G.3.16

(G.3.17) $$E = \sum_{k=1}^{K} q_k \cdot A_k, \text{ wobei } q_k \neq q_{k'}, \text{ für } k \neq k' \text{ und}$$

q_k : von Kunde k verlangter Strompreis [DM/kWh].

Bei der Festlegung der für eine Preisdifferenzierung geeigneten *Kundengruppen* greifen die EVU auf statistische Analysen der eigenen und der Lastganglinien der Abnehmer zurück, deren *gemeinsame* (zeitgleiche) Nachfrage die Höhe und die Struktur der Kosten *verursacht*.[65] Als wichtigste Kenndaten der Lastganglinien gehen das Maximum (die Spitzenlast) und der Flächeninhalt (die elektrische Arbeit) in die Verfahren zur Preis-

62 Eine Marktsegmentierung erlaubt die Abschöpfung der Konsumentenrente über den Gewinn des Cournotpunkts hinaus. Sie ist nur möglich, wenn die Nachfrager untereinander nicht handeln können (vgl. etwa WOLL [1988], S.199). In der Elektrizitätswirtschaft ist dies der Fall: Ein Stromhandel der Abnehmer ist infolge der Monopolisierung der Übertragungswege ausgeschlossen.

63 Diese Einteilung schlägt z.B. WOLL [1988], S.201 vor.

64 Eine Einführung zur stromwirtschaftlichen Tarifgestaltung gibt MROSS [1952]; vgl. auch ALBACH [1966], BERRIE [1983], S.177-206 und FINSINGER [1979]. Eines der kompliziertesten Strompreissysteme gibt es in Frankreich; vgl. dazu etwa LESCOEUR/GALLAND [1987].

65 Vgl. Abbildung 3.1.

ermittlung ein.[66] Ergänzend treten die Benutzungsdauer und Unterteilungen[67] des Planungs- bzw. des Abrechnungszeitraums[68] hinzu.

Als Kundengruppen werden *Tarifabnehmer* und *Sonderabnehmer* unterschieden. Tarifabnehmer (Tarifkunde) ist jeder Stromabnehmer im Versorgungsgebiet eines EVU, der nach den allgemeinen Versorgungsbedingungen und zu allgemeinen Tarifpreisen mit Strom beliefert wird bzw. der aufgrund der allgemeinen Versorgungspflicht zu diesen Bedingungen beliefert werden muß.[69] Zur Gruppe der Sonderabnehmer zählen Industriebetriebe und weiterverteilende EVU. Für deren Belieferung gelten spezielle Regelungen, die in Kapitel 4 näher besprochen werden.

Bei einer *zeitlichen* Preisdifferenzierung verlangt das EVU in der erwarteten Spitzenlastzeit H höhere Strompreise als im übrigen Abrechnungszeitraum N. Die Erlöse untergliedern sich nach

(G.3.18) $$E = qa_H \cdot A_H + qa_N \cdot A_N = \sum_{k=1}^{K} (qa_H \cdot A_{Hk} + qa_N \cdot A_{Nk}), \text{ wobei}$$

$$qa_H > qa_N; \quad A_H = \sum_{k=1}^{K} qa_H \cdot A_{Hk}; \quad A_N = \sum_{k=1}^{K} qa_N \cdot A_{Nk}; \quad A_k = A_{Hk} + A_{Nk} \text{ und}$$

qa_H : Strompreis im Zeitraum H [DM/kWh];
qa_N : Strompreis im Zeitraum N [DM/kWh];
A_H : im Zeitraum H bereitgestellte und gelieferte Energie [kWh/a];
A_N : im Zeitraum N bereitgestellte und gelieferte Energie [kWh/a];
A_{Hk} : im Zeitraum H an den Kunden k gelieferte Energie [kWh/a];
A_{Nk} : im Zeitraum N an den Kunden k gelieferte Energie [kWh/a].

Diese Regelung schafft einen Anreiz für die Abnehmer, ihren Strombezug aus der Spitzenlastzeit H des EVU (Peak-Period) in eine Schwachlastzeit N (Off-Peak-Period) zu verlagern. Um eine verfeinerte Steuerung zu erreichen, können auch mehr als zwei Zeiträume mit unterschiedlichen Strompreisen (Tarifzeiten) definiert werden.

Die gebräuchlichste Form einer *sachlichen* Preisdifferenzierung ist der *zweiteilige Tarif*.[70] Nach diesem Tarif hat jeder Kunde einen mengenunab-

66 Abschnitt 3.4 stellt einige dieser Verfahren vor.

67 Tag und Nacht, Werktag und Feiertag, Sommer und Winter.

68 Unter Verzicht auf eine entsprechende Kennzeichnung wird vorausgesetzt, daß jegliche Art von Kosten- und Preis*planung* auf der Basis zukünftig erwarteter Daten, also mit *Plandaten* erfolgt, während konkrete Stromabrechnungen mit *Istdaten* durchgeführt werden.

69 Zur exakten Abgrenzung von Tarif- und Sonderkunden siehe BÜDENBENDER [1982], S.320 ff und DEPARADE [1977], S.40-41.

70 Zum Prinzip zweiteiliger Tarife vgl. SPREMANN/KLINKHAMMER [1985].

hängigen *Grundpreis* und zusätzlich einen *Stückpreis* zu bezahlen. In der Elektrizitätswirtschaft werden auf diese Weise die Kosten der Kapazitätsbereitstellung (*Leistungskosten* oder Fixkosten des EVU) und die Erzeugungskosten (*Arbeitskosten* oder variable Kosten) getrennt in Rechnung gestellt. Dies führt zu folgender Erlösfunktion:

$$(G.3.19) \quad E = ql \cdot P + qa \cdot A = \sum_{k=1}^{K} (ql \cdot P_k + qa \cdot A_k), \text{ wobei}$$

ql : Preis für die Nutzung einer Kapazitätseinheit [DM/(kW·a)];
P_k : von Kunde k beanspruchte Kapazität [kW];
qa : Preis für die abgesetzte elektrische Energie [DM/kWh];

Dabei werden ql als *Leistungspreis* und qa als *Arbeitspreis* bezeichnet. Als Kalkulationsgrundlagen verwendet das EVU die fixen Kosten (Leistungskosten) zur Bestimmung von ql und die variablen Kosten (Arbeitskosten) zur Ermittlung von qa. Für einen Kunden k besteht bei einem gegebenen Energiebedarf A_k ein Anreiz zur Minimierung seines Leistungsbedarfs P_k.

Zur Definition von P_k gibt es mehrere Vorschläge. Nach den Vorüberlegungen in Abschnitt 3.2 bieten sich zunächst die zeitgleichen Spitzenlastanteile P_k' oder die kundenspezifischen Höchstlasten P_k'' an. Im ersten Fall werden die P_k' in einem vorab bekanntgegebenen Spitzenlast-Zeitintervall gemessen. Außerhalb dieses Meßintervalls sind die Abnehmer in ihrem Lastverhalten frei. Im zweiten Fall werden die Lastverläufe der Kunden über den ganzen Abrechnungszeitraum gemessen, um die Höchstlasten P_k'' zu ermitteln. Dadurch ist jeder Kunde zu einer möglichst kontinuierlichen Stromabnahme angehalten.[71]

Die *räumlichen* Strompreisunterschiede resultierten primär nicht aus der Absatzpolitik eines EVU. Sie ergeben sich vielmehr aus der heterogen Betriebsstruktur der Verbundwirtschaft[72] und aus den regional[73] und nati-

[71] Vgl. die Ausführungen zur Höchstlasttarifierung in Abschnitt 3.4.

[72] Unter *Verbundbetrieb* versteht man die vertikale (Belieferung nachgeordneter Verteiler-EVU durch ein Erzeuger-EVU) und horizontale (wechselseitiger Leistungsaustausch von EVU) Zusammenarbeit der EVU auf nationaler und europäischer Ebene. Der Leistungsaustausch erfolgt primär über das Hochspannungsnetz. In der Bundesrepublik Deutschland reicht das Spektrum der Strom produzierenden und verteilenden Versorgungsbetriebe von den 7 in der Deutschen Verbundgesellschaft (DVG) zusammengeschlossenen Groß-EVU, über mittlere und kleine Regionalbetriebe bis hin zu den einzelnen Stadtwerken. Vgl. BRINKMANN [1980], S.5-8 und ERNST [1974], S.37.

[73] ... z.B. Kohleverstromung in Bundesländern mit Steinkohlebergbau.

onal[74] unterschiedlichen energiepolitischen Konzepten. Infolge der Gebietsabgrenzungen werden vorwiegend die Standortentscheidungen eines Industriebetriebs von regional unterschiedlichen Energiekosten beeinflußt. Die Fragen der industriellen Standortplanung können hier ebenso wie die überbetrieblichen Koordinationsprobleme der EVU nicht behandelt werden. Wir gehen daher auf räumliche Strompreisunterschiede nicht ein.

Die übrigen drei Grundformen der Preisdifferenzierung werden in Tabelle 3.6 zu einem Tarifsystem kombiniert, dessen Grundaufbau den meisten der in der Bundesrepublik Deutschland angebotenen Preisregelungen für industrielle Stromabnehmer entspricht. Dieses Tarifsystem wird in Abschnitt 3.4 näher besprochen. Die Argumentation erfolgt dabei im Rahmen der betrieblichen Planung eines EVU, d.h. aus einzelwirtschaftlicher Sicht.-

Der Ansatz des Peak-Load-Pricing verfolgt dagegen keine einzelwirtschaftliche, sondern eine auf beide Marktseiten bezogene Optimierung. Die Abnehmerinteressen gehen in das Kalkül ein. Die allgemeine, zunächst nicht speziell auf die Elektrizitätswirtschaft bezogene Fragestellung des Peak-Load-Pricing lautet wie folgt: Ausgehend von der Notwendigkeit einer staatlichen Regulierung monopolisierter Märkte[75] wird ein wohlfahrtsoptimales, differenziertes Preissystem für öffentliche Unternehmen gesucht, die eine zeitlich schwankende Nachfrage nicht lagerbarer Güter bedienen.[76]

Offensichtlich gehören EVU zu diesem Unternehmenstyp. Die gesamtwirtschaftliche Wohlfahrt im Markt für Elektrizität wird mit Hilfe von Nutzenfunktionen quantifiziert, z.B. als Summe der EVU- (Producer Surplus) und der Abnehmergewinne (Consumer Surplus). Im Vordergrund der Untersuchung steht die Lenkungsfunktion der Preise,[77] d.h. die Suche nach einer Preisgestaltung, welche zu einer gesamtwirtschaftlich optimalen Elektrizitätsversorgung - bestehend aus einem optimalen Abnehmerverhalten und einem optimalen Kapazitätsausbau - führt.

Das Ergebnis des klassischen Ansatzes zum Peak-Load-Pricing ordnet die Fixkosten der Stromerzeugung - genauer die Grenzkosten des Kapazitätsausbaus (marginal Capacity Costs) - allein denjenigen Abnehmern zu, die zum Zeitpunkt der EVU-Spitzenlast Strom beziehen (Peak-Price), während

[74] ... z.B. Kohlevorrangpolitik in der Bundesrepublik Deutschland und konzentrierter Bau von Kernkraftwerken im benachbarten Frankreich.

[75] Vgl. FINSINGER [1980].

[76] Vgl. JOSKOW [1976], S.197.

[77] Vgl. dazu ANDERSON [1981], CREW/KLEINDORFER [1979], NELSON [1964], WALDMANN [1981].

die variablen Kosten (marginal Costs = Off-Peak-Price) gleichmäßig auf alle Abnehmer verteilt werden.[78] Preissysteme dieser Art führen zu erheblichen Belastungsunterschieden von Abnehmern, deren Lastganglinien sich nur unwesentlich - etwa nur zum Spitzenlastzeitpunkt - unterscheiden.

Durch die Aufhebung verschiedener Prämissen erhält man Erweiterungen des klassischen Ansatzes,[79] die zu weniger krassen Preisdifferenzen führen. Diese Erweiterungen umfassen die Einbeziehung einer heterogenen Technologie[80] und von Speichermöglichkeiten[81], das Shifting-Peak-Problem[82] und die Berücksichtigung von stochastischen Dauerlinien oder Kraftwerksleistungen.[83] Interessant sind auch Ansätze auf der Basis linearer Programme, die mit Hilfe der Dualitätstheorie optimale Strompreise herleiten. Diese Arbeiten gehen von betriebswirtschaftlichen Modellen zur simultanen Produktions- und Investitionsplanung (Kraftwerkausbauplanung) aus. Zusätzlich zur Kostenminimierung des EVU werden gesamtwirtschaftliche Kosten in die Modelle aufgenommen, z.B. in Form von Ausfallkosten.[84]

Im Ergebnis führen diese Ansätze und die o.g. Erweiterungen einerseits zu Steigerungen der Fixkostenanteile (z.B. durch Kosten zur Bereithaltung

[78] Da der klassische Ansatz von einer homogenen Technologie ausgeht (konstante Kapazitäts-Grenzkosten), entspricht dieses Ergebnis dem Spitzenlastanteilverfahren (SLV) bei nur einem Kraftwerkstyp, für das in Abschnitt 3.4 ein Beispiel gerechnet wird.

[79] Einen Überblick über verschiedene Ansätze des Peak-Load-Pricing in der Elektrizitätswirtschaft gibt JOSKOW [1976].

[80] Zur Berücksichtigung von Kraftwerkstypen mit unterschiedlicher Kostenstruktur siehe SCHERER [1976], SHERALI/SOYSTER [1983] und WENDERS [1976].

[81] Vgl. NGUYEN [1976].

[82] Die Verteuerung des Spitzenlaststroms durch die Preissetzung nach dem klassischen Ansatz wird zu einem Ausweichen der Abnehmer führen, d.h., zu einer zeitlichen Verschiebung und zu einer Absenkung der Spitzenlast; letzteres ist gerade die angestrebte Allokationswirkung. Zur Berücksichtigung dieser Problematik der zeitlichen Verschiebung der Spitzenlast vgl. die bei JOSKOW [1976], S. 198 angegebene Literatur.

[83] Stochastische Ansätze findet man bei CHAO [1983] und bei CREW/KLEINDORFER [1976].

[84] Eine anschauliche Darstellung der Zusammenhänge zwischen Dualitätstheorie und Peak-Load-Pricing geben SHERALI u.a. [1982]. Eine aktuelle Übersicht über erweiterte elektrizitätswirtschaftliche LP-Ansätze und ein umfassendes Modell findet man bei OYAMA [1987]. In diesem Modell werden u.a. auch Emissionsrestriktionen berücksichtigt.

von Reservekapazitäten) und andererseits zu deren teilweisen Verlagerung auf die Off-Peak-User (z.B. zur Reduzierung des Shifting-Peak-Problems).

Diese kurzen Hinweise zu den Ergebnissen des Peak-Load-Pricing zeigen bereits, daß ein Strompreissystem unter einer gesamtwirtschaftlichen Zielsetzung mindestens *sachlich* (Leistungs- und Arbeitspreis) und *zeitlich* (Stark- und Schwachlastzeit) zu differenzieren ist. Abschnitt 3.4 behandelt das kalkulatorische Problem einer differenzierten Strompreisbildung.

3.4. Die Strompreiskalkulation in der Elektrizitätswirtschaft

Die Bedeutung der Selbstkostenpreiskalkulation im EVU[85] ergibt sich aus der Notwendigkeit einer externen Überwachung der wirtschaftlichen Betriebsführung von - politisch gewollten - Angebotsmonopolen.[86] Im voranstehenden Abschnitt wird auf die Eigenwirtschaftlichkeitsregel bereits hingewiesen. Zur Durchführung einer Selbstkostenpreiskalkulation gibt es umfangreiche Vorschriften, auf die hier nicht eingegangen wird.[87] Es werden lediglich die kalkulatorische Grundproblematik und einige speziell in der Elektrizitätswirtschaft entwickelten Verrechnungsmethoden erläutert. Darüber hinaus soll deutlich werden, wie die Kostenbelastung der Stromabnehmer von den im EVU gewählten Kalkulationsverfahren abhängt.

Man kann die elektrizitätswirtschaftliche Kalkulation als eine Vollkostenplankalkulation zur Berechnung kundenspezifischer Selbstkostenerstattungspreise bezeichnen.[88] Der Zweck einer Kalkulation ist zunächst nicht eine Preisermittlung, sondern die Bestimmung von Herstellungs- oder Selbstkosten.[89] Diese ergeben sich durch eine möglichst verursachungsgerechte Verrechnung der betrieblichen *Kostenarten* auf die *Kostenträger*.

Die wichtigsten *Kostenarten* in der Elektrizitätswirtschaft sind die *Verteilungs-* und die *Erzeugungskosten* der elektrischen Energie. Daneben gibt

85 Allgemeine Merkmale der elektrizitätswirtschaftlichen Kostenrechnung erläutert KERN [1980]. Einführungen in das Problem der Strompreiskalkulation geben HAUSNER [1981] und STUMPF/HOLLENWEGER [1980].

86 ... bzw. aus der Nichtexistenz eines Marktpreises in dieser Marktform.

87 Es handelt sich dabei um verschiedene Verordnungen des Bundesministers für Wirtschaft, wie etwa die Leitsätze für die Preisermittlung auf Grund von Selbstkosten (LSP). Vgl. dazu die bei KILGER [1980], S.301 angegebene Literatur.

88 Vgl. die Typisierung bei KILGER [1980], S.298-307.

89 Selbstkosten markieren langfristige Preisuntergrenzen; zur Bestimmung gewinnmaximaler oder wohlfahrtsoptimaler Preise sind sie ungeeignet.

es *kundenabhängige* (z.B. Netzanschlußkosten, Meßkosten), *umsatzabhängige* (z.B. Konzessions- und Ausgleichsabgabe) und *sonstige Kosten* (z.B. für Vertrieb und Verwaltung).[90] Die größtenteils fixen Verteilungskosten werden absteigend nach Spannungsebenen verrechnet. Hierzu ordnet man die Kosten eines Stromnetzes anteilig denjenigen Kunden zu, die *über* dieses Netz bzw. *aus* diesem Netz beliefert werden.

Anteilig bezieht sich dabei auf den Anteil eines Kunden an der Spitzenlast in dem betrachteten Teilnetz.[91] Ein industrieller Abnehmer im Mittelspannungsnetz belastet z.B. dieses Netz und das Hochspannungsnetz, nicht aber das Niederspannungsnetz. Diese an dem Stromfluß orientierte *Spannungsstufen-Divisionskalkulation* ist einfach durchzuführen und wird allgemein akzeptiert; sie wird hier nicht weiter erläutert.[92]

Wesentlich umstrittener ist die Aufteilung der Erzeugungskosten, die in diesem Abschnitt etwas näher untersucht wird. Um die Auswirkungen unterschiedlicher Verrechnungsmethoden eines EVU auf die Strombezugskosten der Abnehmer aufzuzeigen, genügt es, eine vereinfachte Kalkulation zur Ermittlung differenzierter Absatzpreise durchzuführen und dabei die Verrechnung *einer* Kostenart exemplarisch zu variieren. Wir wählen hierzu die Kostenart der fixen Erzeugungskosten (Kl), deren - speziell in der Elektrizitätswirtschaft entwickelten - Verrechnungsverfahren das Kernstück einer energiewirtschaftlichen Kalkulation bilden.

Die Kosten des Zahlenbeispiels sind in einer für die Erläuterung dieser Verfahren gerade ausreichenden Strukturierung ausgewiesen: Die Erzeugungskosten Ks werden technologisch und zeitlich gegliedert, während alle sonstigen Kosten in Kr zusammengefaßt sind (vgl. die Tabellen 3.4 und 3.5). Eine Auflösung in einen fixen und einen variablen Anteil wird für beide Kostenblöcke angegeben. Die fixen Erzeugungskosten werden durch die Kapazitäten der verschiedenen Kraftwerke bestimmt. Ihre Entstehung ist nicht nur durch die erwartete Lastspitze P_{max} allein, sondern

90 Zur Gliederung der Kostenarten im EVU siehe VDEW [1987], S.31-32.

91 Bei einer vorgegebenen Übertragungsdistanz werden die Netzkosten primär durch die erwartete maximale Netzbelastung bestimmt.

92 Ähnlich wie im nachfolgend beschriebenen Spitzenlastanteilverfahren geht das Verfahren von den Maxima der Lastganglinien aus, hier jedoch nicht von den Lastganglinien der Kraftwerke, sondern von denjenigen der Teilnetze. Die Spitzenlasten der Teilnetze treten i.d.R. nicht zeitgleich auf! Die *zeitgleichen* Spitzenlasten der direkt und indirekt über *ein* Netz belieferten Kunden bilden daher einen geeigneten Verteilungsschlüssel für die Kosten dieses Netzes. Zur Spannungsstufen-Divisionskalkulation siehe MERGENTHALER [1984], S.82-87.

durch den gesamten prognostizierten Last*verlauf* bedingt.[93] Die variablen Erzeugungskosten hängen vom zeitlichen Verlauf der Beschäftigung ab.[94]

In der Produktionstheorie ist elektrische Energie ein Schulbeispiel für ein homogenes Gut[95]: Kraftwerke sind Einproduktbetriebe. Insofern gibt es keine materiellen Produktmerkmale zur Bildung mehrerer *Kostenträger*. Die bisherigen Überlegungen zeigen jedoch, daß ein nach der Eigenwirtschaftlichkeitsregel aus den *Selbstkosten* abzuleitender *Wert* der elektrischen Energie u.a. zeitlich zu differenzieren ist. Im Zahlenbeispiel fallen etwa im Spitzenlastzeitintervall des EVU höhere variable Erzeugungskosten ka_t an, als im restlichen Planungszeitraum (vgl. Spalte 12 in Tabelle 3.4).[96]

Mit Bezug auf derartige wertmäßig (kostenmäßig) begründeten Qualitätsunterschiede des physikalisch homogenen Guts elektrische Energie versteht sich ein EVU als ein Mehrproduktunternehmen.[97] Als Stromproduktarten (Kostenträger) werden schrittweise die Kraftwerkstypen (Grundlast-, Mittellast- und Spitzenlaststrom) bzw. deren Betriebszeiten (Tag- und Nachtstrom), die Übertragungsnetze (Hoch-, Mittel- und Niederspannungsstrom) und schließlich die Kundengruppen (Strom an Tarifabnehmer, Strom an Sonderabnehmer) herangezogen.

Die Zuordnung eines Abnehmers zu einer Kundengruppe wird bei dieser Vorgehensweise durch die Spannungsstufe des Stromnetzes festgelegt, an das er angeschlossen ist. Wie oben begründet, werden die Verteilungskosten hier nicht näher betrachtet. Bei der Aufteilung der Erzeugungskosten gehen wir von den drei bereits bekannten Kunden (-gruppen) aus, deren Bildung sich im Rahmen einer Preiskalkulation mit dem unterschiedlichen Lastverhalten dieser Abnehmer begründen läßt (vgl. Abbildung 3.1).

[93] So würden etwa die jährlichen Fixkosten im Zahlenbeispiel aus Abschnitt 3.2 bei *gleichbleibender Lastspitze* steigen, wenn durch eine erhöhte Nachfrage außerhalb des Spitzenlast-Zeitintervalls höhere Grund- oder Mittellastkapazitäten rentabel werden. Die *zeitpunkt*bezogene Lastspitze bestimmt zwar die gesamte Kraftwerks*kapazität*. Deren Zusammensetzung (*Kosten*) hängt jedoch bei einer heterogenen Technologie von der Beschäftigung (Lastverlauf) im gesamten Planungs*zeitraum* ab.

[94] Vgl. die ka_t in Tabelle 3.4.

[95] ... ein beliebig teilbares Wirtschaftsgut konstanter Qualität.

[96] Die verfahrenswahlabhängigen Grenzselbstkosten (relevante Kosten 2. Grades) sind hier ebenso wie die Produktions- und Absatzmengen nicht zeitlich disponierbar. Vgl. dazu KILGER [1973], S.70 und Abschnitt 4.6.

[97] Zur Definition von Kostenträgern in der Elektrizitätswirtschaft siehe MERGENTHALER [1984], S.54-58 und VDEW [1987], S.67-68..

Nachfolgend werden nun die wichtigsten Verfahren zur Aufteilung der fixen Kraftwerkskosten Kl [DM/a] erläutert und mit den Beispieldaten aus Abschnitt 3.2 gerechnet. Die in der Literatur übliche, isolierte Darstellung dieser Verfahren wird ergänzt durch eine Aufteilung der Arbeitskosten Ka und der Restkosten Kr.

Wie in Abschnitt 3.1 erläutert, läßt sich mit dieser Erweiterung eine Übersicht über eine elektrizitätswirtschaftliche Gesamtplanung geben, die beim Kraftwerksbau des EVU beginnt und mit der Stromrechnung der Kunden endet: *Alle* in Tabelle 3.5 geplanten Kosten werden auf die Kunden verrechnet. Darüber hinaus werden einige kalkulatorische Probleme deutlich, die auch im Industriebetrieb auftreten.[98]

Hierzu kombinieren wir eine praxisnahe Mischform[99] der in Abschnitt 3.3 vorgestellten Grundformen der Preisdifferenzierung mit den verschiedenen Verfahren zur Aufteilung der fixen Erzeugungskosten auf Kundengruppen nach den Angaben in Tabelle 3.6. Zur Ermittlung dieses sachlich, zeitlich und nach Abnehmern differenzierten Strompreissystems wird angenommen, daß die in Tabelle 3.5 ausgewiesenen Kraftwerke installiert sind und die übrigen Beispieldaten auch für die Preisplanung relevant bleiben.

Für jeden Kunden werden zwei Arbeitspreise qa_{HK} und qa_{NK} und vier alternative Leistungspreise ql_k^y, für $y \in$ {SLV,HLV,BDV1,BDV2} ermittelt. *Alternativ* bedeutet *nicht*, daß das EVU diese Leistungspreise den Kunden zur Auswahl anbietet. Das Problem der optimalen Auswahl eines Stromtarifs aus Sicht eines Abnehmers wird in Kapitel 4 behandelt. Vielmehr wird untersucht, welche Strompreise sich ergeben, wenn das Tarifsystem in Tabelle 3.6. mit unterschiedlichen Kalkulationsverfahren y aus den Gesamtkosten des EVU entwickelt wird. Die Abnehmer haben keine Wahlmöglichkeit.

Tabelle 3.6 definiert den Erlös E_k^y, den das EVU von einem Kunden k erzielt, falls es die *vorgegebene* Lastganglinie dieses Kunden mit einem nach dem Kalkulationsverfahren y ermittelten Strompreissystem abrechnet. Es wird nicht untersucht, ob und gegebenenfalls wie sich das Abnehmerverhalten infolge einer Variation der Preiskonditionen ändert.

[98] So stehen etwa betriebliche Energieversorgungszentralen vor ähnlichen Dispositionsproblemen bei der Stromversorgung der Fertigungsbereiche, wie EVU bei der Belieferung ihrer Abnehmer: "Das Problem der Fixkosten wird oft so gelöst, wie es auch die öffentlichen Energieversorgungsunternehmen machen." (GÄLWEILER [1981], S.467).

[99] Die kundenspezifische Erlösfunktion des EVU in Tabelle 3.6 bildet das Grundgerüst der aus konkreten Sonderabnehmerverträgen abgeleiteten Kostenfunktion eines industriellen Sonderabnehmers in Tabelle 4.16. Vgl. auch G.4.4.

$$E_k^y = \underbrace{ql_k^y \cdot P_k''}_{El_k^y} + \underbrace{\underbrace{qa_{Hk} \cdot A_{Hk}}_{Ea_{Hk}} + \underbrace{qa_{Nk} \cdot A_{Nk}}_{Ea_{Nk}}}_{Ea_k}, \quad \text{für } k = 1...K \text{ und für } y \in \{SLV, HLV, BDV1, BDV2\}, \text{ wobei:}$$

$$ql_k^y = kl_k^y + klr; \quad qa_{Hk} = (ka_{Hk} + krv) \cdot (1+g); \quad qa_{Nk} = (ka_{Nk} + krv) \cdot (1+g);$$

$$kl_k^y = \frac{Kl_k^y}{P_k''}; \quad Krf_k = klr \cdot P_k''; \quad klr = \frac{Krf}{\sum_{k=1}^{K} P_k''}; \quad ka_{Hk} = \frac{Ka_{Hk}}{A_{Hk}};$$

$$ka_{Nk} = \frac{Ka_{Nk}}{A_{Nk}}; \quad A_{Hk} = A_k - A_{Nk}; \quad Ka_{Hk} = Ka_k - Ka_{Nk}; \quad Ka_{Nk} = \sum_{t=10}^{19} ka_t \cdot A_{kt};$$

$$Ka_k = \sum_{t=1}^{24} ka_t \cdot A_{kt}; \quad A_{Nk} = \sum_{t=10}^{19} A_{kt}; \quad Krv_k = krv \cdot A_k; \quad krv = \frac{Krv}{A}; \quad A_k = \sum_{t=1}^{24} A_{kt};$$

E_k^y : Erlös aus dem Stromverkauf an Kunde k bei Verfahren y [DM/a];
ql_k^y: Leistungspreis von Kunde k bei Verfahren y [DM/(kW·a)];
qa_{Hk}: Arbeitspreis des Kunden k im Zeitraum H [DM/kWh];
qa_{Nk}: Arbeitspreis des Kunden k im Zeitraum N [DM/kWh];
P_k'' : Jahreshöchstleistung des Kunden k nach Tabelle 3.2 [kW];
A_{Hk} : an den Kunden k im Zeitraum H gelieferte Arbeit [kWh/a];
A_{Nk} : an den Kunden k im Zeitraum N gelieferte Arbeit [kWh/a];

kl_k^y: fixe Erzeugungskosten des Kunden k nach Verfahren y [DM/(kW·a)];
klr : sonstige fixe Kosten [DM/(kW·a)];
Kl_k^y: fixe Erzeugungskosten des Kunden k nach Verfahren y [DM/a];
ka_{Hk}: variable Erzeugungskosten des Kunden k im Zeitraum H [DM/kWh];
ka_{Nk}: variable Erzeugungskosten des Kunden k im Zeitraum N [DM/kWh];
krv : sonstige variable Kosten [DM/kWh];
g : Deckungsbeitragszuschlag[100] [] (g = 0,35);

Krf_k: sonstige, auf den Kunden k verrechnete Fixkosten [DM/a];
Krf : sonstige Fixkosten [DM/a];
Ka_{Hk}: variable Erzeugungskosten des Kunden k im Zeitraum H [DM/a];
Ka_{Nk}: variable Erzeugungskosten des Kunden k im Zeitraum N [DM/a];
ka_t : var. Erzeugungsdurchschnittskosten im Zeitintervall t [DM/kWh];
A_{kt} : an den Kunden k im Zeitintervall t gelieferte Arbeit [kWh];
Ka_k : variable Erzeugungskosten des Kunden k [DM/a] ($Ka_k = Ka_{Hk} + Ka_{Nk}$);
A_k : an den Kunden k gelieferte Jahresarbeit [kWh/a] ($A_k = A_{Hk} + A_{Nk}$);
Krv_k: sonstige, auf den Kunden k verrechnete variable Kosten [DM/a];
Krv : sonstige variable Kosten [DM/a];

Tabelle 3.6: Kalkulation einer differenzierten Strompreisregelung

[100] Im Gegensatz zu einem Gewinnzuschlag g' – der hier auch auf q_k^y anzuwenden wäre – wird mit einem Deckungsbeitragszuschlag g kalkuliert. In G.3.16 ist g' gerade so gewählt, daß für die Planbeschäftigung des Beispiels in beiden Fällen der gleiche Jahresgewinn des EVU entsteht (vgl. die Zeilen 14-17 mit Zeile 19 in Tabelle 3.10). Vgl. dazu auch KILGER [1980], S.285-286.

Tabelle 3.6 ist von unten nach oben zu lesen. Ausgehend von den Daten im unteren Tabellenblock erhält man E_k^y durch schrittweises Einsetzen dieser Daten - ebenfalls von unten nach oben - in die Formeln, die in den oberen beiden Tabellenteilen notiert sind. Die Variation des Verfahrens zur Verrechnung der fixen Erzeugungskosten Kl erfolgt über die Fixkostenanteile Kl_k^y nach den Definitionen in Tabelle 3.7.

Nach Tabelle 3.5 sind dabei insgesamt Kl = 155 139 TDM/a fixe Erzeugungskosten auf K = 3 Kunden (-gruppen) zu verteilen:

(G.3.20) $$Kl = \sum_{k=1}^{K} Kl_k^y \quad , \text{ für } y \in \{SLV, HLV, BDV1, BDV2\}.$$

Der Index y repräsentiert die Verfahren zur Aufteilung der fixen Erzeugungskosten. Tabelle 3.7 enthält die allgemeine Formulierung dieser Verfahren. Die Ergebnisse der Beispielrechnung werden in den Zeilen 5 - 12 der Tabelle 3.9 zusammengefaßt. Die Berechnung der prozentualen Belastung α_k^y der Kunden in den Zeilen 9-12 dieser Tabelle erleichtert einen Verfahrensvergleich. Es gilt:

(G.3.21) $$\alpha_k^y = \frac{Kl_k^y}{Kl} \cdot 100 \quad , \text{ für } k = 1...K \text{ und } y \in \{SLV, HLV, BDV1, BDV2\}.$$

Das *Spitzenlastanteilverfahren* (y = SLV)[101] verteilt die Fixkosten nach den **zeitgleichen** Lastanteilen P_k' der Abnehmer an der Spitzenlast P_{max} des EVU. Die Werte der P_k' sind in Zeile 2 der Tabelle 3.9 noch einmal abgetragen. Nach Tabelle 3.7 erhält man

$$kl^{SLV} = \frac{Kl}{P_{max}} = \frac{155\ 139 \text{ TDM/a}}{590 \text{ MW}} \approx 262{,}95 \text{ DM/(kW}\cdot\text{a)}$$

und die Fixkostenanteile in den Zeilen 5 (absolute Angaben) und 9 (prozentuale Angaben) der Tabelle 3.9.

Das *Höchstlastverfahren* (y = HLV)[102] verteilt die Leistungskosten nach den **zeitungleichen** Höchstlasten der Kunden P_k'' (Zeile 3 der Tabelle 3.9):

$$kl^{HLV} = \frac{Kl}{\sum_{k=1}^{K} P_k''} = \frac{155\ 139 \text{ TDM/a}}{715 \text{ MW}} \approx 216{,}98 \text{ DM/(kW}\cdot\text{a)}.$$

Die Notation der Verfahrensbeschreibung und der Ergebnisse in den Tabellen 3.7 und 3.9 erfolgt analog zum Spitzenlastanteilverfahren.

101 Vgl. VEIGEL [1962], S.33 und VDEW [1987], S.72 f.

102 Vgl. VEIGEL [1962], S.34 und VDEW [1987], S.74 ff.

Das *Benutzungsdauerverfahren* (y = BDVx)[103] betrachtet nicht bestimmte Zeit*punkte* der Leistungsabgabe, sondern verteilt die Leistungskosten gleichmäßig über den Zeit*raum* der Kapazitätsnutzung, d.h., über die Benutzungsdauern ha_j (vgl. Tabelle 3.5) der Kraftwerke im Planungszeitraum. Die Fixkostenbelastung eines Abnehmers richtet sich nach seiner zeitlichen Kraftwerksnutzung. Im Mittelpunkt des Verfahrens steht die Berechnung der sog. *Zeitabschnittskosten* Kl_t^{BDV}. Hierzu gibt es zwei Varianten.

Spitzenlastanteilverfahren (y = SLV)	Benutzungsdauerverfahren mit einheitlichen Leistungskosten (y = BDV1)
$Kl_k^{SLV} = kl^{SLV} \cdot P_k', \; k = 1...K;$ $kl^{SLV} = \frac{Kl}{P_{max}};$	$Kl_k^{BDV1} = \sum_{t=1}^{T} Kl_t^{BDV1} \cdot \frac{A_{kt}}{A_t}, \; k = 1...K;$ $Kl_t^{BDV1} = \sum_j \frac{kl^{SlV} \cdot P_j}{ha_j} \cdot ha_{jt}, \; t = 1...T;$
Höchstlastverfahren (y = HLV)	**Benutzungsdauerverfahren mit differenzierten Leistungskosten (y = BDV2)**
$Kl_k^{HLV} = kl^{HLV} \cdot P_k'', \; k = 1...K;$ $kl^{HLV} = \frac{Kl}{\sum_{k=1}^{K} P_k''};$	$Kl_k^{BDV2} = \sum_{t=1}^{T} Kl_t^{BDV2} \cdot \frac{A_{kt}}{A_t}, \; k = 1...K;$ $Kl_t^{BDV2} = \sum_j \frac{Kl_j}{ha_j} \cdot ha_{jt}, \; t = 1...T;$

Tabelle 3.7: Verteilung der fixen Erzeugungskosten auf Kundengruppen

In der ursprünglichen Form des Benutzungsdauerverfahrens (y = BDV1) erfolgt keine Differenzierung der Fixkosten nach Technologien. Jede Betriebsstunde eines Kraftwerkstyps j wird mit dem durchschnittlichen Fixkostenstundensatz [DM/h]

$$\frac{kl^{SlV} \cdot P_j}{ha_j}, \quad \text{für } j \in \{G,M,S\}$$

belastet.[104] Multipliziert man diese Stundensätze mit den Betriebszeiten ha_{jt} der Technologien j im Zeitabschnitt t und summiert anschließend über j, so erhält man die verrechneten Fixkosten dieses Zeitabschnitts oder die *Zeitabschnittskosten* Kl_t^{BDV1}. Zur Berechnung der kundenspezifischen Fixkostenbelastung Kl_k^{BDV1} werden diese Kosten in jedem Zeitabschnitt nach dem Verhältnis der Kapazitätsnutzung A_{kt}/A_t auf die Abnehmer verteilt und schließlich über die Zeitabschnitte addiert.

[103] Vgl. VDEW [1987], S.79 ff.

[104] Vgl. die Definition von Kl_t^{BDV1} in Tabelle 3.7.

Die zweite Variante des Benutzungsdauerverfahrens (y = BDV2) verwendet bei der Berechnung der Zeitabschnittskosten Kl_t^{BDV2} nicht einen durchschnittlichen Kostensatz, sondern die kraftwerksspezifischen Fixkostenstundensätze [DM/h]

$$\frac{Kl_j}{ha_j}, \text{ für } j \in \{G,M,S\}.$$ [105]

Diese Vorgehensweise berücksichtigt die unterschiedliche Kostenstruktur der Kraftwerke bei einer - an der Kraftwerksnutzung gemessenen - zeitlichen Verteilung der Leistungskosten.

Verfahren ——>				y = BDV1				y = BDV2			
t	ha_{Gt} [h]	ha_{Mt} [h]	ha_{St} [h]	Kl_t^y [TDM]	Kl_{1t}^y [TDM]	Kl_{2t}^y [TDM]	Kl_{3t}^y [TDM]	Kl_t^y [TDM]	Kl_{1t}^y [TDM]	Kl_{2t}^y [TDM]	Kl_{3t}^y [TDM]
1	365	352	0	6021	3201	2591	229	6687	3555	2878	254
2	365	365	58	9883	4367	4367	1149	8647	3821	3821	1005
3	365	365	231	21124	6906	8937	5281	14268	4664	6036	3567
4	365	365	365	*29867*	8100	10125	11643	*18639*	5055	6318	7266
5	365	365	115	13630	4148	6815	2667	10521	3202	5260	2058
6	365	339	0	5905	1817	4088	0	6600	2031	4569	0
7	365	209	0	4747	1815	2932	0	5732	2192	3540	0
8	365	169	0	4400	1963	2437	0	5471	2441	3030	0
9	365	130	0	4053	1307	2484	261	5211	1681	3194	336
10	365	104	0	3821	764	2165	892	5037	1007	2854	1175
11	365	78	0	3590	990	1857	743	4863	1342	2516	1006
12	365	65	0	3474	488	2194	792	4777	670	3017	1089
13	365	26	0	3127	579	1853	695	4516	836	2676	1004
14	323	0	0	2561	334	1670	557	3841	501	2505	835
15	281	0	0	2227	223	1615	390	3340	334	2422	585
16	351	0	0	2784	445	1893	445	4175	668	2839	668
17	365	0	0	2895	557	1670	668	4342	835	2505	1002
18	365	52	0	3358	480	1919	959	4690	670	2680	1340
19	365	91	0	3705	879	2010	816	4950	1175	2685	1091
20	365	117	0	3937	1162	1936	839	5124	1512	2520	1092
21	365	143	0	4168	1456	2250	463	5298	1850	2859	589
22	365	183	0	4516	1642	2189	684	5558	2021	2695	842
23	365	261	0	5210	2460	2171	579	6079	2871	2533	675
24	365	365	0	6136	3298	2685	153	6774	3641	2963	169
Σ	8620	4145	768	155139	49381	74852	30906	155139	48574	78916	27649
1	2	3	4	5	6	7	8	9	10	11	12

Tabelle 3.8: Durchführung des Benutzungsdauerverfahrens

105 Vgl. Tabelle 3.5.

In Tabelle 3.8 werden die beiden Varianten des Benutzungsdauerverfahrens mit den Beispieldaten durchgerechnet. Die Spalten 2-4 dieser Tabelle enthalten die Benutzungsdauern

(G.3.22) $$ha_{jt} = \frac{A_{jt}}{P_j}, \text{ für } j \in \{G,M,S\} \text{ und } t = 1...T$$

der einzelnen Kraftwerke als Ergebnis der Lastverteilung in Tabelle 3.4.

Die Zeitabschnittskosten Kl_t^y (Spalte 5 bzw. 9) und deren Verteilung auf die Abnehmer (die Spalten 6-8 bzw. 10-12) ergeben sich daraus nach den Definitionen in Tabelle 3.7. Die zur Berechnung erforderliche Aufteilung der Stromabgabe (A_t) auf die Kunden (A_{kt}) findet man in den Spalten 7-10 der Tabelle 3.1.

Ein Vergleich[106] der Zeitabschnittskosten in den Spalten 5 und 9 zeigt, daß die zweite Variante eine gleichmäßigere Verteilung der Leistungskosten über den Planungszeitraum vornimmt. Dies führt zu einer stärkeren Belastung von Kunden mit einer stetigen Stromabnahme (K_2) bzw. zu einer Entlastung von Abnehmern mit einem schwankenden Lastverlauf (K_3). Die Ergebnisse in der Summenzeile der Spalten 6-12 bestätigen dies.

Die Hervorhebungen in den Zeilen 5-12 der Tabelle 3.9 erleichtern einen Vergleich der vorgestellten Verfahren. So wird etwa Kunde K_1 bei der Anwendung des Benutzungsdauerverfahrens (Variante 1) mit den *höchsten* (49 381 TDM/a bzw. 31,83 %) und bei der Anwendung des Spitzenlastanteilverfahrens mit den **geringsten** (42 072 TDM/a bzw. 27,12 %) Erzeugungsfixkosten belastet.

Für keines der Verfahren läßt sich beweisen, daß es eine *verursachungsgerechte* Verteilung der Kraftwerksleistungskosten auf die Abnehmer vornimmt. Das Problem einer solchen Kostenzuordnung liegt darin begründet, daß man nicht angeben kann, welcher Abnehmer zu einem bestimmten Zeitpunkt eine bestimmte Technologie nutzt: Alle laufenden Kraftwerke speisen gleichzeitig nicht weiter unterscheidbaren Strom in ein gemeinsames Übertragungsnetz ein. Im Beispiel wird dies durch die Vertauschung der Kunden K_1 und K_2 in den Abbildungen 3.1 und 3.2 deutlich.

Ein jüngerer Vorschlag zur Lösung dieses Problems ist die *Energiequalitätenkalkulation.*[107] Dieses Verfahren zerlegt sowohl die Dauerlinie des EVU

[106] Die Spalten*maxima* und - **minima** sind jeweils markiert.

[107] Vgl. zu diesem Verfahren MERGENTHALER [1984], S.149-206.

wie auch die Dauerlinien der Abnehmer horizontal[108] und vertikal[109] in Rechtecke, die Energiequalitäten. Innerhalb einer Energiequalität (z.B. Grundlaststrom im Zeitintervall t) wird das Rechteck des EVU von unten nach oben mit den qualitätsgleichen Teilflächen der Kunden aufgefüllt - und zwar in der Reihenfolge der kundenspezifischen Benutzungsdauern dieser Energiequalitäten.

Ein Abnehmer mit einer hohen Jahresbenutzungsdauer ("Grundlastabnehmer") wird bei diesem Verfahren z.B. nicht generell aus Grundlastkraftwerken versorgt,[110] sondern nur so weit, wie es dem tatsächlichen Grundlastanteil seiner Nachfrage in dieser Teilperiode entspricht. Eine detaillierte Darstellung der Energiequalitätenkalkulation wird hier nicht gegeben.[111] Auf weitere, in der Literatur vorgestellte Verfahrensvarianten[112] kann ebenfalls nicht eingegangen werden.

Ein Vergleich der hier beschriebenen Verrechnungsverfahren mit den in Abschnitt 3.3 genannten Ergebnissen des Peak-Load-Pricing zeigt den Zusammenhang beider Ansätze auf. Das Kostenverteilungsprinzip des Spitzenlastanteilverfahrens entspricht der Grenzkostentarifierung (Spitzenlastpreisbildung) des klassischen Peak-Load-Pricing-Ansatzes. Das Höchstlast- und das Benutzungsdauerverfahren führen schrittweise zu einer zunehmenden Fixkostenbelastung auch derjenigen Abnehmer, die zur Spitzenlast des EVU nicht oder nur geringfügig beitragen (Höchstlasttarifierung bzw. von der Benutzungsdauer abhängige Preisdifferenzierung). Es liegt deshalb nahe, die Ergebnisse eines Verrechnungsverfahrens als Kalkulationsgrundlage eines Strompreissystems zu verwenden, dessen Differenzierung dem Prinzip der Kostenverteilung entspricht.

So paßt etwa zum Spitzenlastanteilverfahren eine *zeitliche* Preisdifferenzierung der Form G.3.18, wobei die Arbeitskosten in beide Preiskomponenten eingehen, während die Leistungskosten zusätzlich und ausschließlich aus dem Erlösteil $q_{aH} \cdot A_H$ zu decken sind. Eine solche Preisregelung enthält für jeden Kunden den Anreiz, seine Abnahmeleistung möglichst in

108 ... heterogene Kostenstruktur der Kraftwerke.

109 ... Betrachtung verschiedener Zeitabschnitte.

110 ... und auch nicht aus einem durchschnittlichen Technologiemix;

111 Die Durchführung des Beispiels erfordert die Zeichnung der Abnehmer-Dauerlinien und umfangreiche Tabellen. Der Rechenaufwand ist zugleich einer der Kritikpunkte des Verfahrens.

112 Z.B. das *Hochlastarbeitsverfahren*, das *Starklastbenutzungsdauerverfahren*, das *VDEW-Verfahren* u.a. Einen Überblick findet man bei VDEW [1987]. Vgl. auch OHLMS [1984] und VDEW [1981].

den Niedertarifzeitraum zu verlagern. Dazu müssen aber die Spitzenlastzeiträume *des EVU* im voraus bekannt sein. Der Kunde verhält sich c.p. kostenminimal, wenn er sich in diesen Zeiträumen ganz abschaltet. Dieses Verhalten kann zu dem o.g. Shifting-Peak-Problem führen.

Das Höchstlastverfahren legt eine Preisregelung der Form G.3.19 - eine sog. Höchstlasttarifierung - nahe. Dabei werden die individuellen Jahreshöchstleistungen P_k" der Kunden als Bezugsgröße (P_k in G.3.19) zur Berechnung der Leistungskosten verwendet, d.h., Kl ist durch den Erlösteil ql·P zu decken. Diese Regelung enthält für die Abnehmer den Anreiz zu einem möglichst gleichmäßigen Leistungsverhalten - im Idealfall zu einem Rechteckverbrauch.

Sind die Lastganglinien einiger Kunden aus technischen[113], organisatorischen[114] oder ökonomischen[115] Gründen nur wenig veränderbar, kann es bei dieser Preissetzung ebenfalls zu Fehlsteuerungen kommen. Wenn z.B. die Abnehmer K_1 und K_2 c.p. kleine Teile ihrer Lastspitze P_k" gerade in das Spitzenlastintervall des EVU verschieben, führt dies zu einem Ansteigen der EVU-Lastspitze bei einer Kostenersparnis dieser Kunden.[116]

Bei der Anwendung des Benutzungsdauerverfahrens empfiehlt sich ein nach der Jahresbenutzungsdauer h_{ak} der Abnehmer differenziertes Preissystem, auf das wir hier nicht näher eingehen.[117] Die angestrebten Signalwirkungen zur Senkung der EVU-Spitzenlast bzw. zu einem ausgeglichenen Lastverhalten der Abnehmer kommt bei all diesen Vorschlägen zum Aufbau einer kostenadäquaten Preisregelung mehr oder weniger stark zum Ausdruck.

Die in der Bundesrepublik Deutschland geltenden Strompreisregelungen für industrielle Abnehmer sind weitgehend Höchstlastpreisregelungen.[118] Dies bedeutet jedoch nicht zwingend, daß die EVU ihre *interne* Kostenzu-

[113] Z.B. kontinuierliche oder nur zeitlich steuerbare Produktion.

[114] Z.B. Verbot von Sonntagsarbeit.

[115] Beispielsweise können bei einem Vergleich von Tag- und Nachtarbeit die Mehrkosten der Nachtarbeit (Lohnzuschläge) höher sein als die Kosteneinsparungen durch einen Niedertarif für Strom.

[116] Beim EVU erhöht sich dadurch der Gleichzeitigkeitsfaktor g.

[117] Ein Beispiel für ein primär nach der Benutzungsdauer der Abnehmer differenziertes Strompreissystem ist der "Tarif Vert" der Electricité de France (EdF). Die in der Bundesrepublik Deutschland geltenden Tarife für Sonderabnehmer enthalten eine *indirekte* Preisdifferenzierung nach der Benutzungsdauer über spezielle Rabattregelungen. Vgl. dazu die Ausführungen zum *Benutzungsdauerrabatt* in Abschnitt 4.5.

[118] Vgl. Abschnitt 4.5.

ordnung auf die Abnehmer - also die Bestimmung der Kalkulationsgrundlagen der Leistungspreise - nach dem Höchstlastverfahren durchführen.[119]

Zeile	Kunde ——>		K_1	K_2	K_3	EVU (Σ)
1	A_k	[MWh/a]	930750	1554900	481800	2967450
2	P_k'	[MW]	160	200	230	590
3	P_k''	[MW]	215	270	230	715
4	ha_k	[h/a]	4329	5759	2095	(5030)
5	Kl_k^{SLV}	[TDM/a]	**42072**	**52590**	*60478*	155139
6	Kl_k^{HLV}	[TDM/a]	46650	58584	49905	155139
7	Kl_k^{BDV1}	[TDM/a]	*49381*	74852	30906	155139
8	Kl_k^{BDV2}	[TDM/a]	48574	*78916*	**27649**	155139
9	α_k^{SLV}	[%]	**27,12**	**33,90**	*38,98*	100,00
10	α_k^{HLV}	[%]	30,07	37,76	32,17	100,00
11	α_k^{BDV1}	[%]	*31,83*	48,25	19,92	100,00
12	α_k^{BDV2}	[%]	31,31	*50,87*	**17,82**	100,00
13	kl_k^{SLV}	[DM/(kW·a)]	**195,68**	**194,78**	*262,95*	(216,98)
14	kl_k^{HLV}	[DM/(kW·a)]	216,98	216,98	216,98	(216,98)
15	kl_k^{BDV1}	[DM/(kW·a)]	*229,68*	277,23	134,37	(216,98)
16	kl_k^{BDV2}	[DM/(kW·a)]	225,92	*292,28*	**120,21**	(216,98)
17	Krf_k	[TDM/a]	17303	21730	18511	57544
18	A_{Hk}	[MWh/a]	755550	972725	268275	1996550
19	A_{Nk}	[MWh/a]	175200	582175	213525	970900
20	Ka_{Hk}	[TDM/a]	44960	57668	17811	120439
21	+ Ka_{Nk}	[TDM/a]	8733	28834	10613	48180
22	= Ka_k	[TDM/a]	53693	86502	28424	168619
23	ka_{Hk}	[Pf/kWh]	5,95	5,93	6,64	(6,03)
24	ka_{Nk}	[Pf/kWh]	4,98	4,95	4,97	(4,96)
25	Krv_k	[TDM/a]	37230	62196	19272	118698

Tabelle 3.9: Nach Kunden (-gruppen) differenzierte Kalkulation

Aufgrund der herausragenden praktischen Bedeutung von Höchstlasttarifen schreiben wir die Struktur dieser Preisregelung in Tabelle 3.6 fest, erlauben aber bei der EVU-internen Bestimmung der Leistungskostenanteile

[119] Nach einer Umfrage tun dies gerade 16 % der befragten EVU, während weitere 16 % das Benutzungsdauerverfahren und 74 % das Spitzenlastanteilverfahren anwenden (Doppelnennungen waren möglich). Diese Zahlen dokumentiert MERGENTHALER [1984], S.144.

Kl_k^y die Variation der Verfahren $y \in \{SLV, HLV, BDV1, BDV2\}$. Die Ermittlung der Leistungspreise ql_k^y erfolgt - unter Verwendung der Kostenanteile Kl_k^y als Kalkulationsgrundlage - einheitlich nach dem Höchstlastprinzip. In Tabelle 3.6 kommt dies durch

$$\text{(G.3.23)} \qquad kl_k^y = \frac{Kl_k^y}{P_k''}, \quad \text{für } k = 1...K \text{ und } y \in \{SLV, HLV, BDV1, BDV2\}$$

zum Ausdruck. Die Kostensätze kl_k^y [DM/(kW·a)] werden in den Zeilen 13-16 der Tabelle 3.9 ausgewiesen. Damit sind die Erläuterungen zur Aufteilung der fixen Erzeugungskosten Kl abgeschlossen.

Die sonstigen Fixkosten Krf werden ebenfalls einheitlich nach dem Höchstlastverfahren verteilt.[120] Man erhält klr = 80,48 DM/(kW·a) und die Kostenanteile Krf_k in Zeile 17 der Tabelle 3.9. Mit kl_k^y und klr sind alle Daten zur Verrechnung der gesamten Fixkosten Kf, d.h. zur Ermittlung der Leistungspreise ql_k^y nach Tabelle 3.6 bekannt. Die Ergebnisse werden in den Zeilen 3-6 der Tabelle 3.10 zusammengestellt.

Es verbleibt die Aufteilung der variablen Kosten Kv = Ka + Krv. Die Verrechnung der variablen Erzeugungskosten (Arbeitskosten) wird in der elektrizitätswirtschaftlichen Literatur kaum behandelt.[121] Ausgehend von den Ergebnissen in Tabelle 3.4 bieten sich zwei Varianten an. Zur Berechnung eines durchschnittlichen Arbeitspreises qa kann man von den variablen Durchschnittskosten ka = 5,68 Pf/kWh aus Tabelle 3.5 ausgehen. Die von einem Kunden zu tragenden Arbeitskosten Ka_k ergeben sich dann zu

$$\text{(G.3.24)} \qquad Ka_k = ka \cdot A_k, \quad \text{für } k = 1...K.$$

Eine verfeinerte Arbeitskostenaufteilung liefert eine in Tabelle 3.4 bereits vorbereitete, zeitliche Preisdifferenzierung: In den Teilperioden t entstehen unterschiedliche Arbeitskosten Ka_t (Spalte 11 in Tabelle 3.4). Dividiert man diese durch die zugehörige elektrische Energie A_t (Spalte 10 in Tabelle 3.1), ergeben sich die Kostensätze ka_t (Spalte 12 in Tabelle 3.4) als Kalkulationsgrundlage zeitlich differenzierter Arbeitspreise qa_t. Man erhält

120 Durch diese Vereinfachung wird der Einfluß der Verfahren y zur Verteilung der fixen *Erzeugungs*kosten auf die Leistungspreise durch die - hier der Vollständigkeit halber - ergänzte Verrechnung der *sonstigen* Fixkosten Krf nicht verfälscht. Da Krf vor allem die fixen *Verteilungs*kosten enthält, kommt in einer detaillierten Rechnung an dieser Stelle die o.g. Spannungsstufen-Divisionskalkulation zum Einsatz.

121 Vgl. dazu die Ausführung bei MERGENTHALER [1984], S.67. Bzgl. der Schwierigkeiten einer verursachungsgerechten Aufteilung der Arbeitskosten auf verschiedene Kundengruppen gelten die gleichen Argumente wie bei den Leistungskosten (vgl. die voranstehenden Erläuterungen).

(G.3.25) $$Ka_k = \sum_{\tau=1}^{T} ka_t \cdot A_{kt}, \text{ für } k = 1...K.$$

Während G.3.24 die unterschiedliche Kostenstruktur der Kraftwerke nicht berücksichtigt, führt G.3.25 zu einer unübersichtlichen Anzahl von T = 24 zeitlich differenzierten Kostensätzen. Es liegt daher nahe, Zeitabschnitte mit vergleichbarer Summenlast (Kapazitätsauslastung) zusammenzufassen. Wir wählen hierzu gerade zwei Zeitintervalle H und N und differenzieren zusätzlich nach Kundengruppen:[122]

(G.3.26) $$Ka_k = ka_{Hk} \cdot A_{Hk} + ka_{Nk} \cdot A_{Nk}, \text{ wobei } ka_{Hk} > ka_{Nk} \text{ für } k = 1...K.$$

Im Zahlenbeispiel werden die Zeitabschnitte t = 10...19 zu einer Niedertarifzeit N zusammengefaßt. Ein Blick auf die Lastganglinie des EVU (Spalte 6 in Tabelle 3.1) zeigt, daß es sich dabei gerade um die Zeitintervalle mit einer Summenlast von $P_t \leq 300$ MW handelt. Die übrigen Zeitabschnitte bilden die Hochtarifzeit H (vgl. Tabelle 3.6).

In den Zeilen 18 und 19 der Tabelle 3.9 werden zunächst die Strombezüge A_{Hk} und A_{Nk} der Kunden in diesen beiden Tarifzeiten berechnet. Daraus erhält man die zeitlich differenzierten Arbeitskosten Ka_{Hk}, Ka_{Nk} (Zeile 20 und 21) und schließlich die Kostensätze ka_{Hk}, ka_{Nk} (Zeile 23 und 24). Die genauen Definitionen zu diesen Berechnungen findet man in Tabelle 3.6.

Neben den variablen Erzeugungskosten Ka gehen die sonstigen variablen Kosten Krv in die Arbeitspreise ein. Mit Hilfe des durchschnittlichen Kostensatzes krv = 4 Pf/kWh aus Tabelle 3.5 erhält man mit $Krv_k = krv \cdot A_k$ die in Zeile 25 der Tabelle 3.9 angegebene Kostenaufteilung. Damit ist die in Tabelle 3.6 angegebene Strukturierung der gesamten jährlichen Kosten K des EVU abgeschlossen.

Ausgehend von diesen Kostendaten werden im letzten Schritt die zeitlich (Tarifzeiten H und N), sachlich (Arbeits- und Leistungspreis) und nach Kundengruppen differenzierten Strompreise berechnet. Die Ergebnisse sind in den Tabellen 3.10 und 3.11 zusammengestellt. Die Arbeitspreise findet man in den Zeilen 1-2 und die - alternativ nach verschiedenen Verrechnungsverfahren ermittelten - (Höchstlast-) Leistungspreise in den Zeilen 3-6 der Tabelle 3.10.

Die Zeilen 14 bis 17 dieser Tabelle 3.10 enthalten die Erlöse E_k^y, die das EVU von den einzelnen Kunden erzielt, wenn es sich für ein bestimmtes

[122] Abschnitt 4.5 erläutert die besondere praktische Bedeutung zweifach zeitlich differenzierter Arbeitspreise für industrielle Stromabnehmer. Dort wird allerdings nach *Tageszeiten* differenziert.

Verfahren der Fixkostenverteilung entscheidet. Aus Sicht eines Kunden k sind die E_k^y gerade die gesamten jährlichen Kosten des Strombezugs. In Zeile 18 wird die maximale Erlösabweichung

$$\text{(G.3.27)} \qquad dE_k = \underset{y}{Max}\,\{E_k^y\} - \underset{y}{Min}\,\{E_k^y\}\ , \text{ für } k = 1...K$$

berechnet. Zeile 19 enthält zum Vergleich noch einmal die Erlösaufteilung, die - bei einem identischen EVU-Gewinn - mit einem nicht differenzierten Strompreis q = 20,24 Pf/kWh entstehen würde.[123]

Zeile	Kunde ⟶		K_1	K_2	K_3	EVU (Σ)
1	qa_{Hk}	[Pf/kWh]	13,43	13,40	*14,36*	13,54
2	qa_{Nk}	[Pf/kWh]	12,13	**12,09**	12,11	12,10
3	ql_k^{SLV}	[DM/(kW·a)]	**276,16**	**275,26**	*343,43*	(297,46)
4	ql_k^{HLV}	[DM/(kW·a)]	297,46	297,46	297,46	(297,46)
5	ql_k^{BDV1}	[DM/(kW·a)]	*310,16*	357,71	214,86	(297,46)
6	ql_k^{BDV2}	[DM/(kW·a)]	306,41	*372,76*	**200,70**	(297,46)
7	Ea_{Hk}	[TDM/a]	101496	130379	38532	270406
8	+ Ea_{Nk}	[TDM/a]	21250	70364	25858	117472
9	= Ea_k	[TDM/a]	122746	200743	64389	387878
10	El_k^{SLV}	[TDM/a]	**59375**	**74319**	*78989*	212683
11	El_k^{HLV}	[TDM/a]	63954	80314	68415	212683
12	El_k^{BDV1}	[TDM/a]	*66685*	96582	49417	212683
13	El_k^{BDV2}	[TDM/a]	65877	*100646*	**46160**	212683
14	E_k^{SLV}	[TDM/a]	**182121**	**275062**	*143378*	600561
15	E_k^{HLV}	[TDM/a]	186700	281057	132805	600561
16	E_k^{BDV1}	[TDM/a]	*189431*	297324	113806	600561
17	E_k^{BDV2}	[TDM/a]	188623	*301389*	**110549**	600561
18	dE_k	[TDM/a]	7309	26326	32829	0
19	E_k	[TDM/a]	188368	314685	97508	600561

Tabelle 3.10: Vergleich der Strompreise und der Erlöse

Die zu q vergleichbaren Durchschnittserlöse (aus Sicht des EVU) bzw. Durchschnittskosten (aus Abnehmersicht) werden nach

$$\text{(G.3.28)} \qquad q_k^y = \frac{E_k^y}{A_k}, \text{ für } k = 1...K \text{ und } y \in \{SLV, HLV, BDV1, BDV2\}$$

[123] Vgl. G.3.16.

in Tabelle 3.11 berechnet. Die Preisabweichungen dq_k und dq_k sind

$$\text{(G.3.29)}\qquad \begin{aligned} dq_k &= \underset{y}{Max}\,\{q_k{}^y\} - \underset{y}{Min}\,\{q_k{}^y\}, \text{ für } k = 1...K; \\ \mathit{dq}_k &= \frac{dq_k}{\underset{y}{Min}\,\{q_k{}^y\}}\cdot 100, \text{ für } k = 1...K. \end{aligned}$$

Die Variation des Verrechnungsverfahrens y für die hier exemplarisch herausgegriffene Kostenart der fixen Stromerzeugungskosten K1 führt im Beispiel zu Abweichungen der Kostenbelastung zwischen 4 % (7309 TDM/a) bei Kunde K_1 und 30 % (32829 TDM/a) bei Kunde K_3.

Kunde ——>		K_1	K_2	K_3	dq^y
$q_k{}^{SLV}$	[Pf/kWh]	19,57	17,69	*29,76*	*12,07*
$q_k{}^{HLV}$	[Pf/kWh]	20,06	18,08	27,56	9,49
$q_k{}^{BDV1}$	[Pf/kWh]	*20,35*	19,12	23,62	4,50
$q_k{}^{BDV2}$	[Pf/kWh]	20,27	*19,38*	22,95	3,56
dq_k	[Pf/kWh]	0,79	1,69	6,81	---
dq_k	[%]	4,01	9,57	29,70	---

Tabelle 3.11: Vergleich der Durchschnittspreise

Wir haben nun die Grundelemente einer differenzierten Strompreisregelung und die Problematik der Herleitung und der Begründung eines solchen Preissystems soweit erläutert, wie es für das externe Informationsbedürfnis eines industriellen Stromabnehmers angebracht erscheint. Abschließend wird noch auf einige pragmatische Zusatzanforderungen an ein Strompreissystem hingewiesen.[124]

Zur Aufrechterhaltung einer gewissen Planungssicherheit bei den Stromabnehmern dürfen keine unerwarteten oder willkürlich erscheinenden Preissprünge auftreten.[125] Die Strompreise müssen unabhängig von der Anzahl der Kunden eines EVU und zwischen den verschiedenen EVU vergleichbar sein. Die Kalkulation soll nachvollziehbar sein, und das Preissystem muß überschaubar bleiben. Die komplexen Zusammenhänge der Verbundwirtschaft müssen integrierbar und darstellbar sein. Schließlich muß das Verfahren wirtschaftlich sein. Ein EVU hat viele Abnehmer, die rund um die Uhr Strom beziehen. Der Aufwand für Meßgeräte, Datenerfassung und -verarbeitung ist gegen die Abrechnungsgenauigkeit abzuwägen.

124 Vgl. z.B. MERGENTHALER [1984], S.76-82.

125 ... z.B. durch Einflüsse einer über die Abrechnungsperioden schwankenden Lastspitze (Shifting-Peak-Problem).

Die wichtigsten Vereinfachungen sind dabei die Festlegung kurzer, möglichst repräsentativer Meßperioden, verschiedene Zerlegungen des Planungszeitraums und die Bildung von Kundengruppen. Innerhalb eines Jahres treten im Belastungsverlauf der EVU vergleichbare Tageszyklen (fast identische Lastganglinien über jeweils 24 h) auf.

Eine gängige Vereinfachung besteht daher in der Analyse *charakteristischer Tagesganglinien*[126] an Stelle der Jahresganglinie. Eine andere Möglichkeit ist eine zeitliche Umsortierung und Aufteilung der Jahresdauerlinie in Subdauerlinien kürzerer Dauer zur Bestimmung weniger, *kostenverursachungsverschiedener Zeiträume*, deren Kosten sich vereinfachend nach dem Verhältnis der an die Kunden gelieferten Arbeit zuordnen lassen.[127]

Damit sind die wichtigsten elektrizitätswirtschaftlichen Kennlinien und Kennziffern sowie einige elementare, energiewirtschaftliche Planungstechniken vorgestellt. Die Darstellung in einem geschlossenen Zahlenbeispiel zeigt das Grundraster einer energiewirtschaftlichen Gesamtplanung auf.

Zu den Besonderheiten einer solchen Planung zählen die Auslegung der Kapazitäten nach der maximalen, im Planungszeitraum erwarteten Absatzgeschwindigkeit (Intensität), die Probleme der Lastverteilung, der Spitzenlastoptimierung und die mit einer Selbstkostenpreiskalkulation zur Bestimmung mehrfach differenzierter Strompreise verbundenen Fragen.

In den Ausführungen zur Strompreisbildung wird gezeigt, wie unterschiedlich die Ergebnisse einer Strompreiskalkulation für verschiedene Abnehmergruppen ausfallen können. Es ist demnach nicht verwunderlich, daß die öffentliche Diskussion um angemessene, wettbewerbs- oder verursachungsgerechte Strompreise nicht abreißt. Abschließend wird auf einige Themen in dieser Diskussion hingewiesen.

Bei den Tarifkunden werden die Umstellung der arbeitsunabhängigen Tarifteile auf elektrische Leistungsbezugsgrößen und auch verschiedene Varianten zeitlich differenzierter, linearer Stromtarife diskutiert. Zu den

126 Gebräuchlich sind 9 repräsentative Tage, die sich als Kombinationen von drei Saisonzeiten (Sommer, Winter, Übergangszeit) mit drei Lasttagen (Werktag, Samstag, Sonntag) ergeben. Vgl. dazu WOLF [1959], S.6 und WAEBER [1987]. Zur statistischen Ermittlung repräsentativer Lastkurven siehe auch BOUILLON [1983], MÖLLER [1978], SCHUBERT [1976], THORN [1976].

127 Dieses Verfahren wird als *Zeitrasterkalkulation* bezeichnet. Vgl. MERGENTHALER [1984], S.175-206.

Tarifkunden zählen die privaten Haushalte[128], kleine Gewerbebetriebe und die Landwirtschaft.[129] Die allgemeinen Stromtarife werden durch die Wirtschaftsminister der Länder genehmigt.

Im Sonderkundenbereich werden wettbewerbsgefährdende nationale Standortnachteile durch überhöhte Strompreise und die Gleichbehandlung der Betriebe durch die EVU diskutiert. Dabei wird oft auf Strompreisvergleiche zwischen den westlichen Industrieländern[130] und zwischen verschiedenen Sonderabnehmergruppen[131] (Industrie und weiterverteilende EVU) zurückgegriffen. Die politische Diskussion über angemessene Industriestrompreise erfolgt primär über die Interessensverbände[132] Eine historisch interessante Übersicht über die Argumente der beteiligten Interessengruppen findet man in der Debatte, die der bereits angesprochenen Verbändevereinbarung voranging.[133] Aktuelle Themen sind die erwarteten stromwirtschaftlichen Folgen (grenzüberschreitender Wettbewerb der EVU, Durchleitungsrechte) des "Europäischen Binnenmarkts".

In der Bundesrepublik Deutschland wird die Belieferung der Industriebetriebe mit elektrischer Energie in speziellen Verträgen, den Sonderabnehmerverträgen, geregelt. Obwohl bei der Gestaltung dieser Verträge grundsätzlich Vertragsfreiheit besteht, gibt es aus pragmatischen[134] und juristischen[135] Gründen Musterverträge, die nur einen geringen Verhandlungsspielraum offen lassen. Die in diesen Musterverträgen festgelegten Preis- und Lieferkonditionen sind daher gut als Grundlage zur Planung des Strombezugs und der Strombezugskosten eines Industriebetriebs geeignet.

Nach den nunmehr abgeschlossenen Ausführungen zu energiewirtschaftlichen Grundlagen und zur Planung der Strombereitstellung befaßt sich Kapitel 4 mit dem Strombezug eines industriellen Sonderabnehmers.

128 Zur Änderung der aus einem - von der Raumzahl der Abnehmerwohnung abhängigen - Grundpreis und einem Arbeitspreis bestehenden Haushaltstarife siehe ALLHORN [1987] und SPREER [1987].

129 Im Bereich Kleingewerbe und Landwirtschaft hängen die Tarif-Grundpreise von den Anschlußwerten der Produktionsanlagen bzw. von der Ackerfläche ab. Zur Umstellung dieser Tarife auf elektrische Kenngrößen siehe BERGMANN [1976] und VDEW [1984].

130 Vgl. KLAUE [1987], LANG [1984].

131 Vgl. SCHEIDERER [1979], SCHUMACHER [1981], WAEBER [1987]. Zum Standpunkt der Industrie vgl. auch EBEL [1986].

132 ... BDI, VDEW, VEA, VIK etc. Vgl. Anmerkung 21 in Kapitel 1.

133 Vgl. z.B. BUDDE [1972], ERNST [1974], SAGE [1979].

134 In einem größeren EVU gibt es eine Vielzahl von Sonderabnehmern.

135 ... z.B. als Folge des Diskriminierungsverbots im Sonderkundenbereich;

4. Der Fremdbezug elektrischer Energie

4.1. Einführung

In einer Planung der betrieblichen Strombezugskosten wird der erwartete Stromverbrauch (Mengengerüst) mit den erwarteten Strombezugspreisen (Wertgerüst) bewertet. Das Mengengerüst ist aus der Produktions- und Absatzplanung des Betriebs abzuleiten bzw. mit dieser abzustimmen.[1]

Die Strombezugspreise werden - wie im voranstehenden Abschnitt erläutert - zusammen mit weiteren technischen und rechtlichen Bezugskonditionen in sog. Sonderabnehmerverträgen zwischen dem Industriebetrieb und einem EVU vereinbart, das für die Stromversorgung des Standorts zuständig ist. Die Preisregelungen dieser Lieferverträge für elektrische Energie sind vielfältig und kompliziert aufgebaut. Entsprechend schwierig ist ihre Berücksichtigung in der Produktions- und Absatzplanung.

Die Laufzeit von Sonderabnehmerverträgen beträgt i.d.R. ein bis fünf Jahre, der vertragliche Abrechnungszeitraum reicht jeweils über ein Kalenderjahr. Die Planung der Strombezugskosten muß daher mindestens ein Kalenderjahr umfassen.[2] Falls kein betriebseigenes Kraftwerk vorhanden ist, entspricht das planungsrelevante Mengengerüst gerade der Lastganglinie des Betriebs über mindestens ein Kalenderjahr. Dieser Lastverlauf wird bestimmt durch die kurz- und mittelfristige Planung des Produktionsvollzugs und des Produktions- und Absatzprogramms.

Aus theoretischer Sicht muß der Strombezug simultan mit der Fertigungssteuerung über ein Kalenderjahr[3] bzw. über die gesamte Laufzeit eines Sonderabnehmervertrags[4] geplant werden: Im Gegensatz zu dem im voranstehenden Abschnitt betrachteten EVU ist ein Industriebetrieb in der Lage, seine Stromverbraucher - die verschiedenen Fertigungsstellen - direkt zu steuern. Interpretiert man etwa die Lastverläufe in Abbildung 3.1 als den Leistungsbedarf dreier Produktlinien und deren Summe als die Jahreslastganglinie eines Industriebetriebs, so bieten sich u.a. Möglichkeiten zur Absenkung der maximalen Summenlast (Senkung der Leistungskosten des Strombezugs) durch zeitliche Umschichtungen direkt an.

[1] Vgl. dazu DINKELBACH [1983], S.16 ff.

[2] Zur näheren Begründung vgl. Abschnitt 4.5.

[3] ... falls ein Sonderabnehmervertrag für den Planungszeitraum bereits abgeschlossen ist.

[4] ... falls ein neuer Sonderabnehmervertrag abzuschließen ist.

Es stellt sich somit die Frage, ob und gegebenenfalls wie sich die Planung des Strombezugs in die kurz- und mittelfristige betriebliche Planung integrieren läßt. Zur Beantwortung dieser Frage wird versucht, die in der Betriebswirtschaftslehre bekannten Standardansätze der Produktions- und Absatzplanung um die Planung des Strombezugs zu erweitern.

Dabei treten erhebliche Schwierigkeiten auf: Zum einen hängen die Strombezugskosten bei den meisten Strompreisregelungen nicht nur von der Menge (Fläche unter der Lastganglinie), sondern auch vom Lastverlauf (maximale Summenlast, Tag- und Nachtanteil, Sommer- und Winteranteil) ab, zum anderen sind weitere Zusatzregelungen (z.B. Mengenrabatte) der Sonderabnehmerverträge zu beachten. Die Komplexität des Problems erfordert eine Zerlegung der weiteren Untersuchung in sechs Teilschritte.

Der erste Teilschritt (Abschnitt 4.2) entwickelt ein abschnittsübergreifendes Betriebsmodell - hier ein Modell eines industriellen Stromabnehmers ohne eigene Stromerzeugung. Dieses Modell wird - ähnlich wie in Kapitel 3 - in den weiteren Abschnitten schrittweise modifiziert und verfeinert.

In Abschnitt 4.3 (zweiter Teilschritt) wird elektrische Energie (Arbeit) zunächst wie ein materieller Produktionsfaktor behandelt, für den es *einen* Beschaffungspreis qe [DM/kWh] gibt. Ausgehend von einem solchen *linearen Tarif* werden die Strombezugskosten in verschiedene Standardmodelle zur Produktions- und Absatzplanung eingebaut. Ein linearer Tarif entspricht der in betriebswirtschaftlichen Planungsmodellen üblichen Bewertung von Produktionsfaktoren mit einem nicht differenzierten Beschaffungspreis. Darüber hinaus kommt er einigen realen Strompreisregelungen für kleine und mittlere Betriebe nahe.[5]

Abschnitt 4.4 (dritter Teilschritt) geht von einem differenzierten Stromtarif nach Tabelle 3.6 aus. Trotzdem wird die Produktions- und Absatzplanung mit *einem* (geplanten) *durchschnittlichen* Strompreis durchgeführt. Dies entspricht einer bei differenzierten Stromtarifen üblichen Vereinfachung in der betrieblichen Praxis: In einer Sukzessivplanung wird zunächst ein Produktions- und Absatz*programm* mit einem *durchschnittlichen* Strompreis ermittelt. Erst in eine nachgelagerte, kurzfristigere Produktions*vollzugs*planung gehen differenzierte Strompreise ein.

In Abschnitt 4.4 erfolgt keine vertiefte Untersuchung einer stromwirtschaftlich gesteuerten Produktionsvollzugsplanung. Im Zusammenhang mit dem abschnittsübergreifenden Betriebsmodell erfüllt dieser Abschnitt vielmehr eine Brückenfunktion. Um die verschiedenen Planungsansätze

[5] Vgl. etwa den Mustervertrag Z in Abschnitt 4.5.

vergleichbar zu halten, ist die Formulierung so gewählt, daß die Lösungen aus Abschnitt 4.3 direkt als Ergebnis der ersten Planungsstufe in Abschnitt 4.4 eingehen können. Dadurch wird es möglich, in einem Schritt

- das Prinzip einer zeitlich gestuften Strombezugsplanung zu behandeln,
- das Problem der Spitzenlastoptimierung zu verdeutlichen,
- den im zweiten Teilschritt ermittelten Energieverbrauch exakt zu strukturieren, um alle im vierten Teilschritt benötigten Daten bereitzustellen.

In Abschnitt 4.5 (vierter Teilschritt) werden für diese Verbrauchsdaten die konkret anfallenden Strombezugskosten alternativ nach den Regelungen der wichtigsten, in der Bundesrepublik Deutschland angebotenen Sonderabnehmerverträge berechnet, um folgende Punkte zu erläutern:

- Die konkreten Preisregelungen für Sonderabnehmer werden vorgestellt.
- Das Problem der optimalen Auswahl eines Sonderabnehmervertrags aus mehreren, standardisierten Vertragsvarianten wird behandelt.
- Die Fehler, die aus einer vereinfachten Planung mit einem durchschnittlichen Strompreis resultieren können, werden aufgezeigt.
- Die Elemente von Produktionsplanungsmodellen mit einer integrierten Optimierung des Strombezugs werden erarbeitet.

Der fünfte Teilschritt (Abschnitt 4.6) formuliert diese integrierten Modelle, um einige Ansatzpunkte einer verbesserten Planung und den damit verbundenen Aufwand zu untersuchen. Diese Untersuchung ist vorwiegend von theoretischem Interesse. Einerseits wird gezeigt, daß sich die Fallunterscheidungen und Interdependenzen komplizierter Strompreissysteme in einem Simultanplanungsmodell mit großer Genauigkeit abbilden lassen. Andererseits wird jedoch auch deutlich, daß eine integrierte Produktions- und Strombezugsplanung auf der Basis einer differenzierten Strompreisregelung mit dem Grundaufbau der Standardmodelle zur optimalen Produktions- und Absatzplanung i.a. nicht verträglich ist.

Der letzte Teilschritt (Abschnitt 4.7) untersucht die Komplexität der in Abschnitt 4.6 entwickelten Simultanmodelle. Dabei werden schrittweise Vereinfachungen vorgeschlagen, die schließlich die Verbindung zu pragmatischen Ansätzen einer sukzessiven Abstimmung des zentralen Stromeinkaufs mit den übrigen betrieblichen Teilbereichen herstellen. Diese Abstimmung erfolgt mit Hilfe innerbetrieblicher Verrechnungspreise, weshalb einige Verfahren zur Bestimmung von Stromverrechnungspreisen besprochen werden. Abschließend wird auf eine Möglichkeit zur ökonomischen Einordnung Energiekosten sparender Einzelmaßnahmen hingewiesen.

4.2. Ein Betriebsmodell zur Planung des Strombezugs

Im ersten Teilschritt sind die Struktur und die Daten eines für die Planung der Strombezugskosten geeigneten Betriebsmodells festzulegen. Wie in Abschnitt 4.1 erläutert, muß der Planungszeitraum mindestens ein Kalenderjahr umfassen, das aufgrund weiterer kostenwirksamer Regelungen von Sonderabnehmerverträgen mindestens nach Monaten zu untergliedern ist.[6] Dieses Zeitraster wird auch in Standardansätzen zur kurz- und mittelfristigen Produktionsplanung vorgeschlagen.

Da Strom nicht lagerbar ist, muß bei Optimierungen im Produktionsvollzug - z.B. durch leistungssenkende, zeitliche Verschiebungen - die Lagerwirtschaft für Halb- und Fertigprodukte in die Planung integriert werden, falls diese Produkte selbst lagerbar sind. Für die meisten industriellen Zwischen- und Endprodukte trifft dies zu. Falls die Summe aus Herstellkosten und Lagerkosten die Absatzpreise der Produkte übersteigen kann, ist die Absatzplanung zu integrieren: Aus einem Ansatz zur Kostenminimierung wird ein Modell zur Deckungsbeitragsmaximierung.

Da die Summe der zeitgleichen Intensitäten aller Fertigungsstellen die Leistung des Strombezugs [kW] bestimmt, muß bei einem Höchstlasttarif (Abschnitt 4.6) beachtet werden, ob Fertigungsstellen intensitätsmäßig steuerbar sind oder nicht, d.h., die Untersuchung ist nach den in der Betriebswirtschaftslehre bekannten Anpassungsarten an Beschäftigungsschwankungen - kurz Anpassungsformen - zu differenzieren. Die Daten zur Generierung der entsprechenden Fallunterscheidungen werden bereits in diesem Abschnitt vorbereitet.

Hierzu wird für jede Anpassungsform ein Einproduktbetrieb mit einer Fertigungsstelle betrachtet. An diesem einfachen Betriebsmodell lassen sich die wichtigsten Interdependenzen zwischen der Strombezugsplanung und der Produktionsplanung im Fertigungsbereich aufzeigen. Eine Erweiterung um mehrere Produkte und mehrere Fertigungsstellen ist zumindest formal sehr einfach. Abschnitt 4.7. geht darauf ein.

Nach diesen Vorüberlegungen ist die Struktur eines geeigneten Betriebsmodells festgelegt. Folgende Daten werden vorgegeben: Zur Herstellung eines Produktes x [ME] werden ein[7] materieller Produktionsfaktor r [kg] und elektrische Energie e [kWh] benötigt. Die Intensität d [ME/h] der Produktion ist im Intervall $d \in [d', d''] = [10,35]$ variierbar.

[6] Zur näheren Begründung siehe Abschnitt 4.5.

[7] Man kann diesen Produktionsfaktor symbolisch als Sammelvariable für mehrere, nicht energetische Verbrauchsfaktoren auffassen.

Folgende Verbrauchsfunktionen sind bekannt:

Verbrauch von r: $ar(d) = 0{,}05 \cdot d^2 - 3 \cdot d + 83$ [kg/ME], für $d \in [10,35]$
Stromverbrauch : $ae(d) = 0{,}3 \cdot d^2 - 18 \cdot d + 370$ [kWh/ME], für $d \in [10,35]$.

Der Faktorpreis von r sei $qr = 1$ DM/kg. Zur Planung der Strombezugskoten wird - wie in Abschnitt 4.1 begründet - zunächst ein nicht differenzierter, linearer Tarif angesetzt: Der Strompreis beträgt $qe = 17$ Pf/kWh.

Der Planungszeitraum umfaßt ein Kalenderjahr, unterteilt in Monate. Das Endprodukt x kann gelagert werden, die monatlichen Lagerkosten betragen $kl = 10$ DM/(ME·Mo). Die Lagerkapazität ist auf $xl'' = 2500$ ME beschränkt, es wird ein Lagermindestbestand von $xl' = 500$ ME vorgegeben. Der Lagerbestand am Jahresanfang beträgt $xl_0 = 500$ ME, am Jahresende sollen ebenfalls mindestens $xl_{12} = 500$ ME auf Lager liegen.

Der Absatzpreis von x sei $p = 78$ DM/ME; ab September läßt sich voraussichtlich eine Preiserhöhung um 5 DM/ME am Markt durchsetzen. Die monatlichen Absatzhöchstmengen xa_t, $t = 1...12$ werden in Tabelle 4.4.a angegeben. Die Fertigung arbeitet in zwei Schichten, im August sind zwei Wochen Werksferien einzuplanen. Gesucht ist das optimale Produktions- und Absatzprogramm über die 12 Monate eines Kalenderjahres.

Zunächst soll die Kostenstruktur untersucht werden. Durch Ableiten der Verbrauchsfunktionen ar(d) und ae(d) nach d erhält man als verbrauchsminimale Intensitäten $d_r^* = d_e^* = 30$ ME/h.[8] Bei dieser Intensität werden $ar^* = ar(d^*) = 38$ kg/ME und $ae^* = ae(d^*) = 100$ kWh/ME verbraucht.

Durch Multiplikation der Verbrauchsfunktionen mit den Faktorpreisen qr bzw. qe ergeben sich mit

$kr(d) = qr \cdot ar(d) = 0{,}050 \cdot d^2 - 3{,}00 \cdot d + 83{,}0$ [DM/ME], für $d \in [10,35]$,
$ke(d) = qe \cdot ae(d) = 0{,}051 \cdot d^2 - 3{,}06 \cdot d + 62{,}9$ [DM/ME], für $d \in [10,35]$

die variablen Stückkosten $k(d) = kr(d) + ke(d)$ (Kostensatzfunktionen).

$$k(d) = 0{,}101 \cdot d^2 - 6{,}06 \cdot d + 145{,}9 \text{ [DM/ME], für } d \in [10,35].$$

Die minimalen Stückkosten erhält man bei $d^* = 30$ ME/h zu

$$k^* = k(d^*) = 55 \text{ DM/ME}.$$

[8] Der Spezialfall $d^* = d_r^* = d_e^*$ wird aus Vereinfachungsgründen gewählt. Am Rechengang ändert sich nichts, wenn die *verbrauchs*minimalen Intensitäten unterschiedlich sind ($d_r^* \neq d_e^*$). In den Planungsmodellen wird hier nur die Gesamtkostenfunktion k(d) benötigt.

Es kann ein maximaler Stückdeckungsbeitrag von $p_t - k^*$ erzielt werden, d.h., 23 DM/ME von Januar bis August (t = 1...8) und 28 DM/ME in den Monaten September bis Dezember (t = 9...12). Die Multiplikation der Kostensatzfunktionen kr(d), ke(d), k(d) [DM/ME] mit d [ME/h] führt zu den Kosten Kr(d), Ke(d), K(d) [DM/h], den Kosten bei intensitätsmäßiger Anpassung, normiert auf eine Fertigungsstunde [DM/h]:

$$Kr(d) = kr(d) \cdot d = 0{,}050 \cdot d^3 - 3{,}00 \cdot d^2 + 83{,}0 \cdot d \text{ [DM/h]}, \text{ für } d \in [10,35],$$
$$Ke(d) = ke(d) \cdot d = 0{,}051 \cdot d^3 - 3{,}06 \cdot d^2 + 62{,}9 \cdot d \text{ [DM/h]}, \text{ für } d \in [10,35],$$
$$K(d) = k(d) \cdot d = 0{,}101 \cdot d^3 - 6{,}06 \cdot d^2 + 145{,}9 \cdot d \text{ [DM/h]}, \text{ für } d \in [10,35].$$

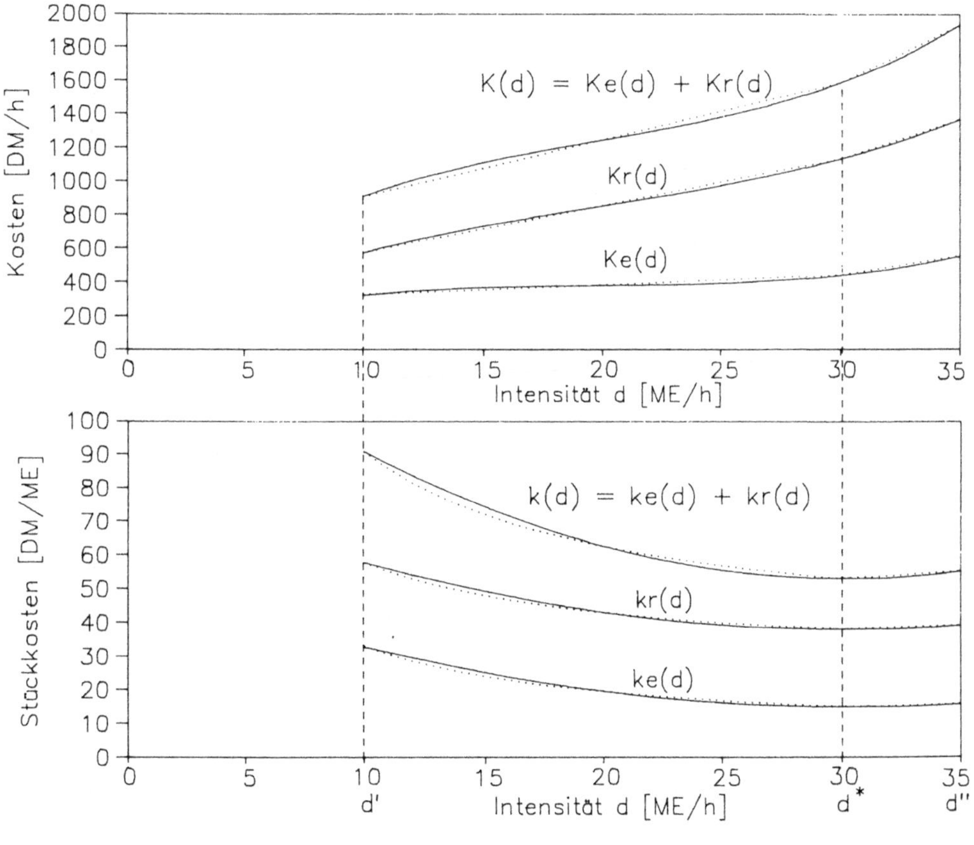

Abbildung 4.1: Kostenfunktionen bei intensitätsmäßiger Anpassung

In Abbildung 4.1 sind die Kostensatzfunktionen (unteres Diagramm) mit den zugehörigen Gesamtkostenfunktionen (oberes Diagramm) als durchgezogene Kurven abgetragen. Tabelle 4.1 faßt die Daten einiger Intensitätspunkte zusammen. Die ersten fünf Spalten dieser Tabelle definieren alternative Belegungen des Index i, deren Bedeutung Abschnitt 4.3 erläutert.

i, für α =					d_i	ae_i	kr_i	ke_i	k_i	Kr_i	K_i	$ae_i \cdot d_i$
Z	ZI	IS	*ID*	ID	[ME/h]	[kWh/ME]	[DM/ME]			[DM/h]	[DM/h]	[kW]
–	–	1	1	1	10	220,00	58,00	37,40	95,40	580,00	954,00	2200,0
–	–	–	2	–	15	167,50	49,25	28,47	77,72	738,75	1165,88	2512,5
–	–	–	3	–	20	130,00	43,00	22,10	65,10	860,00	1302,00	2600,0
–	–	2	4	–	25	107,50	39,25	18,27	57,52	981,25	1438,13	2687,5
1	1	3	5	2	30	100,00	38,00	17,00	55,00	1140,00	1650,00	3000,0
–	2	4	6	3	35	107,50	39,25	18,27	57,52	1373,75	2013,38	3762,5
1	2	3	4	5	6	7	8	9	10	11	12	13

Tabelle 4.1: Verbrauchs- und Kostendaten ausgewählter Intensitätspunkte

Die Planungsmodelle der nachfolgenden Abschnitte bestimmen die optimalen Produktions- und Absatzmengen von x unter Einschluß des Strombezugs in einem monatlichen Zeitraster. Zur Formulierung dieser Modelle sind demnach mindestens die monatlich verfügbaren Fertigungszeiten t_t, für t = 1...12 zu ermitteln. Eine Strukturierung des Planungszeitraums nach Monaten reicht jedoch nicht für alle hier zu untersuchenden Fälle aus.

Nach den Erläuterungen in Abschnitt 4.1 sollen u.a. zeitlich differenzierte Strompreisregelungen gelten. Eine zeitliche Strompreisdifferenzierung erfolgt jedoch i.d.R. nicht nach Monaten, sondern nach Tageszeiten. Um dies in der Planung zu berücksichtigen, wird ein feineres, zusätzlich nach Tarifzeiten gegliedertes Zeitraster benötigt. Die Strukturierung dieses Zeitrasters erfolgt in den Tabellen 4.2-4.4.

Zeitraum von bis	Tarifzeiten (EVU) H Uhrzeit	Tarifzeiten (EVU) N Uhrzeit	Arbeitszeiten (Betrieb) Uhrzeit	Dauer [h/d]	H [h/d]	N [h/d]
1.10. - 28/29.2.: W	6 - 21	21 - 6	6 - 22	16	15	1
1. 3. - 30.9. : S	7 - 18	18 - 7	6 - 22	16	11	5

Tabelle 4.2: Tarifzeiten (EVU) und Arbeitszeiten (Zweischichtbetrieb)

Die Elektrizitätswirtschaft unterscheidet zwei Tageszeiten - die *Hochtarifzeit H* und die *Niedertarifzeit N* - und zwei Jahreszeiten - die *Sommerzeit S* und die *Winterzeit W*. Tabelle 4.2 enthält die konkreten Zeitangaben und eine Gegenüberstellung dieser vom EVU festgelegten *Tarifzeiten* mit den betrieblichen Arbeitszeiten. Der hier betrachtete Zweischichtbetrieb mit 16 Arbeitsstunden pro Arbeitstag [h/d] kann die (preisgünstigere) Niedertarifzeit N im Sommer 5 h/d bzw. im Winter 1 h/d nutzen. Die übrigen Arbeitsstunden liegen in der Hochtarifzeit H des EVU.

Tabelle 4.3 stellt die Tarifzeiten des EVU stundenweise für die t = 1..12 Monate eines Kalenderjahres den betrieblichen Arbeitszeiten gegenüber. Etwa 20,5 % (782 h/a) der verfügbaren Fertigungszeit (3808 h/a) liegen in der Niedertarifzeit, der Winteranteil (1632 h/a) beträgt ca. 42,9 %.

	Tarifjahr (EVU)								Arbeitsjahr (Betrieb)					
t	Tage [d]	H [h/d]	N	t_{Ht} [h]	t_{Nt} [h]	t_{St} [h]	t_{Wt} [h]	t_t [h]	Tage [d]	t_{Ht} [h]	t_{Nt} [h]	t_{St} [h]	t_{Wt} [h]	t_t [h]
1	31	15	9	465	279	-	744	744	21	315	21	-	336	336
2	28	15	9	420	252	-	672	672	20	300	20	-	320	320
3	31	11	13	341	403	744	-	744	21	231	105	336	-	336
4	30	11	13	330	390	720	-	720	20	220	100	320	-	320
5	31	11	13	341	403	744	-	744	19	209	95	304	-	304
6	30	11	13	330	390	720	-	720	22	242	110	352	-	352
7	31	11	13	341	403	744	-	744	21	231	105	336	-	336
8	31	11	13	341	403	744	-	744	12	132	60	192	-	192
9	30	11	13	330	390	720	-	720	21	231	105	336	-	336
10	31	15	9	465	279	-	744	744	22	330	22	-	352	352
11	30	15	9	450	270	-	720	720	20	300	20	-	320	320
12	31	15	9	465	279	-	744	744	19	285	19	-	304	304
Σ	365	--	--	4619	4141	5136	3624	8760	238	3026	782	2176	1632	3808
1	2	3	4	5	6	7	8	9	10	11	12	13	14	15

Tabelle 4.3: Zeitraster bei der Planung des Strombezugs

Die Integration des Strombezugs in eine Produktions- und Absatzplanung über einen Planungszeitraum von einem Jahr führt zur Bestimmung des geplanten *produktionsbedingten*, jährlichen Stromverbrauchs ap [kWh/a].

Zusätzlich existiert ein *fixer* jährlicher Stromverbrauch af [kWh/a] zur Aufrechterhaltung der Betriebsbereitschaft (Verwaltung, Heizung, Licht, Transport u.v.a.m.) sowohl während der Arbeitszeit wie auch während der *Leerzeiten*. Als Leerzeiten werden die Zeiten von 22-6 Uhr an Arbeitstagen und alle arbeitsfreien Tage (Samstage, Sonn- und Feiertage, Werksferien) bezeichnet.

Im Handlungsrahmen einer Produktions- und Absatzplanung auf der Basis eines linearen Stromtarifs (Abschnitt 4.3) ist dieser fixe Stromverbrauch af nicht entscheidungsrelevant. Bei einer differenzierten Strompreisregelung können jedoch die Ergebnisse der Produktions- und Absatzplanung von af abhängen. Um dies zu zeigen, werden in Abschnitt 4.6 die Höhe und die zeitliche Verteilung des fixen Stromverbrauchs benötigt. Diese Daten werden bereits in Tabelle 4.5 ermittelt.

Zuvor sind die Leerzeiten in Tabelle 4.4.b zu berechnen. Während der Arbeitstage fallen alle Leerzeiten (die dritte Schicht) in die Niedertarifzeit N des EVU (Spalte 2). Die arbeitsfreien Tage (Spalte 3) werden stundenweise nach Tarifzeiten aufgeschlüsselt (die Spalten 4, 5). Schließlich erhält man die Leerzeiten (die Spalten 5-9) nach der gleichen Gliederung wie die Arbeitszeiten im rechten Teil der Tabelle 4.3.[9]

a) t	x_{at} [ME]
1	8000
2	9000
3	10000
4	10500
5	9000
6	10000
7	10500
8	9000
9	9500
10	10000
11	9500
12	11500
Σ	116500

b)	Arb.-tage	Feiertage			Leerzeiten			
t	tl_{NtA} [h]	Tage [d]	tl_{NtF} [h]	tl_{Ht} [h]	tl_{Nt} [h]	tl_{St} [h]	tl_{Wt} [h]	tl_t [h]
1	168	10	90	150	258	-	408	408
2	160	8	72	120	232	-	352	352
3	168	10	130	110	298	408	-	408
4	160	10	130	110	290	400	-	400
5	152	12	156	132	308	440	-	440
6	176	8	104	88	280	368	-	368
7	168	10	130	110	298	408	-	408
8	96	19	247	209	343	552	-	552
9	168	9	117	99	285	384	-	384
10	176	9	81	135	257	-	392	392
11	160	10	90	150	250	-	400	400
12	152	12	108	180	260	-	440	440
Σ	1904	127	1455	1593	3359	2960	1992	4952
1	2	3	4	5	6	7	8	9

Tabelle 4.4: Absatzhöchstmengen (a), Ermittlung der Leerzeiten (b)

Die Bestimmung eines fixen Strombedarfs af [kWh/a] erfolgt vereinfacht über monatliche Rechteckverbräuche[10] jeweils für die Leerzeiten (Leistungsbedarf pf_{Lt}) und für die Arbeitszeiten - letztere differenziert nach Hoch- (pf_{Ht}) und Niedertarifzeit (pf_{Nt}). Hierzu wird das Beispiel um die in Tabelle 4.5 vorgegebenen Leistungsdaten [kW] erweitert (Spalte 2-4). Es wird ein jahreszeitlicher Einfluß (relativ geringer fixer Leistungsbedarf im Sommer) unterstellt. Darüber hinaus sei die fixe Leistung in der Niedertarif-Arbeitszeit etwas höher als in der Hochtarif-Arbeitszeit.[11]

[9] Es gilt $tl_{Nt} = tl_{NtA} + tl_{NtF}$, für $t = 1...12$.

[10] Die Annahme von Rechteckverbräuchen erleichtert hier lediglich die Berechnung des fixen monatlichen Stromverbrauchs.

[11] Man kann dies etwa mit Anfahrvorgängen zu Schichtbeginn oder mit Verlagerungen kurzlaufender Prozesse (Wartung, Reinigung) in Niedertarifzeiten begründen. Im Hinblick auf die weiteren Ausführungen ermöglicht diese Differenzierung eine Vereinfachung der nachgelagerten Optimierung in Abschnitt 4.4.

t	fixer Leistungsbedarf pf_{Lt} [kW]	pf_{Ht} [kW]	pf_{Nt} [kW]	fixer Stromverbrauch af_{Ht} [kWh]	af_{Nt} [kWh]	af_{St} [kWh]	af_{Wt} [kWh]	af_t [kWh]	Stromfixkosten $af_t \cdot qe$ [DM]
1	1150	1520	1550	651300	329250	--	980550	980550	166693,50
2	1200	1580	1600	618000	310400	--	928400	928400	157828,00
3	950	1350	1400	416350	430100	846450	--	846450	143896,50
4	800	1050	1100	319000	342000	661000	--	661000	112370,00
5	700	900	950	280500	305850	586350	--	586350	99679,50
6	650	800	830	250800	273300	524100	--	524100	89097,00
7	600	700	770	227700	259650	487350	--	487350	82849,50
8	550	650	660	200750	228250	429000	--	429000	72930,00
9	700	900	950	277200	299250	576450	--	576450	97996,50
10	950	1050	1100	474750	268350	--	743100	743100	126327,00
11	1050	1350	1400	562500	290500	--	853000	853000	145010,00
12	1100	1500	1520	625500	314880	--	940380	940380	159864,60
Max\Σ	*1200*	*1580*	*1600*	4904350	3651780	4110700	4445430	8556130	1454542,10
1	2	3	4	5	6	7	8	9	10

Tabelle 4.5: Berechnung des fixen Stromverbrauchs

Multipliziert man die Leistungswerte pf_{Lt}, pf_{Ht} und pf_{Nt} mit den zugehörigen Laufzeiten in den beiden voranstehenden Tabellen, so erhält man den fixen Stromverbrauch af [kWh/a] nach

$$\text{(G.4.1)} \quad \left.\begin{aligned} af_{Ht} &= pf_{Lt} \cdot tl_{Ht} + pf_{Ht} \cdot t_{Ht}; \\ af_{Nt} &= pf_{Lt} \cdot tl_{Nt} + pf_{Nt} \cdot t_{Nt}; \\ af_t &= af_{Ht} + af_{Nt}; \end{aligned}\right] \text{ für } t = 1 \ldots 12;$$

$$af_S = \sum_{t=3}^{9} af_t; \quad af = \sum_{t=1}^{12} af_t; \quad af_W = af - af_S; \quad Kef = af \cdot qe;$$

und schließlich die mit einem Strompreis qe = 17 Pf/kWh geplanten Stromfixkosten Kef ≈ 1 455 TDM/a. Tabelle 4.5 faßt die Berechnung von Kef zusammen.

Damit sind alle Beispieldaten ermittelt, die für die nachfolgenden Abschnitte benötigt werden.

4.3. Produktions- und Absatzplanung bei einem linearen Stromtarif

Die einfachste Variante einer Integration des Strombezugs in die betriebliche Produktions- und Absatzplanung erhält man bei einem nicht differenzierten, linearen Stromtarif. Wir gehen deshalb zunächst von *einem* Strombeschaffungspreis qe [DM/kWh] aus. Dies bedeutet, daß elektrische Energie wie jeder andere Verbrauchsfaktor behandelt und ihr Bezug nach den betriebswirtschaftlichen Standardverfahren geplant werden kann.

Dementsprechend sind auch von einer Differenzierung nach den Anpassungsformen an Beschäftigungsschwankungen keine stromwirtschaftlichen Besonderheiten in einer Produktionsplanung zu erwarten. Wie im voranstehenden Abschnitt bereits angedeutet, spielen diese Anpassungsformen erst bei differenzierten Strompreisen eine besondere Rolle.

Dennoch werden die verschiedenen Anpassungsformen α bereits hier eingeführt, um die Verbindung zu den Standardansätzen der optimalen Produktions- und Absatzplanung herzustellen. Darüber hinaus liefern die Lösungen dieser Modelle interessante Vergleichsdaten zur Beurteilung der - in der Abbildung der Strompreise verbesserten - Ansätze in Abschnitt 4.6.

Die Theorie zur optimalen Produktions- und Absatzplanung unterscheidet vier Standardansätze $\alpha \in \{Z,ZI,IS,ID\}$, die Tabelle 4.6 mit einigen Anpassungen an das hier vorgestellte Planungsproblem als lineare Programme zur Maximierung des Deckungsbeitrags DB_α wiedergibt. Die nur einmal aufgeführten Restriktionen (4)...(7) gelten für alle vier Ansätze. Variablen beginnen mit einem Großbuchstaben und sind als letzter (rechts stehender) Operand eines Produkts notiert. Im einzelnen werden definiert:

Indizes:

t : Monat eines Kalenderjahres, t = 1...12;
i : Nummer eines Intensitätspunkts nach Tabelle 4.1;[12]

Stetige Variablen:

Xa_t : Absatzmenge im Monat t [ME/Mo];
Xl_t : Lagerbestand am Ende des Monats t [ME/Mo] (Xl_0 = Anfangsbestand).
T_t : genutzte Fertigungszeit im Monat t [h/Mo];
T_{it} : Zeit, in der im Monat t mit der Intensität d_i produziert wird [h/Mo];
C_{it} : SOS2-Variable zur Linearisierung der Verbrauchsfunktion [] : Gewichtungsfaktor zur Darstellung einer Konvexkombination D_t zweier benachbarter Intensitätspunkte: $D_t = d_i \cdot C_{it} + d_{i+1} \cdot C_{(i+1)t}$; $C_{it} \geq 0$; (Im Modell gilt entweder $C_{it} + C_{(i+1)t} = 1$ oder $C_{it} = C_{(i+1)t} = 0$).

[12] Vgl. die nachfolgenden Erläuterungen zu den einzelnen Ansätzen.

Binärvariablen:

$$Y_t = \begin{cases} 1\ , & \text{falls x im Monat t produziert wird;} \\ 0\ , & \text{sonst;} \end{cases} \quad \text{, für } t = 1...12$$

$$Y_{it} = \begin{cases} 1\ , & \text{falls } D_t = d_i \cdot C_{it} + d_{i+1} \cdot C_{(i+1)t}, \\ & \text{wobei } D_t \text{ die Durchschnittsintensität} \\ & \text{im Monat t angibt; } (d_i \leq D_t \leq d_{i+1} \\ & \text{und } C_{it} + C_{(i+1)t} = 1 \Longrightarrow Y_t = 1). \\ 0\ , & \text{sonst;} \end{cases} \quad \text{, für } t = 1...12,\ i = 1...(I-1)$$

Konstanten:

p_t : Absatzpreis im Monat t [DM/ME];
kl : Lagerkostensatz [DM/(ME·Mo)];
d_i : Intensitätspunkt i [ME/h];
k_i : variable Herstellkosten $k_i = k(d_i)$ [DM/ME];
t_t : verfügbare Fertigungszeit im Monat t [h/Mo];
xl' : Lager-Mindestbestand [ME];
xl" : Lager-Höchstbestand [ME];
x_{at} : Absatz-Höchstmenge im Monat t [ME];
Kef : jährliche fixe Stromkosten [DM/a];

Zur Unterscheidung verschiedener Anpassungsformen α ist anzugeben, ob ein Produktionsprozeß aus technischen und/oder organisatorischen Gründen zeitlich und/oder intensitätsmäßig gesteuert werden kann. Es ist hier nicht der geeignete Ort, die allgemeinen Ansätze und Ergebnisse der Produktions- und Kostentheorie zu diesen Fragen nachzuvollziehen. Es soll jedoch - ausgehend von den daraus abgeleiteten Standardmodellen zur optimalen Produktions- und Absatzplanung - untersucht werden, wie die Planung des Strombezugs jeweils integriert werden kann.

Mit Bezug auf das in Abschnitt 4.2 vorgestellte Betriebsmodell sind die Ansätze in Tabelle 4.6 im Zusammenhang mit Tabelle 4.1 zu lesen, in der die planungsrelevanten Daten einiger Intensitätspunkte zusammengestellt sind. Ausgehend von der ermittelten Kostenfunktion kann man durch eine Variation der Prämissen zur Menge der erlaubten Intensitätspunkte $d_i \in$ [d',d"] und zur Unterbrechbarkeit der verfügbaren Fertigungszeiten t_t das Betriebsmodell alternativ nach den Ansätzen in Tabelle 4.6 formulieren.

Diese Prämissenvariation erfolgt mit Hilfe der in den ersten fünf Spalten der Tabelle 4.1 definierten alternativen Belegungen des Index i. In Tabelle 4.6 werden gerade diese Definitionen von i jeweils vorausgesetzt. D.h.: Um die Anzahl der Symbole zu begrenzen und die Darstellung zu erleichtern, wird zur Kennzeichnung der jeweils *unterschiedlichen* planungsrelevanten Intensitätspunkte der *einheitliche* Index i gewählt.

Zeitliche Anpassung (Z)

(1) $\sum_{t=1}^{12} (p_t \cdot Xa_t - kl \cdot Xl_t - k_i \cdot d_i \cdot T_t) - Kef = DB_Z \longrightarrow \max !$

(2) $- Xa_t + Xl_{t-1} - Xl_t + d_i \cdot T_t = 0 \quad , t = 1...12$

(3) $T_t \leq t_t \quad , t = 1...12$

Zeitlich-intensitätsmäßige Anpassung (ZI)

(1) $\sum_{t=1}^{12} (p_t \cdot Xa_t - kl \cdot Xl_t - \sum_{i=1}^{I} k_i \cdot d_i \cdot T_{it}) - Kef = DB_{ZI} \longrightarrow \max !$

(2) $- Xa_t + Xl_{t-1} - Xl_t + \sum_{i=1}^{I} d_i \cdot T_{it} = 0 \quad , t = 1...12$

(3) $\sum_{i=1}^{I} T_{it} \leq t_t \quad , t = 1...12$

Intensitätsmäßige Anpassung mit Splitting (IS)

(1) $\sum_{t=1}^{12} (p_t \cdot Xa_t - kl \cdot Xl_t - \sum_{i=1}^{I} k_i \cdot d_i \cdot T_{it}) - Kef = DB_{IS} \longrightarrow \max !$

(2) $- Xa_t + Xl_{t-1} - Xl_t + \sum_{i=1}^{I} d_i \cdot T_{it} = 0 \quad , t = 1...12$

(3) $\sum_{i=1}^{I} T_{it} - t_t \cdot Y_t = 0 \quad , t = 1...12$

Intensitätsmäßige Anpassung ohne Splitting (ID)

(1) $\sum_{t=1}^{12} (p_t \cdot Xa_t - kl \cdot Xl_t - t_t \cdot \sum_{i=1}^{I} k_i \cdot d_i \cdot C_{it}) - Kef = DB_{ID} \longrightarrow \max !$

(2) $- Xa_t + Xl_{t-1} - Xl_t + t_t \cdot \sum_{i=1}^{I} d_i \cdot C_{it} = 0 \quad , t = 1...12$

(3a) $\sum_{i=1}^{I} C_{it} - Y_t = 0 \quad , t = 1...12$

(3b) $C_{1t} - Y_{1t} \leq 0 \quad , t = 1...12$

(3c) $C_{it} - Y_{(i-1)t} - Y_{it} \leq 0 \quad , i = 2...I-1, \; t = 1...12$

(3d) $C_{It} - Y_{(I-1)t} \leq 0 \quad , t = 1...12$

(3e) $\sum_{i=1}^{I-1} Y_{it} \leq 1 \quad , t = 1...12$

(4) $Xl_t \geq xl' , \; t = 1...12$

(5) $Xl_t \leq xl'' , \; t = 1...12$

(6) $Xa_t \leq xa_t , \; t = 1...12$

(7) alle Variablen ≥ 0.

Tabelle 4.6: Optimale Produktions- und Absatzplanung (Standardansätze)

Korrekterweise müßte man i selbst - wie die Zielfunktionswerte DB_α - mit dem Modelltyp $\alpha \in (Z,ZI,IS,ID)$ indizieren. Die nachstehenden Erläuterungen zu den einzelnen Ansätzen gestatten jedoch in Verbindung mit Tabelle 4.1 eine eindeutige Identifizierung der jeweils relevanten Intensitätspunkte.

Bei rein *zeitlicher Anpassung* $(\alpha = Z)$ ist genau ein Intensitätspunkt realisierbar. Die Geschwindigkeit d des Prozesses kann aus technischen oder organisatorischen Gründen nicht verändert werden, während die Laufzeiten $T_t \in [0,t_t]$ variierbar sind. Im Beispiel wählen wir die - bei intensitätsmäßiger Anpassung kostenminimale - Intensität $d_1 = d^* = 30$ ME/h als vorgegebene Prozeßgeschwindigkeit[13] (vgl. Spalte 1 in Tabelle 4.1). Das lineare Programm Z entspricht dem *mehrperiodigen Standardansatz zur Bestimmung gewinnmaximaler Produktionspläne* bei zeitlicher Anpassung, reduziert auf ein Produkt und auf eine Fertigungsstelle.[14]

Die *zeitlich-intensitätsmäßige Anpassung* $(\alpha = ZI)$ läßt zusätzlich zur Variation der Fertigungszeiten $T_t \in [0,t_t]$ eine Steuerung der Prozeßgeschwindigkeiten $d \in [d',d'']$ zu. In diesem Fall führen nur Intensitäten $d \geq d^*$ zu einem kostenminimalen Produktionsplan. $d > d^*$ wird bei zeitlichen Engpässen gewählt, d.h., falls die verfügbare Fertigungszeit t_t nicht ausreicht, um die Absatzmengen mit einem positiven Deckungsbeitrag bei einer Produktionsgeschwindigkeit d^* herzustellen.[15] Im anderen Fall erfolgt eine zeitliche Anpassung bei kostenminimaler Intensität d^*.

Für $d \geq d^*$ ist die Kostenfunktion K(d) streng konvex. Zur Formulierung linearer Programme approximiert man K(d) für $d > d^*$ durch eine endliche Anzahl von Intensitätspunkten[16] $d_i \geq d^*$, wobei $d^* = d_1 < d_2 < ... < d_I = d''$. Im Beispiel werden $I = 2$ und die Intensitätspunkte $d^* = d_1 = 30$ ME/h bzw. $d'' = d_2 = 35$ ME/h (Spalte 2 in Tabelle 4.1) gewählt.[17]

[13] Dies läßt sich z.B. damit begründen, daß man einen Prozeß mit zeitlicher Anpassung für diesen Intensitätspunkt installieren (auslegen) wird; hier gewährleistet die Wahl von $d_1 = d^*$ lediglich die Konsistenz des Beispiels für einen Vergleich der verschiedenen Ansätze.

[14] Vgl. KILGER [1973], S.462-463 und S. 99.

[15] ... und falls zusätzlich eine Erhöhung von d billiger ist, als eine Lagerung einer zeitlich vorgezogenen, mit optimaler Intensität erstellten Produktion (mehrperiodiger Ansatz).

[16] Zur näheren Begründung dieser Vorgehensweise siehe KILGER [1973], S.231 ff. und die dort angegebene Literatur. Die Struktur des Ansatzes ZI in Tabelle 4.6 entspricht den bei KILGER auf S.248-250 bzw. S.488-489 formulierten Modellen.

[17] Die Wahl weiterer Zwischenwerte $d_i \in]30,35[$ erhöht den Genauigkeitsgrad der Approximation und den Lösungsaufwand des Modells.

Bei rein intensitätsmäßiger Anpassung ist nur die Prozeßgeschwindigkeit regelbar, während die Fertigungszeiten t_t fest vorgegeben sind. Innerhalb dieser Zeiten steht der Prozeß entweder still[18], oder er wird durchgefahren. Dabei ist zu unterscheiden, ob mit *einer* Durchschnittsgeschwindigkeit über den Zeitraum t_t gefahren wird (Intensitätssplitting ist nicht erlaubt: α = ID), oder ob die Geschwindigkeit in jedem Zeitintervall t_t zusätzlich variierbar ist (Splitting ist erlaubt: α = IS).

Für den Fall *intensitätsmäßiger Anpassung mit Splitting* (α = IS) läßt sich zeigen, daß Intensitäten $d \in \,]d', d_{tan}[$, wobei

$$d_{tan} = d^* - 0{,}5 \cdot d',$$

nicht zu einem kostenminimalen Produktionsplan führen können. Damit ist der konkave Teil der Kostenfunktion auch in diesem Fall nicht planungsrelevant.[19] Im Beispiel gilt: d_{tan} = 30 ME/h − 0,5·10 ME/h = 25 ME/h. Zusätzlich zu d' und d_{tan} benötigt man wiederum weitere Intensitätspunkte, um den konvexen Teil der Kostenfunktion für $d > d_{tan}$ stückweise linear zu approximieren. Insgesamt werden die Intensitätspunkte d_i, i = 1...I verwendet, wobei $d_1 < d_2 < \ldots < d_I$, $d_1 = d'$, $d_2 = d_{tan}$, $d_I = d''$ und $d_j = d^*$ für ein j mit $2 < j < I$.[20] Im Beispiel werden $d_1 = d'$, $d_2 = d_{tan}$, $d_3 = d^*$ und $d_4 = d''$ gewählt (Spalte 3 in Tabelle 4.1).

Bei einem Vergleich der formal ähnlichen Modelle ZI und IS ist neben der veränderten Definition der Intensitätspunkte zu beachten, daß Restriktion (3) bei IS als Gleichung erfüllt sein muß, falls in einer Periode t produziert wird ($Y_t = 1$).

Der Fall *intensitätsmäßiger Anpassung ohne Splitting* (α = ID) spielt in betriebswirtschaftlichen Ansätzen zur optimalen Produktions- und Absatzplanung eine untergeordnete Rolle. Infolge der Nichtlagerbarkeit von elektrischer und thermischer Nutzenergie gibt es jedoch energiewirtschaftliche Planungsprobleme, die gerade diesem Modelltyp entsprechen. Kapitel 5 geht auf solche Ansätze ein. Das in diesem Abschnitt behandelte Produktionsplanungsproblem bietet sich an, die Struktur eines ID-Modells an einem

18 Im Rahmen einer Monatsplanung kann es insbesondere bei einer Erweiterung auf den Mehrproduktfall sinnvoll sein, diese Möglichkeit zuzulassen. Vgl. Abschnitt 4.7.

19 Vgl. dazu DELLMANN/NASTANSKY [1969].

20 Zur näheren Begründung dieser Vorgehensweise siehe KILGER [1973], S. 261-271. Vgl. auch die Struktur des Ansatzes IS mit dem bei KILGER auf S.269 formulierten Modell.

bekannten Standardansatz zu erläutern. Darüber hinaus führt dieser Ansatz zu interessanten Ergebnissen in Abschnitt 4.6.

Bei intensitätsmäßiger Anpassung ohne Splitting ist für jede fest vorgegebene Fertigungszeit t_t *eine* Intensität $D_t \in [d',d'']$ zu bestimmen. In diesem Fall ist die Kostenfunktion $K(D_t)$ über das ganze Intensitätsintervall $[d',d'']$ planungsrelevant, insbesondere also auch der konkave Teil dieser Funktion. In einem linearen Programm läßt sich $K(D_t)$ durch einen Polygonzug (stückweise linear) approximieren. Dabei muß mit Hilfe von Binärvariablen Y_{it} und durch zusätzliche Nebenbedingungen (sog. Reihenfolgebedingungen) abgesichert sein, daß nur *benachbarte* Intensitätspunkte konvex kombiniert werden.

Es gibt mehrere Möglichkeiten zur Formulierung nicht konvexer Polygonzüge in einem gemischt-ganzzahligen linearen Programm.[21] Beispielsweise bietet es sich an, das Intervall $[d',d'']$ in Teilintervalle zu zerlegen und für jedes Teilintervall Variablen $D_{it} \in [d_i, d_{i+1}]$ zu vereinbaren. Diese Vorgehensweise wird in Kapitel 5 gewählt. Eine andere Möglichkeit ist die in Modell ID benutzte Darstellung einer Intensität D_t als Konvexkombination benachbarter Intensitätspunkte d_i und d_{i+1}, d.h., man wählt die Gewichte C_{it} dieser Konvexkombinationen als Variablen.

Diese Technik orientiert sich an Ansätzen der separablen Optimierung, einem in energiewirtschaftlichen Planungsmodellen häufig benutzten Verfahren zur linearen Approximation separabler Funktionen. Standardsoftware zur gemischt-ganzzahligen linearen Programmierung unterstützt insbesondere die Verwendung sog. SOS1- und SOS2-Variablen.[22]

Im Ansatz ID kann man z.B. das SOS2-Verfahren ausnutzen, wenn *vor* der Lösung des Modells bereits bekannt ist, daß in einer optimalen Lösung gilt: $Y_t^* = 1$, für $t = 1...12$.[23] Setzt man dies in das Modell ein, so erhält man die Kostenfunktion im linken Teil der Tabelle 4.7.[24] Im rechten Teil

21 Diese Argumentation unterstellt eine zu minimierende Zielfunktion bzw. einen negativen Beitrag in einer zu maximierenden Zielfunktion.

22 Vgl. dazu SCHMITZ/SCHÖNLEIN [1978], S. 296-330 und die dort angegebene Literatur zu den von Beale und Tomlin entwickelten Verfahren des SOS1-Algorithmus (Multiple-Choice-Problem) und des SOS2-Algorithmus (separable Optimierung). Beide Verfahren benutzen auf die Struktur der SOSx spezialisierte Branching-Strategien.

23 D.h., es wird in jedem Monat t produziert. Für die hier angegebenen Beispieldaten trifft dies zu.

24 Die - zur Darstellung eines SOS2 erforderliche - Formulierung der Restriktion (3e) als Gleichung schränkt den Zulässigkeitsbereich der entscheidungsrelevanten Variablen im Modell ID nicht zusätzlich ein. Sie

der Tabelle steht die auf eine Fertigungsstunde normierte Approximation für ein festes t, um die Übereinstimmung mit der Definition eines SOS2 aufzuzeigen.[25] Man benötigt zur Darstellung der Kostenfunktion im Modell ID gerade 12 Special Ordered Sets vom Typ 2.

$K_t = t_t \cdot \sum_{i=1}^{I} k_i \cdot d_i \cdot C_{it}, \quad t = 1..12$	$K = \sum_{i=1}^{I} k_i \cdot d_i \cdot C_i$
$\sum_{i=1}^{I} C_{it} = 1, \quad t = 1...12$	$\sum_{i=1}^{I} C_i = 1$
$C_{1t} - Y_{1t} \le 0, \quad t = 1...12$	$C_1 - Y_1 \le 0$
$C_{it} - Y_{(i-1)t} - Y_{it} \le 0, \quad i = 2...I-1, \quad t = 1...12$	$C_i - Y_{i-1} - Y_i \le 0, \quad i = 2...I-1$
$C_{It} - Y_{(I-1)t} \le 0, \quad t = 1...12$	$C_I - Y_{I-1} \le 0$
$\sum_{i=1}^{I-1} Y_{it} = 1, \quad t = 1...12$	$\sum_{i=1}^{I-1} Y_i = 1$

Tabelle 4.7: Special Ordered Sets vom Typ 2 (SOS2)

Im Gegensatz zu Optimierungsprogrammen für Großrechner bietet das zur Lösung der hier vorgestellten Beispiele benutzte Mikrocomputerprogramm keine SOS1- bzw. SOS2-Techniken an. Die Variablen Y_{it} werden als reguläre Binärvariablen behandelt, und die Restriktionen (3a)...(3e) sind explizit einzugeben. Dennoch wird auf SOS2-Variablen hingewiesen, um die Querbezüge zu anderen energiewirtschaftlichen Arbeiten herzustellen.[26]

Fordert man für das Modell ID einen zu den übrigen Ansätzen adäquaten Genauigkeitsgrad, so bieten sich die Intensitäten in Spalte 4 der Tabelle 4.1 zur Bestimmung der Stützpunkte eines SOS2 an. Da das hier verwendete Programm jedoch keine SOS2 unterstützt, führt eine Deklaration von $6 \cdot 12 + 12 = 72$ regulären Binärvariablen[27] in Verbindung mit den weiteren, in Abschnitt 4.6 hinzukommenden Restriktionen zu unvertretbar lan-

verhindert jedoch eine interessante Erweiterungsmöglichkeit des Ansatzes, die bei einer Formulierung von (3e) als Ungleichung noch möglich ist: Gegebenenfalls lassen sich an die Y_{it} in der Zielfunktion zusätzliche sprungfixe Kosten (Intensitätsumstellungskosten, Anfahr- und Rüstkosten von Zusatzaggregaten etc.) binden. Bei $d' = d_1 = 0$ tritt dieses Problem nicht auf; in diesem Fall kann auch auf die Variablen Y_t verzichtet werden.

25 "Eine Menge von Variablen mit fester Reihenfolge $x_1, x_2, ..., x_n$, von denen mindestens eine, aber höchstens zwei benachbarte, einen Wert ungleich Null annehmen müssen, heißt 'Special Ordered Set vom Typ 2' oder abgekürzt SOS2 bzw. SOS(2)." (SCHMITZ/SCHÖNLEIN [1978], S.319).

26 Vgl. etwa das Modell von DUBOIS [1986].

27 ... Anzahl der Y_{it} + Anzahl der Y_t.

gen Rechenzeiten. In der Beispielrechnung werden deshalb lediglich die in Spalte 5 der Tabelle 4.1 angegebenen Intensitätspunkte angesetzt. Für die hier anstehenden Grundsatzüberlegungen reicht diese Approximation aus; sie entspricht den punktiert gezeichneten Linien in Abbildung 4.1.[28]

Das Zeitraster der Grundmodelle ist gerade so konzipiert, daß die stromwirtschaftlichen Planungsbesonderheiten bei einer minimalen Modellgröße darstellbar sind. Im Hinblick auf die inhaltliche Interpretation der Varianten IS und ID des Beispiels entstehen dadurch etwas realitätsfremde Produktionsmodelle: Die unter der Nummer (3) in Tabelle 4.6 zusammengefaßten Nebenbedingungen beider Ansätze unterstellen, daß die Produktion mit variierender (IS) oder fester Intensität (ID) jeweils über die Fertigungszeit t_t eines Monats durchgefahren wird, falls $Y_t = 1$.

Diese Forderung verträgt sich nur schlecht mit einem Zweischichtbetrieb, dessen Zeitraster gerade einen unterbrechbaren Prozeß voraussetzt. Wenn ein Prozeß täglich für 8 Stunden abschaltbar ist, läßt sich nur schwer begründen, daß dieser Prozeß über die ganze *Fertigungs*zeit t_t betrieben werden muß.[29] Mit dem gleichen Argument kann man in Ansatz ID zusätzlich fragen, warum die Intensität nur am Monatsende variierbar ist.[30]

Ein Modell zur intensitätsmäßigen Anpassung müßte ein feineres Zeitraster wählen oder einen kontinuierlich arbeitenden Dreischichtbetrieb betrachten. Eine Jahresplanung auf Tagesbasis ist für die in dieser Arbeit verfolgten Zwecke jedoch zu umfangreich und zu unübersichtlich. Ein kontinuierlich über ein Jahr laufender Prozeß führt zu Benutzungsdauern, die für stromwirtschaftliche Planungsüberlegungen - zumindest im Einproduktfall - nur wenig Optimierungsspielraum bieten.

Aus systematischen Gründen erscheint es dennoch lohnend, die bzgl. der Varianten IS und ID realitätsfremden Prämissen des *Beispiels* zu akzeptieren. Das angegebene Zeitraster reicht aus, um die Besonderheiten der Strombezugsplanung im Rahmen einer betrieblichen Produktions- und Absatzplanung in einer noch übersichtlichen, geschlossenen und über die verschiedenen Anpassungsformen vergleichbaren Rechnung darzustellen.

28 Bei dieser Wahl von nur drei Intensitätspunkten entsteht auch für das Modell ID eine konvexe Approximation der Kostenfunktion K(d), so daß auf Reihenfolgebedingungen verzichtet werden kann. Im Hinblick auf Abschnitt 4.6 bleibt der Ansatz ID dennoch interessant, weil er als einziger eine kontinuierliche Variation der Intensität d zuläßt.

29 Dies wird gerade bei rein intensitätsmäßiger Anpassung verlangt.

30 Dies wird gerade durch das Verbot eines Intensitätssplitting verlangt.

Dabei ist es insbesondere zur Vorbereitung der in Abschnitt 4.6 behandelten Abstimmung zwischen einer rein intensitätsmäßig steuerbaren betrieblichen Energieversorgung und der i.d.R. zeitlich gesteuerten Fertigung angebracht, den Grundaufbau eines ID-Modells bereits hier vorzustellen. Die *Struktur*[31] der Ansätze ID und IS ändert sich nicht, wenn man eine zeitliche Auflösung der Monate in Tage oder Schichten ergänzt.[32]

Modell Z (Tabelle 4.9, Index i nach Spalte 1 in Tabelle 4.1)

$$X_{pt} = \sum_{i=1}^{I} d_i \cdot T_{it}^* = 30 \cdot T_{1t}^*, \quad t = 1...12$$

$$a_{pt} = \sum_{i=1}^{I} ae_i \cdot d_i \cdot T_{it}^* = 3000 \cdot T_{1t}^*, \quad t = 1...12$$

Modell ZI (Tabelle 4.10, Index i nach Spalte 2 in Tabelle 4.1)

$$X_{pt} = \sum_{i=1}^{I} d_i \cdot T_{it}^* = 30 \cdot T_{1t}^* + 35 \cdot T_{2t}^*, \quad t = 1...12$$

$$a_{pt} = \sum_{i=1}^{I} ae_i \cdot d_i \cdot T_{1t}^* = 3000 \cdot T_{1t}^* + 3762{,}5 \cdot T_{2t}^*, \quad t = 1...12$$

Modell IS (Tabelle 4.11, Index i nach Spalte 3 in Tabelle 4.1)

$$X_{pt} = \sum_{i=1}^{I} d_i \cdot T_{1t}^* = 10 \cdot T_{1t}^* + 25 \cdot T_{2t}^* + 30 \cdot T_{3t}^* + 35 \cdot T_{4t}^*, \quad t = 1...12$$

$$a_{pt} = \sum_{i=1}^{I} ae_i \cdot d_i \cdot T_{1t}^* = 2200 \cdot T_{1t}^* + 2687{,}5 \cdot T_{2t}^* + 3000 \cdot T_{3t}^* + 3762{,}5 \cdot T_{4t}^*, \quad t = 1...12$$

Modell ID (Tabelle 4.12, Index i nach Spalte 5 in Tabelle 4.1)

$$D_t = \sum_{i=1}^{I} d_i \cdot C_{1t}^* = 10 \cdot C_{1t}^* + 30 \cdot C_{2t}^* + 35 \cdot C_{3t}^*, \quad t = 1...12$$

$$X_{pt} = t_t \cdot \sum_{i=1}^{I} d_i \cdot C_{1t}^* = t_t \cdot (10 \cdot C_{1t}^* + 30 \cdot C_{2t}^* + 35 \cdot C_{3t}^*), \quad t = 1...12$$

$$a_{pt} = t_t \cdot \sum_{i=1}^{I} ae_i \cdot d_i \cdot C_{1t}^* = t_t \cdot (2200 \cdot C_{1t}^* + 3000 \cdot C_{2t}^* + 3762{,}5 \cdot C_{3t}^*), \quad t = 1...12$$

Tabelle 4.8: Bestimmung der Produktionsmengen und des Stromverbrauchs[33]

[31] Eben diese Grundstruktur eines ID-Ansatzes wird für die Planungsmodelle zur Produktionssteuerung in einer betrieblichen Energieversorgung (Kapitel 5) benötigt. Wegen der Nichtlagerbarkeit der Nutzenergien bedeutet die Deckung treppenförmiger Lastganglinien, in der Summe konstante Intensitäten über vorgegebene Zeiträume einzuhalten.

[32] Vgl. dazu Abschnitt 4.7.

[33] Die Groß- und Kleinschreibung der Symbole A_x, a_x orientiert sich an ihrer Verwendung für das in Abschnitt 4.6 entwickelte Optimierungsmodell. Die mit einem Großbuchstaben beginnenden Symbole werden dort als Entscheidungsvariablen benutzt.

Die Daten zur Lösung der Planungsmodelle in Tabelle 4.6 können direkt aus Abschnitt 4.2 übernommen werden. Aus dem dort ermittelten Zeitraster werden hier lediglich die monatlichen Fertigungszeiten t_t (Spalte 15 in Tabelle 4.3) benötigt. Als optimale Lösungen erhält man die Produktions- und Absatzprogramme in den Tabellen 4.9-4.12 bzw. in Abbildung 4.2. Tabelle 4.13 erklärt die Entstehung der optimalen Zielfunktionswerte DB_α^*.

Die Notation der Ergebnisse erfolgt nach einem einheitlichen Prinzip. Zunächst ist zu beachten, daß nur jeweils der linke Teil der Tabellen 4.9-4.12 die optimalen Lösungen der Planungsmodelle nach Tabelle 4.6 enthält. Im rechten Tabellenteil werden die Ergebnisse der in Abschnitt 4.4 behandelten Sukzessivplanung ergänzt.[34] Dementsprechend werden diese Ergebnisse ebenso wie das untere Diagramm der Abbildung 4.2 in Abschnitt 4.4 besprochen. Hier sind zunächst nur die linken Tabellenteile relevant.

Die mit "*" markierten Spaltenüberschriften enthalten die Werte der Entscheidungsvariablen in einer optimalen Lösung der Modelle in Tabelle 4.6. Die übrigen, nicht mit einem "*" markierten Spalten werden daraus nach den Definitionen in Tabelle 4.8 berechnet. In den mit Xa_t^* überschriebenen Spalten sind diejenigen optimalen Absatzmengen Xa_t^* *kursiv* gedruckt, die unterhalb der Absatzhöchstmengen xa_t (vgl. Tabelle 4.4.a) liegen. Auch die Monate mit *freien* Fertigungszeiten T_{1t} sind markiert. In der vorletzten Tabellenzeile steht die Summe oder das *Maximum* einer Tabellenspalte.

t	T_{1t}^* [h]	Xp_t [ME]	Xa_t^* [ME]	Xl_t^* [ME]	ap_t [MWh]	ap_{St} [MWh]	ap_{Wt} [MWh]	ap_{Ht} [MWh]	ap_{Nt} [MWh]	P_{Ht}' [kW]	P_{Nt}' [kW]
1	*266,66*	8000	8000	500	800	0	800	800	0	*4520*	1550
2	320,00	9600	9000	1100	960	0	960	900	60	4580	*4600*
3	336,00	10080	10000	1180	*1008*	1008	0	693	315	4350	*4400*
4	320,00	9600	*10280*	500	*960*	960	0	660	300	4050	*4100*
5	*300,00*	9000	9000	500	*900*	900	0	615	285	3900	*3950*
6	352,00	10560	10000	1060	*1056*	1056	0	726	330	3800	*3830*
7	336,00	10080	10500	640	*1008*	1008	0	693	315	3700	*3770*
8	192,00	5760	*5900*	500	*576*	576	0	396	180	3650	*3660*
9	*316,66*	9500	9500	500	*950*	950	0	635	315	3900	*3950*
10	352,00	10560	10000	1060	1056	0	1056	990	66	4050	*4100*
11	320,00	9600	9500	1160	960	0	960	900	60	4350	*4400*
12	304,00	9120	*9780*	500	912	0	912	855	57	4500	*4520*
Σ*Max*	3715,33	111460	111460	*1180*	11146	6458	4688	8863	2283	*4580*	*4600*
1	2	3	4	5	6	7	8	9	10	11	12

Tabelle 4.9: Optimales Produktions- und Absatzprogramm, Modell Z

[34] Beide Tabellenteile sind durch eine vertikale Doppellinie getrennt.

Die optimale Lösung von Modell Z schöpft die Absatzhöchstmengen in den Monaten 4, 8 und 12 nicht aus. Nicht genutzte Fertigungszeiten gibt es im Januar, im Mai und im September (Spalte 2 der Tabelle 4.9). Die maximal mögliche Lagerkapazität (xl" = 2500 ME) wird nicht ausgenutzt. Letzteres gilt auch für die optimalen Lösungen der übrigen Ansätze.

t	T_{1t}^* [h]	T_{2t}^* [h]	X_{pt} [ME]	X_{at}^* [ME]	X_{lt}^* [ME]	a_{pt} [MWh]	a_{pHt} [MWh]	a_{pNt} [MWh]	P_{Ht}' [kW]	P_{Nt}' [kW]
1	*266,66*	*0,00*	8000	8000	500	800	737	63	4520,0	*4550,0*
2	*300,00*	*0,00*	9000	9000	500	900	840	60	4580,0	*4600,0*
3	336,00	0,00	10080	10000	580	*1008*	693	315	4350,0	*4400,0*
4	156,00	164,00	10420	10500	500	*1085*	709	376	4812,5	*4862,5*
5	*300,00*	*0,00*	9000	9000	500	*900*	615	285	3900,0	*3950,0*
6	352,00	0,00	10560	10000	1060	*1056*	726	330	3800,0	*3830,0*
7	336,00	0,00	10080	10500	640	*1008*	693	315	3700,0	*3770,0*
8	0,00	192,00	6720	*6860*	500	*722*	497	226	4412,5	*4422,5*
9	*316,66*	*0,00*	9500	9500	500	*950*	635	315	3900,0	*3950,0*
10	352,00	0,00	10560	10000	1060	1056	990	66	4050,0	*4100,0*
11	280,00	40,00	9800	9500	1360	990	930	60	*5112,5*	4400,0
12	0,00	304,00	10640	11500	500	1144	1072	71	5262,5	*5282,5*
Σ*Max*	2995,33	700,00	114360	114360	*1360*	11620	9137	2482	*5262,5*	*5282,5*
1	2	3	4	5	6	7	8	9	10	11

Tabelle 4.10: Optimales Produktions- und Absatzprogramm, Modell ZI

Da Modell ZI die meisten Freiheitsgrade im Produktionsvollzug aufweist,[35] führt dieser Ansatz c.p. auch zum größten Deckungsbeitrag DB_α^*.[36] Die im Vergleich zu Modell Z zusätzlich erlaubte Erhöhung der Intensität wird durchgehend in den Monaten 8 und 12 und zeitweise in den Monaten 4 und 11 genutzt. Freie Fertigungszeit verbleibt in den Monaten 1, 2, 5 und 9 (Spalte 2-3 in Tabelle 4.10). Lediglich im August wird die Absatzhöchstmenge nicht ausgeschöpft.

Letzteres gilt auch für die optimalen Lösungen der Modelle IS und ID in den Tabellen 4.10 bzw. 4.11. Beide Ansätze führen zu einer ganzjährigen (Zweischicht-) Produktion: es gilt $Y_t^* = 1$, für t = 1...12, d.h., freie Fertigungszeiten entstehen nicht. Die Mehrkosten der rein intensitätsmäßigen Anpassung führen im Vergleich zu den Modellen Z und ZI zu einer verstärkten Nutzung des Lagers (vgl. Abbildung 4.2).

[35] Zeitliche *und* intensitätsmäßige Anpassung ist möglich.

[36] Siehe die letzte Zeile in Tabelle 4.13.

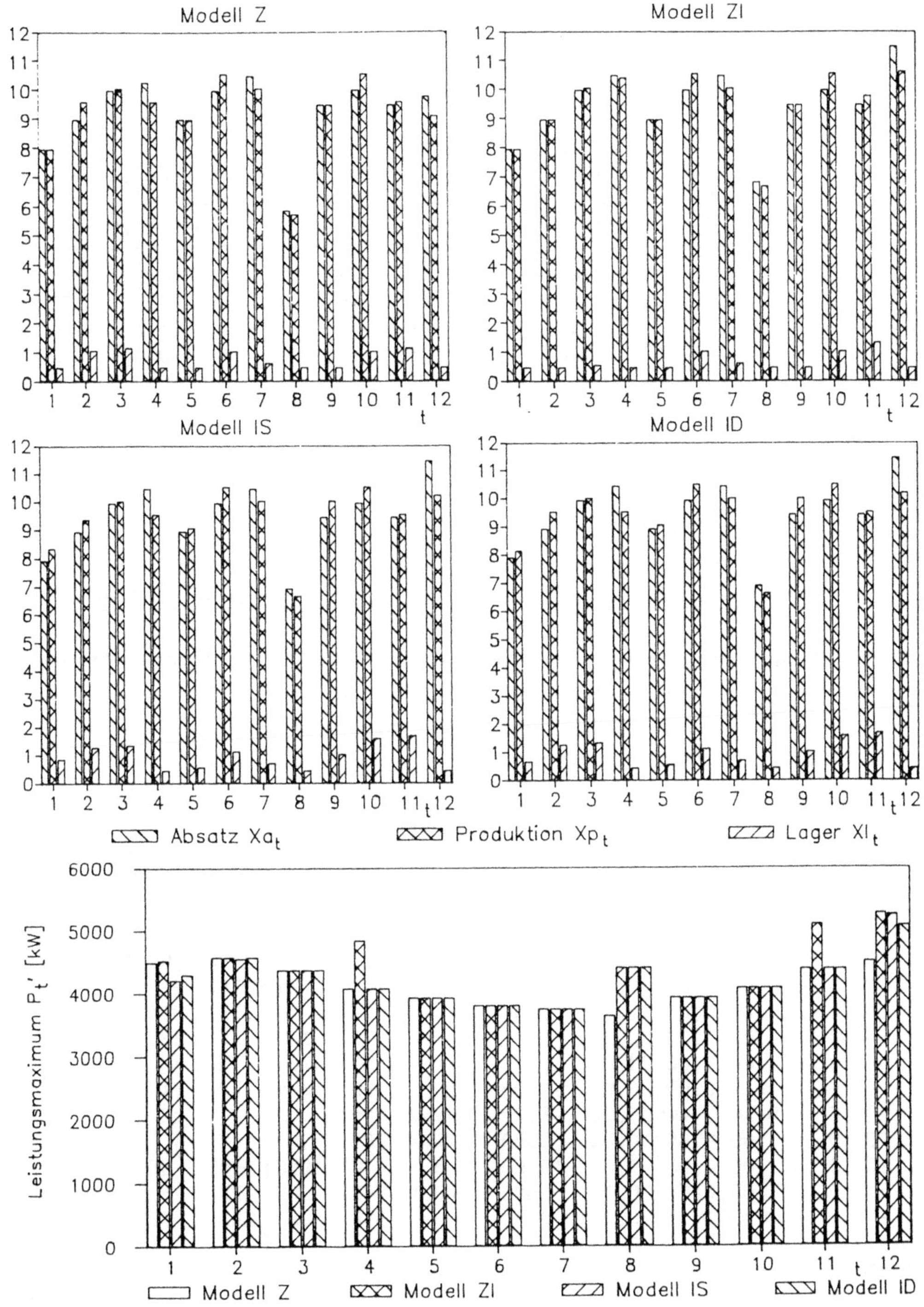

Abbildung 4.2: **Optimale Produktions- und Absatzprogramme der Modelle Z, ZI, IS, ID (Produktmengenangaben in 1000 ME).**

t	T_{it}^*, i = 1 [h]	2 [h]	3 [h]	4 [h]	X_{pt} [ME]	X_{at}^* [ME]	X_{lt}^* [ME]	a_{pt} [MWh]	a_{pHt} [MWh]	a_{pNt} [MWh]	P_{Ht}' [kW]	P_{Nt}' [kW]
1	0	*336*	0	0	8400	8000	900	903	847	56	4207,5	*4237,5*
2	0	*36*	*284*	0	9420	9000	1320	949	889	60	*4580,0*	4287,5
3	0	0	336	0	10080	10000	1400	*1008*	693	315	4350,0	*4400,0*
4	0	0	320	0	9600	10500	500	*960*	660	300	4050,0	*4100,0*
5	0	0	304	0	9120	9000	620	*912*	627	285	3900,0	*3950,0*
6	0	0	352	0	10560	10000	1180	*1056*	726	330	3800,0	*3830,0*
7	0	0	336	0	10080	10500	760	*1008*	693	315	3700,0	*3770,0*
8	0	0	0	*192*	6720	*6980*	500	*722*	497	226	4412,5	*4422,5*
9	0	0	336	0	10080	9500	1080	*1008*	693	315	3900,0	*3950,0*
10	0	0	352	0	10560	10000	1640	1056	990	66	4050,0	*4100,0*
11	0	0	320	0	9600	9500	1740	960	900	60	4350,0	*4400,0*
12	0	0	*76*	*228*	10260	11500	500	1086	1014	71	*5262,5*	4520,0
Σ*Max*	0	372	3016	421	114480	114480	*1740*	11628	9249	2379	*5262,5*	*4520,0*
1	2	3	4	5	6	7	8	9	10	11	12	13

Tabelle 4.11: Optimales Produktions- und Absatzprogramm, Modell IS

Die in der optimalen Lösung von Modell IS gewählten Fertigungsintensitäten weichen in vier Monaten ganz (Monate 1, 8) oder zeitweise (Monate 2, 12) nach oben (Monate 8, 12) oder nach unten (Monate 1, 2) von der kostenminimalen Intensität d* ab (Spalten 2-5 in Tabelle 4.11).

t	C_{it}^*, i = 1 []	2 []	3 []	D_t [ME/h]	X_{pt} [ME]	X_{at}^* [ME]	X_{lt}^* [ME]	a_{pt} [MWh]	a_{pHt} [MWh]	a_{pNt} [MWh]	P_{Ht}' [kW]	P_{Nt}' [kW]
1	*0,28*	*0,72*	0,00	24,46	8220	8000	720	898	841	56	4299	*4329*
2	0,00	1,00	0,00	30,00	9600	9000	1320	960	900	60	4580	*4600*
3	0,00	1,00	0,00	30,00	10080	10000	1400	*1008*	693	315	4350	*4400*
4	0,00	1,00	0,00	30,00	9600	10500	500	*960*	660	300	4050	*4100*
5	0,00	1,00	0,00	30,00	9120	9000	620	*912*	627	285	3900	*3950*
6	0,00	1,00	0,00	30,00	10560	10000	1180	*1056*	726	330	3800	*3830*
7	0,00	1,00	0,00	30,00	10080	10500	760	*1008*	693	315	3700	*3770*
8	0,00	0,00	*1,00*	35,00	6720	*6980*	500	*722*	497	226	4412	*4422*
9	0,00	1,00	0,00	30,00	10080	9500	1080	*1008*	693	315	3900	*3950*
10	0,00	1,00	0,00	30,00	10560	10000	1640	1056	990	66	4050	*4100*
11	0,00	1,00	0,00	30,00	9600	9500	1740	960	900	60	4350	*4400*
12	0,00	*0,25*	*0,75*	33,75	10260	11500	500	1069	1002	67	5072	*5092*
Σ*Max*	--	--	--	*35,00*	114480	114480	*1740*	11617	9223	2395	*5072*	*5092*
1	2	3	4	5	6	7	8	9	10	11	12	13

Tabelle 4.12: Optimales Produktions- und Absatzprogramm, Modell ID

Die optimalen Produktions- und Absatzprogramme der Modelle IS und ID sind fast identisch.[37] Im Produktionsvollzug gibt es jedoch Unterschiede. Bei Ansatz ID erhöht die Zusatzvorschrift, innerhalb eines Zeitintervalls t_t mit einer konstanten Intensität zu fahren, die Produktionskosten in den Monaten 1, 8 und 12 (vgl. die Spalten 2-4 der Tabelle 4.12). Die übrigen Abweichungen $Xa_t{}^* - t_t \cdot d^*$ gleicht das Lager aus.

Tabelle 4.13 erklärt die Entstehung der optimalen Zielfunktionswerte DB_α^*. Diese und alle weiteren in diesem Kapitel ausgewiesenen *Deckungsbeiträge* sind um die fixen Strombezugskosten Kef gekürzt.[38] Der weitere Text setzt diese Vereinbarung voraus und spricht kurz von Deckungsbeiträgen.

α —>	Z [DM/a]	[%]	ZI [DM/a]	[%]	IS [DM/a]	[%]	ID [DM/a]	[%]
E_α	8887780	*100,00*	9122580	*100,00*	9131940	*100,00*	9131940	*100,00*
Kr_α	4235480	55,17	4376305	55,48	4380240	55,22	4387215	55,22
Kl_α	92000	1,20	82000	1,04	121400	1,53	119600	1,51
Kep_α	1894820	24,68	1975358	25,04	1976760	24,92	1983874	24,97
Kef	1454542	18,95	1454542	18,44	1454542	18,34	1454542	18,31
K_α	7676842	*86,38*	7888205	*86,47*	7932942	*86,87*	7945232	*87,00*
DB_α^*	1210938	*13,62*	1234375	*13,53*	1198998	*13,13*	1186708	*13,00*

Tabelle 4.13: Optimale Erlöse und optimale Kostenstruktur (Übersicht)

Die Erlöse E_α können direkt aus den Absatzmengen $Xa_t{}^*$ berechnet werden. Auch die Kosten Kr_α des Produktionsfaktors r und die Lagerkosten Kl_α lassen sich ausgehend von Tabelle 4.1 einfach aus den optimalen Lösungen herleiten. Der mit den optimalen Produktionsprogrammen verbundene (produktionsbedingte) Stromverbrauch ap_α führt zu den Kosten

$$\text{(G.4.2)} \quad Kep_\alpha = ap_\alpha \cdot qe, \text{ wobei } ap_\alpha = \sum_{t=1}^{12} ap_{\alpha t}, \text{ für } \alpha \in \{Z, ZI, IS, ID\}.^{39}$$

[37] Man kann vermuten, daß in Ansatz ID analog $D_2^* < 30$ ME/h gewählt werden würde, wenn man mit der genaueren und für diesen Vergleich besser geeigneten Approximation *ID* (Spalte 4 in Tabelle 4.1) rechnet, anstatt mit der hier aus Komplexitätsgründen benutzten Vereinfachung ID (Spalte 5 in Tabelle 4.1).

[38] Insofern handelt es sich bei allen angegebenen Zielfunktionswerten nicht um *Brutto*-Deckungsbeiträge. Es sind vielmehr die um den speziellen Fixkostenblock Kef bereits verminderten Deckungsbeiträge.

[39] Zur Berechnung der $ap_{\alpha t}$, für $t = 1...12$ und $\alpha \in \{Z, ZI, IS, ID\}$ siehe Tabelle 4.8. Die Tabellen 4.8-4.12 verzichten in der isolierten Betrachtung eines Ansatzes α auf eine Mitführung des Index α.

Die fixen Stromkosten Kef sind aus Tabelle 4.4 entnommen. Die Berücksichtigung der Konstante Kef in den Zielfunktionen der Tabelle 4.6 hat keine Auswirkung auf die optimalen Lösungen der Planungsmodelle. Die Korrektur der Zielfunktionswerte erfolgt hier lediglich zur Vorbereitung eines in Abschnitt 4.6 durchgeführten und dort näher erläuterten Verfahrensvergleichs. Zur Vorbereitung dieses Vergleichs bezeichnen wir

(G.4.3) $$Ke_\alpha^{(1)} = Kep_\alpha + Kef, \text{ für } \alpha \in \{Z, ZI, IS, ID\}$$

als die *nach Methode 1 geplanten jährlichen Strombezugskosten* $Ke_\alpha^{(1)}$ [DM/a] des Unternehmens, die zusammen mit den zugehörigen *Deckungsbeiträgen* $DB_\alpha^{(1)} = DB_\alpha^*$, für $\alpha \in \{Z, ZI, IS, ID\}$, in Tabelle 4.23 übernommen werden.[40]

Mit der Ergebnisübersicht in Tabelle 4.13 ist der zweite Teilschritt der in Abschnitt 4.1 vorstrukturierten Untersuchung zur Integration der Strombezugsplanung in eine betriebliche Produktions- und Absatzplanung abgeschlossen. Die Planungsmodelle zeigen, daß bei einem nicht differenzierten Strompreis keine besonderen Probleme auftreten. Die variablen Strombezugskosten gehen wie die Kosten der materiellen Verbrauchsfaktoren über die Herstellkosten der Produkte in die Zielfunktionen der Modelle ein.

Der optimale Stromverbrauch kann aus den optimalen Produktionsmengen Xp_t^* abgeleitet werden. Da die Strombezugskosten des Betriebs lediglich von der verbrauchten elektrischen Arbeit abhängen (linearer Tarif), ist der Lastverlauf des Strombezugs für die betriebliche Planung nicht relevant. Die nachfolgenden Abschnitte gehen nun schrittweise auf eine zunehmend differenzierte Strompreisregelung ein.

[40] Methode 2 wird in Abschnitt 4.6 besprochen.

4.4. Produktions- und Absatzplanung mit einem durchschnittlichen Strompreis

Nach den voranstehenden Ausführungen zur betrieblichen Strombezugsplanung bei einem linearen Tarif wird nun angenommen, daß für die vom EVU bezogene elektrische Energie ein differenziertes Preissystem gilt. Hierzu benutzen wir eine leicht modifizierte Version der in Tabelle 3.6 angegebenen Preisregelung. Die Stromkostenfunktion des Betriebes sei

(G.4.4) $Ke = ql \cdot P'' + qa_H \cdot A_H + qa_N \cdot A_N$, wobei

ql : Leistungspreis [DM/(kW·a)];
qa_H : Arbeitspreis zur Hochtarifzeit [DM/kWh];
qa_N : Arbeitspreis zur Niedertarifzeit [DM/kWh];
P'' : kostenwirksame Jahreshöchstleistung des Strombezugs [kW];
A_H : in der Hochtarifzeit bezogene elektrische Arbeit [kWh/a];
A_N : in der Niedertarifzeit bezogene elektrische Arbeit [kWh/a].

Die Modifikationen in G.4.4 gegenüber Tabelle 3.6 betreffen die Definitionen der Tarifzeiten und der Jahreshöchstleistung P". Um den realen Strompreisregelungen in Abschnitt 4.5 schrittweise näher zu kommen, gehen wir von den Tarifzeiten in Tabelle 4.2 aus und nehmen an, daß die kostenwirksame Jahreshöchstleistung P" als der Mittelwert aus den beiden höchsten (viertelstündigen) Monatsmaxima des Abrechnungsjahres berechnet wird. Eine formale Definition von P" findet man in Tabelle 4.14.

Abschnitt 4.6 zeigt, daß es aufwendig ist, eine differenzierte Stromkostenfunktion wie G.4.4 im Rahmen einer simultanen Produktions- und Absatzplanung zu berücksichtigen. Eine in der betrieblichen Praxis übliche Vereinfachung besteht daher aus der folgenden *Sukzessivplanung*:

- Ausgehend von Vergangenheitsdaten oder von einer grob geschätzten Planbeschäftigung auf *Jahres*basis werden der erwartete Jahresbedarf an elektrischer Energie $A^{(P)}$ [kWh/a] und die erwarteten Strombezugskosten $Ke^{(P)}$ [DM/a] nach G.4.4 *geschätzt*. Aus diesen Daten läßt sich ein erwarteter Durchschnitts-Beschaffungspreis

  (G.4.5) $qe^{(P)} = Ke^{(P)} : A^{(P)}$ [DM/kWh]

  berechnen. Aufgrund der o.g. Schwierigkeiten der Berücksichtigung einer differenzierten Strompreisregelung erfolgt dann eine Absatz- und Produktionsplanung auf *Monats*basis vereinfachend mit Hilfe dieses *geplanten Durchschnittspreises* $qe^{(P)}$. Hierzu können die Standardansätze in Abschnitt 4.3 verwendet werden, wenn man dort den Strompreis qe durch $qe^{(P)}$ ersetzt.

- Als Ergebnis erhält man einen nach Monaten strukturierten Produktionsplan, der als Vorgabe in eine nachgeschaltete, stromwirtschaftliche Produktions*vollzugs*planung auf *Stunden*basis eingeht.[41] Erst in diesem Planungsschritt werden differenzierte Strompreise berücksichtigt.

Bevor Abschnitt 4.6 auf Fehler hinweist, die bei einer solchen Sukzessivplanung auftreten können, vollziehen wir dieses Planungskonzept zunächst nach. Für das Zahlenbeispiel wird angenommen, daß der nach G.4.5 ermittelte durchschnittliche Strompreis gerade $qe^{(P)} = qe = 17$ Pf/kWh beträgt. Mit Hilfe dieser Annahme kann auf die Durchführung des ersten Planungsschritts verzichtet werden: Die Ergebnisse stimmen mit den optimalen Lösungen in Abschnitt 4.3 überein. Sie werden von dort übernommen.[42]

Es verbleibt der zweite Planungsschritt einer nachgelagerten stromwirtschaftlichen Produktionsvollzugsplanung. Ausgehend von den - im ersten Schritt ermittelten - nach Monaten strukturierten Produktions*programm*plänen[43] wird versucht, *innerhalb* der einzelnen Monate zusätzlich zur Minimierung von G.4.4 beizutragen. Hierzu bieten sich zwei *Maßnahmen* an:

- Im Gegensatz zum vorgegebenen Produktionsprogrammplan ist G.4.4 nach Tarifzeiten differenziert. Wegen $qa_H > qa_N$ kann man Teile des Stromverbrauchs verstärkt in die Niedertarifzeiten verlagern. Dies läßt sich durch eine zeitliche Verlegung von Fertigungsstunden in diese Zeiten erreichen (Modelle Z, ZI) oder auch durch eine Erhöhung der Fertigungsintensitäten (Modelle ZI, IS) in den Niedertarifzeiten.

- Die Höchstlasttarifierung legt es nahe, eine möglichst gleichmäßige elektrische Summenlast (Rechteckverbrauch) anzustreben, um P" und damit die Leistungskosten ql·P" zu minimieren. Hierzu ist die betriebliche Ablaufplanung auf eine Minimierung von P" hin auszurichten oder zumin-

[41] Die Beschränkung dieses Planungsschritts auf den Produktions*vollzug* bedeutet u.a., daß die Preisdifferenzierung keinen direkten Einfluß auf den Absatz- und den Produktions*programm*plan hat. Vgl. Abschnitt 4.7.

[42] Aus diesem Grund werden die Ergebnisse der in Abschnitt 4.3 besprochenen Planung bei einem linearen Tarif und der hier durchgeführten Sukzessivplanung *gemeinsam* in den Tabellen 4.9–4.12 bzw. in Abbildung 4.2 dargestellt.

[43] Mit Bezug auf Modell Z kann man sagen, daß das in diesem Abschnitt verwendete Planungskonzept in einer Trennung von Produktions*programm*- und Produktions*vollzugs*planung besteht. Für die übrigen Modelle ist dies schwieriger, weil hier kurzfristige, Stromkosten einsparende und das Produktions*programm* nicht verändernde Variationen der Fertigungsintensitäten denkbar sind, die ebenfalls zur Vollzugsplanung zählen. Über die Wahl der Intensitäten wird aber z.T. im ersten Planungsschritt entschieden.

dest um diese Zielsetzung zu ergänzen. Auch diese Glättung der elektrischen Summenlast läßt sich mit zeitlichen und mit intensitätsmäßigen Anpassungsmaßnahmen bei den einzelnen Fertigungsprozessen erreichen.

Die Gegenläufigkeit der beiden Maßnahmen wird in G.4.4 direkt deutlich: Durch eine verstärkte Verlagerung des Stromverbrauchs in die Niedertarifzeit kann in dieser Zeit c.p. der elektrische Leistungsbedarf P, der zur Bestimmung von P" kontinuierlich gemessen wird, steigen. Die potentiellen Einsparungen von Verlagerungen des Stromverbrauchs in die Niedertarifzeit sind demnach gegen mögliche Leistungsmehrkosten abzuwägen.[44]

Bevor dieser Zusammenhang am Zahlenbeispiel verdeutlicht wird, ist noch auf eine weitere Optimierungsmöglichkeit hinzuweisen. Diese ergibt sich daraus, daß man im zweiten Schritt nicht nur eine Planung des Produktionsvollzugs *innerhalb* der einzelnen Monate zuläßt, sondern darüber hinaus die monatliche Verteilung der Produktionsmengen ändert, ohne die Einhaltung des Absatzplans zu gefährden. In einem solchen Kalkül müssen die Einsparungen aus einer zeitlichen Vorverlagerung der Produktion in Monate mit einer relativ geringen Summenlast (Maßnahme 2) bzw. mit freier Kapazität in der Niedertarifzeit (Maßnahme 1) mit den dadurch zusätzlich entstehenden Lagerkosten verglichen werden.

Diese Vorüberlegungen machen bereits deutlich, daß eine stromwirtschaftlich ausgerichtete Produktionsvollzugsplanung zu komplexen kombinatorischen Ablaufproblemen führt. Da die Strombezugskosten aufgrund der geltenden Sonderabnehmerverträge grundsätzlich auf Jahresbasis abgerechnet werden,[45] können diese Probleme theoretisch exakt nur in einer simultanen Produktionsprogramm- und -vollzugsplanung[46] gelöst werden.

Bei einer Sukzessivplanung kommen im zweiten Planungsschritt vorwiegend heuristische Verfahren zum Einsatz. In der Literatur ist bisher noch keine systematische Untersuchung solcher Heuristiken zur stromwirtschaftlichen Optimierung einer betrieblichen Ablaufplanung bekannt. Ein einfaches und weit verbreitetes Verfahren ist die *Maximumüberwachung*.

Bei diesem Verfahren wird die betriebliche Summenlast kontinuierlich gemessen und mit einer *im voraus festgelegten* Jahreshöchstleistung P" verglichen. Bei einer Überschreitung von P" erfolgt eine (Teil-) Abschaltung von Stromverbrauchern. Das Spektrum der zur Maximumüberwachung ent-

[44] Vgl. G.4.6.

[45] Vgl. Abschnitt 4.5.

[46] Vgl. Abschnitt 4.6.

wickelten Techniken reicht von einfachen Meßgeräten[47], die eine Sollwertüberschreitung lediglich melden, bis hin zu vernetzten Prozeßrechnersystemen[48], die eine zeitweise Abschaltung von Fertigungsprozessen oder von Hilfsbetrieben in einer von der aktuellen Maschinenbelegung abhängigen Reihenfolge und Dauer auslösen, überwachen und wieder aufheben.

In einem verbesserten Verfahren kann man versuchen, P" durch die Ablaufplanung (Maschinenbelegungsplanung) gezielt zu minimieren.[49] Die Integration einer differenzierten Strompreisregelung in die betriebliche Ablaufplanung erfordert eine detaillierte Modellierung des Fertigungssystems, die nach der Themenabgrenzung in Abschnitt 1.3 (Energie*anwendung*) hier nicht behandelt wird.[50] Wir beschränken uns daher in diesem Abschnitt auf eine experimentelle Anwendung der beiden o.g. stromwirtschaftlichen Maßnahmen auf das Zahlenbeispiel.

Dabei sollen lediglich das Prinzip einer stromwirtschaftlichen Sukzessivplanung und das Grundproblem der Spitzenlastoptimierung einmal angesprochen werden. In der Hauptsache kommt es hier nur darauf an, *eine zulässige* Strukturierung des in Abschnitt 4.3 geplanten Stromverbrauchs zu ermitteln, die Abschnitt 4.5 zur Berechnung der Strombezugskosten nach den konkreten Regelungen verschiedener Sonderabnehmerverträge benötigt.[51]

[47] Die Messung basiert auf der Erfassung viertelstündiger Mittelwerte der elektrischen Summenleistung des Betriebs (vgl. Abschnitt 4.5). Da der Lastverlauf kontinuierlich variiert, entsteht bei einer *momentanen* Überschreitung des Sollwerts P" ein *Prognoseproblem* bzgl. des weiteren Lastverlaufs in einer Meßperiode (Wie lange wird die Überschreitung dauern, d.h., sind überhaupt Abschaltungen nötig?) und ein *Auswahlproblem* (Welche Anlagen sind wie lange und mit welcher Verzögerung abschaltbar und gegebenenfalls effektiv abzuschalten?). Zur Lösung des Prognoseproblems gibt es eine spezielle *Theorie der Höchstlastoptimierung*. Bekannte Basisalgorithmen sind das *Freilastverfahren*, das *Mittellastverfahren* und das *Grundlastverfahren*. Vgl. dazu KOEHLER/SCHATZ [1977], RUDOLPH [1980], [1981a und b].

[48] Die technische Literatur bezeichnet Prozeßrechnersysteme zur Überwachung und Minimierung des Energie*verbrauchs* auch als *Energiemanagementsysteme*. Die Anwendung dieser Systeme beschränkt sich nicht auf die Maximumüberwachung des Strombezugs. Beispielsweise werden auch Beleuchtungen, Heizungs-, Klima- und Belüftungsanlagen, Außenjalousien etc. automatisch geregelt.

[49] Einen solchen Ansatz entwickelt WOLF [1987] S.195 ff.

[50] Aus der Sicht der Energie*versorgung* gibt Abschnitt 4.6 jedoch eine Modellierung der Strom*bezugs*seite (des Sonderabnehmervertrags) an.

[51] In Abschnitt 4.1 wird auf diese *Brückenfunktion* des dritten Teilschritts im Gesamtzusammenhang dieses Kapitels hingewiesen.

Im einzelnen handelt es sich bei diesen Daten um

- die Jahreshöchstleistung P" [kW], berechnet als das arithmetische Mittel aus den beiden (viertelstündigen) Monatsmaxima PM1 und PM2 [kW] der Jahreslastganglinie: P" = 0,5·(PM1 + PM2);
- die gesamte im Abrechnungsjahr bezogene elektrische Arbeit A [kWh/a], untergliedert nach den Tarifzeiten H und N: $A = A_H + A_N$ [kWh/a];
- die prozentualen Anteile a_S und a_W [%] der in den Jahreszeiten S und W bezogenen Energien A_S, A_W [kWh/a] an der Jahresarbeit A [kWh/a];
- die Benutzungsdauer ha = A : P" [h/a] der Jahreshöchstleistung P".

Die Berechnung dieser Daten erfolgt im rechten Teil der Tabellen 4.9–4.12. In den mit P_{Ht}' und P_{Nt}' überschriebenen Spalten dieser Tabellen ist jeweils der größere Wert $P_t' = \max\{P_{Ht}', P_{Nt}'\}$, das (viertelstündige) Monats- (Leistungs-) Maximum [kW] *kursiv* geschrieben. Die beiden Monatsmaxima PM1 und PM2 [kW] werden zusätzlich <u>unterstrichen</u>.

Der Mittelwert aus PM1 und PM2 ergibt die Jahreshöchstleistung P", die in das untere Diagramm der Abbildung 4.2 und – zusammen mit der in den Summenzeilen der Tabellen 4.9–4.12. berechneten *Struktur des Jahresstromverbrauchs* – in Tabelle 4.15 übertragen wird. Diese Tabelle enthält alle in Abschnitt 4.5 benötigten, *jahresbezogenen* Stromverbrauchsdaten. Der weitere Text erläutert die Rechenschritte zur Ermittlung dieser Daten.

Wie oben erläutert betrachten wir im zweiten Planungsschritt lediglich eine experimentelle Optimierung *innerhalb* der einzelnen Monate, d.h. die in Abschnitt 4.3 ermittelten, monatlichen Produktionspläne werden vorgegeben. Um die Vergleichbarkeit[52] der hier durchgeführten Sukzessivplanung mit den Simultanplanungsmodellen in Abschnitt 4.6 zu gewährleisten, wird darüber hinaus bei den Modellen ZI und IS die Aufteilung der Fertigungszeiten auf die vorgegebenen Intensitätspunkte nicht verändert.[53]

Diese Vorgaben beschränken den zweiten Planungsschritt auf eine Belegungsplanung für die disponierbaren Niedertarifzeiten, d.h., auf eine nachträgliche Verteilung der optimalen Fertigungszeiten T_{it}^* auf die Tarifzeiten[54] in gerade denjenigen Monaten, deren verfügbare Fertigungszeit t_t nicht ausgeschöpft wird (Modelle Z, ZI) oder deren Fertigungszeit

52 Vgl. die Vorüberlegungen zu den Ansätzen ZI und IS in Abschnitt 4.6.

53 Eine feinere Auflösung der Intensität bzw. eine kontinuierliche Variation von d über das *ganze* zulässige Intervall [d';d"] erschliessen einen weiteren Spielraum für Leistungskostensenkungen. Vgl. Abschnitt 4.6.

54 Auf diese Differenzierung wird im ersten Planungsschritt verzichtet.

auf verschiedene Intensitätspunkte verteilt ist (Modelle ZI, IS). Die monatlichen Strom*verbrauchs*werte ap_t werden dadurch nicht verändert.

Die vom EVU bezogene Jahresenergie A und deren Aufteilung in einen Sommer- und in einen Winteranteil $A = A_S + A_W$ lassen sich daher für alle Modelle eindeutig aus den Verbrauchsdaten[55] ap_t berechnen.[56] Für Modell Z ist diese Aufteilung explizit ausgewiesen (vgl. die Spalten 7 und 8 in Tabelle 4.9 und Tabelle 4.2). Bei den übrigen Ansätzen (Tabelle 4.10-4.12) werden nur die Summenspalten ap_t angegeben. Innerhalb dieser Spalten ist der Verbrauch in den Sommermonaten *kursiv* markiert.

Ein einfaches Kriterium zur Aufteilung eines monatlichen Stromverbrauchs auf eine Hochtarif- und eine Niedertarifmenge ($ap_t = ap_{Ht} + ap_{Nt}$) läßt sich aus G.4.4 wie folgt herleiten:

(G.4.6) $$dK_t = dKa_t - dKl_t = da_{Nt} \cdot (qa_H - qa_N) - 0{,}5 \cdot dP_t \cdot ql \text{ , wobei}$$

dK_t : Kostenersparnis durch eine optionale Belegung der Niedertarifzeit im Monat t [DM]
dKa_t : einsparbare Arbeitskosten [DM];
dKl_t : zusätzliche Leistungskosten [DM];
da_{Nt} : in die Niedertarifzeit verlagerte Arbeit [kWh];
dP_t : zusätzlicher Leistungsbedarf [kW].

Nach G.4.6 lohnt sich eine optionale Belegung von Niedertarifzeiten in einem Monat t, falls gilt: $dK_t > 0$. Die Preise seien

$$ql = 243{,}51 \text{ DM/kW}, \quad qa_H = 13{,}30 \text{ Pf/kWh und } qa_N = 7{,}81 \text{ Pf/kWh.}$$

Eine Begründung für die Wahl dieser Preise erfolgt in Abschnitt 4.7.[57] Zunächst wird die Aufteilung der in Abschnitt 4.3 ermittelten optimalen Fertigungszeiten auf die Tarifzeiten H und N - unter Beachtung der oben gesetzten Vorgaben - durchgeführt.

In der optimalen Lösung von Modell Z gibt es disponierbare Fertigungszeiten in den Monaten 1, 3 und 9.[58] In Monat 1 ist zu prüfen, ob von den $T_{1,1}^* = 266{,}66$ Fertigungsstunden $t_{N1} = 21$ h[59] in die Niedertarifzeit zu legen sind. Wegen $qa_N < qa_H$ spart diese Maßnahme die Arbeitskosten

55 Vgl. die Tabellen 4.8-4.12.

56 Die zugehörigen Formeln findet man im oberen Block der Tabelle 4.14.

57 Die Preise entsprechen näherungsweise den Grenzkosten des günstigsten Sonderabnehmervertrags für die Planungsdaten des Beispiels; vgl. dazu Anmerkung 206 in Abschnitt 4.7.

58 Vgl. die *kursiv* markierten Werte in Spalte 2 der Tabelle 4.9.

59 Vgl. Spalte 12 in Tabelle 4.3.

$$dKa_1 = ae_1 \cdot d_1 \cdot t_{N1} \cdot (qa_H - qa_N)$$
$$= 100 \text{ kWh/ME} \cdot 30 \text{ ME/h} \cdot 21 \text{ h} \cdot 0{,}0549 \text{ DM/kWh} = 3458{,}70 \text{ DM}.$$

Wegen $pf_{N1} > pf_{H1}$[60] erhöht sich durch diese Maßnahme jedoch das Monatsmaximum $P_1' = \max\{P_{H1}', P_{N1}'\}$ um $pf_{N1} - pf_{H1} = 30$ kW. Aus $P_1' > P_{12}'$ folgt $PM2 = P_1' = 4550$ kW.[61] Eine Belegung der Niedertarifzeiten im Januar verursacht daher c.p. zusätzliche Leistungskosten

$$dKp_1 = 0{,}5 \cdot (pf_{N1} - pf_{H1}) \cdot ql = 0{,}5 \cdot 30 \text{ kW} \cdot 243{,}51 \text{ DM/kW} = 3652{,}65 \text{ DM}.$$

Modelle Z, ZI, IS, ID (Tabellen 4.9 - 4.12; vgl. auch Tabelle 4.5)

$$ap = \sum_{t=1}^{12} ap_t \; ; \quad aps = \sum_{t=3}^{9} ap_t \; ; \quad apw = ap - aps \; ;$$

$$A = ap + af \; ; \quad As = aps + afs \; ; \quad Aw = apw + afw \; ;$$

$$a_S = \frac{As \cdot 100}{A} \; ; \quad a_W = \frac{Aw \cdot 100}{A} \; ; \quad (a_S + a_W = 100\ \% \; ;)$$

$$ap_H = \sum_{t=1}^{12} ap_{Ht} \; ; \quad ap_N = \sum_{t=1}^{12} ap_{Nt} \; ; \quad ap = ap_H + ap_N \; ;$$

$$A_H = ap_H + af_H \; ; \quad A_N = ap_N + af_N \; ; \quad A = A_H + A_N \; ;$$

$$a_H = \frac{A_H \cdot 100}{A} \; ; \quad a_N = \frac{A_N \cdot 100}{A} \; ; \quad (a_H + a_N = 100\ \% \; ;)$$

$$P_t' = \max\{P_{Ht}', P_{Nt}'\}, \text{ für } t = 1 \ldots 12;$$
$$PM1 = \max\{P_t', t = 1 \ldots 12\};$$
$$PM2 = \max\{\{P_t', t = 1 \ldots 12\} - \{PM1\}\};$$
$$P'' = 0{,}5 \cdot (PM1 + PM2);$$

Modell ID (Tabelle 4.12; vgl. auch Tabelle 4.2 und 4.3)

$$ap_{Ht} = t_{Ht} \cdot \sum_{i=1}^{I} ae_i \cdot d_i \cdot C_{it}^* = t_{Ht} \cdot (2200 \cdot C_{1t}^* + 3000 \cdot C_{2t}^* + 3762{,}5 \cdot C_{3t}^*), \; t = 1 \ldots 12;$$

$$ap_{Nt} = t_{Nt} \cdot \sum_{i=1}^{I} ae_i \cdot d_i \cdot C_{it}^* = t_{Nt} \cdot (2200 \cdot C_{1t}^* + 3000 \cdot C_{2t}^* + 3762{,}5 \cdot C_{3t}^*), \; t = 1 \ldots 12;$$

$$P_{Ht}' = pf_{Ht} + \sum_{i=1}^{I} ae_i \cdot d_i \cdot C_{it}^* = pf_{Ht} + 2200 \cdot C_{1t}^* + 3000 \cdot C_{2t}^* + 3762{,}5 \cdot C_{3t}^*, \; t = 1 \ldots 12;$$

$$P_{Nt}' = pf_{Nt} + \sum_{i=1}^{I} ae_i \cdot d_i \cdot C_{it}^* = pf_{Nt} + 2200 \cdot C_{1t}^* + 3000 \cdot C_{2t}^* + 3762{,}5 \cdot C_{3t}^*, \; t = 1 \ldots 12;$$

Tabelle 4.14: Strukturierung des Stromverbrauchs[62]

[60] Vgl. Tabelle 4.5.

[61] P_{12}' definiert PM2, falls die Niedertarifzeit im Januar *nicht* belegt wird; diese Situation ist in Tabelle 4.9 eingetragen.

[62] Auf eine Mitführung des Index α wird vereinfachend verzichtet.

Wegen $dK_1 = dKa_1 - dKp_1 = -193{,}95$ DM < 0 DM lohnt sich diese Maßnahme nicht. Anders verhält es sich in den Monaten 5 und 9. Dort erhöht eine Belegung der Niedertarifzeiten c.p. die Jahreshöchstleistung P" nicht: Wegen $dKp_t = 0$ gilt $dK_t > 0$ für $t \in \{3,9\}$.

In der optimalen Lösung von Modell ZI (Tabelle 4.10) gibt es freie Fertigungszeiten in den Monaten 1, 2, 5 und 9. In den Monaten 4 und 11 kann in der Niedertarifzeit mit der kostenminimalen Intensität d_1 oder mit der maximalen Intensität d_2 produziert werden. Zunächst stellt man fest, daß die beiden Monatsmaxima PM1 und PM2 eindeutig im November und im Dezember liegen. Im November wird entschieden, mit welcher Intensität d_i die $t_{N11} = 20$ Niedertarifstunden zu belegen sind.

Fährt man in dieser Zeit mit d_2, so spart man die Arbeitskosten

$$dKa_{11} = t_{N11} \cdot (ae_2 \cdot d_2 - ae_1 \cdot d_1) \cdot (qa_H - qa_N) = 837{,}22 \text{ DM}.$$

Wegen $T_{2,11}^* > t_{N11}$ und $P_{11}' = PM2$ steigen die Leistungskosten um

$$dKp_{11} = 0{,}5 \cdot (pf_{N,11} - pf_{H,11}) \cdot ql = 6087{,}75 \text{ DM}.$$

Wegen $dK_{11} = dKa_{11} - dKp_{11} < 0$ lohnt sich im November eine Produktion mit erhöhter Intensität in der Niedertarifzeit nicht: Das zweite Monatsmaximum PM2 = 5112,5 kW fällt - unabhängig von weiteren Überlegungen zu den anderen Monaten - in der Hochtarifzeit des Monats 11 an.

In den übrigen Monaten ist jede zusätzlich mögliche Verlagerung des Strombezugs in die Niedertarifzeit rentabel ($dKp_t = 0$): Im April wird in $t_{N4} = 100$ Niedertarifstunden mit maximaler Intensität d_2 produziert; die Fertigungszeiten t_{Nt} für t = 1,2,5,9 sind mit der kostenminimalen Intensität d_1 zu belegen. Insgesamt erreicht Modell ZI den höchsten Niedertarifanteil $a_N = 30{,}4$ % (vgl. Tabelle 4.15).

Für die optimale Lösung von Modell IS wird hier lediglich entschieden, ob in der Niedertarifzeit der Monate 2 und 12 mit der kostenminimalen Intensität d_3 produziert wird oder nicht. Ein Vergleich der Leistungswerte P_{H2}', P_{N2}', P_{H12}', P_{N12}' mit allen übrigen P_{Ht}', P_{Nt}' zeigt, daß unabhängig von dieser Entscheidung PM1 im Dezember und PM2 im Februar anfallen.

Mit einer zur Vorgehensweise bei Modell ZI analogen Rechnung ergibt sich das in Tabelle 4.10 angegebene Resultat, daß sich für t = 2 eine Abweichung von der kostenoptimalen Intensität nach *unten*[63] lohnt, während

[63] D.h., in der Niedertarifzeit $t_{N2} = 20$ h wird mit der Intensität $d_2 = 25$ ME/h produziert.

für t = 12 eine Abweichung nach *oben*[64] nicht rentabel ist. Beide Teilergebnisse unterstreichen noch einmal die Bedeutung der Leistungskosten in einer stromwirtschaftlich orientierten Produktionsvollzugsplanung.

Für Modell ID gibt es definitionsgemäß[65] keine zusätzliche Optimierungsmöglichkeit durch eine Differenzierung nach Tarifzeiten. Die Energien a_{Ht} und a_{Nt} [kWh/a] lassen sich ebenso wie die Leistungswerte P_{Ht}' und P_{Nt}' [kW] eindeutig aus dem optimalen Produktionsprogramm ableiten. Die im unteren Teil der Tabelle 4.14 für den Ansatz ID ausgewiesenen Formeln führen zu den im rechten Teil der Tabelle 4.12 berechneten Ergebnissen.

Modell α ⟶		Z		ZI		IS		ID	
P_α''[kW]·ha_α[h/a]		4560·4321		5198·3882		4921·4101		4846·4163	
Zeit-raum x	af_x [MWh/a]	ap_{Zx} [MWh/a]	A_{Zx}	ap_{ZIx} [MWh/a]	A_{ZIx}	ap_{ISx} [MWh/a]	A_{ISx}	ap_{IDx} [MWh/a]	A_{IDx}
H	4904	8863	13767	9137	14042	9249	14153	9223	14127
N	3652	2283	5935	2482	6134	2379	6031	2395	6046
(Σ)	8556	11146	19702	11620	20176	11628	20184	11617	20173
S	4111	6458	10569	6729	10840	6674	10785	6674	10785
W	4445	4688	9133	4890	9336	4954	9399	4943	9388
Zeit-raum x	af_x [%]	ap_{Zx} [%]	a_{Zx} [%]	ap_{ZIx} [%]	a_{ZIx} [%]	ap_{ISx} [%]	a_{ISx} [%]	ap_{IDx} [%]	a_{IDx} [%]
H	57,32	79,52	69,88	78,64	69,60	79,54	70,12	79,39	70,03
N	42,68	20,48	30,12	21,36	30,40	20,46	29,88	20,61	29,97
S	48,04	57,94	53,64	57,91	53,73	57,40	53,43	57,45	53,46
W	51,96	42,06	46,36	42,09	46,27	42,60	46,57	42,55	46,54
1	2	3	4	5	6	7	8	9	10

Tabelle 4.15: Struktur des Stromverbrauchs (Zusammenfassung)

Damit ist eine experimentelle, nachträgliche Bestimmung der aus der optimalen Lösungen der Modelle nicht eindeutig ableitbaren Strombezugsdaten ap_{Ht}, ap_{Nt} und P" in den Tabellen 4.9 - 4.13 erklärt. Tabelle 4.14 enthält - diese Daten voraussetzend[66] - die allgemeinen Definitionen zur Strukturierung des jährlichen Strombezugs.

64 D.h., die Fertigungsstunden $T_{2,11}^*$ = 40 h mit einer Intensität von d_4 = 35 [ME/h] sind vollständig in die Hochtarifzeit zu legen.

65 ... konstante Intensität bei vorgegebener monatlicher Fertigungszeit t_t.

66 Die Zerlegung $ap_t = ap_{Wt} + ap_{St}$ wird hier nur am Zahlenbeispiel erläutert. Eine formale und allgemeingültige Darstellung dieser experimen-

Tabelle 4.15 faßt alle Stromverbrauchsdaten zusammen, die mit einer Realisierung der durchgeführten Sukzessivplanung verbunden sind. Der mittlere Block dieser Tabelle enthält die Strukturdaten des Stromverbrauchs [MWh/a] aus den Tabellen 4.9–4.12. Neben einer prozentualen Aufschlüsselung dieser Zahlen im unteren Tabellenteil wird in der ersten Zeile die Jahresbenutzungsdauer $ha_\alpha = A_\alpha : P_\alpha''$ [h/a] berechnet.[67]

In vielen praktischen Fällen ist der Optimierungsspielraum für Kosteneinsparungen durch stromwirtschaftlich begründete zeitliche Verlagerungen der Produktion aus organisatorischen Gründen (Inflexibilität oder Vollbeschäftigung der Fertigungsanlagen und der Arbeitskräfte) beschränkt.[68] Dies kommt auch in den optimalen Lösungen des Beispiels zum Ausdruck: In den meisten Monaten ist der Betrieb ausgelastet.

Abschließend sei mit einem Hinweis auf die Simultanplanungsmodelle in Abschnitt 4.6 noch einmal betont, daß eine Untersuchung von Heuristiken zur kurzfristigen Minimierung der Strombezugskosten hier nicht im Vordergrund steht. Es kommt zunächst darauf an, mit einfachen Kriterien *eine* zulässige Strukturierung des mit den optimalen Lösungen der vier Modelle verbundenen Stromverbrauchs zu ermitteln, um alle Eingangsdaten für die Rechnungen in Abschnitt 4.5 zur Verfügung zu stellen und um das Grundproblem der Spitzenlastoptimierung einmal aufzuzeigen.

tellen Heuristik erfordert viele Fallunterscheidungen und ist entsprechend aufwendig.

[67] Vgl. die Definitionen in Tabelle 4.14.

[68] Bei einem Dreischichtbetrieb ist dies wegen der größeren Anzahl von Niedertarifstunden (Nachtarbeit) interessanter. Auch in einer mehrstufigen Mehrproduktfertigung ist es u.U. möglich, energieintensive Teilabläufe in die Niedertarifzeit zu verschieben. Vgl. Abschnitt 4.7.

4.5. Auswahl eines Sonderabnehmervertrags

In den voranstehenden Abschnitten erfolgt die Planung der Strombezugskosten mit Vereinfachungen hinsichtlich der anzulegenden Strompreise. Eine genaue Stromkostenermittlung muß die detaillierten Preisregelungen beachten, die zusammen mit weiteren technischen und rechtlichen Lieferkonditionen in Sonderabnehmerverträgen zwischen EVU und Industriebetrieb vereinbart werden. Dieser Abschnitt stellt die wichtigsten in der Bundesrepublik Deutschland geltenden Preisregelungen vor.[69]

Nach der Existenz einer kundeneigenen Stromerzeugung sind drei Vertragsarten zu unterscheiden. Bei *Vollversorgung* bezieht ein Abnehmer seinen gesamten Strombedarf vom EVU. Wird nur bei einer Störung oder einer Wartung der Eigenanlage Fremdstrom benötigt, liegt *Reserveversorgung* vor. Wenn zusätzlich zur Eigenerzeugung über den Reservebedarf hinaus Fremdstrom bezogen wird, spricht man von *Zusatzversorgung*. Ist eine Eigenanlage vorhanden, so wird meist sowohl Zusatz- wie auch Reserveversorgung (kombinierter Sonderabnehmervertrag) benötigt.

Seit der sog. Verbändevereinbarung[70] von 1979 sind die Preisregelungen einer Vollversorgung und einer Zusatzversorgung weitgehend identisch. Es genügt deshalb, die Abrechnung einer Vollversorgung zu erläutern, deren Aufbau sich bei Existenz eines betriebseigenen Kraftwerks zur Bestimmung der Zusatzversorgungskosten übernehmen läßt. Das bei einer Eigenversorgung hinzukommende Problem der Bestimmung einer kostenoptimalen Reservevereinbarung wird nicht behandelt.[71]

Industriebetriebe sind an Hoch- oder Mittelspannungsnetze angeschlossen. Um Strom verschiedener Spannungsstufen einschließlich Niederspannungsstrom bereitzustellen, werden auf dem Betriebsgelände Transformatoren installiert, die Eigentum des EVU oder des Betriebs sein können. Der Sondervertrag legt die Lieferspannung, das Eigentum an Transformatoren und Schaltanlagen und die Art der Abnahmemessung[72] fest. Die Kosten

69 Die meisten der hier für elektrische Energie erläuterten Besonderheiten einer Preisregelung für leitungsgebundene Energieträger gelten analog auch für Erdgas-Bezugsverträge. Einzelheiten zu Erdgas-Lieferverträgen findet man z.B. bei MAACK [1977].

70 Vgl. VDEW/BDI/VIK [1979].

71 Zum Grundproblem der Reserveversorgung vgl. SPECHT [1983], S.654.

72 Je nachdem, ob vor oder hinter den Transformatoren gemessen wird, unterscheidet man hoch- und niederspannungsseitige Messung. Bei der Messung hinter den Transformatoren, wird ein Zuschlag für Transfor-

der Verbindung eines Werksnetzes mit einem EVU-Netz (*Anschlußkosten*) und die laufenden Kosten der Abnahmemessung (*Meßgebühren*) werden dem Abnehmer in Rechnung gestellt.

Auf die Vielfalt der Preisregelungen in Sonderabnehmerverträgen wurde bereits hingewiesen. Es gibt sowohl Arbeitspreisregelungen[73] wie auch kombinierte Leistungs- und Arbeitspreissysteme.[74] Die Preissysteme sind gezont[75] und zeitlich nach der Tageszeit (Tag- und Nachtstrom) oder nach der Jahreszeit (Sommer- und Winterabnahme) differenziert. Zusätzlich wird ein von der Jahresbenutzungsdauer abhängiger Rabatt (Benutzungsdauerrabatt) angeboten, um einen weiteren Anreiz zu einer gleichmäßigen Stromabnahme bzw. zur Vermeidung von Lastspitzen zu schaffen.

In den meisten Verträgen wird entsprechend der erwarteten Abnahmeleistung eine *Vertragsleistung* P_V [kW] vereinbart, die nur indirekt kostenwirksam ist. Falls Leistungskosten erhoben werden, richten sich diese nach dem tatsächlichen (gemessenen) Lastverlauf im Abrechnungszeitraum.

Es wird jedoch eine *Mindestleistung* P_{min} [kW]

(G.4.7) $P_{min} = \alpha_{min} \cdot P_V$, wobei $0{,}5 < \alpha_{min} < 1$ und
α_{min} : vertraglicher Mindestleistungsanteil [].

vereinbart, die unabhängig vom tatsächlichen Lastverlauf für die Vorhaltung von Erzeugungs- und Übertragungskapazitäten an das EVU zu zahlen ist. In einigen Preisregelungen werden Zuschläge für Überschreitungen der Vertragsleistung P_V verlangt.

Alternativ oder zusätzlich zur Mindestleistung P_{min} wird z.T. auch eine von P_V abhängige *Mindestabnahme* a_{min} [kWh/a] verlangt. Hierzu vereinbart man eine Mindestbenutzungsdauer ha_{min} für die Vertragsleistung:

(G.4.8) $a_{min} = ha_{min} \cdot P_V$, wobei $1000\ h/a < ha_{min} < 3000\ h/a$ und
ha_{min}: vertragliche Mindestbenutzungsdauer [h/a].

matorenverluste vereinbart. Vgl. VETTERMANN [1965], S.22-26 und HUGEL [1971], S.12.

[73] ... Preissysteme nach der Grundgleichung G.3.18.

[74] ... Preissysteme nach Grundgleichung G.3.19 bzw. nach Tabelle 3.6.

[75] Eine *Zonenpreisregelung* entspricht dem in der Betriebswirtschaftslehre besser bekannten *angestoßenen Rabatt*. Der *durchgerechnete Rabatt* wird in der Energiewirtschaft als *Staffelpreisregelung* bezeichnet. Staffelpreisregelungen kommen teilweise in Lieferverträgen für Erdgas vor. Vgl. MAACK [1977], S.122 und MÄNNEL [1974].

Obwohl grundsätzlich Vertragsfreiheit bei der Gestaltung von Sonderabnehmerverträgen besteht, beschränkt sich der preisspezifische Optimierungsspielraum eines industriellen Sonderabnehmers i.d.R. auf eine Auswahl aus zwei oder drei genormten Preisregelungen, die das am Standort des Betriebs zuständige EVU in Form alternativer *Musterverträge* anbietet.[76] In der Bundesrepublik Deutschland kommt dabei den Musterverträgen Z, L55 und L120 des größten EVU[77] eine Art Leitfunktion zu.

Eine Berechnung der Strombezugskosten nach den Regelungen eines Sonderabnehmervertrags setzt eine Strukturierung des Mengengerüsts wie in Tabelle 4.15 voraus. Dabei kann es sich um Istdaten handeln, deren Abrechnung zu kontrollieren ist (*Kontrollrechnung*), oder um Plandaten zur Prognose und Gestaltung der Strombezugskosten (*Planungsrechnung*).[78]

Zunächst ist der Aufbau einer Stromabrechnung nach den genannten Sonderabnehmerverträgen zu erläutern. Hierzu werden die mit einer Realisierung der optimalen Produktionsprogramme der Modelle Z, ZI, IS und ID verbundenen Verbrauchsdaten (Tabelle 4.15) alternativ nach den Preisregelungen Z, L55 und L120 abgerechnet; das Ergebnis wird mit den vereinfacht ermittelten "Plankosten" in den voranstehenden Abschnitten verglichen (Kontrollrechnung). Der zweite Teil des Abschnitts interpretiert die gleichen Daten als einen geplanten Stromverbrauch, um die optimale Auswahl eines Sonderabnehmervertrags darzustellen (Planungsrechnung).

Wir beginnen mit der angesprochenen Kontrolle der Strombezugskosten, die im weiteren Text kurz als *Kontrollrechnung* bezeichnet wird. Eine Erläuterung der Vertragstexte Z, L55 und L120 wäre für die hier verfolgten Zwecke ebenso wie eine detaillierte Durchführung von zwölf[79] Stromabrechnungen zu umfangreich.

Mit Verweis auf die bei den EVU erhältlichen Vertragsvordrucke stellen wir deshalb die Preisregelungen tabellarisch zusammen und formulieren eine allgemeine Kostenfunktion des Strombezugs in Tabelle 4.16 (Teil 1). Diese Funktion umfaßt alle drei Vertragstypen; sie ermöglicht eine ver-

[76] Vgl. dazu die Ausführungen in Abschnitt 3.4.

[77] Die hier erläuterten Preisregelungen orientieren sich an den gleichnamigen Vertragsformularen der Rheinisch-Westfälischen Elektrizitätswerk AG (RWE), Essen. Allgemeine Ausführungen zum Aufbau von Strombezugsverträgen findet man bei BISCHOFF [1977], BUCH [1985], FLAD [1974], HUGEL [1971], LAURICK [1961], VETTERMANN [1965].

[78] Eine Planungsrechnung muß neben den Verbrauchsdaten auch die im Rahmen der Vertrags zulässigen Preisänderungen prognostizieren.

[79] ... vier Anpassungsarten mal drei Vertragsvarianten.

tragsübergreifende Formulierung der integrierten Planungsmodelle in Abschnitt 4.6. Tabelle 4.16 (Teil 2) definiert die noch nicht eingeführten Symbole.

Grundgleichung zur Berechnung der Strombezugskosten

$$Ke_v = \Big(\underbrace{\underbrace{\underbrace{\underbrace{\sum_{l=1}^{L} ql_l \cdot P_l + \sum_{z=1}^{Z} qa_{Hz} \cdot A_{Hz} + \sum_{z=1}^{Z} qa_{Nz} \cdot A_{Nz}\Big)}_{\text{Strombezugskosten brutto (Keb)}} \cdot \underbrace{(1-b-n-j)}_{\text{Rabatte}} \cdot \underbrace{(1-o)}_{\text{Bonus}}}_{\text{Strombezugskosten nach Rabatten und Bonus (Ker)}} \cdot \underbrace{(1+u)}_{\text{Umw.-aufschl.}}}_{\text{Strombezugskosten nach Umweltkostenzuschlag (Keu)}} \cdot \underbrace{(1+a)}_{\text{Ausgl.-abgabe}}}_{\text{Strombezugskosten vor Mehrwertsteuer (Kev)}}$$

Zoneneinteilungen der Höchstleistung P" und der Arbeit a_H, a_N

$$\sum_{l=1}^{L} P_l = P''; \quad (P'' \geq P_{min};) \quad \sum_{z=1}^{Z} A_{Hz} = A_H; \quad \sum_{z=1}^{Z} A_{Nz} = A_N; \quad (A_H + A_N \geq a_{min};)$$

Leistungspreis- und Arbeitspreisbestimmung mit Preisanpassungsfaktoren

$ql_l = paf_l \cdot ql_{Bl}$, für alle Leistungspreiszonen l;

$qa_{Hz} = paf_a \cdot qa_{BHz}$ und $qa_{Nz} = paf_a \cdot qa_{BNz}$, für alle Arbeitspreiszonen z;

$$paf_l = v \cdot \left(r_C + r_l \cdot \frac{l_R}{l_B}\right); \quad paf_a = v \cdot \left(s_C + s_l \frac{l_R}{l_B} + s_K \cdot \frac{k_R - p_m - p_T}{k_B}\right);$$

Umweltschutzaufschlag u und Ausgleichsabgabe a (Kohlepfennig):

$$u = \begin{cases} 0{,}087, & \text{falls } Ker \cdot 0{,}085 \leq ku \cdot A \\ \dfrac{ku \cdot A}{Ker}, & \text{sonst} \end{cases} \quad \text{, wobei } ku = 0{,}013 \text{ DM/kWh};$$

$$a = 0{,}085;$$

Tabelle 4.16 (Teil 1): Stromkostenberechnung in Sonderabnehmerverträgen

Die Definition von Ke_v [DM/a] enthält mit Ausnahme der Blindstromkosten und der einmaligen bzw. mengenunabhängigen Kosten[80] alle Kostenbestandteile, die *insgesamt* in den drei genannten Musterverträgen vorkommen.

Es steht jedoch nicht *jede* Kostenkomponente in jedem Vertragstyp x. So gibt es etwa in den Verträgen Z und L55 einen Jahreszeitenausgleich j, nicht jedoch im Vertrag L120. Umgekehrt wird dort *ein* Leistungspreis ql erhoben, während dieser im Vertrag L55 gezont ist bzw. in Vertrag Z überhaupt nicht vorkommt. Dort gibt es nur einen gezonten Arbeitspreis.

[80] ... z.B. Anschlußkosten und Meßgebühren.

Um diese Unterschiede kenntlich zu machen und auf eine komplizierte Indizierung der einzelnen Elemente von Ke_v mit dem Vertragstyp v verzichten zu können, werden die folgenden Vereinbarungen getroffen:

- Die Tabellen 4.17-4.19 enthalten die vertragsindividuellen Regelungen.

P_{min}	: Vertraglich vereinbarte Mindestleistung [kW];
a_{min}	: Vertraglich vereinbarte Mindestabnahme [kWh/a];
P_l	: Anteil der Jahreshöchstleistung P" in Leistungspreiszone l [kW]
A_{Hz}	: Anteil der Arbeit A_H in Hochtarifarbeitspreiszone z [kWh/a];
A_{Nz}	: Anteil der Arbeit A_N in Niedertarifarbeitspreiszone z [kWh/a];
ql_l	: realer Leistungspreis in Leistungspreiszone l [DM/(kW·a)];
qa_{Hz}	: realer Arbeitspreis in Hochtarifarbeitspreiszone z [DM/kWh];
qa_{Nz}	: realer Arbeitspreis in Niedertarifarbeitspreiszone z [DM/kWh];
b	: Benutzungsdauerrabattsatz [], $0 \le b < 0{,}143$;
n	: Nachtrabattsatz [], $0 \le n < 0{,}30$;
j	: Jahreszeitenausgleichssatz [], $-0{,}04 \le j \le 0{,}072$;
o	: genereller Abschlag (Bonus) [], $0 \le o < 0{,}04$;
u	: Aufschlag für Umweltschutzkosten [],
a	: Ausgleichsabgabensatz (Kohlepfennig) [],
qlB_l	: Basisleistungspreis in Leistungspreiszone l [DM/(kW·a)];
qaB_{Hz}	: Basisarbeitspreis in Hochtarifarbeitspreiszone z [DM/kWh];
qaB_{Nz}	: Basisarbeitspreis in Niedertarifarbeitspreiszone z [DM/kWh];
paf_l	: Preisanpassungsfaktor zur Bestimmung der Leistungspreise [];
paf_a	: Preisanpassungsfaktor zur Bestimmung der Arbeitspreise [];
v	: "Vorfaktor" der Preisanpassungsklauseln: v = 1,02 []
r_c	: konstanter Anteil des paf_l ($r_c < 1$); es gilt: $r_c + r_l = 1$;
r_l	: vom Facharbeitereckloh abhängiger Anteil des paf_l ($r_l < 1$);
s_c	: konstanter Anteil des paf_a ($s_c < 1$); es gilt: $s_c + s_l + s_k = 1$;
s_l	: vom Facharbeitereckloh abhängiger Anteil des paf_a ($s_l < 1$);
s_k	: vom Steinkohlelistenpreis abhängiger Anteil des paf_a ($s_k < 1$);
l_R	: aktueller Facharbeiter-Ecklohn .... (1988): l_R = 15,24 DM/h
l_B	: Basis-Facharbeiter-Ecklohn .... (1969): l_B = 4,28 DM/h
k_R	: aktueller Steinkohle-Listenpreis ..... (1988): k_R = 280,50 DM/t
k_B	: Basis-Steinkohle-Listenpreis .... (1969): k_R = 66,50 DM/t
p_M	: Mengenprämie für einen Kohlebezug > 50000 t/a: p_R = 1,00 DM/t
p_T	: Treueprämie für einen Abnahmezeitraum > 5 a : p_T = 3,00 DM/t
ku	: maximale, spezifische Umweltkostenbelastung : ku = 1,3 Pf/kWh

Tabelle 4.16 (Teil 2): Definitionen zusätzlich zu den Tabelle 4.8, 4.14

- Die für alle Verträge geltenden Angaben findet man in Tabelle 4.16. So wird etwa vertragsunabhängig ein Zuschlag von 8,5 % (a = 0,085) der Stromkosten vor Mehrwertsteuer als Ausgleichsabgabe (Kohlepfennig) erhoben. Auch die Formeln zur Bestimmung der Preisanpassungklauseln paf_l und paf_a und die dort eingehenden Preisdaten l_R, l_B, k_R, k_B, p_M, p_T sind in allen Verträgen gleich.[81] Die Gewichtungsfaktoren $r_c + r_l = 1$

[81] Zur näheren Erläuterung von Preisanpassungsfaktoren in Strombezugsverträgen siehe EBEL [1982] und HARMS [1983].

und $s_C + s_I + s_K = 1$ werden jedoch vertragsspezifisch festgelegt, weshalb sie zusammen mit der eigentlichen Berechnung der Preisanpassungsfaktoren in den Tabellen 4.17-4.19 stehen.

- Falls eine Kostenkomponente weder in Tabelle 4.16 noch in einer vertragsspezifischen Tabelle konkretisiert wird, so ist diese Komponente für den entsprechenden Vertrag nicht relevant. Beispielsweise gibt es in den Verträgen L55 und L120 keinen Nachtrabatt n.

Zusammen mit den nachstehenden Erläuterungen gestatten diese Vereinbarungen eine einheitliche und kompakte Notation der Gemeinsamkeiten und Unterschiede der drei Preissysteme (Vertragstypen) $v \in \{Z, L55, L120\}$.

Die Definition von K_{Ev} in Tabelle 4.16 läßt drei gezonte Preise für die Jahreshöchstleistung P", die Hochtarifarbeit A_H und die Niedertarifarbeit A_N zu. Die Aufspaltung dieser Größen auf die zugehörigen Preiszonen ist im zweiten Block dieser Tabelle angedeutet. Da sowohl die Anzahl wie auch die Breiten der Zonen für Hochtarif- und Niedertarifarbeit in einem Vertrag gleich sind, wird vereinfachend ein einheitlicher Index z verwendet.

Auf die Preisanpassungsfaktoren und die Ausgleichsabgabe wurde bereits hingewiesen. Der vor der Ausgleichsabgabe erhobene Aufschlag für Umweltschutzkosten[82] beträgt grundsätzlich 8,7 % (u = 0,087 in Tabelle 4.16) des mit K_{EF} bezeichneten Kostenbetrags. Es wird jedoch überprüft, ob die durchschnittlichen Zusatzkosten $(0{,}087 \cdot K_{EF}):A$ ein Maximum von $k_U = 1{,}3$ Pf/kWh überschreiten. Wenn dies zutrifft, ist nur ein Aufschlag von $k_U \cdot A$ zu bezahlen. Diese, ebenfalls in allen Verträgen geltende Regelung wird im unteren Block der Tabelle 4.16 formuliert.

Die Angabe gezonter Preissysteme in den Tabellen 4.17-4.19 erfolgt nach einem einheitlichen Prinzip. Zunächst werden die in den Verträgen definierten Zonenintervalle mit den zugehörigen Basispreisen angegeben, die sich in allen hier betrachteten Sonderabnehmerverträgen auf das Jahr 1969 beziehen. Durch Multiplikation der Basispreise mit den vertragsspezifischen Preisanpassungsfaktoren[83] erhält man die realen Preise für jede Zone. Die mit *Intervallkosten* überschriebenen Spalten enthalten diejenigen

[82] Die EVU verwenden die Einnahmen aus diesem Aufschlag auf die Stromrechnung zur Finanzierung ihrer Umweltschutzmaßnahmen, im wesentlichen für den Bau von Rauchgasreinigungsanlagen (vgl. Abschnitt 2.2.4).

[83] Die Berechnung der Preisanpassungsfaktoren im jeweils ersten Block der Tabellen 4.17-4.19 nach den Formeln im dritten Block der Tabelle 4.16.a verwendet den Steinkohlepreis und den Facharbeiterecklohn des Jahres 1988 (angegeben in Tabelle 4.16.b), d.h., die realen Preise in den Tabellen 4.17-4.19 sind Preise des Jahres 1988.

Kosten, die bei der vollen Belegung einer Zone anfallen. Diese Kosten werden in Abschnitt 4.7 benötigt. Die jeweils letzte Zone ist nach oben offen.

In Tabelle 4.17 werden keine Leistungspreise ql_l und kein Anpassungsfaktor paf_l berechnet: zur Ermittlung der mit Keb bezeichneten Bruttokosten enthält der Vertrag Z lediglich eine in 4 Zonen unterteilte Arbeitspreisregelung, die nicht nach Tarifzeiten (H und N) differenziert ist.[84] Die Tarifzeiten gehen jedoch ebenso wie die Jahreshöchstleistung P" indirekt über Rabattsätze in die Rechnung ein, erstere über den Nachtrabatt, letztere über den Benutzungsdauerrabatt. Die Benutzungsdauer ha = A : P" [h/a], der Sommeranteil a_S [%] und der Nachtanteil a_N [%] werden nach den Definitionen in Tabelle 4.14 ermittelt.

Anpassungsfaktor: $s_C = 0{,}60$; $s_I = 0{,}20$; $s_K = 0{,}20$; ⟶ $paf_a = 2{,}1866$;

Arbeitspreise Mengen-Intervalle [kWh/a]		(ein Tarif) qa_{BZ} [Pf/kWh]	qa_Z [Pf/kWh]	Interv.-Kosten [DM/a]
bis zu	24 000	15,00	32,80	7 872
weitere	180 000	13,50	29,52	53 136
weitere	780 000	12,00	26,24	204 672
alle weiteren	(0)	10,80	23,62	(0)
Summe:	984 000			265 680

Nachtrabatt: $n = 0{,}003 \cdot a_N$;

Jahreszeitenausgleich:

$$j = \begin{cases} 0{,}06 \cdot \dfrac{a_S - 40}{60 - a_S}, & \text{für } a_S \leq 40\ \% \\ 0{,}12 \cdot (1 - 40 : a_S), & \text{sonst} \end{cases}$$

Benutzungsdauerrabatt:

$$b = \begin{cases} 0{,}00 & \text{, für } ha \leq 500 \\ 0{,}04 + 0{,}001 \cdot \lfloor (ha - 500) : 25 \rfloor & \text{, " } 500 \leq ha \leq 3000 \\ 0{,}14 & \text{, " } 3000 \leq ha \end{cases}$$

Bonus: $o = 0{,}0251$;

Tabelle 4.17: Strompreisregelungen des Sonderabnehmervertrags Z

Der Sommeranteil a_S der in einem Kalenderjahr bezogenen elektrischen Energie A wird zur Berechnung eines Jahreszeitenausgleichs Keb·j [DM/a] nach der Formel in Tabelle 4.17 benötigt. Für $a_S > 40$ % ergibt diese Regelung einen Rabatt ($j > 0$), für $a_S < 40$ % entstehen Zusatzkosten ($j < 0$ ⟶ $1 - j > 1$).[85] In Abbildung 4.2 sind Diagramme zur graphischen Ermittlung der verschiedenen Rabatt- bzw. Zuschlagsätze angegeben. Die Markierungen Z, L55 und L120 zeigen auf einen Blick, welche Rabattformen in einem Vertrag angeboten werden.

[84] Mit Bezug auf Kapitel 3 und unter Vernachlässigung der Rabattregelungen kann man von einem differenzierten, linearen Tarif sprechen.

[85] Vgl. Tabelle 4.2.

Ein Benutzungsdauerrabatt wird in allen drei Verträgen gewährt. Die Ermittlung des Rabattsatzes b erfolgt jedoch nach unterschiedlichen, in den Tabellen 4.17-4.19 angegebenen Formeln. Die zugehörigen Funktionsverläufe im oberen Diagramm der Abbildung 4.3 liefern ein erstes Indiz dafür, daß Vertrag L120 für relativ hohe bzw. Vertrag Z für relativ niedrige Benutzungsdauern konzipiert ist.

Da in den Verträgen L55 und L120 nach Tarifzeiten[86] differenzierte Arbeitspreise gelten, wird ein Nachtrabatt nur im Vertrag Z gewährt. Einen Jahreszeitenausgleich gibt es nicht im Vertrag L120, wohl aber in den Verträgen L55 und Z - hier ausnahmsweise mit einer übereinstimmenden Formel zur Bestimmung des Rabattsatzes j.

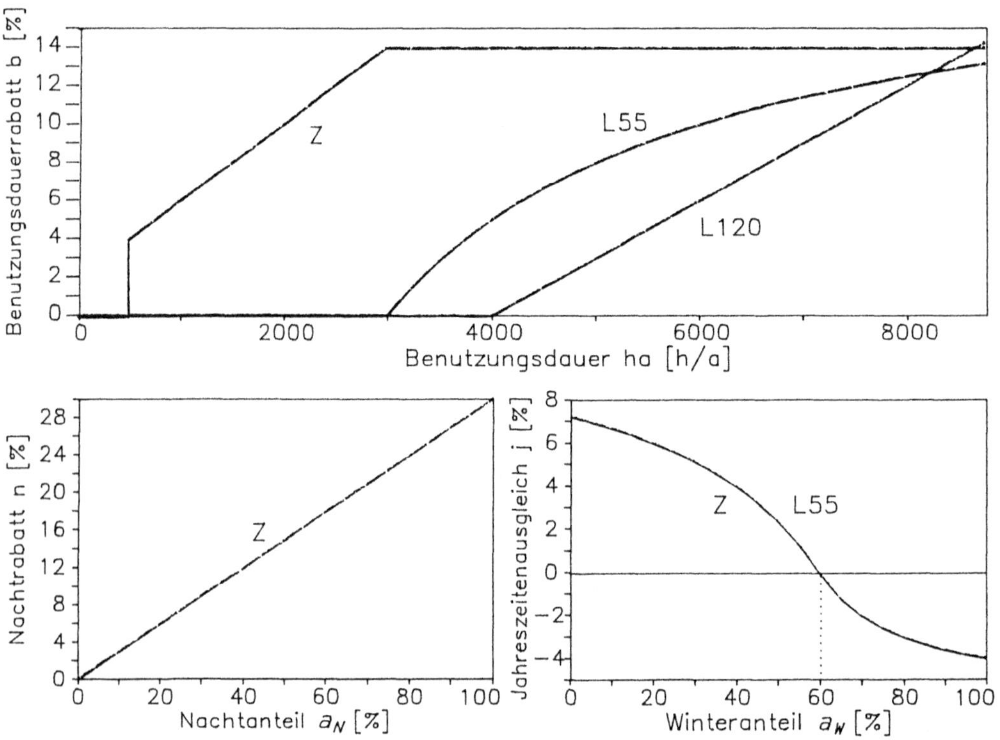

Abbildung 4.3: Zu- und Abschlagsätze in den Verträgen Z, L55 und L120

In Verträgen mit mehr als einer Rabattregelung werden die einzelnen Rabattsätze zuerst addiert und dann nach der Definition von Ke_v auf die Kostensumme Keb bezogen. In Tabelle 4.16 sind die maximalen Schwankungsintervalle der Rabattsätze über alle Vertragstypen angegeben.

[86] Vgl. j in der Definition von Ke in Tabelle 4.16.

Die Regelungen des Vertrags Z lassen erkennen, daß die Suche nach einer bestmöglichen Rabattausnutzung unter Umständen zu Zielkonflikten führt: Eine Verstetigung des Strombezugs (Minimierung der Jahreshöchstlast P") zur Maximierung des Benutzungsdauerrabatts b kann etwa einer Maximierung des Nacht- oder des Sommeranteils entgegenstehen. Offensichtlich ist eine Minimierung der Kostensumme K_{ev} nur in einem die Gestaltung der Lastganglinie integrierenden Planungsmodell möglich.[87]

Berechnung der Anpassungsfaktoren:				
$r_c = 0{,}60$;	$r_l = 0{,}40$;		——>	$paf_l = 2{,}0648$;
$s_c = 0{,}55$;	$s_l = 0{,}30$;	$s_K = 0{,}15$;	——>	$paf_a = 2{,}3781$;

Leistungspreise Intervalle [kW]		ql_{Bl} [DM/(kW·a)]	ql_l [DM/(kW·a)]	Kosten [DM/a]
bis zu	50	110,00	227,13	11 356
weitere	50	75,00	154,86	7 743
alle weiteren	(0)	55,00	113,56	(0)
Summe:	100			19 099

Jahreszeitenausgleich:

$$j = \begin{cases} 0{,}06 \cdot \dfrac{as - 40}{60 - as}, & \text{für } as \le 40\ \% \\ 0{,}12 \cdot (1 - 40 : as), & \text{sonst} \end{cases}$$

Arbeitspreise Mengen-Intervalle [kWh/a]		Hochtarif qa_{BHz} [Pf/kWh]	Hochtarif qa_{Hz} [Pf/kWh]	Interv.-Kosten [DM/a]	Niedertarif qa_{BNz} [Pf/kWh]	Niedertarif qa_{Nz} [Pf/kWh]	Interv.-Kosten [DM/a]
bis zu	240 000	8,80	20,93	50 232	5,20	12,37	29 688
weitere	2 760 000	8,10	19,26	531 576	4,80	11,41	314 016
alle weiteren	(0)	7,40	17,60	(0)	4,40	10,46	(0)
Summe:	3 000 000			581 808			344 604

Benutzungsdauerrabatt: $b = \max\{0;\ 0{,}2 - 600 : ha\}$;	Bonus: $o = 0{,}0301$;

Tabelle 4.18: Strompreisregelungen des Sonderabnehmervertrags L55

Die Preisregelungen des Vertrags L55 (Tabelle 4.18) enthalten dreifach gezonte Leistungspreise ql_l und nach Tarifzeiten differenzierte, ebenfalls dreifach gezonte Arbeitspreise qa_{Hz}, qa_{Nz}. Im Vertrag L120 (Tabelle 4.19) ist der Leistungspreis ql nicht gezont, die Zonung der – ebenfalls nach Tarifzeiten differenzierten – Arbeitspreise qa_{Hz}, qa_{Nz} erfolgt vierfach.

Um die vorgestellten Preisregelungen und die Anwendung der Definition von K_{ev} in Verbindung mit den vertragsspezifischen Einzelbestimmungen zu verdeutlichen, verwenden wir den für die optimale Lösung von Modell Z ermittelten jährlichen Stromverbrauch als Zahlenbeispiel: In den Tabellen 4.20-4.22 werden die Strombezugskosten und die Verbrauchsdaten aus

[87] Vgl. Abschnitt 4.6.

den Spalten 3 und 4 der Tabelle 4.15 alternativ nach den Sonderabnehmerverträgen Z, L55 und L120 berechnet.

Berechnung der Anpassungsfaktoren:	$r_c = 0{,}70$; $r_l = 0{,}30$; ——> $paf_l = 1{,}8036$;						
	$s_c = 0{,}50$; $s_l = 0{,}40$; $s_K = 0{,}10$; ——> $paf_a = 2{,}5696$;						
Leistungspreis :	$ql_B = 120{,}00$ DM/(kW·a);			$ql = 216{,}43$ DM/(kW·a);			
Arbeitspreise Mengen-Intervalle [kWh/a]		**Hochtarif** qa_{BHZ} [Pf/kWh]	qa_{HZ} [Pf/kWh]	Interv.-Kosten [DM/a]	**Niedertarif** qa_{BNZ} [Pf/kWh]	qa_{NZ} [Pf/kWh]	Interv.-Kosten [DM/a]
bis zu	240 000	6,60	16,96	40 704	3,90	10,02	24 048
weitere	600 000	5,80	14,90	89 400	3,40	8,74	52 440
weitere	3 960 000	5,00	12,85	508 860	2,90	7,45	295 020
alle weiteren	(0)	4,60	11,82	(0)	2,70	6,94	(0)
Summe:	4 800 000			638 964			371 508
Benutzungsdauerrabatt: b = max{0;-0,12+0,00003·ha}					Bonus: o = 0,0351;		

Tabelle 4.19: Strompreisregelungen des Sonderabnehmervertrags L120

Arbeitskosten [kWh/a] [Pf/kWh]		[DM/a]	Kontrollrechnung		[DM/a]	[%]
24000,00·32,80 =		7872,00	-Krz:		-4235480,08	51,22
+ 180000,00·29,52 =	+	53136,00	-Klz:	-	92000,00	1,11
+ 780000,00·26,24 =	+	204672,00				
+ 18718130,20·23,62 =	+	4421222,35	-Krz-Klz:	=	-4327480,08	52,33
			->-Kezz:	-	3942164,96	47,67
= 19702130,20 | Keb..	=	4686902,35				
Benutzungsdauerrabatt	-	656166,33	-Kzz:	=	-8269645,04	100,00
Nachtrabatt	-	423544,06	Ez:	+	8887780,00	
Jahreszeitenausgleich	-	143037,62				
Bonus	-	86950,27	DBzz:	=	618134,96	
			-DBz(1):	-	1210938,00	
Ker	=	3377204,07				
Umweltschutzzuschlag	+	256127,69	dKezz:	=	**-592803,04**	
			Zu- und Abschlagsätze			
Keu	=	3633331,76				
Ausgleichsabgabe	+	308833,20	b = 0,14;		n ≈ 0,0904;	
Kezz	=	**3942164,96**	j ≈ 0,0306;		u ≈ 0,0758;	

Tabelle 4.20: Kontrollrechnung zu Modell Z nach Vertrag Z

Diese, einheitlich in drei Blöcke unterteilten Tabellen erklären sich in Verbindung mit den voranstehenden Definitionen weitgehend von selbst.

Im ersten Block werden die Strombezugskosten Ke_{vz} des Mustervertrags v für die Verbrauchsdaten des Modells Z berechnet. Die Zwischensummen Keb, Ker und Keu stellen den Bezug zu Tabelle 4.16 her. Die Zu- und Abschlagsätze b, n, j und u werden nach den o.g. vertragsindividuellen Formeln berechnet und im unteren Tabellenblock zusammengestellt.

Hochtarif-Arbeitskosten [kWh/a] · [Pf/kWh]	[DM/a]
240000,00·20,93 =	50232,00
+ 2760000,00·19,26 =	+ 531576,00
+ 10767350,20·17,60 =	+ 1895053,64
= 13767350,20	= 2476861,64

Leistungskosten [kW] · [DM/(kW·a)]	[DM/a]
50·227,13 =	11356,50
+ 50·154,86 =	+ 7743,00
+ 4460·113,56 =	+ 506477,60
= 4560	= 525577,10

Niedertarif-Arbeitskosten [kWh/a] · [Pf/kWh]	[DM/a]
240000,00·12,37 =	29688,00
+ 2760000,00·11,41 =	+ 314916,00
+ 2934780,00·10,46 =	+ 306977,99
= 5934780,00	= 651581,99
	+ 2476861,64
Arbeitskosten	= 3128443,63
Leistungskosten	+ 525577,10
Keb	= 3654020,73
Benutzungsdauerrabatt	− 223376,75
Jahreszeitenausgleich	− 111515,54
Bonus	− 99905,77
Ker	= 3219222,67
Umweltschutzzuschlag	+ 256127,69
Keu	= 3475350,36
Ausgleichsabgabe	+ 295404,78
Ke_{L55Z}	= 3770755,14

Kontrollrechnung	[DM/a]	[%]
$-Kr_Z$:	−4235480,07	52,30
$-Kl_Z$:	− 92000,00	1,14
$-Kr_Z-Kl_Z$:=	−4327480,07	53,44
$-Ke_{L55Z}$:	− 3770755,14	46,56
$-K_{L55Z}$:	= −8098235,22	100,00
E_Z :	+ 8887780,00	
DB_{L55Z} :	= 789544,78	
$-DB_Z^{(1)}$:	− 1210938,00	
dKe_{L55Z} :	= − **421393,22**	

Zu- und Abschlagsätze	
$b \approx 0{,}0611$;	($n = 0$;)
$j \approx 0{,}0305$;	$u \approx 0{,}0796$;

Tabelle 4.21: Kontrollrechnung zu Modell Z nach Vertrag L55

Realisiert man das in Abschnitt 4.3 für einen Ansatz α geplante Produktions- und Absatzprogramm nach dem in Abschnitt 4.4. verfeinerten Produktionsvollzugsplan, so ergibt sich bei einer realen Abrechnung der Stromkosten nach dem Sonderabnehmervertrag v der (Ist-) Deckungsbeitrag $DB_{v\alpha}$, der von dem - vereinfachend mit einem Durchschnittspreis $qe^{(P)}$ geplanten - Deckungsbeitrag $DB_\alpha^{(1)}$ um $DB_{v\alpha} - DB_\alpha^{(1)}$ abweicht.

Wenn man die Erlöse E_α, die Kosten Kr_α des materiellen Produktionsfaktors r und die Lagerkosten Kl_α unverändert aus Tabelle 4.13 übernimmt, ist diese Differenz identisch mit der negativen Abweichung $dKe_{v\alpha}$ in der Planung der Strombezugskosten:

$$\text{(G.4.8)} \quad dKe_{v\alpha} = Ke_\alpha^{(1)} - Ke_{v\alpha} = DB_{v\alpha} - DB_\alpha^{(1)}, \quad \begin{array}{l}\text{für } v \in \{Z, L55, L120\} \\ \text{und } \alpha \in \{Z, ZI, IS, ID\}.\end{array}$$ [88]

Der dritte, mit *Kontrollrechnung* überschriebene Block der Tabellen 4.20-4.22 berechnet $dKe_{v\alpha}$ exemplarisch für $\alpha = Z$ und für $v \in \{Z, L55, L120\}$.

Hochtarif-Arbeitskosten

[kWh/a]	[Pf/kWh]		[DM/a]
240000,00 ·	16,96 =		40704,00
+ 600000,00 ·	14,90 =	+	89400,00
+ 3960000,00 ·	12,85 =	+	508860,00
+ 8967350,20 ·	11,82 =	+	1059940,79
=13767350,20		=	1698904,79
		+	450261,73
Arbeitskosten		=	2149166,52
Leistungskosten		+	986920,80
Keb		=	3136087,32
Benutzungsdauerrabatt		−	30166,89
Bonus		−	109017,81
Ker		=	2996902,62
Umweltschutzzuschlag		+	256127,69
Keu		=	3253030,31
Ausgleichsabgabe		+	276507,58
Ke_{L120Z}		=	<u>3529537,89</u>

Niedertarif-Arbeitskosten

[kWh/a]	[Pf/kWh]		[DM/a]
240000,00 ·	10,02 =		24048,00
+ 600000,00 ·	8,74 =	+	52440,00
+ 3960000,00 ·	7,45 =	+	295020,00
+ 1134780,00 ·	6,94 =	+	78753,73
= 5934780,00		=	450261,73

Leistungskosten

= 4560 kW · 216,43 DM/(kW · a)

Kontrollrechnung

		[DM/a]	[%]
$-Kr_Z$:		−4235480,07	53,91
$-Kl_Z$:	−	92000,00	1,17
$-Kr_Z-Kl_Z$:	=	−4327480,07	55,08
$-Ke_{L120Z}$:	−	3529537,89	44,92
$-K_{L120Z}$:	=	−7857017,96	100,00
E_Z :	+	8887780,00	
DB_{L120Z}:	=	<u>1030762,03</u>	
$-DB_Z^{(1)}$:		−1210938,00	
dKe_{L120Z}:	=	**−180175,97**	

<u>Zu- und Abschlagsätze</u>

$b \approx 0{,}0096$;	($n = 0$;)
($j = 0$;)	$u \approx 0{,}0855$;

<u>Tabelle 4.22:</u> Kontrollrechnung zu Modell Z nach Vertrag L120

Natürlich hängt es von dem in Abschnitt 4.4 gewählten Durchschnittspreis $qe^{(P)}$ (1. Planungsschritt) und von der dort benutzten Heuristik (2. Planungsschritt) ab, ob die Deckungsbeiträge $DB_\alpha^{(1)}$ in der Kontrollrechnung über- oder unterschritten oder zufällig exakt erreicht werden.

[88] Zur Berechnung von $Ke_\alpha^{(1)}$ und $DB_\alpha^{(1)}$ vgl. Tabelle 4.13 und G.4.3.

Der mit Z überschriebene Block der Tabelle 4.23 faßt die in den Tabellen 4.20–4.22 für Modell Z ermittelten Strombezugskosten Ke_{vZ} und die Ergebnisse der Abweichungsanalyse zusammen. Wiederholt man die Kontrollrechnung für die optimalen Verbrauchsdaten der Ansätze ZI, IS und ID,[89] so ergeben sich analog die übrigen, in Tabelle 4.23 aufgeführten Ergebnisse.

Im unteren Teil enthält diese Tabelle die relativen Abweichungen $dBD_{v\alpha}$ [%] der Deckungsbeiträge und die Durchschnittspreise $qe_{\alpha v}$ [Pf/kWh] nach

$$\text{(G.4.9)} \quad dDB_{v\alpha} = \frac{dKe_{v\alpha}\cdot 100}{DB_{\alpha}^{(1)}}; \quad qe_{v\alpha} = \frac{Ke_{v\alpha}}{A_{\alpha}}, \quad \text{für } v \in \{Z, L55, L120\} \text{ und } \alpha \in \{Z, ZI, IS, ID\}.$$

Ein Vergleich der Strombezugskosten Ke_{vZ} in den Tabellen 4.20–4.22 bzw. der qe_{vZ} in Tabelle 4.23 über $v \in \{Z, L55, L120\}$ zeigt, daß Vertrag L120 kostenminimal für die vorgegebene Verbrauchsstruktur des Ansatzes Z ist. Der niedrigste Durchschnittspreis qe_{L120Z} = 17,91 Pf/kWh liegt über dem bisherigen Planpreis $qe^{(P)}$ = 17 Pf/kWh.[90]

α	Z			ZI			IS			ID			
v	Z	L55	L120	Z	L55	L120	Z	L55	L120	Z	L55	L120	[ ]
$Ke_{\alpha}^{(1)}$	3349	3349	3349	3430	3430	3430	3431	3431	3431	3438	3438	3438	TDM/a
$Ke_{v\alpha}$	3942	3771	<u>3530</u>	4031	3975	<u>3761</u>	4043	3941	<u>3694</u>	4040	3902	<u>3669</u>	TDM/a
$dKe_{v\alpha}$	-593	-421	-180	-601	-545	-331	-612	-510	-263	-601	-464	-230	TDM/a
$DB_{\alpha}^{(1)}$	1211	1211	1211	1234	1234	1234	1199	1199	1199	1187	1187	1187	TDM/a
$DB_{v\alpha}$	618	790	<u>1031</u>	633	689	<u>904</u>	587	689	<u>936</u>	585	723	<u>957</u>	TDM/a
$dDB_{v\alpha}$	49,0	34,8	14,9	48,7	44,1	26,8	51,1	42,5	21,9	50,7	39,1	19,4	%
$qe_{v\alpha}$	20,0	19,1	17,9	20,0	19,7	18,6	20,0	19,5	18,3	20,0	19,3	18,2	*[91]

<u>Tabelle 4.23:</u> Ergebnisvergleich für verschiedene Sonderabnehmerverträge

Auch für die Verbrauchsdaten der Modelle ZI, IS und ID führt der Vertrag L120 zu den niedrigsten Strombezugskosten $Ke_{v\alpha}$. Im Vergleich zu den Ergebnissen in Tabelle 4.13 ändert sich für die Verträge mit einer Höchstlasttarifierung (L55 und L120) die Rangfolge der Anpassungsformen. So ergibt etwa die Kontrollrechnung für Modell Z beim günstigsten Ver-

[89] Vgl. Tabelle 4.15.

[90] Abschnitt 4.6 überprüft, ob sich der Durchschnittspreis durch ein verfeinertes Planungsmodell weiter senken läßt.

[91] Die Dimension von $qe_{v\alpha}$ ist [Pf/kWh].

trag L120 einen um 127 TDM/a höheren Deckungsbeitrag[92] als für Ansatz ZI. Auch der produktionstheoretisch restriktiver formulierte Ansatz ID weist für v = L120 21 TDM/a mehr Deckungsbeitrag aus als Modell IS.[93]

Die Erklärung dieses Phänomens ist einfach. Die Prämissen der Ansätze Z[94] und ID[95] erzwingen im Vergleich zu den Modellen ZI bzw. IS einen relativ ausgeglichenen Lastverlauf. In einer Planung mit einem Durchschnittspreis für elektrische Energie wird nur die elektrische Arbeit erfaßt und bewertet. Der gegenüber den Modellen Z bzw. ID erweiterte Entscheidungsspielraum der Ansätze ZI bzw. IS führt zum Ausweis verbesserter Deckungsbeiträge, die durch zusätzliche, in diesem Kalkül nicht erfaßte Leistungskosten infolge kurzzeitiger Lastspitzen[96] aufgezehrt werden.

Diese Gefahr steigt mit dem Anteil der Stromkosten an den entscheidungsrelevanten Gesamtkosten und mit dem Anteil der Leistungskosten an den gesamten Stromkosten: Man beachte, daß eine produktionstheoretisch zu erwartende Reihenfolge der vier Modelle bei der Kontrollrechnung nach dem Vertrag Z im Zahlenbeispiel erhalten bleibt. In diesem Vertrag werden keine Leistungskosten erhoben; die Jahreshöchstleistung P" beeinflußt lediglich die Berechnung des Benutzungsdauerrabatts b.

Offensichtlich können bei einer vereinfachten Planung mit einem durchschnittlichen Strompreis $qe^{(P)}$ nicht nur Preisabweichungen, sondern auch Fehler in der Produktionsprogramm- und in der Produktionsvollzugsplanung auftreten. Dieses Ergebnis erinnert an Fehlentscheidungen, die infolge einer Proportionalisierung von Fixkosten in der Produktionsplanung auftreten können.[97] Abschnitt 4.7 untersucht u.a., ob man Leistungskosten im Sinne dieser Argumentation als Fixkosten auffassen kann.

Zuvor stellt Abschnitt 4.6 ein Planungsmodell auf der Basis differenzierter Strompreise vor, welches die aufgezeigten Planungsfehler vermeidet. Zur Vorbereitung eines Ergebnisvergleichs übertragen wir die in Tabelle 4.23

[92] Es gilt $DB_{vZ} > DB_{vZI}$, für v ∈ {L55,L120}. Insgesamt entsteht beim produktionstheoretisch flexibelsten Ansatz ZI die größte Abweichung.

[93] Es gilt $DB_{vID} > DB_{vIS}$, für v ∈ {L55,L120}.

[94] ... die Intensität ist nicht variierbar.

[95] ... es ist kein Intensitätssplitting erlaubt.

[96] ... durch Fertigung mit erhöhter Intensität.

[97] Vgl. KILGER [1980], S.63 ff.

ausgewiesenen Strombezugskosten $Ke_{v\alpha}$ und die Deckungsbeiträge $DB_{v\alpha}$ für $\alpha \in \{Z,ZI,IS,ID\}$ und v = L120 in Tabelle 4.35.[98]

Das verbesserte Modell in Abschnitt 4.6 setzt lediglich eine Vorentscheidung über den *Typ* des Sonderabnehmervertrags (Z, L55, L120) voraus.[99] Eine in die Produktions- und Absatzplanung integrierte Auswahl des Vertragstyps ist nicht sinnvoll.[100] Ähnlich wie im Zahlenbeispiel bleibt in vielen praktischen Fällen die Vorteilhaftigkeit eines bestimmten Mustervertrags über ein weites Spektrum möglicher Lastganglinien stabil. Wenn dies im Einzelfall gilt, kann die Auswahl eines Mustervertrags auf der Basis einer grob geschätzten Jahreslastganglinie durchgeführt werden.[101]

Für diesen Lastverlauf führt man einen Kostenvergleich durch, wie er in den Tabellen 4.20-4.22 angegeben ist. Damit sind wir beim zweiten in diesem Abschnitt behandelten Schwerpunkt, der *Planungsrechnung*, angelangt: Hierzu interpretieren wir das Zahlenbeispiel nicht als eine Kontrollrechnung, sondern als eine Planungsrechnung zur Auswahl eines Mustervertrags für eine gegebene Lastganglinie.[102]

Offensichtlich ist zunächst der Vertrag L120 auszuwählen. Wenn sich nun durch eine ergänzende Sensitivitätsanalyse zeigen läßt, daß diese Entscheidung für ein den Planungsunsicherheiten entsprechendes Spektrum möglicher Lastverläufe und Preisentwicklungen stabil ist, reicht dieser Kostenvergleich aus.

Grundsätzlich kann man als Parameter einer solchen Sensitivitätsanalyse alle in die Definition von Ke_v eingehenden Verbrauchs- und Preisdaten verwenden. Im Einzelfall hängt die Auswahl von den betriebsindividuellen Planungsunsicherheiten ab. Bei Vertragslaufzeiten von bis zu fünf Jahren treten bevorzugt Unsicherheiten in der erwarteten Beschäftigung (Variation von A) bei einer konstanten oder nur leicht variierenden Betriebsgröße (Variation von P") auf. Auch unsichere Veränderungen im Produktionsvollzug, z.B. die Einführung einer dritten Schicht oder von Wochenendarbeit (Variation von P" und a_N), können eine Rolle spielen.

98 Vgl. die mit "1" überschriebenen Spalten in Tabelle 4.35.

99 ... nicht aber über die Höhe des Jahresleistungsmaximums P".

100 Eine nähere Begründung erfolgt im weiteren Text.

101 Die Ganglinie soll die Lastverläufe der Vertragslaufzeit repräsentieren.

102 In einer realen Planungsrechnung müssen lediglich die Preisanpassungsfaktoren für den Planungszeitraum geschätzt und entsprechend verändert werden. Hier wird vereinfachend darauf verzichtet.

Es kann hier kein vollständiger Überblick über mögliche Sensitivitätsanalysen gegeben werden.[103] Als ein Beispiel wird die Variation des jährlichen Stromverbrauchs A bei einer konstanten Jahreshöchstleistung P" demonstriert. Dabei wird der Stromverbrauch A [kWh/a] in der Elektrizitätswirtschaft üblicherweise über die Benutzungsdauer ha [h/a] gemessen.[104]

ha	Strombezug			K_{ev}, für v =			q_{ev}, für v =		
	A	A_H	A_N	Z	L55	L120	Z	L55	L120
[h/a]	[MWh/a]			[TDM/a]			[Pf/kWh]		
2600	11856	8299	3557	*2432*	2660	2594	*20,52*	22,44	21,88
2700	12312	8618	3694	*2512*	2739	2651	*20,41*	22,24	21,53
2800	12768	8938	3830	*2592*	2817	2708	*20,30*	22,06	21,21
2900	13224	9257	3967	*2670*	2895	2764	*20,19*	21,89	20,90
3000	13680	9576	4104	*2747*	2974	2821	*20,08*	21,74	20,62
3100	14136	9895	4241	*2838*	3033	2877	*20,08*	21,46	20,36
3200	14592	10214	4378	***2929***	3093	**2934**	***20,07***	21,19	**20,11**
3300	15048	10534	4514	**3019**	3153	***2991***	**20,06**	20,95	***19,87***
3400	15504	10853	4651	3110	3213	*3047*	20,06	20,72	*19,65*
3500	15960	11172	4788	3201	3273	*3104*	20,06	20,51	*19,45*
3600	16416	11491	4925	3291	3333	*3160*	20,05	20,31	*19,25*
3700	16872	11810	5062	3382	3394	*3216*	20,05	20,12	*19,06*
3800	17328	12130	5198	3473	3455	*3271*	20,04	19,94	*18,88*
3900	17784	12449	5335	3564	3516	*3327*	20,04	19,77	*18,71*
4000	18240	12768	5472	3654	3577	*3383*	20,03	19,61	*18,55*
4100	18696	13087	5609	3745	3638	*3430*	20,03	19,46	*18,34*
4200	19152	13406	5746	3836	3699	*3476*	20,03	19,32	*18,15*
4300	*19608*	*13726*	*5882*	*3926*	*3761*	*3521*	*20,02*	*19,18*	*17,96*
4400	20064	14045	6019	4017	3822	*3567*	20,02	19,05	*17,78*
4500	20520	14364	6156	4108	3884	*3612*	20,02	18,93	*17,60*
4600	20976	14683	6293	4199	3945	*3653*	20,02	18,81	*17,42*

Tabelle 4.24: Auswahl eines Sonderabnehmervertrags (Sensitivitätsanalyse)

Ausgehend von den Daten für Modell Z in Tabelle 4.15 sei die Jahreshöchstleistung P_Z" = 4560 kW und der fixe Stromverbrauch a_f = 8556 MWh/a. Der Fertigungsprozeß benötigt eine elektrische Leistung von 3 MW,[105] die maximal 3808 h/a[106] beschäftigt sein können. In der geplanten Lösung werden davon 3715 h/a genutzt.[107] Für eine Sensitivitätsanalyse wird ange-

[103] Vgl. FLAD [1974], HUGEL [1971], VEA [1984], VETTERMANN [1965].

[104] A = P"·ha, wobei P" = const.

[105] Vgl. Tabelle 4.1.

[106] Vgl. Tabelle 4.3.

[107] Vgl. Tabelle 4.9.

nommen, daß im ungünstigsten Fall mit einer Beschäftigung von 1500 h/a zu rechnen ist. Damit läßt sich ein Benutzungsdauerintervall $[ha_{min}, ha_{max}]$,

$$ha_{min} = (8556 \text{ MWh/a} + 3 \text{ MW} \cdot 1500 \text{ h/a}) : 4{,}56 \text{ MW} \approx 2863 \text{ h/a},$$
$$ha_{max} = (8556 \text{ MWh/a} + 3 \text{ MW} \cdot 3808 \text{ h/a}) : 4{,}56 \text{ MW} \approx 4381 \text{ h/a}$$

abschätzen. Im Hinblick auf die verbesserten Ergebnisse in Abschnitt 4.6 vergrößern wir dieses Intervall etwas auf $[ha_{min}, ha_{max}] = [2600, 4600]$ und wählen für die Sensitivitätsanalyse in Tabelle 4.24 äquidistante Stützpunkte in einem Abstand von 100 h/a. Dies reicht zur Erfassung der verschiedenen Kostenkomponenten der drei Musterverträge aus.[108]

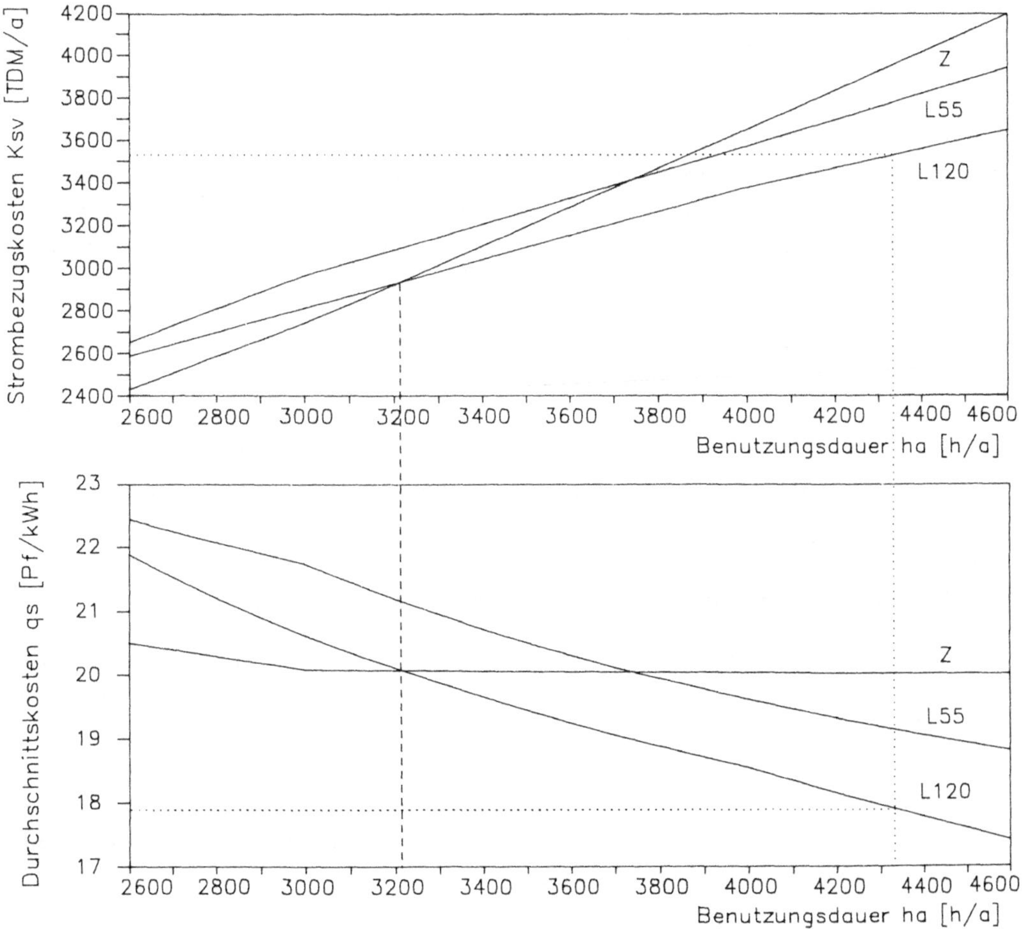

<u>Abbildung 4.4:</u> **Sensitivitätsanalyse zur Auswahl eines Strombezugsvertrags**

108 Vgl. die Definitionen der Preiszonen und der verschiedenen Rabattsätze in den Tabellen 4.17–4.19.

Für jeden Benutzungsdauerwert und für jede Preisregelung v werden die gesamten Strombezugskosten K_{ev} und der durchschnittliche Strompreis $q_{ev} = K_{ev}:A$ berechnet. Dabei bleiben sowohl der Hochtarifanteil *(a_H = 70 %,)* wie auch der Sommeranteil *(a_S = 53,5 %)* konstant.[109] Es wird unterstellt, daß sich diese Anteile bei einer Variation der Beschäftigung im angegebenen Intervall nicht (wesentlich) verändern.[110] Alle übrigen Kostenelemente (Preiszonen, Rabatte etc.) in K_{ev} werden jeweils exakt berechnet.

Abbildung 4.4 zeigt eine graphische Darstellung der Sensitivitätsanalyse. Die Auswahl des Vertrags L120 für die in Abschnitt 4.4 geplante Benutzungsdauer von ha = 4321 h/a ist durch die punktierten Koordinaten angedeutet. Die gestrichelte, kritische Benutzungsdauer - der Schnittpunkt der zu Vertrag L120 und Vertrag Z gehörenden Kostenfunktionen - liegt bei 3217 h/a.

Für eine Benutzungsdauer ha > 3217 h/a bleibt der Vertrag L120 kostenminimal. Sinkt die Beschäftigung der Jahreshöchstlast P" unter diesen Wert, so ist Vertrag Z zu wählen. Die geschätzte Benutzungsdauer (Beschäftigung) muß c.p. um mehr als 25 % sinken, um die Entscheidung für Vertrag L120 in Frage zu stellen.

Eine genauere Abstimmung der Auswahl eines Sonderabnehmervertrags mit einer mehrjährigen Planung des Produktions- und eventuell des Investitionsprogramms ist angebracht, wenn die geschätzte Benutzungsdauer in der Nähe kritischer Werte liegt. Auch in diesen Fällen lohnt es sich nicht, die *Auswahl* eines Mustervertrags in entsprechende Planungsmodelle zu integrieren. Da die Anzahl der alternativen Verträge auf zwei, maximal auf drei Varianten beschränkt ist, genügt es, die Modelle mit den verschiedenen Preisregelungen zu lösen und die Ergebnisse zu vergleichen.[111]

Ein Vergleich der Musterverträge zeigt, daß die Arbeitspreise im Vertrag L120 am niedrigsten bzw. im Vertrag Z am höchsten sind. Bei den Leistungspreisen verhält es sich umgekehrt. Geht man in einem Kostenvergleich von einer vorgegebenen Lastkurve aus, so ist - unter Vernachlässigung der Rabattregelungen - der Vertrag mit höheren Leistungspreisen dann vorzuziehen, wenn die zusätzlichen Leistungskosten geringer sind, als die eingesparten Arbeitskosten.

109 Vgl. Tabelle 4.15.

110 Wenn dies nicht zutrifft, müssen die Anteile der Tarifzeiten und der Jahreszeiten zusammen mit der Benutzungsdauer variiert werden. Ein Beispiel hierzu ist ein Dreischichtbetrieb, der bei einem Rückgang der Beschäftigung zunächst die 3. Schicht (100 % Niedertarifzeit) abbaut.

111 Vgl. Abschnitt 4.6.

Je höher der Leistungskostenanteil an den Gesamtkosten K_{ev} ist, desto stärker ist die Degression des Durchschnittspreises q_{ev} bei wachsender Benutzungsdauer (unteres Diagramm in Abbildung 4.4). Mit Bezug auf diesen Effekt bezeichnet man in der Elektrizitätswirtschaft eine Preisregelung mit relativ hohen Leistungspreisen als *steil*, bzw. eine Regelung mit vergleichsweise hohen Arbeitspreisen als *flach*.

Die Benutzungsdauer der Jahreshöchstleistung ist eine wichtige Kenngröße zur Abschätzung dieser Kostendegression. Um den nicht unerheblichen Aufwand für die oben durchgeführten Vergleichsrechnungen zu vermeiden, gibt es verschiedene Daumenregeln zur Auswahl eines Sonderabnehmervertrags. Eine dieser Regeln nennt etwa eine kritische Benutzungsdauer von 3000 h/a zur Unterscheidung der Verträge Z und L55 und eine Benutzungsdauer von 4000 h/a als Grenze zwischen L55 und L120.

Offensichtlich führt diese Daumenregel im Zahlenbeispiel zum billigsten Vertrag. Es ist es jedoch erstaunlich, daß der Vertrag L55 in der Sensitivitätsanalyse keine Rolle spielt. Man erwartet, daß bei abnehmender Benutzungsdauer zunächst der Vertrag L55 und dann erst der Vertrag Z präferiert werden. Für den Lastverlauf des Beispiels und die o.g. Prämisse konstanter Arbeitsanteile über die Tarifzeiten trifft dies nicht zu.

Mit dieser Sensitivitätsanalyse werden die Ausführungen zur Auswahl und Gestaltung eines Sonderabnehmervertrags für industrielle Stromabnehmer abgeschlossen. Der Aufbau einiger wichtiger Musterverträge ist vorgestellt, und die auf Jahresbasis durchzuführende Planung bzw. Abrechnung der Strombezugskosten für ein vorgegebenes Mengengerüst ist erläutert.

In Tabelle 4.16 wird eine vertragsübergreifende Kostenfunktion des Strombezugs K_{ev} definiert, die alle planungsrelevanten Elemente der Preisregelungen $v \in \{Z, L55, L120\}$ erfaßt. Der folgende Abschnitt versucht, diese Funktion in die Modelle zur Produktions- und Absatzplanung einzubauen, um die bereits angedeuteten Planungsfehler zu vermeiden.

4.6. Produktions- und Absatzplanung mit differenzierten Strompreisen

In Abschnitt 4.5 wird die Funktion K_{ev} zur Berechnung der Strombezugskosten nach den Regelungen von Sonderabnehmerverträgen entwickelt. Die Integration dieser Funktion in die Standardmodelle zur Produktions- und Absatzplanung erlaubt eine Verbesserung der bisher vorgestellten Ansätze. In diesem Abschnitt werden Planungsmodelle angegeben, die alle Vertragsregelungen mit einer großen Genauigkeit abbilden.

Diese Ansätze zeigen, daß es *grundsätzlich* möglich ist, komplexe (reale) Stromkostenfunktionen in ein Modell zur betrieblichen Produktions- und Absatzplanung einzubauen. Darüber hinaus werden die kostentheoretischen Probleme deutlich, die eine differenzierte Preisregelung eines nicht lagerbaren Verbrauchsfaktors beim Aufbau einer betrieblichen Planung verursacht. Eine Beurteilung der Praxistauglichkeit (Komplexität) der nachfolgend entwickelten Modelle erfolgt in Abschnitt 4.7.

Eine Kombination der Grundmodelle $\alpha \in \{Z,ZI,IS,ID\}$ mit den Vertragstypen $v \in \{Z,L55,L120\}$ führt zu 12 Modellvarianten, deren Darstellung in einer ähnlichen Notation wie in den voranstehenden Abschnitten in Tabelle 4.25 zusammengefaßt ist. Die Modellierung der Stromkostenfunktion K_{ev} erfolgt im Teil b der Tabelle ((7)-(37)). Den aus Tabelle 4.6 übernommenen nicht energetischen Bereich findet man im letzten Block des Teils b ((38)-(40)) und in Tabellenteil a ((2)-(3)). In Teil a wird darüber hinaus die Zielfunktion (1) und ein Restriktionensystem zur Kopplung zwischen der Produktionsplanung und der Planung des Strombezugs ausgewiesen ((4)-(6)).

Bevor die Modelle im einzelnen erläutert werden, sind einige Vorüberlegungen zu den planungsrelevanten Intensitätspunkten i angebracht. Hierzu wird untersucht, ob sich die Fallunterscheidungen aus Tabelle 4.1 auf die Ansätze in Tabelle 4.25 übertragen lassen.

Für Modell Z ist definitionsgemäß nur ein Intensitätspunkt zu betrachten. Bei Modell ID ist bereits in Abschnitt 4.3 das gesamte, technisch zulässige Intensitätsintervall [d',d"] entscheidungsrelevant. Durch eine verbesserte Planung der Strombezugskosten ändert sich daran nichts.

Bei Modell ZI kann infolge des differenzierten Strompreissystems *in einem Spitzenlastzeitabschnitt* t die Situation eintreten, daß eine *Unter*schreitung der bezüglich kr(d) kostenminimalen Intensität d^* günstiger ist, als eine Leistungskostensteigerung im Strombezug[112] ohne diese Maßnahme: Die zusätzlichen Kosten eines kurzfristigen Mehrverbrauchs an r infolge einer

[112] Vgl. die Voruntersuchung in Abschnitt 4.4.

Intensitätswahl $d < d^*$ können geringer ausfallen, als die Zusatzkosten aus einer Erhöhung eines Leistungsmaximums PM1 oder PM2 bei zeitlich ganz oder teilweise ausgelasteter Intensität d^* in diesem Zeitabschnitt.

Mit der gleichen Begründung kann man für Modell IS nicht ausschließen, daß eine Intensität $d \in]d', d_{tan}[$ in einer optimalen Lösung vorkommt. Im Gegensatz zur Planung bei einem linearen Stromtarif[113] sind deshalb die modellvereinfachenden Ergebnisse der Produktions- und Kostentheorie in Planungsmodellen mit einem Höchstlasttarif nicht anwendbar: Für die in Tabelle 4.25 notierten Ansätze ZI und IS ist der gesamte Definitionsbereich [d',d"] entscheidungsrelevant.[114] Eine geeignete Kostenapproximation für die Ansätze ZI, IS und ID erhält man daher mit den Intensitätspunkten in Spalte 4 der Tabelle 4.1.

Für das *Zahlenbeispiel* gehen wir diesen Weg wegen rechentechnischer Schwierigkeiten *nicht*. Abschnitt 4.3 weist bereits darauf hin, daß ein Modell auf Basis der Intensitätspunkte *ID* mit der zur Ausarbeitung dieser Arbeit verfügbaren Hard-[115] und Software[116] nicht in akzeptabler Zeit lösbar ist. Schon die kleinste Variante - ein über diese Intensitätspunkte formuliertes Modell ZI mit der Strompreisregelung L120 - mußte nach einer Rechenzeit von 9 Tagen ohne ein - gegenüber dem nachfolgend erläuterten, vereinfachten Ansatz - verbessertes Ergebnis abgebrochen werden.

Zur Lösung des Beispiels übernehmen wir daher vereinfachend die Fallunterscheidungen in Tabelle 4.1. Wie in Abschnitt 4.3 werden die Intensitätspunkte nach Spalte 1 für Modell Z, nach Spalte 2 für Modell ZI, nach Spalte 3 für Modell IS und nach Spalte 5 für Modell ID benutzt. Nach den obigen Vorüberlegungen ist klar, daß sich dadurch - im Gegensatz zu Abschnitt 4.3 - die optimalen Lösungen der Modelle ZI und IS u.U. verschlechtern, weil der Optimierungsspielraum einer Unterschreitung der Intensität d^* (Modell ZI) bzw. d_{tan} (Modell IS) nicht abgebildet wird.

Die nachfolgend angegebenen Ergebnisse sind in Kenntnis dieser Einschränkung zu betrachten: Die Lösungen der Modelle ZI und IS lassen sich eventuell verbessern,[117] wenn man die o.g. Intensitätspunkte zusätz-

113 Vgl. Abschnitt 4.3.

114 Darüber hinaus ist weiter $d = 0$ (Abschaltung des Prozesses) relevant.

115 ... ein Mikrocomputer auf Basis der Prozessoren *INTEL 80286/80287*, getaktet mit 12 MHZ, ohne Wartezyklen beim Hauptspeicherzugriff.

116 ... das Programm *Hyper-Lindo/PC* (vgl. SCHRAGE [1988]) unter dem Single-Tasking-Betriebssystem MS-DOS V.3.3 (vgl. MICROSOFT [1988]).

117 Für die konkreten Beispieldaten sind diese Verbesserungen marginal.

lich aufnimmt. Die - hier im Vordergrund stehende - Modellierung des stromwirtschaftlichen Bereichs wird durch diese Einschränkung nicht beeinflußt. Sie erfolgt unabhängig von der Auswahl der Intensitätspunkte.

Im Teil b der Tabelle 4.25 sind die gemeinsamen Restriktionen (38)-(40) der Ansätze $\alpha \in$ (Z,ZI,IS,ID) und das zur Kostenfunktion K_{ev} gehörende System *möglicher* Nebenbedingungen aufgeführt. Wie in Abschnitt 4.5 erläutert, kommt nicht jede Komponente der Funktion K_{ev} in jedem Mustervertrag $v \in$ {Z,L55,L120} vor. Dementsprechend bildet das Restriktionensystem in Tabelle 4.25.b einen Vertrag ab, der *alle* diese Komponenten enthält. Das Modell eines konkreten Vertrags ergibt sich dadurch, daß man die vertragsspezifisch nicht relevanten Restriktionen[118] streicht und die vertragsindividuellen Koeffizienten[119] einsetzt.[120]

Mit diesen Vereinbarungen kann wiederum auf eine umfangreiche Indizierung der einzelnen Modellvariablen - hier wäre dies eine Indizierung nach der Anpassungsart *und* nach dem Stromvertrag - verzichtet werden. Wie in den voranstehenden Abschnitten begnügen wir uns mit einer, die jeweilige Modellvariante kennzeichnenden Indizierung des Zielfunktionswertes. Die beiden in Tabelle 4.25 angegebenen Planungsmodelle umfassen somit die 12 o.g. Modellkombinationen. Die Daten zur Formulierung jeder einzelnen Kombination sind in den voranstehenden Abschnitten in übersichtlichen Tabellen zusammengestellt.

Mit Verweis auf die Abschnitte 4.3 und 4.5 genügt es, die in Tabelle 4.25 neu hinzugefügten Modellelemente zu erläutern. Zusätzlich zu den bereits eingeführten Symbolen werden die folgenden Größen benötigt:

<u>Indizes:</u>

l : Preiszone für Leistungspreise, l = 1...L;
τ : Index für Hoch- und Niedertarif, $\tau \in \Phi$ = {H,N};
z : Preiszone für Hoch- und Niedertarif-Arbeitspreise, z = 1...Z;
r : Nummer eines Jahresbenutzungsdauer-Intervalls mit konstantem Rabattsatz b_r, r = 1...R;
q : Nummer eines Nachtanteil-Intervalls mit konstantem Rabattsatz n_q, q = 1...Q;
s : Nummer eines Sommeranteil-Intervalls mit konstantem Rabattsatz j_s, s = 1...S; (as $\geq$ 0,4);
w : Nummer eines Sommeranteil-Intervalls mit konstantem Zuschlagsatz j_w, w = 1...W; (as $\leq$ 0,4 $\Longleftrightarrow$ *aw* $\geq$ 0,6);

118 Beispielsweise enthält Vertrag L120 keine Zonung der Leistung P'', keinen Nachtrabatt und keinen Jahreszeitenausgleich.

119 Z.B. Arbeitspreise, Rabattsätze, Zonenbreiten etc.

120 Vgl. dazu auch die exemplarischen Ausführungen zu Vertrag L120 in Abschnitt 4.7.

Stetige Variablen:

$T_{i\tau t}$: Fertigungszeit im Intensitätspunkt i im Monat t in Tarif τ [h/Mo];
P_l : Anteil der Jahreshöchstleistung P" in Leistungspreiszone l [kW];
$A_{\tau z}$: Anteil der Jahresenergien A_τ in Arbeitspreiszone z [kWh/a];
PS_t : Differenz der elektrischen (Höchst-)Leistung im Monat t zur Jahreshöchstleistung PM1 (Schlupfvariable) [kW];
ZV : Zählvariable zur Überprüfung der Eindeutigkeit von PM1 [];
BR_r : Benutzungsdauerrabatt im Rabattintervall r [DM];
NR_q : Nachtrabatt im Rabattintervall q [DM];
JR_s : Sommerrabatt im Rabattintervall s [DM];
JZ_w : Winterzuschlag im Intervall w [DM];

Binärvariablen:

$$Z_{\tau z} = \begin{cases} 1, & \text{falls Arbeitspreiszone z im Tarif } \tau \text{ erreicht wird;} \\ 0, & \text{sonst.} \end{cases}$$

$$P_{i\tau t} = \begin{cases} 1, & \text{falls Intensität } d_i \text{ in der Tarifzeit } \tau \text{ im Monat t gewählt wird;} \\ & \text{(für i = 1: ... \textit{mindestens} gewählt wird;)} \\ 0, & \text{sonst.} \end{cases}$$

$$BP_t = \begin{cases} 1, & \text{falls PM1 in Monat t erreicht wird;} \\ 0, & \text{sonst.} \end{cases}$$

$$U = \begin{cases} 1, & \text{falls ZV > 0; (PM1 wird in mindestens 2 Monaten erreicht);} \\ 0, & \text{sonst; (PM1 wird in genau einem Monat erreicht);} \end{cases}$$

$$Z_l = \begin{cases} 1, & \text{falls Leistungspreiszone l (l = 1...L) erreicht wird;} \\ 0, & \text{sonst.} \end{cases}$$

$$BB_r = \begin{cases} 1, & \text{falls das Jahresbenutzungsdauer-Intervall r erreicht wird;} \\ 0, & \text{sonst.} \end{cases}$$

$$BN_r = \begin{cases} 1, & \text{falls das Nachtanteil-Intervall q erreicht wird;} \\ 0, & \text{sonst.} \end{cases}$$

$$BS_s = \begin{cases} 1, & \text{falls das Sommeranteil-Intervall s erreicht wird;} \\ 0, & \text{sonst.} \end{cases}$$

$$BW_w = \begin{cases} 1, & \text{falls das Sommeranteil-Intervall w erreicht wird;} \\ 0, & \text{sonst.} \end{cases}$$

$$BU = \begin{cases} 1, & \text{falls } 0{,}087 \cdot Ker \geq k_u \cdot A; \\ 0, & \text{sonst.} \end{cases}$$

Modelle Z/ZI/IS

(1) $\sum_{t=1}^{12}(p_t \cdot Xa_t - kl \cdot Xl_t - \sum_{i=1}^{I} kr_i \cdot d_i \cdot \sum_{\tau \in \Phi} T_{i\tau t}) - \underbrace{(1+a) \cdot Keu}_{Kev_{\alpha}^{(2)}} = DBv_{\alpha}^{(2)} \longrightarrow \max!$

(2) $- Xa_t + Xl_{t-1} - Xl_t + \sum_{i=1}^{I} d_i \cdot \sum_{\tau \in \Phi} T_{i\tau t} = 0$, $t = 1...12$;

(3) $\sum_{i=1}^{I} T_{i\tau t} - t_{\tau t} \cdot P_{1\tau t} \underset{\wedge}{\leq} 0$, $\tau \in \Phi$ und $t = 1...12$;
└── "=" für Modell IS

- -

(4) $\sum_{i=1}^{I} ae_i \cdot d_i \cdot \sum_{t=1}^{12} T_{i\tau t} - A_\tau = -af_\tau$, $\tau \in \Phi$; (Arbeit)

(5) $\sum_{i=1}^{I} ae_i \cdot d_i \cdot \sum_{\tau \in \Phi} \sum_{t=3}^{9} T_{i\tau t} - As = -afs$; (Definition As)

- -

(6a) (Lastmessung) $T_{i\tau t} - m \cdot P_{i\tau t} \leq 0$, $i = 2...I$, $t = 1...12$ und $\tau \in \Phi$;

(6b) (P'_t) $ae_i \cdot d_i \cdot P_{i\tau t} - P'_t \leq -pf_{\tau t}$, $i = 1...I$, $t = 1...12$ und $\tau \in \Phi$;

Modell IDa

(1) $\sum_{t=1}^{12}(p_t \cdot Xa_t - kl \cdot Xl_t - \sum_{i=1}^{I} kr_i \cdot d_i \cdot C_{it}) - \underbrace{(1+a) \cdot Keu}_{Kev_{ID}^{(2)}} = DBv_{ID}^{(2)} \longrightarrow \max!$

(2) $- Xa_t + Xl_{t-1} - Xl_t + t_t \cdot \sum_{i=1}^{I} d_i \cdot C_{it} = 0$, $t = 1...12$;

(3a) $\sum_{i=1}^{I} C_{it} - Y_t = 0$, $t = 1...12$;

(3b) $C_{1t} - Y_{1t} \leq 0$, $t = 1...12$;

(3c) $C_{it} - Y_{(i-1)t} - Y_{it} \leq 0$, $i = 2...I-1$, $t = 1...12$

(3d) $C_{It} - Y_{(I-1)t} \leq 0$, $t = 1...12$;

(3e) $\sum_{i=1}^{I-1} Y_{it} \leq 1$, $t = 1...12$;

- -

(4) $\sum_{i=1}^{I} ae_i \cdot d_i \cdot \sum_{t=1}^{12} t_t \cdot C_{it} - A_\tau = -af_\tau$, $\tau \in \Phi$; (Arbeit)

(5) $\sum_{i=1}^{I} ae_i \cdot d_i \cdot \sum_{t=3}^{9} t_t \cdot C_{it} - As = -afs$; (Definition As)

- -

(6) (P'_t) $\sum_{i=1}^{I} ae_i \cdot d_i \cdot C_{it} - P'_t \leq -pf_{\tau t}$, $\tau \in \Phi$ und $t = 1...12$;

Tabelle 4.25.a: Produktions- und Absatzplanung mit differenzierten Strompreisen (Teil 1)

(7)		$- Keb + \sum_{l=1}^{L} ql_l \cdot P_l + \sum_{z=1}^{Z} \sum_{\tau \in \Phi} qa_{\tau z} \cdot A_{\tau z} = 0;$		(Definition von Keb)
		Elektrische Arbeit		
(8)	(Aufspaltung	$A_{\tau z} - a_{\tau z} \cdot Z_{\tau z} \le 0$	, $\tau \in \Phi$ und $z = 1 \ldots Z$;	
(9)	in Preiszonen)	$a_{\tau z} \cdot Z_{\tau (z+1)} - A_{\tau z} \le 0$	, $\tau \in \Phi$ und $z = 1 \ldots Z-1$;	
(10)	(Definition A_τ)	$A_\tau - \sum_{z=1}^{Z} A_{\tau z} = 0$	, $\tau \in \Phi$;	
(11)		$A_H + A_N - A = 0;$		(Definition A)
		Elektrische Leistung		
(12)	(Definition PM1)	$P'_t + PS_t - PM1 = 0$	, $t = 1 \ldots 12$;	
(13)	(Schlupf = 0 ?)	$PS_t + m \cdot BP_t \le m$	, $t = 1 \ldots 12$;	(PM1 eindeutig ?)
(14)		$\sum_{t=1}^{12} BP_t - ZV = 1;$		
(15)		$ZV - m \cdot U \le 0;$		
(16)		$- ZV + U \le 0;$		
(17)		$PM_1 - PM_2 + m \cdot U \le m;$		
(18)	(Definition PM2)	$P'_t - m \cdot BP_t - PM2 \le 0;$	, $t = 1 \ldots 12$;	
(19)	(Mittelwert)	$- 2 \cdot P'' + PM1 + PM2 \le 0;$		
(20)		$\sum_{l=1}^{L} P_l - P'' = 0;$		
(21)	(Aufspaltung in	$P_l - p_l \cdot Z_l \le 0$	, $l = 1 \ldots L$;	
(22)	Preiszonen)	$p_l \cdot Z_{l+1} - P_l \le 0$	, $l = 1 \ldots L-1$;	
(23)	(Benutzungs-	$m \cdot BB_r - A + ha_r \cdot P'' \le m$	, $r = 1 \ldots R$;	
(24)	dauer-	$- b_r \cdot Keb + BR_r \le 0$	, $r = 1 \ldots R$;	
(25)	rabatt)	$- m \cdot BB_r + BR_r \le 0$	, $r = 1 \ldots R$;	
(26)	(Nacht-	$m \cdot BN_q - A_N + a_{Nq} \cdot A \le m$	, $q = 1 \ldots Q$;	
(27)	rabatt)	$- n_q \cdot Keb + NR_q \le 0$	, $q = 1 \ldots Q$;	
(28)		$- m \cdot BN_q + NR_q \le 0$	, $q = 1 \ldots Q$;	
(29)		$m \cdot BS_s - A_S + a_{Ss} \cdot A \le m$	, $s = 1 \ldots S$;	(Sommerrabatt)
(30)	(Jahres-	$- j_s \cdot Keb + JR_s \le 0$	, $s = 1 \ldots S$;	
(31)	zeiten-	$- m \cdot BS_s + JR_s \le 0$	, $s = 1 \ldots S$;	
(32)	ausgleich)	$m \cdot BW_w - A_S + a_{Sw} \cdot A \le m$	, $w = 1 \ldots W$;	(Winterzuschlag)
(33)		$- m \cdot BW_w + j_w \cdot Keb - JZ_w \le 0$	, $w = 1 \ldots W$;	
(34)		$- Keb + \sum_r BR_r + \sum_q NR_q + \sum_s JR_s - \sum_w JZ_w + \frac{1}{1-b} \cdot Ker = 0;$		(Bonus und Def. Ker)
(35)		$m \cdot BU + ku \cdot A - 0{,}087 \cdot Ker \le m;$		(Umweltschutz-Aufschlag und Definition Keu)
(36)		$m \cdot BU - Keu + k_u \cdot A + Ker \le m;$		
(37)		$m \cdot BU - Keu + 1{,}087 \cdot Ker \le 0;$		
(38)	(Lagermindestbestand)	$Xl_t \ge xl'$	, $t = 1 \ldots 12$;	
(39)	(Lagerkapazität)	$Xl_t \le xl''$	, $t = 1 \ldots 12$;	
(40)	(Absatzhöchstmengen)	$Xa_t \le xa_t$	, $t = 1 \ldots 12$:	
(41)		alle Variablen ≥ 0.		

Tabelle 4.25.b: Produktions- und Absatzplanung mit differenzierten Strompreisen (Teil 2)

Konstanten:

m : beliebige, ausreichend *große* Zahl [];
$a_{\tau z}$: Breite der Arbeitspreiszone z im Tarif τ [kWh/a];
p_l : Breite der Leistungspreiszone l [kW];
ha_r : obere Grenze des Benutzungsdauer-Intervalls r [h/a];
b_r : (zusätzlicher) Benutzungsdauer-Rabattsatz im Intervall r [];
a_{Nq} : obere Grenze des Nachtanteil-Intervalls q [];
n_r : (zusätzlicher) Nachtrabattsatz im Intervall q [];
a_{Ss} : obere Grenze des Sommeranteil-Intervalls s ($0{,}4 \leq a_{Ss} \leq 1$) [];
j_s : (zusätzlicher) Sommerrabattsatz im Intervall s [];
a_{Sw} : untere Grenze des Sommeranteil-Intervalls w ($0 \leq a_{Sw} \leq 0{,}4$) [] ;
j_w : (zusätzlicher) Winterzuschlagsatz im Intervall w [];

Die Erläuterung der Planungsmodelle in Tabelle 4.25 orientiert sich an der dort angegebenen Numerierung. Im Vergleich zu den Basisansätzen in Tabelle 4.6 werden die Strombezugskosten in der Zielfunktion (1) nicht mehr implizit in den Stückkosten, sondern explizit über die Variable Keu erfaßt. Die gesamten im Planungsmodell berechneten Strombezugskosten werden - zur Unterscheidung von den in Abschnitt 4.5 berechneten Strombezugskosten $Kev_\alpha^{(1)}$ - mit $Kev_\alpha^{(2)}$ bezeichnet. Der Kostensatz kr_i enthält für jeden Intensitätspunkt i alle variablen Herstellkosten mit Ausnahme der Kosten für elektrische Energie.

Da für eine Berechnung der Strombezugskosten für alle Vertragsvarianten $v \in \{Z, L55, L120\}$ sowohl die Jahresarbeit A [kWh/a], wie auch die Höchstleistung P" [kW] benötigt werden, müssen diese elektrischen Größen in Abhängigkeit von den Ergebnissen der Produktionsplanung ermittelt werden. Die Kopplung zwischen dem Fertigungsbereich und der in Tabelle 4.25.b modellierten Stromkostenfunktion erfolgt über die Restriktionen (4)-(6).

Die Nebenbedingungen (4) definieren den jährlichen Stromverbrauch für jede Tarifzeit (A_τ) als Summe aus dem fixen Energiebedarf (af_τ) und dem durch die Produktion ausgelösten Stromverbrauch. Restriktion (5) ermittelt den Gesamtstromverbrauch in der tariflichen Sommerzeit (A_S). Auf eine explizite Berechnung des Winterverbrauchs (A_W) kann verzichtet werden, da dieser als Differenz zwischen dem gesamtem Jahresverbrauch $A = A_H + A_N$ und dem Sommerverbrauch A_S im Modell bekannt ist.[121]

Die Ungleichungen (6) bestimmen die Monats- (höchst-) leistungen P'_t als Summe der fixen (Spitzen-) Lastanforderungen und des (gleichzeitigen) Leistungsbedarfs der Fertigung. In den Planungsmodellen Z, ZI, IS erfolgt

[121] Vgl. Restriktion (11) in Tabelle 4.25.b.

eine solche Lastmessung mit Hilfe der Binärvariablen $P_{i\tau t}$.[122] Im Ansatz ID kann die Prozeßintensität - dargestellt als Konvexkombination über die Intensitätspunkte d_i - kontinuierlich variiert werden. Die (Spitzen-) Lastmessung in den Restriktionen (6) ist einfacher.

Infolge der in Abschnitt 4.3 für den Ansatz ID gesetzten Prämissen[123] sind die Variablen C_{it} nicht nach Tarifzeiten differenziert (Modell IDa). Aus systematischen Gründen ist es jedoch interessant, ein Modell IDb mit dieser Erweiterung zu lösen, um das Spektrum der nach Tabelle 3.25 denkbaren Modelle auszuschöpfen. Die Modifikationen des Ansatzes IDa infolge einer Aufspaltung der Variablen C_{it} in Variablen $C_{i\tau t}$ sind einfach, weshalb eine Ausformulierung des Ansatzes IDb entfallen kann; eine optimale Lösung wird jedoch auch für diese Variante angegeben.[124]

Die Restriktionen (4)-(6) in Tabelle 4.25.a sind im Zusammenhang mit den ergänzenden Nebenbedingungen im Teil b der Tabelle zu betrachten. In Gleichung (7) werden die Bruttostromkosten Keb als Kern der Strombezugskosten K_{ev} nach der Definition in Tabelle 4.16.a berechnet.

Die Nebenbedingungen (8)-(10) verteilen die in (4) ermittelten, nach Tarifzeiten differenzierten Strombezüge A_τ aufsteigend auf die Arbeitspreiszonen. In Restriktion (8) setzt man für die jeweils letzte, nach oben offene Tarifzone Z eine ausreichend große Zahl m als Obergrenze an: $a_{\tau Z} = m$.

Nach den Ungleichungen (8) läßt sich eine bestimmte Preiszone z nur belegen, wenn die zugehörige Binärvariable positiv ist: $A_{\tau z} > 0 \Longrightarrow Z_{\tau z} = 1$. Die in Restriktion (9) angegebene Rekursion stellt dann sicher, daß alle darunter liegenden Preiszonen voll belegt werden: $Z_{\tau z} = 1 \Longrightarrow A_{\tau x} = a_{\tau x}$, für $x = 1...z-1$.

Restriktion (10) erzwingt die Verteilung der Jahresarbeiten A_τ auf die Z Zonen. Nebenbedingung (11) definiert die gesamte Jahresarbeit A, die weiter unten zur Ermittlung der verschiedenen Rabatte benötigt wird.

Gleichung (19) berechnet die kostenwirksame Jahreshöchstleistung P" als das arithmetische Mittel der beiden höchsten im Kalenderjahr aufgetretenen Monatsmaxima PM1 und PM2. Da auch die Leistungspreise gezont sein können (Vertrag L55), wird P" in den Restriktionen (20)-(22) aufsteigend

122 Zur Komplexität dieser Lösung vgl. Abschnitt 4.7.

123 Eine dieser Annahmen verlangt, daß über den ganzen Monat mit einer konstanten Durchschnittsintensität produziert wird. Eine Differenzierung der Variablen C_{it} nach Tarifzeiten τ hebt diese Prämisse auf.

124 Vgl. Tabelle 4.33.

auf Leistungspreiszonen verteilt. Die Modellierung erfolgt nach dem bei der Zonung der Jahresarbeit erläuterten Prinzip.

Die Restriktionen (12)-(18) zeigen zusammen mit Nebenbedingung (6), daß auch komplizierte Vertragsbedingungen in einem linearen Programm modellierbar sind.[125] Die durch (6) beschriebenen Restriktionen definieren die Summe aus den fixen Leistungswerten $pf_{\tau t}$ und den Leistungsanforderungen der Produktion als untere Grenze der Monatsmaxima P'_t über zwölf Monate und zwei Tarifzeiten.

Definitionsgemäß gilt $PM1 \geq P'_t$, für $t = 1...12$. Dieser Zusammenhang ist in Restriktion (12) formuliert, wobei die Ungleichungen durch Einführung der nichtnegativen Schlupfvariablen PS_t [kW] als Gleichungen notiert sind. Restriktion (13) testet jede dieser Schlupfvariablen auf Null: es wird überprüft, in welchen Monaten PM1 exakt erreicht wird. Nach (13) gilt: $PS_t > 0 \Longrightarrow BP_t = 0$.

Wegen $ZV \geq 0$ erzwingt Restriktion (14), daß mindestens eine Binärvariable BP_t den Wert 1 annimmt. Dadurch wird in (13) mindestens eine Schlupfvariable PS_t auf 0 gesetzt, d.h., das Monatsmaximum PM1 ist in (12) exakt definiert. Insgesamt stellen die Restriktionen (6) und (12)-(14) sicher, daß gilt: $P'_t = PM1 \Longleftrightarrow BP_t = 1$.

Falls dies für mehr als ein t gilt, ist $PM1 = PM2$. Ansonsten entspricht PM2 dem größten P'_t mit $P'_t < PM1$. Zur Modellierung dieser Fallunterscheidung ist zu überprüfen, ob

$$\sum_{t=1}^{12} BP_t > 1.$$

Dieser Test wird mit Hilfe der Zählvariable ZV und der Binärvariable U in den Restriktionen (14)-(16) durchgeführt: U kann nur dann den Wert 1 annehmen, wenn PM1 in mehr als einem Monat exakt erreicht wird.

Die Restriktionen (17) und (18) ermitteln das zweite kostenwirksame Monatsmaximum PM2. Nebenbedingung (17) sichert gerade ab, daß $U = 1 \Longrightarrow$

[125] Die Frage, ob sich der damit verbundene Aufwand lohnt, wird in Abschnitt 4.7 aufgegriffen. Grundsätzliche Erläuterungen zur Formulierung betriebswirtschaftlicher Entscheidungsprobleme mit gemischt-ganzzahligen linearen Programmen findet man bei DINKELBACH/HAX [1962], DINKELBACH/STEFFENS [1961] und GABRIEL [1982]. Einen Überblick über Lösungsverfahren geben MEVERT/SUHL [1976].

PM2 ≥ PM1.[126] Für U = 0 ist (17) redundant, und PM2 wird über (18) ermittelt: Wegen P'_t = PM1 <==> BP_t = 1 ist gewährleistet, daß PM2 < PM1.

Zusammenfassend ermitteln die Restriktionen (12)-(19) die Jahreshöchstleistung P" als arithmetisches Mittel aus den beiden höchsten Monatsmaxima PM1 und PM2 eines Kalenderjahres. P" wird in allen angesprochenen Verträgen direkt (Leistungskosten in L55 und L120) oder indirekt (Benutzungsdauerrabatt in Vertrag Z) benötigt. Nach einer eventuellen Zonung (L55) in den Restriktionen (20)-(22) geht P" in (7) und in (23) ein.

Die Nebenbedingungen in der unteren Hälfte von Tabelle 4.25.b erweitern den Kostenbetrag Keb wie in Tabelle 4.16 angegeben um die verschiedenen Zu- und Abschläge bis zu den Kosten Keu, die schließlich in die Zielfunktion (1) eingehen.

Zur Bestimmung der verschiedenen Zu- und Abschlagsätze müssen Quotienten von Entscheidungsvariablen berechnet werden. Konkret handelt es sich um die Benutzungsdauer ha = A : P", um den Nachtanteil a_N = A_N : A und um den Sommeranteil a_S = A_S : A.[127] In einem linearen Programm ist eine solche Quotientenbildung nicht möglich.

Die in Abbildung 4.3 angegebenen Funktionen können jedoch durch Treppenkurven approximiert werden.

Da diese Approximation einheitlich zur Erfassung des Benutzungsdauerrabatts ((23)-(25)), des Nachtrabatts ((26)-(28)) und des Jahreszeitenausgleichs ((29)-(33)) verwendet wird, genügt eine exemplarische Erläuterung für den Benutzungsdauerrabatt, die durch ein Zahlenbeispiel für den Vertrag L120 ergänzt wird.

Zunächst ist in Abhängigkeit von der konkreten Planungssituation ein realistischer Definitionsbereich der Rabattsatzbestimmungsgröße abzugrenzen. Hierzu können wir auf die Ausführungen in Abschnitt 4.4 zurückgreifen, wo die Jahresbenutzungsdauer ha [h/a] durch

$$ha \in [ha_{min}, ha_{max}] = [2600, 4600]$$

126 Da PM2 über (19), (7), (34) und (37) zu einem negativen Zielfunktionswert beiträgt (Leistungskosten), genügt die *Un*gleichung (17), um zu erreichen, daß U = 1 —> PM2 = PM1.

127 a_N und a_S werden in Abschnitt 4.5 als Prozentzahlen angegeben. Im linearen Programm werden diese Anteile als dimensionslose Faktoren angesetzt: 0 ≤ a_N, a_S ≤ 1.

bereits abgeschätzt wird.[128] Da es für ha $\leq$ 4000 h/a im Vertrag L120 keinen Benutzungsdauerrabatt gibt,[129] wählen wir ha $\in$ [4000,4750] als einen geeigneten Definitionsbereich für eine Treppenfunktion zur Approximation der im Vertrag L120 angegebenen Rabattsatzfunktion b(ha).

Die Approximationsgenauigkeit hängt von der Anzahl R der Intervalle ab. Bei einer Benutzungsdauer von maximal 4750 h/a ist nach Tabelle 4.19 ein Rabattsatz von bis zu b(4750 h/a) = 2,25 % erreichbar. Betrachtet man z.B. einen Planungsfehler von 0,5 % in der Berechnung von Ker als akzeptabel, so kann man R = 4 – bei einer linearen Rabattsatzfunktion äquidistante – Benutzungsdauerintervalle mit einem konstanten Rabattsatz b_r wählen. Tabelle 4.26 enthält diese Stützpunkte für das Zahlenbeispiel.

Koeffizienten für die Nebenbedingungen (23),(24) (v = L120) ← ha_r, $b(ha_r)$, b_r

Intervall r	1	2	3	4
ha_r [h/a]	4000	4250	4500	4750
$b(ha_r)$ [%]	0,00	0,75	1,50	2,25
b_r [ ]	0,00375	0,0075	0,0075	0,0075
$\sum_{x=1}^{r} b_x$ [ ]	0,00375	0,01125	0,01825	0,02625

Tabelle 4.26: Approximation einer Rabattsatzfunktion (Vertrag L120)

Bei einer Benutzungsdauer-Intervallbreite von 250 h/a ergeben sich im Vertrag L120 Steigerungen des Rabattsatzes b(ha) um jeweils 0,75 %, d.h., die Sprunghöhe der gesuchten Treppenfunktion beträgt 0,0075. Um eine möglichst gute Approximation zu erreichen, ist es angebracht, die Treppenfunktion über die Stützpunkte (ha_r, $b(ha_r)$) um eine halbe Stufenhöhe nach oben zu verschieben.[130]

Insgesamt läßt sich mit den Wertepaaren (ha_r, b_r), r = 1...4 eine Treppenfunktion zur Approximation des Benutzungsdauerrabatts für den Vertrag L120 und die Datenkonstellation des Zahlenbeispiels aufbauen. Das Modell wählt bei einer Belegung eines Intervalls r über die Restriktionen (23)-(25) die Rabattsätze in der letzten Zeile der Tabelle 4.26.

[128] Vgl. Tabelle 4.24.

[129] Vgl. Tabelle 4.19 und Abbildung 4.3.

[130] Das Simplexverfahren tendiert dazu, ein zusätzliches Rabattintervall zu aktivieren und dort exakt die untere Grenze (Benutzungsdauer) zu belegen. Für diesen Fall beschränkt die in Tabelle 4.26 angegebene Wahl der b_r den Approximationsfehler in der optimalen Lösung auf die Hälfte der maximal möglichen Abweichung.

Im einzelnen überprüfen die Restriktionen (23), ob die im Modell erreichte Benutzungsdauer ha = A : P" größer oder gleich ha_r ist. Wenn dies *nicht* gilt, muß die Binärvariable BB_r gleich 0 sein: A : P" < ha_r ==> BB_r = 0. Für BB_r = 0 verhindert die korrespondierende Restriktion (25), daß in diesem Intervall ein (zusätzlicher) Benutzungsdauerrabatt BR_r gewährt wird. Im anderen Fall wählt das Modell BB_r = 1 und über Nebenbedingung (24) den maximal möglichen (zusätzlichen) Rabatt BR_r = $b_r \cdot$Keb. Die Summe der Rabattbeträge BR_r bildet den gesamten Benutzungsdauerrabatt, der in (34) von den Strombruttokosten Keb subtrahiert wird.

Die Modellierung des Nachtrabatts in den Restriktionen (26)-(28) und des Sommerrabatts in den Nebenbedingungen (29)-(31) erfolgt nach dem gleichen Prinzip. Anstatt nach der Benutzungsdauer ist nach dem Nachtanteil bzw. nach dem Sommeranteil zu differenzieren. Die Variablen A_S, A_N und A werden in den Restriktionen (5), (10) und (11) definiert. Wegen Restriktion (41) erfolgt die Modellierung des Jahreszeitenausgleichs getrennt für Sommerrabatt und Winterzuschlag.

Da ein *Zuschlag* die Strombezugskosten in (34), (37) und in (1) erhöht, ist die Formulierung etwas einfacher als bei einem *Rabatt*. Das Modell wählt nur solche Beträge JZ_w > 0, deren Belegung das Restriktionensystem erzwingt. In Nebenbedingung (33) gilt für Keb > 0: JZ_w = 0 ==> BW_w = 1. Restriktion (32) läßt BW_w = 1 aber nur dann zu, falls $as_w \cdot A \leq A_S$, d.h., falls ein Sommeranteil as_w mindestens erreicht wird. Wegen A_W = A − A_S ist dies äquivalent mit der Bedingung, daß ein Winteranteil von 1 − as_w nicht überschritten wird. Im anderen Fall gilt BW_w = 0, und es ist der Zuschlag JZ_w = $j_w \cdot$Keb zu zahlen.

Bei nicht linearen Rabattsatzfunktionen[131] ist es angebracht, mit unterschiedlichen Intervallbreiten oder mit verschiedenen Rabattsprüngen zu arbeiten. Darüber hinaus kann man den für die optimale Lösung vermutlich relevanten Bereich der Rabattsätze mit einer verfeinerten Auflösung der Treppenfunktion darstellen. Wenn ein Vertrag mehrere Rabattregelungen enthält, sollte auf einen einheitlichen Genauigkeitsgrad der Approximation geachtet werden.

Die Verrechnung aller Rabatte und Zuschläge mit den Strombruttokosten Keb unter anschließender Subtraktion des Bonus führt in Restriktion (34) zum Kostenbetrag Ker.[132]

[131] Vgl. Abbildung 4.3.

[132] Vgl. die Definition von Ker in Tabelle 4.16.a.

Die Restriktionen (35)-(37) sorgen für eine korrekte Erhöhung dieser Kosten um den vom EVU verlangten Umweltschutzkostenbeitrag. Die hierbei erforderliche, in Tabelle 4.16.a angegebene Fallunterscheidung erfolgt über die Binärvariable BU. Diese Variable garantiert, daß entweder (BU = 0) Restriktion (36) oder aber (BU = 1) Restriktion (37) redundant ist. Das Modell wählt diejenige Restriktion als bindend aus, die Keu weniger erhöht. Wegen Nebenbedingung (35) kann Restriktion (37) nur dann redundant sein (BU = 1), falls $0{,}087 \cdot Ker \geq ku \cdot A$. Dies ist gerade das Kriterium der Fallunterscheidung.

Man beachte, daß zur Bestimmung aller Zu- und Abschlagsätze in Abbildung 4.3 die *gesamte* Jahresarbeit (A, A_N, A_S) und das *Jahres*leistungsmaximum P" benötigt werden. Deshalb gehen die in Abschnitt 4.1 ermittelten, *fixen* Verbrauchsdaten zeitlich differenziert als *rechte Seiten* in die Restriktionen (4)-(6) ein. Sie sind notwendig zur integrierten Bestimmung der Rabattsätze und zur korrekten Belegung der gezonten Preissysteme.

Die optimalen Zielfunktionswerte (Deckungsbeiträge) $DB_{v\alpha}^{(2)}$ der Modelle sind demnach bereits um die *fixen* jährlichen Stromkosten vermindert. Um diese Fixkostenbelastung in einem Modellvergleich problemadäquat auszugleichen, wird in den Ansätzen der Abschnitte 4.3 und 4.4 der Fixkostenbetrag Kef berechnet und als Konstante berücksichtigt. Die dort zurückgestellte Begründung für diese Vorgehensweise ist hiermit nachgeholt.

Der letzte Schritt zur Ermittlung der Strombezugskosten Ke_v - die Erhöhung der Kostensumme Ker um die Ausgleichsabgabe (Kohlepfennig) - erfolgt in der Zielfunktion (1). Die Restriktionen (38)-(40) sind unverändert aus den Standardansätzen in Abschnitt 4.3 übernommen. Damit ist die Erläuterung des allgemeinen Ansatzes in Tabelle 4.25 abgeschlossen.

Im nächsten Schritt wird untersucht, ob sich die Ergebnisse der Produktions- und Absatzplanung, die in den voranstehenden Abschnitten mit einem zweistufigen Ansatz ermittelt werden, bei einer Planung mit dem hier vorgestellten Simultanmodell verbessern lassen. Da nach den Vorbetrachtungen in Abschnitt 4.5 die Preisregelung L120 für die Rahmendaten des Betriebsmodells kostenminimal ist,[133] beschränken wir die Beispielrechnungen auf die Varianten $\alpha \in \{Z,ZI,IS,IDa,IDb\}$ und $v = L120$.[134]

[133] Daran ändert auch die hier durchzuführende Simultanplanung nichts. Der in Abschnitt 4.3 gewählte Preis $qe = qe^{(P)}$ läßt sich daher auch als ein *Verrechnungspreis* auffassen, der mit diesem Hintergrundwissen für Vertrag v = L120 geschätzt wird. Vgl. Abschnitt 4.7.

[134] Beim Neuabschluß eines Strombezugsvertrags kann man im Zweifelsfall ein Modell alternativ für verschiedene Vertragsvarianten rechnen.

Um einen Vergleich der Ergebnisse einer Simultanplanung in diesem Abschnitt mit den Resultaten der Sukzessivplanung in Abschnitt 4.4 zu erleichtern, erfolgt die Darstellung der optimalen Lösungen in Tabellen, die den Übersichten in Abschnitt 4.3 soweit wie möglich entsprechen.

Die optimalen Produktions- und Absatzprogramme der 5 Modellvarianten werden zusammen mit der optimalen Struktur des Stromverbrauchs in den Tabellen 4.27–4.32 angegeben. Tabelle 4.33 erklärt die Entstehung der optimalen Zielfunktionswerte. Mit Hinweis auf die Ausführungen in Abschnitt 4.3 genügt es, bei der Erläuterung der Ergebnisse auf einige Besonderheiten einzugehen. Um eine einfache Sprachregelung zu benutzen, wird die Sukzessivplanung in Abschnitt 4.4 als *Planungsmethode 1* und der hier gerechnete, integrierte Ansatz als *Methode 2* bezeichnet.

Für Modell Z kann man etwa die Ergebnisse in Tabelle 4.27 (Methode 2) mit den Resultaten in Tabelle 4.9 (Methode 1) vergleichen. Die Differenzierung der Fertigungszeiten $T_{1\tau t}$ nach Tarifzeiten verdeutlicht, daß die in Abschnitt 4.4 durchgeführte, zweite Planungsstufe (stromwirtschaftliche Produktionsvollzugsplanung) in das hier entworfene Modell integriert ist.

t	T_{H1t}^* [h]	T_{N1t}^* [h]	X_{pt} [ME]	X_{at}^* [ME]	X_{lt}^* [ME]	P_{Ht}' [kW]	P_{Nt}' [kW]	a_{pHt} [MWh]	a_{pNt} [MWh]	a_{pSt} [MWh]	a_{pWt} [MWh]	a_{pt} [MWh]
1	*267*	*0*	8000	8000	500	*4520*	1550	800	0	0	800	800
2	300	20	9600	9000	1100	4580	*4600*	900	60	0	960	960
3	231	105	10080	10000	1180	4350	*4400*	693	315	1008	0	*1008*
4	220	100	9600	*10280*	500	4050	*4100*	660	300	960	0	*960*
5	*205*	95	9000	9000	500	3900	*3950*	615	285	900	0	*900*
6	242	110	10560	10000	1060	3800	*3830*	726	330	1056	0	*1056*
7	231	105	10080	10500	640	3700	*3770*	693	315	1008	0	*1008*
8	132	60	5760	*5900*	500	3650	*3660*	396	180	576	0	*576*
9	231	105	10080	9500	1080	3900	*3950*	693	315	1008	0	*1008*
10	330	22	10560	10000	1640	4050	*4100*	990	66	0	1056	*1056*
11	300	20	9600	9500	1740	4350	*4400*	900	60	0	960	960
12	285	19	9120	*10360*	500	4500	*4520*	855	57	0	912	912
Σ*Max*	2974	761	112040	112040	*1740*	*4580*	*4600*	8921	2283	6516	4688	11204
1	2	3	4	5	6	7	8	9	10	11	12	13

Tabelle 4.27: Optimales Produktions- und Absatzprogramm, Modell Z (L120)

Die optimalen Lösungen in den Tabellen 4.9 und 4.27 sind fast identisch. Der einzige Unterschied besteht in einer Steigerung der Produktionsmenge im September um 580 ME und einer entsprechenden Erhöhung der Absatzmenge im Dezember bei Methode 2. Offensichtlich vergrößert diese Maßnahme die Leistungskosten nicht. Das nach Methode 2 formulierte Modell belastet die zusätzlich verbrauchte elektrische Energie nur mit den (Grenz-) Arbeitskosten[135]. Dadurch ist trotz der anfallenden Lagerkosten noch ein positiver Stückdeckungsbeitrag erzielbar.

Ein Vergleich der optimalen Lösungen für α = ZI verdeutlicht die energiewirtschaftlichen Besonderheiten in der Produktionsplanung. Im Unterschied zu Methode 1 (Tabelle 4.10) wird die Fertigungsintensität bei Methode 2 (Tabelle 4.28) in den Wintermonaten 11 und 12 nicht erhöht, während in den Sommermonaten 7 und 8 alle verfügbaren Fertigungsstunden in beiden Tarifzeiten mit maximaler Intensität belegt werden. Die Jahreshöchstleistungen PM1 und PM2 verschieben sich dadurch von den Monaten 12 und 11 auf die Monate 2 und 1 und werden zusätzlich reduziert.

t	T_{Hit}^* i=1 [h]	T_{Hit}^* i=2 [h]	T_{Nit}^* i=1 [h]	T_{Nit}^* i=2 [h]	X_{pt} [ME]	X_{at}^* [ME]	X_{lt}^* [ME]	P_{Ht}' [kW]	P_{Nt}' [kW]	ap_{Ht} [MWh]	ap_{Nt} [MWh]	ap_t [MWh]
1	*246*	*0*	21	0	8000	8000	500	4520,0	*4550,0*	737	63	800
2	300	0	20	0	9600	9000	1100	4580,0	*4600,0*	900	60	960
3	231	0	105	0	10080	10000	1180	4350,0	*4400,0*	693	315	*1008*
4	220	0	100	0	9600	10280	500	4050,0	*4100,0*	660	300	*960*
5	*205*	*0*	95	0	9000	9000	500	3900,0	*3950,0*	615	285	*900*
6	242	0	110	0	10560	10000	1060	3800,0	*3830,0*	726	330	*1056*
7	0	231	0	105	11760	10500	2320	4462,5	*4532,5*	869	395	*1264*
8	0	132	0	60	6720	8540	500	4412,5	*4422,5*	497	226	*722*
9	231	0	105	0	10080	9500	1080	3900,0	*3950,0*	693	315	*1008*
10	330	0	22	0	10560	10000	1640	4050,0	*4100,0*	990	66	1056
11	300	0	20	0	9600	9500	1740	4350,0	*4400,0*	900	60	960
12	285	0	19	0	9120	10360	500	4500,0	*4520,0*	855	57	912
Σ*Max*	2590	363	617	165	114680	114680	*2320*	*4580,0*	*4600,0*	9135	2472	11607
1	2		3		4	5	6	7	8	9	10	11

Tabelle 4.28: Optimales Produktions- und Absatzprogramm, Modell ZI (L120)

Trotz der verstärkten Lagerung und der Erhöhung des Absatzpreises ab September wird die Absatzmenge im Dezember zurückgenommen. Hier wirkt sich der Einfluß der fixen Lastspitzen[136] $pf_{\tau t}$ auf die Leistungskosten aus: Die Ergebnisse der Produktions- und Absatzplanung hängen von der Höhe und vom zeitlichen Verlauf[137] des *fixen* Stromverbrauchs ab. Die für

[135] ... näherungsweise mit dem Hochtarif-Arbeitspreis der letzten Zone.

[136] Vgl. Restriktion (6) in Tabelle 4.25.a.

[137] Vgl. die Spalten 3 und 4 in Tabelle 4.5.

die Produktionsplanung maßgeblichen Grenzkosten des Strombezugs sinken c.p. bei einem steigenden fixen Stromverbrauch af.[138]

Einen weiteren, interessanten Aspekt erkennt man bei der Belegung der Niedertarifzeiten. Im Unterschied zu Methode 1 nutzt Methode 2 alle Fertigungszeiten t_{Nt} aus - auch diejenigen, die nunmehr im Januar und im Februar Leistungskosten verursachen. Offensichtlich ist der Niedertarif-(Grenz-) Arbeitspreis ausreichend niedrig, um trotz der zusätzlichen Leistungskosten einen positiven Deckungsbeitrag für die in den Niedertarifzeiten der Monate 1 und 2 produzierten Mengeneinheiten zuzulassen.

Die Zurücknahme der Winterspitzen am Jahresende und die Erhöhung der Fertigungsintensität im Sommer erfolgen ähnlich wie in Modell ZI auch in den optimalen Lösungen der verbleibenden Varianten IS, IDa und IDb.

t	T_{Hit}^*, i = 1 [h]	2 [h]	3 [h]	4 [h]	T_{Nit}^*, i = 1 [h]	2 [h]	3 [h]	4 [h]	X_{pt} [ME]	X_{at}^* [ME]	X_{lt}^* [ME]	P_{Ht}' [kW]	P_{Nt}' [kW]	ap_{Ht} [MWh]	ap_{Nt} [MWh]	ap_t [MWh]
1	5,3	309,6	0	0	0	21	0	0	8320	8000	820	4207,5	4237,5	844	56	900
2	0,0	0,0	300	0	0	20	0	0	9500	9000	1320	4580,0	4287,5	900	54	954
3	0,0	0,0	231	0	0	0	105	0	10080	10000	1400	4350,0	4400,0	693	315	1008
4	0,0	0,0	220	0	0	0	100	0	9600	10500	500	4050,0	4100,0	660	300	960
5	0,0	0,0	209	0	0	0	95	0	9120	9000	620	3900,0	3950,0	627	285	912
6	0,0	0,0	242	0	0	0	110	0	10560	10000	1180	3800,0	3830,0	726	330	1056
7	0,0	0,0	0	231	0	0	0	105	11760	10500	2440	4462,5	4532,5	869	395	1264
8	0,0	0,0	0	132	0	0	0	60	6720	8660	500	4412,5	4422,5	497	226	722
9	0,0	0,0	231	0	0	0	105	0	10080	9500	1080	3900,0	3950,0	693	315	1008
10	0,0	0,0	330	0	0	0	22	0	10560	10000	1640	4050,0	4100,0	990	66	1056
11	0,0	0,0	300	0	0	0	20	0	9600	9500	1740	4350,0	4400,0	900	60	960
12	0,0	0,0	285	0	0	0	19	0	9120	10360	500	4500,0	4520,0	855	57	912
Σ\Max	5,3	309,6	2348	363	0	41	576	165	115020	115020	2440	5280,0	4532,5	9254	2459	11713
1	2	3	4	5	6	7	8	9	10	11	12	13	14	15	16	17

Tabelle 4.29: Optimales Produktions- und Absatzprogramm, Modell IS (L120)

Im Gegensatz zu Modell ZI (Tabelle 4.28) vermeidet die optimale Lösung des Ansatzes IS (Tabelle 4.29) die Entstehung zusätzlicher Leistungskosten in den Niedertarifzeiten der Monate 1 und 2. Dies wird - bei vorgeschriebener Fertigungszeit - durch eine Abweichung von der kostenmini-

[138] Zu dieser Grenzkostendegression tragen neben den Leistungskosten auch die Zonung der Arbeitspreise und der progressive Benutzungsdauerrabatt bei.

malen Intensität nach unten (d_2 = 25 ME/h) in den Niedertarifstunden dieser Monate erreicht.

Die geringe Nachfrage im Januar führt zu einem Intensitätssplitting in der Hochtarifzeit dieses Monats und zu einem erhöhten Lagerbestand. Im Ferienmonat August wird wesentlich mehr abgesetzt als in der Referenzlösung nach Methode 1 (vgl. Tabelle 4.11). Die dort als PM1 ermittelte Lastspitze in der Hochtarifzeit des Februar bleibt als PM1 auch in Tabelle 4.29 kostenwirksam. Die zweite Lastspitze (PM2) wandert - deutlich reduziert - von der Hochtarifzeit des Dezember in die Niedertarifzeit des Juli.

t	D_t [ME/h]	X_{pt} [ME]	Xa_t* [ME]	Xl_t* [ME]	P_{Ht}' [kW]	P_{Nt}' [kW]	ap_{Ht} [MWh]	ap_{Nt} [MWh]	ap_t [MWh]
1	29,27	9834,0	8000,0	2334,0	4490,8	*4520,7*	936	62	998
2	28,02	8965,7	9000,0	2299,7	4500,7	*4520,7*	876	58	935
3	27,08	9100,3	10000,0	1400,0	4233,4	*4283,4*	666	303	969
4	30,00	9600,0	10500,0	500,0	4050,0	*4100,0*	660	300	960
5	30,00	9120,0	9000,0	620,0	3900,0	*3950,0*	627	285	912
6	30,00	10560,0	10000,0	1180,0	3800,0	*3830,0*	726	330	1056
7	34,92	11734,0	10500,0	2414,0	4450,7	*4520,7*	866	394	1260
8	35,00	6720,0	8634,0	500,0	4412,5	*4422,5*	497	226	722
9	30,00	10080,0	9500,0	1080,0	3900,0	*3950,0*	693	315	1008
10	30,00	10560,0	10000,0	1640,0	4050,0	*4100,0*	990	66	1056
11	30,41	9732,3	9500,0	1872,3	4470,7	*4520,7*	936	62	999
12	28,98	8810,3	10182,6	500,0	4500,7	*4520,7*	855	57	912
Σ*Max*	*35,00*	114816,6	114816,6	*2414,6*	*4500,7*	*4520,7*	9329	2459	11787
1	2	3	4	5	6	7	8	9	10

Tabelle 4.30: Opt. Produktions- und Absatzprogramm, Modell IDa[139] (L120)

In der optimalen Lösung des Ansatzes IDa (Tabelle 4.30) führt das zusätzliche Verbot eines Intensitätssplitting zu einer verstärkten Nutzung des Lagers und zur Unterschreitung der kostenminimalen Intensität in den ersten drei Monaten. Wegen $pf_{Nt} > pf_{Ht}$, für t = 1..12[140] *müssen* die Leistungsmaxima PM1 und PM2 hier in die Niedertarifzeiten fallen.

Erlaubt man ein Intensitätssplitting zusätzlich über die Tarifzeiten, so ergibt sich die optimale Lösung des Ansatzes IDb in Tabelle 4.31. Hier wird die Jahreshöchstlast P" *auch* in der Hochtarifzeit erreicht.

139 Die optimalen Werte C_{it}* sind aus Platzgründen nicht angegeben.

140 Vgl. Tabelle 4.5.

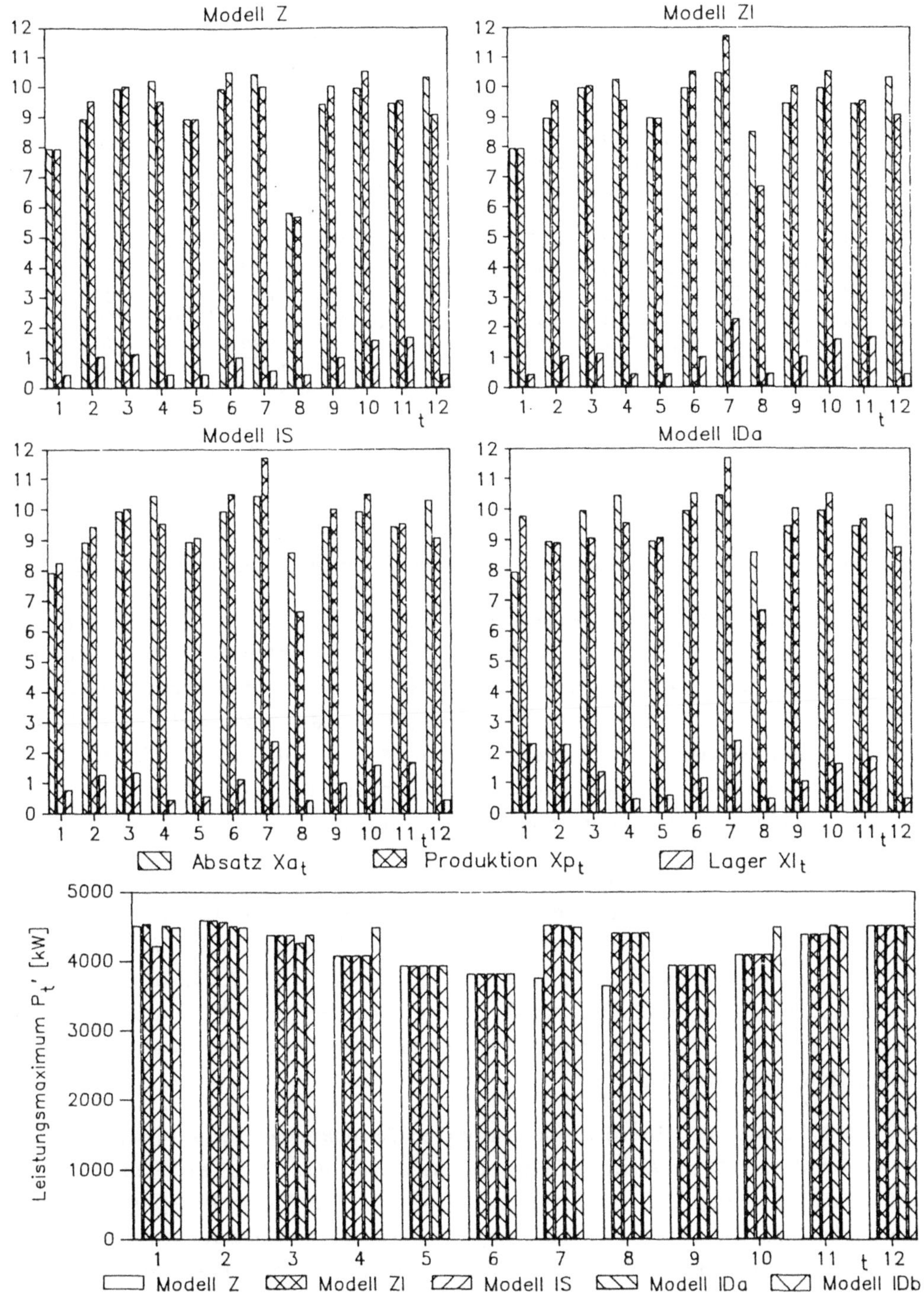

Abbildung 4.5: Optimale Produktions- und Absatzprogramme der Modelle Z, ZI, IS, IDa, IDb (L120; Produktmengenangaben in 1000 ME).

t	D_{Ht} [ME/h]	D_{Nt} [ME/h]	Xp_t [ME]	Xa_t^* [ME]	Xl_t^* [ME]	P_{Ht}' [kW]	P_{Nt}' [kW]	ap_{Ht} [MWh]	ap_{Nt} [MWh]	ap_t [MWh]
1	25,41	28,75	8607,7	8000,0	1107,7	4336,4	*4500,0*	887	62	949
2	28,00	27,50	8950,0	9000,0	1057,7	*4500,0*	*4500,0*	876	58	934
3	30,00	30,00	10080,0	10000,0	1137,7	4350,0	*4400,0*	693	315	1008
4	30,00	32,62	9862,3	10500,0	500,0	4050,0	*4500,0*	660	340	1000
5	30,00	30,00	9120,0	9000,0	620,0	3900,0	*3950,0*	627	285	912
6	30,00	30,00	10560,0	10000,0	1180,0	3800,0	*3830,0*	726	330	1056
7	35,00	34,79	11737,6	10500,0	2417,6	4462,5	*4500,0*	869	392	1261
8	35,00	35,00	6720,0	8637,6	500,0	4412,5	*4422,5*	497	226	722
9	30,00	30,00	10080,0	9500,0	1080,0	3900,0	*3950,0*	693	315	1008
10	30,00	32,62	10617,7	10000,0	1697,7	4050,0	*4500,0*	990	75	1065
11	30,98	30,66	9908,2	9500,0	2105,9	*4500,0*	*4500,0*	945	62	1007
12	30,00	29,50	9110,5	10716,4	500,0	*4500,0*	*4500,0*	855	57	912
Σ*Mx*	*35,00*	*35,00*	115354,0	115354,0	*2417,6*	*4500,0*	*4500,0*	9318	2516	11834
1	2	3	4	5	6	7	8	9	10	11

Tabelle 4.31: Opt. Produktions- und Absatzprogramm, Modell IDb[141] (L120)

Die Ansätze IDa und IDb erlauben eine kontinuierliche Variation der Fertigungsintensität. Da die kostenwirksame Jahreshöchstleistung P" als Mittelwert aus PM1 und PM2 berechnet wird, ist es nicht verwunderlich, daß in den optimalen Lösungen dieser Modelle PM1 = PM2 = P" gilt, und P" darüber hinaus in mehreren Monaten - bei Modell IDb zusätzlich in beiden Tarifzeiten - exakt gewählt wird. In Abschnitt 4.7 wird dieses Ergebnis zur Vereinfachung des Planungsmodells benutzt.

Um einen Vergleich der nach Methode 1 und 2 ermittelten optimalen Produktions- und Absatzprogramme zu erleichtern, werden die hier ermittelten Ergebnisse - analog zu Abbildung 4.2 in Abschnitt 4.3 - in Abbildung 4.5 graphisch aufbereitet. Im unteren Diagramm der Abbildung erkennt man die Absenkung und die Verstetigung des (Spitzen-) Lastverlaufs bei Methode 2. Auch die zum fixen Lastverlauf antizyklische Fahrweise der Produktion wird deutlich.

Tabelle 4.32 stellt die mit den optimalen Produktions- und Absatzprogrammen verbundenen Stromverbrauchsdaten zusammen. Ein Vergleich mit Tabelle 4.15 bestätigt, daß der Optimierungsspielraum für Kosteneinsparungen über eine Erhöhung des Niedertarifanteils a_N für die Datenkonstellation des Zahlenbeispiels gering ist. Die Winter- und Sommeranteile (a_W, a_S) haben nur statistische Bedeutung: Der Vertrag L120 bietet keinen Jahreszeiten-

[141] Die optimalen Werte $C_{it\tau}^*$ sind aus Platzgründen nicht angegeben.

ausgleich an.[142] Am markantesten sind die Absenkung der Jahreshöchstleistungen P" bzw. die Erhöhung der Jahresbenutzungsdauern ha.

Modell:		Z		ZI		IS		IDa		IDb	
P_α" · ha_α =		4560·4333		4575·4407		4556·4449		4521·4500		4500·4531	
x	af_x [MWh/a]	ap_x [MWh/a]	A_x	ap_x [MWh/a]	A_x	ap_x [MWh/a]	A_x	ap_x [MWh/a]	A_x	ap_x [MWh/a]	A_x
H	4904	8921	13825	9135	14039	9254	14158	9329	14233	9318	14222
N	3652	2283	5935	2472	6124	2459	6111	2459	6110	2516	6168
(Σ)	8556	11204	19760	11607	20163	11713	20269	11787	20343	11834	20390
S	4111	6516	10627	6919	11029	6931	11041	6887	10998	6967	11078
W	4445	4688	9133	4688	9133	4782	9228	4900	9345	4867	9312
x	af_x [%]	ap_x [%]	a_x [%]	ap_x [%]	a_x [%]	ap_x [%]	a_x [%]	ap_x [%]	a_x [%]	ap_x [%]	a_x [%]
H	57,32	79,62	69,97	78,70	69,63	79,01	69,85	79,14	69,96	78,74	69,75
N	42,68	20,38	30,03	21,30	30,37	20,99	30,15	20,86	30,04	21,26	30,25
S	48,04	58,16	53,78	59,61	54,70	59,17	54,47	58,43	54,06	58,88	54,33
W	51,96	41,84	46,22	40,39	45,30	40,83	45,53	41,57	45,94	41,12	45,67
1	2	3	4	5	6	7	8	9	10	11	12

Tabelle 4.32: Struktur des Stromverbrauchs (Vertrag L120, Methode 2)

Im oberen Teil der Tabelle 4.33 wird die Entstehung der optimalen Zielfunktionswerte $DB_{v\alpha}^{(2)*}$ für $\alpha \in \{Z,ZI,IS,IDa,IDb\}$ für v = L120 aufgeschlüsselt. Die Stromgesamtkosten $Ke_{L120\alpha}^{(2)}$ quantifizieren den geplanten Zielfunktionsbeitrag (1+a)·Keu nach Tabelle 4.25.

Analog zur Analyse in Tabelle 4.23 wird auch für Methode 2 die mit dem Planungsmodell erzielte Genauigkeit der Stromkostenapproximation untersucht. Hierzu definieren wir für alle v und α

(G.4.10) $dKe_{v\alpha} = Ke_{v\alpha}^{(2)} - Ke_{v\alpha} = DB_{v\alpha} - DBe_{v\alpha}^{(2)*} = dDB_{v\alpha}$,

$$dKe_{v\alpha} = 100\cdot\frac{|dKe_{v\alpha}|}{Ke_{v\alpha}} \text{ und } dDB_{v\alpha} = 100\cdot\frac{dDB_{v\alpha}}{DB_{v\alpha}^{(2)*}}, \text{ wobei}$$

$$DB_{v\alpha} = E_{v\alpha}^{(2)} - (Kr_{v\alpha}^{(2)} + Kl_{v\alpha}^{(2)} + Ke_{v\alpha}) \text{ und}$$

$Ke_{v\alpha}$: exakt berechnete Kosten nach Vertrag v.

Die Berechnung der $Ke_{v\alpha}$ erfolgt analog zu Abschnitt 4.5 in einer *Kontrollrechnung*: Der vom Planungsmodell α ermittelte Lastverlauf wird exakt nach den Regelungen des Mustervertrags v abgerechnet.

[142] Vgl. Tabelle 4.19.

$DB_{v\alpha}$ ist daher wiederum derjenige Deckungsbeitrag, der exakt erreicht wird, wenn man das im Planungsmodell ermittelte optimale Produktions- und Absatzprogramm bei unveränderten Daten realisiert. Wir übertragen $DB_{v\alpha}$ in die jeweils mit "2" überschriebenen Spalten der Tabelle 4.35.

Modell α-->	Z		ZI		IS		IDa		IDb	
	[TDM/a]	[%]	[TDM/a]	[%]	[TDM/a]	[%]	[TDM/a]	[%]	[TDM/a]	[%]
$Ev_{\alpha}^{(2)}$	8936	*100*	9142	*100*	9168	*100*	9152	*100*	9196	*100*
$Krv_{\alpha}^{(2)}$	4258	53,89	4381	54,33	4406	54,17	4414	54,42	4433	54,48
$Klv_{\alpha}^{(2)}$	110	1,39	126	1,56	137	1,69	163	2,00	139	1,71
$Kev_{\alpha}^{(2)}$	3533	44,72	3557	44,11	3591	44,14	3567	43,58	3566	43,81
$Kv_{\alpha}^{(2)}$	7900	*88,41*	8064	*88,21*	8134	*88,72*	8144	*88,99*	8138	*88,49*
Kev_{α}\ *dKevα*	3536	0,08	3578	0,59	3585	0,17	3581	0,39	3576	0,28
$dKev_{\alpha}$\ *dDBvα*	-3	-0,29	-21	-2,00	6	0,61	-14	-1,36	-10	-0,97
$DBv_{\alpha}^{(2)*}$	1036	*11,59*	1078	*11,79*	1033	*11,28*	1007	*11,01*	1058	*11,51*
DBv_{α}	1033	*11,56*	1057	*11,56*	1039	*11,33*	993	*10,85*	1048	*11,40*
qev_{α} [Pf/kWh]	17,91	—	17,74	—	17,69	—	17,60	—	17,54	—

Tabelle 4.33: Optimale Erlöse und optimale Kostenstruktur (v = L120)[143]

Tabelle 4.33 ist parallel zu den Tabellen 4.13 und 4.23 zu betrachten. Die Abweichungen $dKev_{\alpha}$ = $dDBv_{\alpha}$ sind in Tabelle 4.33 erwartungsgemäß geringer als in Tabelle 4.23. Bei Planungsmethode 2 und Vertrag v = L120 resultieren diese Abweichungen in der Berechnung der Strombezugskosten lediglich aus der treppenförmigen Approximation des Benutzungsdauerrabatts.

Für alle hier gerechneten Varianten gilt $dKev_{\alpha}$ < 1 %. In Tabelle 3.34 wird dies exemplarisch für Anpassungsart Z nachgewiesen.[144] Auf eine Auflistung der Kontrollrechnungen der übrigen Ansätze wird mit Hinweis auf die Ausführungen in Abschnitt 4.5 und auf die in Tabelle 4.33 zusammengefaßten Ergebnisse verzichtet. Man sieht, daß eine annähernd exakte Planung der Strombezugskosten im Rahmen einer betrieblichen Produktions- und Absatzplanung theoretisch möglich ist.

143 Bei der Interpretation der verschiedenen Kostenanteile darf nicht vergessen werden, daß alle Modelle den bewerteten fixen Stromverbrauch af enthalten. Der Anteil der Stromkosten an den variablen Kosten des Produkts x läßt sich aus Tabelle 4.1 mit ca. 30 % abschätzen.

144 Zur näheren Erläuterung dieser Kontrollrechnung vgl. die Ausführungen zu Tabelle 4.22 in Abschnitt 4.5.

Abschließend werden die wichtigsten Ergebnisse der beiden Planungsmethoden 1 und 2 in Tabelle 4.35 gegenübergestellt.[145] Alle Daten in dieser Tabelle sind ohne weitere Berechnungen aus den voranstehenden Tabellen in diesem Kapitel übernommen. Bei den Strombezugskosten $Ke_{v\alpha}$ - und dementsprechend auch bei den Gesamtkosten $Ke_{v\alpha}$ und den Deckungsbeiträgen $DB_{v\alpha}$ - werden die Ergebnisse der jeweiligen *Kontrollrechnungen* verwendet.

Hochtarif-Arbeitskosten [kWh/a]	[Pf/kWh]	[DM/a]	Niedertarif-Arbeitskosten [kWh/a]	[Pf/kWh]	[DM/a]
240000,00 ·	16,96 =	40704,00	240000,00 ·	10,02 =	24048,00
+ 600000,00 ·	14,90 =	+ 89400,00	+ 600000,00 ·	8,74 =	+ 52440,00
+ 3960000,00 ·	12,85 =	+ 508860,00	+ 3960000,00 ·	7,45 =	+ 295020,00
+ 9025350,10 ·	11,82 =	+ 1066796,38	+ 1134780,00 ·	6,94 =	+ 78753,73
= 13825350,10		= 1705760,38	= 5934780,00		= 450261,73
		+ 450261,73 ←			

		Leistungskosten	
Arbeitskosten	= 2156022,11		
Leistungskosten	+ 986920,80 ←	= 4560 kW · 216,43 DM/(kW · a)	

		Kontrollrechnung	[DM/a]	[%]
Keb	= 3142942,91			
Benutzungsdauerrabatt	- 31432,12			
Bonus	- 109214,03	$-K_{rz}$:	-4257520,03	53,91
Ker	= 3002296,76	$-K_{lz}$:	- 109400,00	1,17
Umweltschutzzuschlag	+ 256881,69			
		$-K_{rz}-K_{lz}$:	= -4366920,03	55,08
Keu	= 3259178,45	→ $-Ke_{L120z}$:	- 3536208,62	44,92
Ausgleichsabgabe	+ 277030,17			
		$-K_{L120z}$:	= -7903128,65	100,00
Ke	= <u>3536208,62</u>	E_{L120z}:	+ 8935920,00	
Zu- und Abschlagsätze		DB_{L120z}:	= <u>1032791,34</u>	
		$-DB_{L120z}^{(2)*}$:	- 1035840,00	
d ≈ 0,0100;	(n = 0;)			
(j = 0;)	u ≈ 0,0856;	dKe_{120zz}:	= **-3048,66**	

<u>Tabelle 4.34:</u> Kontrollrechnung zu Modell Z nach Vertrag L120 (Methode 2)

Tabelle 4.35 zeigt demnach einen Vergleich der Ergebnisse, die das Unternehmen bei einer konkreten Umsetzung der nach beiden - in der Modellierung der Strombezugskosten approximativen - Methoden ermittelten Pro-

145 Die Spalten dieser Tabelle sind entsprechend mit "1" bzw. "2" überschrieben. "2-1" kennzeichnet die Differenz beider Spalten.

duktions- und Absatzpläne c.p. erzielt. Je nach Anpassungsart erlaubt der Ansatz 2 eine Steigerung des Deckungsbeitrags um bis zu 14 %.[146]

Eine Reduzierung des Gesamtenergie*verbrauchs* $A_{v\alpha}$ ist nicht festzustellen. Da die optimalen Produktions- und Absatzmengen bei einer Planung nach Methode 2 für alle Ansätze größer sind, ist dies nicht verwunderlich.[147] Die durchschnittlichen Strombezugs*preise* $qe_{v\alpha}$ nehmen erwartungsgemäß in allen Fällen ab. Trotz der höheren Produktionsmengen sinken - Ansatz Z ausgenommen - sogar die gesamten Energiekosten $Ke_{v\alpha}$.

Modell α-->	Z			ZI			IS			ID(a)		
Methode -->	1	2	2-1	1	2	2-1	1	2	2-1	1	2	2-1
$Xa_{v\alpha}$[100 ME]	1115	1120	+5	1144	1147	+3	1145	1150	+5	1145	1148	+3
$A_{v\alpha}$[10 MWh/a]	1970	1976	+6	2018	2061	+43	2018	2027	+9	2017	2034	+17
$P_{v\alpha}''$ [kW]	4560	4560	0	5223	4575	-648	4941	4556	-385	4846	4521	-325
$ha_{v\alpha}$ [h/a]	4321	4333	+12	3863	4407	+544	4085	4449	+364	4163	4500	+337
$E_{v\alpha}$ [TDM/a]	8888	8936	+48	9123	9142	+19	9132	9168	+36	9132	9152	+20
$Ke_{v\alpha}$ [TDM/a]	3530	3536	+6	3761	3578	-183	3694	3585	-109	3669	3581	-88
$Kr_{v\alpha}+Kl_{v\alpha}$["]	4327	4367	+40	4458	4507	+49	4502	4543	+41	4506	4577	+71
$K_{v\alpha}$ [TDM/a]	7857	7903	+46	8219	8085	-134	8196	8128	-68	8175	8158	-27
$DB_{v\alpha}$ [TDM/a]	1031	1033	+2	904	1057	+153	936	1039	+103	957	993	+37
$qe_{v\alpha}$[Pf/kWh]	17,9	17,9	0	18,6	17,7	-0,9	18,3	17,7	-0,6	18,2	17,6	-0,6

Tabelle 4.35: Ein Ergebnisvergleich der Planungsmethoden 1 und 2 (v=L120)

Damit ist die Erläuterung eines Modells zur annähernd exakten Integration des Strombezugs in eine betriebliche Produktions- und Absatzplanung abgeschlossen. Der nächste Abschnitt geht auf die Komplexität dieses Ansatzes ein und untersucht Vereinfachungsvorschläge.

146 ... 153 TDM/a in Modell ZI; vgl. Tabelle 4.35.

147 Wegen $Xl_0 = Xl_{12}$ stimmen die *jährlichen* Produktions- und Absatzmengen Xa und Xp in allen Beispielen überein. Es gilt:

$$\sum_{t=1}^{12} Xa_t = Xa = Xp = \sum_{t=1}^{12} Xp_t .$$

4.7. Pragmatische Ansätze zur Planung des Strombezugs

Die in Abschnitt 4.6 entwickelten Planungsmodelle enthalten Vorschläge für eine weitgehende Integration des Strombezugs in eine betriebliche Produktions- und Absatzplanung. Nach einer Überprüfung der dort gesetzten Modellprämissen behandelt Abschnitt 4.7 drei Schwerpunkte.

Erstens erfolgt eine am Aufbau der integrierten Ansätze in Tabelle 4.25 orientierte Komplexitätsbetrachtung. Dabei wird versucht, die Modelle schrittweise zu vereinfachen. Diese Vereinfachungen führen zu nicht simultanen Planungskonzepten, die eine wechselseitige (sukzessive) Abstimmung zwischen einer zentralen Strombezugsplanung und den übrigen betrieblichen Teilplänen anstreben.

Eine solche, sukzessive Planabstimmung erfolgt über innerbetriebliche Stromverrechnungspreise, auf deren Ermittlung der zweite Teil des Abschnitts eingeht. Abschließend wird drittens auf einige Querbezüge der hier untersuchten Planungsmodelle zu projektorientierten Wirtschaftlichkeitsanalysen im Bereich der Energieanwendung hingewiesen.

Wir beginnen mit einer Überprüfung der optimalen Lösung von Modell Z. In Tabelle 4.35 fällt auf, daß die durch Methode 2 erzielte Verbesserung des Deckungsbeitrags für Modell Z besonders mager ist. Der Optimierungsspielraum im Produktionsvollzug wird hier einerseits zwar durch die Art der Anpassung, andererseits aber auch durch den engen Prämissenkatalog der *im Beispiel* angenommenen Planungssituation beschränkt: Eine Senkung der Leistungskosten ist nur durch eine Abschaltung der Produktion über einen Monat bzw. über die Tarifzeit eines Monats möglich.

Der Optimierungsspielraum vergrößert sich insbesondere durch

- einen Übergang auf den Mehrproduktfall: Je größer die Anzahl der zeitlich disponierbaren und nicht voll beschäftigten Fertigungslinien wird, desto stärker nähert sich die Kombinationsvielfalt der Produktionsvollzugsplanung einer kontinuierlichen Variationsmöglichkeit der elektrischen Summenlast an.

- die Berücksichtigung mehrerer Produktionsstufen mit einer Lagerung von Zwischenprodukten: Diese Erweiterung ist besonders interessant, wenn energieintensive Fertigungsstellen nicht voll beschäftigt sind. In diesen Stellen läßt sich eine die Leistungskosten reduzierende Verteilung der Leerzeiten und eine die Arbeitskosten senkende Verlagerung der Fertigung in Niedertarifzeiten erreichen.

- eine verfeinerte zeitliche Auflösung: Das Betriebsmodell differenziert nach Monaten und Tarifzeiten. Eine Unterteilung nach Tagen oder Fertigungsstunden eröffnet weitere Optimierungsspielräume. Infolge der Nichtlagerbarkeit elektrischer Energie ist grundsätzlich jede diskrete Unterteilung des Planungszeitraums problematisch: Eine Ablaufplanung unter Vernachlässigung der elektrischen Summenlast kann zu einer signifikanten Leistungsspitze im *Minuten*bereich führen. Ob diese Leistungsspitze jedoch Kosten verursacht, läßt sich nur in Kenntnis der *Jahres*lastganglinie beurteilen.

Eine ähnliche Prämissendiskussion kann man für die Ansätze ZI, IS und ID führen. Die Ergebnisse der voranstehenden Abschnitte lassen keine allgemeingültigen Aussagen über die besondere Eignung einer bestimmten Anpassungsart für stromwirtschaftliche Optimierungen in der Produktionsplanung zu. Derartige Aussagen sind nicht das Untersuchungsziel.

Vielmehr wird gezeigt, daß eine Integration der Strombezugsplanung in die betriebswirtschaftlichen Standardansätze zur Produktions- und Absatzplanung grundsätzlich mit einer großen Genauigkeit möglich ist. Zu diesem Zweck reicht das betrachtete Einproduktmodell mit einer Fertigungsstelle aus. Eine Erweiterung um die oben genannten Elemente ist zumindest formal sehr einfach: Die in der Literatur dokumentierten Standardansätze für den Mehrproduktfall, für die mehrstufige Fertigung etc. sind lediglich mit dem in Tabelle 4.25 angegebenen Modell abzugleichen.

Um einen solchen Abgleich anzudeuten, wird exemplarisch eine Erweiterung um mehrere Produkte j = 1...J betrachtet.[148] Für diesen Fall ändert sich die Zielfunktion in Tabelle 4.25 wie folgt:

$$\sum_{j=1}^{J} \sum_{t=1}^{12} (p_{jt} \cdot Xa_{jt} - klj \cdot Xl_{jt} - \sum_{i=1}^{I} kr_{ji} \cdot d_{ji} \cdot \sum_{\tau \in \Phi} T_{ji\tau t}) - (1+a) \cdot Keu \longrightarrow \max !$$

Die entsprechenden Modifikationen der Restriktionen (2)-(6) und (38)-(40) sind daraus direkt ersichtlich. Die Nebenbedingungen (8)-(37) bleiben unverändert. Dies gilt auch für Erweiterungen um mehrere Fertigungsstellen oder Produktionsstufen und für eine zusätzliche Untergliederung der Tarifzeiten innerhalb der einzelnen Monate.

Führt man eine oder mehrere dieser Erweiterungen in die verschiedenen Ansätze ein, so entstehen in praktisch relevanten Fällen sehr große Modelle, die numerisch nicht mehr lösbar sind. Dies ist ein grundsätzliches Problem der Produktionsplanung, das in einem allgemeineren Rahmen be-

[148] Vgl. etwa den "Standardansatz zur Bestimmung gewinnmaximaler Produktionspläne" bei KILGER [1973], S. 99.

arbeitet wird.[149] Entsprechend der Themenstellung wird nachfolgend lediglich untersucht, wie sich die durch eine Integration des Strombezugs *zusätzlich* verursachte Modellkomplexität reduzieren läßt.

Ausgehend von dem in Tabelle 4.25 angegebenen Rahmenmodell ergibt sich eine erste Vereinfachung durch die Modellierung eines konkreten Strombezugsvertrags. Als Beispiel wird der Vertrag L120 herausgegriffen. Dieser Vertrag enthält keinen Nachtrabatt und keinen Jahreszeitenausgleich: Die Restriktionen (26)-(33) können zusammen mit den Binärvariablen BN_q, BS_s, BW_w und den stetigen Variablen NR_q, JR_s, JZ_w gestrichen werden.

Darüber hinaus ist der Leistungspreis nicht gezont: Es entfallen die Restriktionen (20)-(22), die Binärvariablen Z_l und die stetigen Variablen P_l. In Restriktion (7) kann direkt die Jahreshöchstleistung P" verwendet werden. Setzt man einmal die konkreten Preise des Vertrags L120[150] in Restriktion (7) ein, so verbleibt die folgende Gleichung:

$$Keb = 216{,}43 \cdot P'' + 0{,}1696 \cdot A_{H1} + 0{,}1490 \cdot A_{H2} + 0{,}1285 \cdot A_{H3} + 0{,}1182 \cdot A_{H4}$$
$$+ 0{,}1002 \cdot A_{N1} + 0{,}0874 \cdot A_{N2} + 0{,}0745 \cdot A_{N3} + 0{,}0694 \cdot A_{N4}.$$

Meist steht in einer konkreten Planungssituation von vornherein fest, daß alle oder zumindest einige der ersten Intervalle einer gezonten Preisregelung belegt werden. Wenn dies nicht gilt, ist eine andere Vertragsvariante kostengünstiger.[151] Vergleicht man etwa die für die Arbeitspreise relevanten Zonen $a_{\tau z}$ [kWh/a] des Vertrags L120[152] mit den fixen Strombedarfen af_τ[153], so läßt sich für das Zahlenbeispiel leicht abschätzen, daß in den optimalen Lösungen aller hier behandelten Planungsmodelle die letzte Preiszone z = Z in beiden Tarifzeiten sicher erreicht wird.

In diesem Fall ist die Verteilung der elektrischen Arbeit über die Preiszonen nicht entscheidungsrelevant:[154] Der *gesamte* in den Planungsmodellen erfaßte Stromverbrauch A [kWh/a] kann mit den Arbeitspreisen der *letzten* Preiszonen $qa_{\tau Z}$, $\tau \in \Phi$ bewertet werden, wenn die *Mehr*kosten

$$\text{(G.4.11)} \qquad dK = \sum_{\tau \in \Phi} dK_\tau = \sum_{\tau \in \Phi} \sum_{z=1}^{Z-1} (qa_{\tau z} - qa_{\tau Z}) \cdot a_{\tau z} \qquad \text{[DM/a]}$$

149 Vgl. dazu BARTELS [1986], GAL [1975], GÜNTHER [1981], KNOLMAYER [1980], [1982] und [1983], RIEPER [1985], MANZ [1983], WITTEMANN [1985] und ZÄPFEL [1984].

150 Die Preise sind aus Tabelle 4.19 entnommen.

151 Vgl. Abschnitt 4.5.

152 Vgl. die Restriktionen (8)-(11) in Tabelle 4.25 und Tabelle 4.19.

153 Vgl. die Summen der Spalten 5 und 6 in Tabelle 4.5.

154 Für gezonte Leistungskosten (L55) gilt eine analoge Betrachtung.

als Konstante in die Stromkostenfunktion (7) der Modelle eingehen. Die Berechnung dieser Mehrkosten dK wird unter der Rubrik *Intervallkosten* in den Tabellen 4.17- 4.19 bereits vorbereitet. Für den hier betrachteten Vertrag L120 erhält man nach Tabelle 4.19:

$$dK_H = 638964 \text{ DM/a} - 4800000 \text{ kWh/a} \cdot 0{,}1182 \text{ DM/kWh} = 71604 \text{ DM/a};$$
$$dK_N = 371508 \text{ DM/a} - 4800000 \text{ kWh/a} \cdot 0{,}0694 \text{ DM/kWh} = +38388 \text{ DM/a};$$

$$dK_H + dK_N = 109992 \text{ DM/a}.$$

Die Restriktionen (8)-(10) und die Variablen $A_{\tau z}$ und $Z_{\tau z}$ können gestrichen werden. Die vereinfachte Form der Nebenbedingung (7) lautet:

(G.4.12) $$Keb = 216{,}43 \cdot P'' + 0{,}1182 \cdot A_H + 0{,}0694 \cdot A_N + 109992; \quad [\text{DM/a}].$$

Die bisher genannten Vereinfachungen des Planungsmodells können ohne Informations- oder Genauigkeitverluste in der optimalen Lösung realisiert werden. Eine Vorabentscheidung der in den Restriktionen (35)-(37) enthaltenen Fallunterscheidung ist für das Zahlenbeispiel schwierig. Insgesamt modellieren diese Restriktionen die folgende Definition von Keu:

$$Keu = Ker + \min \{0{,}087 \cdot Ker;\ ku \cdot A\}.$$

In den oben berechneten optimalen Produktions- und Absatzprogrammen gilt $0{,}087 \cdot Ker > ku \cdot A$ z.B. für $\alpha = Z$, für $\alpha = IDa$ gilt dies nicht. Bei einer anderen Datenkonstellation - etwa bei der höheren Benutzungsdauer eines Dreischichtbetriebs - kann eine Vorentscheidung möglich sein, so daß sich auch die Restriktionen (35)-(37) streichen bzw. vereinfachen lassen.

Man kann auch generell auf diese Fallunterscheidung verzichten, da sie relativ geringe Kostenunterschiede verursacht. In diesem Fall sind die Restriktionen (35)-(37) mit den Variablen Keu und BU zu streichen, und der Subtrahend $(1+a) \cdot Keu$ in der Zielfunktion der Modelle ist zu ersetzen durch $(1+a) \cdot (1+u) \cdot Ker$, wobei $u \leq 0{,}087$ geschätzt werden muß.

Eine weitere Vereinfachungsmöglichkeit besteht in der Vernachlässigung der Mittelwertbildung zur Berechnung von P". Wegen $PM1^* = PM2^*$ wäre dies z.B. in den Modellen IDa und IDb des Zahlenbeispiels ohne einen Approximationsfehler möglich. Für Vertrag L120 (keine Zonung der Leistungspreise) können durch diese Vereinfachung die Restriktionen (13)-(22) entfallen. Es verbleibt lediglich Restriktion (12) in der Form:

$$P'_t - P'' \leq 0 \quad , \ t = 1...12.$$

Bei ausreichend hohen Freiheitsgraden in der Gestaltung des Produktionsvollzugs ist es aufgrund der Kostenwirkung der Monatsmaxima PM1 und PM2 wahrscheinlich, daß in einer optimalen Lösung $PM1^* \approx PM2^*$ gilt, d.h., der aus dieser Vereinfachung u.U. resultierende Fehler ist gering.

Die voranstehenden Erläuterungen zeigen, daß sich das in Tabelle 4.25.b angegebene Restriktionensystem zur Modellierung einer mehrfach differenzierten Stromkostenfunktion in einer konkreten Planungssituation mit geringen bzw. ohne zusätzliche Planungsfehler auf einige wenige Nebenbedingungen reduzieren läßt. Die zusätzliche Komplexität einer Modellierung des stromwirtschaftlichen Bereichs erscheint daher akzeptabel.

Eine Abschätzung der Anzahl der in Tabelle 4.25.a notierten Variablen und Restriktionen zeigt jedoch, daß dies nur ein Teilerfolg ist. Die Komplexität der über diskrete Intensitätspunkte formulierten Modelle (Z, ZI, IS) wird wesentlich durch die Nebenbedingungen (6) und die dort benötigten Binärvariablen $P_{i\tau t}$ bestimmt.[155] Führt man zusätzlich einige der angesprochenen Erweiterungen ein - etwa die Produktarten j, die Produktionsstufen δ und die Sub-Fertigungszeiten β - so erhält man Binärvariablen $P_{j\delta\beta i\tau t}$. Ein entsprechendes Planungsmodell wäre numerisch nicht lösbar.

Man kann die Auswahl eines bestimmten Intensitätspunktes d_i als einen Schaltvorgang verstehen. Im einfachsten Fall (Modell Z) beschränkt sich eine Schaltentscheidung auf die Festlegung, ob ein Fertigungsprozeß in einem bestimmten Zeitraum läuft oder nicht. Bei den Modellen ZI und IS ist zusätzlich ein Intensitätspunkt aus endlich vielen Punkten auszuwählen. Diese Entscheidungen werden durch die Schaltvariablen $P_{i\tau t}$ erfaßt.

Das Einschalten oder Umschalten einer bestimmten Intensität d_i löst c.p. eine sprunghafte Veränderung des (gesamten) elektrischen Leistungsbedarfs aus. Jede Schaltentscheidung kann zu jedem Zeitpunkt eines Abrechnungsjahres (zusätzliche) Leistungskosten verursachen, d.h., die integrierte Planung der Leistungskosten erfordert eine kontinuierliche Erfassung des gesamten Leistungsbedarfs (Lastmessung) über ein Jahr.

Produktionstheoretisch formuliert müssen i.d.R. zeitlich gesteuerte Prozesse (die Fertigung) mit einem ausschließlich intensitätsmäßig steuerbaren "Prozeß" (dem Strombezug) kontinuierlich koordiniert - d.h. simultan optimiert - werden, wobei die *maximale* Intensität P" (Kapazität) des Strombe-

155 Diese Kopplungsrestriktionen zwischen den Standardmodellen der Produktionsplanung und einem Restriktionensystem zur Abbildung eines Sonderabnehmervertrags werden ebenfalls durch die integrierte Modellierung des Strombezugs verursacht. Vgl. Tabelle 4.6.

zugs sich darüber hinaus im Sekundenbereich und beliebig teilbar erhöhen läßt.[156]

Die zentrale Schwierigkeit einer Integration des Strombezugs in die Produktionsplanung ist daher ein Komplexitätsproblem. Die Notwendigkeit der Lastverfolgung führt gerade in den betriebswirtschaftlichen Standardmodellen Z, ZI und IS und bei den praktisch bedeutsamen Höchstlasttarifen zu einem schwierigen, kombinatorischen Planungsproblem.[157] Bei den Varianten ZI und IS kommt erschwerend hinzu, daß die modellvereinfachenden Ergebnisse der Produktions- und Kostentheorie bei der integrierten Planung eines Höchstlasttarifs nicht mehr anwendbar sind.[158]

Da auch die in Kapitel 5 hinzukommende Prozeßwärme nicht wirtschaftlich gelagert werden kann, ist dieses Komplexitätsproblem der kontinuierlichen Lastüberwachung ein wesentliches Merkmal der gesamten betrieblichen Energiewirtschaft.[159] Eine allgemeingültige Lösung läßt sich nicht angeben. Um im Einzelfall dennoch zu praktikablen Simultanplanungsmodellen zu gelangen, bieten sich die folgenden Vereinfachungen an.

Eine Analyse der Jahreslastganglinie und der Beschäftigung der wichtigsten betrieblichen Energieverbraucher kann zu dem Ergebnis führen, daß für eine aktive Steuerung des Lastverlaufs nur einige wenige Fertigungsstellen oder Produktionslinien in Frage kommen. Darüber hinaus kann man u.U. den fertigungsbedingten Stromverbrauch einer Anzahl von Produkten mit einem ausreichend hohen Deckungsbeitrag[160] zu einem annähernden Rechteckverbrauch über die Fertigungszeit zusammenfassen. Zusätzlich läßt sich vielleicht vorhersagen, daß die kostenwirksamen Leistungsmaxima infolge saisonaler Einflüsse in bestimmten Zeitabschnitten unabhängig von den Ergebnissen einer Produktionsplanung nicht auftreten können.

[156] Diese Tatsache unterscheidet die kurzfristig modifizierbare (planbare) maximale *Kapazität* P" des Strombezugs wesentlich von den nicht disponierbaren Kapazitäten einer Fertigungsstelle oder einer Maschine. Eine Erhöhung von P" wird lediglich durch die Kapazitäten des Stromverteilungssystems, also der Schaltanlagen, des Werksnetzes und der Anschlußleitung an das EVU-Netz begrenzt. Die Auslegung dieser Systemteile erfolgt jedoch mit Reserven.

[157] Der in der Lastmessung einfachere Ansatz ID bildet einen Prozeß ab, der - wie in Abschnitt 4.3 bereits ausgeführt - in einer industriellen *Fertigung* nur selten vorkommt.

[158] Vgl. Abschnitt 4.6.

[159] Zur Begründung vgl. auch Anmerkung 219 in diesem Kapitel.

[160] D.h., die Produktion und der Verkauf dieser Produkte lohnt sich unabhängig von der Höhe der disponierbaren Strom- und Lagerkosten.

Es ist dann z.B. möglich, ein Optimierungsmodell mit einer *integrierten* Planung der Leistungskosten von vornherein nur für diejenigen Teilzeiten bzw. Prozesse zu formulieren,[161] die zur Entstehung der Lastspitzen beitragen können, bzw. die intensitätsmäßig steuerbar oder zeitlich disponierbar (abschaltbar) sind.[162] In einer Produktionsplanung außerhalb dieser, die Jahreshöchstleistung P" bestimmenden Zeiträume sind nur die Arbeitskosten entscheidungsrelevant. Im Einzelfall müssen derartige Überlegungen zur Vereinfachung oder Zerlegung eines integrierten Ansatzes auf die konkrete Planungssituation zugeschnitten werden.

Neben der kombinatorischen Komplexität können organisatorische Probleme auftreten, welche die Durchführung einer integrierten Strombezugsplanung verhindern oder den damit verbundenen Aufwand nicht rechtfertigen. So kann etwa die praktische Umsetzung einer nach Tarifzeiten differenzierten Planung an der ungeschickten Überlagerung von Schicht- und Tarifzeiten scheitern.[163] Darüber hinaus ist es bei einer absatzorientierten Gestaltung des betrieblichen "Tagesgeschäfts" oft schwierig, von der Beschaffungsseite her steuernd in die Produktionsplanung einzugreifen.[164]

Aufgrund der erläuterten Komplexitäts- und Organisationsprobleme erweist sich eine simultane Planung des Strombezugs und des Produktions- und Absatzprogramms insbesondere bei einem Höchstlasttarif[165] für elektrische Energie als ein praktisch nur schwer realisierbares und i.a. zu aufwendi-

161 Analog zu den in Kapitel 3 für EVU-Kunden erläuterten Ergebnissen, sind diese steuerbaren Prozesse jedoch *nicht* (allein) für die zusätzlichen (disponierbaren) Leistungskosten *verantwortlich* im Sinne des Verursachungsprinzips!

162 Zur korrekten Erfassung der Strombezugskosten in einem zeitlich verkürzten Modell müssen die oben so bezeichneten fixen Verbrauchs- und Lastdaten modifiziert werden, um die zuvor geplanten, im Modell nicht erfaßten Teilzeiten (Produkte) einzubringen. Dadurch kann die Stromabrechnung mit allen Differenzierungen (Rabatte etc.) auf Jahresbasis erfolgen, obwohl das verkürzte Modell nur über die Produktionsplanung in Teilzeiten entscheidet.

163 Vgl. Tabelle 4.2.

164 Gerade unter diesem Aspekt wird die betriebliche Energiewirtschaft oft zu einem reinen Servicebetrieb.

165 Bei einem linearen Tarif entstehen - wie in Abschnitt 4.3 gezeigt - keine speziell stromwirtschaftlichen Planungsprobleme: Die Strombezugskosten gehen wie die Einzelkosten anderer Verbrauchsfaktoren in die Herstellkosten der Produkte ein. Man sieht, daß lineare Stromtarife unter dem Aspekt einer einfachen betrieblichen Planung einen Fortschritt bedeuten. Wie in Abschnitt 4.5 erläutert, sind bei den geltenden Musterverträgen jedoch die Leistungspreisregelungen für industrielle Sonderkunden meist kostengünstiger.

ges Vorhaben. Meist ist man daher auf eine nicht simultane Variante der in den Abschnitten 4.3–4.5 erläuterten – nach Monaten strukturierten – Sukzessivplanung über ein Kalenderjahr angewiesen.

In einem solchen Planungskonzept wird die Strombezugsplanung schrittweise mit den übrigen betrieblichen Teilplänen abgestimmt. Das Prinzip einer Sukzessivplanung wird bereits in Abschnitt 4.4 behandelt. Durch G.4.5 wird deutlich, daß im ersten Planungsschritt eine *vorläufige* Abschätzung des Stromverbrauchs[166] und der Strombezugskosten[167] erfolgen muß, um für die Berechnung der übrigen betrieblichen Teilpläne einen *geplanten* Strompreis bzw. Stromkostensatz vorgeben zu können.

Die Ermittlung solcher Plankalkulationssätze oder innerbetrieblicher Planverrechnungspreise gehört zu den Aufgaben einer Plankostenrechnung. Da sich eindeutige Strombezugspreise aus den Kostenfunktionen in Tabelle 4.16 nicht herleiten lassen, gibt es verschiedene Vorschläge zur Ermittlung innerbetrieblicher Stromverrechnungspreise, deren "Korrektheit" in Theorie und Praxis umstritten ist.

Einige der dabei auftretenden Probleme werden nachfolgend diskutiert und mit Hilfe der in Abschnitt 4.6 ermittelten Beispieldaten des Ansatzes Z für den Sonderabnehmervertrag L120 verdeutlicht. Für die Planung der (primären) Stromkosten nehmen wir vereinfachend an, daß lediglich die Strombezugskosten nach den Regelungen des Sonderabnehmervertrags anfallen. Von kalkulatorischen Kosten und von Wartungs-, Reparatur- und sonstigen Nebenkosten der Stromversorgung wird abstrahiert.[168]

[166] Im wesentlichen sind die geplanten kostenwirksamen Strukturdaten P", A_H und A_N einer *erwarteten Jahreslastganglinie* zu schätzen. Meist geht man dabei von Vergangenheitsdaten – insbesondere von verfügbaren Lastaufzeichnungen und Stromrechnungen – aus. Die Schätzung von P" läßt sich analytisch über die *Anschlußwerte* der Fertigungsanlagen und Hilfsbetriebe (Anlagendatei) mit Hilfe *kostenstellenbezogener Gleichzeitigkeitsfaktoren* überprüfen. Die geplante Jahresarbeit A kann zur Kontrolle retrograd aus den Planbeschäftigungen der stromverbrauchenden Kostenstellen berechnet werden. Die Aufteilung $A = A_H + A_N$ erfolgt meist "gleichmäßig" auf die verfügbaren Fertigungsstunden, d.h., ohne Rücksicht auf die Tarifzeiten. Zur Planung der primären Energiekosten vgl. auch KILGER [1981], S.384 ff.

[167] Aufbauend auf den geschätzten Verbrauchsdaten geht man dabei von einem *gegebenen Strombezugsvertrag* aus. Falls ein Sonderabnehmervertrag für das zu planende Geschäftsjahr neu abzuschließen ist, erfolgen in diesem Planungsschritt zusätzlich die in Abschnitt 4.5 erläuterten Überlegungen zur *optimalen Vertragsauswahl.*

[168] Dies bedeutet natürlich nicht, daß man diese Kosten vernachlässigen kann. Ihr Ansatz erhöht die nachfolgend berechneten Kostensätze. Da-

Nach den Tabellen 4.16 und 4.19 erhält man für den Sonderabnehmervertrag L120 die Strombezugskostenfunktion

(G.4.13)

$$Ke_{L120Z} = (ql\cdot P'' + \sum_{z=1}^{4} qa_{Hz}\cdot A_{Hz} + \sum_{z=1}^{4} qa_{Nz}\cdot A_{Nz})\cdot(1-b)\cdot(1-o)\cdot(1+u)\cdot(1+a),$$

für deren Grundkomponenten die folgenden Symbole definiert werden:

(G.4.14)

$$Ke = Ke_{L120Z}; \quad Kea_H = \sum_{z=1}^{4} qa_{Hz}\cdot A_{Hz}; \quad Kea_N = \sum_{z=1}^{4} qa_{Nz}\cdot A_{Nz};$$

$$Kea = Kea_H + Kea_N; \quad Kel = ql\cdot P''; \quad (\ qe = Ke : A\ ).$$

Für das Zahlenbeispiel nehmen wir an, daß Tabelle 4.34 alle geplanten Stromverbrauchsdaten eines Jahres und die nach G.4.13 geplanten Strombezugskosten enthält.[169] Im linken Teil der Tabelle 4.36 sind die wichtigsten Verbrauchs- und Kostendaten aus Tabelle 4.34 noch einmal aufgeführt und zusätzlich nach G.4.14 strukturiert.

Beispieldaten	x ⟶	A	B	C,D
P'' = 4560,00 kW	$b^{(x)}$ []	0,00	0,0000	0,0100
A_H = 13825350,10 kWh/a	$o^{(x)}$ []	0,00	0,0351	0,0351
A_N = 5934780,00 kWh/a	$u^{(x)}$ []	0,00	0,0870	0,0856
A = 19760130,10 kWh/a	$a^{(x)}$ []	0,00	0,0850	0,0850
ha = 4333,36 h/a	$f^{(x)}$ []	1,00	1,1380	1,1251
Kel = 986920,80 DM/a	$ql^{(x)}$ [DM/(kW·a)]	216,43	246,30	243,51
Kea_H = 1705760,38 DM/a	$qa_{H1}^{(x)}$ [Pf/kWh]	16,96	19,30	19,08
Kea_N = 450261,73 DM/a	$qa_{H2}^{(x)}$ [Pf/kWh]	14,90	16,96	16,76
Kea = 2156022,11 DM/a	$qa_{H3}^{(x)}$ [Pf/kWh]	12,85	14,62	14,46
Ke = 3536208,62 DM/a	$qa_{H4}^{(x)}$ [Pf/kWh]	11,82	13,45	13,30
qe = 17,90 Pf/kWh	$qa_{N1}^{(x)}$ [Pf/kWh]	10,02	11,40	11,27
	$qa_{N2}^{(x)}$ [Pf/kWh]	8,74	9,95	9,83
b = 0,0100; u = 0,0856;	$qa_{N3}^{(x)}$ [Pf/kWh]	7,45	8,48	8,38
o = 0,0351; a = 0,0850;	$qa_{N4}^{(x)}$ [Pf/kWh]	6,94	7,90	7,81

Tabelle 4.36: Planung der Strombezugskosten (v = L120; α = Z)

Zur Einteilung der verschiedenen Vorschläge zur Verrechnungspreisbildung wird einerseits nach der *Art der Verrechnungsgröße* differenziert, auf die

bei entstehen jedoch keine speziell energiewirtschaftlichen Probleme. Zum Aufbau eines vollständigen Kostenplans einer Kostenstelle Stromversorgung vgl. KILGER [1981], S.448-449.

169 Auf die Mitführung eines Index "(P)" wird verzichtet. Das Beispiel rechnet mit einem einheitlichen Datensatz, obwohl nicht alle der betrachteten Preisbildungvorschläge explizit von *Plan*daten ausgehen.

sich ein Preis bezieht, und andererseits nach den *Kriterien* $x \in \{A,B,C,D\}$, nach denen Verrechnungspreise gebildet werden.

Bei den Kriterien der Verrechnungspreisbildung wird unterschieden, ob die Kalkulationssätze

- möglichst *einfach zu ermitteln* sind ($x = A$). Mit dieser Eigenschaft wird eine Methode gekennzeichnet, welche die Stromverrechnungspreise vereinfachend aus den realen Vertragspreisen herleitet.[170]

- nach dem *Identitätsprinzip* berechnet werden ($x = B$). Diese Variante bezieht sich auf einen Vorschlag von Buch, die Stromkosten im Rahmen der von Riebel entwickelten Kostenrechnung zu verrechnen.[171]

- möglichst *Grenzkostensätze* sind ($x = C$). Diese Forderung stellt speziell auf die dispositiven Aufgaben der Verrechnungspreise ab.

- als *geplante variable Durchschnittskosten* ermittelt werden ($x = D$). Mit dieser Variante wird das von Kilger für eine (Grenz-) Plankostenrechnung entwickelte Verfahren gekennzeichnet.[172]

Anhand der Fallunterscheidungen erkennt man bereits, daß die Verrechnungspreisbildung beeinflußt wird von den *Aufgaben*, die diese Kalkulationssätze erfüllen sollen,[173] von der Auslegung des betrieblichen *Kostenrechnungssystems*[174] und von dem erforderlichen *Berechnungsaufwand.*

Das zweite Einteilungskriterium, die Art der Verrechnungsgröße(n), steht in einem engen Zusammenhang zu diesen Einflußfaktoren. Ausgehend von G.4.13 kommen als potentielle Verrechnungsgrößen das Leistungsmaximum P'', die nach Tarifzeiten differenzierten Energien A_H, A_N und die gesamte Jahresarbeit $A = A_H + A_N$ in Frage.

Mit einer Auswahl bzw. mit einer Kombination dieser Verrechnungsgrößen kann man verschiedene innerbetriebliche Strompreissysteme konstruieren. Beispielsweise bieten sich an:

[170] Vgl. Tabelle 4.37.

[171] Nach dem Identitätsprinzip werden Kosten, die auf *eine* Entscheidung zurückgehen, gemeinsam verrechnet. Vgl. BUCH [1985], RIEBEL [1982].

[172] Vgl. KILGER [1981], S.186 ff.

[173] Zu diesen Aufgaben zählen insbesondere die Kosten*kontrolle* (Soll-Ist-Kostenvergleich) und *dispositive* Aufgaben sowohl in der Produktions- und Absatzplanung wie auch im eigentlichen Strombezug.

[174] ...Vollkosten- oder Grenzkostenrechnung, Einzelkosten- und Deckungsbeitragsrechnung oder flexible Plankostenrechnung.

- die elektrische Arbeit A [kWh] mit dem Arbeitskostensatz $qa^{(x)}$ [DM/kWh] oder dem Durchschnittskostensatz $qe^{(x)}$ [DM/kWh];
- die nach Tarifzeiten differenzierten Energien A_H, A_N [kWh] mit den Kostensätzen $qa_H^{(x)}$, $qa_N^{(x)}$ [DM/kWh];
- die Höchstleistung P" [kW] mit dem Verrechnungspreis $ql^{(x)}$ [DM/kW] und die elektrische Arbeit A [kWH] mit dem Arbeitspreis $qa^{(x)}$ [DM/kWh];
- die Höchstleistung P" [kW] mit dem Verrechnungspreis $ql^{(x)}$ [DM/kW] und die nach Tarifzeiten differenzierten Energien A_H, A_N [kWh] mit den Kostensätzen $qa_H^{(x)}$, $qa_N^{(x)}$ [DM/kWh].

Vor einer Bewertung dieser Alternativen erfolgt zunächst die Berechnung der Preise für das Zahlenbeispiel. Hierzu werden die Definitionen in Tabelle 4.37 auf die Beispieldaten in Tabelle 4.36 angewendet. Die Ergebnisse sind in Tabelle 4.38 zusammengestellt. Mit dem Hinweis auf die weiteren Ausführungen nehmen wir dabei zunächst in Kauf, daß infolge der in Tabelle 4.37 benutzten Kombinatorik einige (überflüssige) Preise ermittelt werden, die ökonomisch kaum interpretierbar sind.[175]

Die Berechnung der oben angegebenen, potentiellen Kalkulationssätze beginnt in Tabelle 4.36. Zunächst übertragen wir die Zu- und Abschlagsätze b, o, u und a vom linken Tabellenteil in die mit "C,D" überschriebene Tabellenspalte, d.h., in dieser Spalte stehen die *geplanten* Zu- und Abschlagsätze.

Im nächsten Schritt wird Spalte B gefüllt. Die Vertragsbedingungen in Tabelle 4.19 zeigen, daß der Benutzungsdauerrabatt b und der Aufschlag für Umweltschutzkosten u von den Verrechnungsgrößen P", A_H und A_N in G.4.13 abhängen. Für den Bonus o und die Ausgleichsabgabe a gilt dies nicht. Wir übernehmen deshalb o und a unverändert, während für die von P", A_H, A_N abhängigen Werte b und u jeweils der *ungünstigste* (teuerste) Fall eingetragen wird, den der Mustervertrag zuläßt, d.h., ein Benutzungsdauerrabatt von b = 0 und ein Aufschlag für Umweltschutzkosten von u = 0,087.[176]

[175] Ein solcher Preis ist etwa $qe^{(C)}$, der die *durchschnittliche* Kostenbelastung von 1 kWh für den Fall angibt, daß man *alle* Verrechnungseinheiten P", A_H und A_N mit *Grenz*kostensätzen bewertet, die ex. def. nur eine *marginale* Veränderung der geplanten Verbrauchsdaten beziffern.

[176] Diese Vorgehensweise entspricht der von Buch empfohlenen *Maximalpreisbewertung*, nach der (fiktive) Kosteneinsparungen, die nach dem Identitätsprinzip nicht zurechenbar sind, global ausgewiesen werden. Vgl. BUCH [1985], S.8.

Für $x = A$ werden die Zu- und Abschlagsätze (b,o,u,a) aus Vereinfachungsgründen ***generell vernachlässigt.*** In einer (groben) Planungsrechnung sprechen hierfür die Prognose- und Berechnungsprobleme für b und u und auch die teilweise sich aufhebende Wirkung dieser Größen.

Die vier Zu- bzw. Abschlagsätze lassen sich nach G.4.13 wie folgt zu einem Faktor f zusammenfassen:

$$\text{(G.4.15)} \quad f^{(x)} = (1-b^{(x)})\cdot(1-o^{(x)})\cdot(1+u^{(x)})\cdot(1+a^{(x)}), \text{ für } x \in \{A,B,C,D\}.$$

Im nächsten Schritt werden die realen Strompreise ql, qa_{Hz}, qa_{Nz} aus Tabelle 4.19 mit den Faktoren $f^{(x)}$ multipliziert:[177]

$$\text{(G.4.16)} \quad \begin{aligned} ql^{(x)} &= f^{(x)}\cdot ql, && \text{für } x \in \{A,B,C,D\};\\ qa_{Hz}{}^{(x)} &= f^{(x)}\cdot qa_{Hz}, && \text{für } x \in \{A,B,C,D\} \text{ und } z = 1..4;\\ qa_{Hz}{}^{(x)} &= f^{(x)}\cdot qa_{Nz}, && \text{für } x \in \{A,B,C,D\} \text{ und } z = 1..4. \end{aligned}$$

Die Ergebnisse sind im rechten Teil der Tabelle 4.36 aufgeführt. Ausgehend von diesen Daten werden nun mit Hilfe der in Tabelle 4.37 angegebenen Definitionen die Verrechnungspreise in Tabelle 4.38 ermittelt.

Die Berechnung der nach Tarifzeiten differenzierten Arbeitspreise $qa_H{}^{(x)}$, $qa_N{}^{(x)}$ verdeutlicht die vier Kriterien der Verrechnungspreisbildung.

Für $x = A$ werden - über die Preiszonen - *durchschnittliche* Arbeitspreise *ohne* die Berücksichtigung der Zu- und Abschlagsätze ermittelt. Diese Vorgehensweise ist einfach, da die realen Vertragspreise leicht zu berechnen[178] bzw. vom EVU jederzeit zu erfragen sind.[179]

Die bei $x = B$ vorgeschlagene *Maximalpreisbewertung* ($z = 1$) geht davon aus, daß es nicht zulässig ist, die über die Preiszonungen und über die verschiedenen Rabattregelungen erzielten Kosteneinsparungen bzw. die in den Zuschlagsätzen vermiedenen Mehrkosten zu proportionalisieren.[180]

Die Variante C orientiert sich am Grenzkostenprinzip. Da die letzte Preiszone ($z = 4$) in beiden Tarifzeiten mit den Plandaten erreicht wird, lassen

177 ... d.h., G.4.13 wird mit verschiedenen Zu- und Abschlagsätzen "ausmultipliziert".

178 Vgl. die Ausführungen zur Berechnung von Preisanpassungsfaktoren in Abschnitt 4.5.

179 Der aus $qa_H{}^{(A)}$, $qa_N{}^{(A)}$ gebildete Mischkostensatz $qa^{(a)}$ entspricht dem Verrechnungspreisvorschlag von KILGER [1981], S.448. In dem dort angegebenen Beispiel wird von Rabattregelungen a *priori* abstrahiert. Vgl. deshalb die Ausführungen zu Variante D.

180 Vgl. BUCH [1985], S.8.

sich mit diesen Preisen die ***Grenzarbeitskosten*** der geplanten Lastganglinie abschätzen.

$x \rightarrow$	A	B	C	D
$qa_H{}^{(x)}$	$\frac{Kea_H}{A_H}$	$f^{(x)} \cdot qa_{H1}$	$f^{(x)} \cdot qa_{H4}$	$f^{(x)} \cdot \frac{Kea_H}{A_H}$
$qa_N{}^{(x)}$	$\frac{Kea_N}{A_N}$	$f^{(x)} \cdot qa_{N1}$	$f^{(x)} \cdot qa_{N4}$	$f^{(x)} \cdot \frac{Kea_N}{A_N}$
$ql_V{}^{(x)}$	$\frac{ql^{(x)}}{12}$	$(\frac{ql^{(x)}}{12})$	$\frac{ql^{(x)}}{12}$	$\frac{g \cdot ql^{(x)}}{12}$

$$\left.\begin{aligned} qa^{(x)} &= \frac{qa_H{}^{(x)} \cdot A_H + qa_N{}^{(x)} \cdot A_N}{A} \\ qe^{(x)} &= \frac{ql^{(x)} \cdot P'' + qa^{(x)} \cdot A}{A} \end{aligned}\right\} \text{für } x \in \{A,B,C,D\};$$

(v = L120)

Tabelle 4.37: Methoden zur Ermittlung von Stromverrechnungspreisen

Die Variante D ergibt sich durch eine Erweiterung der Variante A um die Berücksichtigung der *geplanten* Zu- und Abschlagsätze: "Werden von den Lieferanten Rabattstaffeln eingeräumt, so muß bei der Planung von Einstandspreisen festgelegt werden, welcher Rabattsatz den vorgesehenen Beschaffungsmengen entspricht."[181]

Die - für das Zeitraster der Kostenrechnung geeigneten - monatlichen Leistungspreise $ql_V{}^{(x)}$ ergeben sich durch eine Gleichverteilung der Jahrespreise $ql^{(x)}$ über die 12 Monate. Bei der Berechnung eines durchschnittlichen, geplanten Leistungspreises $ql_V{}^{(D)}$ sollte u.E. ein Gleichzeitigkeitsfaktor[182]

$$\text{(G.4.17)} \qquad g = \frac{P''}{\sum_s P_s''}, \text{ wobei}$$

P_s : geplante Jahreshöchstleistung der Kostenstelle s,

berücksichtigt werden, um - im Sinne dieses Verfahrens - den *geplanten Erfolg einer Spitzenlastoptimierung* nach dem Durchschnittsprinzip über die Verrechnungsgröße zu verteilen. G.4.17 ist eine Anwendung des in Ab-

[181] KILGER [1981], S.231.

[182] Vgl. G.3.5 und die Spalte x = D in Tabelle 4.37.

schnitt 3.4 erläuterten Höchstlastverfahrens.[183] Für das Zahlenbeispiel wird $g = 0{,}9$ angenommen.

Die Mischpreise $qa^{(x)}$, $qe^{(x)}$ werden aus den differenzierten Kostensätzen $qlv^{(x)}$, $qa_H^{(x)}$ und $qa_N^{(x)}$ jeweils retrograd als Durchschnittswerte berechnet. Tabelle 4.38 faßt die Ergebnisse zusammen.

x ->	A	B	C	D	x ->	A	B	C	D	DM
$Kel^{(x)}$	987	1123	1110	1110	$qlv^{(x)}$	18,04	(20,52)	20,29	18,26	$\sqrt{\text{kW·Mo}}$
$Ka_H^{(x)}$	1706	2668	1839	1919	$qa_H^{(x)}$	12,34	19,30	13,30	13,88	Pf/kWh
$Ka_N^{(x)}$	450	677	463	507	$qa_N^{(x)}$	7,59	11,40	7,81	8,54	Pf/kWh
$Ka^{(x)}$	2156	3345	2302	2426	$qa^{(x)}$	10,91	16,93	11,65	12,28	Pf/kWh
$Ke^{(x)}$	3143	4468	3412	3536	$qe^{(x)}$	15,91	22,61	17,27	17,90	Pf/kWh
$Ked^{(x)}$	393	-932	124	0	$qed^{(x)}$	1,99	-4,72	0,63	0,00	Pf/kWh

[TDM/a]

Tabelle 4.38: Verrechnungspreise für elektrische Energie ($v = L120$; $\alpha = Z$)

Die letzte Zeile der Tabelle 4.38 vergleicht den mit den verschiedenen Verrechnungspreisen bewerteten Stromverbrauch mit den (realen) Kosten nach dem Sonderabnehmervertrag bei *unveränderten* Preis- und Verbrauchsdaten.[184] Hierzu werden die absolute ($Ked^{(x)}$) und die durchschnittliche ($qed^{(x)}$) *Verrechnungsabweichung* ermittelt:

$$\text{(G.4.21)}\quad \left.\begin{array}{ll} Kel^{(x)} = ql^{(x)} \cdot P''; & Ka_H^{(x)} = qa_H^{(x)} \cdot A_H; \\ Ka_N^{(x)} = qa_N^{(x)} \cdot A_N; & Ka^{(x)} = Ka_H^{(x)} + Ka_N^{(x)}; \\ \multicolumn{2}{c}{Ke^{(x)} = Kel^{(x)} + Ka^{(x)};} \\ Ked^{(x)} = Ke - Ke^{(x)}; & qed^{(x)} = Ked^{(x)} : A; \end{array}\right] \begin{array}{l} \text{für} \\ x \in \{A, B, C, D\}. \end{array}$$

Für $x = A$ werden durch die Vernachlässigung der Zu- und Abschlagsätze 393 TDM/a Stromkosten zu wenig verrechnet. Die Maximalpreisbewertung bei $x = B$ führt zum Ausweis einer nicht verrechenbaren (gemeinsamen) Stromkostenersparnis am Jahresende in Höhe von 932 TDM/a. Die für $x =$

183 Eine Maximalpreisbewertung $ql^{(B)}$ vermeidet zwar eine willkürliche (von den Unternehmensbereichen individuell nicht beeinflußbare) Verteilung der über den Durchmischungseffekt ($g < 1$; vgl. Abschnitt 3.3) erzielten fiktiven Kosteneinsparung, andererseits werden aber Maßnahmen zur Lastabsenkung mit $ql^{(B)}$ zu hoch bewertet, wodurch Fehlentscheidungen entstehen können. Vgl. BUCH [1985], S.12-15.

184 Dieser Vergleich ist unabhängig von der Verrechnungsgröße.

C ausgewiesenen Restkosten von 124 TDM/a resultieren aus den nicht verrechneten Mehrkosten der Arbeitspreiszonung.

Für x = D werden definitionsgemäß die geplanten Kosten verrechnet. Ausgehend von dieser Variante und von der Kostenplanung in Tabelle 4.34 liegt es nahe, sowohl die Preisdaten wie auch die Verbrauchsdaten *im Ist* zu variieren, um eine systematische Abweichungsanalyse (Soll-Ist-Kostenvergleich) durchzuführen. Aufgrund der komplexen Stromkostenfunktion in Tabelle 4.16 können vielfältige Preis-, Verbrauchs- und Rabattabweichungen[185] berechnet werden. Weitere Aspekte eines energiespezifischen Controlling ergeben sich durch die *Einbeziehung der stromverbrauchenden Kostenstellen.*[186]

Kombiniert man die vier weiter oben vorgeschlagenenen Möglichkeiten der Wahl einer oder mehrerer Verrechnungsgrößen mit den alternativen Preisdaten in Tabelle 4.38, so lassen sich 16 innerbetriebliche Verrechnungspreissysteme für elektrische Energie bilden.

Es ist in dieser Arbeit nicht möglich, die verschiedenen Kostenrechnungssysteme zu vergleichen und die Eignung der vorgestellten Verrechnungspreise für die verschiedenen Aufgaben einer Kostenrechnung detailliert zu untersuchen. Nachfolgend wird daher lediglich versucht, aus den Bewertungs- und Verrechnungskriterien der in Theorie und Praxis weitgehend anerkannten, *flexiblen Plankostenrechnung* eine *Empfehlung* zur Bildung innerbetrieblicher Stromverrechnungspreise herzuleiten.

Die in diesem Kostenrechnungssystem ermittelten Kalkulationssätze sind sowohl für - die hier im Vorderpunkt stehenden - dispositiven Aufgaben der Kostenrechnung, wie auch für die Kostenkontrolle verwendbar.[187] Die Bestimmung einer für diese Zwecke geeigneten Verrechnungsgröße wird in der Plankostenrechnung als *Auswahl einer Planbezugsgröße* bezeichnet.

Eine Planbezugsgröße soll erstens als Istgröße *erfaßbar* (meßbar) sein. Zweitens soll sie sich annähernd *proportional zu den beschäftigungs-*

185 Zur Berechnung von Rabattabweichungen vgl. KILGER [1981], S.232.

186 Vgl. BRETTAR [1988], S.246 ff., KILGER [1958b], S149 ff.. und [1981], S.453 ff. und HOITSCH [1974], S.81 ff. Eine Untersuchung über die Zweckmäßigkeit der weiter unten genannten - und in der betrieblichen Praxis z.T. durchgeführten - monatlichen Verrechnung der Leistungskosten auf die Kostenstellen liegt ebenso wie eine systematische Abweichungsanalyse der Fremdstrombezugskosten noch nicht vor.

187 Vgl. KILGER [1981], S.197 ff.

abhängigen Kosten der betrachteten Kostenstelle - hier der Kostenstelle Stromversorgung - verhalten.[188]

Die *Meßbarkeit* der elektrischen Größen P", A_H und A_N ist *technisch* kein Problem. Die Erfassung von A kann mit den gängigen *Stromzählern* erfolgen. Zur Messung von A_H, A_N sind *Doppeltarifzähler* erforderlich. P" läßt sich entweder mit *Maximumzählern* erfassen oder aus der *Maschinenbelegung* der Fertigungsstellen retrograd berechnen.[189] *Wirtschaftlich* betrachtet, ist eine detaillierte Betriebsdatenerfassung i.d.R. zu teuer.[190]

Das zweite Kriterium der *Proportionalität* einer Bezugsgröße zu den beschäftigungsabhängigen Kosten der Kostenstelle verursacht energiespezifische Abgrenzungsprobleme, weil die Höchstleistung P" weder beschäftigungsunabhängig, noch proportional beschäftigungsabhängig ist. Dieses Problem führt bereits in Abschnitt 4.6 zu der Frage, ob Leistungskosten in einer Jahresplanung als Fixkosten zu behandeln sind.[191]

Das übliche Kriterium zur Kostenauflösung definiert solche Kosten als fix, die auch dann noch anfallen, wenn die - mit Hilfe einer Bezugsgröße gemessene - Beschäftigung der betrachteten Kostenstelle - gleich Null ist.[192] Wählt man die elektrische Arbeit A als einzige Bezugsgröße, so gilt aufgrund der physikalischen Gesetzmäßigkeiten:

$$\text{(G.4.18)} \qquad A = 0 \xrightarrow{(G.3.3)} P'' = 0 \xrightarrow{(G.4.14)} Kel = 0.$$

Nach G.4.18 sind die Leistungskosten zunächst nicht fix. Wie in Abschnitt 4.5 erläutert, wird im Strombezugsvertrag jedoch eine *Mindestleistung* P_{min}

188 Vgl. KILGER [1980], S.164.

189 Doppeltarifzähler und Maximumzähler sind oft in ein Gerät integriert. Einen qualitativ gut strukturierten - technisch allerdings veralteten - Überblick über Strommeßgeräte gibt MROSS [1952], S.112-124.

190 Die Entwicklung neuer Meßtechniken mit automatischer Datenerfassung und -verarbeitung verspricht in diesem Bereich jedoch Fortschritte. Falls betriebsintern überhaupt keine Stromverbrauchsmessung erfolgt, werden in der Kostenrechnung *indirekte Bezugsgrößen* verwendet.

191 In Abschnitt 3.4 wird erläutert, daß der Leistungspreis ql in der Kalkulation der EVU im wesentlichen zur Abdeckung der *dort* anfallenden fixen Kosten ermittelt wird. Aus dieser Sicht ist der Fixkostencharakter der Leistungskosten unbestritten. Aus der Sicht eines industriellen Sonderabnehmers, dessen stromwirtschaftliches Handlungsfeld allein durch die Regelungen des Bezugsvertrags bestimmt wird, ist diese Einordnung weniger offensichtlich, wie im weiteren gezeigt wird.

192 Vgl. KILGER [1980], S.60.

vereinbart,[193] die für $P'' < P_{min}$ in jedem Fall zu bezahlen ist. Die Leistungskosten betragen deshalb unter der Annahme, daß ein Sonderabnehmervertrag abgeschlossen ist, auch für $A = 0$:

(G.4.19) $$Kel = ql \cdot P_{min} > 0.$$

Bedenkt man zusätzlich, daß der in Abschnitt 4.1 so bezeichnete *fixe Stromverbrauch* af kurzfristig *nicht disponierbar* ist, so stellt man fest, daß die Bezugsgröße A selbst ebenfalls nicht auf Null fallen kann, da in den belieferten Kostenstellen ein "fixer" Stromverbrauch existiert.[194] Mit dieser Ergänzung betragen die effektiven Leistungskosten mindestens

(G.4.20) $$Kel = ql \cdot \max \{P_{min};\ pf_{Ht};\ pf_{Nt};\ |\ t = 1...12\}.$$[195]

Das Abgrenzungsproblem in der Kostenauflösung resultiert daraus, daß die Leistungskosten weder durch den Abschluß eines Bezugsvertrags noch durch die Festlegung (Voranmeldung) einer geplanten Jahreshöchstleistung P" entstehen. Sieht man von den genannten Untergrenzen einmal ab, fallen Leistungskosten erst an, wenn effektiv Strom bezogen wird.[196]

Trotz dieser Abgrenzungsprobleme sprechen folgende Gründe für den Vorschlag Kilgers, die Leistungskosten in voller Höhe den Fixkosten zuzuordnen und die Arbeitskosten über eine zeitlich undifferenzierte Bezugsgröße A zu verrechnen:

- Die elektrische Arbeit ist am einfachsten meßbar und weitgehend proportional zu einem großen Teil (Arbeitskosten) der beschäftigungsabhängigen Strombezugskosten.

- Ausgehend von einer technisch und ökonomisch sinnvollen Vertragsgestaltung kann man annehmen, daß die vertraglichen Untergrenzen P_{min} und a_{min} nicht unterschritten werden.

- Bei einer sorgfältigen - insbesondere einer nicht zu großzügigen Abschätzung - der Jahreshöchstleistung P" *und* der Installation einer

[193] Vgl. G.4.7.

[194] Das gleiche gilt, wenn auch für A im Sonderabnehmervertrag eine Mindestabnahme a_{min} festgeschrieben ist. Vgl. G.4.8.

[195] Auf die Mittelwertbildung wird hier vereinfachend verzichtet.

[196] Im Gegensatz hierzu fallen etwa die fixen Kosten einer Maschine - z.B. die kalkulatorischen Abschreibungen (Zeitverschleiß) - unabhängig von deren Nutzung an. Insbesondere löst die bloße Existenz einer Maschine *keinerlei* Stromkosten aus, sondern erst deren Inbetriebnahme.

zentralen Maximumüberwachung kann darüber hinaus unterstellt werden, daß P" erstens erreicht und zweitens eingehalten wird.[197]

- Ein nach Tarifzeiten differenzierter - und durch eine Maximumüberwachung ergänzter - Arbeitspreis ist u.U. in Dreischichtbetrieben mit einer energieintensiven Fertigung angebracht.[198] Derartige Betriebe besitzen aber i.d.R. ein eigenes Kraftwerk, über dessen Fahrweise sich der Lastverlauf des Fremdstrombezugs zentral und ohne Eingriffe in den Produktionsvollzug der Fertigung optimieren läßt.[199]

Nach dieser Verrechnungspreisbildung werden lediglich die Arbeitskosten des Strombezugs auf die Kostenstellen verrechnet. Die Leistungskosten $qlv^{(D)} \cdot P''$ verbleiben als *Fixkostenblock auf der Stromversorgungsstelle.*

In einer *divisionalisierten Unternehmensorganisation* mit einer *zentralen Energieversorgung*[200] ist es u.E. sinnvoll, den Teilbetrieben *zusätzlich* einen *monatlichen Leistungspreis* $qlv^{(D)}$ in Rechnung zu stellen, d.h., *die Leistungskosten auf die verbrauchenden Kostenstellen zu verrechnen* und *dort* als Fixkosten auszuweisen. Neben der Koordination eines dezentral gesteuerten Produktionsvollzugs beeinflußt dieser Leistungspreis das stromwirtschaftliche Investitions-[201] und Desinvestitionsverhalten[202] der Teilbetriebe.[203]

[197] Eine Vorausplanung von P" unterstellt, daß dieser Vorgabewert bei einer *Umsetzung* des dann lediglich auf Basis eines Arbeitspreise $qa^{(D)}$ geplanten Produktions*programms* entweder a priori ausgeschlossen ist oder durch eine nachgelagerte Produktions*vollzugs*- und Ablaufplanung (Maximumüberwachung) vermeidbar ist. Wenn dies nicht zu gewährleisten läßt, bedeutet eine Vorabentscheidung über die Leistungskosten keine Planungserleichterung: Die Integration einer *Überwachung* von P" in die Produktions- und Absatzplanung ist ebenso aufwendig, wie die integrierte Optimierung von P" nach Tabelle 4.25: Das kombinatorische Problem in Restriktion (6) bleibt erhalten.

[198] Vgl. Tabelle 4.2.

[199] Vgl. Kapitel 5.

[200] Infolge der Mengendegression des Durchschnittspreises qe (vgl. Abschnitt 4.5) kann es nicht wirtschaftlich sein, die Planung des Strombezugs an einem Unternehmensstandort zu dezentralisieren.

[201] ... z.B. Vermeidung der Überdimensionierung elektrischer Antriebe.

[202] ... z.B. Verschrottung oder Ersatz veralteter Maschinen mit hohem elektrischen Leistungsbedarf.

[203] Zur Unterstützung dezentraler Investitionsentscheidungen kann darüber hinaus ein (langfristig) geplanter, jährlicher Leistungspreis $ql^{(D)}$ zur Verfügung gestellt werden.

Der Kostensatz $qa^{(D)}$ ist auch zur Bewertung des variablen Stromverbrauchs in der kurz- und mittelfristigen Produktions- und Absatzplanung zu empfehlen, wenn erstens die Umsetzung der Pläne (Produktionsvollzugsplanung) sukzessiv mit der zentralen betrieblichen Maximumüberwachung koordiniert wird und zweitens die Auswirkungen der Planung auf die Stromgrenzkosten nicht genauer geschätzt werden können.

Falls eine solche Abschätzung möglich ist, kann man $qa^{(D)}$ entsprechend korrigieren. Im Zahlenbeispiel läßt sich nach den voranstehenden Überlegungen z.B. absehen, daß die letzte Preiszone in beiden Tarifzeiten *unabhängig* von den Ergebnissen der Produktions*programm*planung erreicht wird. Hier ist der Preis $qa^{(C)}$ vorzuziehen.[204]

Die Grenzkosten in der Umgebung der geplanten Stromverbrauchsstrukturdaten P", A_H und A_N empfehlen sich auch zur Beurteilung *zentral* gesteuerter, stromwirtschaftlicher Optimierungen im Produktionsvollzug.[205] Wenn man (nachträglich) annimmt, daß die Sukzessivplanung in Abschnitt 4.4 vor dem Hintergrund einer real geltenden Strompreisregelung L120 erfolgt, sind für die *dort* durchgeführte, experimentelle Glättung der Lastganglinie der Leistungspreis $0{,}5 \cdot ql^{(C)}$ und die zeitlich differenzierten Arbeitspreise $qa_H^{(C)}$, $qa_N^{(C)}$ geeignet. In Abschnitt 4.4 werden gerade diese Preise gewählt.[206]

Die Planung des Verbrauchs und der Kosten des betrieblichen Fremdstrombezugs muß in Großbetrieben von einem zentralen Energiemanagement vor-

204 Demnach sind die Preise $qa^{(C)}$, $qa^{(D)}$ auch im ersten Planungsschritt der in Abschnitt 4.4 vollzogenen Sukzessivplanung den häufig benutzten Durchschnittspreisen $qe^{(A)}$ bzw. $qe^{(D)}$ vorzuziehen.

205 In einer exakten marginalanalytischen Betrachtung kann man auch versuchen, mit einem System interdependenter Grenzkosten*funktionen* zu arbeiten, das sich aufgrund der diversen Fallunterscheidungen in der Stromkostenfunktion Ke jedoch nur für bestimmte Teilintervalle der Variablen P", A_H und A_N herleiten läßt. Bei Vertrag L120 sind hierzu die Definitionen des Benutzungsdauerrabatts (es gilt ha = $(A_H+A_N):P"$) und des Umweltschutzzuschlags zusammen mit den vertragsspezifischen Grenzpreisen in die Funktion Ke einzusetzen. Für die Plandaten des Zahlenbeispiels schlagen wir als Ausgangsfunktion vor (vgl. G.4.12 und die Tabellen 4.16, 4.19, 4.34):

$$Ke = (216{,}43 \cdot P'' + 0{,}1182 \cdot A_H + 0{,}0694 \cdot A_N + 109992) \cdot (1 - 0{,}0351) \cdot (1 + 0{,}085) \cdot (1 - (-0{,}12 + 0{,}00003 \cdot ((A_H + A_N) : P''))) + 0{,}0139 \cdot (A_H + A_N);$$

Die Grenzkostenfunktionen erhält man als partielle Ableitungen dieser Funktion nach den Variablen P, A_H und A_N.

206 Die dort zurückgestellte Preisbegründung ist hiermit nachgeholt.

bereitet und dann mit dem zentralen Controlling abgestimmt werden.[207] Nach den Ausführungen in Kapitel 1 ist eine solche Zentrale primär für die wirtschaftliche Bereitstellung und Verteilung elektrischer und thermischer Energie verantwortlich (*Energieversorgung*).

Darüber hinaus erfüllt sie in allen betrieblichen Teilbereichen eine Beraterfunktion im Anlagenbau[208] und bei der systematischen Suche und Beurteilung technischer und organisatorischer Einzelmaßnahmen zur Energiekosteneinsparung (*Energieanwendung*).

Der Versorgungsauftrag führt in großen Unternehmen zu einem ähnlichen *Geschäftsverhältnis* zwischen einer betrieblichen Energieabteilung und der Fertigung, wie es die Abschnitte 3.1 und 3.2 für EVU und Kundengruppen beschreiben: Es gibt große und kleine innerbetriebliche Abnehmer mit einem mehr oder weniger kontinuierlichen Lastverlauf, die vorwiegend indirekt (über Verrechnungspreise) *gesteuert* werden. Aus der Sicht einer zentralen Energieabteilung kann es sogar werksinterne Eigenerzeuger (z.B. lokale, an eine bestimmte Fertigungsstelle gebundene KWK-Anlagen) oder Zulieferer (z.B. Abwärmenutzung) geben.

Auch im Rahmen des nicht weiter vertieften Beratungsauftrags in der Energieanwendung entstehen interessante betriebswirtschaftliche Optimierungsprobleme. Die sog. Energiemanagementprogramme[209] enthalten eine Vielzahl technischer und organisatorischer Einzelvorschläge, deren wirtschaftliche Beurteilung nicht einfach ist.

Die schrittweise Entwicklung des integrierten Planungsmodells in diesem Kapitel liefert ein Grundraster, das eine ökonomische Einordnung derartiger Einzelmaßnahmen gestattet. Hierzu untersucht man, an welcher Stelle Planungsdaten infolge einer Energiekostensparmaßnahme zu ändern bzw. wo Teile des Modells zu erweitern sind. Abschließend wird auf diese Querbezüge mit einigen Stichpunkten hingewiesen.

Eine Senkung der durch einen *einzelnen* Fertigungsprozeß verursachten Energiekosten kann erreicht werden durch

207 In kleinen und mittleren Betrieben fällt diese Aufgabe dem Rechnungswesen allein zu, das z.T. auf zeitlich begrenzte, energiewirtschaftliche Betriebsanalysen durch externe Berater (Ingenieurbüros) zurückgreift.

208 ... energiewirtschaftliche Beratung bei der Auslegung selbsterstellter oder zugekaufter Produktionsanlagen.

209 Vgl. die entsprechenden Literaturhinweise in Abschnitt 1.2.

- eine *verbrauchs-* und *kostensenkende* Verbesserung des Produktionsvollzugs, z.B. eine Optimierung der Rüst- und Anfahrvorgänge oder eine Vermeidung von Leerlaufzeiten und nicht verbrauchsminimalen Intensitäten. In diesen Fällen geht es um *Verbrauchs*minimierungen auf der Basis einer *vorgegebenen* Technologie (Verbrauchsfunktion).

- eine kostensenkende, aber *verbrauchsneutrale* Verbesserung der Ablaufplanung, z.B. durch eine Verlagerung energieintensiver Prozesse in die Niedertarifzeit (3. Schicht) oder durch einen Beitrag zur Glättung des Gesamtlastverlaufs mit Hilfe der Ablaufplanung. Ein Beispiel zur Beurteilung derartiger Maßnahmen wird in Abschnitt 4.4 angegeben.

- eine *prozeßverbessernde* Maßnahme, d.h., eine Reduzierung des spezifischen Energieverbrauchs ae(d) [kWh/ME]. Dies entspricht einer *Veränderung* der Verbrauchsfunktion ae(d), insbesondere einer Verschiebung nach unten, die meist mit *Investitionen* verbunden ist.

Da die Minimierung des Energieverbrauchs i.d.R. kein Selbstzweck ist, sondern mit einer ökonomischen Zielsetzung erfolgt, sollte eine Beurteilung von Einzelmaßnahmen grundsätzlich mit einem *Kostenvergleich*, bei prozeßverbessernden Maßnahmen mit einem *Annuitätenvergleich* durchgeführt werden. Dabei ist es wichtig, nicht nur die einsparbaren Energiekosten zu erfassen, sondern auch die durch eine Einzelmaßnahme u.U. ausgelösten *nichtenergetischen Mehrkosten*.

Im Zahlenbeispiel verursachen etwa lastsenkende (Leistungskosten einsparende) Abweichungen von der verbrauchsminimalen Prozeßintensität und zeitliche (Arbeitskosten einsparende) Produktionsverschiebungen Zusatzkosten durch die Erhöhung des Stromverbrauchs ae(d) und des nichtenergetischen Verbrauchs ar(d)[210] und zusätzliche Lagerkosten.

Etwas schwieriger wird die Berücksichtigung dieser Seiteneffekte, wenn eine einzelne Energiesparmaßnahme *mehrere* Produktionslinien betrifft. Dieser Fall tritt bei der elektrischen Energie jedoch selten auf.[211]

210 Diese Kostenwirkung geht über die Funktion kr(d) in das Kalkül ein.

211 In der *Wärmeversorgung* kann es dagegen z.B. günstig sein, die Abhitze einer Produktionslinie als Prozeßwärme in der Fertigung einer anderen Produktionslinie einzusetzen. Auf diese Art installiert man eine Kuppelproduktion mit allen damit verbundenen Einschränkungen der Planungsflexibilität: Beide Prozesse müssen synchron betrieben werden, und ein Absatzrückgang in der einen Linie kann Zusatzinvestitionen zur Energieversorgung der anderen Linie auslösen.

Neben den Einzelmaßnahmen zur Stromkostenminimierung im Fertigungsbereich gibt es weitere, gut dokumentierte Vorschläge für Teiloptimierungen im Strombezug selbst. Hierzu zählen z.B. die in Abschnitt 2.4 angesprochene *Blindstromkompensation*[212] und die *automatisierte Maximumüberwachung*, auf die in Abschnitt 4.4 hingewiesen wird.

Wir haben nun die *kostenwirksamen* Aspekte des Strombezugs im Rahmen einer betrieblichen Planung aufgezeigt. Wenn Preisverhandlungen mit einem EVU zu führen sind, ist es aus Sicht des Industriebetriebs angebracht, vorher die verschiedenen *Musterverträge* durchzurechnen und Informationen über regionale und überregionale *Preisvergleiche* einzuholen. Darüber hinaus ist es nützlich, sowohl die allgemeine *Planungproblematik* der EVU aus deren Sicht zu verstehen,[213] wie auch die *individuellen Gegebenheiten des zuständigen EVU* zu kennen.

Aktuelle Informationen über die Entwicklung der *Energiepolitik*, der *Brennstoffmärkte*, der *Wechselkurse*, der *Stromnachfrage* etc. sind ebenso hilfreich wie Kenntnisse über die *Kundenstruktur*, die Zusammensetzung des *Kraftwerksparks*, die *Beschäftigung* und die *Ertragsentwicklung* des zuständigen EVU.[214] Vertragsverhandlungen mit einem EVU sind nicht nur von betriebswirtschaftlichen, sondern auch von *gesamtwirtschaftlichen*, *politischen* und *juristischen* Überlegungen und Argumenten geprägt.

Auf die politische Diskussion wird in Abschnitt 3.4 hingewiesen. Als ein Beispiel aus dem juristischen Bereich sei die Frage nach dem gesetzlich zulässigen Preisspielraum genannt, den ein EVU einem Industriebetrieb einräumen darf. Das Gesetz gegen Wettbewerbsbeschränkungen verpflichtet die EVU, Sonderkunden mit vergleichbaren Abnahmeverhältnissen gleich zu behandeln, d.h., sie zu vergleichbaren Preiskonditionen zu beliefern.

Eine solche Vorschrift führt zu vielfältigen Abgrenzungsproblemen: " ... Sowohl die Gleichartigkeit von Unternehmen als auch die Üblichkeit der Möglichkeit des Zugangs zu dem im Einzelfall maßgeblichen Geschäftsver-

[212] Die bisher durchgeführten Abrechnungen der Strombezugskosten gehen davon aus, daß keine Blindstromkosten anfallen. Dies setzt voraus, daß auf dem Werksgelände Anlagen zur *Blindstromkompensation* installiert sind. Die Gestaltung einer optimalen Blindstromkompensation erfolgt mit Hilfe einer Investitionsrechnung, in der die Annuität der Anschaffungsauszahlungen für diese Anlagen mit den möglicherweise an das EVU zu zahlenden jährlichen Blindstromkosten verglichen wird. Vgl. Abschnitt 2.4 und die dort angegebene Literatur.

[213] Vgl. Kapitel 3.

[214] Zur strukturierten Ermittlung dieser Daten aus den Geschäftsberichten der EVU vgl. BRETTAR/DINKELBACH/FUNK [1984].

kehr sind nach der Rechtsprechung des Bundesgerichtshofs (BGH) im Sinne eines bloßen 'Grobrasters' weit auszulegen."[215]

In Kapitel 5 wird der Versorgungsauftrag einer betrieblichen Energiewirtschaft um die zentrale Bereitstellung von Wärmeenergie und um eine betriebseigene Stromerzeugung erweitert. Wie in Kapitel 1 erläutert, wird dabei i.d.R. nur ein Teil des betrieblichen Strombedarfs selbst erzeugt.

Der verbleibende Fremdbezug wird von den EVU infolge der bereits angesprochenen Verbändevereinbarung[216] zu den gleichen Konditionen wie eine volle Fremdversorgung angeboten und in Rechnung gestellt. Die bisherigen Erläuterungen für eine Vollversorgung gelten daher analog für eine Zusatzversorgung im nächsten Kapitel.[217]

Im Mittelpunkt der weiteren Betrachtung stehen Fragen der Bereitstellung von Nutzenergien im engeren Sinne, d.h., es wird eine Sukzessivplanung zur Abstimmung mit der Fertigung vorausgesetzt: Die Planung der Energieversorgung geht von vorgegebenen (prognostizierten) Lastganglinien der elektrischen und der Prozeßdampf-Leistung aus.

Die Entstehung dieser Ganglinien wird nicht simultan optimiert.[218] In einer simultanen Optimierung der *Prozeßdampferzeugung* und der Produktionsplanung in der Fertigung entstehen grundsätzlich die gleichen Probleme wie bei der integrierten Planung des Strombezugs.[219]

215 MARKERT [1988], S.118.

216 Vgl. VDEW/BDI/VIK [1979].

217 Die Lastganglinie des Stromfremdbezugs ergibt sich dabei durch die zeitgleiche Subtraktion der Lastganglinie der Eigenerzeugung von der betrieblichen Summenlast.

218 Etwas überspitzt kann man sagen: Die betriebliche Energiezentrale verhält sich wie ein (kostenminimierendes) EVU.

219 Da auch Prozeßdampf nicht lagerbar ist, richtet sich die laufende Höchstlastüberwachung in der Wärmeversorgung auf die *verfügbare Dampfkesselkapazität*.

5. Die Eigenerzeugung elektrischer Energie

5.1. Einführung

In diesem Kapitel wird der Aufgabenbereich einer industriellen Energieversorgung um die Planung einer betriebseigenen Strom- und Prozeßdampferzeugung erweitert. Abschnitt 1.3 weist bereits darauf hin, daß eine Eigenerzeugung elektrischer Energie meist mit einer zeitgleichen Prozeßdampfproduktion[1] und mit einem ergänzenden Fremdstrombezug verbunden ist.[2] Ein solches Konzept der betrieblichen Nutzenergiebereitstellung wird kurz als eine *kombinierte* industrielle Energieversorgung bezeichnet.

Die Elementarkonfiguration einer kombinierten Energiewirtschaft wird anhand der Black-Box-Betrachtung in Abbildung 1.1 deutlich. Aufbauend auf den Basistechnologien in Kapitel 2 und den in Kapitel 3 und 4 vorgestellten Planungstechniken lassen sich verfeinerte ökonomische Analysen durchführen, die wiederum schrittweise durch die Erweiterung und die Variation eines abschnittsübergreifenden Betriebsmodells erläutert werden.

Wie in Kapitel 4 wird zunächst nur *ein* von der Fertigung benötigter, vorgegebener Intensitätspunkt bzw. ein Intensitätsvektor (Lastvektor) untersucht. Es entsteht ein Entscheidungsproblem zur optimalen Wahl zwischen der Eigenerstellung, dem Fremdbezug und dem Verkauf elektrischer Energie im Rahmen einer rein intensitätsmäßig steuerbaren Kuppelproduktion. Die Erweiterung dieses statischen Grundmodells um mehrere Intensitätspunkte (Lastvektoren) führt zu einem dynamischen Modell des Typs ID, dessen Grundstruktur sowohl in der kurzfristigen Lastoptimierung wie auch in der mittel- bis langfristigen Kraftwerksprojektplanung eine herausragende Rolle spielt.

Mit den Basisansätzen zur Produktionsvollzugsplanung lassen sich die kurzfristigen Planungsprobleme einer industriellen Energiewirtschaft systematisch untersuchen und betriebswirtschaftlich einordnen. Insbesondere können vielfältige produktions- und kostentheoretische Sensitivitätsanalysen durchgeführt werden, die sowohl eine flexible Optimierung der Fahrweise eines Industriekraftwerks als auch weitergehende produktions- und kostentheoretische Fragen der wirtschaftlichen Beurteilung betrieblicher KWK-Konzepte unterstützen.

[1] ... bzw. mit einem gleichzeitigen Anfall von Produktionsabwärme;

[2] Die ökonomische Begründung für diese Zusammenhänge ergibt sich aus den weiteren Ausführungen.

Einen Schwerpunkt der Untersuchung bildet die Frage, wie sich die Betriebskosten[3] eines Industriekraftwerks in einer für betriebswirtschaftliche Untersuchungen ausreichenden Genauigkeit und Flexibilität ermitteln und optimieren lassen. Die hierfür entwickelten Verfahren sollen auch für die Betriebskostenberechnung in einer Kraftwerksprojektierung (Prognose einer Zahlungsreihe in einer Investitionsrechnung) anwendbar sein.

In diesem Planungsstadium stehen lediglich *die thermodynamischen Grunddaten* (Wasserdampftafeln, Heizwerte) und die üblichen *technischen Leistungskenndaten der Anlagen* (z.B. minimale und maximale Intensität, Nenndampfdurchsatz, Wirkungsgrad im Bestpunkt, Leerlaufdampfmenge etc.) zur Verfügung. Verbrauchsmessungen und eine detailgetreue Ausarbeitung technischer Feinheiten sind nicht möglich. Das in diesem Kapitel entwickelte Betriebsmodell eines industriellen Eigenstromerzeugers baut ausschließlich auf den in einer Kraftwerksplanung verfügbaren Daten auf.

Mit diesem Betriebsmodell wird gezeigt, wie projekt- und problemspezifische, ökonomische Analysen einer kombinierten betrieblichen Energiewirtschaft *grundsätzlich* konzipiert werden können. Eine Variation der erfaßten Planungszeiträume einerseits und des Genauigkeitsgrads des Technologiemodells andererseits erschließt eine Vielzahl weiterer Fragestellungen, deren Modellierung angesprochen wird. Darüber hinaus wird auf technisch verfeinerte Verfahren zur Lastverteilung (Produktionsvollzugsplanung) und auf langfristige Modelle zur Kraftwerksausbauplanung (Investitionsplanung) im EVU-Bereich hingewiesen.

In der betrieblichen Praxis ist der Erfolg einer industriellen Energieversorgungsplanung von einer gut organisierten Zusammenarbeit der Fachabteilungen (Anlagenbau, Produktionsplanung, Rechtsabteilung) abhängig. Eine besondere Rolle spielt dabei die Koordination zwischen Technik und Betriebswirtschaft.[4] Einerseits sind thermodynamische und schaltungstechnische Restriktionen zu beachten, andererseits muß ein für die wirtschaftliche Optimierung der ökonomischen Zielgröße *geeigneter Abstraktionsgrad der produktionstechnischen Modellierung* gefunden werden.

Die Vorauswahl technischer Alternativen und die Ausarbeitung möglicher Verschaltungen von Industriekraftwerken sind Ingenieurarbeiten. Grundstrukturen betriebswirtschaftlicher Planungsverfahren müssen jedoch

[3] Der Begriff *Betriebskosten* wird abkürzend für die variablen Kosten der Nutzenergiebereitstellung verwendet.

[4] Die Art der Arbeitsteilung zwischen beiden Disziplinen wird seit langem diskutiert; vgl. z.B. SCHOBERT [1931] und LANG [1961], S.9-11.

ebenso wie Modellierungstechniken für spezielle produktionstheoretische Zusammenhänge[5] von Ökonomen eingebracht werden. Auch die Berücksichtigung sonstiger kosten- bzw. ertragsrelevanter Punkte (Ausgleichsabgabe, Zuschüsse, wirtschaftliche Nutzungsdauer, Kalkulationszinsfuß etc.) sollte zwischen beiden Disziplinen abgestimmt werden.

Gerade im Hinblick auf die Unsicherheit ökonomischer Daten[6] oder gar im Vergleich mit dem Abstraktionsgrad anderer betrieblicher Teilpläne[7] ist nicht jedes technische Detail auch ökonomisch relevant. Darüber hinaus legen die bisher vorwiegend technisch (thermodynamisch) gelösten Verbrauchs- und Kostenzuordnungsprobleme der Kuppelproduktion eine verstärkte Beteiligung der Betriebswirtschaftslehre nahe. Exemplarisch sei auf die Stichpunkte Berücksichtigung und Bewertung des Kraftwerkseigenbedarfs, Bildung innerbetrieblicher Verrechnungspreise für Strom und Dampf, Bewertung des Fremdstrombezugs,[8] Wahl einer Zielgröße (Dampfverbrauch, Brennstoffverbrauch, variable Kosten, Vollkosten) hingewiesen.

Im nachfolgenden Abschnitt 5.2 wird das Betriebsmodell zur Produktionsplanung in einer kombinierten betrieblichen Energieversorgung entwickelt. Die Hauptaufgabe dieser Produktionsplanung besteht in der kostenminimalen Bereitstellung der von der Fertigung benötigten Nutzenergien. Ausgehend von einer vorhandenen, betriebseigenen KWK-Anlage und einem bereits abgeschlossenen Strombezugsvertrag ist über die Eigenerstellung, den Fremdbezug und den Verkauf elektrischer Energie und über die Fahrweise der eigenen Versorgungsanlagen zu entscheiden.[9]

[5] Zur Modellierung von Kuppelprozessen und zu Mischungsrechnungen vgl. GERHARDT [1966], HUMMEL [1975], KILGER [1973], KRUSCHWITZ [1974], RIEBEL [1970].

[6] ... z.B. in den Beschaffungspreisen und Bedarfsprognosen;

[7] ... z.B. Vereinfachungen der Produktionsplanung im Fertigungsbereich oder im Finanzierungsplan; auch *innerhalb* eines Kraftwerkmodells ist es z.B. in einer mittelfristigen Rechnung wenig sinnvoll, die thermodynamische Kraftwerksberechnung exakt und in allen Einzelheiten durchzuführen, wenn man darauf aufbauend die Betriebskosten mit *einer* geschätzten Jahresbenutzungsdauer über *einen* einzigen Lastvektor ermittelt.

[8] Vgl. Kapitel 4.

[9] In der energietechnischen und energiewirtschaftlichen Literatur wird die Produktionsplanung von Energieversorgungssystemen oft unter den Begriffen *Lastverteilung* oder *Lastoptimierung* zusammengefaßt. Grundlagen der Lastoptimierung erläutern BRACHMANN [1972], HORTON u.a. [1986], LINKE [1985], NORDELL [1985], SCHÖNE [1977].

5.2. Der Stoff- und Energiefluß in einem Industriekraftwerk

In diesem Abschnitt erfolgt die produktionstheoretische Grundlegung des in Abbildung 5.1 angegebenen Betriebsmodells einer industriellen Energieversorgung, die einen Teil der elektrischen Energie und zwei Prozeßdampfqualitäten selbst erzeugt.

Aufbauend auf den Ergebnissen der voranstehenden Kapitel werden der Stoff- und Energiefluß und die Kapazitätsgrenzen dieser Energieversorgung in einem linearen Restriktionensystem derart abgebildet, daß alle planungsrelevanten Betriebskosten in einer - über dieses Restriktionensystem zu minimierenden - Zielfunktion erfaßt und in einer für ökonomische Analysen ausreichenden Genauigkeit approximiert werden können. Die Entwicklung dieser Kostenfunktion erfolgt in Abschnitt 5.3.

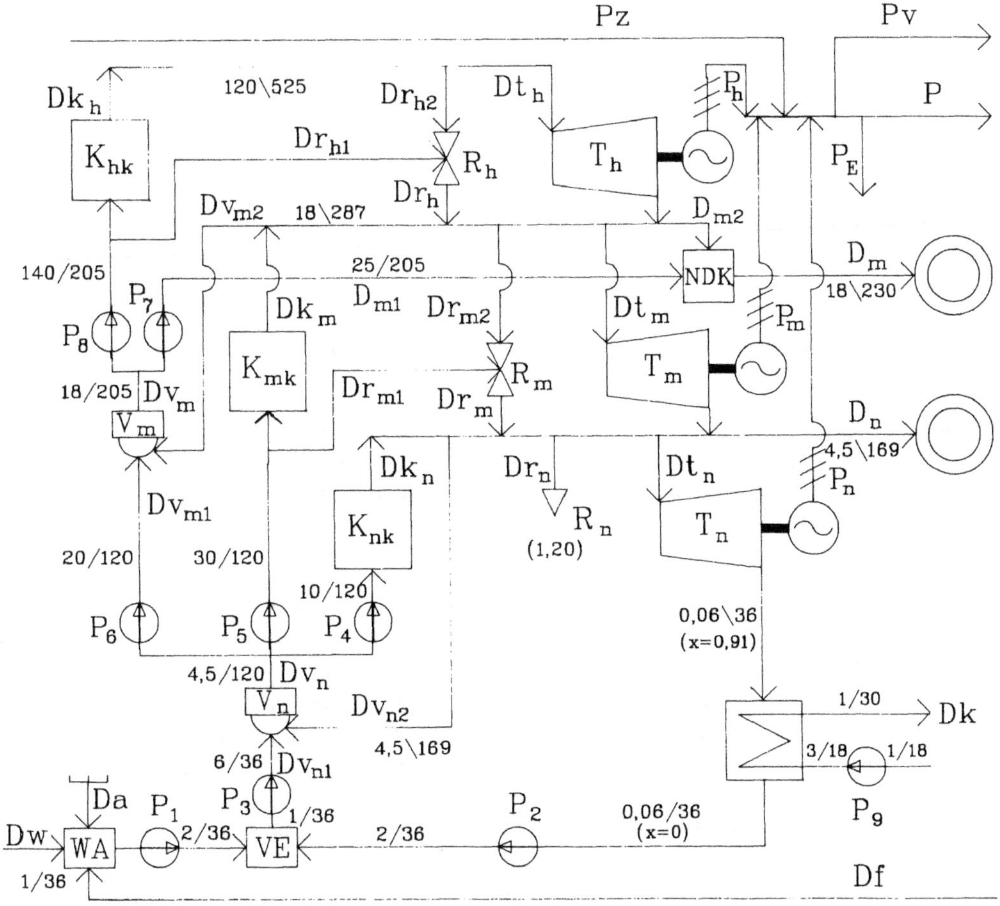

Abbildung 5.1: Betriebsmodell mit einer industriellen Eigenstromerzeugung

Das Wärmeflußbild in Abbildung 5.1 ist horizontal[10] in drei *Dampfdruckstufen* $s \in S = \{h,m,n\}$ gegliedert, wobei h die Hochdruckstufe (120 bar), m die Mitteldruckstufe (18 bar) und n die Niederdruckstufe (4,5 bar) repräsentieren. Die Anlage besteht aus den folgenden Komponenten:

K_{sb} : Dampfkessel der Druckstufe s, $s \in S$ mit dem Brennstoff $b = k$;
T_s : Dampfturbine der Druckstufe s, $s \in S$;
V_s : Mischvorwärmer der Druckstufe s, $s \in \{m,n\}$;
R_s : Reduzierstation (bzw. Abblasventil) der Druckstufe s, $s \in S$;
WA : Speisewasseraufbereitungsanlage;
VE : Sammelbehälter für VE-Wasser;
NDK : Netzdampfkühler[11];
P_i : Pumpen ($i = 1,..,9$).

Die Fertigung benötigt die elektrische Leistung P [kW] und die Dampfleistungen D_m und D_n [t_w/h], d.h., im Betrieb sind zwei Dampfnetze installiert, ein Mitteldruck- (Netzdampf von 18 bar, 230 °C) und ein Niederdrucknetz (Netzdampf von 4,5 bar, 169 °C).

Der Index der Brennstoffart $b \in B = \{k,l,s,g,r\}$ wird in Tabelle 2.1 eingeführt. Entsprechend den Eintragungen K_{sk}, $s \in S$ geht Abbildung 5.1 bei allen Dampfkesseln von einer Steinkohlefeuerung ($b = k$) aus. Die Wahl eines einheitlichen Brennstoffs erleichtert zunächst die Beurteilung der prozeßtechnischen Vorteile der Kraft-Wärme-Kopplung. Die brennstoffspezifischen Daten werden jedoch für alle $b \in B$ ermittelt, um die Integration der optimalen Brennstoffwahl in das Betriebsmodell vorzubereiten.

Im einzelnen werden die folgenden Intensitäten definiert:

P : elektrischer Leistungsbedarf der Fertigung [kW];
Pz : vom EVU bezogene elektrische Leistung [kW];
Pv : an das EVU gelieferte elektrische Leistung [kW];
P_s : Leistungsbeitrag der Turbine T_s, $s \in S$ [kW];
P_E : elektrischer Eigenbedarf der KWK-Anlage [kW];

D_s : Wärmebedarf (Dampfbedarf) der Fertigung [t_w/h], $s \in \{m,n\}$;
Dk_s : Dampfproduktion des Kessels K_{sk} [t_w/h], $s \in S$;
Dt_s : Dampfdurchsatz durch Turbine s [t_w/h], $s \in S$;
Dk : Kühlwasserdurchsatz durch den Kondensator [t_w/h];
Df : Kondensatrückführung aus der Fertigung [t_w/h];
Dw : VE-Wasserbedarf aus der Wasseraufbereitung [t_w/h];
Da : aus den Kesseln zurückgeführtes Wasser (Abschlämmung) [t_w/h];
Dr_s : Dampfdurchsatz hinter der Reduzierstation s [t_w/h], $s \in S$;
Dv_s : Wasserdurchsatz hinter dem Vorwärmer s [t_w/h], $s \in \{m,n\}$.

[10] Vgl. dazu die Ausführungen zu *Dampfsammelschienen* in Abschnitt 2.6.

[11] Die Bedeutung dieses in Kapitel 2 nicht eingeführten Bauteils wird weiter unten (Berechnung der Turbinen in Tabelle 5.8) erläutert.

Der gemeinsame Leistungsbeitrag $P_B = P_h + P_m + P_n$ der drei Teilturbinen T_s wird als *Bruttostromerzeugung des Industriekraftwerks* bezeichnet. Setzt man diese Teilturbinen gedanklich hintereinander auf eine Welle, so ergibt sich die Grundschaltung in Abbildung 2.15, erweitert um eine zusätzliche Entnahme bei 18 bar. Darüber hinaus sind zwei Vorwärmstufen V_m, V_n und zwei Zusatzkessel K_{mK}, K_{nK} zur direkten Dampfeinspeisung in die Mitteldruck- bzw. in die Niederdruckdampfsammelschiene installiert.

Mit Hilfe der oben eingeführten Intensitäten werden die folgenden *Betriebszustände einer KWK-Anlage* definiert. Das Industriekraftwerk läuft

- als (reines) *Kraftwerk* (KW) $\Longleftrightarrow D_m = D_n = 0$ und $P_B > P_E$;
- als (reines) *Heizwerk* (HW) $\Longleftrightarrow P_B \leq P_E$ und $D_s > 0$, für ein $s \in \{m,n\}$;
- als *Heizkraftwerk* (HKW) $\Longleftrightarrow P_B > P_E$ und $D_s > 0$ für ein $s \in \{m,n\}$;
- im *Gegendruckbetrieb* $\Longleftrightarrow Dt_n = 0$ und $Dt_s > 0$ für ein $s \in \{h,m\}$;
- im *Kondensationsbetrieb* $\Longleftrightarrow Dt_n > 0$;
- im *Inselbetrieb* $\Longleftrightarrow P > 0$ und $Pz = Pv = 0$.

Dampf- bzw. Wasserqualität	p [bar]	T [°C]	h'	h" [kJ/kgw]	h"-h'	Ts(p) [°C]
Frischdampf (Kh)	120,00	525	-	3420	-	325
Turbinenabdampf (Th)	18,00	287	-	3000	-	207
isentrope Entsp. (Th)	18,00	239	-	2882	-	207
Netzdampf (Dm)	18,00	230	-	2859	-	207
Netzdampf gesättigt (Dm)	18,00	207	885	2795	1910	207
Netzdampf (Dn)	4,50	169	-	2790	-	148
Netzdampf gesättigt (Dn)	4,50	148	605	2738	2133	148
isentrope Entsp. (Tm)	4,50	148	-	2720	-	148
Abdampf (Tn), gesättigt	0,06	36	145	2550	2405	36
Abdampf (Tn), x=0,91	0,06	36	-	2340	-	36
isentr. Entsp. (Tn), x=0,84	0,06	36	-	2147	-	36
Speisewasser (Kh)	140,00	205	880	-	-	337
Speisewasser (Km)	30,00	120	506	-	-	234
Einspritzwasser (NDK)	25,00	205	875	-	-	224
Speisewasser hinter Vm	18,00	205	874	-	-	207
Speisewasser vor Vm	20,00	120	505	-	-	212
Speisewasser (Kn)	10,00	120	504	-	-	180
Speisewasser hinter Vn	4,50	120	503	-	-	148
Speisewasser vor Vn	6,00	36	147	-	-	159
VE-Wasser	2,00	36	146	-	-	120
VE-Wasser	1,00	36	145	-	-	100
Flußwasser aus	1,00	30	126	-	-	100
Flußwasser ein	3,00	18	76	-	-	134
Flußwasser ein	1,00	18	76	-	-	100
Spalte	1	2	3	4	5	6

Tabelle 5.1: Thermodynamische Grunddaten

Nach den Ausführungen in Kapitel 2 baut die wärmetechnische Berechnung eines Kraftwerks auf den umgesetzten Enthalpieströmen auf. Die in Abbildung 5.1 eingetragenen Wertepaare (p,T) kennzeichnen die thermodynamischen Daten der Wärmeschaltung. Zur besseren Übersichtlichkeit sind die Zustandsgrößen p und T von *Wasser* durch "/" getrennt, während bei *Dampf* das Zeichen "\" benutzt wird. Anhand der Dampfqualitäten der drei Druckstufen wird deutlich, daß das Betriebsmodell auf den gleichen Daten aufbaut wie die Beispiele in Kapitel 2.

Tabelle 5.1 stellt alle Dampf- und Wasserqualitäten (p,T) aus Abbildung 5.1 mit den zugehörigen Enthalpien h(p,T) zusammen. In Anlehnung an die Notation in den Wasserdampftafeln[12] bezeichnet h' die spezifischen Energieinhalte von Wasser (x = 0) und h" die Enthalpien von Dampf (x = 1). Für T = Ts sind beide Werte und die Verdampfungswärme h" - h' angegeben.[13]

Gleichung		Bezug zu Abbildung 5.1
(1)	$Dv_{n1} = Dw + Df + Dt_n$ (+ Da)	VE-Wasser-Sammelbehälter
(2)	$Dv_n = Dv_{n1} + Dv_{n2}$	Vorwärmer V_n
(3)	$Dv_n = Dv_{m1} + Dk_m + Dr_{m1} + Dk_n$	Verzweigung hinter V_n
(4)	$Dv_m = Dv_{m1} + Dv_{m2}$	Vorwärmer V_m
(5)	$Dv_m = Dk_h + Dr_{h1} + D_{m1}$	Verzweigung hinter V_m
(6)	$Dk_h = Dr_{h2} + Dt_h$	Verzweigung hinter K_{hk}
(7)	$Dk_m + Dr_h + Dt_h = D_{m2} + Dv_{m2} + Dr_{m2} + Dt_m$	Verteiler (18 bar;287°C)
(8)	$D_m = D_{m1} + D_{m2}$	Netzdampfkühler NDK
(9)	$Dr_h = Dr_{h1} + Dr_{h2}$	Reduzierstation R_h
(10)	$Dr_m = Dr_{m1} + Dr_{m2}$	Reduzierstation R_m
(11)	$Dk_n + Dr_m + Dt_m = Dn + Dv_{n2} + Dr_n + Dt_n$	Verteiler(4,5 bar;169°C)

Tabelle 5.2: Bilanzierung der Dampf- und Wasserströme (Grundrechnung)

Aus Abbildung 5.1 läßt sich das in Tabelle 5.2 aufgeführte Gleichungssystem zur Bilanzierung des Mengenflusses ableiten.

Die zusammenfassend als *Mischer*[14] bezeichneten Bauteile R_s, V_s und NDK mischen jeweils einen Wasser- und einen Dampfstrom. Die Symbole zur Quantifizierung der *Mischprodukte* (Dr_s, Dv_s, D_m) werden oben definiert. Die Symbole zur Messung der in einen Mischer *eingehenden* Massenströme leiten sich daraus mit Hilfe der Zusatzindizes "1" für den *Wasserstrom* und "2" für den *Dampfstrom* ab. Im Niederdruckvorwärmer V_n gilt z.B. die *Massenbilanz* $Dv_n = Dv_{n1} + Dv_{n2}$.

[12] Vgl. etwa SCHMIDT [1969].

[13] Ts(p) bezeichnet die Siedetemperatur von Wasser beim Umgebungsdruck p.

[14] Vgl. Tabelle 5.3.

Mischer ——>		V_n	V_m	NDK	R_h	R_m
Wasserenthalpie	(h_w) [kJ/kgw]	147,00	505,00	875,00	880,00	506,00
Dampfenthalpie	(h_1) [kJ/kgw]	2790,09	3000,36	3000,36	3420,00	3000,36
Gemischenthalpie	(h_3) [kJ/kgw]	503,00	874,00	2859,00	3000,36	2790,09
Wasseranteil	(r_1) []	0,8653	0,8521	0,0665	0,1652	0,0843
Dampfanteil	(r_2) []	0,1347	0,1479	0,9335	0,8348	0,9157

Tabelle 5.3: Berechnung der Mischungskoeffizienten

Tabelle 5.3 berechnet die Mischungskoeffizienten der Vorwärmer, der Reduzierstationen und des Netzdampfkühlers. Im oberen Tabellenteil sind die Enthalpien der beteiligten Dampf- und Wasserströme aus Tabelle 5.1 übernommen. Die Berechnung der Mischungskoeffizienten r_1, r_2 erfolgt nach G.2.19. Die eingeklammerten Symbole stellen den Bezug zu G.2.19 her.

Tabelle 5.4 faßt die bisherigen Ergebnisse in einem erweiterten und modifizierten Gleichungssystem zusammen. Die aus Tabelle 5.2 übernommenen Gleichungen (1)-(11) enthalten zusätzlich den in Abbildung 5.1 nur angedeuteten[15] Rückfluß des Abschlämmwassers Da. In Abschnitt 2.2 wird erläutert, daß ein geringer Teil des Speisewassers aus dem Verdampfungsprozeß des Kessel zurückgeführt wird: Um 1 t_w Frischdampf zu produzieren, müssen nach G.2.11 (1+v) t_w Speisewasser zugeführt werden.

Die Wasserverlustanteile v_s der Kessel K_{sb} sind im ersten Block der Tabelle 5.8.a angegeben. Die insgesamt zurückgeführte Wassermenge Da ist

$$\text{(G.5.1)} \qquad Da = v_h \cdot Dk_h + v_m \cdot Dk_m + v_n \cdot Dk_n = 0{,}02 \cdot Dk_h + 0{,}015 \cdot Dk_m + 0{,}01 \cdot Dk_n .$$

Dieser Ausdruck wird in Gleichung (1) für Da eingesetzt. Der Mehrbedarf an Kesselspeisewasser bedingt einen entsprechend höheren Durchfluß in allen vorgeschalten Aggregaten. In den Gleichungen (3) und (5) sind daher die Durchflußmengen Dk_s durch $(1+v_s) \cdot Dk_s$ ersetzt.

[15] Der relativ geringe Mengenfluß Da wird in Wärmeflußbildern nicht explizit eingezeichnet. Da er sich jedoch ohne Mehraufwand in das hier entwickelte Gleichungssystem integrieren läßt, wird er auch angesetzt. Die dreifache Aufspaltung von Da in Abbildung 5.1 deutet eine Verbindung zu den drei Kesseln K_{sk} an. Man gelangt zum gleichen Ergebnis, wenn man diesen Rückfluß von den Kesseln zur Wasseraufbereitung in Abbildung 5.1 als Verzweigung auszeichnet, in Tabelle 5.2 bilanziert und dann - wie G.5.1 - einsetzt.

Die Gleichungen (12)-(21) resultieren aus den Mischungsrechnungen in Tabelle 5.3. Gleichung (23) trifft eine Annahme[16] über den Anteil des aus der Fertigung zurückgelieferten Netzdampfkondensats. Im Zahlenbeispiel können demnach 70 % des gelieferten Mitteldruckdampfes D_m bzw. 80 % des Niederdruckdampfes D_n nach einer Aufbereitung in WA als Kesselspeisewasser wiederverwendet werden.

(1)	$Dv_{n1} = Dw + Df + Dt_n + 0{,}02 \cdot Dk_h + 0{,}015 \cdot Dk_m + 0{,}01 \cdot Dk_n$		
(2)	$Dv_n = Dv_{n1} + Dv_{n2}$		
(3)	$Dv_n = Dv_{m1} + 1{,}015 \cdot Dk_m + Dr_{m1} + 1{,}01 \cdot Dk_n$		
(4)	$Dv_m = Dv_{m1} + Dv_{m2}$		
(5)	$Dv_m = 1{,}02 \cdot Dk_h + Dr_{h1} + D_{m1}$		
(6)	$Dk_h = Dr_{h2} + Dt_h$		
(7)	$Dk_m + Dr_h + Dt_h = D_{m2} + Dv_{m2} + Dr_{m2} + Dt_m$		
(8)	$D_m = D_{m1} + D_{m2}$		
(9)	$Dr_h = Dr_{h1} + Dr_{h2}$		
(10)	$Dr_m = Dr_{m1} + Dr_{m2}$		
(11)	$Dk_n + Dr_m + Dt_m = Dn + Dv_{n2} + Dr_n + Dt_n$		
(12)	$Dv_{n1} = 0{,}8653 \cdot Dv_n$	(13) $Dv_{n2} = 0{,}1347 \cdot Dv_n$	Vorwärmer V_n
(14)	$Dv_{m1} = 0{,}8521 \cdot Dv_m$	(15) $Dv_{m2} = 0{,}1479 \cdot Dv_m$	Vorwärmer V_m
(16)	$D_{m1} = 0{,}0665 \cdot D_m$	(17) $D_{m2} = 0{,}9335 \cdot D_m$	Netzdampfkühler NDK
(18)	$Dr_{h1} = 0{,}1652 \cdot Dr_h$	(19) $Dr_{h2} = 0{,}8348 \cdot Dr_h$	Reduzierstation R_h
(20)	$Dr_{m1} = 0{,}0843 \cdot Dr_m$	(21) $Dr_{m2} = 0{,}9157 \cdot Dr_m$	Reduzierstation R_m
(23)	$Df = 0{,}7 \cdot D_m + 0{,}8 \cdot D_n$		Kondensatrückführung
(24)	alle Variablen ≥ 0		(Vorbereitung für LP)

Tabelle 5.4: Erweiterte Bilanzierung der Dampf- und Wasserströme

Da es keine negativen Mengenflüsse gibt, grenzen die unter (24) zusammengefaßten Nichtnegativitätsbedingungen den Zulässigkeitsbereich des Gleichungssystems nach unten ab.

1	$0{,}02 \cdot Dk_h + 0{,}015 \cdot Dk_m + 0{,}01 \cdot Dk_n + Dt_n + 0{,}7 \cdot D_m + 0{,}8 \cdot D_n + Dw - 0{,}8653 \cdot Dv_n = 0$
3	$1{,}015 \cdot Dk_m + 1{,}01 \cdot Dk_n - Dv_n + 0{,}8521 \cdot Dv_m + 0{,}0843 \cdot Dr_m = 0$
5	$1{,}02 \cdot Dk_h + 0{,}0665 \cdot D_m - Dv_m + 0{,}1652 \cdot Dr_h = 0$
6	$Dk_h - Dt_h - 0{,}8348 \cdot Dr_h = 0$
7	$Dk_m + Dt_h - Dt_m - 0{,}9335 \cdot Dm - 0{,}1479 \cdot Dv_m + Dr_h - 0{,}9157 \cdot Dr_m = 0$
11	$- Dk_n - Dt_m + Dt_n + Dn + 0{,}1347 \cdot Dv_n - Dr_m \leq 0$
24	alle Variablen ≥ 0

Tabelle 5.5: Restriktionensystem zur Abbildung eines Wärmeflußbildes

16 Im Einzelfall hängen diese Recyclingraten von der Art der Fertigung und vom Ausbau des Kondensatsammelnetzes ab. Vgl. Abschnitt 2.6.1.

Setzt man die Gleichungen (12)-(23) schrittweise ein, so verbleibt das Restriktionensystem in Tabelle 5.5. Mit Bezug auf das gesuchte lineare Programm läßt sich die Variable Dr_n (Abblasung bzw. "Vernichtung" von Niederdruckdampf) als Schlupfvariable der Gleichung (11) interpretieren. Dr_n kann gestrichen werden, wenn man Restriktion (11) wie in Tabelle 5.5 als Ungleichung schreibt.

Zusätzlich zu den Dampf- und Wasserströmen ist die *elektrische Leistung* zu bilanzieren. Nach Abbildung 5.1 gilt

(G.5.2) $$P + P_V + P_E = P_Z + \sum_{s \in S} P_s \; .$$

Die Leistungswerte P_E und P_s hängen vom Betrieb, d.h. vom Wasser- bzw. Dampfdurchsatz, der Anlagenkomponenten ab. Nachfolgend werden diese Abhängigkeiten schrittweise ermittelt und dann in G.5.2 eingesetzt.

Wir beginnen mit der Berechnung des Eigenbedarfs P_E, der in Abbildung 5.1 aus Gründen der Übersichtlichkeit nur angedeutet ist: Es fehlen die Pfeile zur Verteilung von P_E auf die einzelnen Stromverbraucher der KWK-Anlage. Im wesentlichen setzt sich P_E wie folgt zusammen:

(G.5.3) $$P_E = P_W + P_P + P_K \; ,$$ wobei

P_E : gesamter elektrischer Eigenbedarf der KWK-Anlage [kW];
P_W : Leistungsbedarf der Wasseraufbereitung WA [kW];
P_P : Leistungsbedarf der Pumpen P_i, i = 1...9 [kW];
P_K : Leistungsbedarf der Dampfkessel [kW].

Der Stromverbrauch für die Meß- und Regeltechnik der Turbinen und der als Mischer bezeichneten Kraftwerkskomponenten ist vernachlässigbar.[17]

Der *Leistungsbedarf* P_W *der Wasseraufbereitung* wird approximiert durch

(G.5.4) $$P_W = e_{WR} \cdot (D_W + D_a) + e_{WK} \cdot D_f \; ,$$ wobei

e_{WR} : Stromverbrauch zur Aufbereitung von Rohwasser [kWh/t_W];
e_{WK} : Stromverbrauch zur Aufbereitung von aus der Fertigung zurückgeführtem Kondensat [kWh/t_W].

Im Zahlenbeispiel sei e_{WR} = 1,3 kWh/t_W und e_{WK} = 0,5 kWh/t_W. Ersetzt man in G.5.4 die Variable Da durch G.5.1 und die Variable Df durch (23) in Tabelle 5.4, so ergibt sich mit diesen Daten

(G.5.5) $$\begin{aligned} P_W &= 1{,}3 \cdot (D_W + 0{,}02 \cdot Dk_h + 0{,}015 \cdot Dk_m + 0{,}01 \cdot Dk_n) + 0{,}5 \cdot (0{,}7 \cdot D_m + 0{,}8 \cdot D_n) \\ &= 1{,}3 \cdot D_W + 0{,}026 \cdot Dk_h + 0{,}0195 \cdot Dk_m + 0{,}013 \cdot Dk_n + 0{,}35 \cdot D_m + 0{,}4 \cdot D_n \, . \end{aligned}$$

[17] Zu den Betriebskosten von Dampfturbinen vgl. WALTENBERGER [1988].

Im nächsten Schritt wird der elektrische Leistungsbedarf P_p der in Abbildung 5.1 eingezeichneten Pumpen P_i, i = 1,...,9 berechnet. Die Abschätzung des Stromverbrauchs ep_i zum Durchsatz von 1 t_W Wasser durch die Pumpe P_i erfolgt mit Hilfe eines durchschnittlichen spezifischen Pumpstrombedarfs[18] ep [kWh/(bar·t_W)] nach

$$(G.5.6) \qquad ep_i = \begin{cases} (p_i'' - p_i')\cdot ep & \text{, für } i = 1...8 \\ k_W\cdot(p_i'' - p_i')\cdot ep & \text{, " } i = 9 \end{cases} \text{, wobei}$$

ep_i : Pumpstromverbrauch der Pumpe P_i [kWh/t_W];
p_i'' : Wasserdruck hinter der Pumpe P_i [bar];
p_i' : Wasserdruck vor der Pumpe P_i [bar];
ep : spezifischer Pumpstrombedarf [kWh/(bar·t_W)];
k_W : durchschnittliches Kühlwasserverhältnis [].

Im Zahlenbeispiel sei ep = 0,04 kWh/(bar·t_W). Das durchschnittliche Kühlwasserverhältnis k_W wird für die in Abbildung 5.1 angegebenen thermodynamischen Daten der Kondensationsturbine und für eine zulässige Aufwärmung des Kühlwassers um 30 °C - 18 °C = 12 °C bereits in Abschnitt 2.3.3 berechnet. Nach G.2.18 beträgt es k_W = 43,9. Damit sind alle Daten zur Berechnung der ep_i in Tabelle 5.6 bekannt.

Pumpe P_i	p_i'' [bar]	p_i' [bar]	$p_i''-p_i'$ [bar]	ep_i [kwh/t_W]	Durchsatz [t_W/h]
P_1	2,00	1,00	1,00	0,0400	$D_W + D_f + D_a$
P_2	2,00	0,06	1,94	0,0776	D_{tn}
P_3	6,00	1,00	5,00	0,2000	$D_{tn} + D_W + D_f + D_a$
P_4	10,00	4,50	5,50	0,2200	$1,010\cdot D_{kn}$
P_5	30,00	4,50	25,50	1,0200	$1,015\cdot D_{km} + D_{rml}$
P_6	20,00	4,50	15,50	0,6200	D_{vml}
P_7	25,00	18,00	7,00	0,2800	D_{ml}
P_8	140,00	18,00	122,00	4,8800	$1,020\cdot D_{kh} + D_{rhl}$
P_9	3,00	1,00	2,00	3,5120	D_{tn}

Tabelle 5.6: Approximation des Pumpstromverbrauchs

In der letzten Tabellenspalte wird für jede Pumpe der Durchsatz nach Abbildung 5.1 - bei den Dampfkesseln unter Berücksichtigung der Wasserverlustfaktoren v_s - abgetragen. Die Leistungsaufnahme einer Pumpe P_i ergibt sich als Produkt des Durchsatzes und des spezifischen Stromverbrauch ep_i.

[18] Für eine Abschätzung des Kraftwerkseigenbedarfs reicht diese normierte Linearisierung aus. Für ein konkretes Kraftwerksmodell kann man die typspezifische Verbrauchswerte der Pumpen verwenden. Zur Berechnung von Kreiselpumpen siehe DIETZEL [1980], S.195 ff.

Die *Leistungsaufnahme* P_P *aller Pumpen* ist die Summe dieser Produkte:

$$
\begin{aligned}
\text{(G.5.7)} \quad P_P = \; & 0{,}04 \cdot (D_W + (0{,}7 \cdot D_m + 0{,}8 \cdot D_n) \\
& \quad + (0{,}02 \cdot Dk_h + 0{,}015 \cdot Dk_m + 0{,}01 \cdot Dk_n)) \\
& + 0{,}0776 \cdot Dt_n \\
& + 0{,}2 \cdot (Dt_n + D_W + (0{,}7 \cdot D_m + 0{,}8 \cdot D_n) \\
& \quad + (0{,}02 \cdot Dk_h + 0{,}015 \cdot Dk_m + 0{,}01 \cdot Dk_n)) \\
& + 0{,}22 \cdot 1{,}01 \cdot Dk_n \\
& + 1{,}02 \cdot (1{,}015 \cdot Dk_m + (0{,}0843 \cdot Dr_m)) \\
& + 0{,}62 \cdot 0{,}8521 \cdot Dv_m \\
& + 0{,}28 \cdot 0{,}0665 \cdot D_m \\
& + 4{,}88 \cdot (1{,}02\, Dk_h + (0{,}1652 \cdot Dr_h)) \\
& + 3{,}512 \cdot Dt_n
\end{aligned}
$$

Ausgehend von Tabelle 5.6 sind in G.5.7 die Variablen Df, D_{m1}, Dv_{m1}, Dr_{h1}, Dr_{h1}, Dr_{m1} durch die entsprechenden Gleichungen in Tabelle 5.4 und Da durch G.5.1 ersetzt. G.5.7 läßt sich zusammenfassen zu

$$
\begin{aligned}
\text{(G.5.8)} \quad P_P = \; & 0{,}24 \cdot D_W + 0{,}187 \cdot D_m + 0{,}192 \cdot Dn + 4{,}982 \cdot Dk_h + 1{,}039 \cdot Dk_m \\
& + 0{,}225 \cdot Dk_n + 3{,}79 \cdot Dt_n + 0{,}528 \cdot Dv_m + 0{,}806 \cdot Dr_h + 0{,}086 \cdot Dr_m .
\end{aligned}
$$

Als letzte Komponente des elektrischen Eigenbedarfs P_E verbleibt der *Leistungsbedarf der Dampfkessel*

$$\text{(G.5.9)} \qquad P_K = \sum_{s \in S} P_{Ksb} \ , \quad \text{wobei}$$

P_{Ksb} : Leistungsbedarf des Kessels K_{sb} [kW].

P_{Ksb} wird approximiert durch

$$
\begin{aligned}
\text{(G.5.10)} \qquad P_{Ksb} &= e_{Ksb} \cdot Dk_s \ , \quad \text{für } s \in S, \text{ wobei} \\
e_{Ksb} &= l_b \cdot a_{Ksb} \cdot (eg \cdot (1 + ev_b) + e_{Rb}) \cdot (1 + 0{,}5 \cdot v_s) \text{ und}
\end{aligned}
$$

e_{Ksb}: elektrischer Eigenverbrauch des Kessels K_{sb} [kWh/kg$_W$];
l_b : Verbrennungsluftbedarf des Brennstoffs b [m³/kg$_B$];
a_{Ksb}: Brennstoffverbrauch des Kessels K_{sb} [kg$_B$/t$_W$];
eg : spezifische Gebläseenergie [kWh/m³];
ev_b : Zuschlag für sonstigen Stromverbrauch bei Brennstoff b [];
e_{Rb} : Stromverbrauch der Rauchgasreinigung bei Brennstoff b [kWh/m³];
v_s : Wasserverlustfaktor der Kessel K_{sb} [].

Da der Leistungsbedarf der Pumpen P_i bereits in P_P eingeht, beziffern die Koeffizienten e_{Ksb} in G.5.10 den elektrischen Leistungsbedarf der Kessel *ohne* die Antriebsleistung der Kesselspeisepumpen. Nach G.5.10 setzt sich e_{Ksb} aus drei Teilen zusammen.

Der Term $l_b \cdot a_{Ksb} \cdot eg$ [kWh/kg$_W$] quantifiziert die Antriebsenergie für die *Gebläse* im Verbrennungsluft- und Rauchgasstrom. Der *sonstige Stromver-*

brauch[19] wird durch einen proportionalen Zuschlag ev_b [] erfaßt. Der Leitungsbedarf $l_b \cdot a_{Ksb} \cdot e_{Rb}$ der *Rauchgasreinigungsanlagen* - die dritte Komponente von e_{Ksb} - gehört nicht zum Stromverbrauch des Kessels im engeren Sinn. Er läßt sich jedoch in dieser Form linear über den zu reinigenden Rauchgasstrom an die Kesselintensität Dk_s binden, um den Energieverbrauch der Rauchgasreinigung abzuschätzen.

Zusammen mit den in Abschnitt 5.3 angesetzten sonstigen Rauchgasreinigungskosten wird dadurch eine Berücksichtigung der *variablen Umweltschutzkosten* (Betriebskosten der Rauchgasreinigungsanlagen) im Optimierungsmodell (Tabelle 5.10) möglich.[20] Da dieses Modell u.a. über die Eigenerstellung und den Fremdbezug elektrischer Energie entscheidet, sind die Rauchgasreinigungskosten planungsrelevant: Sie entstehen nur beim Betrieb der Eigenerzeugung.[21]

Die Wasserverlustfaktoren v_s gehen in G.5.10 jeweils nur zur Hälfte ein. Es wird vereinfachend unterstellt, daß die Entstehung der Wasserverluste gleichmäßig über die im Dampfkessel ablaufende Wärmeübertragung auf den Energieträger Wasser (-dampf) verteilt ist.

Brennstoff	Index $b \in B$	ev_b []	e_{REAb} +	e_{DENOXb} =	e_{Rb} [kwh/1000 m³]
Steinkohle	k	0,20	9,50	1,00	10,50
Leichtes Heizöl	l	0,13	0,00	0,00	0,00
Schweres Heizöl	s	0,15	7,00	1,00	8,00
Erdgas	g	0,05	0,00	0,50	0,50
Rückstände (flüssig)	r	0,14	0,00	1,00	1,00

Tabelle 5.7: Sonstiger Stromverbrauch der Dampferzeugung und Stromverbrauch der Rauchgasreinigungsanlagen

Tabelle 5.7 enthält Beispieldaten zur Berechnung der Koeffizienten e_{Ksb}. Dabei steht "REA" für Rauchgasentschwefelung und "DENOX" für Rauchgasentstickung. Die Zahleneinträge lassen erkennen, welche Reinigungstechnik bei einem bestimmten Brennstoff zu installieren ist, und wieviel elektrische Energie zur Reinigung von 1 m³ Rauchgas in etwa benötigt wird.

[19] Dieser Stromverbrauch wird durch weitere Nebenaggregate (Kohlemühlen, Brennstoffzerstäuber etc.) verursacht.

[20] Vgl. dazu die Vorüberlegungen zur Abgrenzung der umweltspezifischen Aspekte einer betrieblichen Energieversorgung in Abschnitt 1.3.

[21] Beim Fremdstrombezug ist der Aufschlag für Umweltschutzkosten u zu berücksichtigen. Vgl. dazu Tabelle 4.16.

Tabelle 5.8.a faßt die Dampfkesseldaten zusammen. Der erste Tabellenblock enthält die *vom Brennstoff unabhängigen Kesseldaten*: die Frischdampfenthalpie h_{1s}, die Speisewasserenthalpie h_{2s} und den Verlustfaktor v_s für die Quantifizierung der bereits abgehandelten Abschlämmverluste.

Die brennstoffspezifischen Tabellenteile geben (durchschnittliche) Kesselwirkungsgrade μ_{Ksb} an. Die Produktionskoeffizienten a_{Ksb} errechnen sich mit den Heizwerten aus Tabelle 2.1 nach G.2.5. Die Kohlemenge zur Erzeugung von 1 t_w Hochdruckdampf im Kessel K_{hk} ergibt sich etwa zu

$$a_{Khk} = \frac{h_{1h} - h_{2h}}{\mu_{Khk} \cdot H_{uk}} = \frac{3420 \text{ kJ/kg}_W - 880 \text{ kJ/kg}_W}{0{,}88 \cdot 32000 \text{ kJ/kg}_B} \approx 90{,}20 \text{ kg}_B/t_W .$$

Obwohl der Kessel K_{hk} eine höhere Dampftemperatur (525 °C) bereitstellt als der Kessel K_{mk} (287 °C), ist sein spezifischer Brennstoffverbrauch geringer ($a_{Khb} < a_{Kmb}$), weil die Vorwärmstufen V_s bei der Berechnung der a_{Ksb} in Tabelle 5.8.a nicht berücksichtigt werden.[22] Statt dessen wird nur die *im* Kessel zuzuführende (Brennstoff-) Wärme angesetzt. Der Wärmeverbrauch der Vorwärmstufen (der zirkulierenden Wärmeströme) ergibt sich über das Restriktionensystem.

Der spezifische Verbrennungsluftbedarf l_b [m^3/kg_B] der Brennstoffe ist in Tabelle 2.1 aufgeführt. Die elektrische Arbeit e_g [kWh/m^3] zum Transport von 1 m^3 Verbrennungsluft bzw. Rauchgas durch einen Dampfkessel wird im Beispiel mit $e_g = 0{,}0025$ kwh/m^3 angesetzt.

Mit diesen Daten ergibt sich z.B. der elektrische Eigenverbrauch e_{Khk} des Kohlehochdruckkessels K_{hk} nach G.5.10 wie folgt:

$$\begin{aligned} e_{Khk} &= 10 \text{ m}^3/\text{kg}_B \cdot 90{,}20 \text{ kg}_B/t_W \cdot (0{,}0025 \text{ kWh/m}^3 \cdot (1+0{,}2) \\ &\qquad + 0{,}0105 \text{ kWh/m}^3) \cdot (1+0{,}5 \cdot 0{,}02) \\ &\approx 12{,}30 \text{ kWh}/t_W . \end{aligned}$$

Analog erhält man für die Kessel K_{mk} und K_{nk} den elektrischen Verbrauch

$$e_{Kmk} = 12{,}33 \text{ kWh}/t_W \text{ und } e_{Knk} = 11{,}54 \text{ kWh}/t_W .$$

Nach G.5.9 und G.5.10 gilt

$$P_{Khk} = 12{,}30 \cdot D_{kh} \ , \quad P_{Kmk} = 12{,}33 \cdot D_{km} \ , \quad P_{Knk} = 11{,}54 \cdot D_{kn} \quad \text{und}$$

$$P_K = 12{,}30 \cdot D_{kh} + 12{,}33 \cdot D_{km} + 11{,}54 \cdot D_{kn} . \qquad \text{(G.5.11)}$$

Damit sind alle Komponenten des elektrischen Eigenbedarfs P_E ermittelt. Durch Einsetzen von G.5.5, G.5.8 und G.5.11 in G.5.3 ergibt sich P_E zu

[22] Da V_m nur K_{hk} versorgt, gilt $h_{2h} > h_{2m}$. Außerdem ist $\mu_{Khk} > \mu_{Kmk}$.

(G.5.12) $P_E = 1{,}54 \cdot D_w + 0{,}537 \cdot D_m + 0{,}592 \cdot Dn + 17{,}31 \cdot Dk_h + 13{,}39 \cdot Dk_m + 11{,}78 \cdot Dk_n + 3{,}79 \cdot Dt_n + 0{,}528 \cdot Dv_m + 0{,}806 \cdot Dr_h + 0{,}086 \cdot Dr_m$.

a) Kessel -->		K_{hb}	K_{mb}	K_{nb}
v_s	[]	0,020	0,015	0,010
h_{1s}	[kJ/kg$_w$]	3420	3000	2790
h_{2s}	[kJ/kg$_w$]	880	506	504
$h_{1s}-h_{2s}$	[kJ/kg$_w$]	2540	2495	2286
Steinkohle		(b = k)		
μ_{Ksk}	[]	0,88	0,86	0,84
a_{Ksk}	[kg$_B$/t$_w$]	90,20	90,64	85,05
e_{Ksk}	[kWh/t$_w$]	12,30	12,33	11,54
f'_{sk}	[]	0,70	0,70	0,70
Schweres Heizöl		(b = s)		
μ_{Kss}	[]	0,90	0,88	0,86
a_{Kss}	[kg$_B$/t$_w$]	70,20	70,52	66,12
e_{Kss}	[kWh/t$_w$]	8,87	8,88	8,31
f'_{ss}	[]	0,60	0,50	0,50
Leichtes Heizöl		(b = l)		
μ_{Ksl}	[]	0,90	0,88	0,86
a_{Ksl}	[kg$_B$/t$_w$]	66,09	66,39	62,25
e_{Ksl}	[kWh/t$_w$]	2,26	2,27	2,12
f'_{sl}	[]	0,60	0,40	0,40
Erdgas		(b = g)		
μ_{Ksg}	[]	0,92	0,90	0,88
a_{Ksg}	[m^3$_B$/t$_w$]	76,90	77,21	72,35
e_{Ksg}	[kWh/t$_w$]	2,06	2,07	1,93
f'_{sg}	[]	0,30	0,20	0,20
Rückstände		(b = r)		
μ_{Ksr}	[]	0,90	0,88	0,86
a_{Ksr}	[kg$_B$/t$_w$]	80,63	81,00	75,94
e_{Ksr}	[kWh/t$_w$]	3,29	3,30	3,09
f'_{sr}	[]	0,60	0,50	0,50
Kapazitäten		(b = k)		
d_{Kns}	[t$_w$/h]	200	80	120
d_{minsk}	[t$_w$/h]	140	56	84

b) Turbosatz-->		T_h	T_m	T_n
$\mu_{Ts}{}^* = \mu_{Ts}(P_{ns})$	[]	0,7800	0,7500	0,7000
$\mu_{Ts}(P_{maxs})$	[]	0,7687	0,7277	0,6949
μ_{Gs}	[]	0,98	0,98	0,98
h_{1s}	[kJ/kg$_w$]	3420	3000	2790
p_{3s}	[bar]	18,00	4,50	0,06
h_{3s}'	[kJ/kg$_w$]	2882	2720	2147
dh_s'	[kJ/kg$_w$]	538	280	643
$\mu_{Ts}{}^* dh_s$	[kJ/kg$_w$]	420	210	450
h_{3s}	[kJ/kg$_w$]	3000	2790	2340
$e_s{}^*$	[kwh/t$_w$]	114,24	57,24	122,54
lf_s	[]	0,162	0,246	0,092
P_{ns}	[MW]	21,12	7,44	7,96
P_{maxs}	[MW]	22,50	7,94	8,51
d_{ns}	[t$_w$/h]	185,00	130,00	65,00
d_{maxs}	[t$_w$/h]	200,00	143,00	70,00
d_{Ls}	[t$_w$/h]	30,00	32,00	6,00
e_{s1}	[kWh/t$_w$]	136,35	75,93	135,01
e_{s2}	[kWh/t$_w$]	92,13	38,55	110,08

c) Berechnung der Brutto-Stromausbeute der Turbosätze

(1) $P_h = 136{,}35 \cdot Dt_{h1} + 92{,}13 \cdot Dt_{h2}$
(2) $P_m = 75{,}93 \cdot Dt_{m1} + 38{,}55 \cdot Dt_{m2}$
(3) $P_n = 135{,}01 \cdot Dt_{n1} + 110{,}08 \cdot Dt_{n2}$

(4) $Dt_h = 30 \cdot Lt_h + Dt_{h1} + Dt_{h2}$
(5) $Dt_m = 32 \cdot Lt_m + Dt_{m1} + Dt_{m2}$
(6) $Dt_n = 6 \cdot Lt_n + Dt_{n1} + Dt_{n2}$

(7) $Dt_{h1} \le 155 \cdot Lt_h$	(9) $Dt_{h2} \le 15 \cdot Lt_h$
(8) $Dt_{m1} \le 98 \cdot Lt_m$	(10) $Dt_{m2} \le 13 \cdot Lt_m$
(9) $Dt_{n1} \le 59 \cdot Lt_n$	(11) $Dt_{n2} \le 5 \cdot Lt_n$

Tabelle 5.8: Dampfkessel (a), Turbosätze (b), Brutto-Stomausbeute (c)

Es verbleibt die Berechnung der Leistungsabgaben P_s der Dampfturbinen T_s. P_s wird jeweils auf die durchgesetzte Dampfleistung Dt_s bezogen. Für das zu entwickelnde Optimierungsmodell wird eine linearisierte Stromausbeutefunktion $P_s(Dt_s)$ benötigt. Aufbauend auf den Vorüberlegungen in Kapitel 2 liegt es nahe, von der Umkehrfunktion $Dt_s(P_s)$ auszugehen.

Durch Einsetzen von G.2.20 in G.2.17 erhält man

$$(G.5.13)\quad Dt_s(P_s) = \begin{cases} d_{Ls} + \dfrac{d_{ns} - d_{Ls}}{P_{ns}} \cdot P_s & \text{, für } 0 \le P_s \le P_{ns} \\ d_{ns} + \dfrac{d_{maxs} - d_{ns}}{P_{maxs} - P_{ns}} \cdot (P_s - P_{ns}), & \text{" } P_{ns} \le P_s \le P_{maxs} \end{cases} \text{, wobei}$$

$$d_{ns} = \frac{P_{ns}}{\mu_{Gs} \cdot \mu_{Ts}^* \cdot (h_{1s} - h_{3s}')}, \quad d_{maxs} = \frac{P_{maxs}}{\mu_{Gs} \cdot \mu_{Ts}(P_{maxs}) \cdot (h_{1s} - h_{3s}')}$$

und daraus die Umkehrfunktion

$$(G.5.14)\quad P_s(Dt_s) = \begin{cases} 0 & \text{, für } Dt_s = 0, \\ \dfrac{P_{ns} \cdot d_{Ls}}{d_{Ls} - d_{ns}} + \dfrac{P_{ns}}{d_{ns} - d_{Ls}} \cdot Dt_s & \text{, " } d_{Ls} \le Dt_s \le d_{ns} \\ \dfrac{P_{ns} \cdot d_{maxs} - P_{maxs} \cdot d_{ns}}{d_{maxs} - d_{ns}} + \dfrac{P_{maxs} - P_{ns}}{d_{maxs} - d_{ns}} \cdot Dt_s, & \text{" } d_{ns} \le Dt_s \le d_{maxs} \end{cases}$$

Um die Darstellung von G.5.14 in einem linearen Programm vorzubereiten, wird das Restriktionensystem (1)...(5) im oberen Teil der Tabelle 5.9 entwickelt. Der untere Tabellenteil zeigt die Definitionen, mit deren Hilfe sich diese Nebenbedingungen aus G.5.14 herleiten lassen.

$$\left.\begin{array}{ll} (1) & P_s = e_{s1} \cdot Dt_{s1} + e_{s2} \cdot Dt_{s2}\,; \\ (2) & Dt_s = d_{Ls} \cdot Lt_s + Dt_{s1} + Dt_{s2}; \\ (3) & Dt_{s1} \le (d_{ns} - d_{Ls}) \cdot Lt_s\,; \\ (4) & Dt_{s2} \le (d_{maxs} - d_{ns}) \cdot Lt_s; \\ (5) & \text{alle Variablen} \ge 0;\ Lt_s \in \{0,1\}; \end{array}\right\} \text{ für } s \in S \text{, wobei}$$

$$e_{s1} = \frac{P_{ns}}{d_{ns} - d_{Ls}};\quad e_{s2} = \frac{P_{maxs} - P_{ns}}{d_{maxs} - d_{ns}};\quad Lt_s = \begin{cases} 1, & \text{falls } Dt_s \ge d_{Ls}; \\ 0, & \text{sonst;} \end{cases}$$

$$Dt_{s1} = \max\{0;\ \min\{d_{ns};\ Dt_s - d_{Ls}\}\};\quad Dt_{s2} = \max\{0;\ Dt_s - d_{ns}\};$$

<u>Tabelle 5.9:</u> Linearisierte Stromausbeutefunktionen der Turbosätze

Die Binärvariable Lt_s mißt, ob die Turbine T_s läuft oder nicht. Die konkave Wirkungsgradfunktion wird durch den Degressionseffekt des Leerlaufdampfs d_{Ls} und durch die beiden linearen Teilstücke der Stromausbeutefunktion mit den Steigungen e_{s1} und e_{s2} approximiert.[23] Wegen $e_{s1} > e_{s2}$

[23] Vgl. die Abbildungen 2.5 und 2.13.

kann in einem Optimierungsmodell mit einer zu minimierenden Kostenfunktion i.d.R.[24] auf zusätzliche Reihenfolgebedingungen verzichtet werden.[25]

Die Berechnung der Stromausbeutefunktionen der Turbosätze beginnt in Tabelle 5.8.b. Die Turbinenwirkungsgrade im Bestpunkt und bei Maximallast, sowie der konstante Generatorwirkungsgrad werden vorgegeben. Die Frischdampfenthalpien h_{1s} und die Abdampfdrücke p_{3s} sind aus Abbildung 5.1 bzw. aus Tabelle 5.1 übernommen. Ausgehend von diesen Daten folgt die Rechnung im zweiten Block der Tabelle 5.8.b dem in Abschnitt 2.3.2 erläuterten Rechengang. Für die theoretisch nutzbare Enthalpiedifferenz $h_1 - h_3'$ wird das Symbol dh benutzt: $dh_s = h_{1s} - h_{3s}'$, für $s \in S$.

Die Berechnung der Hochtemperaturturbine T_h zeigt, daß die Dampfentspannung auf einen Gegendruck von p_{3h} = 18 bar bestenfalls zu einer Abdampfenthalpie von h_{3h} = 3000 kJ/kg_W führt. Dies entspricht einer Temperatur von 287 °C. Der Abdampfstrom dieser Turbine wird vollständig oder teilweise in das Mitteldrucknetz eingespeist. Um die dort verlangte Netzdampftemperatur von 230 °C zu erreichen, muß Speisewasser zur Abkühlung eingespritzt werden. Diese Funktion erfüllt der bisher nicht erläuterte *Netzdampfkühler* NDK.

Multipliziert man $\mu_{Ts}^* \cdot dh_s$ mit dem Generatorwirkungsgrad μ_{Gs}, so erhält man die *maximale durchschnittliche Stromausbeute* e_s^* aus dem Durchsatz von 1 kg_W Dampf durch die Turbine:[26]

(G.5.15) $$e_s^* = (h_{1s} - h_{3s}') \cdot \mu_{Ts}^* \cdot \mu_G \ , \quad \text{für } s \in S.$$

Beispielsweise ergibt sich für die Turbine T_h:

$$e_h^* = (h_{1h} - h_{3h}') \cdot \mu_{Th}^* \cdot \mu_G = (3420 \text{ kJ/kg}_W - 2882 \text{ kJ/kg}_W) \cdot 0{,}78 \cdot 0{,}98$$
$$\approx 411{,}25 \text{ kJ/kg}_W = 411{,}25 \text{ kWs/kg}_W \approx 114{,}24 \text{ kWh/t}_W.$$

Die Koeffizienten e_s^* werden zur Berechnung der linearisierten Stromausbeutefunktionen nach Tabelle 5.9 *nicht* benötigt. Ihr Ausweis in Tabelle 5.8.b erlaubt jedoch einen anschaulichen Vergleich der spezifischen Leistungsbeiträge der drei Teilturbinen.[27] Man sieht, daß die Stromausbeute des Niederdruckteils (Turbine T_n) relativ hoch ist.

24 Vgl. die Ausführungen zu Tabelle 5.16.

25 $e_{s1} > e_{s2}$ bedeutet, daß die Stromausbeute aus 1 kg_W Dampf, der zusätzlich zum Leerlaufdampf d_{Ls} in der Turbine T_s entspannt wird, für $Dt_s \leq d_{ns}$ größer ist, als für $Dt_s > d_{ns}$.

26 Vgl. G.2.20 in Abschnitt 2.5.

27 Darüber hinaus gehen die e_s^* in die Berechnung der Arbeitswerte in G.5.35 und in G.5.49 ein.

In der unteren Hälfte von Tabelle 5.8.b werden die Koeffizienten für die Stromausbeutefunktionen nach Tabelle 5.9 berechnet.

Die elektrische Leistung im Bestpunkt P_{ns} (Nennleistung) und die Maximalleistung P_{maxs} sind als Turbinenkenndaten bekannt. Die Dampfströme d_{ns} und d_{maxs} lassen sich daraus nach G.5.13 berechnen. Die *Leerlauffaktoren* lf_s werden aus den bereits in Abschnitt 2.3 benutzten Graphiken[28] entnommen. Sie gehen in die Berechnung der Leerlaufdampfmengen d_{Ls} nach

(G.5.16) $$d_{Ls} = lf_s \cdot d_{ns} \ , \quad \text{für } s \in S.$$

ein. Damit sind alle Daten zur Berechnung der Koeffizienten e_{s1} und e_{s2} nach Tabelle 5.9 bekannt.[29] Es ergibt sich das Restriktionensystem in Tabelle 5.8.c.

In den linearisierten Stromausbeutefunktionen (1)-(3) in dieser Tabelle werden die Variablen Dt_s zusätzlich ersetzt durch die unter (4)-(6) angegebenen Definitionen. Wir holen diese Ersetzung für die übrigen in diesem Abschnitt ermittelten Zusammenhänge nach.

Zunächst werden die Variablen Dt_s im Restriktionensystem der Tabelle 5.5 durch die Definitionen (4)-(6) in Tabelle 5.8.b ersetzt. Dies führt zu den Nebenbedingungen (2)-(7) in Tabelle 5.10. Sie bilden das *wärmetechnische Grundgerüst des* dort formulierten *Optimierungsmodells.*

Im nächsten Schritt wird die gleiche Ersetzung in G.5.12 vorgenommen. Es ergibt sich

(G.5.17) $$\begin{aligned} P_E = {} & 1{,}54 \cdot D_w + 0{,}537 \cdot D_m + 0{,}592 \cdot Dn + 17{,}31 \cdot Dk_h + 13{,}39 \cdot Dk_m \\ & + 11{,}78 \cdot Dk_n + 22{,}737 \cdot Lt_n + 3{,}789 \cdot Dt_{n1} + 3{,}789 \cdot Dt_{n2} \\ & + 0{,}528 \cdot Dv_m + 0{,}806 \cdot Dr_h + 0{,}086 \cdot Dr_m . \end{aligned}$$

Setzt man G.5.17 und (1)-(3) aus Tabelle 5.8.b in G.5.2 ein, so erhält man die *elektrische Leistungsbilanz* der gesamten betrieblichen Energieversorgung in Abbildung 5.1:

(G.5.18) $$\begin{aligned} & Pz + 136{,}35 \cdot Dt_{h1} + 92{,}13 \cdot Dt_{h2} + 75{,}93 \cdot Dt_{m1} + 38{,}55 \cdot Dt_{m2} \\ & + 131{,}22 \cdot Dt_{n1} + 106{,}29 \cdot Dt_{n2} - 22{,}737 \cdot Lt_n - 1{,}54 \cdot D_w \\ & - 17{,}31 \cdot Dk_h - 13{,}39 \cdot Dk_m - 11{,}78 \cdot Dk_n - 0{,}528 \cdot Dv_m \\ & - 0{,}806 \cdot Dr_h - 0{,}086 \cdot Dr_m - 0{,}537 \cdot D_m - 0{,}592 \cdot D_n - Pv - P = 0. \end{aligned}$$

Diese Gleichung geht als Restriktion (8) in Tabelle 5.10 ein.

[28] Vgl. SCHÜLLER [1984], S.289.

[29] Es gilt $e_{s1} > e_s^*$ für $s \in S$, weil Dt_{s1} jeweils um d_{Ls} verringert ist.

Damit sind sowohl die Dampfströme wie auch der Fluß der elektrischen Energie des in Abbildung 5.1 konstruierten Betriebsmodells in das Restriktionensystem (2)-(8) der Tabelle 5.10 abgebildet. Als nächstes werden die verbleibenden Nebenbedingungen in dieser Tabelle erläutert.

Die Nebenbedingungen (9)-(21) begrenzen die *Kapazitäten* des Betriebsmodells. Darüber hinaus sorgen sie im Verbund mit den übrigen Restriktionen für eine korrekte Modellierung der Binärvariablen Lt_s und Lk_s.

Die Ungleichungen (9)-(14) können direkt aus Tabelle 5.8.c - dort tragen sie die Nummern (7)-(11) - übernommen werden. Während die den Turbinen zugeordneten Binärvariablen Lt_s durch nicht konstante Verbrauchsfunktionen bedingt sind, resultieren die in (15)-(29) auftretenden Variablen Lk_s aus der technisch bedingten Minimalleistung der Kessel.

In Abschnitt 2.2 wird darauf hingewiesen, daß Dampfkessel mit einer Mindestintensität d_{min} [t_W/h] betrieben werden müssen. Die Faktoren f_{sb} in Tabelle 5.8.a geben eine Abschätzung für d_{minsb} in Abhängigkeit von der Nennlast d_{ns} an:[30]

(G.5.19) $\quad d_{minsb} = f_{sb} \cdot d_{Kns}$, für $s \in S$ und $b \in B$, wobei

d_{minsb}: minimale Intensität des Kessels K_{sb} [t_W/h];
f_{sb} : Mindestlastfaktor des Kessels K_{sb} [];
d_{Kns} : Maximal- und Nennkapazität der Kessel K_{sb} [t_W/h].

Im unteren Block der Tabelle 5.8.a sind die Kapazitäten d_{Kns} der drei im Beispiel angenommenen Kohlekessel mit den Mindestleistungen d_{minsK} angegeben. Um beide Intensitätsgrenzen zu berücksichtigen, werden die Binärvariablen Lk_s wie folgt definiert:

$$Lk_s = \begin{cases} 1 \text{ , falls Kessel } K_{sK} \text{ mit einer Intensität } Dk_s \geq d_{minsK} \text{ läuft;} \\ 0 \text{ , sonst;} \end{cases}$$

Zusammen mit den Daten in Tabelle 5.8.a führt dies zu den Restriktionen (15)-(20) in Tabelle 5.10.

Restriktion (21) ist fakultativ. Nach den Erläuterungen in Abschnitt 2.3.4 kommt einer Reduzierstation u.a. eine sicherheitstechnische Bedeutung zu: Bei einer Betriebsstörung eines Turbosatzes (Schnellschluß) wird die Dampfzufuhr zur Turbine unterbrochen, indem der Dampfstrom über die Reduzierstation um die Turbine herumgeführt wird.

30 Wie in Abschnitt 2.2 begründet, wird bei den Kesseln nicht weiter zwischen Nennlast und Maximallast unterschieden.

Bei der Mitteldruckturbine T_m ist dies ist nur möglich, wenn die Reduzierstation R_m zum Zeitpunkt der Störung zusätzlich den Dampfstrom Dt_m aufnehmen kann. Nebenbedingung (21) geht davon aus, daß R_m die gleiche *Eingangs*kapazität aufweist wie T_m, nämlich d_{maxm} = 143 t_w/h.[31]

Unter Berücksichtigung des Mischungskoeffizienten in Tabelle 5.4 sichert die Ungleichung (21) gerade ab, daß durch R_m und T_m *zusammen* maximal der Dampfstrom d_{maxm} strömt. In Abbildung 5.1 erkennt man, daß diese Restriktion die von einer höheren Druckstufe in die Niederdruckschiene maximal einspeisbare Dampfmenge zusätzlich begrenzt.

Falls sich die Dampfmenge Dt_m bei einem Schnellschluß kurzfristig anderweitig unterbringen läßt - etwa durch eine entsprechende Erhöhung von D_m - kann Restriktion (21) durch eine einfache Kapazitätsrestriktion für die Reduzierstation R_m ersetzt werden.[32] In den nachfolgenden Beispielrechnungen führen wir diese Nebenbedingung wie in Tabelle 5.10 mit.

Eine analoge Restriktion für die Reduzierstation R_h ist aufgrund der vorgegebenen Daten redundant: Der Hochdruckkessel K_{hk} kann maximal die Höchstleistung der Turbine T_h decken: Nach Tabelle 5.8 bzw. nach den Restriktionen (5), (9) und (10) in Tabelle 5.10 gilt $d_{Knh} = d_{maxh}$.

Damit sind alle Nebenbedingungen des Optimierungsmodells in dieser Tabelle erläutert. Die noch ausstehende Restriktion (25) definiert den Zielfunktionswert Kv [DM/h], der in (1) minimiert wird. Der nachfolgende Abschnitt entwickelt diese Zielfunktion.

Abschließend sei noch einmal betont, daß das oben abgeleitete Restriktionensystem zur Abbildung eines KWK-Prozesses keine exakte thermodynamische Rechnung, sondern eine für betriebswirtschaftliche Planungsverfahren vorgeschlagene Approximation darstellt. Die Entwicklung eines *linearen Kraftwerksmodells* impliziert insbesondere die Annahme konstanter (lastunabhängiger) Wasserdampfzustände (Enthalpien).[33]

[31] Vgl. Tabelle 5.8.b.

[32] ... z.B.: (21) $Dr_m \leq 156$ [t_w/h]. In diesem Fall erlaubt man eine gleichzeitige Vollauslastung von T_m und von R_m.

[33] Zur Bedeutung dieser Linearitätsprämisse vgl. BECKMANN u.a. [1968] und HEIL [1976]. Ein iteratives Verfahren zur Verbesserung der thermodynamischen Rechnung in einem linearen Programm schlägt MEYER [1967], S.41-49 vor.

5.3. Die variablen Kosten einer betrieblichen Energieversorgung

Im voranstehenden Abschnitt werden der Mengenfluß und die Kapazitäten der einzelnen Bauteile des Betriebsmodells in Abbildung 5.1 untersucht und in den Restriktionen der Tabelle 5.10 abgebildet. Dieses Modell ermittelt die *kostenminimale Fahrweise der gesamten betrieblichen Energieversorgung* (einschließlich des Fremdstrombezugs) zur Bereitstellung *eines* vorgegebenen *Lastvektors*

(G.5.20) $d = (p, d_m, d_n)^T$, wobei

p : Stromeinspeisung in das elektrische Werksnetz [kW];
d_m : Dampfeinspeisung in das Mitteldrucknetz [tw/h];
d_n : Dampfeinspeisung in das Niederdrucknetz [tw/h];

über eine Stunde. Die Kopplung dieses Lastvektors mit den Modellvariablen erfolgt über die Restriktionen (22)-(24), die im Zahlenbeispiel eine von der Fertigung benötigte Lastanforderung von

$$d = (45 \text{ MW}, 95 \text{ tw/h}, 120 \text{ tw/h})^T$$

vorgeben. Aufgrund der Konstanz dieser Leistungswerte über den im Modell erfaßten Planungszeitraum (1 h) wird von einem *statischen* Ansatz gesprochen.[34] Mit einem solchen Ansatz sind produktions- und kostentheoretische Untersuchungen einer KWK-Konzeption sehr einfach durchführbar.

Bevor Abschnitt 5.4 darauf näher eingeht, ist die noch ausstehende Zielfunktion (1) in Tabelle 5.10 zu erläutern. Die variablen Kosten Kv - hier kurz als Betriebskosten bezeichnet - ergeben sich in Nebenbedingung (25) als Summe des bewerteten betriebsbedingten *Faktorverbrauchs* der KWK-Anlage und der variablen Strombezugskosten. In Abbildung 5.1 erkennt man an der Systemgrenze der Energieversorgung als kostenverursachende Komponenten den *Rohwasserstrom* Dw, den *Fremdstrom* Pz und als kostensenkende Komponente (Ertrag) die *Stromrücklieferung* Pv.[35] Hinzu kommen die *Ausgleichsabgabe* für selbst erzeugte und verbrauchte elektrische Energie[36] und der *Brennstoffverbrauch* der Dampfkessel.

[34] Mit Bezug auf die Modellstrukturen in Kapitel 4 handelt es sich um einen *einperiodischen ID-Ansatz*: Da die "Fertigungszeit" *und* die Produktionsgeschwindigkeiten p, d_n und d_m konstant sind, werden insgesamt die "Produktionsmengen" vorgegeben, deren Bereitstellung durch eine intensitätsmäßige Steuerung der "Produktionsanlagen" kostenminimal bestimmt wird. Als Entscheidungsvariablen treten Intensitäten auf, für die jeweils *ein* optimaler Wert (kein Splitting) zu bestimmen ist.

[35] Der Kühlwasserstrom Dk wird erwärmt, aber nicht verbraucht. Zur Berechnung der Abwärme vgl. die "KWK-Bilanz" in Tabelle 5.13.

[36] Diese Abgabe wird weiter unten erläutert. Vgl. G.5.32.

$$(1)\quad Kv = Z \longrightarrow \min\ !$$

$$\begin{aligned}
(2)\quad & 0{,}02 \cdot Dk_h + 0{,}015 \cdot Dk_m + 0{,}01 \cdot Dk_n + 6 \cdot Lt_n + Dt_{n1} \\
& \qquad + Dt_{n2} + 0{,}7 \cdot D_m + 0{,}8 \cdot D_n + D_w - 0{,}8653 \cdot Dv_n = 0; \\
(3)\quad & 1{,}015 \cdot Dk_m + 1{,}01 \cdot Dk_n - Dv_n + 0{,}852 \cdot Dv_m + 0{,}084 \cdot Dr_m = 0; \\
(4)\quad & 1{,}02 \cdot Dk_h + 0{,}066 \cdot D_m - Dv_m + 0{,}165 \cdot Dr_h = 0; \\
(5)\quad & Dk_h - 30 \cdot Lt_h - Dt_{h1} - Dt_{h2} - 0{,}835 \cdot Dr_h = 0; \\
(6)\quad & Dk_m + 30 \cdot Lt_h + Dt_{h1} + Dt_{h2} - 32 \cdot Lt_m - Dt_{m1} - Dt_{m2} \\
& \qquad - 0{,}934 \cdot D_m - 0{,}148 \cdot Dv_m + Dr_h - 0{,}916 \cdot Dr_m = 0; \\
(7)\quad & - Dk_n - 32 \cdot Lt_m - Dt_{m1} - Dt_{m2} + 6 \cdot Lt_n + Dt_{n1} + Dt_{n2} \\
& \qquad + D_n + 0{,}135 \cdot Dv_n - Dr_m \le 0;
\end{aligned}$$

$$\begin{aligned}
(8)\quad & Pz + 136{,}35 \cdot Dt_{h1} + 92{,}13 \cdot Dt_{h2} + 75{,}93 \cdot Dt_{m1} + 38{,}55 \cdot Dt_{m2} \\
& \qquad + 131{,}22 \cdot Dt_{n1} + 106{,}29 \cdot Dt_{n2} - 22{,}737 \cdot Lt_n - 1{,}54 \cdot D_w \\
& \qquad - 17{,}31 \cdot Dk_h - 13{,}39 \cdot Dk_m - 11{,}78 \cdot Dk_n - 0{,}528 \cdot Dv_m \\
& \qquad - 0{,}806 \cdot Dr_h - 0{,}086 \cdot Dr_m - 0{,}537 \cdot D_m - 0{,}592 \cdot D_n - Pv - P = 0;
\end{aligned}$$

$$\begin{aligned}
(9)\quad & Dt_{h1} - 155 \cdot Lt_h \le 0; & (10)\quad & Dt_{h2} - 15 \cdot Lt_h \le 0; \\
(11)\quad & Dt_{m1} - 98 \cdot Lt_m \le 0; & (12)\quad & Dt_{m2} - 13 \cdot Lt_m \le 0; \\
(13)\quad & Dt_{n1} - 59 \cdot Lt_n \le 0; & (14)\quad & Dt_{n2} - 5 \cdot Lt_n \le 0;
\end{aligned}$$

$$\begin{aligned}
(15)\quad & - Dk_h + 140 \cdot Lk_h \le 0; & (16)\quad & Dk_h - 200 \cdot Lk_h \le 0; \\
(17)\quad & - Dk_m + 56 \cdot Lk_m \le 0; & (18)\quad & Dk_m - 80 \cdot Lk_m \le 0; \\
(19)\quad & - Dk_n + 84 \cdot Lk_n \le 0; & (20)\quad & Dk_n - 120 \cdot Lk_n \le 0;
\end{aligned}$$

$$(21)\quad 32 \cdot Lt_m + Dt_{m1} + Dt_{m2} + 0{,}916 \cdot Dr_m \le 143;$$

$$(22)\ P \ge p; \qquad (23)\ D_m \ge d_m; \qquad (24)\ D_n \ge d_n;$$

$$\begin{aligned}
(25)\quad & 19{,}923 \cdot Dk_h + 19{,}966 \cdot Dk_m + 18{,}684 \cdot Dk_n \\
& \qquad + 0{,}668 \cdot Dt_{h1} + 0{,}452 \cdot Dt_{h2} + 0{,}372 \cdot Dt_{m1} + 0{,}189 \cdot Dt_{m2} \\
& \qquad + 2{,}418 \cdot Dt_{n1} + 2{,}296 \cdot Dt_{n2} + 10{,}536 \cdot Lt_n + 0{,}85 \cdot D_w \\
& \qquad + 0{,}245 \cdot D_m + 0{,}28 \cdot D_n + 0{,}14 \cdot Pz - 0{,}0753 \cdot Pv - Kv = 0;
\end{aligned}$$

$$(26)\quad \text{alle Variablen} \ge 0; \qquad Lk_s,\ Lt_s \in \{0,1\},\ \text{für } s \in S;$$

Tabelle 5.10: **Optimale Produktionsvollzugsplanung in einer betrieblichen Energieversorgung**

Die *gesamten Betriebskosten* Kv werden wie folgt approximiert:

$$(G.5.21)\qquad Kv = \sum_{s \in S} K_{Ksb} + K_W + K_{Kond} + Kz - Ev + Ka\ , \quad \text{wobei}$$

- Kv : variable Gesamtkosten der KWK-Anlage [DM/h];
- K_{Ksb} : Betriebskosten des Dampfkessels K_{sb} (b = k)[37] [DM/h];
- K_W : Kosten der Wasseraufbereitung [DM/h];
- K_{Kond} : Kosten des Kondensatorbetriebs [DM/h];
- Kz : (Arbeits-) Kosten des Stromfremdbezugs [DM/h];

[37] Da im Betriebsmodell nur ein Brennstoff b = k benötigt wird, wird in G.5.21 auf eine Summation über b vereinfachend verzichtet.

E_v : (Arbeits-) Erträge aus dem Stromverkauf [DM/h];
K_a : Ausgleichsabgabe aus der Eigenerzeugung [DM/h].

Diese Kostenkomponenten sind schrittweise auf den im Restriktionensystem abgebildeten Mengenfluß zurückzuführen.

Die *Betriebskosten* K_{Ksb} *eines Dampfkessels* K_{sb} ergeben sich zu

(G.5.22) $K_{Ksb} = k_{Ksb} \cdot D_{ks}$, für $s \in S$, wobei

$k_{Ksb} = a_{Ksb} \cdot (q_b + r_b \cdot k_{Eb} + l_b \cdot k_{Rb}) \cdot (1 + 0{,}5 \cdot v_s)$ und

k_{Ksb} : spez. Betriebskosten des Kessels K_{sb} ohne den elektrischen Eigenbedarf [DM/t_W];
a_{Ksb} : Verbrauch des Brennstoffs b im Kessel K_s [kg_B/t_W];[38]
q_b : Brennstoffbezugspreis [DM/kg_B];[39]
r_b : Aschegehalt des Brennstoffs b [];[40]
k_{Eb} : Entsorgungskosten für feste Verbrennungsrückstände [DM/kg_B];
l_b : Rauchgasvolumenstrom [m^3/kg_B];[41]
k_{Rb} : Betriebskosten der Rauchgasreinigungsanlagen ohne den elektrischen Eigenbedarf [DM/m^3];[42]
v_s : Wasserverlustfaktor.[43]

Die Brennstoffpreise frei Kraftwerk[44] (q_b) sind in Tabelle 5.11 zusammengestellt. Die Preisangaben beziehen sich auf das Jahr 1988. Dividiert man diese Preise durch die Heizwerte in Tabelle 2.1,[45] so ergeben sich die besser vergleichbaren Wärmepreise in der letzten Tabellenspalte.

Brennstoff	Index $b \in B$	k_{REA} +	k_{DENOX} =	k_{Rb} [kwh/1000m³]	Brennstoffpreis q_b	Wärmepreis [Pf/kWh]
Steinkohle	k	1,10	0,50	1,60	0,20 DM/kg_B	2,25
Leichtes Heizöl	l	0,00	0,00	0,00	0,26 DM/kg_B	2,70
Schweres Heizöl	s	0,90	0,50	1,40	0,18 DM/kg_B	1,61
Erdgas	g	0,00	0,20	0,20	0,25 DM/m^3_B	2,21
Rückstände (flüssig)	r	0,00	0,50	0,50	0,00 DM/kg_B	0,00

Tabelle 5.11: Sonstige Rauchgasreinigungskosten und Brennstoffpreise

38 Vgl. G.2.5 und Tabelle 5.8.a.

39 Vgl. Tabelle 5.11.

40 Vgl. Abschnitt 2.2.1.

41 Vgl. Tabelle 2.1.

42 Vgl. Tabelle 5.11.

43 Vgl. Tabelle 5.8.a.

44 ... d.h.: inklusive Transportkosten;

45 Es gilt: 1 J = 1 Ws.

Bei Steinkohle ist in der Bundesrepublik Deutschland zwischen Importkohle (Index i) und inländischer Kohle (Index h) zu unterscheiden. Die Preise betragen etwa $q_{Ki} = 100$ DM/t_B und $q_{Kh} = 300$ DM/t_B. Der Einsatz heimischer Steinkohle wird staatlich gefördert. Zur Durchsetzung dieser Förderung ist der Bezug von Importkohle gesetzlich an eine bestimmte Abnahme inländischer Steinkohle gekoppelt, die teilweise[46] aus der Ausgleichsabgabe über den Strompreis[47] subventioniert wird.

Für ein neu zu planendes Kohlekraftwerk gilt die sog. *Neumengenregelung*, nach der Importkohle und heimische Kohle maximal im Verhältnis 1:1 verbrannt werden darf, wobei die heimische Kohle nicht subventioniert wird. Wegen $q_{Ki} < q_{Kh}$ wird ein Betrieb bei dieser Regelung den Einsatz inländischer Steinkohle auf das zulässige Minimum (die Hälfte der Gesamtmenge) beschränken. Im Optimierungsmodell kann man deshalb einen Mischpreis $q_K = (q_{Ki}+q_{Kh}):2$ ansetzen. Dieser Preis ist in Tabelle 5.11 angegeben.[48]

Der *durchschnittliche Aschegehalt* der verfeuerten Steinkohle sei $r_K = 5\,\%$. Die Kosten zum Abtransport und zur Deponierung der Verbrennungsrückstände werden mit 50 DM/t_B ($k_{EK} = 0{,}05$ DM/kg_B) angesetzt. Bei einer Weiterverwertungsmöglichkeit[49] der Schlacke ist an dieser Stelle ein Ertrag ($k_{EK} < 0$ DM/kg_B) anzusetzen.

Die *variablen Rauchgasreinigungskosten* in Tabelle 5.11 sind Betriebskosten *ohne* Energiekosten: Der Stromverbrauch der Rauchgasreinigung wird bereits in G.5.10 erfaßt. Mit diesen Daten erhält man nach G.5.22 für den Kohlehochdruckkessel des Beispiels

$$K_{Khk} = k_{Khk} \cdot D_{Kh} = 19{,}91 \cdot D_{Kh}\ , \quad \text{wobei}$$

$$k_{Khk} = 90{,}2\ kg_B/t_W \cdot (0{,}20\ \text{DM}/kg_B + 0{,}05 \cdot 0{,}05\ \text{DM/kg} + 10\ m^3/kg_B \cdot 0{,}0016\ \text{DM}/m^3) \cdot (1 + 0{,}5 \cdot 0{,}02) \approx 19{,}91\ \text{DM}/t_W .$$

46 Subventioniert werden die *Grundmenge* (Vergleichswert q_B) und die *Zusatzmenge* (Vergleichswert q_{KI}). Einen Überblick zu diesen Regelungen und allgemein zur Ausgleichsabgabe ("Kohlepfennig"), zum "Jahrhundertvertrag" und zum "Hüttenvertrag" gibt MICHAELIS [1987].

47 Vgl. Abschnitt 4.5.

48 Falls die - z.Z. in der öffentlichen Diskussion stehenden - gesetzlichen Vorschriften zukünftig einen Optimierungsspielraum gewähren, sind die Variablen D_{Ks} nach der Herkunft der Kohle aufzuspalten und die vorgeschriebenen Mengenverhältnisse über zusätzliche Nebenbedingungen abzubilden. Ähnlich wie bei den Strombezugsverträgen entstehen dabei Probleme in der Abgrenzung der Planungszeiträume, da sich die Vorschriften meist auf *Jahres*verbrauchsmengen beziehen.

49 Vgl. dazu Abschnitt 2.2.5.

Analog ergeben sich $K_{Kmk} = 19{,}95 \cdot Dk_m$, $K_{Knk} = 18{,}68 \cdot Dk_n$ und schließlich

(G.5.23) $\sum_{s \in S} K_{Ksb} = 19{,}91 \cdot Dk_h + 19{,}95 \cdot Dk_m + 18{,}68 \cdot Dk_n$, für b = k.

Wie bei der Rauchgasreinigung verstehen sich die *variablen Kosten der Wasseraufbereitung* K_W als Betriebskosten *ohne* Energieverbrauch[50]:

(G.5.24) $K_W = k_{WR} \cdot (Dw + Da) + k_{WK} \cdot Df$, wobei

k_{WR} : Betriebskosten zur Aufbereitung von Rohwasser [DM/t_W];
k_{WK} : Betriebskosten zur Aufbereitung von aus der Fertigung zurückgeführtem Kondensat [DM/t_W].

Im Zahlenbeispiel seien k_{WR} = 0,85 DM/tw und k_{WK} = 0,35 DM/tw. Nach Einsetzen von G.5.1 und (23) aus Tabelle 5.4 in G.5.24 erhält man damit

(G.5.25)
$$\begin{aligned} K_W = \; & 0{,}85 \cdot (Dw + 0{,}02 \cdot Dk_h + 0{,}015 \cdot Dk_m + 0{,}01 \cdot Dk_n) \\ & + 0{,}35 \cdot (0{,}7 \cdot D_m + 0{,}8 \cdot D_n) \\ = \; & 0{,}85 \cdot Dw + 0{,}017 \cdot Dk_h + 0{,}01275 \cdot Dk_m + 0{,}0085 \cdot Dk_n \\ & + 0{,}245 \cdot D_m + 0{,}28 \cdot D_n . \end{aligned}$$

Die über den Pumpstromverbrauch (vgl. P_9 in Tabelle 5.6) hinausgehenden *Kosten des Kondensatorbetriebs* K_{Kond} werden approximiert durch

(G.5.26) $K_{Kond} = k_{Kond} \cdot kw \cdot Dt_n$, wobei

k_{Kond} : Betriebskosten des Kondensators, bezogen auf 1 t_W Kühlwasserdurchsatz [DM/t_W];
kw : durchschnittliches Kühlwasserverhältnis [].

Das Kühlwasserverhältnis kw = 43,9 ist bereits bekannt. Die Betriebskosten im Beispiel seien k_{Kond} = 0,04 DM/tw. Zusammen mit (6) aus Tabelle 5.8.c gilt dann

(G.5.27)
$$\begin{aligned} K_{Kond} &= 0{,}04 \cdot 43{,}9 \cdot (6 \cdot Lt_n + Dt_{n1} + Dt_{n2}) \\ &= 10{,}536 \cdot Lt_n + 1{,}756 \cdot Dt_{n1} + 1{,}756 \cdot Dt_{n2} . \end{aligned}$$

Die Berechnung der *Strombezugskosten* Kz wirft das in Kapitel 4 behandelte Problem auf, daß sich ein eindeutiger Strompreis nicht angeben läßt. Mit einem Verweis auf die Ausführungen in den weiteren Abschnitten unterstellen wir in dieser Einführung des Betriebsmodells zunächst einen linearen, nicht differenzierten Tarif[51] mit dem Strompreis qe = 14 Pf/kWh:

(G.5.28) $Kz = qe \cdot Pz = 0{,}14 \cdot Pz$.

[50] Der Stromverbrauch der Wasseraufbereitung wird in G.5.4 erfaßt.

[51] ... bzw. einen derartigen Verrechnungspreis. Vgl. Abschnitt 4.7.

Die *Vergütung* der *an* das EVU gelieferten elektrischen Energie erfolgt nach ähnlich komplexen Preisregelungen wie die Bezahlung des Strombezugs. Den Gestaltungsrahmen setzt dabei eine Vereinbarung, die ergänzend zu der bereits erläuterten Verbändevereinbarung von 1979 im Jahr 1988 publiziert wurde.[52]

In dieser Vereinbarung verpflichten sich die EVU zur Zahlung der *Mindestbasispreise* $pv_{Bj\tau}$ nach Tabelle 5.12. Die Aktualisierung dieser Preise erfolgt wie die Anpassung der Arbeitspreise in der jeweils steilsten Mustervertragsregelung des zuständigen EVU, in unserem Beispiel also mit Hilfe des Preisanpassungsfaktors paf_a für die Arbeitspreise des Vertrags L120.[53] Darüber hinaus wird der auch beim Strom*bezug* erhobene Zuschlag für Umweltschutzkosten von 8,7 % vergütet, der in den *aktualisierten Mindestpreisen* $pv_{j\tau}$ in Tabelle 5.12 bereits enthalten ist.

Jahreszeit j	Tarifzeit τ	Basispreis 1979: $pv_{Bj\tau}$ [Pf/kWh]	Realer Preis 1988: $pv_{j\tau}$ [Pf/kWh]
W	H	4,5	9,14
W	N	3,1	6,85
S	H	2,7	6,85
S	N	2,2	5,11

Tabelle 5.12: (Mindest-) Preisregelung für den Stromverkauf

Im Grundsatz orientiert sich die Vergütung von Stromlieferungen an den *beim EVU vermiedenen Gesamtkosten*. Dies bedeutet, daß auch *vermiedene Leistungskosten* vergütet werden, falls eine bestimmte Einspeisung (Leistung) zuverlässig über eine im voraus festgelegte Dauer und in einem festgelegten Zeitraum (Tarifzeit) geliefert wird. Man spricht von einer *Einspeisung mit Programmlieferverpflichtung*.

Eine solche Stromlieferung kann volkswirtschaftlich sinnvoll sein, wenn die Gesamtkosten der Stromerzeugung im Industriebetrieb niedriger sind als im EVU. Aufgrund der Größenvorteile der EVU und der Monopolisierung der Absatzwege kommt dies nur dann vor, wenn ein wärmeintensiver Betrieb die in Kraft-Wärme-Kopplung erzeugbare elektrische Energie mittel- bis langfristig nicht voll nutzen kann (Überschußstrom).[54]

[52] Diese ergänzende Vereinbarung zur Vergütung von Stromrücklieferungen durch die EVU findet man in VDEW/BDI/VIK [1988].

[53] Vgl. Tabelle 4.16 (Abschnitt 4.5 verwendet ein anderes Basisjahr).

[54] Vgl. dazu Abbildung 5.6 und die zugehörigen Erläuterungen.

Bei einer *Einspeisung ohne Programmlieferverpflichtung* werden mindestens die Preise in Tabelle 5.12 vergütet. Falls eine bestimmte *Verläßlichkeit* und *Verfügbarkeit* einer Einspeisung dennoch vorliegen, bezahlt das EVU Aufschläge (*Verfügbarkeitsprämien*) auf diese Preise, die *individuell* nach dem Prinzip der dadurch zusätzlich beim EVU vermeidbaren Kosten auszuhandeln sind.

Im Zahlenbeispiel wird angenommen, daß die betrachtete Betriebsstunde in der Hochtarifzeit eines Sommermonats liegt und das EVU keine nennenswerte Prämie vergütet. In Anlehnung an Tabelle 5.12 wird ein Stromverkaufspreis von pv = 7 Pf/kWh angesetzt:

(G.5.29) $Ev = pv \cdot Pv = 0{,}07 \cdot Pv.$

Die nach dem 3. Verstromungsgesetz erhobene *Ausgleichsabgabe* wird als ein Zuschlag auf den Strompreis beim *Stromendverbraucher* erhoben. Ein Industriebetrieb ist daher verpflichtet, für *den selbst erzeugten und verbrauchten Strom* die Ausgleichsabgabe abzuführen.

Die Berechnung dieser Ausgleichsabgabe basiert auf einem vom Bundesminister für Wirtschaft ermittelten *Durchschnittsstrompreis* q_B *für letztverbrauchende Sondervertragskunden.* Aus diesem Durchschnittspreis wird die je selbst erzeugter und verbrauchter Kilowattstunde abzuführende Ausgleichsabgabe ka [Pf/kWh] wie folgt berechnet:

(G.5.30) $ka = q_B \cdot (1-f_1) \cdot (1-f_2) \cdot (1-f_3) \cdot a.$[55]

Nach G.5.30 wird der Durchschnittspreis q_B um drei Abschläge f_x vermindert und mit dem im Bundesland des Unternehmenstandorts üblichen Abgabesatz a multipliziert.

Der Abschlagsatz f_1 hängt von der Anlagengröße des Industriekraftwerks, genauer von dessen *elektrischer Nettoengpaßleistung*, ab, die für das Betriebsmodell P_{Nmax} = 35 MW beträgt.[56] Für diese Engpaßleistung wird ein Abschlag von f_1 = 15,5 % gewährt.[57] f_2 beträgt generell 25 %.[58]

55 G.5.30 ist abgeleitet aus dem Text der §§ 1-5 der *Verordnung über das Verfahren zur Ermittlung des Wertes der von Eigenerzeugern selbst verbrauchten Elektrizität (Eigenverbrauchsverordnung)* vom 18. Dezember 1974 (BGBl. I, S.3701).

56 Zur Berechnung dieser Nettoengpaßleistung P_{Nmax} vgl. G.5.36 in Abschnitt 5.4.

57 Dieser Wert ist aus einer tabellarischen Anlage zu § 3 der Eigenverbrauchsverordnung abzulesen.

58 Dies ergibt sich aus § 4 der Eigenverbrauchsverordnung.

Der Abschlagsatz f_3 hängt von dem Größenverhältnis der installierten Turbinen ab: Falls das Schluckvermögen oder die in einem Abrechnungsjahr tatsächlich durchgesetzte Dampfmenge der Kondensationsturbinen (Turbine T_n) 50 % des Schluckvermögens bzw. der durchgesetzten Dampfmenge der übrigen (Teil-) Turbinen nicht übersteigt, wird der Basispreis zur Berechnung der Ausgleichsabgabe um f_3 = 35 % reduziert.[59]

Im Zahlenbeispiel trifft die erstgenannte Bedingung zu: Das Schluckvermögen der Kondensationsturbine beträgt d_{maxn} = 70 t_w/h, der maximale Durchsatz der beiden Gegendruckturbinen ist jeweils mehr als doppelt so groß: d_{maxh} = 200 t_w/h bzw. d_{maxm} = 143 t_w/h.[60]

Der Basispreis q_B beträgt für das im Zahlenbeispiel gewählte Bezugsjahr 1988 q_B = 15,12 Pf/kWh. Wie in Abschnitt 4.5 wählen wir als Ausgleichsabgabensatz a = 8,5 %. Der Kostensatz ka ergibt sich dann nach G.5.30 zu

$$ka = 15{,}12 \text{ Pf/kWh} \cdot (1-0{,}155) \cdot (1-0{,}25) \cdot (1-0{,}35) \cdot 0{,}085 = 0{,}53 \text{ Pf/kWh}.$$

Mit diesem Kostensatz erhält man die abzuführende Ausgleichsabgabe

$$\text{(G.5.31)} \qquad Ka = ka \cdot (P - Pz) = 0{,}0053 \cdot P - 0{,}0053 \cdot Pz \quad [\text{DM/h}].$$

Da ein für den Betrieb gewinnbringender Stromhandel wegen pv < qa ausgeschlossen ist,[61] quantifiziert P - Pz gerade die selbst erzeugte und *in der Fertigung* verbrauchte elektrische Energie. Bei dieser Berechnung ist derjenige Teil des Eigenverbrauchs P_E, der in der KWK-Anlage für die Bereitstellung des Prozeßdampfs benötigt wird, *nicht* abgabenpflichtig.

Aus der Eigenverbrauchsverordnung ist nicht ersichtlich, ob diese für den Stromeigenerzeuger günstige Berechnung der Ausgleichsabgabe nach G.5.31 zulässig ist.[62] Da ein vergleichbarer Vollstrombezieher die Abgabe auf den

[59] Vgl. § 5 der Eigenverbrauchsverordnung. Mit dieser Regelung wird einerseits eine Förderung der Primärenergie einsparenden (vgl. Abbildung 2.14) und deshalb gesamtwirtschaftlich erwünschten Kraft-Wärme-Kopplung erreicht. Andererseits wird die Abgabenbelastung einer hohen Kondensationsstromerzeugung dem i.d.R. ebenfalls *nicht* in Kraft-Wärme-Kopplung erzeugten "EVU-Strom" gleichgestellt.

[60] Vgl. Tabelle 5.8.b.

[61] In G.5.31 wird unterstellt, daß die vom EVU bezogene Energie nicht an das EVU zurückverkauft und nicht zur Deckung des gesamten Eigenbedarfs der KWK-Anlage verwendet wird. Infolge der geltenden Preisrelationen können diese Fälle in einer optimalen Lösung, in der $P^* - Pz^* > 0$ gilt, ausgeschlossen werden.

[62] Die Betriebssituation in Tabelle 5.13 weist z.B. einen - auf die selbst erzeugte elektrische Leistung bezogenen - Eigenbedarf von 15,45 % aus!

elektrischen Eigenbedarf einer eigenen (reinen) Prozeßdampferzeugung bezahlen muß, ist diese Messung zumindest nicht im Sinne der Vorschrift.

Hier entsteht das Problem, daß ein Nachweis des durch die *Strom*erzeugung bedingten Eigenstromverbrauchs nur für den i.d.R. unwirtschaftlichen reinen Kraftwerksbetrieb ($D_n = 0$ *und* $D_m = 0$) möglich ist.

Für $D_n > 0$ oder $D_m > 0$ ist der elektrische Eigenbedarf P_E der KWK-Anlage ein Produktionsfaktor zur *gemeinsamen* (verbundenen) Erzeugung mehrerer Kuppelprodukte, dessen Verbrauch gerade *nicht* verursachungsgerecht auf diese Kuppelprodukte aufgeteilt werden kann.[63]

Infolge dieser Schwierigkeiten gibt es eine Zusatzregelung, nach der ein nicht abgabepflichtiger Kraftwerkseigenbedarf von maximal 7,5 % der betriebseigenen Bruttostromerzeugung P_B *ohne Nachweis* akzeptiert wird.[64] Die Bruttostromerzeugung läßt sich leicht auf den Dampfdurchsatz der Turbinen zurückführen.

Nach dieser Regelung erhält man die Ausgleichsabgabe

$$\text{(G.5.32)} \qquad Ka = ka \cdot ((1-0{,}075) \cdot \sum_{s \in S} (e_{s1} \cdot Dt_{s1} + e_{s2} \cdot Dt_{s2}) - Pv).$$

Dieser Kostenbeitrag Ka [DM/h] geht in die Zielfunktion ein.

Damit sind alle Komponenten der variablen Gesamtkosten Kv nach G.5.21 ermittelt. Durch Einsetzen von G.5.23, G.5.25 und G.5.27–G.5.29 in G.5.21 ergibt sich die gesuchte Kostenfunktion

$$\begin{aligned} \text{(G.5.33)} \quad Kv = {} & 19{,}923 \cdot Dk_h + 19{,}966 \cdot Dk_m + 18{,}684 \cdot Dk_n + 0{,}668 \cdot Dt_{h1} \\ & + 0{,}452 \cdot Dt_{h2} + 0{,}372 \cdot Dt_{m1} + 0{,}189 \cdot Dt_{m2} + 2{,}418 \cdot Dt_{n1} \\ & + 2{,}296 \cdot Dt_{n2} + 10{,}536 \cdot Lt_n + 0{,}85 \cdot Dw + 0{,}245 \cdot D_m \\ & + 0{,}28 \cdot D_n + 0{,}14\ Pz - 0{,}0753 \cdot Pv. \end{aligned}$$

G.5.33 könnte direkt als Zielfunktion des Optimierungsmodells in Tabelle 5.10 übernommen werden. Zur Vorbereitung einiger Ergänzungen in Abschnitt 5.4 wählen wir eine äquivalente Formulierung mit Hilfe der Restriktion (25). Diese Gleichung definiert nach G.5.33 gerade die Kostensumme Kv [DM/h], die in (1) minimiert wird.

[63] Ein Vorteil des Modells besteht gerade darin, daß eine solche Kostenzuordnung *nicht* notwendig ist. Sie wird im Zuge der Modellösung optimal - hier kostenminimal - vorgenommen. Abschnitt 5.5 greift dieses Zuordnungsproblem noch einmal auf.

[64] Genaugenommen setzen sich diese 7,5 % aus 7 % Kraftwerkseigenbedarf und 0,5 % Betriebsverbrauch zusammen. Vgl. BUNDESAMT FÜR GEWERBLICHE WIRTSCHAFT [1979], S.4.

Die optimale Lösung des Entscheidungsmodells in Tabelle 5.10 ist in Tabelle 5.13 und in Abbildung 5.2 zusammengefaßt. Die Abbildung dokumentiert den kostenminimalen Mengen- und Energiefluß. Aus Platzgründen wird in der Abbildung auf die Mitführung von Dimensionsangaben verzichtet.[65] Alle Dampf- und Wasserströme sind in t_W/h und alle elektrischen Leistungen in kW angegeben. Der optimale Wert einer Intensität wird jeweils auf der gegenüberliegenden Seite des zugehörigen Flußpfeils eingetragen. So beträgt etwa die optimale Frischdampfproduktion des Kohlehochdruckkessels Dk_{hk} = 200 t_W/h. Der optimale Fremdstrombezug ist Pz = 13 650 kW.

Tabelle 5.13 strukturiert die optimale Lösung nach verschiedenen Kriterien. Der obere Tabellenblock zeigt den Mengenfluß der *innerbetrieblichen* Energiebereitstellung,[66] wenn man das Industriekraftwerk als eine Black-Box betrachtet. Auf der Outputseite erkennt man die im Lastvektor d vorgegebenen, selbst erstellten Prozeßwärmeströme D_m und D_n. Der Eigenbeitrag (Nettostromerzeugung des Industriekraftwerks) zur gesamten Elektrizitätsversorgung des Werkes (P = 45 MW) beträgt P_N = 31,5 MW (70 %).

Der vorgegebene Lastvektor d ist mit der KWK-Anlage und dem zusätzlichen Fremdstrombezug ohne eine "Dampfvernichtung" (Abblasung) realisierbar. Der Kühlwasser- und der Luft-/Rauchgasstrom sowie die festen Verbrennungsrückstände quantifizieren den Güteraustausch mit dem Umweltsektor.[67] Die im Kühlwasser abgeführte Abwärme ist

(G.5.34) $$Wk = (h_5 - h_6) \cdot Dk = (126-76) \cdot Dk.$$ [68]

Auf der Inputseite des KWK-Prozesses werden 30,51 t_B/h Steinkohle und 52,5 t_W/h Speisewasser benötigt. Der zusätzlich abgegrenzte Tabellenblock enthält keine Netto-Inputströme des KWK-Prozesses, sondern den im Energieversorgungssystem integrierten Leistungsaustausch: Der Eigenverbrauch P_E = 5 730 kW der KWK-Anlage läßt sich als Teil des elektrischen (Brutto-) Outputs oder auch als kraftwerksinternes Zwischenprodukt zur Bereitstellung der drei Zielenergien interpretieren. Die Abschlämmung Da = 5,68 t_W/h und die Kondensatrückführung Df = 162,5 t_W/h quantifizieren kraftwerksinterne bzw. betriebsinterne Recyclingströme.[69]

65 Vgl. die Definitionen der Intensitäten in Abschnitt 5.2 und die Dimensionsangaben in Tabelle 5.14.

66 ... des Industriekraftwerks;

67 Vgl. Abbildung 1.1.

68 Vgl. Abbildung 2.6, G.2.18 und Tabelle 5.1.

69 Zusätzlich zur Massenbilanz sind die "*Wiederaufarbeitungskosten*" dieser Recyclingströme im Planungsmodell integriert. Neben den explizit

In den weiteren Teilen der Tabelle 5.13 sind die verbleibenden optimalen Betriebsdaten und die verursachungsgemäß zuordenbaren Kostenteile der einzelnen Kraftwerksbausteine aufgeführt. Der zweite Tabellenblock enthält zunächst die kostenminimale Fahrweise der Dampfkessel. Während der Hochdruckkessel ausgelastet ist, laufen die beiden Zusatzkessel mit der zulässigen Minimalintensität. Der elektrische Eigenbedarf umfaßt nicht die Antriebsleistung der Speisepumpen.[70]

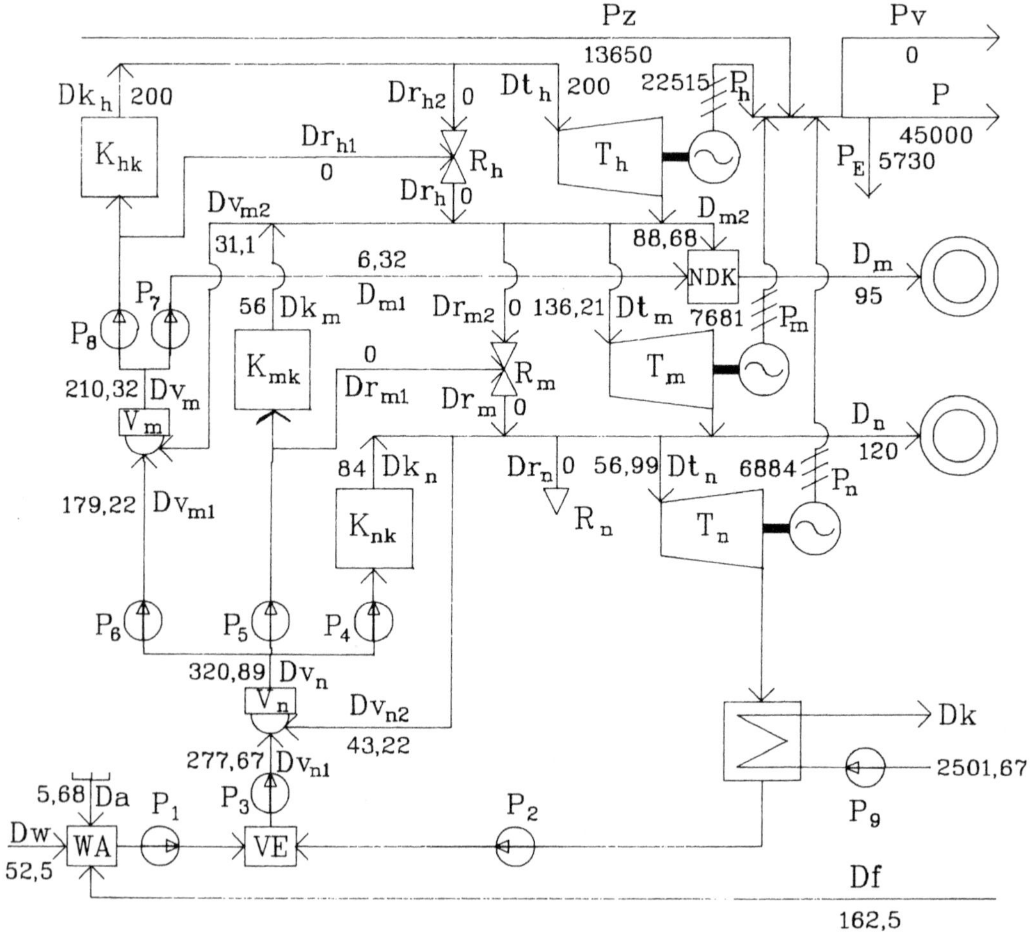

Abbildung 5.2: Optimaler Produktionsvollzugsplan (Beispiel 1)

angesetzten Kosten für Da und Df in G.5.24 ist dabei auf die implizite Erhöhung des Brennstoffverbrauchs, des Eigenbedarfs etc. durch die Berücksichtigung der Verlustfaktoren v_s in der Herleitung des Restriktionensystems hinzuweisen; vgl. Abschnitt 5.2.

[70] Diese Leistung ist aufgrund der verzweigten Wärmeschaltung nicht auf die Kessel zuordenbar. Vgl. die Ausführungen zu G.5.7 und zu G.5.10.

Input			KWK-Bilanz	Output	
Brennstoff	:	30,51 t_B/h		Strom (P_N)	:31349,54 kW
VE-Wasser (D_W)	:	52,50 t_W/h		Mitteldruckdampf (D_m)	: 95,00 t_W/h
Luft	:	305137 m^3/h		Niederdruckdampf (D_n)	: 120,00 t_W/h
Kühlwasser (D_k)	:	2501,67 t_W/h		Dampfabblasung (D_{rn})	: 0,00 t_W/h
				Rauchgas	: 305137 m^3/h
Strom (P_E)	:	5730,19 kW		Asche	: 1,53 t_B/h
Kondensat (D_f)	:	162,50 t_W/h		Kühlwasser (D_k)	: 2501,67 t_W/h
Abschlämmung (D_a)	:	5,68 t_W/h		Kondensatorabwärme (W_k)	: 125083 MJ/h

Kessel K_{sk}	Dampferzeugung (D_{ks}) [t_W/h]	Wasserverlust [t_W/h]	Auslastung [%]	Eigenbedarf [kW]	Rauchgasstrom [m^3/h]	Brennstoffbedarf [kg_B/h]	Brennstoffkosten [DM/h]
K_{hk}	200,00	4,00	100,00	546,61	182202	18220	3644,03
K_{mk}	56,00	0,84	70,00	153,41	51138	5114	1022,76
K_{nk}	84,00	0,84	70,00	215,39	71798	7180	1435,95

Turbosatz T_s	Leerlauf (d_{Ls}) [t_W/h]	Normallast (D_{ts1}) [t_W/h]	Überlast (D_{ts2}) [t_W/h]	Durchsatz (D_{ts}) [t_W/h]	Auslastung [%]	Erzeugung (P_s) [kW]
T_h	30,00	155,00	15,00	200,00	108,11	22515
T_m	32,00	98,00	6,21	136,21	104,78	7681
T_n	6,00	50,99	0,00	56,99	87,67	6884

Bauteil	Wasser [t_W/h]	Dampf [t_W/h]	Gemisch [t_W/h]
R_h	0,00	0,00	0,00
R_m	0,00	0,00	0,00
NDK	6,32	88,68	95,00
V_m	179,22	31,10	210,32
V_n	277,67	43,22	320,89

Pumpe →	P_1	P_2	P_3	P_4	P_5	P_6	P_7	P_8	P_9
$P_P(P_i)$ [kW]	8,83	4,42	55,53	18,66	57,98	111,11	1,77	995,52	200,13

Eigenbedarf (P_E) Bauteile	[%]	[kW]
Pumpen	25,37	1453,96
Kessel	15,98	915,41
REA	50,59	2898,80
DENOX	5,33	305,14
WA	2,74	156,88

Verwendung <- Elektrische Leistung	[kW]	[%]	-> Herkunft	[kW]	[%]
P :	45000,00	88,70	P_B :	37079,73	73,09
P_E :	5730,19	11,30	P_Z :	13650,46	26,91
P_V :	0,00	0,00			
Σ :	50730,19	100,00	Σ :	50730,19	100,00

Produkt	Arbeitswert [kWh/h]	[%]
P_N	31350	49,66
D_m	17080	27,05
D_n	14705	23,29
Σ	63135	100,00
(e_N = 8,32 %)		

K_{KWK}	[%]	[DM/h]
Brennstoff	86,50	6102,74
Wasseraufb.	1,51	106,33
Kondensator	1,42	100,07
REA	4,76	335,65
DENOX	2,16	152,57
Entaschung	1,08	76,28
Ausgl.abg.	2,58	181,78

K_V	[DM/h]	[%]
K_{KWK} :	7055,43	78,69
+ K_Z :	1911,06	21,31
= **K_{Vb}** :	**8966,49**	100,00
− E_V :	0,00	0,00
= **K_V** :	**8966,49**	100,00

Tabelle 5.13: Optimaler Produktionsvollzugsplan (Beispiel 1)

Die beiden Gegendruckturbinen T_h, T_m werden mit maximaler Intensität betrieben, während der Kondensationsteil T_n nur Teillast fährt (87,67 %).[71] Letzteres ist auf den ersten Blick ein überraschendes Ergebnis. Da zusätzlich Fremdstrom bezogen wird und infolge des linearen Tarifs zu konstanten Grenzkosten auch verstärkt bezogen werden kann, wird man zunächst erwarten, daß die Kondensationsturbine entweder steht oder aber mit einer Auslastung von 100 % (im Bestpunkt) läuft.

Bei genauerem Hinsehen erkennt man, daß die Kapazität des Hochdruckkessels (200 t_w/h) nicht ausreicht, um beide Dampfnetze (215 t_w/h) zu versorgen und darüber hinaus den im Kraftwerk zirkulierenden Wärmestrom aufrecht zu erhalten. Demnach muß mindestens ein weiterer Kessel zugeschaltet werden. Beispielsweise könnte man mit dem Kessel K_{hk} das Mitteldrucknetz und den Vorwärmstrom Dv_{m2} voll und die Mitteldruckturbine T_m teilweise beliefern, während der Kessel K_{nk} die Massenbilanz in der Niederdruckschiene ausgleicht und der Kessel K_{mk} stillsteht.

Diese Lösung wäre mit einem höheren Fremdstrombezug verbunden.[72] Das Modell "erkennt" jedoch, daß es günstiger ist, alle Dampfkessel zu betreiben und den aufgrund der Mindestintensität der Kessel anfallenden "Überschußdampf" in der Kondensationsturbine zu verstromen. Die Teillast der Kondensationsturbine ist demnach auf die Mindestkapazität der Dampfkessel zurückzuführen.

Neben den Betriebsdaten der Turbosätze werden in Tabelle 5.13 die Durchsatzmengen der verschiedenen Mischer ausgewiesen.[73] Da in einer Reduzierstation die Arbeitsfähigkeit des Dampfes nicht genutzt wird, sind die Komponenten R_h und R_m nur in besonderen Betriebssituationen belegt.[74]

Unterhalb der Turbosatzdaten erfolgt die Aufschlüsselung des optimalen Stromverbrauchs. Zunächst wird der *elektrische Eigenbedarf* der Pumpen, der Kessel, der Rauchgasreinigungsanlagen und der Wasseraufbereitung ausgewiesen. Die *elektrische Leistungsbilanz* unterscheidet nach der

[71] Die prozentuale Auslastung bezieht den optimalen Dampfdurchsatz Dt_s einer Turbine auf deren Nennleistung dn_s.

[72] Es würden $Pz = 25\ 226$ kW bezogen und die gesamten Betriebskosten würden $Kv = 9071$ DM/h betragen. Diese Werte erhält man in einer optimalen Lösung des Modells, wenn man Tabelle 5.10 um die beiden Nebenbedingungen $Lk_m = 0$ und $Lt_n = 0$ ergänzt, d.h., den Mitteldruckkessel K_{mk} und die Kondensationsturbine T_n "zwangsweise" stillegt.

[73] Vgl. Tabelle 5.3.

[74] Vgl. z.B. Abbildung 5.4. und Tabelle 5.15.

Stromherkunft (Eigenerstellung P_B oder Fremdbezug P_Z) und nach der Stromverwendung (Kraftwerk P_E oder Fertigung P oder Verkauf P_V).

Um eine für verschiedene Lastvektoren vergleichbare Kennzahl e_N [%] des elektrischen Kraftwerkseigenbedarfs P_E zu ermitteln, werden links unten in der Tabelle 5.13 *nachträglich* die Arbeitswerte AW [kWh/h] der selbst erzeugten Nutzenergien berechnet.

Hierzu wird der Eigenbedarf P_E auf den insgesamt erzeugten Arbeitswert AW + P_E [kWh/h] bezogen:

$$\text{(G.5.35)} \quad e_N = \frac{P_E \cdot 100}{AW + P_E}, \text{ wobei } AW = AW(P_N) + AW(D_m) + AW(D_n) \text{ und}$$

$$AW(P_N) = P_N = P_B - P_E = (P_h + P_m + P_n) - P_E;$$
$$AW(D_m) = (e_m^* + e_n^*) \cdot D_m = 179{,}79 \cdot D_m;$$
$$AW(D_n) = e_n^* \cdot D_n = 122{,}54 \cdot D_n.$$ [75]

G.5.35 bewertet die beiden Netzdampfströme Dm, Dn mit derjenigen (elektrischen) Energie, die man aus diesen Dampfströmen mit den vorhandenen Anlagen bestenfalls[76] gewinnen könnte. Der so "normierte" elektrische Eigenbedarf der KWK-Anlage beträgt im Beispiel e_N = 8,32 %.

Im letzten Block der Tabelle 5.13 werden schließlich die minimalen Betriebskosten des Industriekraftwerks (K_{KWK}) und die gesamten minimalen Betriebskosten der betrieblichen Energieversorgung ausgewiesen. Die optimale Bereitstellung des Lastvektors d = (45 MW, 95 tw/h, 120 tw/h) über eine Betriebsstunde verursacht demnach variable Kosten von 8966 DM/h. Davon entfallen 21,31 % auf den Fremdstrombezug und 78,69 % auf die betriebseigene KWK-Anlage.

In der Kostenstruktur wird die besondere Bedeutung der Brennstoffe deutlich (86,5 % der KWK-Kosten). Dabei ist jedoch zu beachten, daß die zuordenbaren Betriebskosten der Nebenaggregate (Wasseraufbereitung und Rauchgasreinigung) Betriebskosten *ohne* Stromkosten sind.

Das Optimierungsmodell in Tabelle 5.10 läßt sich in vielfältiger Weise modifizieren und ausbauen. Auf einige dieser Möglichkeiten weist der nachfolgende Abschnitt hin.

[75] Die durchschnittlichen Stromausbeuten im Bestpunkt der Turbinen e_s^* werden in Tabelle 5.8.b nach G.5.15 ermittelt. Zur Bedeutung des Arbeitswertes vgl. die Ausführungen zu Tabelle 2.3. Es gilt: 1J = 1Ws.

[76] ... und unter Vernachlässigung der Kapazitätsgrenzen ...;

5.4. Produktionsvollzugsplanung

In Tabelle 5.10 wird ein statisches Modell einer kombinierten betrieblichen Energieversorgung entwickelt. Nachfolgend wird gezeigt, daß sich der Entwicklungsaufwand für ein solches Modell nicht nur zur Ermittlung der minimalen Betriebskosten eines vorgegebenen Lastvektors lohnt. Vielmehr lassen sich weitere energiewirtschaftliche Fragestellungen schnell und einfach beantworten, die ansonsten umfangreiche Zusatzrechnungen - teilweise mit technisch und ökonomisch umstrittenen Annahmen[77] - erfordern.

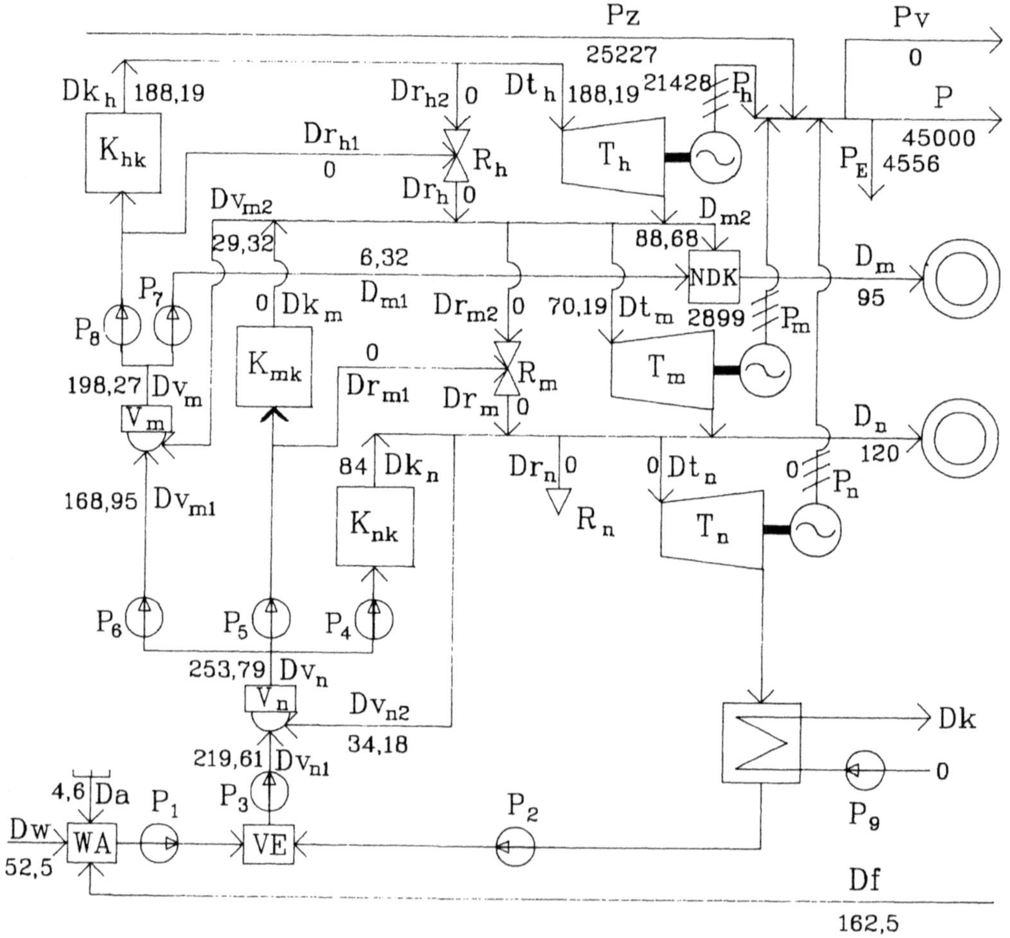

Abbildung 5.3: Optimaler Produktionsvollzugsplan (Beispiel 2)

[77] Beispiele für solche Zusatzannahmen sind die Aufteilung oder exklusive Zuordnung des Kraftwerkseigenbedarfs P_E auf einzelne Turbosätze (Erzeugung) bzw. Dampfkessel (Verbrauch), die Definition "sinnvoller" Betriebszustände durch Sperrung einzelner Anlagenteile (z.B. Kondensationsturbine) für bestimmte Lastverhältnisse, die (heuristische) Vorgabe von Einschaltreihenfolgen, die Berechnung von Stromgutschriften etc.

Input			KWK-Bilanz	Output		
Brennstoff	:	24,32 t_B/h		Strom (P_N)	:	19773,22 kW
VE-Wasser (Dw)	:	52,50 t_W/h		Mitteldruckdampf (D_m)	:	95,00 t_W/h
Luft	:	243243 m^3/h		Niederdruckdampf (D_n)	:	120,00 t_W/h
Kühlwasser (Dk)	:	0,00 t_W/h		Dampfabblasung (D_{rn})	:	0,00 t_W/h
				Rauchgas	:	243243 m^3/h
Strom (P_E)	:	4553,89 kW		Asche	:	1,22 t_B/h
Kondensat (Df)	:	162,50 t_W/h		Kühlwasser (Dk)	:	0,00 t_W/h
Abschlämmung (Da)	:	4,60 t_W/h		Kondensatorabwärme (Wk)	:	0 MJ/h

Kessel K_{sk}	Dampferzeugung (D_{ks}) [t_W/h]	Wasserverlust [t_W/h]	Auslastung [%]	Eigenbedarf [kW]	Rauchgasstrom [m^3/h]	Brennstoffbedarf [kg_B/h]	Brennstoffkosten [DM/h]
K_{hk}	188,19	3,76	94,10	514,34	171445	17145	3428,90
K_{mk}	0,00	0,00	0,00	0,00	0	0	0,00
K_{nk}	84,00	0,84	70,00	215,39	71798	7180	1435,95

Turbosatz T_s	Leerlauf (d_{Ls}) [t_W/h]	Normallast (D_{ts1}) [t_W/h]	Überlast (D_{ts2}) [t_W/h]	Durchsatz (D_{ts}) [t_W/h]	Auslastung [%]	Erzeugung (P_s) [kW]
T_h	30,00	155,00	3,19	188,19	101,73	21428
T_m	32,00	38,19	0,00	70,19	53,99	2899
T_n	0,00	0,00	0,00	0,00	0,00	0

Bauteil	Wasser [t_W/h]	Dampf [t_W/h]	Gemisch [t_W/h]
R_h	0,00	0,00	0,00
R_m	0,00	0,00	0,00
NDK	6,32	88,68	95,00
V_m	168,95	29,32	198,27
V_n	219,61	34,18	253,79

Pumpe →	P_1	P_2	P_3	P_4	P_5	P_6	P_7	P_8	P_9
$P_P(P_i)$ [kW]	8,78	0,00	43,92	18,66	0,00	104,75	1,77	936,75	0,00

Eigenbedarf (P_E) Bauteile	[%]	[kW]	Verwendung <- Elektrische Leistung	[kW]	[%]	-> Herkunft	[kW]	[%]
→Pumpen	24,48	1114,64	P :	45000,00	90,81	P_B :	24327,11	49,09
Kessel	16,02	729,73	→P_E :	4553,89	9,19	P_Z :	25226,78	50,91
REA	50,74	2310,80	P_V :	0,00	0,00			
DENOX	5,34	243,24						
WA	3,41	155,49	Σ :	49553,88	100,00	Σ :	49553,88	100,00

Produkt	Arbeitswert [kWh/h]	[%]	K_{KWK}	[%]	[DM/h]	K_V	[DM/h]	[%]
			Brennstoff :	87,82	4864,85	→ K_{KWK} :	**5539,53**	62,81
P_N	19773	38,35	Wasseraufb. :	1,90	105,41	+ Kz :	3279,48	37,19
D_m	17080	33,13	Kondensator :	0,00	0,00			
D_n	14705	28,52	REA :	4,83	267,57	= **Kvb** :	**8819,01**	100,00
			DENOX :	2,20	121,62	− **Ev** :	0,00	0,00
Σ	51558	100,00	Entaschung :	1,10	60,81			
(e_N = 8,12 %)			Ausgl.abg. :	2,15	119,26	= **Kv** :	**8819,01**	100,00

Tabelle 5.14: Optimaler Produktionsvollzugsplan (Beispiel 2)

Die numerische Lösung des Betriebsmodells in Tabelle 5.10 und der weiteren Modellvarianten in diesem Abschnitt erfolgt mit der in Abschnitt 4.6 genannten Hard- und Software. Die Rechenzeit zur Lösung eines gemischt-ganzzahligen linearen Programms nach Tabelle 5.10 beträgt 5 - 15 Sekunden. Bei diesen "Antwortzeiten" sind vielfältige und flexible Variationsrechnungen (Sensitivitätsanalysen) und Simulationsläufe im Dialog möglich.

Ein "systematisches Spielen" mit dem Optimierungsmodell ist insbesondere dann sehr einfach, wenn das Restriktionensystem durch einen Matrixgenerator erstellt wird, und die tabellarische und graphische Aufbereitung der optimalen Lösung ebenfalls automatisch erfolgt. Ein solches Dialogsystem zur Optimierung einer betrieblichen Energieversorgung kann auf Mikrocomputern über die Schnittstellen von Standardsoftware - d.h. ohne Programmierarbeit - realisiert werden.

Das hier benutzte Betriebsmodell ist z.B. in einem Tabellenkalkulationsprogramm[78] entwickelt. Die Erfassung der Eingangsdaten und die darauf aufbauende Berechnung der Modellkoeffizienten (Tabelle 5.10) werden gerade so realisiert, wie es die Tabellen 5.1-5.12 dokumentieren.[79] Zur Übergabe des Modells an das Optimierungsprogramm[80] und zur Rücklieferung einer optimalen Lösung in das Tabellenkalkulationsprogramm gibt es eine Schnittstelle,[81] so daß die Spread-Sheet-Benutzeroberfläche erhalten bleibt und eine automatische Ergebnisaufbereitung nach Tabelle 5.13 möglich ist.

Auf diese Weise kann beobachtet werden, wie sich manuell oder im Kalkulationsprogramm iterativ generierte Veränderungen in den Tabellen der Eingangsdaten (Brennstoffpreise, Strompreise, Lastvektor etc.) auf die optimale Lösung in der Ergebnistabelle (Tabelle 5.13) auswirken.

Ein einfaches Beispiel ist die Variation des Strombezugspreises qe. Ausgehend von Tabelle 5.10 sei etwa qe = 13 Pf/kWh.[82] Die übrigen Daten bleiben unverändert, d.h., es wird untersucht, wie sich eine Verringerung des Fremdstrombezugspreises um 1 Pf/kWh auf die optimale Lösung in Tabelle 5.13 bzw. in Abbildung 5.2 auswirkt.

[78] Vgl. LOTUS [1986].

[79] Die Gesamtheit dieser Tabellen bildet den Matrixgenerator.

[80] Vgl. SCHRAGE [1988].

[81] Vgl. CUNNIGHAM/SCHRAGE [1987].

[82] In Tabelle 5.10 ist hierzu lediglich der Koeffizient von Pz in Restriktion (25) von "0,14" auf "0,13" zu setzen.

Das Ergebnis ist in Abbildung 5.3 und in Tabelle 5.14 zusammengefaßt. Ein um 1 Pf/kWh reduzierter Strombezugspreis führt zu einer Betriebskostenersparnis von 147 DM/h. Der Mitteldruckkessel K_{mk} und die Kondensationsturbine T_n gehen außer Betrieb, die Hochdruckturbine T_h läuft annähernd im Bestpunkt, während die Mitteldruckturbine nur mit Teillast gefahren wird. Dementsprechend steigt der Fremdstrombezug um 11,58 MW.

Ausgehend von den Daten dieses zweiten Beispiels (q_e = 13 Pf/kWh) wird im nächsten Schritt (Beispiel 3) der von der betrieblichen Energieversorgung zu deckende Lastvektor von bisher d = (45 MW, 95 tw/h, 120 tw/h)^T auf d = (45 MW, 60 tw/h, 95 tw/h)^T gesetzt,[83] d.h., die für die Kraft-Wärme-Kopplung verfügbaren Dampfmengen werden c.p. verringert.

Die optimale Lösung dieses dritten Beispiels ist in Abbildung 5.4 und in Tabelle 5.15 zusammengestellt. Der Niederdruckkessel K_{nk} wird zusätzlich abgeschaltet, die beiden Gegendruckturbinen T_h und T_m laufen in Teillast. Der Fremdstrombezug P_z geht geringfügig zurück. Da beide Zusatzkessel abgeschaltet sind, setzt das Modell die Reduzierstation R_h in Betrieb, um die Vorwärmzyklen ausreichend bedienen zu können.

Die voranstehenden Beispiele verdeutlichen den Ablauf einer rechnergestützten, dialogorientierten Betriebskostenanalyse einer kombinierten industriellen Energieversorgung. Für jeden zulässigen Lastvektor d kann auf diese Weise ein kostenminimaler "Fahrplan" der KWK-Anlage und eine optimale Strombezugs- bzw. Stromverkaufsleistung ermittelt werden.

Nachfolgend werden stichpunktartig einige weitere produktions- und kostentheoretische Untersuchungen angesprochen, die sich mit dem Modell durchführen lassen. Es wird darauf verzichtet, für alle diese Modellvarianten ein Wärmeflußbild wie in den Abbildungen 5.2-5.4 und einen optimalen Produktionsvollzugsplan wie in den Tabellen 5.13-5.15 anzugeben.

In Abschnitt 5.3 wird die Berechnung der *elektrischen Nettoengpaßleistung* P_{Nmax} des Industriekraftwerks zurückgestellt. Zur Ermittlung dieser Engpaßleistung ersetzt man die Zielfunktion (1) des Modells durch

(G.5.36) $$P = Z \longrightarrow \max !,$$

streicht die Restriktionen (22)-(24), ergänzt die Nebenbedingung

(G.5.37) $$P_z = 0$$

und löst das Modell neu. Als Ergebnis ergibt sich $Z^* = P_{Nmax}$ = 35,06 MW.

83 Hierzu sind die "rechten Seiten" der Restriktionen (22)-(24) in Tabelle 5.10 entsprechend zu ändern.

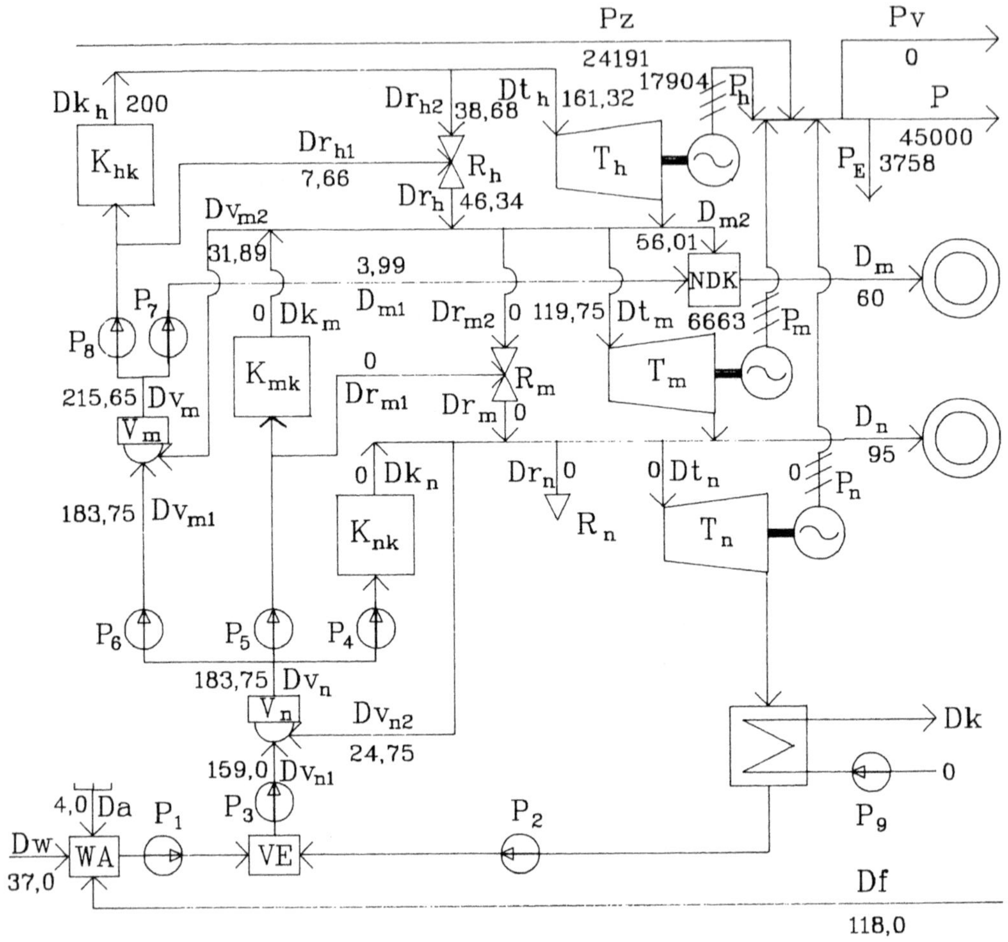

Abbildung 5.4: Optimaler Produktionsvollzugsplan (Beispiel 3)

Analog lassen sich mit den Zielfunktionen

(G.5.38) $\quad D_m = Z \longrightarrow \max$! $\quad$ bzw. $\quad D_n = Z \longrightarrow \max$!

die *maximalen Netzdampfmengen* berechnen, die mit der KWK-Anlage bereitgestellt werden können. Man erhält 300 tw/h für das Mitteldrucknetz bzw. 238 tw/h für das Niederdrucknetz.

Die insgesamt maximal durch das Kraftwerk durchsetzbare Speisewassermenge kann mit der Zielfunktion

(G.5.39) $\quad Da = Z \longrightarrow \max$!

berechnet werden. Sie beträgt 175 tw/h unter Einschluß der Kondensatrückführung Df. Diese Lösung verursacht die mit der KWK-Anlage maximal erreichbaren Betriebskosten in Höhe von K_{KWK} = 8315 DM/h.

Input		KWK-Bilanz	Output	
Brennstoff	: 18,22 t_B/h		Strom (P_N)	:20809,27 kW
VE-Wasser (Dw)	: 37,00 t_W/h		Mitteldruckdampf (D_m)	: 60,00 t_W/h
Luft	: 182202 m^3/h		Niederdruckdampf (D_n)	: 95,00 t_W/h
Kühlwasser (Dk)	: 0,00 t_W/h		Dampfabblasung (D_{rn})	: 0,00 t_W/h
			Rauchgas	: 182202 m^3/h
Strom (P_E)	: 3758,11 kW		Asche	: 0,91 t_B/h
Kondensat (Df)	: 118,00 t_W/h		Kühlwasser (Dk)	: 0,00 t_W/h
Abschlämmung (Da)	: 4,00 t_W/h		Kondensatorabwärme (Wk)	: 0 MJ/h

Kessel K_{sk}	Dampferzeugung (D_{ks}) [t_W/h]	Wasserverlust [t_W/h]	Auslastung [%]	Eigenbedarf [kW]	Rauchgasstrom [m^3/h]	Brennstoffbedarf [kg_B/h]	Brennstoffkosten [DM/h]
K_{hk}	200,00	4,00	100,00	546,61	182202	18220	3644,03
K_{mk}	0,00	0,00	0,00	0,00	0	0	0,00
K_{nk}	0,00	0,00	0,00	0,00	0	0	0,00

Turbosatz T_B	Leerlauf (d_{Ls}) [t_W/h]	Normallast (D_{ts1}) [t_W/h]	Überlast (D_{ts2}) [t_W/h]	Durchsatz (D_{ts}) [t_W/h]	Auslastung [%]	Erzeugung (P_B) [kW]
T_h	30,00	131,32	0,00	161,32	87,20	17904
T_m	32,00	87,75	0,00	119,75	92,12	6663
T_n	0,00	0,00	0,00	0,00	0,00	0

Bauteil	Wasser [t_W/h]	Dampf [t_W/h]	Gemisch [t_W/h]
R_h	7,66	38,68	46,34
R_m	0,00	0,00	0,00
NDK	3,99	56,01	60,00
V_m	183,76	31,89	215,65
V_n	159,00	24,75	183,75

Pumpe ⟶	P_1	P_2	P_3	P_4	P_5	P_6	P_7	P_8	P_9
$P_P(P_i)$ [kW]	6,36	0,00	31,80	0,00	0,00	113,93	1,12	1032,88	0,00

Eigenbedarf (P_E) Bauteile	[%]	[kW]	Verwendung <- Elektrische Leistung [kW]	[%]	-> Herkunft [kW]	[%]
↳Pumpen	31,56	1186,09	P : 45000,00	92,29	P_B : 24567,38	50,39
Kessel	14,54	546,61	⟶P_E : 3758,11	7,71	P_Z : 24190,73	49,61
REA	46,06	1730,91	Pv: 0,00	0,00		
DENOX	4,85	182,20				
WA	2,99	112,30	Σ : 48758,10	100,00	Σ : 48758,10	100,00

Produkt	Arbeitswert [kWh/h]	[%]	K_{KWK}	[%]	[DM/h]	Kv	[DM/h]	[%]
			Brennstoff	87,23	3644,03	⟶ **K_{KWK} :**	**4177,70**	57,05
P_N	20809	48,13	Wasseraufb.	1,82	76,15	+ Kz :	3144,79	42,95
D_m	10787	24,95	Kondensator	0,00	0,00			
D_n	11642	26,92	REA	4,80	200,42	= **Kvb:**	**7322,49**	100,00
			DENOX	2,18	91,10	- Ev :	0,00	0,00
Σ	43238	100,00	Entaschung	1,09	45,55			
(e_N = 8,00 %)			Ausgl.abg.	2,88	120,44	= **Kv** :	**7322,49**	100,00

Tabelle 5.15: Optimaler Produktionsvollzugsplan (Beispiel 3)

Falls bestimmte Kessel oder Turbinen wegen Wartung oder Reparatur nicht verfügbar sind, läßt sich dies durch einfache Zusatzrestriktionen berücksichtigen. Wenn z.B. auf den Kessel K_{mk} verzichtet werden soll, ist lediglich die Nebenbedingung

(G.5.40) $$Lk_m = 0$$

an das Restriktionensystem anzufügen. Falls aus Reserveüberlegungen heraus mindestens 2 Turbinen laufen sollen, ergänzt man zusätzlich

(G.5.41) $$Lt_h + Lt_m + Lt_n \geq 2.$$

Für eine Untersuchung der Grenzkosten der Kuppelprodukte ist es interessant, jeweils zwei Komponenten eines geplanten Lastvektors in den Restriktionen (22)-(24) zu fixieren (z.B. P und D_n) und ein Produkt (z.B. D_m) in mehreren Optimierungsläufen zu variieren.[84]

Mit diesen Modellergänzungen können alle Betriebs- und Belastungssituationen einer kombinierten betrieblichen Energieversorgung systematisch analysiert und kostenminimal gesteuert werden. Dabei kann es in einigen Ausnahmefällen vorkommen, daß die beiden Teilabschnitte der linearisierten Stromausbeutefunktionen der Turbinen[85] in einer optimalen Lösung nicht korrekt belegt werden, d.h., es gilt: $Dt_{s1} < dn_s$ und $Dt_{s2} > 0$ für ein $s \in S$.

In diesen (seltenen) Fällen müssen die bisher vernachlässigten Reihenfolgebedingungen eingeführt werden. Hierzu definiert man zusätzlich zu den Binärvariablen Lt_s die Binärvariablen

(G.5.42) $$Lt_s' = \begin{cases} 1, & \text{falls } Dt_s \geq dn_s; \\ 0, & \text{sonst;} \end{cases} \quad \text{, für } s \in S,$$

modifiziert die Restriktionen (10), (12) und (14) wie in Tabelle 5.16 angegeben und fügt die Nebenbedingungen (27)-(29) zu dem Modell in Tabelle 5.10 hinzu.

(10')	$Dt_{h2} - 15 \cdot Lt_h' \leq 0;$	(27)	$-Dt_{h1} + 155 \cdot Lt_h' \leq 0;$
(12')	$Dt_{m2} - 13 \cdot Lt_m' \leq 0;$	(28)	$-Dt_{m1} + 98 \cdot Lt_m' \leq 0;$
(14')	$Dt_{n2} - 5 \cdot Lt_n' \leq 0;$	(29)	$-Dt_{n1} + 59 \cdot Lt_n' \leq 0;$

Tabelle 5.16: Ergänzende Reihenfolgebedingungen

[84] ... mit der Zielfunktion: (1) $Kv = Z \longrightarrow \min!$

[85] Vgl. Tabelle 5.9.

Da die Brennstoffbezugspreise q_b und der Fremdstrombezugspreis q_e zu den wichtigsten Einflußfaktoren in der kurzfristigen Energieversorgungsplanung eines Industriebetriebs zählen, wird für diese Größen eine etwas detailliertere Sensitivitätsanalyse durchgeführt.

Im Betriebsmodell geht der Brennstoffbezugspreis q_K über G.5.22 in die Zielfunktion ein. Für einen Steinkohlemischpreis von q_K = 200 DM/t_B werden die Koeffizienten k_{KsK} der Variablen D_{Ks} für $s \in S$ berechnet. In der zweiten Zeile der Tabelle 5.17 sind diese Koeffizienten noch einmal aufgeführt.[86] Zusätzlich werden in dieser Tabelle alternative Koeffizienten k_{KsK} für eine Abweichung des Brennstoffpreises um +/- 25 DM/t_B ermittelt.

q_K [DM/t_B]	k_{KhK} [DM/t_W]	k_{KmK} [DM/t_W]	k_{KnK} [DM/t_W]
175	17,645	17,683	16,548
200	19,923	19,966	18,684
225	22,200	22,249	20,821

Tabelle 5.17: Variation eines Brennstoffpreises

Ausgehend von der Lastsituation[87] in Beispiel 3 (Tabelle 5.15) wird der Fremdstrombezugspreis q_e [Pf/kWh] für jeden dieser drei Fälle über die Menge $q_e \in \{10, 11, ..., 20\}$ variiert. Tabelle 5.18 enthält exemplarisch eine verdichtete Darstellung der optimalen Lösungen für q_K = 200 DM/t_B. Die Spalte für q_e = 13 Pf/kWh ist z.B. aus Tabelle 5.15 abgeleitet.

q_e	10	11	12	13	14	15	16	17	18	19	20	[Pf/kWh]
D_{Kh}	200	200	200	200	169	169	169	200	200	200	200	[t_W/h]
D_{Km}	0	0	0	0	56	56	56	0	0	0	0	[t_W/h]
D_{Kn}	0	0	0	0	0	0	0	84	84	84	84	[t_W/h]
D_{th}	161	161	161	161	169	169	169	200	200	200	200	[t_W/h]
D_{tm}	120	120	120	120	143	143	143	113	113	113	113	[t_W/h]
D_{tn}	0	0	0	0	20	20	20	67	67	67	67	[t_W/h]
P_N	20,8	20,8	20,8	20,8	24,8	24,8	24,8	31,9	31,9	31,9	31,9	[MW]
P_Z	24,2	24,2	24,2	24,2	20,2	20,2	20,2	13,1	13,1	13,1	13,1	[MW]
K_V	6597	6838	7080	7322	7561	7763	7965	8152	8283	8414	8544	[DM/h]

Tabelle 5.18: Variation des Strombezugspreises q_e (q_K = 200 DM/t_B)

[86] Vgl. (1) und (8) in Tabelle 5.10.

[87] Es gilt weiterhin: $d = (45 \text{ MW}; 60 \text{ t}_W/\text{h}; 95 \text{ t}_W/\text{h})^T$.

Der Anteil der Nettoeigenerzeugung P_N an der von der Fertigung benötigten elektrischen Leistung P = 45 MW wächst von 46 % bei einem Strompreis von qe = 10 Pf/kWh auf 71 % bei einem Strompreis qe = 20 Pf/kWh. Die variablen Betriebskosten steigen von 6597 DM/h auf 8544 DM/h. Analog zu Tabelle 5.18 wird für q_K = 175 DM/t_B bzw. für q_K = 225 DM/t_B eine Sensitivitätsanalyse durchgeführt.

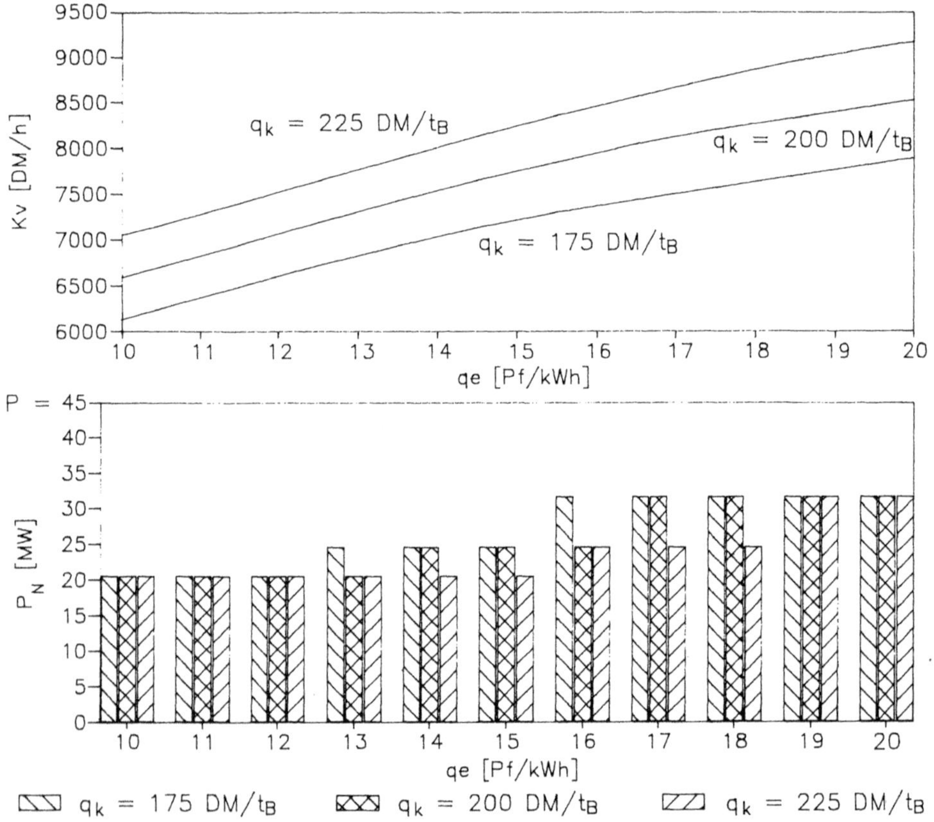

Abbildung 5.5: Variation der Brennstoff- und der Strombezugspreise

Die Ergebnisse sind in Abbildung 5.5 zusammengefaßt. In dieser Abbildung kann man für jede untersuchte Kombination aus Brennstoff- und Strombezugspreis den kostenminimalen Eigenerstellungs- und Fremdbezugsanteil sowie die zugehörigen Kosten pro Betriebsstunde ablesen.

Ein Strom*verkauf* (Rücklieferung) ist für keine der untersuchten Preiskombinationen optimal. Da wegen $P > P_{Nmax}$ auf jeden Fall Zusatzstrom bezogen werden muß und darüber hinaus die Vergütung pv = 7 Pf/kWh unterhalb der betrachteten Bezugspreise qe liegt, ist dies für den hier verwendeten Datenkranz nicht überraschend.

Um die Bedeutung des Rücklieferungspreises pv näher zu untersuchen, werden in Abbildung 5.6 die Ergebnisse zweier ergänzender Sensitivitätsanalysen dokumentiert, die - ausgehend von Beispiel 3 (q_K = 200 DM/t_B) - durch die folgenden Modellmodifikationen entstehen.

Für die Herleitung der linken beiden Diagramme wird angenommen, daß die Fertigung keinerlei Nutzenergie benötigt, d.h., der in die Restriktionen (22)-(24) eingehende Lastvektor ist d = (0 MW, 0 t_W/h, 0 t_W/h)^T. Zusätzlich wird in Tabelle 5.10 die Nebenbedingung

(G.5.43) $$P_Z = 0$$

ergänzt, um für pv > qe einen Stromhandel auszuschließen. Bei diesen Rahmendaten geht das Industriekraftwerk nur in Betrieb, wenn der Verkauf elektrischer Energie einen positiven Deckungsbeitrag -Kv erzielt: Die betriebliche Energieversorgung verhält sich wie ein EVU. Eine Variation des Stromverkaufspreises pv führt zu den Ergebnissen in Abbildung 5.6.

Nach dieser Abbildung (linker Teil) werden die Betriebskosten der KWK-Anlage (*reiner Kraftwerksbetrieb*) für Strompreise pv ≥ 11,9 Pf/kWh gedeckt. Bei pv ≥ 11,9 Pf/kWh gehen der Hochdruckkessel K_{hk} und alle Teilturbinen T_s in Betrieb: Die KWK-Anlage läuft als Kondensationskraftwerk (maximale Stromausbeute aus 1 t_W Hochdruckdampf), wobei der für diese Betriebsart "zu klein" ausgelegte Niederdruckteil T_n als Engpaß auftritt. Für 11,9 Pf/kWh < pv < 12,1 Pf/kWh wird eine elektrische Leistung von P_V = 27,3 MW verkauft. Eine weitere Erhöhung von pv lastet schrittweise die Gegendruckturbinen zunächst bis zum Bestpunkt und schließlich bis zur Maximalleistung aus.

Im rechten Teil der Abbildung 5.6 wird der Verkauf von sog. "Überschußstrom" untersucht. Auch diese Betrachtung geht von den Modelldaten des Beispiels 3 aus. Während die Zusatzrestriktion G.5.43 erhalten bleibt, wird als Lastvektor d = (0 MW, 60 t_W/h, 95 t_W/h)^T vorgegeben, d.h., es wird unterstellt, daß die KWK-Anlage als *reines Heizwerk* läuft. Ausgehend von dieser Lastsituation wird überprüft, zu welchen Preisen pv der Verkauf von selbst erzeugtem Strom die Betriebskosten der reinen Wärmeversorgung verringern kann.

Die Zusammenfassung der Ergebnisse in Abbildung 5.6 zeigt, daß es sich bereits für pv ≥ 2,3 Pf/kWh lohnt, *kurzfristig* nicht benötigten Gegendruckstrom - hier 2,7 MW aus der Mitteldruckturbine - an das EVU zu liefern. Bei weiter steigendem pv wird zunächst (pv = 2,8 Pf/kWh) von T_m auf T_h umgeschaltet. Für 3,7 Pf/kWh < pv < 13,4 Pf/kWh werden die beiden Gegendruckturbinen zunehmend ausgelastet.

Erst bei pv = 13,4 Pf/kWh wird der Kondensationsteil T_n zunächst in Teillast und bei pv = 16,3 Pf/kWh in Vollast zugeschaltet. Für pv > 18 Pf/kWh decken die Erlöse aus dem Stromverkauf die Betriebskosten der im Lastvektor definierten Prozeßdampfversorgung (Kv ≤ 0).

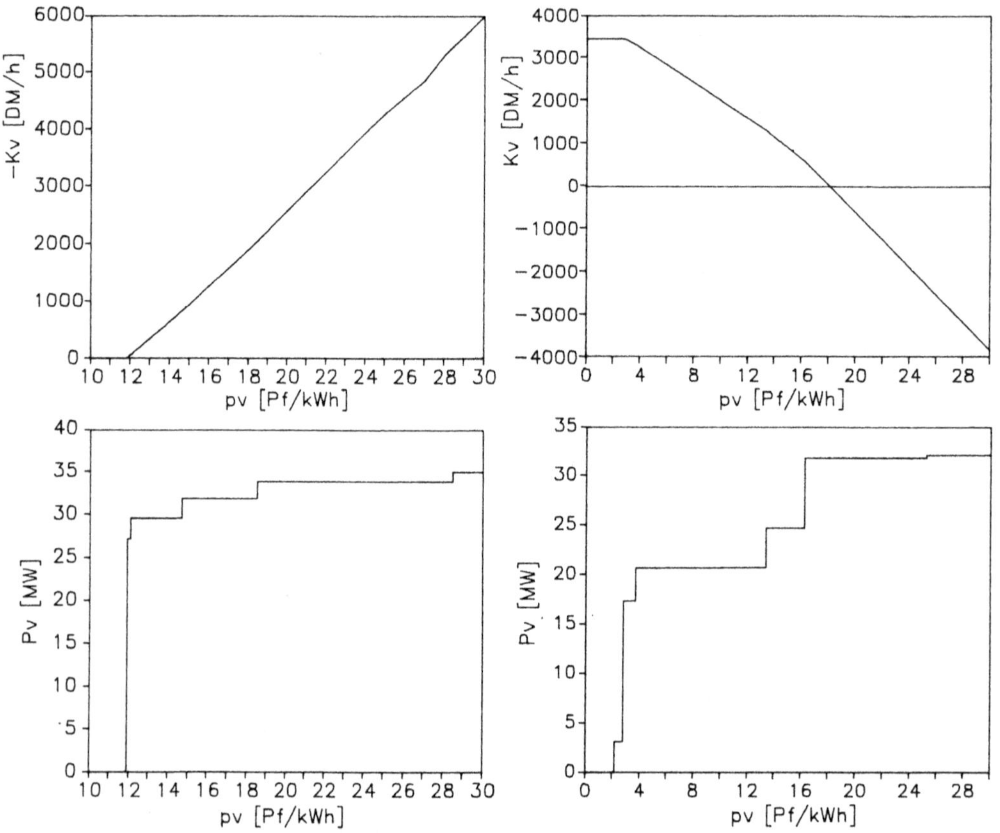

Abbildung 5.6: Sensitivitätsanalysen zum Verkauf elektrischer Energie

Da in einer realen Betriebssituation immer ein elektrischer Energiebedarf P > 0 vorhanden ist, treten die in den Sensitivitätsanalysen der Abbildung 5.6 vorgegebenen Lastvektoren konkret nicht auf.

Es wird jedoch deutlich, daß durch ein Durchspielen der denkbaren technischen (Variation der Lastvektoren, Auslastung/Stillegung von Kesseln oder Turbinen) und ökonomischen (Variation der Brennstoff- und Strompreise, der Ausgleichsabgabe, der Umweltschutz- und Entsorgungskosten) Grenzsituationen vielfältige Aspekte des optimalen Betriebs einer industriellen Energieversorgung effizient analysiert werden können.

Für die Berechnung der Fremdstrombezugskosten wird in Tabelle 5.10 ein linearer Tarif unterstellt. Bei einem *Höchstlasttarif* muß eine vorausgeplante[88] Jahreshöchstleistung pz_{max} vorgegeben werden, d.h., das Planungsmodell ist um die Zusatzrestriktion

(G.5.44) $$Pz \leq pz_{max} \quad [kW]$$

zu erweitern. In Restriktion (25)[89] ist anstelle von qe ein *Arbeitspreis* qa einzusetzen. Aufbauend auf der Diskussion in Abschnitt 4.7 wird hierfür ein über ein Jahr geplanter, durchschnittlicher Arbeitspreis derjenigen Tarifzeit vorgeschlagen, in der die betrachtete Betriebsstunde liegt.

Falls mit dem EVU für diese Betriebsstunde zusätzlich eine Programmlieferverpflichtung pv_{min} vereinbart ist, kann darüber hinaus die Nebenbedingung

(G.5.45) $$Pv \geq pv_{min} \quad [kW]$$

ergänzt werden.

Die Integration der *optimalen Brennstoffwahl* in das Planungsmodell erfolgt durch das "Einhängen" weiterer Dampfkessel (z.B. mit Öl- oder Erdgasfeuerung) in das Wärmeflußbild und durch eine entsprechende Erweiterung des Restriktionensystems. Die Herleitung der hierzu benötigten brennstoffspezifischen Verbrauchs- und Kostendaten wird für das Betriebsmodell in Tabelle 5.8.a exemplarisch vorbereitet. Auf eine Beispielrechnung zur optimalen Brennstoffwahl wird verzichtet.

Auch die Integration einer *Rückstandsverfeuerung* oder einer *Abhitzelieferung* aus der Fertigung ist auf diese Weise möglich. Bei einer *bivalenten Kesselfeuerung* (z.B. Öl und Gas) ist die Variable zur Messung der Dampfproduktion (Dk_s) nach der Brennstoffart aufzuspalten und in den Kapazitätsrestriktionen der Kessel additiv zu berücksichtigen. Über eine Binärvariable kann sichergestellt werden, daß zu einem Zeitpunkt genau eine Brennstoffart verfeuert wird.

[88] Zur Durchführung dieser Jahresplanung vgl. Abschnitt 5.5.

[89] Vgl. G.5.28.

5.5. Produktions- und Investitionsplanung

In den voranstehenden Abschnitten werden Optimierungsmodelle zur kostenminimalen Deckung *eines* von der Fertigung vorgegebenen Lastvektors d über *eine* Betriebsstunde entwickelt. Im konkreten Kraftwerksbetrieb variieren die Komponenten dieses Vektors - mehr oder weniger unabhängig voneinander - kontinuierlich über die Zeit.

Wenn eine Analyse der drei Jahreslastganglinien für den elektrischen Leistungsbedarf und die beiden Dampfbedarfe ergibt, daß ein *repräsentativer Lastvektor* d voraussichtlich t Stunden in einem Planjahr auftritt, dann lassen sich mit $d \cdot t$ die in dieser Zeit verbrauchten Nutzenergiemengen und mit $Kv^*(d) \cdot t$ die zugehörigen minimalen Betriebskosten abschätzen.

Nach diesem Prinzip können die Lastverläufe des betrieblichen Nutzenergiebedarfs durch eine Menge charakteristischer Lastvektoren d_i mit den Laufzeiten t_i $(i = 1...I)$ approximiert werden. Die Genauigkeit einer solchen, *zeitgleichen Rechteckzerlegung mehrerer Lastganglinien* hängt von einer geschickten Wahl der Lastvektoren d_i und von der Anzahl I der Wertepaare (d_i, t_i) ab.

Für das Betriebsmodell wird angenommen, daß sich die Jahreslastganglinien durch $i = 1...6$ Lastvektoren $d_i = (p_i, dm_i, dn_i)^T$ wie in Tabelle 5.19 approximieren lassen. Für die geplanten Jahresnutzenergien A [MWh/a], M und N [t_w/a] gilt:

$$(G.5.46) \qquad A = \sum_{i=1}^{I} A_i \,, \quad M = \sum_{i=1}^{I} M_i \,, \quad N = \sum_{i=1}^{I} N_i \,, \quad \text{wobei}$$

$$A_i = p_i \cdot t_i \,; \quad M_i = dm_i \cdot t_i \,; \quad N_i = dn_i \cdot t_i \quad \text{und}$$

A_i : im Lastvektor i erzeugte elektrische Energie [MWh/a];
M_i : im Lastvektor i erzeugte Mitteldrucknetzdampfmenge [t_w/a];
N_i : im Lastvektor i erzeugte Niederdrucknetzdampfmenge [t_w/a].

i ⟶	1	2	3	4	5	6	*Max*\Summe	[]
p_i	50	48	45	43	40	35	*50*	[MW]
dm_i	115	130	90	70	100	80	*130*	[t_w/h]
dn_i	140	120	100	80	85	60	*140*	[t_w/h]
t_i	500	900	1600	1900	1300	1800	8000	[h/a]
A_i	25000	43200	72000	81700	52000	63000	336900	[MWh/a]
M_i	57500	117000	144000	133000	130000	144000	725500	[t_w/a]
N_i	70000	108000	160000	152000	110500	108000	708500	[t_w/a]

Tabelle 5.19: Charakteristische Lastvektoren

Nimmt man in ein - gegenüber Tabelle 5.10 strukturgleiches - Optimierungsmodell *mehrere* Lastvektoren auf, so lassen sich mit diesem erweiterten Ansatz *drei* weitere *Problemstellungen* untersuchen. Diese drei Fragestellungen unterscheiden sich in der *Disponierbarkeit der Kapazitäten.*

Bei *gegebenen Kapazitäten* im Industriekraftwerk *und* im Strombezug (Vorentscheidung über die Jahreshöchstlast) sind lediglich die *Jahresbetriebskosten* zu minimieren. In diesem Fall können die vorgegebenen Lastvektoren d_i *einzeln* mit Hilfe des Lastpunktmodells in Tabelle 5.10 optimiert werden. Die minimalen Betriebskosten Kv_i sind mit den Laufzeiten t_i zu multiplizieren und schließlich zu den Jahresbetriebskosten KJv zusammenzufassen.[90]

Im zweiten Fall werden die Kapazitäten der Eigenerzeugung vorgegeben, während die Ausgestaltung des *Strombezugsvertrags* zu *optimieren* ist (Vertragsneuabschluß für eine Laufzeit von einem Jahr bei einer vorhandenen KWK-Anlage). Für diese Problemstellung sind *alle* Lastvektoren d_i mit den zugehörigen Laufzeiten t_i sowie ein Restriktionensystem zur Modellierung der *Gesamtkosten* des günstigsten Strombezugsmustervertrags in das Planungsmodell einzubringen.[91]

Im dritten Fall sind sowohl die *Kapazitäten des Industriekraftwerks* wie auch die Vertragsdaten des Strombezugs *disponierbar.* Diese Problemstellung führt zu einem simultanen Investitions- und Produktionsplanungsmodell, welches eine Lastgangapproximation nach Tabelle 5.19 als repräsentativ für mehrere Jahre ansieht.

Nachfolgend werden die erste und die dritte Problemstellung für die Daten des Betriebsmodells näher betrachtet. Die zweite Fragestellung ist dann leicht als eine - um die Modellelemente aus Abschnitt 4.6 erweiterte - Zwischenform dieser Ansätze herzuleiten.

Zur Abschätzung der gesamten jährlichen Betriebskosten (Fragestellung 1) einer kombinierten betrieblichen Energieversorgung bei gegebenen Kapazitäten werden zunächst ein durchschnittlicher, zeitlich nicht differenzierter Strombezugs-Arbeitspreis qa = 11 Pf/kWh und eine vorab geplante Jahreshöchstleistung des Strombezugs pz_{max} = 20 MW angenommen.

[90] Vgl. G.5.48.

[91] Ein solches Restriktionensystem kann mit geringfügigen Änderungen (die Definition des elektrischen Leistungsbedarfs ist nicht an die Fertigung, sondern an die Vorgabedaten der Lastvektoren zu koppeln) aus Abschnitt 4.6 übernommen werden.

Löst man mit diesen Daten das Planungsmodell in Tabelle 5.10 für die 6 Lastvektoren d_i aus Tabelle 5.19, so ergeben sich die 6 optimalen Lösungen in den oberen beiden Blöcken der Tabelle 5.20. Eine kostenminimale Aufteilung der elektrischen Jahresarbeit A [MWh/a] auf einen Eigenerzeugungsanteil A_N und einen Fremdbezugsanteil Az berechnet sich daraus nach

(G.5.47) $$Az = \sum_{i=1}^{I} Az_i \ , \quad A_N = \sum_{i=1}^{I} A_{Ni} \ , \quad \text{wobei}$$

$$Az_i = t_i \cdot Pz_i \ , \quad Az_i = t_i \cdot P_{Ni} \ ; \ (Pz_i + P_{Ni} = p_i).$$

i ⟶	1	2	3	4	5	6	*Max*\Summe	[]
Kz_i	2200	2200	2200	2072	1917	1476	*2200*	[DM/h]
K_{KWKi}	7759	7406	5175	4192	4923	3892	*7759*	[DM/h]
Kv_i	9959	9606	7375	6264	6840	5368	*9959*	[DM/h]
Dk_{hi}	200	200	192	200	178	186	*200*	[tw/h]
Dk_{mi}	80	75	56	0	56	0	*80*	[tw/h]
Dk_{ni}	96	84	0	0	0	0	*96*	[tw/h]
Dt_{hi}	200	200	192	199	150	156	*200*	[tw/h]
Dt_{mi}	141	90	102	72	82	50	*141*	[tw/h]
Dt_{ni}	43	34	0	0	0	0	*43*	[tw/h]
P_{Ni}	30,0	28,0	25,0	24,2	22,6	21,6	*30,0*	[MW]
Pz_i	20,0	20,0	20,0	18,8	17,4	13,4	*20,0*	[MW]
Az_i	10000	18000	32000	35781	22659	24145	142585	[MWh/a]
A_{Ni}	15000	25200	40000	45919	29341	38855	194315	[MWh/a]
KJz_i	1100	1980	3520	3936	2492	2656	15684	[TDM/a]
KJ_{KWKi}	3880	6665	8280	7966	6400	7006	40197	[TDM/a]
KJv_i	4980	8645	11800	11902	8892	9662	55881	[TDM/a]

Tabelle 5.20: Minimale Jahresbetriebskosten bei vorgegebenen Kapazitäten

Die minimalen Jahresbetriebskosten KJv [TDM/a] und deren Zusammensetzung aus den Arbeitskosten des Strombezugs KJz und den variablen Kosten der KWK-Anlage KJ_{KWK} erhält man nach

(G.5.48) $$KJv = \sum_{i=1}^{I} KJv_i \ , \quad KJ_{KWK} = \sum_{i=1}^{I} KJ_{KWKi} \ , \quad KJz = \sum_{i=1}^{I} KJz_i \ , \quad \text{wobei}$$

$$KJv_i = KJ_{KWK} + KJz_i \ , \quad KJ_{KWK} = t_i \cdot K_{KWKi} \ , \quad KJz = t_i \cdot Kz_i \quad \text{und}$$

$$Kz_i = qa \cdot Az \ , \quad K_{KWKi} = Kv_i - Kz_i \, .$$

Die Jahresbenutzungsdauer der (vorgegebenen) maximalen Fremdstrombezugsleistung pz_{max} = 20 MW beträgt $Az{:}pz_{max}$ = 7129 h/a.

Wir verwenden die Ergebnisse in Tabelle 5.20, um die Problematik der *Verrechnungspreisbildung bei Kraft-Wärme-Kopplung* aufzuzeigen. Zunächst ist festzuhalten, daß eine gewinnmaximale bzw. kostenminimale - im weiteren kurz optimale - Planung einer Kuppelproduktion nur in einem simultanen Optimierungsmodell möglich ist.

Falls sich dieses Planungsmodell als ein lineares Programm formulieren läßt, können aus der optimalen Lösung mit Hilfe der Dualitätstheorie Verrechnungspreise der Kuppelprodukte abgeleitet werden, die in einer nicht simultanen Planung (Sukzessivplanung) ebenfalls zu einer optimalen Lösung führen. Dieses Ergebnis ist jedoch nur von theoretischem Interesse: Wenn zur Bestimmung der Verrechnungspreise zunächst eine Simultanplanung durchgeführt werden muß, ist eine Sukzessivplanung mit Hilfe der ermittelten Preise nicht mehr notwendig, da die optimale Lösung als Ergebnis des integrierten Ansatzes bereits vorliegt.[92]

Darüber hinaus verdeutlichen die bisher entwickelten Modelle, daß die Abbildung eines Strombezugsvertrags bzw. eines Industriekraftwerks in einem linearen Programm ohne ganzzahlige Variablen unrealistisch ist. Vernachlässigt man etwa in einem Ansatz nach Tabelle 5.10 die Binärvariablen Lt_s zur Erfassung der Leerlaufdampfmenge der Turbinen, so besteht für das Modell kein Anreiz mehr, eine Turbine im Bestpunkt zu fahren.

Da einerseits - u.a. wegen der zu hohen Komplexität einer Simultanplanung - Verrechnungspreise für eine Sukzessivplanung benötigt werden, andererseits aber keine verursachungsgerechte Zuordnung der Kosten eines Kuppelprozesses auf die erzeugten Produkte möglich ist, werden in der betriebswirtschaftlichen Literatur[93] das *Restwertverfahren* und das *Äquivalenzziffernverfahren* als pragmatische Kalkulationsmethoden für Kuppelprodukte vorgeschlagen. In der technischen Literatur wird eine geeignete Anwendung dieser Verfahren in der industriellen Energiewirtschaft seit langem kontrovers diskutiert.[94] Für das *Äquivalenzziffernverfahren* gibt es mindestens 15 Varianten mit unterschiedlichen Auffassungen über eine technisch oder physikalisch "beweisbare", (verursachungs-) gerechte Kostenaufteilung.[95]

[92] Vgl. BRINK [1969], HAX [1981] und RIEBEL/PAUDTKE/ZSCHERLICH [1973].

[93] Vgl. z.B. KILGER [1980], S.361 ff.

[94] Vgl. BECKMANN [1953], BELTING [1984], HÖHR [1978], HROMEK [1972], LÖFFEL [1974] und [1984], PILLER/RUDOLPH [1982] und [1984], SCHAEFER [1972], SCHÄFF [1955], STUMPF/WELTER [1969], THABIT/STARK [1985], WERKMEISTER [1969], ZSCHERLICH [1971].

[95] Vgl. etwa ZSCHERLICH [1971], S.51 ff.

Aus ökonomischer Sicht scheiden die Äquivalenzziffernverfahren für eine Bewertung der elektrischen Energie aus: Der in einer KWK-Anlage erzeugte Strom kann in den meisten Fällen als ein *Nebenprodukt* der - aus technischen Gründen unabdingbaren - betriebseigenen Wärmeversorgung aufgefaßt werden. Darüber hinaus existiert für elektrische Energie ein Markt. In diesem Fall ist das *Restwertverfahren* anzuwenden.[96]

Bei diesem Verfahren entsteht das in Kapitel 4 behandelte Problem, daß sich infolge der komplizierten Sondervertragsregelungen kein eindeutiger Strombezugspreis zur Bewertung der fremd bezogenen elektrischen Energie angeben läßt. Deshalb gibt es auch zur Durchführung des Restwertverfahrens mehrere Vorschläge, die an den in Abschnitt 4.7 besprochenen Alternativen der innerbetrieblichen Fremdstromverrechnung anknüpfen. Die dort getroffenen Aussagen gelten hier analog.

Für eine Aufteilung der nach Abzug der Stromkosten verbleibenden variablen Restkosten der Kraft-Wärme-Kopplung auf verschiedene Dampfqualitäten läßt sich das Restwertverfahren nicht anwenden, da für Prozeßdampf kein Marktpreis bekannt ist. Hier kann auf ein Äquivalenzziffernverfahren zurückgegriffen werden.

Als grundlegende Formen des Äquivalenzziffernverfahrens für KWK-Anlagen sind das *thermodynamische* Verfahren (*Arbeitswertverfahren*: Variante I) und das *kalorische* Verfahren (*energetisches* Verfahren: Variante II) zu unterscheiden. Nachfolgend werden lediglich diese beiden Basisverfahren und eine aus dem *Restwertverfahren* und dem Arbeitswertverfahren *kombinierte* Methode (Variante III) vorgestellt. Als Beispiel werden die Daten der Eigenerzeugung in Tabelle 5.20 verwendet.

Bei der Herleitung der drei Verrechnungsmethoden wird der Fremdstrombezug zunächst vernachlässigt, d.h., es werden lediglich die Betriebskosten der KWK-Anlage auf die *selbst* erstellten Nutzenergien verteilt.

Im Zahlenbeispiel beträgt die geplante Jahresstromerzeugung der KWK-Anlage A_N = 194 315 MWh/a, die Prozeßdampfmengen sind M = 725 500 t_W/a bzw. N = 708 500 t_W/a. Als geplante variable Kosten werden nach Tabelle 5.20 KJ_{KWK} = 40 197 TDM/a ermittelt, die auf die drei Kuppelprodukte nach den Verfahren β = I, II, III zu verteilen sind. Die gesuchten Verrechnungspreise werden mit $k_{x\beta}$ bezeichnet, wobei der Index x die Kuppelprodukte elektrische Energie (x = a), Mitteldruckdampf (x = m) und Niederdruckdampf (x = n) repräsentiert.

[96] Vgl. dazu KILGER [1981], S.618.

β -->	I	II	III	[]
$k_{a\beta}$	$\frac{H(A_N)\cdot K_{KWK}}{H\cdot A_N}$	$\frac{K_{KWK}}{AW}$	qa	[Pf/kWh]
$k_{m\beta}$	$\frac{H(M)\cdot K_{KWK}}{H\cdot M}$	$\frac{AW(M)\cdot K_{KWK}}{AW\cdot M}$	$\frac{AW(M)\cdot(K_{KWK}-qa\cdot A_N)}{(AW(M)+AW(N))\cdot M}$	[DM/tw]
$k_{n\beta}$	$\frac{H(N)\cdot K_{KWK}}{H\cdot N}$	$\frac{AW(N)\cdot K_{KWK}}{AW\cdot N}$	$\frac{AW(N)\cdot(K_{KWK}-qa\cdot A_N)}{(AW(M)+AW(N))\cdot N}$	[DM/tw]

Tabelle 5.21: Verrechnungspreisbildung bei Kraft-Wärme-Kopplung

Tabelle 5.21 enthält die Definitionen zur Verrechnungspreisbildung nach den genannten Verfahren. Dabei bezeichnet H [GJ/a] die Enthalpie (Energie) der erzeugten Kuppelprodukte und AW [MWh/a] deren Arbeitswert (Exergie). Diese Größen lassen sich aus den Daten in den Tabellen 5.1 und 5.8 wie folgt berechnen:[97]

$$\text{(G.5.49)}\quad \begin{aligned} H(A_N) &= 3{,}6\cdot A_N; & AW(A_N) &= A_N; \\ H(M) &= h''(18\text{ bar},\ 230\ ^\circ C)\cdot M; & AW(M) &= (e_m{}^* + e_n{}^*)\cdot M; \\ H(N) &= h''(4{,}5\text{ bar},\ 169\ ^\circ C)\cdot N; & AW(N) &= e_n{}^*\cdot M; \\ H &= H(A_N) + H(M) + H(N); & AW &= AW(A_N) + AW(M) + AW(N). \end{aligned}$$

Die Ergebnisse sind in Tabelle 5.22 zusammengestellt. Man sieht, daß die Verrechnungspreise $k_{x\beta}$ und die Aufteilung der variablen KWK-Kosten

$$\text{(G.5.50)}\quad KJ_{KWK} = K_{a\beta} + K_{m\beta} + K_{n\beta} = k_{a\beta}\cdot A_N + k_{m\beta}\cdot M + k_{n\beta}\cdot N$$

für β = I, II, III sehr unterschiedlich ausfallen.

Das kalorische Verfahren (β = I) begünstigt die elektrische, das Arbeitswertverfahren die thermische Energie. Das Restwertverfahren bewertet den selbst erzeugten Strom für die Daten des Zahlenbeispiels am höchsten.

Da in Betrieben mit einer Eigenerzeugung elektrischer Energie i.d.R. auch Fremdstrom bezogen wird, kann das kombinierte Restwert-/Arbeitswertverfahren III für die meisten praxisrelevanten Versorgungskonzepte empfohlen werden. Einen Vorschlag zur Bestimmung eines hierfür geeigneten Fremdstrombezugspreises qa findet man in Abschnitt 4.7.

[97] Vgl. Tabelle 2.3 und G.5.35.

·	H(·) [GJ/a]	AW(·) [MWh/a]	x	$k_{x\beta}$, für β = I	II	III	[]	$K_{x\beta}$, für β = I	II	III	[]
A_N	699534	194315	a	3,04	9,77	11,00	[Pf/kWh	5898	18978	21375	[TDM/a]
M	2090891	130430	m	24,30	17,56	15,58	[DM/tw]	17630	12739	11300	[TDM/a]
N	1976715	86820	n	23,53	11,97	10,62	[DM/tw]	16667	8479	7522	[TDM/a]
Σ	4767140	411565	Σ	---	---	---	--	40197	40197	40197	[TDM/a]

Tabelle 5.22: Verrechnungspreise bei Kraft-Wärme-Kopplung

Im nächsten Schritt wird untersucht, wie eine *mittel- bis langfristige Planung* (Investitionsplanung) einer kombinierten industriellen Energieversorgung durchgeführt werden kann. In einer solchen Planung steht die Frage des *optimalen Kapazitätsaufbaus* im Mittelpunkt der Betrachtung.[98]

Die übliche Form einer Wirtschaftlichkeitsanalyse zum Aufbau oder Ausbau einer betrieblichen Energieversorgung besteht in einer technisch orientierten *Variantenrechnung*,[99] die in drei Schritten über eine - auf dem Absatzplan und dem Investitionsplan der Fertigung basierende - *Energiebedarfsprognose*, eine technische *Projektdefinition* und eine wirtschaftliche *Projektauswahl* erfolgt.[100]

Im Rahmen der Bedarfsprognose werden i.d.R. lediglich die *Spitzenlasten* und die *Gesamtverbrauchsmengen* der einzelnen Nutzenergien für ein *charakteristisches Planjahr* prognostiziert. Aufbauend auf diesen Daten sind im zweiten Schritt *mehrere* technische Energieversorgungskonzepte (Varianten) mit alternativen Kapazitäten der elektrischen Eigenerzeugung, verschiedenen Brennstoffarten etc. zu entwickeln. Im dritten Schritt erfolgt ein Vergleich der zu den technischen Alternativen entwickelten Zahlungsreihen (Kapitalwert- oder Annuitätenvergleich).[101]

98 ... Fragestellung 3 in der Einleitung dieses Abschnitts;

99 Projektorientierte Investitionsrechnungen (Fallbeispiele) im Rahmen einer betrieblichen Energiewirtschaft findet man bei BRAMMER [1986], DEHLI/HUBER [1982], GÖSSL [1981], HUGEL/DITTRICH [1981], KAIER [1981], MAIER [1977], NOYES [1978], STECCO [1984]. Speziell zur Abwärmenutzung siehe EBERSBACH [1984], JUNG [1984], STUMPF [1981], SUTTOR/SCHARFF [1979].

100 Vgl. MAIER [1977], SCHARFF [1981] und WERNER/GERTIS [1979].

101 Variantenvergleiche zur Konfiguration eines Industriekraftwerks dokumentieren FOGELHOLM [1985], GARRETT-PRICE/FASSBENDER [1987], KÖNIG [1978], LÖFFEL [1977] und [1981], LÖFFEL/THINIUS [1985], LÖFFEL/SCHULZ [1985], MARESKE [1979], MERTEN [1984], NIEUWLAAR/DE

Wegen der Komplexität des Planungsproblems muß dieser Alternativenvergleich durch *Sensitivitätsanalysen* (Brennstoff- und Strombezugspreis, Beschäftigung, Stromkennzahl etc.) ergänzt werden.[102] Statische Optimierungsmodelle der in Tabelle 5.10 entwickelten Form können derartige Variantenvergleiche insbesondere in der Endauswahl (wenige Alternativen bzw. technische Feinabstimmung einer präferierten Alternative) wirksam unterstützen. Exemplarisch sei auf die flexible Optimierung mehrerer Lastvektoren, die einfache Abschätzung der Engpaß- und der Minimalleistungen[103] und auf die von ökonomisch und technisch zweifelhaften Prämissen weitgehend freie Modellierung hingewiesen.[104]

Insgesamt erlauben die Formulierung und der Vergleich alternativer Betriebsmodelle nach dem Muster in Tabelle 5.10 eine gegenüber den bisherigen Rechnungen deutlich *verbesserte Analyse und Prognose der zahlungswirksamen Betriebskosten* der zur Wahl stehenden Energieversorgungskonzepte. Die Anschaffungsauszahlungen (*"Investitionskosten"*) der Alternativen werden durch die (technische) Definition der Varianten *vor* der eigentlichen Wirtschaftlichkeitsanalyse festgelegt.

Der Versuch, auch die Kapazitäten einer KWK-Anlage mit Hilfe eines ökonomischen Modells zu bestimmen, führt zu einem betriebs- und projektspezifischen Ansatz der *simultanen Produktions- und Investitionsplanung*, den Tabelle 5.24 als eine Erweiterung des bisherigen Modells dokumentiert.

Die Betriebswirtschaftslehre hat standardisierte Optimierungsmodelle zur simultanen Produktions- und Investitionsplanung entwickelt,[105] die in vielerlei Hinsicht verfeinert und ausgebaut wurden. Exemplarisch sei auf die Integration der Finanzierung und der Besteuerung[106], der Maschinenstillegung[107] oder der Standortplanung[108] hingewiesen. Auch stochastische Modelle[109] und verbesserte Lösungsverfahren[110] werden vorgeschlagen.

VRIES [1984], PAUL [1981], PORTER/MASTANAIAH [1982], ROSTEK [1982], SCHMITT [1985], SCHULZ [1985], SIMS [1986] und STADLER [1978].

102 Vgl. SCHARFF [1984], S.1-14 und SCHUMMER [1985].

103 Vgl. die Untersuchungen in Abschnitt 5.4.

104 Vgl. Anmerkung 77.

105 Vgl. ALBACH [1962], JACOB [1976] und SEELBACH [1967].

106 Vgl. SCHNEIDER [1988] und ROSENBERG [1975].

107 Vgl. BÄHR [1975], S.235-250.

108 Vgl. HANSMANN [1974].

109 Vgl. SCHWEIM [1969].

Trotz dieser Bemühungen bleibt der große Modellumfang simultaner Produktions- und Investitionsplanungsmodelle ein Problem, das eine numerische Lösung vieler praktischer Anwendungen unmöglich macht.[111] Um eine praxisnahe *und* numerisch lösbare Modellformulierung[112] zu erreichen, muß ein auf den Einzelfall abgestimmter Abstraktionsgrad (inhaltliche Abgrenzung, Anzahl der Perioden und der Investitionsobjekte, Vernachlässigung der Finanzierung etc.)[113] gefunden werden.

Ähnlich wie die betriebswirtschaftlichen Standardmodelle zur optimalen Produktions- und Absatzplanung[114] gehen auch die Standardansätze zur simultanen Produktions- und Investitionsplanung i.d.R. von linearen Technologien und von lagerbaren Vor- und Endprodukten (zeitliche Anpassung) aus. Nachfolgend wird für das Betriebsmodell gezeigt, wie die Kapazitätsplanung (Investitionsplanung) einer betrieblichen Energieversorgung mit einem Produktionsplanungsmodell nach Tabelle 5.10 (intensitätsmäßige Anpassung ohne Splitting) verbunden werden kann.

Um die Grundstruktur dieser Verbindung zu erläutern, genügt ein vereinfachtes Modell auf Basis der Annuitätenmethode.[115] Zur Diskussion der mit dieser Methode verbundenen Prämissen wird auf die Standardliteratur zur Investitionsrechnung verwiesen. Auch eine allgemeine Darstellung der hier nicht behandelten statischen[116] und dynamischen[117] Vergleichsmethoden[118]

[110] Hierzu sei auf Sensitivitätsanalysen (DINKELBACH [1969]), auf Dekompositionsverfahren (DIRICKX/JENNERGREN [1979]) und auf Aggregationsstrategien (BARTELS [1986]) hingewiesen. Vorschläge zur heuristischen Lösung komplexer Investitionsplanungsmodelle findet man bei BIETHAHN/LIEBMANN [1972], [1973] und bei FISCHER [1981].

[111] Vgl. dazu etwa BLOHM/LÜDER [1988], S.289.

[112] Vgl. zu diesem Thema BALL [1978], HANSSMANN [1982], STAHLKNECHT [1978], STEINBACH [1975]. Zu den unter Anwendungsgesichtspunkten ebenfalls wichtigen Fragen der Datenermittlung und Datenkontrolle in der Investitionsrechnung vgl. FRISCHMUTH [1969] und WEGENER [1981].

[113] Allgemeine Ausführungen zur Konstruktion von Planungsmodellen findet man bei HARHAMMER [1982], RAINE/FLAVELL/SALKIN [1978], GAITANIDES [1979], WILLIAMS [1978] und ZENTES [1976].

[114] Vgl. Abschnitt 4.3.

[115] Darüber hinaus läßt sich dieser Ansatz mit den Daten formulieren, die in praktischen Fällen i.d.R. verfügbar sind.

[116] ... Kostenvergleichsrechnung, ergänzt durch die statische Amortisationszeit.

[117] ... interne Zinsfuß- und Kapitalwertmethode, ergänzt durch die dynamische Amortisationszeit.

und der o.g. Standardmodelle zur Produktions- und Investitionsplanung kann im Rahmen dieser Arbeit nicht erfolgen.[119]

Die Erläuterung des nachfolgend entwickelten Ansatzes genügt jedoch, um auch andere Modellstrukturen - z.B. ein mehrperiodisches Kapitalwertmodell - für eine Verbesserung der Kapazitätsplanung in einer betrieblichen Energiewirtschaft zu entwickeln.[120]

Die weiteren Ausführungen beziehen sich auf das Planungsmodell in Tabelle 5.24. Die Struktur dieses Modells ergibt sich aus dem Ansatz in Tabelle 5.10, wenn man dort die Kapazitätsgrenzen der Kraftwerksbausteine (Kessel und Turbinen) als Variablen definiert, die Anschaffungskosten dieser Kapazitäten in die Zielfunktion aufnimmt und den Planungshorizont zur Berechnung der (diskontierten) Betriebskosten auf die wirtschaftliche Nutzungsdauer der Investitionsgüter (der Kraftwerksbausteine) ausweitet.

Auf diese Art entsteht zunächst ein Ansatz zur Minimierung des Kapitalwertes einer betrieblichen Energieversorgung. Zu einem Annuitätenmodell gelangt man analog zur Vorgehensweise in Abschnitt 3.2.[121] Die Zielfunktion minimiert die Summe Z [TDM/a] der jährlichen fixen und variablen Produktionskosten und der Annuität der Anschaffungsauszahlungen (Investitionskosten) der gesamten betrieblichen Energieversorgung:

(G.5.51) $$Z = \sum_y (A_y + Kf_y) + (Au + Kfu) + Kl + \sum_i t_i \cdot Kv_i \quad,$$ wobei

A_y : Annuität der Anschaffungsauszahlungen der Kraftwerkskomponente y [TDM/a];[122]

Kf_y : zahlungswirksame fixe Kosten der Kraftwerkskomponente y [TDM/a];

118 Die Literaturangaben in den Anmerkungen 99-101 verweisen auf eine Vielzahl von Beispielen für eine Anwendung dieser Standardverfahren in einer betrieblichen Energiewirtschaft.

119 Energiewirtschaftliche - insbesondere an der Planungssituation der EVU orientierte - Ausführungen zu den Standardverfahren der Investitionsrechnung findet man bei BERRIE [1983], KLOOCK/ROSENBERG [1986], SCHMITT [1984], SCHNEIDER/STARKLOFF [1980], SCHÜLLER [1985a], SULLIVAN [1977], VDEW [1966] und ZIEMANN [1983].

120 Die numerische Lösbarkeit derartiger Ansätze bleibt jedoch fraglich.

121 Vgl. die Ausführungen zu G.3.7 und zu G.3.8.

122 Neben den Anschaffungsauszahlungen für die Kraftwerkskomponenten fallen u.U. Grundstücks- und Gebäudekosten an, von denen hier abstrahiert wird. Die Anschaffungsauszahlungen der Kraftwerksverschaltung (Vorwärmer, Dampfleitungen, Meß- und Regeltechnik) lassen sich näherungsweise in G.5.54 erfassen. Es wird angenommen, daß in diesen Funktionen entsprechende Zuschlagsätze enthalten sind.

Au : Annuität der Anschaffungsauszahlungen der Rauchgasreinigungsanlagen (REA/DENOX) [TDM/a];
Kfu : auszahlungswirksame fixe Kosten der Rauchgasreinigungsanlagen [TDM/a];
Kl : Jahresleistungskosten des Fremdstrombezugs [TDM/a];
Kv_i : Betriebskosten des Lastvektors d_i [TDM/h]
t_i : Laufzeit des Lastvektors d_i [h/a].[123]

Der Index $y \in \{K_s, T_s \mid s \in S\}$[124] kennzeichnet die Kraftwerksbausteine, deren Kapazitäten D_y [tw/h] in einer Investitions- und Produktionsplanung einer betrieblichen Energieversorgung für $D_y \in \{[0] + [d_y', d_y'']\}$ zu bestimmen sind. Die Kapazitäten d_y' und d_y'' bezeichnen die technische Minimal- bzw. Maximalauslegung einer Kraftwerkskomponente y. $D_y = 0$ bedeutet, daß der Kraftwerksbaustein y nicht installiert wird.

Nachfolgend werden die einzelnen Komponenten von G.5.51 schrittweise auf die Entscheidungsvariablen des Planungsmodells zurückgeführt, um die explizite Form der Zielfunktion (1) in Tabelle 5.24 herzuleiten.

y	d_y' [tw/h]	d_y'' [tw/h]	$d_y''-d_y'$ [tw/h]	a_{0y} [TDM]	b_{0y} [TDM/tw]	Kf_y [TDM/a]	a'_y [TDM/a]	b_y [TDM/(tw·a)]
K_h	120	220	100	28000	180	250	3171	18,77
K_m	40	300	260	9500	170	200	1191	17,73
K_n	30	300	270	7500	160	180	962	16,69
T_h	100	220	120	5400	31	70	633	3,23
T_m	30	170	140	3500	28	70	435	2,92
T_n	30	120	90	5000	58	70	592	6,05

Tabelle 5.23: Anschaffungsauszahlungen und Fixkosten für KWK-Bausteine

Die *Anschaffungsauszahlungen* $A_{0y}(D_y)$ [TDM] *eines Kraftwerksbausteins* y werden nach

$$\text{(G.5.52)}\quad A_{0y}(D_y) = \begin{cases} 0 & \text{, für } D_y = 0 \\ a_{0y} + b_{0y}\cdot(D_y - d_y'), & \text{" } D_y \in [d_y', d_y''] \end{cases}\text{, wobei}$$

a_{0y} : Anschaffungsauszahlung für die Mindestkapazität d_y' [DM];
b_{0y} : Anschaffungsauszahlung für eine zusätzliche Kapazitätseinheit [DM/tw];
D_y : (Nenn-) Kapazität der Kraftwerkskomponente y [tw/h];

[123] Auf eine Abzinsung der Kf_y und der Kv_i um eine halbe Zinsperiode (kontinuierlicher Zahlungsanfall) wird vereinfachend verzichtet.

[124] Auf die Mitführung des Brennstoffindex b = k wird verzichtet.

berechnet. Der entscheidungsrelevante Kapitaldienst $A_y(D_y)$ [DM/a] einer Kraftwerkskomponente y ist

$$\text{(G.5.53)}\quad A_y(D_y) = \begin{cases} 0 & \text{, für } D_y = 0 \\ a_y + b_y \cdot (D_y - d_y'), & \text{" } D_y \in [d_y', d_y''] \end{cases} \text{, wobei}$$

$a_y = a_{0y} \cdot (1 - s_y) \cdot w(i,n)$ [DM/a],
$b_y = b_{0y} \cdot (1 - s_y) \cdot w(i,n)$ [DM/($t_W \cdot$ a)] und

$w(i,n)$: Kapitalwiedergewinnungsfaktor [];
i : Kalkulationszinssatz [];
n : wirtschaftliche Nutzungsdauer [a];
s_y : Investitionszulagensatz [].

Im Betriebsmodell wird mit einem Kalkulationszinsfuß von i = 7 % und einer wirtschaftlichen Nutzungsdauer von n = 15 a gerechnet. Der Kapitalwiedergewinnungsfaktor beträgt w(i = 0,07; n = 15) = 0,1097. Liquidationserlöse werden nicht berücksichtigt. Über die Abschlagsätze s_y können bausteinspezifische Investitionszulagen in das Modell eingehen.[125] Im Rahmen dieser Arbeit wird eine detaillierte Subventionsplanung nicht behandelt. Das Zahlenbeispiel rechnet vereinfachend mit einem einheitlichen Zulagensatz von s_y = 5 %.

Zusätzlich zu den Anschaffungsauszahlungen fallen für jeden Kraftwerksbaustein zahlungswirksame jährliche *Fixkosten* Kf_y für Personal, Wartung und Reparatur an, die weitgehend kapazitätsunabhängig sind. Zur Formulierung der Zielfunktion in Tabelle 5.24 werden der Kapitaldienst $A_y(D_y)$ und die Fixkosten Kf_y einer Kraftwerkskomponente y wie folgt zu einem Zielfunktionsbeitrag $Z_y = A_y + Kf_y$ [DM/a] zusammengefaßt:

$$\text{(G.5.54)}\qquad Z_y = A_y + Kf_y = a_y' \cdot I_y + b_y \cdot Dv_y \text{ , wobei}$$

$$Dv_y = \max\{0, D_y - d_y'\}; \qquad a_y' = a_y + Kf_y;$$

$$I_y = \begin{cases} 1 \text{ , falls die Kraftwerkskomponente y gebaut wird;} \\ 0 \text{ , sonst.} \end{cases}$$

In Tabelle 5.24 werden die Koeffizienten a_y' und b_y für die Kraftwerkskomponenten des Betriebsmodells nach G.5.54 berechnet.

Die *Anschaffungsauszahlungen der Rauchgasreinigungsanlagen* (REA und DENOX) sind infolge der gesetzlichen Vorschriften von der insgesamt in-

125 ... z.B. nach den Regelungen des § 4a Investitionszulagengesetz. Zur Förderung betrieblicher Investitionen in KWK-Anlagen vgl. ARKENBERG [1984], ARKENBERG u.a. [1984] und die dort angegebene Literatur.

stallierten, thermischen Kesselleistung P_{th} [MW] abhängig.[126] Ausgehend von G.2.13 und Tabelle 5.8 läßt sich P_{th} wie folgt berechnen:

(G.5.55) $$P_{th} = \sum_{s \in S} \frac{h_{1s} - h_{2s}}{\mu_{Ksk}} \cdot D_{Ks}.$$

Für die Daten des Betriebsmodells erhält man nach G.5.55

$$P_{th} = 0{,}80 \cdot D_{Kh} + 0{,}81 \cdot D_{Km} + 0{,}76 \cdot D_{Kn}.$$[127]

Bei der Herleitung einer von P_{th} abhängigen Funktion der Anschaffungsauszahlungen $A_{0u}(P_{th})$ [TDM] für die Rauchgasreinigung sind die gesetzlich vorgeschriebenen Grenzwerte in Tabelle 2.2 zu beachten.[128] Nach dieser Tabelle tritt für $P_{th} > 300$ MW eine Verschärfung der Emissionsgrenzwerte ein, die eine signifikante Kostensteigerung, d.h., eine Sprungstelle[129] in der Funktion $A_{0u}(P_{th})$ auslöst.[130] Wir approximieren daher die Anschaffungsauszahlungen $A_{0u}(P_{th})$ der Rauchgasreinigungsanlagen nach

(G.5.56) $$A_{0u} = au_{01} \cdot Iu_1 + bu_0 \cdot P_{th} + au_{02} \cdot Iu_2 \text{ , wobei}$$

au_{01} : Anschaffungsauszahlung einer Rauchgasreinigungsanlage für eine thermische Kesselleistung $P_{th} = 100$ MW;
bu_0 : Anschaffungsauszahlung für eine zusätzliche Kapazitätseinheit [TDM/MW];
au_{02} : sprungfixe Zusatzinvestition für eine Rauchgasreinigungsanlage bei einer Kesselleistung $P_{th} > 300$ MW.

$$Iu_1 = \begin{cases} 1, & \text{falls } P_{th} > 100 \text{ MW;} \\ 0, & \text{sonst;} \end{cases}$$

$$Iu_2 = \begin{cases} 1, & \text{falls } P_{th} > 300 \text{ MW;} \\ 0, & \text{sonst.} \end{cases}$$

Im Beispiel sei $au_{01} = 30\,000$ TDM, $bu_0 = 200$ TDM/MW und $au_{02} = 50\,000$ TDM. Die (kapazitätsunabhängigen) Fixkosten der Rauchgasreinigungsanlage seien $Kfu = 100$ TDM/a. Berechnet man zu A_{0u} den Kapitaldienst $Au = w(i,n) \cdot A_{0u}$ und addiert hierzu Kfu, so ergibt sich der Zielfunktionsbeitrag

[126] Vgl. dazu die Ausführungen in Abschnitt 2.2.

[127] Diese Definition geht über Restriktion (27) in das Modell ein.

[128] Die thermische Gesamtleistung P_{th} der KWK-Anlage steigt c.p. mit der installierten Kapazität der elektrischen Eigenerzeugung!

[129] Vgl. Restriktion (28) in Tabelle 5.24.

[130] Die niedrigere Grenze von $P_{th} > 100$ MW wird im Betriebsmodell sicher - d.h. aufgrund des reinen Prozeßwärmebedarfs - erreicht.

(G.5.57) $Zu = Au + Kfu = 3229 \cdot Iu_1 + 21 \cdot P_{th} + 5215 \cdot Iu_2$.

Mit Hinweis auf die Ausführungen zur exakten Modellierung der *Fremdstrombezugskosten* in Kapitel 4 wird für diese Kostenart zunächst ein zweiteiliger Tarif mit einem Leistungspreis ql und einem Arbeitspreis qa angesetzt. Der Leistungspreis für die - vom Planungsmodell zu bestimmende - Jahreshöchstleistung Pz betrage ql = 255 DM/(kW·a).[131]

Ausgehend von dem (geplanten) Leistungspreis eines Mustervertrags enthält dieser Betrag einen Aufschlag in Höhe der Annuität [DM/kW·a] der spezifischen Anschaffungsauszahlungen [DM/kW], die mit der Installation der geplanten Fremdbezugsleistung Pz [kW] verbunden sind.[132] Die Leistungskosten des Strombezugs Kl [TDM/a] sind demnach

(G.5.58) $Kl = ql \cdot Pz = 0{,}255 \cdot Pz$.

Da in der Kapazitätsplanung *die gesamten Jahresbetriebskosten* benötigt werden, sind *alle* charakteristischen Lastvektoren d_i mit den zugehörigen Laufzeiten t_i in das Modell aufzunehmen. Der in G.5.51 enthaltene Term zur Berechnung der Betriebskosten ergibt sich direkt durch eine Addition der mit den Laufzeiten t_i [h/a] multiplizierten Kosten $Kv_i(d_i)$.

Setzt man die Laufzeiten t_i aus Tabelle 5.20 zusammen mit G.5.54, G.5.57 und G.5.58 in G.5.51 ein, so ergibt sich die *Zielfunktion* (1) des Planungsmodells in Tabelle 5.24. Der Zielfunktionswert Z hat die Dimension [TDM/a].

Die Restriktionen (2)-(8) können mit geringfügigen Modifikationen für jeden Intensitätspunkt (alle Variablen erhalten den zusätzlichen Index i) aus Tabelle 5.10 übernommen werden. Die Änderungen beziehen sich auf die Modellierung der Dampfverbrauchsfunktion der Turbinen. Um die Anzahl der Binärvariablen zu begrenzen, wird der *Überlastbereich der Turbosätze nicht abgebildet.* In einem mittel- bis langfristigen Modell genügt es, die Kapazitäten der Turbosätze durch die Nennlasten zu begrenzen.

Eine weitere Modifikation betrifft die *Ermittlung der Leerlaufdampfmenge* der Turbosätze, die von der installierten - in Tabelle 5.24 variablen Turbinenkapazität - abhängt. Der Leerlaufdampfverbrauch kann deshalb nicht wie in Tabelle 5.10 an die Betriebsvariablen Lts_i gekoppelt werden, sondern muß *in Abhängigkeit der Turbosatzkapazität* nach

131 Der Arbeitspreis sei weiterhin qa = 11 Pf/kWh. Vgl. dazu die Nebenbedingungen (10) in Tabelle 5.24.

132 Hierzu zählen die Kosten der Fremdstromübergabestelle (Schaltanlage) und einer eventuell geplanten, betriebseigenen Transformatorenstation.

(G.5.59) $Dt_{Ls} = lf_s \cdot Dt_s$, für $s \in S$, wobei

Dt_{Ls} : Leerlaufdampfverbrauch der Turbine T_s $[t_w/h]$;
lf_s : Leerlauffaktor der Turbine T_s nach Tabelle 5.8 [];
Dt_s : Nennkapazität der Turbine T_s $[t_w/h]$.

ermittelt werden. G.5.59 führt zu den Restriktionen (15) in Tabelle 5.24.

(1) $$3171\cdot I_{Kh} + 1191\cdot I_{Km} + 962\cdot I_{Kn} + 18{,}77\cdot Dv_{Kh} + 17{,}73\cdot Dv_{Km} + 16{,}69\cdot Dv_{Kn} + 633\cdot I_{Th} + 435\cdot I_{Tm} + 592\cdot I_{Tn} + 3{,}23\cdot Dv_{Th} + 2{,}92\cdot Dv_{Tm} + 6{,}05\cdot Dv_{Tn} + 0{,}255\cdot Pz + 3229\cdot Iu_1 + 5215\cdot Iu_2 + 21\cdot P_{th} + 0{,}5\cdot Kv_1 + 0{,}9\cdot Kv_2 + 1{,}6\cdot Kv_3 + 1{,}9\cdot Kv_4 + 1{,}3\cdot Kv_5 + 1{,}8\cdot Kv_6 = Z \longrightarrow \min$$

(2) $$0{,}02\cdot Dk_{hi} + 0{,}015\cdot Dk_{mi} + 0{,}01\cdot Dk_{ni} + Dt_{Lni} + Dt_{ni} + 0{,}7\cdot D_{mi} + 0{,}8\cdot D_{ni} + Dw_i - 0{,}8653\cdot Dv_{ni} = 0$$

(3) $$1{,}015\cdot Dk_{mi} + 1{,}01\cdot Dk_{ni} + 0{,}852\cdot Dv_{mi} + 0{,}084\cdot Dr_{mi} - Dv_{ni} = 0$$

(4) $$1{,}02\cdot Dk_{hi} + 0{,}066\cdot D_{mi} - Dv_{mi} + 0{,}165\cdot Dr_{hi} = 0$$

(5) $$Dk_{hi} - Dt_{Lhi} - Dt_{hi} - 0{,}835\cdot Dr_{hi} = 0$$

(6) $$Dk_{mi} + Dt_{Lhi} + Dt_{hi} - Dt_{Lmi} - Dt_{mi} - 0{,}934\cdot D_{mi} - 0{,}148\cdot Dv_{mi} + Dr_{hi} - 0{,}916\cdot Dr_{mi} = 0$$

(7) $$- Dk_{ni} - Dt_{Lmi} - Dt_{mi} + Dt_{Lni} + Dt_{ni} + D_{ni} + 0{,}135\cdot Dv_{ni} - Dr_{mi} \le 0$$

(8) $$Pz_i + 136{,}35\cdot Dt_{hi} + 75{,}93\cdot Dt_{mi} + 131{,}22\cdot Dt_{ni} - 3{,}79\cdot Dt_{Lni} - 1{,}54\cdot Dw_i - 17{,}31\cdot Dk_{hi} - 13{,}39\cdot Dk_{mi} - 11{,}78\cdot Dk_{ni} - 0{,}528\cdot Dv_{mi} - 0{,}806\cdot Dr_{hi} - 0{,}086\cdot Dr_{mi} - 0{,}537\cdot D_{mi} - 0{,}592\cdot D_{ni} - Pv_i - P_i = 0$$

(9) $$Dt_{Lmi} + Dt_{mi} + 0{,}9157\cdot Dr_{mi} - Dt_{mi} \le 0$$

(10) $$19{,}923\cdot Dk_{hi} + 19{,}966\cdot Dk_{mi} + 18{,}684\cdot Dk_{ni} + 0{,}668\cdot Dt_{hi} + 0{,}372\cdot Dt_{mi} + 2{,}418\cdot Dt_{ni} + 0{,}85\cdot Dw_i + 0{,}245\cdot D_{mi} + 0{,}28\cdot D_{ni} + 0{,}11\cdot Pz_i - 0{,}0753\cdot Pv_i + 1{,}756\cdot Dt_{Lni} - Kv_i = 0$$

für $i = 1 \ldots 6$

(11) $$- m\cdot Lk_{si} + Dk_{si} \le 0;$$
(12) $$- Dk_s + Dk_{si} \le 0;$$
(13) $$0{,}7\cdot Dk_s - Dk_{si} + m\cdot Lk_{si} \le m;$$
(14) $$- m\cdot Lt_{si} + Dt_{si} \le 0;$$
(15) $$lf_s\cdot Dt_s - Dt_{Lsi} + m\cdot Lt_{hi} \le m;$$
(16) $$(lf_s - 1)\cdot Dt_s + Dt_{si} \le 0;$$

für $s \in S$ und $i = 1 \ldots 6$

(17) $$P_i \ge p_i;$$
(18) $$D_{mi} \ge d_{mi};$$
(19) $$D_{ni} \ge d_{ni};$$
(20) $$Pz_i - Pz \le 0;$$

für $i = 1 \ldots 6$

(21) $$D_{Ks} - d_{Ks}''\cdot I_{Ks} \le 0;$$
(22) $$D_{Ts} - d_{Ts}''\cdot I_{Ts} \le 0;$$
(23) $$m\cdot I_{Ks} - D_{Ks} \le (m - d_{Ks}');$$
(24) $$m\cdot I_{Th} - D_{Ts} \le (m - d_{Ts}');$$
(25) $$D_{Ks} - Dv_{Ks} \le d_{Ks}';$$
(26) $$D_{Ts} - Dv_{Ts} \le d_{Ts}'$$

für $s \in S$

(27) $$0{,}80\cdot D_{Kh} + 0{,}81\cdot D_{Km} + 0{,}76\cdot D_{Kn} - P_{th} \le 0;$$
(28) $$P_{th} - 300\cdot Iu_1 - m\cdot Iu_2 \le 0;$$

(29) alle Variablen ≥ 0; $I_{Ks}, I_{Ts}, Iu_1, Iu_2, Lk_{si}, Lt_{si} \in \{0,1\}$

Tabelle 5.24: Projektspezifische Investitions- und Produktionsplanung

Die Nebenbedingungen (9) begrenzen die *Kapazität der Reduzierstation* R_m, die von der Größe der Mitteldruckturbine T_m abhängt.[133] Restriktion (10) bilanziert die *elektrische Leistung* für jeden Lastvektor.[134] Die Lastüberwachung[135] des Netzdampfverbrauchs bzw. des Fremdstrombezugs erfolgt in den Nebenbedingungen (12), (16) und (20).[136]

Die zu deckenden Lastvektoren d_i werden in den Restriktionen (17)-(19) vorgegeben.[137] Die Nebenbedingungen (11) und (14) stellen fest, welche der vom Modell installierten Dampfkessel und Turbosätze in einem Lastpunkt i in Betrieb sind. Dabei sichern die Restriktionen (21) und (22) ab, daß nur solche Kraftwerkskomponenten in Betrieb genommen werden, die installiert (investiert) sind, und daß bei der Installation die technisch mögliche Maximalkapazität d_y'' nicht überschritten wird. Analog werden durch (23) und (24) die in Tabelle 5.23 vorgegebenen Minimalkapazitäten d_y' für die Kraftwerkskomponenten eingehalten. In (25) und (26) wird die in G.5.54 angegebene Definition der Hilfsvariablen Dv_y abgebildet.

Restriktion (27) ermittelt die thermische Leistung der vom Modell installierten Dampfkessel. Durch (28) werden die für P_{th} > 300 MW erhöhten Investitionskosten infolge verschärfter Emissionsgrenzwerte erfaßt.[138] Damit sind alle Teile des Optimierungsmodells in Tabelle 5.24 erläutert. Als *optimale Lösung* erhält man den Investitionsplan in Tabelle 5.25 und den Produktionsplan in Tabelle 5.26.

Die erste Zeile der Tabelle 5.25 enthält die optimalen Kapazitäten des Industriekraftwerks und der Rauchgasreinigungsanlage sowie die optimale Jahreshöchstleistung des Strombezugs. Auf der Hochdruckstufe sind die maximal zulässigen Kessel- und Turbinenkapazitäten zu installieren. Auf der Mitteldruckstufe wird eine Turbinenkapazität von 130 tw/h gewählt.

Offensichtlich lohnt sich im Vergleich zum (vorgegebenen) Grundaufbau des Betriebsmodells[139] ein Ausbau der Gegendruckkapazitäten. Die beiden Zusatzkessel werden weiterhin installiert - im Vergleich zum Ausgangsmodell jedoch mit verminderter Kapazität. Trotz der insgesamt erhöhten

133 Vgl. Nebenbedingung (21) in Tabelle 5.10.

134 ... analog zu Gleichung (25) in Tabelle 5.10.

135 Vgl. zu diesem Begriff Abschnitt 4.7.

136 ... analog zu den Restriktionen (22)-(24) in Tabelle 5.10.

137 Vgl. die Nebenbedingungen (9)-(14) und (16)-(20) in Tabelle 5.10.

138 Vgl. G.5.56.

139 Vgl. die Kapazitätsangaben in Tabelle 5.8.

elektrischen Eigenkapazitäten steigt auch die Jahreshöchstleistung des Strombezugs gegenüber dem vorgegebenen Wert in Tabelle 5.20 um 2,9 MW.

y ⟶	K_h	K_m	K_n	T_h	T_m	T_n	P_{th} [MW]	P_z [MW]		
	[tw/h]									
D_y | P_{th}	220	52	50	220	130	30	256	22,9	Summe	[]
Z_y | Z_u	5049	1404	1300	1021	728	592	8612	5829	24534	[TDM/a]
A_{0y} | A_{0u}	46,0	11,5	10,7	9,1	6,3	5,0	81,3	53,2	223,2	[Mio DM]

Tabelle 5.25: Optimaler Investitionsplan (Beispiel 1)

Die zweite Zeile der Tabelle 5.25 enthält die Zielfunktionsbeiträge Z_y, Zu und Kl nach den Definitionen G.54, G.5.57 und G.5.58. Als eine ergänzende Information listet die dritte Zeile die Anschaffungsauszahlungen des Gesamtprojekts auf. Beim Fremdstrombezug (Spalte "Pz") wird hierbei der Kapitalwert der Leistungskosten Kl:w(i,n) angesetzt.

i ⟶	1	2	3	4	5	6	*Max*\Summe	[]
K_{zi}	2519	2409	1991	1507	1199	550	*2519*	[DM/h]
K_{KWKi}	6636	6505	5167	4640	5380	4661	*6636*	[DM/h]
K_{vi}	9155	8914	7158	6147	6579	5211	*9155*	[DM/h]
Dk_{hi}	220	220	211	220	220	220	*220*	[tw/h]
Dk_{mi}	52	52	36	0	36	0	*52*	[tw/h]
Dk_{ni}	50	44	0	0	0	0	*50*	[tw/h]
Dt_{hi}	220	220	211	220	220	220	*220*	[tw/h]
Dt_{mi}	130	116	130	121	129	111	*130*	[tw/h]
Dt_{ni}	0	0	0	15	13	25	*25*	[tw/h]
P_{Ni}	27,1	26,1	26,9	29,3	29,1	30,0	*30,0*	[MW]
P_{zi}	22,9	21,9	18,1	13,7	10,9	5,0	*22,9*	[MW]
A_{zi}	11450	19710	28960	26030	14170	9002	109322	[MWh/a]
A_{Ni}	13550	23490	43040	55670	37830	53998	227578	[MWh/a]
KJ_{zi}	1260	2168	3186	2863	1559	990	12025	[TDM/a]
KJ_{KWKi}	3318	5855	8267	8816	6994	8390	41640	[TDM/a]
KJ_{vi}	4578	8023	11453	11679	8553	9380	53665	[TDM/a]

Tabelle 5.26: Optimaler Produktionsplan (Beispiel 1)

Tabelle 5.26 faßt den optimalen Produktionsplan in der gleichen Strukturierung wie Tabelle 5.20 zusammen. Die Einschaltfolge der drei Dampfkessel ändert sich nicht. Der Bau einer Kondensationsturbine T_n in der zulässigen Minimalkapazität[140] lohnt sich, obwohl diese Maschine in keinem Lastvektor mit Vollast betrieben wird.[141]

Ein Vergleich der optimalen Lastaufteilung im zweiten Block der Tabelle 5.26 mit den zugehörigen Lastvektoren in Tabelle 5.19 ergibt, daß die Kondensationsturbine weniger zur Verstetigung des Strombezugs[142] dient, als vielmehr zur Verwertung des im Niederdrucknetz zeitweise[143] nicht nutzbaren Abdampfes der Turbinen T_h und T_m.[144]

Eine Optimierung der Kraftwerkskapazitäten in einem Modell wie in Tabelle 5.24 kann nur im Rahmen der Kraftwerksschaltungen und mit den Bausteinen erfolgen, die das Restriktionensystem enthält. Es ist *nicht* möglich, ein *umfassendes* Modell zur Gestaltung einer betrieblichen Energieversorgung zu entwickeln.[145] So enthält etwa der oben besprochene Ansatz noch keine Optionen zur Wahl der Brennstoffart, zum Ersatz einer Dampfturbine durch zwei kleinere Einheiten oder zum Zubau einer Gasturbine.

Eine Optimierung der Kapazitäten kann jedoch durch einen *Vergleich von alternativen Rahmenmodellen* (Anlagenkonzeptionen) der vorgestellten Art erfolgen. Die Definition dieser Rahmenmodelle muß aus der anlagentechnischen Erfahrung heraus *vorgegeben* werden. Dies gilt auch für die Festlegung der Modellanzahl und der Modellierungsgenauigkeit, die zusätzlich mit der Qualität der Lastdaten, der Preisdaten und mit der Aggregation der sonstigen Einflußgrößen und Teilpläne abzustimmen sind.[146]

140 $D_{Tn} = 30\ t_w/h = d_n'$; vgl. die Tabellen 5.25 und 5.23.

141 In Tabelle 5.26 gilt $Dt_{ni} \le 25\ t_w/h$, für $i = 1...6$.

142 In den Lastvektoren d_i mit den *höchsten* elektrischen Leistungen p_i läuft T_n *nicht*: In Tabelle 5.26 gilt $Dt_{ni} = 0$, für $i = 1,2,3$.

143 Der Niederdruckdampfbedarf kann z.B. von der Jahreszeit (Witterung) abhängen, wenn die Raumheizung über das Dampfnetz versorgt wird.

144 Die Kondensationsturbine trägt zur Deckung der Lastvektoren d_i, für $i = 4,5,6$ bei, wobei das Modell die Höchstleistung des Stromfremdbezugs nicht ausnutzt (vgl. Tabelle 5.26). In diesen Lastvektoren wird relativ wenig Niederdruckdampf benötigt (vgl. Tabelle 5.19).

145 Der Entwurf eines umfassenden Restriktionensystems für alle in einer konkreten Projektplanung interessanten Ausbauoptionen ist in aller Regel sowohl in der Modellformulierung wie auch im Lösungsaufwand zu komplex. Vgl. dazu auch die Ausführungen in Abschnitt 1.5.

146 Beispielsweise ist es zur ökonomischen Beurteilung eines betrieblichen Energieversorgungskonzepts wenig sinnvoll, die wärmewirtschaftlichen Vorteile einer mehrstufigen Vorwärmung exakt zu ermitteln, wenn auf der anderen Seite mit grob geschätzten Lastdaten (Spitzenlasten und Jahresverbrauch) und mit Durchschnittspreisen auf Vollkostenbasis zur Bewertung eines (vorab definierten) Strombezugs gerechnet wird.

Eine Alternative zur Vorabdefinition mehrerer Rahmenmodelle ist die experimentelle Variation eines Ausgangsmodells. Ausgehend von der optimalen Lösung des Betriebsmodells liegt es z.B. nahe, die zulässigen Kapazitäten der Gegendruckturbinen zu erhöhen.

Um eine solche Variation einmal durchzuführen, werden in das Restriktionensystem des Betriebsmodells je *zwei* Turbosätze T_{sa}, T_{sb}, für $s \in \{h,m\}$ aufgenommen. Darüber hinaus wird die zulässige Maximalkapazität des Hochdruckkessels auf $d_{Kh}'' = 300$ tw/h erhöht.

y ——>	K_h	K_m	K_n	T_{ha}	T_{hb}	T_{ma}	T_{mb}	T_n	P_{th}	P_Z		
	[tw/h]								[MW]	[MW]		
D_y | P_{th}	295	40	0	100	195	30	152	58	269	11,9	Summe	[]
Z_y | Zu	6464	1191	0	633	941	435	792	762	8872	3024	**23115**	[TDM/a]
A_{0y} | A_{0u}	59,5	9,5	0,0	5,4	8,3	3,5	6,9	6,6	83,7	27,6	211,0	[Mio DM]

Tabelle 5.27: Optimaler Investitionsplan (Beispiel 2)

i ——>	1	2	3	4	5	6	*Max*\Summe	[]
$K_{Z\,i}$	1304	1260	462	0	0	0	*1304*	[DM/h]
$K_{KWK\,i}$	7022	6833	6257	5982	6157	5253	*7022*	[DM/h]
$K_{V\,i}$	8326	8093	6719	5982	6157	5253	*8326*	[DM/h]
$Dk_{h\,i}$	295	295	295	280	290	247	*295*	[tw/h]
$Dk_{m\,i}$	40	31	0	0	0	0	*40*	[tw/h]
$Dt_{ha\,i}$	100	100	100	100	95	100	*100*	[tw/h]
$Dt_{hb\,i}$	195	195	195	180	195	147	*195*	[tw/h]
$Dt_{ma\,i}$	30	0	14	30	0	0	*30*	[tw/h]
$Dt_{mb\,i}$	152	152	152	141	152	134	*152*	[tw/h]
$Dt_{n\,i}$	0	0	31	58	33	44	*58*	[tw/h]
$P_{N\,i}$	38,1	36,6	40,8	43,0	40,0	35,0	*43,0*	[MW]
$P_{Z\,i}$	11,9	11,4	4,2	0,0	0,0	0,0	*11,9*	[MW]
$A_{Z\,i}$	5929	10308	6726	0	0	0	22964	[MWh/a]
$A_{N\,i}$	19071	32892	65274	81700	52000	63000	313936	[MWh/a]
$KJ_{Z\,i}$	652	1134	740	0	0	0	2526	[TDM/a]
$KJ_{KWK\,i}$	3511	6149	10011	11367	8004	9455	48497	[TDM/a]
$KJ_{V\,i}$	4163	7283	10751	11367	8004	9455	**51023**	[TDM/a]

Tabelle 5.28: Optimaler Produktionsplan (Beispiel 2)

Mit einem Hinweis auf die voranstehenden Ausführungen wird auf die Herleitung und auf die Wiedergabe des gemischt-ganzzahligen linearen Programms zu dieser Planungsvariante verzichtet.[147] Die Tabellen 5.27 und 5.28 stellen direkt den - gegenüber der Lösung in den Tabellen 5.25 und 5.26 verbesserten - optimalen Investitions- und Produktionsplan dar. Abbildung 5.7 verdeutlicht den zugehörigen Aufbau des Industriekraftwerks. Für den Lastvektor d_2 ist exemplarisch der kostenminimale Mengen- und Energiefluß in die Abbildung eingezeichnet.[148]

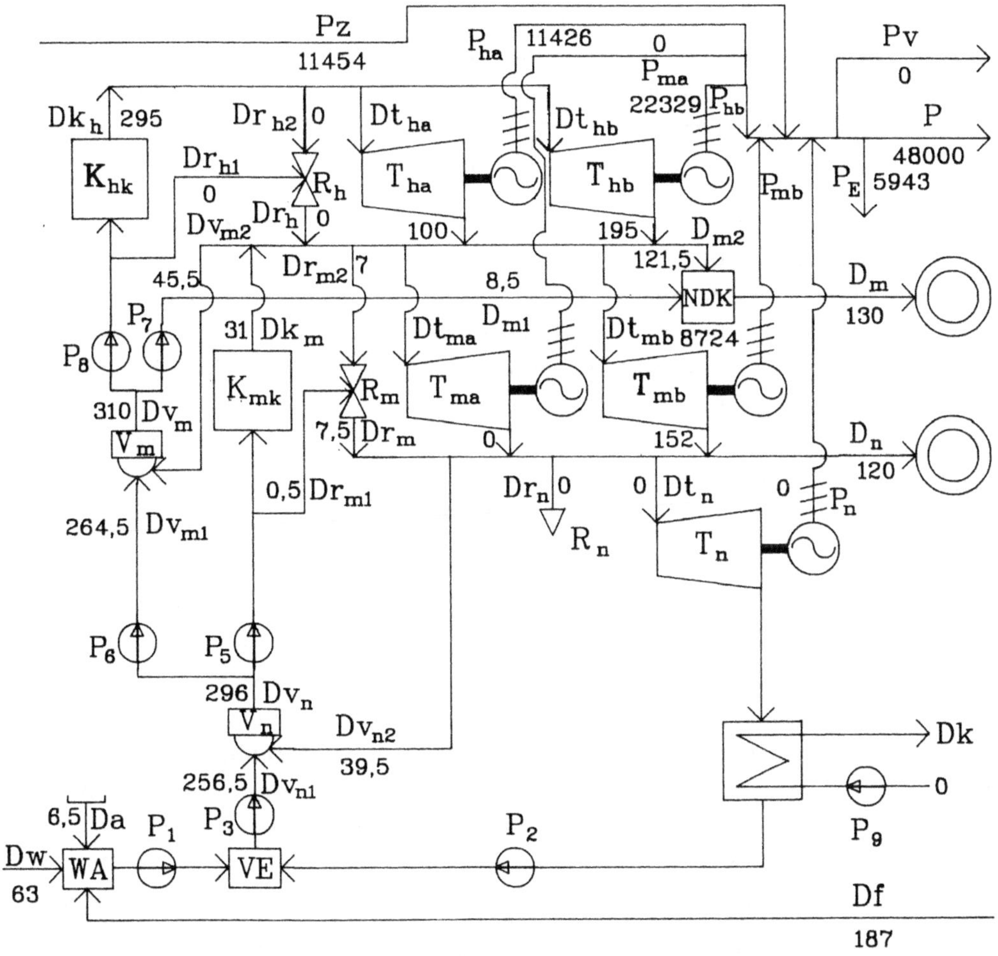

<u>Abbildung 5.7:</u> Optimaler Investitionsplan (Beispiel 2, Lastvektor 2)

[147] Neben einer Änderung der maximalen Kapazität d_{kh}'' (vgl. Tabelle 5.23) sind die beiden zusätzlichen Gegendruckturbinen in das Wärmeflußbild einzuhängen. Das Restriktionensystem zur Modellierung des Mengen- und Energieflusses ist entsprechend zu modifizieren. Die Kapazitätsrestriktionen der zusätzlichen Turbosätze müssen stukturgleich zu den Restriktionen der bereits modellierten Einheiten ergänzt werden.

[148] Vgl. die Spalte für i = 2 in Tabelle 5.28.

Im Gegensatz zu Beispiel 1 schöpft das Modell die - nunmehr zusätzlich erhöhte Maximalkapazität - des Hochdruckkessels K_{hk} nicht mehr voll aus. Auf der Niederdruckstufe gibt es keine Dampfeinspeisung mehr. Die Auslegung des Mitteldruckkessels liegt bei der unteren Kapazitätsgrenze. Die zusätzlich in das Modell aufgenommenen Gegendruckturbinen werden beide - jeweils mit unterschiedlichen Kapazitäten - installiert.

Die Kapazität der Rauchgasreinigungsanlage steigt entsprechend der höheren Gesamtkapazität der Dampfkessel. Ein Verkauf elektrischer Energie ist auch in diesem Modell nicht wirtschaftlich. Entsprechend der gestiegenen elektrischen Nettoengpaßleistung der Eigenanlage sinkt die Jahreshöchstleistung des Fremdstrombezugs um 10 MW (44 %). Die vom EVU bezogene Jahresarbeit reduziert sich um 86 358 MWh/a (79 %).

Die Jahresbenutzungsdauer des Strombezugs sinkt drastisch von 4782 h/a auf 1937 h/a. Falls die Strompreise ql und qa mit dieser Lösung nicht mehr realisierbar sind, müssen diese Daten korrigiert und das Modell neu gelöst werden. Eine bessere Vorgehensweise besteht in einer integrierten Optimierung des Strombezugsvertrags, die Kapitel 4 ausführlich erläutert. Da es sich bei den hier vorgestellten Modellen um Ansätze des Typs ID handelt, ist es nicht schwierig, die in den Abschnitten 4.6 und 4.7 entwickelten Modellelemente zu integrieren: Der Fremdstrombezug wird als optimaler Beitrag zur Deckung der Lastvektoren d_l, anstatt - wie in Kapitel 4 - durch die aktive Steuerung der Fertigung bestimmt.

Der optimale Zielfunktionswert (74 138 TDM/a) verbessert sich gegenüber Beispiel 1 (78 199 TDM/a) um 4 702 TDM/a (6 %). Das im zweiten Schritt ermittelte Industriekraftwerk ist jedoch wesentlich störanfälliger als die Kraftwerksschaltung in Beispiel 1. Während dort bei einem Ausfall einer der 6 großen Kraftwerkskomponenten (Kessel und Turbinen) jeweils eine nennenswerte Restkapazität betriebsbereit bleibt, legt ein Ausfall des Hochdruckkessels in Abbildung 4.7 fast die gesamte KWK-Anlage still. Insbesondere kann in dieser Situation in keinem der 6 Lastpunkte die Versorgung auch nur eines der beiden Dampfnetze voll gesichert werden.

In der nächsten Modellvariation wird man deshalb den Zulässigkeitsbereich des Planungsmodells um einen oder zwei Hochdruckkessel erweitern. Zusätzlich ist es dann angebracht, die Maximalkapazität dieser Hochdruckkessel wieder etwas zurückzunehmen, oder aber über eine Zusatzrestriktion zu erzwingen, daß mindestens zwei Einheiten installiert werden. Auf diese Art kann man mit Hilfe experimenteller Modellvariationen einer optimalen Energieversorgungskonfiguration schrittweise näherkommen.

5.6. Weitere Möglichkeiten einer modellgestützten Planung

In den voranstehenden Abschnitten werden *Basisansätze* zur modellgestützten Planung einer kombinierten, industriebetrieblichen Energieversorgung entwickelt. Dabei eröffnen sich einige Möglichkeiten für weitergehende und vertiefende Untersuchungen, auf die dieser abschließende Abschnitt stichpunktartig hinweist.

Der Einbau weiterer, potentieller Kraftwerkskomponenten und die Integration der optimalen Brennstoff- bzw. Kesselauswahl in ein Investitionsplanungsmodell werden ebenso wie die integrierte Planung eines optimalen Sonderabnehmervertrags bereits in Abschnitt 5.5 angesprochen. Darüber hinaus ist es möglich, Reserveregeln explizit in das Modell einzubauen. Beispielsweise läßt sich über zusätzliche Nebenbedingungen sicherstellen, daß eine bestimmte Reserveleistung der Turbinen in jedem Lastvektor leer mitläuft (rotierende Reserve).

In den abgehandelten Zahlenbeispielen wird jeweils ein *komplettes* Energieversorgungskonzept *neu* geplant. Die Planungsmodelle lassen sich jedoch auch zur Unterstützung *einzelner* Stillegungs- oder Zubauentscheidungen einsetzen. Wenn z.B. über die *Erweiterung* einer KWK-Anlage zu entscheiden ist, können die potentiell hinzukommenden KWK-Bausteine nach dem gleichen Prinzip wie in Abschnitt 5.5. in ein vorhandenes Betriebsmodell integriert werden. Für die "Altanlagen" sind bei einer ausreichenden Restnutzungsdauer *lediglich die variablen Kosten* und die *Instandhaltungskosten* entscheidungsrelevant. Die *Kapazitäten* der vorhandenen Anlagen gehen als *Daten* in das Modell ein.

Der Vorteil einer solchen, produktionstechnischen "Integration" einer partiellen Zubau- oder Stillegungsentscheidung besteht darin, daß in der Investitionsrechnung keine Annahmen über die geplante Betriebsweise der vorhandenen Anlagen und über die Auswirkungen der Zusatzinvestition auf den Umfang des Fremdstrombezugs getroffen werden müssen. Diese Größen werden im Zuge der Modellösung optimal bestimmt.-

In mittelfristigen Modellen mit einer integrierten Planung der Jahreshöchstleistung des Strombezugs (Höchstlasttarif) muß bei der Auswahl der repräsentativen Lastvektoren d_i neben den bereits genannten Kriterien[149] zusätzlich das Zeitraster des Strombezugs beachtet werden, d.h., es empfiehlt sich, *die Lastvektoren* - analog zur Vorgehensweise in Kapitel 4 - *nach Tarifzeiten zu differenzieren.*

[149] ... Erfassung der Höchstlasten (vorgegebene Nettogesamtkapazitäten je Kuppelprodukt) und eine akzeptable Approximationsgenauigkeit.

An dieser Stelle wird noch einmal die besondere Bedeutung des Modelltyps ID für die *partielle* Planung einer betrieblichen Energiewirtschaft deutlich. Falls im *Fertigungsbereich* eine intensitätsmäßige Anpassung möglich ist, kann "... fast immer unterstellt werden, daß während der Planungsperiode mit mehreren Intensitäten produziert werden kann".[150] In der partiellen Planung der betrieblichen *Energieversorgung* gilt, daß während der Planungsperiode mit mehreren Intensitäten produziert werden *muß*: Bei einer Vorgabe der Lastganglinien bestehen infolge der Nichtlagerbarkeit der Nutzenergien keine *Gestaltungs*möglichkeiten durch eine primär zeitliche Anpassung oder durch ein Intensitätssplitting.

Eine mit der Produktions- oder gar mit der Investitionsplanung des *Fertigungsbereichs* simultane Planung der Energieversorgung ist aus betriebswirtschaftlich-theoretischer Sicht sicher eine der interessantesten Fragestellungen im Themenspektrum dieser Arbeit. Aufbauend auf den Ansätzen in Kapitel 4 ist es zwar formal nicht schwierig, anstelle der vorgegebenen Lastvektoren d_i die Fertigungsprozesse als "Verursacher" des Nutzenergieverbrauchs zu modellieren,[151] die in Abschnitt 4.7 erläuterte Komplexität dieser Modellierung für die meisten in der Realität anzutreffenden Fertigungsprozesse (zeitliche Anpassung) bleibt jedoch erhalten bzw. steigt durch die zusätzliche Erfassung der KWK-Anlage und der Prozeßdampfströme weiter an.

Eine besonders interessante und einfach realisierbare Variante des vorgestellten Partialmodells einer betrieblichen Energieversorgung ist die *optimale Gestaltung eines Strombezugsvertrags* bei einem bereits vorhandenen oder in den Kapazitäten fest geplanten Industriekraftwerk.[152] In einem solchen Modell wird die Summe aus den jährlichen Betriebskosten der Eigenanlage und der jährlichen Gesamtkosten des Strombezugs minimiert. Ein entsprechender Ansatz läßt sich aus den Basismodellen in den Tabellen 4.25 und 5.24 einfach konstruieren.

Um eine verfeinerte Planung des Umweltschutzes zu erreichen, kann man versuchen, die *optimale Wahl einer Umweltschutztechnologie* (z.B. für die Rauchgasreinigung) in das Modell zu integrieren. Die Abhängigkeit der

150 KILGER [1973], S.271.

151 In Abschnitt 4.7 wird darauf hingewiesen, daß in einem solchen Modell zusätzlich zur Lastmessung im Strombezug eine Überwachung der Mindest- und Höchstauslastung der KWK-Bausteine treten muß: Die Lastganglinien des Nutzenergieverbrauchs werden nicht vorgegeben, sondern durch das Modell gewinnmaximal bzw. kapitalwertmaximal geplant.

152 Dieser Ansatz wird in der Einführung des Abschnitts 5.5 als *Problemstellung 2* bezeichnet.

Rauchgasreinigungskapazität (Investitionskosten) von der insgesamt installierten Kesselkapazität ist - ebenso wie die Abhängigkeit der zu reinigenden Rauchgasmenge (Betriebskosten) von der verfeuerten Brennstoffmenge - bereits in den Modellen enthalten. Darüber hinaus müssen bei einer detaillierten Planung einer Umweltschutztechnologie die optimale Brennstoffwahl[153] und die Subventionsplanung integriert werden.

Eine weitere Planungsvariante ergibt sich durch eine Vergröberung des Modells in Tabelle 5.24. In der ersten Planungsphase (Grobkonzeption einer betrieblichen Energieversorgung) ist zu klären, ob eine Eigenerzeugung elektrischer Energie überhaupt in Frage kommt, d.h., es ist zunächst *ein wirtschaftliches KWK-Potential abzuschätzen.* Dabei sind i.d.R. lediglich die von der Fertigung benötigten Nutzenergiequalitäten und einige Richtdaten für den erwarteten Energieverbrauch (Höchstlasten und Jahresgesamtverbrauch aller Nutzenergiearten) verfügbar. Technologische Entwürfe von Energieversorgungskonzepten liegen noch nicht vor.

Die Entwicklung der bisherigen Ansätze zeigt, daß die thermodynamischen Grunddaten der Versorgungsnetze die Druckstufen (Dampfsammelschienen) einer geplanten KWK-Anlage definieren. Für eine erste Abschätzung eines wirtschaftlichen KWK-Potentials läßt sich deshalb durch eine Vergröberung des Ansatzes in Tabelle 5.24 ein Modell konstruieren, das lediglich *eine* abstrakte Kesselkapazität bzw. *eine* abstrakte Turbinenkapazität auf *jeder* Druckstufe installiert.[154]

Auf die Modellierung einer detaillierten Kraftwerksschaltung (Vorwärmung, Reduzierung etc.) wird verzichtet. Für das Betriebsmodell verbleiben z.B. lediglich die 6 rudimentären Bausteine (3 "Kessel" und 3 "Turbinen"), die eine *beliebige Größe* bei einer *linearen* Funktion der Anschaffungskosten annehmen können. Bei den "Dampfkesseln" kann dabei entweder *vertikal*[155] oder *horizontal*[156] vereinfacht werden. Falls sich durchschnittliche, spezi-

153 Zur Begründung vgl. Tabelle 2.2.

154 Die hierfür erforderlichen Produktionskoeffizienten lassen sich mit geschätzten, durchschnittlichen Wirkungsgraden aus den thermodynamischen Grunddaten ableiten. Vgl. dazu die Tabellen 5.1 und 5.8.

155 Da eine Vorwärmung nicht modelliert wird, geht die Berechnung der Speisewasserenthalpie generell von der Umgebungstemperatur aus.

156 ... als Modellvariablen treten - wie bei den Turbinen - die Kesselkapazitäten *zwischen* den einzelnen Druckstufen auf. Dadurch wird die "KWK-Anlage" *horizontal* in *Stufen* gleicher *Energiequalitäten* zerlegt. In jeder Stufe kann eine (verbesserte) Energiequalität produziert (Kesselstufe) bzw. verstromt (Turbinenstufe) werden.

fische Zusatzkosten der Kesselinstallation pro Druckstufe (fiktive Aufrüstkosten) ermitteln lassen, wird die zweite Methode vorgeschlagen.

Einige weitere Aspekte einer modell- und EDV-gestützten Planung ergeben sich aus der Literatur. Die Arbeiten speziell zur *betrieblichen* Energiewirtschaft sind bereits weitgehend angesprochen und in den voranstehenden Abschnitten berücksichtigt.[157] Abschließend wird zusätzlich auf einige fortgeschrittene Arbeiten zur *Planung der EVU* hingewiesen, die z.T. ebenfalls zur weiteren Verbesserung einer industriebetrieblichen Energieversorgungsplanung beitragen können.

Abschnitt 1.4 geht auf die Parallelen und die Unterschiede zwischen der Gesamtplanung eines EVU und der Energieversorgungsplanung eines Industriebetriebs ein. Bei einer (teilweisen) Übertragung und Anpassung EVU-bezogener Planungsansätze sind die folgenden Punkte zu beachten:

- Da die elektrische Energie das Hauptprodukt der EVU darstellt, beziehen sich die meisten EVU-Ansätze auf den *Einproduktfall*. Ein Vergleich der Modelle in den Kapiteln 4 und 5 verdeutlicht die zur Erweiterung auf den Mehrproduktfall (KWK-Anlage) erforderlichen Schritte.

- Der *produktionstechnische Abstraktionsgrad* der EVU-Modelle ist höher als der einer industriebetrieblichen Planung: Bei einem EVU ist die kleinste Planungseinheit i.d.R. ein Kraftwerks*block*, bestehend aus einem Dampfkessel, einem Turbosatz und einem Kondensator.[158] Die modulare Aufspaltung eines solchen Blocks in Kapitel 2 erlaubt es, die produktionstechnischen Blockeigenschaften den Bausteinen eines Industriekraftwerks zuzuordnen.[159]

- Die Planung der EVU ist *gewinn-* oder *bedarfsorientiert* und oft auf *mehrere (Groß-) Projekte* ausgerichtet. Als Beispiel sei die langfristige Kraftwerksausbau- oder Kraftwerksersetzungsplanung (Investitions*programm*planung) genannt. Die industriebetriebliche Energieversorgungsplanung ist stärker projektbezogen und wird - u.a. infolge der komplexen Interdependenzen mit der Planung im Fertigungsbereich - vorwie-

[157] Zusätzlich sei auf die Beiträge von BRAUER [1973], CAPEHART/MAHONEY/SIVAZLIAN [1983], DUCROCQ/BAUCHET [1985], FANDEL/REESE [1988], GENDREAU [1985] und LANGERS u.a. [1982] hingewiesen.

[158] Diese Kraftwerksblöcke sind im Gegensatz zu Industriekraftwerken weitgehend standardisierbar. Vgl. dazu Abschnitt 2.5.

[159] Mit Bezug auf diese Ausführungen würde man z.B. den nicht linearen Verlauf der Gesamtwirkungsgradfunktion eines Kraftwerksblocks auf die Kennlinie der Turbine zurückführen, während die Blockmindestlast primär von der technischen Minimalleistung des Dampfkessels ausgeht.

gend partiell, d.h., von der Kostenseite her, optimiert.[160] Auf eine projektbezogene Formulierung und Anpassung von Optimierungsmodellen gehen die voranstehenden Abschnitte ausführlich ein.

Eines der ersten Optimierungsmodelle zur Planung der EVU[161] ist ein von der Electricité de France (EdF) entwickeltes *lineares Programm* zur Kraftwerksausbauplanung.[162] Spätere Ansätze ergänzen dieses Modell um verschiedene technische, ökonomische und ökologische Aspekte.[163] Einige dieser Varianten sind gesamtwirtschaftlich ausgerichtet.

Die stärker auf das *einzelne* EVU bezogenen Modelle[164] werden i.d.R. als *gemischt-ganzzahlige lineare Programme* formuliert.[165] Diese Ansätze lassen sich um ökologische Aspekte[166] und um die Planung von Pumpspeicherkraftwerken[167] und von Übertragungsnetzen[168] erweitern.

160 Entscheidungen über den Bau von KWK-Anlagen sind nicht oft oder gar regelmäßig zu treffen. Ausnahmen sind Großkonzerne mit vielen Standorten, beratende Ingenieurbüros und Hersteller von Industriekraftwerken, die Wirtschaftlichkeitsanalysen (Kostenvoranschläge) im Auftrag ihrer Kunden durchführen. I.d.R. ist jedoch über die Kapazitäten zu *einem* Zeitpunkt zu entscheiden. Es können jedoch künftige Projekte mit einer ähnlichen Struktur auftreten - z.B. an einem anderen Standort.

161 Ausführungen zur Anwendung von Operations-Research-Methoden in der Elektrizitätswirtschaft findet man bei EDWIN [1981] und [1985] und LIENHARD [1974]. Übersichten über die bisher entwickelten Energiemodelle geben ANDERSON [1972], GONEN/MAHMOUD [1983], HANSSMANN [1976], HOBBS [1984], MANNE/RICHELS/WEYANT [1979], ORMEROD [1980], THEILSIEFJE [1976], RATH-NAGEL/VOSS [1981] und VOSS [1982].

162 Vgl. die aktualisierte Fassung bei MASSÉ [1980]. Eine vereinfachte Erläuterung dieses Ansatzes geben KRAUSE [1972] und MARCUS [1966], S.107-119.

163 Vgl. RECKER [1968], STEINBAUER [1969] und THOMPSON u.a. [1976].

164 Zur Aufgliederung der Planungsfelder eines EVU vgl. TRÖSCHER [1979] und [1981].

165 Einen Basisansatz formuliert BESSIERE [1970]. Ein ebenso umfassendes wie übersichtliches Modell beschreibt SCHERER [1976].

166 Vgl. ESCUDERO [1978] und PECHAN [1984].

167 Vgl. DRABIK [1983], GHOUDJEHBAKLOU/PÜTTGEN [1987] und NORDLUND u.a. [1987].

168 Zur Integration der Netzausbauplanung vgl. die Literaturhinweise in Kapitel 1, Anmerkung 129, sowie MUCKENHUBER [1984] und RABENSTEINER [1983] und [1984].

Über die gemischt-ganzzahlige Optimierung hinaus werden für die blockorientierte Kraftwerksausbauplanung die dynamische[169] und die konvexe[170] Programmierung, Planspiele und Simulationsmodelle[171], stochastische Planungsmodelle[172] und multikriterielle Verfahren angewendet.[173] Nicht zuletzt gibt es Lösungsvorschläge, die mehrere Optimierungstechniken kombinieren.[174]

Im Rahmen dieser Arbeit ist es nicht möglich, aus der Vielzahl der EVU-Modelle die Elemente detailliert zusammenzustellen, die sich auf die betriebliche Planungssituation übertragen lassen. Die oben genannten inhaltlichen (Reserveplanung, unsicherer Lastverlauf, Subventionsplanung) und verfahrensorientierten Stichworte zeigen jedoch einige Optionen für eine Weiterentwicklung der hier behandelten Planungsverfahren auf.

Die gemeinsame Grundstruktur einer EVU-spezifischen (öffentlichen) und einer partiellen, industriebetrieblichen Energieversorgungsplanung resultiert aus den *produktionstechnischen Gegebenheiten* und aus den speziellen *Eigenschaften der Nutzenergien.* In der *Problemabgrenzung* kommt dies u.a. durch die *vorgegebenen Lastganglinien* zum Ausdruck, die in der *Modellformulierung* durch eine Menge *charakteristischer Lastpunkte* (Einproduktfall) *bzw. Lastvektoren* (Mehrproduktfall) abgebildet werden.

In Abschnitt 5.5 wird diese Modellierungstechnik angewandt. Zu jedem Lastvektor d_i wird die im Planungsjahr erwartete Laufzeit t_i angegeben. Da die Lastverläufe im realen Zeitablauf kontinuierlich schwanken, wird dabei unterstellt, daß in der betrieblichen Energieversorgung *keine* Kosten der Intensitätsumstellung (*Anfahr- und Abschaltkosten, Beschleunigungs-*

169 Vgl. BIESELT [1974], FAHRION [1984], HENAULT u.a. [1970].

170 Vgl. MEURIN [1972], S.1-14.

171 Vgl. ARNOLD [1976], LIENHARD/STEIGER/WEBER [1975], MANZONI/SALVADERI/VALTORA [1980], SAGER/WOOD [1972] und WEBER [1977].

172 ... u.a. zur Integration des Reserveproblems; vgl. BOOTH [1972a] und [1972b], HENAULT u.a.[1970], MUNASINGHE/GELLERSON [1979], MURPHY/SEN/SOYSTER [1982], SANGHVI/SHAVEL/SPANN [1982], SCHERER/LELAND [1977], TELSON [1975], URBAN/DITTRICH [1987], VARDI/ZAHAVI/AVI-ITZHAK [1977], VASSELL/TIBBERTS [1972], ZAHAVI [1980]. Zur Berechnung von Ausfallkosten vgl. auch BILLINTON/WACKER/SUBRAMANIAM [1986].

173 Vgl. Anmerkung 105 in Kapitel 1.

174 Vgl. AMMONS [1984], BAKER/DAELLENBACH [1984], BICKEL/HIMMELBLAU [1979], BEGLARI/LAUGTHON [1975], BLOOM [1982] und [1983], BORISON/MORRIS/OREN [1984], NOONAN/GIGLIO [1977], PARK/LEE/YOUN [1985], SANGHVI/SHAVEL [1986] und STOUGHTON/CHAN/LEE [1980].

und Bremskosten, Brennstoffumstellungskosten etc.) anfallen. In einer mittel- bis langfristigen Planung ist diese Annahme vertretbar.

In der *täglichen* Planung (Lastverteilung) sind diese Kosten jedoch *nicht* vernachlässigbar. So kann es z.B. günstig sein, einen über nur wenige Minuten (durchgehend) auftretenden Lastvektor d_i mit einem - nach dem statischen Ansatz - *nicht* optimalen Anlagenmix zu decken, wenn dadurch das Anfahren und das Wiederabschalten eines Kessels oder eines größeren Turbosatzes vermeidbar ist.

Mit dieser Fragestellung wird das zur Produktionsvollzugsplanung[175] zählende Problem der *dynamischen Lastverteilung* angesprochen, für dessen Lösung in der Elektrizitätswirtschaft ebenfalls viele Optimierungsmodelle entwickelt wurden. Ein dynamisches Planungsmodell zur optimalen Lastverteilung läßt sich - ähnlich wie das vorgestellte Investitionsplanungsmodell - durch die Berücksichtigung mehrerer Lastvektoren d_i als eine Erweiterung eines Ansatzes wie in Tabelle 5.10 herleiten.

Im Gegensatz zum bisher betrachteten mittel- bis langfristigen Ansatz muß dabei jedoch die zeitliche *Reihenfolge der Lastvektoren* eingehalten werden, d.h., in das Modell sind Reihenfolgebedingungen für die Abbildung des Lastverlaufs aufzunehmen. Die *Intensitätsumstellungskosten*[176] werden an die hierfür erforderlichen Binärvariablen gebunden.[177] Auch zu diesem Thema sowie zur kurzfristig optimalen Reserveplanung (Vermeidung von Systemausfällen) wird auf einige Ansätze im EVU-Bereich hingewiesen.

Für den *Einproduktfall* (elektrische Energie) ist das Problem der (dynamischen) optimalen Lastverteilung bereits gründlich analysiert. Neben den - in der Praxis der EVU weitgehend eingesetzten - heuristischen Verfahren[178] werden Lastverteilungsmodelle auf Basis der dynamischen[179] und der

[175] Die Modellierung der Lastganglinien erfolgt meist mit Hilfe eines äquidistanten Zeitrasters von 15 Minuten bis zu einer Stunde, wobei der Planungszeitraum maximal 24 Stunden beträgt.

[176] Grundbegriffe der intensitätsmäßigen Anpassung in der Elektrizitätswirtschaft erläutern BRACHMANN [1980] und DOTZENRATH [1977].

[177] Eine umfassende Analyse der Anfahr- und Laständerungskosten sowie der Kosten der ("mitlaufenden") Reserve findet man bei ALTROGGE [1971], FILIPOVIC [1973] und MODEMANN [1976].

[178] Eine Übersicht über die heuristischen Verfahren geben YAMAYEE/HAKIMMASHHADI [1985]; vgl. dazu auch die Hinweise der Anmerkung 40 in Kapitel 3. Neuere Ansätze entwickeln JONES [1987], LANGER [1984] und PUNITZER [1981].

gemischt-ganzzahligen linearen Programmierung[180] vorgeschlagen.[181] Verschiedene Erweiterungen[182] und Kombinationen[183] dieser Ansätze beziehen u.a. die Unsicherheit der Eingangsdaten (Lastprognose) und der Anlagenausfälle (Reservebedarfsprognose) in die Untersuchung ein.

Der *Mehrproduktfall* bezieht sich im EVU-Bereich auf die gemeinsame Erzeugung von elektrischer Energie und von Niedertemperaturwärme (Fernwärme) in Heizkraftwerken.[184] Auch zur Lastverteilung in Heizkraftwerken werden heuristische Ansätze[185] und Optimierungsmodelle auf Basis der dynamischen[186] und der gemischt-ganzzahligen linearen Programmierung[187] entwickelt. Arbeiten zur *Ausbau*planung öffentlicher KWK-Anlagen[188] findet man - ähnlich wie im betrieblichen Bereich - noch relativ selten.

Die *numerische Lösung* energiewirtschaftlicher Planungsmodelle ist nur mit Hilfe der EDV möglich. Abschließend wird deshalb auf einige Arbeiten hingewiesen, die sich u.a. mit der *Implementierung* energiewirtschaftlicher Planungsverfahren auf Datenverarbeitungsanlagen befassen.

179 Vgl. ALTROGGE [1971], BRÄU/ZEISEL [1978], HARBOE [1976], LAJDA [1981], NIEVA [1987], SNYDER/POWELL/RAYBURN [1987], THIEME/WINDORFER [1985] und VILLASECA/FARDANESH [1987].

180 Die deterministischen Basisansätze erläutern HANDSCHIN u.a. [1986] und LOGENDRAN/OUDHEUSDEN [1981]. Erweiterte Modelle (Reserveplanung etc.) entwickeln LE/DAY [1987], MELIOPOULOS u.a. [1986], STENDER [1982], TAUD [1979] und WAIGHT/ALBUYEH/BOSE [1981].

181 Einen Vergleich der verschiedenen Lösungstechniken für die Lastverteilung der EVU findet man bei KRENZ [1983].

182 Stochastische Ansätze entwickeln DANDA [1982], GARCES [1982], SCHÄPER [1982], SCHROEDER [1984] und SIEMES [1980].

183 Vgl. dazu BIGGS/LAUGHTON [1977], CONTAXIS/DELKIS/KORRES [1986], COTE/LAFOND/PHAM [1987], LEE/PARK/LEE [1987], MUCKSTADT/KOENIG [1977] und WIEBKING [1977].

184 Zur grundlegenden Analyse einer KWK-Verbrauchsfunktion vgl. TEPASSE [1977] und [1980]. Ein wesentlicher Unterschied zur betrieblichen Situation besteht in der herausragenden Bedeutung der Übertragungskosten in der Fernwärmeversorgung.

185 Vgl. BISSINGER [1980] und KALLINA [1981].

186 Vgl. HAMMER/NEUMANN [1985], PACK [1971] und [1980], RÜHLAND [1979].

187 Vgl. NEUHAUS [1975], BRAUN [1985] und EDWIN/BRAUN/DUBOIS [1985]. Der Ansatz von DUBOIS [1986] enthält einige interessante Vorschläge zur Modellierung abschaltzeitabhängiger Wiederanfahrkosten in einem gemischt-ganzzahligen linearen Programm, deren blockgebundene Formulierung sich auf die Bausteine - insbesondere auf die Dampfkessel - eines Industriekraftwerks übertragen läßt.

188 Vgl. zu diesem Thema WELTER [1971], WESTER [1981], WINKENS [1970].

Im EVU-Bereich werden Vorschläge zur *rechnergestützten Optimierung* des Strombezugs[189] und der Lastverteilung[190] diskutiert. Darüber hinaus werden *Decision-Support-Systeme* zur Stromerzeugungs- und Kraftwerksausbauplanung[191] sowie *graphisch unterstützte Dialogsysteme* zur Netzausbauplanung entwickelt.[192] Auch die Bedeutung der *Mikrocomputer* für die Wirtschaftlichkeitsanalyse wird erkannt.[193]

Zur Analyse von Industriekraftwerken gibt es bereits einige technisch orientierte Programme zur Simulation bzw. zur Optimierung des Betriebsverhaltens einer bzw. mehrerer alternativer Kraftwerksschaltungen.[194] In der mittel- bis langfristigen Planung[195] sind im industriebetrieblichen Bereich bisher lediglich Überschlagsrechnungen mit Hilfe von Tabellenkalkulationsprogrammen[196] (Variantenvergleiche von KWK-Anlagen) bekannt.

Im Rahmen der vorliegenden Arbeit werden der Entwurf, die Lösung, die Aufbereitung einer Lösung und die Sensitivitätsanalysen der Zahlenbeispiele exemplarisch mit *Standardsoftware*[197] für Mikrocomputer durchgeführt. Aus dieser Konzeption lassen sich auch Softwaremodule und die Schnittstellen zwischen diesen Modulen ableiten, die eine *auf die betriebliche Energieversorgungsplanung zugeschnittene Anwendung* realisieren.

In einem fortgeschrittenen EDV-System kann man sich z.B. als Benutzeroberfläche ein *intelligentes CAD-System* vorstellen, das - ausgehend von einem Wärmeflußbild - die Zulässigkeit einer Kraftwerksschaltung anhand einer *Datenbank mit normierten Kraftwerksbausteinen* überprüft und aus den strukturierten CAD-Daten (Stücklistengenerierung auf der Basis der

189 Vgl. HEGMANS [1988] und WAGNER [1983].

190 Vgl. dazu HERBERHOLZ [1987], SCHULTE u.a. [1987] und WORKING GROUP ON EXCHANGE OF POWER SYSTEM ANALYTICAL DATA [1986].

191 Vgl. DEBANNE/ROOHY-LALEH [1983] und LYNEIS/GERAGHTY [1983].

192 Vgl. GRAFONER [1979].

193 Vgl. HANDSCHIN [1985].

194 Vgl. KALITVENTZEFF [1988], LAMBERT [1984], MESA [1987], SCHMILLEN/HENKEL [1983] und SPRINGELL/FOSTER [1988].

195 Anwendungsunabhängige Vorschläge zum Aufbau einer EDV-gestützten Investitionsplanung entwickeln EMMERT [1974], JACOB [1976], MANS [1976], NIEMEYER [1970] und SCHEER [1981].

196 Vgl. MERRILL/FELTES [1986] und NORDELL [1987].

197 Hierzu zählen u.a. ein Tabellenkalkulationsprogramm, ein CAD-Programm und ein Programm zur Lösung gemischt-ganzzahliger linearer Programme (vgl. die detaillierten Angaben in Abschnitt 5.5).

graphischen Objektdefinition) *ein Optimierungsmodell* - etwa ein lineares Kraftwerksmodell - *ableitet.*[198]

Eine Weiterentwicklung des betrieblichen *Energiecontrolling* - und damit verbunden auch eine schrittweise Verbesserung der Koordination zwischen der betrieblichen Energieversorgung und der Fertigung - kann im Zuge der Einführung *computergesteuerter Fertigungssysteme* realisiert werden.

Beispielsweise lassen sich in eine CIM-Konzeption[199] *Schnittstellen für eine energiespezifische Betriebsdatenerfassung* und *Algorithmen für eine energieorientierte Ablaufplanung* einbauen: Wenn es eine Hierarchie von Rechnern gibt, die den Betriebszustand der Fertigungsanlagen *in Realzeit* steuern und überwachen, dann kann auch die *Zusammensetzung der Summenlasten* des Nutzenergieverbrauchs verursachungsgemäß - und insbesondere *ohne einen energiespezifischen Meßaufwand* - nach Produkten und nach Kostenstellen *ermittelt* und *gestaltet* werden.

Bereits installierte, im Inselbetrieb arbeitende Energiemanagementsysteme (*Prozeßrechner*) lassen sich über - i.d.R. bereits vordefinierte - Schnittstellen integrieren. Darüber hinaus kann eine auf gleichmäßige Summenlastverläufe abzielende energieorientierte Produktionsvollzugsplanung einige durchsatzorientierte (lagerbestandsminimierende) Ablaufkonzepte (Kanban, Just-in-Time) sinnvoll ergänzen.

198 Einige Aspekte zur systematischen Generierung von Kraftwerksmodellen erläutern HARHAMMER [1982] und HEIL/HOFMANN/LÜDTKE [1981]. Den Zusammenhang zwischen einem (linearisierten) Kraftwerksmodell und dem Produktionsmodell von Pichler untersucht MEYER [1967]. Hinweise zur Verdichtung (Aggregation) von Investitions- und Produktionsplanungsmodellen gibt Anmerkung 149 in Kapitel 4.

199 Zum Computer-Integrated Manufacturing (CIM) vgl. SCHEER [1988a].

6. Zusammenfassung

Die vorliegende Arbeit untersucht die Energieversorgung von Industriebetrieben aus einzelwirtschaftlicher Sicht. Da in einer industriellen Produktion an vielen Stellen Nutzenergie benötigt wird, ist eine energiespezifische Wirtschaftlichkeitsanalyse für jeden Betrieb interessant. Am Anfang der Untersuchung steht die Frage, ob - und gegebenenfalls wie - die Lösung der in einer *industriellen Energiewirtschaft* auftretenden, *ökonomischen Entscheidungsprobleme* mit *betriebswirtschaftlichen Planungsverfahren* unterstützt werden kann.

Ein *deskriptives Betriebsmodell* stellt die *Funktions- und Aufgabenbereiche einer industriellen Energiewirtschaft* im Rahmen einer betrieblichen Gesamtplanung dar. Dabei wird die Planung der industriellen Energie*versorgung* - die wirtschaftliche Bereitstellung verschiedener Nutzenergiearten - von der Planung der rationellen Energie*anwendung* - der wirtschaftlichen Verwendung der Nutzenergien in den Fertigungsprozessen - abgegrenzt.

Ein *Überblick über die Literatur* ergibt drei Ansatzpunkte für eine vertiefte Untersuchung der industriellen Energie*versorgung*. Erstens wird dieses Thema im Rahmen der aktuellen betriebswirtschaftlichen Forschung zur industriellen Energiewirtschaft noch nicht vertieft behandelt. Zweitens existiert ein Bedarf der betrieblichen Praxis an verbesserten Planungsverfahren in diesem Bereich. Drittens gestatten die Fortschritte in der EDV eine Anwendung dieser Verfahren.

Eine Analyse der *unternehmensexternen* Geschäftsbeziehungen einer betrieblichen Energiewirtschaft erfolgt differenziert für die Sektoren *Absatzmarkt, Beschaffungsmarkt,* natürliche *Umwelt, Kapitalmarkt* und *Staat.* Dabei erweist sich die Planung einer industriellen Energieversorgung als ein mehrfach *interdisziplinäres* Problem. Eine betriebswirtschaftliche Optimierung hat technische, juristische, ökologische, gesamtwirtschaftliche und energiepolitische Rahmendaten zu beachten.

Als *unternehmensinterne Organisationsform* wird eine *zentrale* Nutzenergiebereitstellung betrachtet, deren Schnittstelle zur betrieblichen Fertigung über werksinterne *Stromnetze* und - falls Prozeßwärme in einem größeren Ausmaß benötigt wird - über *Dampfverteilungsnetze* definiert ist. Das *Entscheidungsfeld* einer betrieblichen Energieversorgungsplanung wird durch *die Basistechnologien (Heizwerk, Kraftwerk und Heizkraftwerk)* zur betriebseigenen Bereitstellung *der Nutzenergien elektrische Energie* und *Wärmeenergie* sowie durch deren *Bezugs-* und *Absatzmöglichkeiten* strukturiert. Da Wärmeenergie in aller Regel selbst erzeugt werden muß, kommt dabei der *elektrischen* Energieversorgung eine besondere Bedeutung zu.

Die *methodischen Vorüberlegungen* führen zu dem Ergebnis, daß einerseits ein allgemeingültiges bzw. ein repräsentatives Optimierungsmodell einer betrieblichen Energieversorgung infolge der *Vielzahl technischer Versorgungskonzepte* nicht entwickelt werden kann und andererseits die Analyse einer unternehmensspezifischen Fallstudie zu speziell ist.

Die Struktur der untersuchten Planungsprobleme legt einen *modular* aufgebauten, *weitgehend integrierten, anwendungsorientierten,* aber *einzelfallunabhängigen* Ansatz nahe. Um dieser Zielsetzung zu entsprechen, werden *Bausteine* einer industriellen Energieversorgungsplanung entwickelt und in *Betriebsmodellen* derart kombiniert, daß ihre Anwendung zum Aufbau betriebs- und projektspezifischer Planungsrechnungen deutlich wird.

Die *produktionstechnischen Modellbausteine* ergeben sich aus den *elementaren Energieumwandlungstechnologien,* die produktionstheoretisch untersucht werden. Während sich *Dampfkessel* und *Generatoren* näherungsweise als *lineare Technologien* abbilden lassen, erweist sich die *Dampfturbine* als eine *Gutenbergtechnologie.* Die *Wirkungsgradfunktion* einer Turbine entspricht der *normierten Inversen* ihrer *Dampfverbrauchsfunktion.*

Die Verbindung der drei Elementarbausteine Kessel, Turbine und Generator ergibt den *elementaren Kraftwerksprozeß* (Clausius-Rankine-Prozeß), der unter der Vernachlässigung des Umweltsektors als *ein homogener Einproduktbetrieb mit intensitätsmäßiger Anpassung* zu bezeichnen ist.

Eine Modifikation dieses Prozesses führt zum *thermodynamischen Prozeßprinzip* der *Kraft-Wärme-Kopplung* (KWK). Die Effizienz des KWK-Prozesses wird anhand der verbesserten *Brennstoffausnutzung* - die auch zu einem geringeren Abgas- und Abwärmeanfall führt - nachgewiesen. Als Referenzprozesse dienen dabei der elementare Kraftwerksprozeß und der reine *Dampfkesselprozeß.* Die *energetischen* und *exergetischen Gesamtwirkungsgrade* von KWK-Prozessen erweisen sich zur Lösung ökonomischer Planungsfragen als wenig hilfreich.

Als technische Elementarbausteine der Kraft-Wärme-Kopplung werden die *Gegendruckturbine* als ein *starrer* und die *Entnahmekondensationsturbine* als ein *variabler Kuppelprozeß* erläutert. Die aus diesen Bausteinen modular konstruierten *Industriekraftwerke* sind *mehrstufige, zyklische* und *variable Kuppelprozesse* mit *intensitätsmäßiger Anpassung.* Verschiedene *Netzdampfqualitäten* werden als *eigenständige* Kuppelprodukte behandelt.

Die produktionstheoretische Untersuchung liefert eine Vorstellung von der *Vielfalt* und von der *Komplexität realer Industriekraftwerke.* Für die elementaren Kraftwerkskomponenten werden lineare oder stückweise lineare

Faktoreinsatzfunktionen hergeleitet, mit deren Hilfe sich die Kraftwerksbetriebskosten in einer für ökonomische Analysen ausreichenden Genauigkeit berechnen lassen. Dabei wird sichergestellt, daß alle für eine *geplante* Kraftwerksschaltung benötigten, produktionstechnischen Daten einfach (z.B. ohne Meßaufwand) ermittelt werden können.

Zur Vorbereitung der ökonomischen Analyse werden elektrizitätswirtschaftliche *Kennlinien und Kennziffern* sowie einige *energiespezifische Planungstechniken* vorgestellt. Die Darstellung dieser Planungsgrundlagen erfolgt in einem Betriebsmodell *zur Planung der Energieversorgungsunternehmen* (EVU), welches das *Grundraster einer energiewirtschaftlichen Gesamtplanung* und die *Besonderheiten einer Bereitstellungsplanung für nicht lagerbare, leitungsgebundene Güter* aufzeigt. Zu diesen Besonderheiten zählen die *Auslegung der Kapazitäten nach der maximalen, erwarteten Absatz-* bzw. *Produktionsgeschwindigkeit* (Intensität) sowie die damit verbundenen Probleme der *Lastverteilung* und der *Spitzenlastoptimierung*.

Die Ausführungen zur *Strompreisbildung* weisen auf *gesamtwirtschaftliche* und auf *kalkulatorische* Aspekte hin. Um das Verständnis der Strompreisregelungen für Industriebetriebe vorzubereiten, werden *Grundformen der Preisdifferenzierung* und der *elektrizitätswirtschaftlichen Selbstkostenpreiskalkulation* besprochen. Die dabei benutzten *Preisdifferenzierungs-* und *Kalkulationsprinzipien* lassen sich z.T. in einem betrieblichen Energiecontrolling anwenden. Insbesondere werden die *Bausteine* der in der Realität anzutreffenden *Strompreisregelungen* erläutert. Einige exemplarisch berechnete Strompreissysteme zeigen, wie unterschiedlich die *Stromkostenbelastung verschiedener Abnehmergruppen* ausfallen kann.

Ein kurzer Überblick über die allokationstheoretischen Forschungsergebnisse zur Ermittlung *gesamtwirtschaftlich optimaler Strompreise* verdeutlicht die *Lenkungsziele* (Spitzenlastminimierung durch Lastglättung, Tages- und Jahreszeitenausgleich), die ein EVU im Abnehmerverhalten eines Industriebetriebs durchsetzen möchte. Aufbauend auf der Grenzkostentarifierung des klassischen *Peak-Load-Pricing* werden hierzu in der Literatur hochgradig differenzierte Preissysteme vorgeschlagen. Ein industrieller Abnehmer kann ein Preissignal jedoch nur dann umsetzen, wenn die Regelungen *verständlich*, *operabel* und mit einem vertretbaren Aufwand *in die betriebliche Planung integrierbar* sind.

Die mit einer solchen Integration verbundenen Probleme werden aus der Sicht einer betrieblichen *Strombezugsplanung* (Vollversorgung) vertieft untersucht. Im Mittelpunkt steht dabei die *Abstimmung des Fremdstrombezugs mit der Produktions- und Absatzplanung*. Um verschiedene Verfahren einer industriellen Strombezugsplanung anschaulich vergleichen zu können, erfolgt die Darstellung mit Hilfe eines geschlossenen *Betriebsmodells eines industriellen Stromabnehmers*.

Die Entwicklung eines hierfür geeigneten Ansatzes verdeutlicht, daß der Aufbau einer Strombezugsplanung einerseits von der Struktur der Strompreisregelung und andererseits vom Umfang und von der Art der Steuerungsmöglichkeiten der Produktionsprozesse abhängt. Die weitere Untersuchung differenziert deshalb nach der *Strompreisregelung (Z, L55, L120)*, nach der *Anpassungsform* der Fertigungsprozesse *(Z, ZI, IS, ID)* und nach der *Planungsmethode* (Simultanplanung, Sukzessivplanung).

Um die Wirkung und die Relevanz der verschiedenen Komponenten einer Strompreisregelung beurteilen zu können, wird aus den Vertragstexten der wichtigsten in der Bundesrepublik Deutschland angebotenen Sonderabnehmerverträge (Z, L55, L120) eine *universelle* (vertragsübergreifende) *Strombezugskostenfunktion* Kev abgeleitet. Mit Hilfe dieser Funktion werden drei Teilaspekte untersucht.

Erstens ist mit Kev eine *systematische Analyse der Preissysteme* (Wertgerüst) und der *Stromkostenbestimmungsgrößen* (Mengengerüst) möglich. Dabei wird deutlich, daß die Planung des produktionstheoretisch zunächst einfach zu behandelnden, homogenen Guts "elektrische Energie" kostentheoretisch zu komplizierten Problemen führt. Als wichtigster Einflußfaktor einer Strombezugskostenfunktion auf die Art der Abstimmung (... und damit auf die Wahl eines geeigneten Planungsverfahrens) zwischen der Strombezugs- und der Produktions- und Absatzplanung erweist sich das *Tarifierungsprinzip* des Sonderabnehmervertrags, bei dem zwischen einem *linearen Tarif* (Z) und einem *Höchstlasttarif* (L55, L120) unterschieden wird.

Zweitens erlaubt die Funktion Kev einen *Vergleich der Strombezugskosten* für eine geplante *Struktur des Stromverbrauchs* (geplante Jahreslastganglinie) über die von den EVU i.d.R. alternativ angebotenen Sonderabnehmerverträge (Preisregelungen). Mit einfach zu bedienender Standardsoftware (Tabellenkalkulation) sind bereits vielfältige und in der Stromkostenberechnung exakte Sensitivitätsanalysen zur *optimalen Auswahl eines Sonderabnehmervertrags* (Vertragstyp) durchführbar.

Drittens wird zur optimalen *Ausgestaltung* eines Sonderabnehmervertrags eine *formale Notation* der nach den Vertragsregelungen berechneten Jahresgesamtkosten des Strombezugs benötigt. Die Funktion Kev geht in die Modelle zur optimalen Produktions- und Absatzplanung ein, um eine integrierte Planung der Strombezugskosten zu untersuchen. Dabei gelangt man zu folgenden Ergebnissen.

Ein *linearer Stromtarif* verursacht keine besonderen Probleme. Die elektrische Energie kann wie jeder andere *Verbrauchsfaktor* behandelt und unabhängig von der Planungsmethode und der Art der Anpassung nach den betriebswirtschaftlichen *Standardverfahren* implizit über die *Deckungsbeiträge* der Endprodukte (Gewinnmaximierung) bzw. über die *Herstellkosten* der Zwischen- und Endprodukte (Kostenminimierung) geplant werden.

Diese Standardverfahren lassen sich z.B. für den Mustervertrag Z, der näherungsweise ein linearer Tarif ist, direkt anwenden. Als *entscheidungsrelevanter Strompreis* wird dabei der unter Einschluß der verschiedenen Zusatzkosten und Rabatte geplante *Durchschnittspreis* des erwarteten Stromverbrauchs empfohlen. Der Sonderabnehmervertrag Z ist i.d.R. für kleine und mittlere Unternehmen kostenminimal.

Bei einer Planung auf der Basis eines *Höchstlasttarifs* (L55, L120) treten erhebliche Schwierigkeiten auf. Eine Voruntersuchung zeigt, daß eine gewinnmaximale Strombezugsplanung aus theoretischer Sicht sowohl simultan mit der Absatz- und Produktions*programm*planung wie auch simultan mit einer stromwirtschaftlichen Produktions*vollzugs*planung erfolgen muß, wobei der Planungszeitraum ein Kalenderjahr umfaßt. Ein solcher Ansatz wird als ein *simultanes Gesamtmodell* bezeichnet, dessen Entwicklung in vierfacher Hinsicht von theoretischem Interesse ist.

Erstens wird gezeigt, daß *sich komplizierte Strompreissysteme in einem betriebswirtschaftlichen Planungsmodell* mit großer Genauigkeit *abbilden lassen.* Hierzu werden die o.g. Musterverträge mit *mehrfach gezonten, zeitlich* (Hochtarif- und Niedertarifarbeitspreis) und *sachlich* (Leistungs- und Arbeitspreis) *differenzierten* Grundpreisen und *mit mehreren, gegenläufig wirkenden, variablen Rabattregelungen* (Benutzungsdauerrabatt, Nachtrabatt, Jahreszeitenausgleich) in die Produktionsplanungsmodelle integriert.

Zweitens wird deutlich, daß *sich die modellvereinfachenden Ergebnisse der Produktions- und Kostentheorie* (Teile einer nicht linearen Kostenfunktion können bei zeitlich-intensitätsmäßiger Anpassung bzw. bei intensitätsmäßiger Anpassung mit Splitting vernachlässigt werden) bei einer differenzierten Preisregelung im Beschaffungsbereich - speziell bei einem Höchstlasttarif im Strombezug - *nicht anwenden lassen.*

Drittens erfordert eine Integration des Strombezugs in eine betriebliche Produktions- und Absatzplanung *die Einbeziehung der Höhe* und *der zeitlichen Verteilung des fixen* (nicht von der Produktion verursachten) *Stromverbrauchs,* weil die Strombezugsgrenzkosten infolge der komplizierten Strompreisregelungen von diesen Daten abhängen.

Viertens stellt sich die Notwendigkeit einer *kontinuierlichen Lastmessung* als ein zentrales Problem der Strombezugsplanung heraus. Da diese Problematik auf die *Nichtlagerbarkeit* der elektrischen Energie zurückgeht, treten bei der - ebenfalls nicht wirtschaftlich lagerbaren - Prozeßwärme die gleichen Schwierigkeiten auf: Die i.d.R. *zeitlich* gesteuerten Fertigungsprozesse müssen mit rein *intensitätsmäßig* steuerbaren Prozessen zur Nutzenergiebereitstellung (Strombezug, KWK-Anlage) abgestimmt werden.

Eine - für die Lösung dieser Problemstellung theoretisch erforderliche - *integrierte Optimierung der energetischen Lastganglinien*, die beim Strombezug auf eine *Höchstlastoptimierung* und bei einer KWK-Anlage (Eigenstrom- und Prozeßdampfbereitstellung) auf eine *Höchstlastüberwachung* abzielt, führt zu einer Modellkomplexität, die mit den bekannten Optimierungsverfahren und EDV-Systemen z.Z. numerisch *nicht zu bewältigen ist.*

In diesem Ergebnis liegt die Hauptursache für die *strukturelle Unverträglichkeit* einer industriellen Energieversorgungsplanung mit vielen - auf eine zeitliche Steuerung industrieller Fertigungsprozesse ausgerichteten - betriebswirtschaftlichen Planungsverfahren (Proportionalkostenrechnung, Produktionsplanungs- und -steuerungssysteme etc.).

Eine systematische Analyse der Simultanplanungsmodelle führt schrittweise zu Vorschlägen einer Planungsvereinfachung durch eine verkürzte Modellierung der Strombezugskostenfunktion, durch eine Straffung des Betrachtungszeitraums und durch eine ablauf- und verbrauchsorientierte Gruppierung von Produkten oder Fertigungsstellen.

Im Anschluß an die Analyse des Strombezugs wird der Aufgabenbereich der industriellen Energiewirtschaft um die *Planung einer betriebseigenen Strom- und Prozeßdampferzeugung* in einer KWK-Anlage (Industriekraftwerk) erweitert. Dabei wird deutlich, daß eine Eigenerzeugung elektrischer Energie i.d.R. nur in Verbindung mit einer zeitgleichen Prozeßdampfproduktion und mit einem ergänzenden Fremdstrombezug wirtschaftlich ist. Ein solches Konzept der betrieblichen Nutzenergiebereitstellung wird als eine *kombinierte* industrielle Energieversorgung bezeichnet.

Infolge der bereits bei der isolierten Planung des Strombezugs auftretenden Komplexitätsprobleme einer *integrierten* Energieversorgungs- und Produktionsplanung werden in der Optimierung des Betriebes (Lastverteilung) und des Aufbaus (Art und Größe einer KWK-Anlage, Umfang eines Strombezugsvertrags) einer kombinierten betrieblichen Energieversorgung lediglich *Partialmodelle* analysiert, d.h., die kurzfristig (Produktionsplanung) bzw. mittel- bis langfristig (Investitionsplanung) zu deckenden *Lastganglinien* (der Energiebedarf der Fertigung) *werden vorgegeben.*

Es wird gezeigt, daß sich aus den *in der Planungsphase* eines betrieblichen Energieversorgungskonzepts *verfügbaren* Daten mit Hilfe der zuvor entwickelten technologischen, energiewirtschaftlichen und strombezugsspezifischen Planungsbausteine in wenigen Schritten flexible und aussagefähige Optimierungsmodelle zur ökonomischen Analyse und Gestaltung einer kombinierten industriellen Energieversorgung formulieren lassen.

Hierzu wird zunächst ein gemischt-ganzzahliges lineares Programm zur Minimierung der *gesamten Betriebskosten* (variable Kosten des Strombezugs und der KWK-Anlage) entwickelt, die zur Deckung eines von der Fertigung punktuell (statisch) vorgegebenen Nutzenergiebedarfs an Strom und an verschiedenen Dampfqualitäten (*Lastvektor*) anfallen.

Die Herleitung dieses Optimierungsmodells verdeutlicht die Verknüpfung der technischen Elementarbausteine (Wasseraufbereitung, Kessel, Turbosätze, Vorwärmer, Reduzierstationen, Netzdampfkühler, Kondensator, Pumpen und Gebläse). Die Ermittlung der lastabhängig umgesetzten *Enthalpieströme* läßt sich auf *Mischungsrechnungen* zurückführen, deren Modellierungsprinzip aus anwendungsunabhängig formulierten, betriebswirtschaftlichen Produktionsplanungsmodellen durchaus bekannt ist.

Die produktionstechnischen Besonderheiten der Einzelaggregate, wie beispielsweise der *Leerlaufdampfbedarf* der Turbinen oder die *Mindestintensitäten* der Dampfkessel, werden im Planungsmodell erfaßt. Die im Mengenfluß integrierten *Vorwärmströme*, die *Kesselabschlämmung* und die *Kondensatrückführung* werden als energetische Sonderformen eines *innerbetrieblichen Recycling* interpretiert und ebenfalls in das Modell aufgenommen.

Auch der elektrische *Eigenbedarf der KWK-Anlage* und die *zu entsorgenden Nebenprodukte* (Rauchgasvolumenstrom, Kondensatorabwärme, feste Verbrennungsrückstände) werden näherungsweise quantifiziert. Neben der Eigenerzeugung elektrischer Energie ist sowohl deren *Zukauf* wie auch der *Stromverkauf* (Rücklieferung von Überschußstrom) zulässig. Eine Option zur *Vernichtung von Kuppelprodukten* wird durch *Reduzierstationen* auf der elektrischen Seite und durch eine *Dampfabblasung* auf der thermischen Seite berücksichtigt.

Die Ermittlung der *Betriebskosten* wird auf die Verbrauchsfunktionen der Einzelaggregate zurückgeführt. Als wichtigste *Kostenbestandteile* erweisen sich die *Brennstoff-* und die *Strombezugs*kosten. Darüber hinaus werden die *Erlöse aus dem Stromverkauf* und die variablen *Kosten der Wasseraufbereitung*, der *Rückstandsdeponierung* und der *Rauchgasreinigung* (Umweltschutzkosten) sowie die *Ausgleichsabgabe aus der Stromeigenerzeugung* (Kohlepfennig) berücksichtigt.

Insgesamt entsteht ein Planungsmodell, dessen optimale Lösung für einen beliebigen, zulässigen Lastvektor neben den minimalen Betriebskosten einer kombinierten industriellen Energieversorgung die optimale Wahl zwischen der Eigenerstellung, dem Fremdbezug und dem Verkauf elektrischer Energie und die optimale Lastverteilung der KWK-Anlage mit allen o.g. Zusatzinformationen zur Verfügung stellt.

Die optimale *Brennstoffwahl* ist in diesen Ansatz ebenso integrierbar wie die optimale Steuerung einer *Rückstandsverbrennung* (Abfallverwertung) oder die Berücksichtigung einer (fixen) *Abhitzelieferung* aus der Fertigung. Eine integrierte *Steuerung* einer Abhitzelieferung setzt eine Möglichkeit zur Abschaltung bzw. zur intensitätsmäßigen Anpassung des Abhitze liefernden Fertigungsprozesses voraus.

Durch Modifikationen und Ergänzungen des Planungsmodells werden weitere energiewirtschaftliche Fragestellungen untersucht. Hierzu zählen die Bestimmung der elektrischen und der thermischen *Nettoengpaßleistungen* einer (geplanten) KWK-Anlage und die Analyse außerordentlicher Betriebssituationen wie etwa die *Sperrung* einzelner Anlagenteile (Ausfall oder Wartung von Turbosätzen oder Kesseln) oder auch deren *Zwangsbetrieb* (z.B. Kohleverfeuerung).

Darüber hinaus lassen sich vielfältige *Sensitivitätsanalysen* - etwa für die Brennstoffpreise, die Strombezugs- und die Stromrücklieferungspreise oder die Umweltschutzkosten - durchführen. Ökonomisch interessante *Grenzsituationen* wie der *Inselbetrieb* oder der reine *Heizwerkbetrieb* einer KWK-Anlage werden durch Variationen des Lastvektors durchgespielt. Mit Hilfe von Zusatzrestriktionen lassen sich die *Bedarfsverhältnisse* der Kuppelprodukte oder - bei einem festen Verhältnis der Kuppelprodukte - die *Beschäftigung* der Energieversorgung variieren.

Durch eine schrittweise Erweiterung des Planungshorizonts gelangt man zur *mittel- bis langfristigen Energieversorgungsplanung*. Dabei werden die Jahreslastganglinien des Nutzenergieverbrauchs durch eine *Menge repräsentativer Lastvektoren* mit prognostizierten Laufzeiten abgebildet (zeitgleiche Rechteckzerlegung der geplanten Lastganglinien). Die konkrete Formulierung eines mittelfristigen Ansatzes im Rahmen dieser Modellstruktur hängt von der *Disponierbarkeit der Kapazitäten* ab.

Bei *gegebenen Kapazitäten* und *einem bereits abgeschlossenen Strombezugsvertrag* sind lediglich die variablen Kosten der Energieversorgung - i.d.R. über ein Jahr - zu planen. Diese Fragestellung wird durch eine mehrfache Lösung (ein Optimierungslauf für jeden repräsentativen Lastvektor) des o.g. beschriebenen Lastpunktmodells gelöst.

Bei *gegebenen* Kapazitäten der *KWK-Anlage* und einem *neu abzuschließenden Strombezugsvertrag* (Zusatzversorgung) wird eine Modellvariante vorgeschlagen, mit der sich die optimale Gestaltung eines Sonderabnehmervertrags auch unter Einbeziehung einer Eigenanlage annähernd exakt - d.h. unter Berücksichtigung der verschiedenen Preiszonungen, Rabatte etc. - bestimmen läßt.

Wenn zusätzlich über den *Aufbau* von (Teil-) Kapazitäten *eines Industriekraftwerks* zu entscheiden ist, entstehen umfangreiche Ansätze einer simultanen Investitions- und Produktionsplanung. Die Komplexität dieser Ansätze zwingt zu starken Vereinfachungen, um eine numerische Lösbarkeit zu erreichen. Anstelle eines mehrperiodischen Kapitalwertmodells wird deshalb ein statisches Modell auf Basis der *Annuitätenmethode* entwickelt.

Statisch bedeutet in diesem Zusammenhang, daß nur zu *Anfang* des Planungszeitraums Investitionen getätigt werden können und daß zur Ermittlung der Betriebskosten nur *eine* Produktionsperiode (repräsentatives Planjahr) betrachtet wird. Innerhalb dieses Planjahres werden weiterhin *mehrere* Lastvektoren erfaßt, um die *Kapazitätsplanung optimal an die charakteristischen Lastverläufe* des Betriebes *anzupassen*.

Die Menge dieser Lastvektoren muß die im *gesamten* Planungszeitraum erwarteten, nicht vermeidbaren Spitzenlasten des Nutzenergiebedarfs enthalten. Die *Grundschaltung* des Kraftwerks und die Konditionen eines Strombezugsvertrags werden vorgegeben. Neben diesem Investitionsplanungsmodell zur Auswahl und zur Kapazitätsbestimmung einzelner Kraftwerkskomponenten und Bezugsverträge wird ein vergröberter Ansatz zur *Abschätzung eines wirtschaftlichen KWK-Potentials* angesprochen.

Trotz der investitionstheoretisch recht restriktiven Annahmen ist die vorgeschlagene modell- und EDV-gestützte Planungstechnik flexibler und aussagefähiger als die üblichen Gesamtkostenvergleiche vordefinierter KWK-Konzepte (Variantenvergleiche). Mit Hilfe der entwickelten Bausteine lassen sich betriebs- und projektspezifische Ansätze formulieren, die zur Verbesserung der mittel- bis langfristigen Planung einer betrieblichen Energieversorgung beitragen können.

An einigen Stellen der Arbeit wird auf die optimale Abstimmung zwischen der betrieblichen Energieversorgung und der Fertigung im Rahmen einer *Sukzessivplanung* eingegangen. Diese Abstimmung erfolgt mit *innerbetrieblichen Energieverrechnungspreisen*, deren Ermittlungsmethoden zu den umstrittenen Themen in der betrieblichen Energiewirtschaft zählen.

Am bekanntesten ist dabei das Dilemma, daß *die variablen Kosten einer Kuppelproduktion* (Kraft-Wärme-Kopplung) *nicht verursachungsgerecht* auf die erzeugten Kuppelprodukte (Strom und Dampf) *aufgeteilt werden können*, andererseits *aus pragmatischen Gründen* (nicht simultane Planung) aber dennoch *Verrechnungspreise ermittelt werden müssen*. Ein weiteres Problem entsteht bei der Bestimmung einer (Plan-) Bezugsgröße zur Verrechnung der nach einem Höchstlasttarif bezogenen elektrischen Energie.

Nach einem kurzen Überblick über die bekannten Verfahren zur Bildung innerbetrieblicher Energieverrechnungspreise wird vorgeschlagen, die elektrische Energie mit einem *geplanten, durchschnittlichen, variablen Kostensatz des Fremdbezugs* zu bewerten, und die *Leistungskosten des Fremdstrombezugs* ebenso wie die beschäftigungsunabhängigen Kosten einer KWK-Anlage als Fixkosten einer *zentralen* Kostenstelle (Energieversorgung) auszuweisen. Der Zusatz *durchschnittlich* weist darauf hin, daß es weder im Strombezug noch in der Dampferzeugung mengen- oder intensitätsunabhängige Beschaffungspreise bzw. Herstellkosten gibt. Infolge der Nichtlagerbarkeit der Nutzenergien ist es unrealistisch, *planmäßig* eine Energiebereitstellung bei kostenminimaler Intensität zu unterstellen.

Auch in Betrieben mit einer eigenen KWK-Anlage wird i.d.R. ein bedeutender Teil der elektrischen Energie fremd bezogen. Darüber hinaus stellt die Prozeßwärme, die selbst erzeugt werden *muß*, meist das *Hauptprodukt* der Kuppelproduktion dar. Zur *Verrechnung der variablen KWK-Kosten* empfiehlt sich daher das *Restwertverfahren*. Nach diesem Verfahren wird die *gesamte*, im Betrieb verbrauchte elektrische Energie mit dem o.g. geplanten, durchschnittlichen Fremdstromarbeitspreis bewertet. Die Restkosten entfallen auf den Prozeßdampf. Bei *mehreren Netzdampfqualitäten* (Druckstufen) wird eine Aufteilung dieser Restkosten nach dem *Arbeitswertverfahren* vorgeschlagen.

In einer divisionalisierten Unternehmensorganisation kann es zur *dezentralen* (pretialen) Steuerung einer energiewirtschaftlich ausgerichteten Produktionsvollzugsplanung und einer energieorientierten Investitions- und Desinvestitionsplanung sinnvoll sein, *zusätzlich die Fixkosten* einer *zentralen* Energieversorgung (Leistungskosten des Stromfremdbezugs plus kalkulatorische Abschreibung eines Industriekraftwerks) auf die energieverbrauchenden Kostenstellen zu verrechnen und *dort* als Fixkosten auszuweisen. Zu diesem Zweck sind die o.g. Arbeitspreise um *monatliche Leistungspreise* der Strom- und Dampfversorgung für die von den Teilbetrieben beanspruchten oder die dort installierten *Höchstleistungen* zu bilden.

Alle in dieser Arbeit entwickelten Betriebsmodelle sind als *Basisansätze* zur modellgestützten Planung einer betrieblichen Energiewirtschaft zu verstehen. Dabei eröffnen sich an mehreren Stellen planungstechnische und inhaltliche Aspekte für *weitergehende* und *vertiefende Untersuchungen*, auf die mit ergänzenden Literaturangaben - u.a. zu einigen teilweise übertragbaren Neuentwicklungen in der Planung der EVU - hingewiesen wird.

Die vorgestellten Optimierungsmodelle werden als gemischt-ganzzahlige lineare Programme entwickelt und mit Hilfe eines Mikrocomputerprogramms exemplarisch gelöst. *Planungstechnische Verbesserungen* lassen sich u.U. mit anderen Analyse- oder Optimierungsverfahren (z.B. nicht lineare und dynamische Optimierung, multikriterielle Verfahren, Simulation) erzielen.

Zu den *inhaltlichen Erweiterungsmöglichkeiten* zählen die Bestimmung einer optimalen Kraftwerks- und Strombezugs*reserve*, die Integration der *Brennstoffwahl* und eine Untersuchung der Investitionen zum *Umweltschutz*. Mit diesen Themen eng verbunden ist die optimale *Finanzierungsplanung* unter Einbeziehung der öffentlichen Förderungsmaßnahmen (Subventionsplanung).

Von der Entwicklung des *Computer-Integrated-Manufacturing* (CIM) gehen neue Impulse für den Aufbau eines betrieblichen *Energiecontrolling* aus. Da Nutzenergie in vielen - elektrische Energie in nahezu allen - Kostenstellen eines Betriebes benötigt wird, sollten die Planung, die Steuerung und die Kontrolle des Energieverbrauchs beim Aufbau verteilter Produktionsdatenbanken besonders berücksichtigt werden. Neben der *Erfassung* und der *Kontrolle des innerbetrieblichen Energieflusses* ist die *Brennstoffbeschaffung* näher zu untersuchen (Standortwahl, strategische Brennstoffreserven, Spotkäufe etc.). Auch die *innerbetriebliche Standortplanung* von KWK-Anlagen und die *Planung von Strom- und Dampfnetzen* auf einem Werksgelände sind interessante Themen.

Ein Anwendungsfortschritt könnte durch ein standardisiertes System zur *rechnergestützten Modellgenerierung* (z.B. Ableitung eines linearisierten Restriktionensystems aus einem Wärmeflußbild) und zur Ergebnisaufbereitung erreicht werden. Einige Elemente eines interaktiven, graphischen KI-Systems zur Gestaltung einer betrieblichen Energieversorgung lassen sich aus der vorgestellten Planungsmethodik ableiten.

Zusammenfassend wird in der Arbeit ein Instrumentarium entwickelt, das die Planung einer betrieblichen Energiewirtschaft einer modell- und EDV-gestützten, betriebswirtschaftlichen Analyse zugänglich macht. Die Anwendung dieses Instrumentariums kann die Vorbereitung von Entscheidungen zur wirtschaftlichen Gestaltung einer industriellen Energieversorgung zu vertretbaren Kosten verbessern.

Abbildungsverzeichnis

Seite

1.1 Funktionsbereiche einer industriellen Energiewirtschaft 15

2.1 Elementare Energieumwandlungsprozesse 42
2.2 Produktionsflußbild eines Dampfkessels 43
2.3 Produktionsflußbild einer Dampfturbine 62
2.4 Anwendung des Mollier-h,s-Diagramms 65
2.5 Verbrauchsfunktion einer Dampfturbine 70
2.6 Produktionsflußbild eines Kondensators 71
2.7 Schaltungsbeispiele für Dampfturbinen 75
2.8 Reduzierstation 77
2.9 Produktionsflußbild eines Generators 79
2.10 Dampferzeugungsprozeß und Dampfkraftprozeß 81
2.11 Prozeßtechnische Verbesserungen 85
2.12 KWK-Prozeß mit einer Gegendruckturbine 89
2.13 Gegendrucklinie 93
2.14 Brennstoffausnutzung der drei Basistechnologien (HW, KW, HKW) .. 99
2.15 KWK-Prozeß mit einer Entnahmekondensationsturbine 101
2.16 Betriebsbereich einer Entnahmekondensationsturbine 102
2.17 Entnahmediagramm 105
2.18 Technische Varianten von Gegendruckturbinen 106
2.19 Varianten von Entnahmekondensationsturbinen 107
2.20 KWK-Anlagen mit Gasturbinen und Kombiprozesse 108
2.21 Industriekraftwerk (Beispiel 1) 109
2.22 Industriekraftwerk (Beispiel 2) 110

3.1 Abnehmerverhalten und Technologiewahl in einem EVU 116
3.2 Linearisierte Lastganglinien 127

4.1 Kostenfunktionen bei intensitätsmäßiger Anpassung 159
4.2 Optimale Produktions- und Absatzprogramme (Methode 1) 175
4.3 Zu- und Abschlagsätze in den Verträgen Z, L55 und L120 196
4.4 Sensitivitätsanalyse zur Auswahl eines Strombezugsvertrags 205
4.5 Optimale Produktions- und Absatzprogramme (Methode 2) 225

5.1 Betriebsmodell mit einer industriellen Eigenstromerzeugung 257
5.2 Optimaler Produktionsvollzugsplan (Beispiel 1) 284
5.3 Optimaler Produktionsvollzugsplan (Beispiel 2) 288
5.4 Optimaler Produktionsvollzugsplan (Beispiel 3) 292
5.5 Variation der Brennstoff- und der Strombezugspreise 296
5.6 Sensitivitätsanalysen zum Verkauf elektrischer Energie 298
5.7 Optimaler Investitionsplan (Beispiel 2, Lastvektor 2) 319

Tabellenverzeichnis

Seite

2.1 Heizwert und Verbrennungsluftbedarf von Brennstoffen 46
2.2 Emissionsgrenzwerte für Neuanlagen 59
2.3 Energie, Exergie und Arbeitswert von Wasserdampf 97

3.1 Lastganglinie und Belastungsdauerlinie 115
3.2 Elekrizitätswirtschaftliche Kenngrößen 118
3.3 Kostenstruktur verschiedener Kraftwerke 122
3.4 Lastverteilung und variable Stromerzeugungskosten 123
3.5 Kraftwerkspark und Kostenstruktur eines EVU 125
3.6 Kalkulation einer differenzierten Strompreisregelung 140
3.7 Verteilung der fixen Erzeugungskosten auf Kundengruppen 142
3.8 Durchführung des Benutzungsdauerverfahrens 143
3.9 Nach Kunden (-gruppen) differenzierte Kalkulation 147
3.10 Vergleich der Strompreise und der Erlöse 150
3.11 Vergleich der Durchschnittspreise 151

4.1 Verbrauchs- und Kostendaten ausgewählter Intensitätspunkte 160
4.2 Tarifzeiten (EVU) und Arbeitszeiten (Zweischichtbetrieb) 160
4.3 Zeitraster bei der Planung des Strombezugs 161
4.4 Absatzhöchstmengen, Ermittlung der Leerzeiten 162
4.5 Berechnung des fixen Stromverbrauchs 163
4.6 Optimale Produktions- und Absatzplanung (Standardansätze) 166
4.7 Special Ordered Sets vom Typ 2 (SOS2) 170
4.8 Bestimmung der Produktionsmengen und des Stromverbrauchs 172
4.9 Optimales Produktions- und Absatzprogramm, Modell Z 173
4.10 Optimales Produktions- und Absatzprogramm, Modell ZI 174
4.11 Optimales Produktions- und Absatzprogramm, Modell IS 176
4.12 Optimales Produktions- und Absatzprogramm, Modell ID 176
4.13 Optimale Erlöse und optimale Kostenstruktur (Methode 1) 177
4.14 Strukturierung des Stromverbrauchs 185
4.15 Struktur des Stromverbrauchs (Zusammenfassung, Methode 1) 187
4.16 Stromkostenberechnung in Sonderabnehmerverträgen 192
4.17 Strompreisregelungen des Sonderabnehmervertrags Z 195
4.18 Strompreisregelungen des Sonderabnehmervertrags L55 197
4.19 Strompreisregelungen des Sonderabnehmervertrags L120 198
4.20 Kontrollrechnung zu Modell Z nach Vertrag Z 198
4.21 Kontrollrechnung zu Modell Z nach Vertrag L55 199
4.22 Kontrollrechnung zu Modell Z nach Vertrag L120 200
4.23 Ergebnisvergleich für verschiedene Sonderabnehmerverträge 201
4.24 Auswahl eines Sonderabnehmervertrags (Sensitivitätsanalyse) 204
4.25 Produktions- und Absatzplanung mit differenzierten Strompreisen 212
4.26 Approximation einer Rabattsatzfunktion 218

Seite

4.27 Optimales Produktions- und Absatzprogramm, Modell Z (L120) 221
4.28 Optimales Produktions- und Absatzprogramm, Modell ZI (L120) 222
4.29 Optimales Produktions- und Absatzprogramm, Modell IS (L120) 223
4.30 Optimales Produktions- und Absatzprogramm, Modell IDa (L120) ... 224
4.31 Optimales Produktions- und Absatzprogramm, Modell IDb (L120) ... 226
4.32 Struktur des Stromverbrauchs (Zusammenfassung: L120, Methode 2) 227
4.33 Optimale Erlöse und optimale Kostenstruktur (L120, Methode 2) .. 228
4.34 Kontrollrechnung zu Modell Z nach Vertrag L120 (Methode 2) 229
4.35 Ein Ergebnisvergleich der Planungsmethoden 1 und 2 (v = L120)... 230
4.36 Planung der Strombezugskosten (v= L120, α = Z) 239
4.37 Methoden zur Ermittlung von Stromverrechnungspreisen 243
4.38 Verrechnungspreise für elektrische Energie (v = L120, α = Z) ... 244

5.1 Thermodynamische Grunddaten 259
5.2 Bilanzierung der Dampf- und Wasserströme (Grundrechnung) 260
5.3 Berechnung der Mischungskoeffizienten 261
5.4 Erweiterte Bilanzierung der Dampf- und Wasserströme 262
5.5 Restriktionensystem zur Abbildung eines Wärmeflußbildes 262
5.6 Approximation des Pumpstromverbrauchs 264
5.7 Sonstiger Stromverbrauch der Dampferzeugung und Stromverbrauch der Rauchgasreinigungsanlagen 266
5.8 Dampfkessel (a), Turbosätze (b), Brutto-Stromausbeute (c) 268
5.9 Linearisierte Stromausbeutefunktionen der Turbosätze 269
5.10 Optimale Produktionsvollzugsplanung in einer betrieblichen Energieversorgung 275
5.11 Sonstige Rauchgasreinigungskosten und Brennstoffpreise 276
5.12 (Mindest-) Preisregelung für den Stromverkauf 279
5.13 Optimaler Produktionsvollzugsplan (Beispiel 1) 285
5.14 Optimaler Produktionsvollzugsplan (Beispiel 2) 289
5.15 Optimaler Produktionsvollzugsplan (Beispiel 3) 293
5.16 Ergänzende Reihenfolgebedingungen 294
5.17 Variation eines Brennstoffpreises 295
5.18 Variation des Strombezugspreises 295
5.19 Charakteristische Lastvektoren 300
5.20 Minimale Jahresbetriebskosten bei vorgegebenen Kapazitäten 302
5.21 Verrechnungspreisbildung bei Kraft-Wärme-Kopplung 305
5.22 Verrechnungspreise bei Kraft-Wärme-Kopplung 306
5.23 Anschaffungsauszahlungen und Fixkosten für KWK-Bausteine 310
5.24 Projektspezifische Investitions- und Produktionsplanung 314
5.25 Optimaler Investitionsplan (Beispiel 1) 316
5.26 Optimaler Produktionsplan (Beispiel 1) 316
5.27 Optimaler Investitionsplan (Beispiel 2) 318
5.28 Optimaler Produktionsplan (Beispiel 2) 318

Literaturverzeichnis

AEG-KANIS (Hrsg.): Moderne Dampfturbinen für Industrie und Kraftwerke. Nürnberg: 1985.

Ahrens, W.: Optimierungsverfahren zur Lösung nichtlinearer Investitionsprobleme - angewandt auf das Problem der Planung regionaler Abwasserentsorgungssysteme. Diss., Karlsruhe: 1974.

Albach, H.: Lineare Programmierung als Hilfsmittel betrieblicher Investitionsplanung. In: Zeitschrift für handelswissenschaftliche Forschung 12 (1960) 10, S. 526-549.

Albach, H.: Zur Verbindung von Produktionstheorie und Investitionstheorie. In: Koch, H. (Hrsg.): Zur Theorie der Unternehmung. Festschrift zum 65. Geburtstag von E. Gutenberg. Wiesbaden: 1962, S.137-203.

Albach, H.: Investitionsentscheidungen in Mehrproduktunternehmen. In: Angermann A. (Hrsg.): Betriebsführung und Operations Research. Frankfurt: 1963, S.24-48.

Albach, H.: Die optimale Tarifstruktur öffentlicher Versorgungsunternehmen. In: Unternehmensforschung 10 (1966), S.152-167.

Albach, H.: Strategische Unternehmensplanung bei erhöhter Unsicherheit. In: Zeitschrift für Betriebswirtschaft 48 (1978) 3, S.702-715.

Alefeld, G.: Probleme mit der Exergie. In: Brennstoff-Wärme-Kraft 40 (1988a) 3, S.72-80.

Alefeld, G.: Zur Bewertung von Heizkraftwerken. In: Brennstoff-Wärme-Kraft 40 (1988) 6, S.231-236.

Allhorn, H.: Der Zeitzonen-Tarif. In: Energiewirtschaftliche Tagesfragen 37 (1987) 12, S.992-994.

Althoff, H., Ditscheid, U.: Umstrukturierung der Wärmeversorgung eines Industriebetriebes durch Dezentralisierung. In: Gas Wärme International 35 (1986) 5, S.277-279.

Altrogge, G.: Optimale Maschinenbelastung. Wiesbaden: 1971.

Ammons, J.C.: An Analytic Study of Critical Terminal Conditions in Long Range Generation Expansion Planning for Electric Utilities. In: Lev, B., Murphy, F.H., Bloom, J.A., Gleit, A.S.: Analytical Techniques for Energy Planning. Amsterdam, New York, Oxford: 1984, S.83-93.

Anadere, C., Kerschkamp, F.: Wirtschaftlichkeit von Energiesparmaßnahmen. In: Deutsche Bauzeitung (1985) 6, S.795-802.

Anderson, D.: Models for Determining Least-Cost Investments in Electricity Supply. In: The Bell Journal of Economics and Management Science 3 (1972) 1, S.267-299.

Anderson, D.: Regulatory Politics and Electric Utilities. Boston: 1981.

Arkenberg, E.-W.: Finanzierungshilfen. In: Energie 36 (1984) 1/2, S.11-14.

Arkenberg, E.-W., Beschorner, F., Ressing, W., Waschke, G.: Die Förderung von Energiesparmaßnahmen. Stuttgart: 1984.

Arnold, P.: Ein Simulationsverfahren für die Kraftwerksausbauplanung bei hydrothermischem Verbundbetrieb. In: Elektrizitätswirtschaft 75 (1976) 9, S.233-236.

Arnolds, H., Heege, F., Tussing, W.: Materialwirtschaft und Einkauf. 4. Auflage, Wiesbaden: 1985.

Aucamp, D.C.: The Computation of Shadow Prices in Linear Programming. In: Journal of Operational Research Society 33 (1982), S.557-565.

Bachl, H.: Energiewirtschaft, Band 1: Technik im Blickfeld der Wirtschaft. Gräfelfing: 1967.

Bachmann, H.: Die Lastverteilung als Kombination zwischen intensitätsmäßiger und quantitativer Anpassung. In: Energiewirtschaftliche Tagesfragen 23 (1973) 1, S.20-22.

Baehr, H.D.: Thermodynamik, 5. Auflage. Berlin/Heidelberg/New York: 1984.

Baehr, R, Casper, W.: Kraftwerkstransformatoren. In: BOHN [1985], S.623-652.

Baer-Henney, J.-D.: Die stromwirtschaftliche Betätigung industrieller Energieanlagen aus öffentlich-rechtlicher Sicht. Diss., Braunschweig: 1972.

Bähr, J.: Produktions- und Stillegungs-Entscheidungsmodelle. Frankfurt, Zürich: 1975.

Baker, W.R., Daellenbach, H.G.: Two-Phase Optimization of Coal Strategies at a Power Station. In: European Journal of Operational Research 18 (1984), S.304-314.

Bald, M.: Stromerzeugungskosten. In: Energiewirtschaftliche Tagesfragen 34 (1984) 3, S.198-203.

Ball, B.C.: The Use of Management Science Techniques in a Corporate Strategic Planning System. In: European Journal of Operational Research 3 (1978), S.99-109.

Bartels, S.: Entwicklung und Beurteilung von Aggregationsstrategien für lineare Entscheidungsmodelle. Frankfurt, Bern, New York: 1986.

Bartlin Brauchle, A.: Betriebliche Energiekosten. In: Management Enzyklopädie, Band 3, 2. Auflage. Landsberg: 1982, S.218-227.

BBC (Hrsg.): Wirtschaftliche Aspekte der Kraft-Wärme-Kopplung. Brown-Bovery-Mitteilungen 1 (1978).

BBC (Hrsg.): Kombinierte Gas/Dampfturbinen-Kraftwerke mit Wärme-Kraft-Kopplung. Druckschrift Nr. D GK 1519 80 D, Mannheim: 1980.

BBC (Hrsg.): Energieversorgung - Dampfturbinen für die Industrie und mittlere Kraftwerke. Druckschrift Nr. D GK 1303 82 D. Mannheim: 1982.

BDI (Hrsg.): Umweltschutz und industrielle Entwicklung in der Bundesrepublik Deutschland. Köln 1979.

Bea, F.X., Kötzle, A.: Die Eignung der Sonderabschreibungen nach §7d EStG zur Erreichung umweltpolitischer Ziele. In: Der Betrieb (1977) 12, S.556-559 und (1977) 13, S.604-608.

Beale, E.M.L.: Energy Model and Data Support and Operation. In: Bayraktar, B.A., Cherniavsky, E.A., Laughton, M.A., Ruff, L.E.: Energy Policy Planning. New York, London: 1981, S.63-78.

Becker, D.L.: Load Management Direct Control: Fact or Simulation. In: IEEE Transactions on Power Systems, Vol. PWRS-1 (1986) 1, S.82-88.

Beckmann, G., Heil, G., Müller, D., Werdin, K.: Das stationäre Betriebsverhalten von Dampfkraftwerken - Beschreibung und Optimierung durch ein Matrizenmodell. In: Energietechnik 18 (1968) 1, S.33-38 und in: Energietechnik 18 (1968) 2, S.76-79.

Beckmann, H.: Die Verteilung der Selbstkosten in Industrie- und Heizkraftwerken auf Strom und Heizdampf. In: Brennstoff-Wärme-Kraft 5 (1953) 2, S.37-44.

Beglari, F., Laughton, M.A.: The Combined Cost Method for Optimal Economic Planning of an Electrical Power System. In: IEEE Transactions on Power Apparatus and Systems, Vol. PAS-94 (1975) 9, S.1935-1942.

Beitz, W., Küttner, K.H.: DUBBEL - Taschenbuch für den Maschinenbau. 15. Auflage. Berlin, Heidelberg, New York: 1983.

Belting, T.: Analyse der Bewertungsmethoden für Strom- und Nutzwärmekosten. In: Brennstoff-Wärme-Kraft 36 (1984) 11, S.457-462.

Bergmann, C.: Kostengerechter Verkauf elektrischer Energie nach dem Festmengenprinzip. In: Energiewirtschaft 75 (1976) 17, S.510-517.

Bergmann, C.: Benutzungsdauerorientierte Leistungsmessung als Abrechnungsgrundlage für die Lieferung elektrischer Energie. In: Elektrizitätswirtschaft 84 (1985) 18, S.707-711.

Berrie, T.W.: Power System Economics. London: 1983.

Berrie, T.W.: Power System Planning under Electricity Spot Pricing. In: IEEE Transactions on Power Systems, Vol. PWRS-2 (1987) 3, S.744-750.

Beschorner, D., März, T., Peemöller, V.H.: Energieorientierte Unternehmensplanung. In: Die Betriebswirtschaft 45 (1985) 5, S.511-523.

Bessiere, F.: The 'Investment 85' Model of Electricité de France. In Management Science 17 (1970) 4, S. B192-B211.

Bessiere, F., Sautter, E.,A.: Optimization and Suboptimization: The Method of Extended Models in the Non-Linear Case. In: Management Science 15 (1968) 1, S.1-11.

Bhatnagar, R., Rahman, S.: Dispatch of Direct Load Control for Fuel Cost Minimization. In: IEEE Transactions on Power Systems, Vol. PWRS-1 (1986) 4, S.96-102.

BIBLIOGRAPHISCHES INSTITUT (Hrsg): Meyers Physik-Lexikon. Mannheim, Wien, Zürich: 1973.

Bickel, T.C., Himmelblau, D.M.: The Optimal Capacity Expansion of a Chemical Plant. In: Singh, M.G., Titli, A. (Hrsg.): Handbook of Large Scale Systems Engineering Applications. Amsterdam, New York, Oxford: 1979, S.403-418.

Bieselt, R.: Gemeinsame Einsatz- und Ausbauplanung des Kraftwerksparks und Hochspannungsnetzes eines Versorgungsgebietes mit Hilfe modifizierter Optimierungsverfahren der dynamischen Programmierung. Diss., Aachen: 1974.

Biethahn, J., Liebmann, H.-P.: Die numerische Behandlung eines gemischt-ganzzahligen Investitionsproblems mit exakten und heuristischen Methoden. In: Zeitschrift für Betriebswirtschaft 42 (1972) 6, S.401-420.

Biethahn, J., Liebmann, H.-P.: Zur Anwendung von heuristischen Methoden bei der Optimierung eines gemischt-ganzzahligen und separierbaren Investitionsproblems. In: Zeitschrift für Betriebswirtschaft 43 (1973), S.351-372.

Biggs, M.C., Laughton, M.A.: Optimal Electric Power Scheduling: A Large Nonlinear Programming Test Problem Solved by Recursiv Quadratic Programming. In: Mathematical Programming 13 (1977), S.167-182.

Billinton, R., Wacker, G., Subramaniam, R.K.: Factors Affecting the Development of a Commercial Customer Damage Function. In: IEEE Transactions on Power Systems, Vol. PWRS-1 (1986) 4, S.28-33.

Bischoff, G.: Stromlieferungsverträge und Sonderpreisregelungen. In: DEPARADE [1977], S.39-54.

Bischoff, G., Gerlt, W.: Das Energiehandbuch. 4. Auflage, Wiesbaden, Braunschweig: 1981.

Bissinger, B.: KWK-plus/minus. In: Energie 31 (1979) 11, S. 372-389.

Bissinger, B.: Praktische Gesichtspunkte zur optimalen Lastverteilung im Heizkraftwerk. In: Kroll, G., Müller,, H., Sohn, P. (Hrsg.): Elektrizitätsversorgungsunternehmen als Träger von Forschungs- und Entwicklungsaktivitäten und Adressaten von Technologietransfer. Frankfurt, Bern, Cirencester: 1980, S.63-100.

Bissinger, B.: Wärme und Strom aus Produktionsrückständen - technische und wirtschaftliche Aspekte. In: VDI-Berichte Nr. 534, Düsseldorf: 1984, S.245-265.

Bitterlich, W., Kestner, D.: Einführung in die ORC-Technologie. In: Brennstoff-Wärme-Kraft 36 (1984) 7/8, S.332-335.

Blangetti, F.L., Lang, H.: Kondensatoren. In: BOHN [1985], S.209-284.

Blohm, H., Lüder, K.: Investition. 6. Auflage, München: 1988.

Bloom, J.A.; Long Range Generation Planning Using Decomposition and Probabilistic Simulation. In: IEEE Transactions on Power Apparatus and Systems, Vol. PAS-101 (1982) 9, S.797-802.

Bloom, J.A.: Solving an Electricity Generation Capacity Expansion Planning Problem by Generalized Bender's Decomposition. In: Operations Research 31 (1983), S.84-100.

BMFT (Hrsg): KWK. Elektrisches Potential und Wirtschaftlichkeit der gekoppelten Kraft- und Wärmewirtschaft in Industrie und Gewerbe. Gräfelfing: 1984.

Bohn, T. (Hrsg.): Handbuchreihe Energie. 17 Bände; Köln: ab 1982.

Band 1: Grundlagen der Energie- und Kraftwerkstechnik. 1982a.

Band 5: Konzeption und Aufbau von Dampfkraftwerken. 1985.

Band 7: Gasturbinenkraftwerke, Kombikraftwerke, Heizkraftwerke und Industriekraftwerke. 1984.

Band 11: Energietransport, - speicherung und -verteilung. 1982b.

Band 15: Energierecht. 1982c.

Böke, E., Herzwurm, A.: Die Bedeutung der Energiekosten für die internationale Wettbewerbsfähigkeit der deutschen Industrie. In: Energiewirtschaftliche Tagesfragen 33 (1983) 8, S.546-550.

Booth, R.R.: Optimal Generation Planning considering Uncertainty. In: IEEE Transactions on Power Apparatus and Systems 91 (1972a), S.70-77.

Booth, R.R.: Power System Simulation Model based on Probability Analysis. In: IEEE Transactions on Power Apparatus and Systems 91 (1972b), S.62-69.

Böttges, N.: Rationalisierung im Energiebereich. Essen: 1984.

Borch, G., Fürböck, M., Mansfeld, L.B., Winje, D.: Energiemanagement. Handbuchreihe Energieberatung, Energiemanagement, Bd.1. Heidelberg, New York, Tokyo: 1986

Borison, A.B., Morris, P.A., Oren, S.S.: A State-of-the-World Decomposition Approach to Dynamics and Uncertainty in Electric Utility Generation Expansion Planning. In: Operations Research (1984), S.1052-1068.

Bouillon, H.: Lastanalyse, - nicht nur für Prognosezwecke. In: Elektrizitätswirtschaft 82 (1983) 11, S.376-379.

Boustead, I., Hancock, G.F.: Handbook of Industrial Energy Analysis. New York: 1979.

Brachmann, H.: Energieverbrauch und seine Bedeutung für die kurzfristige Produktionsplanung im Kraftwerk. Diss., Göttingen: 1972.

Brachmann, H.: Die Ermittlung der Kostenfunktion eines Wärmekraftwerkes. In: Elektrizitätswirtschaft 73 (1974) 1, S.9-11.

Brachmann, H.: Das Elektrizitätsversorgungsunternehmen - ein Angebotsmonopolist? In: Energiewirtschaft 74 (1975) 3, S.53-55.

Brachmann, H.: Grundlagen einer Produktions- und Kostenlehre der Stromerzeugung. Frankfurt: 1980.

Brammer, D.: Der Einfluß aktueller Energiepreise auf den Einsatz der Kraft-Wärme-Kopplung in Industriebetrieben. In: Gas-Wärme-International 35 (1986) 5, S.274-277.

Bräu, R., Zeisel, F.: Einsatzoptimierung thermischer Kraftwerke mittels Folgeverfahren. In: Elektrizitätswirtschaft 78 (1978) 7, S.222-225.

Brauer, K.M.: Optimale Produktionsplanung in Kraftwerken. In: Zeitschrift für Betriebswirtschaft 43 (1973) 6, S.421-434.

Braun, B., Huschauer, H.: Dampferzeuger. In: BOHN [1985], S.7-98.

Braun, F.: Rechenschaftslegung zur Umweltbelastung und zum Umweltschutz von Industrieunternehmen. Berlin: 1974.

Braun, H.: Optimale Lastaufteilung in Versorgungssystemen mit Kraft-Wärme-Kopplung unter Berücksichtigung des Fernwärmenetzes. Diss., Aachen: 1985.

Brauner, G.: Expertensystem für Ingenieuraufgaben in der elektrischen Energieversorgung. In: Elektrizitätswirtschaft 87 (1988) 1, S.38-42.

Brechter, A.: Thermodynamische Grundlagen. In SCHRÖDER [1962], S.606-635.

Brettar, Th.: Konzeption einer betrieblichen Energiewirtschaft. Frankfurt: 1988.

Brettar, Th., Dinkelbach, W., Funk, M.: Strukturanalyse ausgewählter Energieversorgungsunternehmen (EVU). Diskussionsbeiträge Fachbereich Wirtschaftswissenschaft, Universität des Saarlandes, Nr. A 8401. Saarbrücken: 1984.

Bretthauer, K.: Elektrotechnik. In: BEITZ/KÜTTNER [1983], S.1177-1238.

Brink, H.-J.: Zur Planung des optimalen Fertigungsprogramms. Köln, Berlin, Bonn, München: 1969.

Brinkmann, K.: Einführung in die elektrische Energiewirtschaft, 2. Auflage. Braunschweig: 1980.

Brockmann, H.-J.: Thermodynamik. In: BEITZ/KÜTTNER [1983], S.229-252.

Brodsky, S.F.J., Hahn, R.W.: Assessing the Influence of Power Pools on Emission Constrained Economic Dispatch. In: IEEE Transactions on Power Systems, Vol. PWRS-1 (1986) 1, S.57-62.

Buch, A.: Entscheidungshilfe durch Nomogramme. In: Energie 32 (1980) 3, S.49-53.

Buch, J.: Stromkostenrechnung - Die Berücksichtigung der Entgeltfunktion von Strombezugsverträgen im entscheidungsorientierten Rechnungswesen. In: Zeitschrift für Betriebswirtschaft 55 (1985), S.5-20.

Budde, H.-J.: Grundsätzliche Überlegungen bei der Gestaltung von Preisregelungen für Zusatzstrom sowie Parallelbetriebs- und Reservestromversorgung der EVU-Kunden. In: Elektrizitätswirtschaft 71 (1972) 1, S.8-12.

Büdenbender, U.: Energierecht. Identisch mit BOHN [1982c].

BUNDESAMT FÜR GEWERBLICHE WIRTSCHAFT (Hrsg.): Merkblatt für die Erhebung der Ausgleichsabgabe nach dem Dritten Verstromungsgesetz. Eschborn: 1979.

Cap, F.: Energieversorgung. Stuttgart: 1981.

Capehart, B.L., Mahoney, J.F., Sivazlian, B.D.: Optimum Operation of a Small Production Facility. In: Electrical Power System Research 6 (1983) 3, S.225-233.

Caramanis, M.C.: Electricity Generation Expansion Planning in the Eighties: Requirements and Available Analysis Tools. In: Lev, B. (Hrsg.): Energy Models and Studies. Amsterdam, New York, Oxford: 1983, S.541-562.

Cassier, S.C.: Zur Wirtschaftlichkeit und langfristigen Finanzierung von Energiesparinvestitionen. In: Steinmetz, E. (Hrsg.): Das Energiesparprogramm für den Industriebetrieb. Essen: 1981.

Chan, M.L., Albuyeh, F.: Integrating Load Management into Energy Management System's Normal Operations. In: IEEE Transactions on Power Systems, Vol. PWRS-1 (1986) 4, S.152-157.

Chao, H.: Peak Load Pricing and Capacity Planning with Demand and Supply Uncertainty. In: Bell Journal of Economics 14 (1983) 1, S.179-190.

Cherniavsky, E.A.: Multiobjective Energy Analysis. In: Bayraktar, B.A., Cherniavsky, E.A., Laughton, M.A., Ruff, L.E.: Energy Policy Planning. New York, London: 1981, S.399-420.

Cichowski, R.R., Windmöller, R.: Technische Investitionsplanung für Stromverteilungsnetze. In: Elektrizitätswirtschaft 86 (1987) 22, S.974-978.

Contaxis, G.C., Delkis, C., Korres, G.: Decoupled Optimal Load Flow Using Linear or Quadratic Programming. In: IEEE Transactions on Power Systems, Vol. PWRS-1 (1986) 2, S.1-7.

Coté, G., Lafond, L., Pham, C.: A Fast Production Scheduler for Generation Expansion Planning in a Hydro-Thermal System. In: IEEE Transactions on Power Systems, Vol. PWRS-2 (1987) 1, S.101-107.

Crew, M.A., Kleindorfer, P.R.: Peak Load Pricing with a Diverse Technology. In: Bell Journal of Economics 7 (1976) 1, S.207-231.

Crew, M.A., Kleindorfer, P.R.: Public Utility Economics. London: 1979.

Cube, H.L.,v. (Hrsg.): Handbuch der Energiespartechniken. 3 Bände; Bd. 1: Karlsruhe: 1983.

Cunnigham, K., Schrage, L.: Optimizing Lotus 123 with VINO. Redwood City: 1987.

Danda, R.: Zuverlässigkeitsuntersuchungen für die Jahres-Kraftwerksbetriebsplanung. Diss., Aachen: 1982.

Dantzig, G.B.: Linear Programming and Extensions. Princeton: 1974.

Debanne, J.G., Roohy-Laleh, E.: A Decision Support System for Multi-Period Planning of Production/Distribution Operations. In: Kydes, A.S. (Hrsg.): Energy Modeling and Simulation. Amsterdam, New York, Oxford: 1983, S.119-126.

Decker, E.: Energiebilanzen industrieller Prozeßwärmeverfahren. In: Elektrizitätswirtschaft 82 (1983), S.660-667.

Dehli, M.: Die industrielle Eigenstromerzeugung. In: Energiewirtschaftliche Tagesfragen 6 (1983), S.400-407.

Dehli, M., Huber, E.: Betriebswirtschaftliche und energiewirtschaftliche Bewertung von BHKW-Kleinaggregaten zur dezentralen Kraft-Wärme-Kopplung. In: Brennstoff-Wärme-Kraft 34 (1982) 12, S.520 ff.

Dellmann, K.: Betriebswirtschaftliche Produktions- und Kostentheorie. Wiesbaden: 1980.

Dellmann, K., Nastansky, L.: Kostenminimale Produktionsplanung bei rein intensitätsmäßiger Anpassung mit differenzierten Intensitätsgraden. In: Zeitschrift für Betriebswirtschaft 39 (1969), S.239 ff.

Deparade, K.: Energiekosten senken. Gräfelfing: 1977.

Dick-Larkam, R.: Cutting Energy Costs. Westmead, Farnborough: 1979.

Dibelius, G.: Strömungsmaschinen. In: BEITZ/KÜTTNER [1983],S.855-942.

Didion, E.: Turbinenregelungsprobleme im Industriekraftwerk beim Umschalten vom elektrischen Verbundbetrieb auf Inselbetrieb. In: VGB Kraftwerkstechnik 54 (1974) 10, S.640-648.

Dienes, K.D.: Die neue Technische Anleitung Luft 1986. In: Energiewirtschaftliche Tagesfragen 36 (1986) 12, S.971-983.

Dietzel, F.: Turbinen, Pumpen und Verdichter. Würzburg: 1980.

Dietzel, F.: Kraft-Wärme-Kopplung mit Dampfturbinen in Industriebetrieben. In: Maschinenmarkt. Würzburg 91 (1985) 5, S.66-68.

Dinkelbach, W.: Sensitivitätsanalysen und parametrische Programmierung. Berlin, Heidelberg, New York: 1969.

Dinkelbach, W.: Zur Frage unternehmerischer Zielsetzungen bei Entscheidungen unter Risiko. In: Koch, H. (Hrsg.): Zur Theorie des Absatzes, Wiesbaden: 1973a, S.35-59.

Dinkelbach, W.: Modell - ein isomorphes Abbild der Wirklichkeit? In: Grochla, E., Szyperski, N. (Hrsg.): Modell- und computergestützte Unternehmensplanung. Wiesbaden: 1973b, S.152-162.

Dinkelbach, W.: Ziele, Zielvariablen und Zielfunktionen. In: Die Betriebswirtschaft 38 (1978) 1, S.51-58.

Dinkelbach, W.: Input-Output-Analyse. In: Kosiol, E. u.a. (Hrsg.): Handwörterbuch des Rechnungswesens, 2. Aufl., Stuttgart: 1981, Sp.750-761.

Dinkelbach, W.: Entscheidungsmodelle. Berlin, New York: 1982.

Dinkelbach, W.: Anmerkungen zum Produktionsfaktor Energie in der Betriebswirtschaftslehre. Diskussionsbeiträge Fachbereich Wirtschaftswissenschaft, Universität des Saarlandes, Nr. A 8301. Saarbrücken: 1983.

Dinkelbach, W.: Gutenberg-Technologien als Grundlage einer betriebswirtschaftlichen Produktions- und Kostentheorie unter zusätzlicher Berücksichtigung von Recycling und Entsorgung. Diskussionsbeiträge Fachbereich Wirtschaftswissenschaft, Universität des Saarlandes, Nr. A 8705. Saarbrücken: 1987.

Dinkelbach, W., Hax, H.: Die Anwendung der gemischt ganzzahligen linearen Programmierung auf betriebswirtschaftliche Entscheidungsprobleme. In: Zeitschrift für handelswissenschaftliche Forschung 14 (1962) 4, S.179-197.

Dinkelbach, W., Steffens, F.: Gemischt ganzzahlige lineare Programme zur Lösung gewisser Entscheidungsmodelle. In: Unternehmensforschung 5 (1961) 4, S.3-14.

Dirickx, Y.M.I., Jennergren, L.P.: Systems Analysis by Multilevel Methods. Chichester, New York, Brisbane, Toronto: 1979.

Dittes, H.: Die Finanzierungshilfen des Bundes und der Länder an die gewerbliche Wirtschaft. In: Zeitschrift für das gesamte Kreditwesen 1983 (Sonderausgabe).

Dotzenrath, W.: Intensitätsmäßige Anpassung mit dem Ziel kostenoptimaler Ausbringung in elektrizitätswirtschaftlichen Endverteilerbetrieben. Diss., Köln: 1977.

Drabik, K.A.: Hydro-thermischer Kraftwerksausbau - Suchverfahren und Optimierung im Methodenvergleich. Diss., Aachen: 1983.

Dubois, R.: Optimale Tageseinsatzplanung von Kraft-Wärme-Kopplungs-Systemen unter Berücksichtigung von Kurzzeitwärmespeichern. Fortschrittsberichte VDI, Reihe 6, Nr. 194. Düsseldorf: 1986.

Ducrocq, J.C., Bauchet, V.: Simulation and Optimization of Energy Use in a Sample Plant. In: Energy Economics and Management in Industry, Vol. 2. Oxford, New York, Toronto, Sydney, Paris, Frankfurt: 1985, S.309-314.

Düngen, H.: Subventionen in der deutschen Energiewirtschaft von 1979-1984. In: Zeitschrift für Energie (1984) 4, S.262-269.

Dussen, E., Maier, K.H.: Senkung der Strombezugskosten durch Beeinflussung des Betriebsablaufs. In: Praktische Energiekunde 15 (1967) 1/2, S.8-14.

Ebel, H.-R.: Preisänderungsklauseln in Stromlieferungsverträgen für Sonderabnehmer nach Aufhebung des Preisstops von 1936. In: Der Betrieb 35 (1982) 50, S.2607-2610.

Ebel, H.-R.: Anforderungen an die Strompreisstruktur aus der Sicht industrieller Stromabnehmer. In: VIK-Mitteilungen (1986) 3, S.65-68.

Ebersbach, K.F.: Zur Planung der Energieversorgung von Industriebetrieben. In: Brennstoff-Wärme-Kraft 21 (1969) 8, S.453-456.

Ebersbach, K.F.: Nicht auf Sand bauen - Erfassung und Bewertung des Abwärmepotentials in einem Betrieb. Special: Betrieb und Energie In: Energie. (1984) 3, S.4-6.

Ebersbach, K.F.: Innerbetriebliche Analyse und Überwachung des Energieverbrauchs. In: Elektrowärme International 44 (1986) B3, S.B104-B107.

Ebersbach, K.F., Rudolph,M.: Die Kraft-Wärme-Kopplung als Komponente der industriellen Energetik. Forschungsstelle für Energiewirtschaft, München: 1975.

Ebersbach, K.F., Schaefer, H.: Begriffsbestimmungen. In: Schaefer, H. (Hrsg.): Struktur und Analyse des Energieverbrauchs der Bundesrepublik Deutschland. Gräfelfing: 1980, Kap. 1.

Edwin, K.W.: Technische Planung - Grundlage energiewirtschaftlicher Konzepte. In: Energiewirtschaftliche Tagesfragen 31 (1981) 6, S.468-477.

Edwin, K.W.: Kraftwerk und Netz - eine systemtechnische Einheit. In: Energiewirtschaftliche Tagesfragen 35 (1985) 11, S.740-750.

Edwin, K.W., Braun, H., Dubois, R.: In drei Schritten zu mehr Wirtschaftlichkeit; Optimierungsverfahren zur Tageseinsatzplanung von Versorgungssystemen mit Kraft-Wärme-Kopplung. In: Energiewirtschaftliche Tagesfragen 35 (1985) 12, S.852-862.

Egberts, G., Voss, A.: Energy Models and Technology Assessment. In: Bayraktar, B.A., Cherniavsky, E.A., Laughton, M.A., Ruff, L.E.: Energy Policy Planning. New York, London: 1981, S.159-172.

Eichhorn, P.: Umweltschutz aus Sicht der Unternehmenspolitik. In: Zeitschrift für betriebswirtschaftliche Forschung 24 (1972), S.633-649.

Elsässer, R.F., Maier, W. : Profitables Potential? Potential und Wirtschaftlichkeit der gekoppelten Kraft- und Wärmewirtschaft in Industrie und Gewerbe. In: Energie 36 (1984) 11, S.17-28.

Emmert, P.: Die Planung und Beurteilung von Investitionsvorhaben in einem Mensch-Maschinen-Kommunikations-System. Diss., Erlangen-Nürnberg: 1974.

Ernst, H.: Grundlagen der Elektrizitätswirtschaft und ihre Auswirkungen auf die Gestaltung von Preisregelungen in Stromlieferungsverträgen. In: VIK-Mitteilungen 1974, S.33-39.

Escudero, L.F.: A Comparative Analysis of Linear Fitting for Non-Linear Functions on Optimization. A Case Study: Air Pollution Problems. In: European Journal of Operations Research 2 (1978), S.398-408.

Evers, H.U.: Das Recht der Energieversorgung. Baden-Baden: 1983.

Fahrion, R.: Dynamische Investitionsplanung für den Erdgasmarkt. Gräfelfing: 1984.

Fancher, R.B., Wilson, J.F., Mueller H.A.: Fuel Contracting under Uncertainty. In: IEEE Transactions on Power Systems, Vol. PWRS-1 (1986) 1, S.26-33.

Fandel, G., Reese, J.: Kostenminimale Kraftwerksteuerung in einem Industriebetrieb. In: Zeitschrift für Betriebswirtschaft 58 (1988) 1, S.137-152.

Felgenhauer, P.: Entwicklungstendenzen der Dampfkessel- und Feuerungstechnik. In: Technische Überwachung (1984) 11, S.440-446.

Fendt, H.: Regionale Energieplanung. München : 1980.

Filipovic, V.: Einfluß der Anfahrkosten auf den optimalen Aggregateinsatz. Diss., Aachen: 1973.

Finsinger, J.: Grundsätze der Tarifgestaltung. In: Energiewirtschaft (1979) 3, S.188-193.

Finsinger, J.: Zur Anatomie von wohlfahrtsoptimalen Preisen für öffentliche Unternehmen, die unter zunehmenden Skalenerträgen produzieren. In: Zeitschrift für die gesamte Staatswissenschaft 136 (1980), S.136-160.

Finsinger, J., Kleindorfer, P.R.: Höchstlast- und Spitzenlastpreisbildung. In: Elektrizitätswirtschaft 81 (1982) 1, S.48-53.

Fischer, H.-J.: Prüfung computergestützter Verfahren in der Elektrizitätswirtschaft. In: Elektrizitätswirtschaft 79 (1980) 20, S.751-754.

Fischer, J.: Heuristische Investitionsplanung. Berlin: 1981.

Flad, R.: Sämtliche Möglichkeiten zur Senkung von Strombedarf und Stromkosten. Kissing: 1974.

Fogelholm, C.-J.: Optimale Auslegung von Turbinenanlagen für Industriedampfkraftwerke. In: VGB Kraftwerkstechnik (1985) 6, S.595-599.

Förster, K. Allgemeine Energiewirtschaft. 2. Auflage, Berlin: 1973.

Frischmuth, G.: Daten als Grundlage für Investitionsentscheidungen. Berlin: 1969.

Gabriel, R.: Optimierungsmodelle bei logischen Verknüpfungen. München: 1982.

Gaitanides, M.: Planungsmethodologie - Vorentscheidungen bei der Formulierung integrierter Investitionsplanungsmodelle. Berlin: 1979.

Gal, T.: Zur Identifikation redundanter Nebenbedingungen in linearen Programmen. In: Zeitschrift für Operations Research 19 (1975), S.19-28.

Gälweiler, A.: Produktionskosten und Produktionsgeschwindigkeit. Wiesbaden: 1960.

Gälweiler, A.: Energiekosten, Abrechnung der. In: Kosiol, E., Chmielewicz, K., Schweitzer, M. (Hrsg.): Handwörterbuch des Rechnungswesens, 2. Auflage, Stuttgart: 1981, Sp.463-471.

Garcés, F.: Untersuchung der Einflußgrößen auf die notwendige Leistungsreserve bei der Tages-Kraftwerksbetriebsplanung. Diss., Aachen: 1982.

Garnreiter, F., u.a.: Zur internationalen Wettbewerbsfähigkeit energieintensiver Industriezweige in der Bundesrepublik Deutschland. Fraunhofer-Institut für Systemtechnik und Innovationsforschung 1982.

Garrett-Price, B.A., Fassbender, L.L.: Cogeneration - rigth for your Plant? In: Chemical Engineering 27 (1987) 4, S.51-57.

Gasparovic, N.: Die Wirkungsgrade der Kraft-Wärme-Kopplung: Ein Vergleich. In: Brennstoff-Wärme-Kraft 34 (1982) 2, S.83-86.

Gebhardt, A.: Auswirkungen von Energiepreiserhöhungen auf die Wettbewerbsfähigkeit energieintensiver Produktionen der deutschen Industrie. IFO-Studien zur Industriewirtschaft 25, München: 1983.

Gehrecke, S.: Elektronische Datenverarbeitungsanlagen bei der Berechnung spezifischer Energieverbrauchszahlen für Prognose, Planung und Kontrolle. In: Brennstoff-Wärme-Kraft 21 (1969) 11, S.601-607.

Geier, D.L., Samaniego, G.M.: Evaluation of Load Management as an Electric System Resource. In: IEEE Transactions on Power Systems, Vol. PWRS-1 (1986), S.40-45.

Geitner, U.W.: Integrierte Unternehmensplanung durch Simulation. Wiesbaden: 1984.

Gellings, C.W., Barron, W. (Hrsg.): Integrating Demand-Side Management into Utility Planning. In: IEEE Transactions on Power Systems, Vol. PWRS-1 (1986) 3, S.81-87.

Gendreau, R.: Optimization of an Industrial Powerhouse. In: Energy Economics and Management in Industry, Vol.2. Oxford, New York, Toronto, Sydney, Paris, Frankfurt: 1985, S.481-491.

Geoffrion, A.M.: An Introduction to Structured Modeling. In: Management Science 33 (1987) 5, S.547-588.

Gerhardt, C.: Bestimmungsmöglichkeiten optimaler Produktionsprogramme bei primärer Verbundproduktion. Diss., Hamburg: 1966.

Gerking, E.: Wärmekraftwerke und Umweltschutz. Frankfurt: 1975.

Gershefski, G.W.: Corporate Models - the State of the Art. In: Management Science 16 (1970) 6, S.B303-B312.

Gerstbein, R.: Kraft-Wärme-Kopplung in Industriekraftwerken. In: Siemens-Energietechnik 2 (1980) 7, S.235-239.

Gerthsen, C., Kneser, H.O., Vogel, H.: Physik. 14. Auflage, Berlin, Heidelberg, New York: 1982.

Ghoudjehbaklou, H., Püttgen, H.B.: Optimization Topics related to Power Producing Facilities operating under Energy Spot Pricing Policies. In: IEEE Transactions on Power Systems, Vol. PWRS-2 (1987) 2, S.296-302.

Glassey, R., Gupta, V.: A Linear Analysis of Paper Recycling. In: Salkin, H.M., Saha, J.: Studies in Linear Programming. Amsterdam, Oxford, New York: 1975.

Glogger, J.: Feuerungen und Rauchgaszüge. In: MAYR [1983], S.193-302.

Gofmann, I.V., Gospitalnik, G.L.: Die Energiewirtschaft in Industriebetrieben. Berlin: 1958.

Gonen, T., Mahmoud, A.A.: Bibliography of Power Distribution System Planning. In: IEEE Transactions on Power Apparatus and Systems, Vol. PAS-102 (1983) 6, S.1778-1787.

Görg, M.: Recycling als umweltpolitisches Instrument der Unternehmung. Berlin: 1981.

Gößl, N.: Wirtschaftlichkeit von Kraft-Wärme-Kopplungs-Anlagen. In: VDI-Berichte Nr. 415, Düsseldorf: 1981, S.95-106.

Grabinski, W.: Die Wahl zwischen Eigenerzeugung und Fremdbezug in der öffentlichen Elektrizitätsversorgung. Diss., Köln: 1961.

Graf, H.: Aktuelle Perspektiven der industriellen Energiewirtschaft aus der Sicht des Jahres 1987. In: VIK-Mitteilungen 6 (1987), S.137-142.

Grafoner, P.: Simulationsmethoden für die Systemanalyse in der elektrischen Energieversorgung. Diss., Dortmund: 1979.

Grauer, M.: Multiple Criteria Analysis in Energy Planning and Policy Assessment. In: Fandel, G., Spronk, J. (Hrsg.): Multi Criteria Decision Methods and Applications. Berlin, Heidelberg, New York, Tokyo: 1985.

Graybeal, E., Manchester, A.H.: Cogeneration. In: ChemTech (1982) 1, S.48-51.

Greenberg, H.J.: Implementation Aspects of Model Management. In: Bayraktar, B.A., Cherniavsky, E.A., Laughton, M.A., Ruff, L.E.: Energy Policy Planning. New York, London: 1981, S.443-460.

Gruhn, G.W. Fratscher, E. Heidenreich (Hrsg): ABC Verfahrenstechnik. Leipzig: 1979.

Günther, H.O.: Mittelfristige Produktionsplanung. Konstruktion und Vergleich quantitativer Modelle. Diss., Berlin: 1981.

Gutenberg, E.: Grundlagen der Betriebswirtschaftslehre. Band 1: Die Produktion, 24. Auflage. Berlin, Heidelberg. New York: 1983.

Haase, H.: Turbogeneratoren. In: BOHN [1985], S.131-208.

Hadley, G.: Nichtlineare und dynamische Programmierung. Würzburg: 1969.

Haegert, L.: Die Rolle der Steuern in den Modellen der Unternehmensforschung. In: Müller-Merbach, H.: Quantitative Ansätze in der Betriebswirtschaftslehre. München: 1978, S. 317-331.

Häfele, C.H., Kriener, A., Oude-Hengel, H.-H.: Rohrleitungen und Armaturen. In: BOHN [1985], S.463-536.

Hakansson, K.: Handbuch der Fernwärmepraxis. 2. Auflage, Essen: 1973.

Halbritter, G.: Multidimensionale Optimierung bei der Standortwahl von großtechnischen Anlagen. Basel, Stuttgart: 1979.

Halbritter, G., Paschen, H.: Methodische Probleme bei der Bewertung von Umweltauswirkungen. In: Atomwirtschaft 27 (1982), S.104-111.

Hammer, H., Neumann, G.: Über den optimalen Anlageneinsatz bei gekoppelter Strom- und Wärmeproduktion. In: Wärme (1985) 1, S.1-10.

Hampel, A.: Die physikalischen und thermodynamischen Grundlagen der Energiespartechniken. In: Cube, H.L.v. (Hrsg.): Handbuch der Energiespartechniken, Band 1. Karlsruhe: C.F. Müller 1983, Kap. 3.

Handschin, E.: Einsatz eines Arbeitsplatzrechners in der Elektrizitätswirtschaft. In: Bulletin SEV/VSE 76 (1985) 2, S.64-68.

Handschin, E., Slomski, H., Ortjohann, E., Voß, J.: Energieeinsatzoptimierung thermischer Kraftwerke. In: Elektrizitätswirtschaft 85 (1986) 5, S.182-186.

Hanicke, T.: Energieversorgungsplanung in der Bundesrepublik Deutschland mit Hilfe eines linearen Vektoroptimierungsmodells. VDI Fortschritt-Berichte, Reihe 16, Nr. 32. Düsseldorf: 1986.

Hansmann, K.-W.: Entscheidungsmodelle zur Standortplanung der Industrieunternehmen. Wiesbaden: 1974.

Hansmann, K.-W.: Industriebetriebslehre. München, Wien: 1984.

Hanssmann, F.: Energiemodelle kritisch gesehen. In: Energiewirtschaftliche Tagesfragen 26 (1976) 6, S.291-294.

Hanssmann, F.: Strategische Planung und quantitative Modellierung. In: OR-Spektrum (1982) 4, S.27-33.

Harboe, R.: Deterministische Optimierungsmodelle für Speichersysteme. In: Wasserwirtschaft 66 (1976) 7, S.221-226.

Harhammer, P.G.: Wirtschaftliche Lastaufteilung auf Basis der gemischt-ganzzahligen Planungsrechnung. Diss., Wien: 1974.

Harhammer, P.G.: Optimale Betriebsplanung energetischer Systeme. In: Energiewirtschaft (1982) 7, S.224-227.

Harms, W.: Zur Anwendung von Revisionsklauseln in langfristigen Energielieferungsverträgen. In: Der Betrieb 36 (1983) 6, S.322-329.

Hartmann, D.,R., Jensch, W.: Abrechnung - Energiekosten einmal anders gesehen. In: Energie 39 (1987) 7, S.52-57.

Haß, D.W., Kopatz, M.: Der Einfluß von Ersatz- und Erweiterungsinvestitionen auf Planung und Ausbau von Hochspannungsnetzen. In: Elektrizitätswirtschaft 86 (1987) 22, S.958-964.

Haubold, H.: Dampfturbinen. Lehrheft für die Kraftwerker-Ausbildung der BASF AG (nicht publiziert). Ludwigshafen: 1975.

Haug, N.: Vorschriften und Maßnahmen zur Rauchgasreinigung. In: Chemie-Technik 14 (1985) 5, S.164-172.

Hauschildt, J.: Die Absatzpolitik der Energieversorgungsunternehmen im Spannungsfeld von Gewinnstreben und öffentlichen Leistungsansprüchen. Tübingen: 1964.

Hausmann, G., Schmitz, H.: Ein neues Berechnungsverfahren für Wärmekraftwerks-Kreisläufe. In: Brennstoff-Wärme-Kraft 35 (1983) 12, S. 509-520.

Hausner, O.: Kostenträgerrechnung in der Elektrizitätswirtschaft. In: Elektrizitätswirtschaft 80 (1981) 17/18, S.608-610.

Hayd, E.: Allgemeine Grundlagen der Kesselbetriebstechnik. In: MAYR [1983], S.1-55.

Hax, H.: Investitionstheorie. 4. Auflage. Würzburg, Wien: 1979.

Hax, H.: Verrechnungspreise. In: Handwörterbuch des Rechnungswesens, 2. Auflage, Stuttgart: 1981, Sp.463-471.

Hegmans, J.: O.K. mit PC - Energiecontrolling und Tarifvergleich mit einem Personal Computer. In: Energie Spektrum (1988) 4, S.88-91.

Heil, G.: Simulierung von Nichtlinearitäten mit Hilfe der gemischt-ganzzahligen Optimierung und ihre Anwendung in der Energiewirtschaft. In: Energietechnik 26 (1976) 8, S.349-353.

Heil, G., Hofmann, H., Lüdtke, D.: Ein operatives Modell zur Optimierung der Wärmelastverteilung im Heizkraftwerk mit Sammelschienenschaltung. In: Energietechnik 31 (1981) 9, S.340-343.

Heil, W.: Dampfturbinen aus dem Baukasten erleichtern optimale Auswahl. In: Maschinenmarkt 81 (1975) 57, S.1064-1066.

Heinen, E.: Industriebetriebslehre. 8. Auflage, Wiesbaden: 1985.

Heinloth, K.: Energie. Stuttgart: 1983.

Henault, P.H., Eastvedt, R.B., Peschon, J., Hajdu, L.P.: Power System Long Term Planning in the Presence of Uncertainty. In: IEEE Transactions on Power Apparatus and Systems, Vol. PAS-89 (1970) 1, S.156-164.

Henry, H.W., Symonds, F.W., Bohm, R.A., Moore, J.R., Snyder, W.T., Gibbons, J.H.: Energy Management - Theory and Practice. New York, Basel: 1980.

Herberholz, P.: Simulieren statt probieren. In: Energie 39 (1987) 9,S.10-13.

Hildebrand, H.-J.: Wirtschaftliche Energieversorgung, Bd. 1. Leipzig: 1975.

Hillebrand, R.: Umweltschutz als Restriktion der Unternehmenspolitik. In: Der Betrieb 34 (1981) 39, S.1941-1951.

Hlubek, W.: Umweltschutzmaßnahmen in Kohlekraftwerken. In: Zeitschrift für elektrische Energietechnik und Industrie-Elektronik 106 (1985) 21, S.1130-1137.

Hlubek, W., Jäger, G.: Betriebswirtschaftliche Aspekte der Lebensdauerverfolgung. In: VGB Kraftwerkstechnik 65 (1985) 5, S.473-480.

Hobbs, B.F.: Regional Energy Facility Location Models for Power System Planning and Policy Analysis. In: Lev, B., Murphy, F.H., Bloom, J.A., Gleit, A.S.: Analytical Techniques for Energy Planning. Amsterdam, New York, Oxford: 1984, S.53-65.

Hofbauer, E., Rogner, W., Gruber, K.: Untersuchung über energiesparende Maßnahmen in der wärmeintensiven Industrie. Wien, New York: 1983.

Hoffmann, H.: Energieorientierte Unternehmensplanung. Krefeld: 1983.

Höhenberger, L., Kessler, W.: Der Wärmeträger Wasser. In: MAYR [1983], S.303-382.

Höhr, H.: Kraft-Wärme-Kopplung. In: Technische Mitteilungen 71 (1978) 2, S.61-70.

Hoitsch, H.-J.: Die Planung und Kontrolle von Wärmeenergiekosten in der Industrie. In: Kostenrechnungspraxis (1974) 2, S.81-90.

Hömer, G.: Möglichkeiten und Grenzen der KWK. VDF-Berichte Nr. 338, 1979.

Horton, J.S., Prince, B., Sasson, A.M., Wynne, W.T., Trefney, F., Cleveland, F.: Advances in Energy Management Systems. In: IEEE Transactions on Power Systems, Vol. PWRS-1 (1986) 3, S.226-234.

Hromek, R.: Aufteilung der Investitions- und Erzeugungskosten in der Heizkraftwirtschaft. In: Brennstoff-Wärme-Kraft 24 (1972) 9, S.344-348.

Hucke, J., Ullmann, A.A.: Konfliktregelung zwischen Industriebetrieb und Vollzugsbehörde bei der Durchsetzung regulativer Politik. In: Mayntz, R. (Hrsg.): Implementation politischer Programme. Königstein: 1980, S.105-126.

Hugel, G.: Rationelle Energiewirtschaft im Betrieb. München: 1965.

Hugel, G.: Strombezugsvertrag und Kostenkontrolle für Abnehmer elektrischer Energie. Berlin: 1971.

Hugel, G., Dittrich, E.: Wirtschaftlich investieren bei energetischen Anlagen. Berlin: 1981.

Hugel, G., Schmitz, H.: Betriebliche Energiewirtschaft. Berlin, Köln: 1977.

Hugel, G., Schmitz, H.: Energiewirtschaft, betriebliche. In: Management Enzyklopädie, Band 3, 2. Auflage. Landsberg: 1982, S.238-250.

Hummel, S.: Produktion, verbundene. In: Handwörterbuch der Betriebswirtschaft. 4. Auflage. Stuttgart: 1975. S.3082-3089.

Hutter, F., Maier, W., Thinius, D., Suttor, K.-H.: Elektrisches Potential und Wirtschaftlichkeit der gekoppelten Kraft- und Wärmewirtschaft in Industrie und Gewerbe. Gräfelfing: 1984.

IEEE-PES (Hrsg.): Bibliography on Corporate-Financial Models. In: IEEE Transactions on Power Apparatus and Systems, Vol. PAS-101 (1982) 9, S.3084-3090.

Ingwersen, H.-H.: Handbuch der Mehrfachnutzung industrieller Prozeßwärme. Gräfelfing: 1986.

Isermann, H.: Strukturierung von Entscheidungsprozessen bei mehrfacher Zielsetzung. In: OR-Spektrum (1979) 1, S.3-26.

Jacob, H.: Investitionsplanung und Investitionsentscheidung mit Hilfe der Linearprogrammierung. 3. Auflage, Wiesbaden: 1976.

Jacob, H.: Industriebetriebslehre. 3. Auflage, Wiesbaden: 1986.

Jäger, K.: Recycling als ökonomisches Problem (Teil 1-3). In: Chemische Industrie 35 (1983), S.94-95, S.154-156, S.283-285.

Jahnke, B.: Betriebliches Recycling. Wiesbaden: 1986.

Jetter, U.: Anleitung zum Erstellen von Material- und Energiebilanzen im Produktionsbetrieb. Frankfurt: 1977.

Jochen, E.: Internationale Wettbewerbsfähigkeit energieintensiver Industriezweige. Diss., Karlsruhe: 1982.

Jocher, W.-G.: Rationelle Energieverwendung im Industriebetrieb. In Umwelt und Energie. Loseblattsammlung, Freiburg 1981-1988.

John, A.: Stähle für hohe Drücke und Temperaturen. In: SCHRÖDER [1962], S.66-71.

Jones, D.E.: Load Management: Modeling the Economic Impact. In: IEEE Transactions on Power Systems, Vol. PWRS-2 (1987) 1, S.134-137.

Joskow, P.L.: Contributions to the Theorie of marginal Cost Pricing. In: The Bell Journal of Economics 7 (1976), S.197-206.

Jung, J.: Lohn-Leitlinie: Wirtschaftlichkeitskriterien bei der Mehrfachnutzung von Prozeßwärme. In: Energie 36 (1984) 3, S.19-22.

Jung, J.: Die Kosten der SO_2- und NO_x-Minderung in der deutschen Elektrizitätswirtschaft. In: Elektrizitätswirtschaft 87 (1988) 5, S.267-270.

Jung, M.: Leittechnik im Dampfkraftwerk. In: BOHN [1985], S.537-582.

Jüttemann, H.: Begriffe und Definitionen. In: H.L.V. Cube (Hrsg.): Handbuch der Energiespartechniken, Band 1. Karlsruhe: 1983, Kap.1.j2

Kaier, U.: Energetische und technische Analyse von Energiesparinvestitionen. In: Steinmetz, E. (Hrsg.): Das Energiesparprogramm für den Industriebetrieb. Haus der Technik, Essen: 1981.

Kalitventzeff, B.: Control and Optimization of Processes. In: Sirchis, J. (Hrsg.): Energy Efficiency in Industry. London, New York: 1988, S.130-140.

Kallina, G.: Optimierungsrechner für Sammelschienenkraftwerke. In: VGB Kraftwerkstechnik 61 (1981) 2, S.88-91.

Kaplan, S.: Energy Economics - Quantitative Methods for Energy and Environmental Decisions. New York: 1983.

Karrenberg, R., Scheer, A.-W.: Ableitung des kostenminimalen Einsatzes von Aggregaten zur Vorbereitung der Optimierung simultaner Planungssysteme. In: Zeitschrift für Betriebswirtschaft 40 (1970) 10, S.689-706.

Kaufmann, W.: Abnehmerorientierte Optimierung des Aufwandes für die Zuverlässigkeit der Elektrizitätsversorgung. Diss., Stuttgart: 1974.

Kavrakoglu, I., Kiziltan, G.: Mulitobjective Strategies in Power Systems Planning. In: European Journal of Operational Research 12 (1983), S.159-170.

Keeney R.L., Lathrop, J.F., Sicherman, A.: An Analysis of Baltimore Gas and Electric Company's Technology Choice. In: Operations Research 34 (1986) 1,S.18-39.

Keeney, R.L., Sicherman, A.: Illustrative Comparison of One Utility's Coal and Nuclear Choices. In: Operations Research 31 (1983) 1, S.50-83.

Kern, W.: Investitionsrechnung. Stuttgart: 1974.

Kern, W.: Plankostenrechnung in der leitungsgebundenen Energiewirtschaft. In: Schmitt, D. (Hrsg.): Die Energiewirtschaft zu Beginn der 80er Jahre. München: 1980.

Kern, W.: Aktuelle Aufforderungen an die industriebetriebliche Energiewirtschaft. In: Die Betriebswirtschaft 41 (1981) 1, S.3-22.

Kern, W.: Konzepte zur Energiebewirtschaftung in industriellen Betrieben. In: Betriebswirtschaftliche Forschung und Praxis 36 (1984) 2, S.107-119.

Kestner, D.: Stand und Entwicklung von Dampferzeugern mit Wirbelschichtfeuerung. In: Technische Mitteilungen 78 (1985) 10, S.489-497.

Kilger, W.: Produktions- und Kostentheorie. Wiesbaden: 1958a.

Kilger, W.: Die Planung und Verrechnung von Stromkosten in der Grenzplankostenrechnung. In: Kostenrechnungspraxis (1958b) 4, S.149-156.

Kilger, W.: Kritische Werte in der Investitions- und Wirtschaftlichkeitsrechnung. In: Zeitschrift für Betriebswirtschaft 35 (1965), S.338-353.

Kilger, W.: Investitionsrechnung. In: AGPLAN-Handbuch zur Unternehmensplanung, Berlin: 1970, S.1-52.

Kilger, W.: Optimale Produktions- und Absatzplanung. Opladen: 1973.

Kilger, W.: Einführung in die Kostenrechnung. 2. Auflage. Wiesbaden: 1980.

Kilger, W.: Flexible Plankostenrechnung und Deckungsbeitragsrechnung. 8. Auflage. Wiesbaden: 1981.

Kilger, W.: Industriebetriebslehre. Bd.1. Wiesbaden: 1986.

Kiss, M., Mahon, H., Leimer, H.-J.: Energiesparen jetzt! 2. Auflage, Wiesbaden, Berlin: 1980.

Kistner, K.-P.: Produktions- und Kostentheorie. Würzburg, Wien: 1981.

Kistner, K.-P.: Zur Erfassung externer Effekte und Umwelteinflüsse der Produktion in der linearen Aktivitätsanalyse. Diskussionsarbeiten der Fakultät für Wirtschaftswissenschaften der Universität Bielefeld, Nr. 111. Bielefeld: 1982.

Klaue, S.: Der Strombezug von industriellen Sonderabnehmern - deutsches und europäisches Kartellrecht. In: Energiewirtschaftliche Tagesfragen 37 (1987) 1, S.74-80.

Klefenz, G.: Die Regelung von Dampfkraftwerken. 3. Auflage, Mannheim, Wien, Zürich: 1983.

Kloock, J., Rosenberg, O.: Investitionsrechnung und Kostenrechnung als Basis für die betriebswirtschaftliche Bewertung von Kraftwerksalternativen. In: Schmitt, D., Ciesiolka, J., Düngen, H., Wilhelm, M.: Stromerzeugungskosten im internationalen Vergleich. München: 1986.

Knödgen, G.: Umweltschutz und industrielle Standortentscheidungen. Frankfurt, New York: 1982.

Knolmayer, G.: Programmierungsmodelle für die Produktionsprogrammplanung. Basel, Boston, Stuttgart: 1980.

Knolmayer, G.: Computational Experiments in the Formulation of Linear Product-mix and Non-convex Production-Investment-Models. In: Computers & Operations Research 9 (1982) 3, S.207-219.

Knolmayer, G.: A Simulation Study of Simplification Strategies. In: European Journal of Operations Research 12 (1983) 4, S.339-347.

Koch, E.: Dampfturbinen. In: BEITZ/KÜTTNER [1983], S.908-919.

Koch, H.: Auswirkungen von Umweltschutzmaßnahmen auf Konzept, Betrieb und Kosten konventioneller Wärmekraftwerke. In: VGB Kraftwerkstechnik (1984) 12, S.1065-1071.

Koehler, E., Schatz, M.: Energiekostensenkung durch Maximumüberwachung und Höchstlastoptimierung. In: DEPARADE [1977], S.55-84.

König, W.: Die integrierte Bedarfsdeckung von Wärme, Strom und Antriebsenergie in Industriebetrieben. In: Technische Mitteilungen 71 (1978) 2, S.87-91.

König, W., Krinke, K., Kron, H., Maier, K.-H., Moritz, A.: Energiekosten bei energieintensiven Chemieprodukten. Sonderdruck aus: Chemische Industrie (1984) 2.

Kok, M., Lootsma, F.A.: Pairwise Comparisons in a Multi-Objective Energy Model. In: Beckmann, M., Krelle, W. (Hrsg.): Lecture Notes in Economics and Mathematical Systems 242: Decision Making with Multiple Objectives. Berlin, Heidelberg, New York, Tokyo: 1985, S.457-474.

Korek, J.: Von der Analyse der Energieströme zum Energiesparprogramm des Betriebes. In: Gas Wärme International 30 (1981) 4, S.185-189.

Kovacik, J.M.: Cogeneration. In: Turner, W.C. (Hrsg.): Energy Management Handbook. New York, Chichester, Brisbane, Toronto, Singapore: 1982, S.203-230.

Krause, H.: Optimale Investitionsverteilung in der Energiewirtschaft. In: Böhm, F., Hempel, L., Kirchheim, A., Krause, H., Weise, G.: Mathematische Standardmodelle der Operationsforschung. 2. Auflage, Berlin: 1972, S.476-479.

Krenz, G.: Zur Frage des Nutzens mathematischer Optimierungsverfahren bei der Tageseinsatzplanung von Kraftwerksystemen. Diss., Aachen: 1983.

Kretschmer, W., Stoy, B.: Der industrielle Strom- und Brennstoffverbrauch Teil (1) und Teil (2). In: Energiewirtschaftliche Tagesfragen 37 (1987) 9, S.732-739 umd 37 (1987) 10, S.815-820.

Kriegsmann, K.P., Neu, A.D.: Über die Substitutionsbeziehungen zwischen den Produktionsfaktoren Energie, Kapital und Arbeit in der BRD. In: Zeitschrift für Energiewirtschaft 1 (1981).

Kriese, S.: Die energiewirtschaftliche Optimalauslegung von Dampfkraftwerken. Essen: 1964.

Kriese, S.: Brennstoffwärmeverbrauch bei Wärme-Kraft-Kopplung. In: Energie 22 (1970) 11, S.340-346.

Kruschwitz, L.: Zur Programmplanung bei Kuppelproduktion. In Zeitschrift für betriebswirtschaftliche Forschung 26 (1974) 1, S.96-109.

Kruschwitz, L.: Investitionsrechnung. 3. Auflage. Berlin, New York: 1987.

Kuchling, H.: Physik: Formeln und Gesetze. Köln: 1973.

Kumar, A.B.R., Vemuri, S., Ebrahimzadeh, P., Farahbakshian, N.: Fuel Resource Scheduling - the Long-Term Problem. In: IEEE Transactions on Power Systems, Vol. PWRS-1 (1986) 4, S.145-151.

Lajda, P.: Short-Term Operation Planning in Electric Power Systems. In: Journal of Operational Research Society 32 (1981), S.675-682.

Lambert, M.: Optimierung von Kraft-Wärme-Kopplungsanlagen. In: Brennstoff-Wärme-Kraft 36 (1984) 7/8, S.307-309.

Landhäuser, O.: Energieeinsparung in einem Industriebetrieb. In: VGB Kraftwerkstechnik 63 (1983) 2, S.133-138.

Lang, G.: Problematik, Methoden und Aussagemöglichkeiten beim Vergleich der Strompreise verschiedener Länder. In: Elektrizitätswirtschaft 83 (1984) 7, S.296-305.

Lang, M.: Industrielle Energiewirtschaft. Stuttgart: 1961.

Lange, C.: Umweltschutz und Unternehmensplanung. Wiesbaden: 1978.

Langer, U.: Beschränkter Einsatz - Beeinflussung des Betriebsfahrplans von Kraftwerken durch betriebsfremde Einschränkungen. In: Energie 36 (1984) 12, S.54-60.

Langers, F., Eder, R., König, W., Münstedt, F., Stoppel, U., Zelgert, D.: Optimierung der Fahrweise des Industriekraftwerkes Hüls mit Hilfe eines mathematischen Modells. In: DGOR (Hrsg.): Modellgestützte Planung im Unternehmen. Henstedt-Ulzburg: 1982, S.69-79.

Larmann, D.: Strukturelle Auswirkungen der Energieverknappung und -verteuerung. Berlin, München: 1984.

Laurick, H.: Was muß der Unternehmer von den Strompreisen wissen? Berlin, Köln, Frankfurt: 1961.

Layer, M., Strebel, H.: Der Einsatz umweltpolitischer Instrumente als betriebswirtschaftliches Entscheidungsproblem. In: Kostenrechnungspraxis (1979) 3, S.133-138.

Layer, M., Strebel, H.: Energie als produktionswirtschaftlicher Tatbestand. In: Zeitschrift für Betriebswirtschaft 54 (1984) 7/8, S.638-663.

Le, K.D., Day, J.T.: A Cost-Minimizing Approach for Coordinating Short-Term Unit Outages. In: IEEE Transactions on Power Systems, Vol. PWRS-2 (1987) 2, S.52-57.

Lee, B.Y., Park, Y.M., Lee, K.Y.: Optimal Generation Planning for a Thermal System with Pumped-Storage based on Analytical Production Costing Model. In: IEEE Transactions on Power Systems, Vol. PWRS-2 (1987) 2, S.486-493.

Légrády, K., Lootsma, F.A., Meisner, J., Schellemans, F.: Multicriteria Decision Analysis to aid Budget Allocation. In: Beckmann, M., Krelle, W. (Hrsg.): Lecture Notes in Economics and Mathematical Systems 229: Interactive Decision Analysis. Berlin, Heidelberg, New York: 1983.

Lenz, W.: Dampferzeugungsanlagen. In: BEITZ/KÜTTNER [1983], S.590-614.

Lescoeur, B., Galland, J.B.: Tariffs and Load Management: The French Experience. In: IEEE Transactions on Power Systems, Vol. PWRS-2 (1987) 2, S.458-464.

Lesourd, J.B., Consonni, A.: New Trends in Energy Accounting and Audit Techniques in Industry. In: Reis, A., Smith, I., Peube, J.L., Stephan, K. (Hrsg.): Energy Economics and Management in Industry. Oxford, New York, Toronto, Sydney, Paris, Frankfurt: 1984, Vol.1, S.241-247.

Lesso, W.G.: Economic Analysis. In: Turner, W.C. (Hrsg.): Energy Management Handbook. New York, Chichester, Brisbane, Toronto, Singapore: 1982, S.73-109.

Lewandowski, U.: Entwurf und Implementation einer Programmiersprache zur Simulation vernetzter Stoffumwandlungssysteme. Diss., Hamburg: 1981.

Lhermitte, P., Bessiere, F.: Über die Anwendungsmöglichkeiten der nichtlinearen Programmierung bei Investitionsentscheidungen. In: Albach, H.: Investitionstheorie. Köln: 1975, S.379-395.

Liedtke, G.: Speisewasser-Aufbereitungsanlagen. In: BEITZ/KÜTTNER [1983], S.619-626.

Lienhard, H.: Wieweit eignen sich Methoden des Operations Research zur Führung eines großen Elektrizitätswerkes? In: Bulletin SEV/VSE 65 (1974) 9, S.665-683.

Lienhard, H., Steiger, F., Weber, K.: Planspiel Elektrizitätswirtschaft. Bern, Stuttgart: 1975.

Linke, K.: Kraftwerkseinsatzoptimierung. In: Energiewirtschaftliche Tagesfragen 35 (1985) 11, S.751-764.

Löffel, H.: Bewertung von Strom und Dampf unter betriebswirtschaftlichen Gesichtspunkten. In: VIK-Mitteilungen (1974) 1, S.1-11.

Löffel, H.: Wirtschaftlichkeit der Eigenstromerzeugung. In: Technische Mitteilungen 70 (1977) 5, S.300-304.

Löffel, H.: Möglichkeiten der Kraftwärmekopplung. In: VDI-Berichte Nr. 414, Düsseldorf: 1981, S.13-21.

Löffel, H.: Innerbetriebliche Energiebewertung als Grundlage für Wirtschaftlichkeitsrechnungen. In: Technische Mitteilungen 77 (1984) 3, S.157-164.

Löffel, H., Schulz, M.: Energiekonzept für Industriebetriebe. In: Brennstoff-Wärme-Kraft 37 (1985) 6, S.246-252.

Löffel, H., Suttor, K.-H (Hrsg.): Verteilung, Erfassung und Verrechnung von Energie in Industriebetrieben. VIK-Bericht Nr. 185; Essen: 1971.

Löffel, H., Thinius, D.: Gasturbineneinsatz im Rahmen der Kraft-Wärme-Kopplung. In: Brennstoff-Wärme-Kraft 37 (1985) 12, S.482-487.

Logendran, R., Oudheusden v., D.L.: Optimal Operation for a Bi-fuel Thermal Power Plant by Mathematical Programming. In: European Journal of Operational Research 8 (1981), S.226-234.

Lonsdorfer, H.: Entwicklungstendenzen industrieller Kraftwirtschaft. In: Die Betriebswirtschaft 19 (1979) 3, S.413-421.

LOTUS (Hrsg.): Symphony. Referenzhandbuch. Cambridge MA: 1986.

Lotz, R.: Kraft-Wärme-Kopplung in den USA. In: VIK-Mitteilungen (1985) 3, S.60-62.

Lou, J.: Zur Bestimmung der Heizzahl der Kraft-Wärme-Kopplung. In: Wärme 90 (1985) S.105-108.

Lovins, A.B.: Sanfte Energie - das Programm für die energie- und industriepolitische Umrüstung unserer Gesellschaft. Reinbek 1978.

Lücke, W.: Investitionslexikon. München: 1975.

Lyneis, J., Geraghty, D.: An Electric Utility Strategic Model based on System Dynamics. In: Kydes, A.S. (Hrsg.): Energy Modeling and Simulation. Amsterdam, New York, Oxford: 1983, S.137-146.

Maack, J.: Erdgasbezugsverträge und Besonderheiten der Erdgasversorgung. In: DEPARADE [1977], S.115-128.

Machate, R.-D.: Wirtschaftliche Auswirkungen ungenauer Eingangsinformation bei der kurzfristigen Einsatzplanung thermischer Kraftwerke. Diss., Aachen: 1980.

Maier, K.H.: Technische und wirtschaftliche Aspekte der industriellen Kraft-Wärme-Kopplung. In: Energie, 29 (1977) 5, S.130-140 und 29 (1977) 8, S.255-258.

Maier, K.H.: Energieversorgung, betriebliche. In: Handwörterbuch der Produktion, Stuttgart: 1979, Sp.470-488.

Maier, K.H.: KWK: Zentral oder lokal? In: Energie 37 (1985a) 11, S.58-66.

Maier, K.H.: Industrielle Kraft-Wärme-Kopplung. In: Elektrische Energie-Technik 31 (1985b) 5, S.70-72.

Maier, W.: Einfluß der Energiepreisentwicklung auf die Durchsetzung von Energiespar- und Substitutionstechnologien. In: VDI-Berichte Nr. 534, Düsseldorf: 1984, S.15-38.

Makansi, J.: Cogeneration: System, Equipment Options. In: Power (1986) 4, Special Report, S.1-16.

MAN (Hrsg.); Industrielle und kommunale Energiesysteme. Nürnberg: ohne Jahresangabe.

Manne, A.S., Richels, R.G., Weyant, J.P.: Energy Policy Modeling: A Survey. In: Operations Research 27 (1979) 1, S.1-26.

Männel, W.: Mengenrabatte in der entscheidungsorientierten Erlösrechnung. Opladen: 1974.

Männel, W.: Die Wahl zwischen Eigenerstellung und Fremdbezug. 2. Auflage. Stuttgart: 1981.

Mans, G.: Modell- und computergestützte Planung in der Mineralölindustrie. Köln: 1976.

Manz, J.: Zur Anwendung der Aggregation auf mehrperiodische lineare Produktionsplanungsprobleme. Frankfurt, Bern, New York: 1983.

Manzoni, L.P., Salvaderi, L., Valtora, M.: Application of Methods and Computing Programs to System Planning. In: Electrical Power & Energy Systems 2 (1980) 3, S.147-152.

Marcus, P.: Der ökonomische Inhalt der Linearen Planungsrechnung - dargestellt an Beispielen aus der Energiewirtschaft. München: 1966.

Mareske, A.: Anwendung der Kraft-Wärme-Kopplung in zentralen Heizkraftwerken oder in dezentralen Blockheizkraftwerken. In: Brennstoff-Wärme-Kraft 31 (1979) 11, S.419-423.

Markert, K.: Industriestrompreise und Kartellrecht. In: Energiewirtschaftliche Tagesfragen 38 (1988) 2, S.117-124.

Martini, M.: Wasser-Dampfkreislauf und Wasserbehandlung. In: BOHN [1985], S.323-374.

Massé, P.: Investitionskriterien. München: 1980.

Massé, P., Gibrat, R.: Application of Linear Programming to Investment in the Electric Power Industry. In: Management Science 3 (1957) 2, S.149-166.

Mayr, F. (Hrsg.): Kesselbetriebstechnik, 2. Auflage. Gräfelfing: 1983.

Mayr, F.: Kesselbauarten und Kesselanlagen im Nieder-, Mittel- und Hochtemperaturbereich. In: Mayr [1983], S.59-134.

Meliopoulos, A.P., Bakirtizis, A.G., Kovacs, R.R., Beck, R.J.: Bulk Power System Reliability Assessment. In: IEEE Transactions on Power Systems, Vol. PWRS-1 (1986) 3, S.235-243.

Meliopoulos, A.P., Webb, R.P., Bennon, R.J., Juves, J.A.: Optimal Long Range Transmission Planning with AC Load Flow. In: IEEE Transactions on Power Apparatus and Systems, Vol. PAS-101 (1982) 10.

Mellwig, W.: Investition und Besteuerung. Wiesbaden: 1985.

Mergenthaler, H.: Kostenträgerrechnungsverfahren in der Elektrizitätswirtschaft - unter besonderer Berücksichtigung der Ermittlung der Lastanteile der Kundengruppen. Darmstadt: 1984.

Merrill, H.M., Feltes, J.M.: Quick Spread Sheet Corporate Models for Strategic Planning. In: IEEE Transactions on Power Systems, Vol. PWRS-1 (1986) 3, S.244-250.

Merrill, H.M., Schweppe, F.C.: Strategic Planning for Electric Utilities: Problems and analytic Methods. In: Interfaces 14 (1984) 1, S.72-83.

Merten, H.: Das Industriekraftwerk (Planung, Bau und Betrieb). VGB Kraftwerkstechnik 64 (1984) 12, S.1072-1076.

MESA (Hrsg.): Modular Energy System Analyzer - MESA (Programmbeschreibung). The Woodlands (Texas): 1987.

Meurin, G.: Beitrag zur langfristigen Planung des wirtschaftlichsten Zubaus und Betriebes eines Kraftwerkverbundes durch integrale Kostenminimierung. Diss., Aachen: 1972.

Mevert, P., Suhl, U.: Lösung gemischt-ganzzahliger Planungssysteme. In: Noltemeier, H.: Computergestütze Planungssysteme: Würzburg, Wien: 1976, S.111-154.

Meyer, P.: Optimale Lastverteilung in Industriekraftwerken. VIK-Bericht Nr. 170, Essen: 1967.

Meyer-Abich, K.M.: Energieeinsparung als neue Energiequelle. Essen: 1979.

Meyer-Clasen, B.: Instandhaltungsmanagement. In: Elektrizitätswirtschaft 86 (1987) 10, S.409-412.

Michaelis, H.: Die Bedeutung des Strukturwandels im Energiebereich für die Industriebetriebe. In: VDI-Berichte Nr. 414, Düsseldorf: 1981, S.1-11.

Michaelis, H.: Was wird aus dem Kohlepfennig? Möglichkeiten und Grenzen einer deutschen Kohlepolitik. In: Energiewirtschaftliche Tagesfragen 37 (1987) 8, S.668-678.

Michelfelder, S., Chughtai, M.Y.: Direktentschwefelungen in Dampferzeugerfeuerungen. In: Chemische Ingenieur-Technik 57 (1985) 5, S.488-489.

MICROSOFT (Hrsg.): Betriebssysten MS-DOS, Version 3.3, Referenzhandbuch: 1988.

Modemann, G.: Einsatzoptimierung von Wärmekraftwerksblöcken mit beschränkter Leistungsänderungsgeschwindigkeit. Diss., Aachen: 1976.

Möller, K.-P.: Simulationsmodell zur Erzeugung von zeitabhängigen Lastkurven. In: Elektrizitätswirtschaft 77 (1978) 6, S.203-210.

Moog, W.: Betriebliches Energiehandbuch. Ludwigshafen: 1983.

Mroß, M.: Selbstkostenrechnung und Preiskalkulation für elektrische Energie. Hamburg: 1952.

Muckenhuber, R.: Die gemischt-ganzzahlige lineare Optimierung - ein modernes Instrument zur Ausbauplanung elektrischer Energieversorgungssysteme. In: Elektrotechnik und Maschinenbau 102 (1984) 1, S.6-11.

Muckstadt, J.A., Koenig, S.A.: An Application of Lagrangian Relaxation to Scheduling in Power Generation Systems. In: Operation Research 25 (1977) 3, S. 387-403.

Mueller, H.F.: Energieverbrauch als betriebswirtschaftliches Problem. In: Praktische Energiekunde (1963) 11, S.27-30.

Müllendorff, R.: Umweltbezogene Unternehmungsentscheidungen unter besonderer Berücksichtigung der Energiewirtschaft. Frankfurt: 1981.

Müller-Merbach, H.: Morphologie heuristischer Verfahren. In: Zeitschrift für Operations Research 20 (1976), S.69-87.

Müller-Wenk, R.: Die ökologische Buchhaltung. Frankfurt, New York: 1978.

Munasinghe, M.: A New Approach to Power System Planning. In: IEEE Transactions on Power Apparatus and Systems, Vol. PAS-99 (1980), S.1198-1209.

Munasinghe, M., Gellerson, M.: Economic Criteria for Optimizing Power System Reliability. In: The Bell Journal of Economics (1979), S.353-365.

Murphy, F.H., Sen, S., Soyster, A.L.: Electric Utility Capacity Expansion Planning with Uncertain Load Forecasts. In: IIE Transactions 14 (1982) 1, S.52-59.

Murphy, W.R., McKay, G.: Energy Management. London: 1982.

Musil, L.: Allgemeine Energiewirtschaftslehre. Wien, New York: 1972.

Naumann, R, Natzeck, K.-H.: Ein Beitrag zur optimalen Planung der Generalreparaturen und Revisionen in Kraftwerken mit Hilfe der linearen Programmierung, In: Energietechnik 15 (1965) 10, S.439-445.

Nelson, J.R. (Hrsg.): Marginal Cost Pricing in Practice. Englewood Cliffs: 1964.

Neuhaus, G.: Zur Optimierung der Lastverteilung auf Kraftwerke. Diss., Berlin: 1975.

Neustöcklin, V.: Das PC-Netzberechnungsprogramm Poscodam in der praktischen Anwendung. In: Elektrizitätswirtschaft 86 (1987) 25, S.1079-1085.

Nguyen, D.T.: The Problems of Peak Loads and Inventories. In: The Bell Journal of Economics 7 (1976) 1, S.242-250.

Nick, M.: Überhitzter Dampf aus dem BHKW - Industrieller Einsatz von Dieselaggregaten zur Kraft-Wärme-Kopplung. In: Energie 32 (1980) 3, S.101-106.

Niemeyer, G.: Investitionsentscheidungen mit Hilfe der elektronischen Datenverarbeitung. Berlin: 1970.

Nieuwlaar, E., de Vries, B.: Energy Conservation and Cogeneration in the Dairy Industry. In: Reis, A., Smith, I., Peube, J.L., Stephan, K. (Hrsg.): Energy Economics and Management in Industry. Oxford, New York, Toronto, Sydney, Paris, Frankfurt: 1984, Vol.2, S.89-93.

Nieva, R.: Lagrangian Reduction of Search-Range for Large-Scale Unit Commitment. In: IEEE Transactions on Power Systems, Vol. PWRS-2 (1987) 2, S.465-473.

Noltemeier, H.: Sensitivitätsanalysen bei diskreten linearen Optimierungsproblemen. Berlin: 1970.

Noonan, F., Giglio, R.J.: Planning Electrical Power Generation: A Nonlinear Mixed Integer Model Employing Benders Decomposition. In: Management Science 23 (1977) 9, S.947-956.

Nordell, D.E.: Principles of Effective Load Management. In: IEEE Transactions on Power Apparatus and Systems, Vol. PAS-99 (1985), June; S.1450-1453.

Nordell, D.E.: An Approach to Conservation and Load Management Economic Analysis. In: IEEE Transactions on Power Systems, Vol. PWRS-1 (1987) 2, S.108-112.

Nordlund, P., Sjelvgren, D., Pereira, M.V.F., Bubenko, J.A.: Generation Expansion Planning for Systems with a High Square of Hydro Power. In: IEEE Transactions on Power Systems, Vol. PWRS-1 (1987) 2, S.161-166.

Nosko, H.: Rationelle Energieverwendung im Industriebetrieb. Berlin: 1986.

Noyes, R. (Hrsg.): Cogeneration of Steam and Electric Power. Park Ridge: 1978.

Nürck, R.: Wirtschaftlicher Faktoreneinsatz und Energieanwendung. In: Zeitschrift für Handelswissenschaftliche Forschung 13 (1961), S.286-300.

Nurminski, E., Balabanov, T.: Decomposition of a Large-Scale Energy Model. IIASA, Laxenburg: 1984.

Oesterwind, D.: Kooperative Planungsmodelle für die Energiewirtschaft und Energieversorgungsunternehmen. In: Zeitschrift für Betriebswirtschaft 49 (1979) 6, S.493-499.

Ohlms, W.: Kostenträgerrechnungen in der Elektrizitätswirtschaft. Berlin: 1984.

Olsson, C., Pentén, P., Sejlitz, G.: Computer Programs for the Optimization of Heating and Electricity Production in Helsingborg. In: Fernwärme International 15 (1986) 5, S.291-296.

Ormerod, R.J.: Energy Models for Decision Making. In: European Journal of Operational Research 5 (1980), S.366-377.

Ospelt, F.: Unternehmenspolitik und Umweltschutz. Wien: 1977.

Oyama, T.: Theoretical Aspects of an Electricity Marginal Cost Model. In: IEEE Transactions on Power Systems, Vol. PWRS-2 (1987) 2, S.413-421.

Pack, L.: Die Optimierung von Parallelarbeit mit Dynamischer Programmierung, dargestellt am Beispiel der optimalen Lastaufteilung im Heizkraftwerk. In: Kroll, G., Müller, H., Sohn, P. (Hrsg.): Elektrizitätsversorgungsunternehmen als Träger von Forschungs- und Entwicklungsaktivitäten und Adressaten von Technologietransfer. Frankfurt, Bern, Cirencester: 1980, S.24-62.

Pack, L.: Zur Wirtschaftlichkeit des Einsatzes von Alternativenergien - dargestellt am Beispiel des Einsatzes von Wärmepumpen. In: Rühli, E., Thommen, J.-P. (Hrsg.): Unternehmensführung aus finanz- und bankwirtschaftlicher Sicht, Stuttgart: 1981, S.449-469.

Pack, L., Pauli, B., Meyer, P., Steinecke, V.: Verfahren zur Optimierung des Einsatzes von Kraftwerksanlagen. AKOR-Schrift Nr.3, Frankfurt: 1971.

Papperitz, C.v., Pichler, W., Römheld, M.: Nutzung industrieller Abwärme zur Stromerzeugung. In: Siemens Energietechnik 2 (1980) 7, S.239 ff.

Park, Y.M., Lee, K.Y., Youn, L.T.O.: New Analytical Approach for Long-Term Generation Expansion Planning Based on Maximum Principle and Gaussioan Distribution Function. In: IEEE Transactions on Power Apparatus and Systems, Vol. PAS-104 (1985) 2, S.390-398.

Paul, J.: Möglichkeiten des Wärmepumpeneinsatzes im industriellen Bereich. In: VDI-Berichte Nr. 414, Düsseldorf: 1981, S.39-53.

Pechan, E.H.: The Emissions Strategy Integration Model: A Proposed Conceptual Approach. In: Lev, B., Murphy, F.H., Bloom, J.A., Gleit, A.S.: Analytical Techniques for Energy Planning. Amsterdam, New York, Oxford: 1984, S.121-131.

Peters, W.: Energiewirtschaft. In: Umwelt und Energie; Handbuch für die betriebliche Praxis. Loseblattsammlung, Freiburg: 1981-1988.

Pfaff, H.: Stromkostensenkung durch Blindstromkompensation. In: DEPARADE [1977], S.85-102.

Picot, A.: Betriebswirtschaftliche Umweltbeziehungen und Umweltinformationen. Berlin: 1977.

Pieroth, E., Wicke, L.: Chancen der Betriebe durch Umweltschutz. Freiburg: 1988.

Pietrzeniuk, H.-J.: Entstehen durch die Entschwefelung der Kraftwerke neue Abfallprobleme? In: Müll und Abfall (1985) 4, S.115-122.

Piller, W., Rudolph, M.: Überlegungen zur Ermittlung der Wärmegestehungskosten aus EVU-eigener Kraft-Wärme-Kopplung anhand einer Entscheidungsmatrix. In: Fernwärme International 11 (1982) 1, S.22-28.

Piller, W., Rudolph, M.: Kraft-Wärme-Kopplung. Frankfurt: 1984.

Piller, W., Rudolph, M., Schaefer, H., Wolff, U.: Energetische Überlegungen zur Modifikation von Kraft-Wärme-Kupplungen. Fortschritt-Berichte der VDI-Zeitschriften, Reihe 6, Nr. 44. Düsseldorf: 1975.

Porter, R.W., Mastanaiah, K.: Thermal-Economic Analysis of Heat-Matched Industrial Cogeneration Systems. In: Energy 7 (1982), S.171-187.

Pressmar, D.: Die Kosten-Leistungs-Funktion industrieller Produktionsanlagen. Diss., Hamburg: 1968.

Propoi, A., Zimin, I.: Dynamic Linear Programming Models of Energy, Resource and Economic-Development Systems. IIASA, Laxenburg: 1981.

Punitzer, R.: Langfristige Betriebsoptimierung hydrothermischer Verbundsysteme. In: Elektrizitätswirtschaft 80 (1981) 24, S.877-881.

Püschel, M.: Die Wahl der optimalen Wärmeversorgungskonfiguration als betriebswirtschaftliches Produktions- und Investitionsproblem. Frankfurt, Bern, New York: 1984.

Putzke, C.: Staatliche Preisregelungen in der Marktwirtschaft - dargestellt am Beispiel der Energie- und Güterkraftverkehrswirtschaft. Diss., Erlangen-Nürnberg: 1983.

Quack, W., Quack, R.: Das Industriekraftwerk. In: Brennstoff-Wärme-Kraft 1 (1949) 4, S.87-93.

Rabensteiner, G.: Ein Modell zur kombinierten Kraftwerks- und Netzausbauplanung elektroenergetischer Systeme unter Anwendung der gemischt-ganzzahligen Programmierung. In: Zeitschrift für Operations Research 27 (1983), S.B73-B89.

Rabensteiner, G.: Gemischt-ganzzahlige lineare Optimierungsmodelle zur Ausbauplanung von Elektrizitätsversorgungssystemen mit hydrothermischem Kraftwerkspark. Diss., Graz: 1984.

Raffée, H., Fritz, W.: Bedarfslenkendes Marketing von Elektrizitätsversorgungsunternehmen. In: Die Betriebswirtschaft 40 (1980) 4, S.561-576.

Raine, P.S., Flavell, R.B., Salkin, G.R.: Determing appropriate levels of Data Aggregation in a linear Programming Model. In: European Journal of Operational Research (1978) 2, S.26-31.

Rath-Nagel, S., Voss, A.: Energy Models for Planning and Policy Assessment. In: European Journal of Operational Research 8 (1981), S.99-114.

Readwin, A.M.: Ein energiewirtschaftliches Planungsmodell zur Bestimmung effizienter Versorgungsstrategien. Frankfurt: 1985.

Rebstock, F.: Die Bewertung schwerquantifizierbarer Faktoren bei Energieinvestitionen. In: Bulletin SEV/VSE 77 (1986) 4, S.193-198.

Recker, M.: Beitrag zur Bestimmung eines wirtschaftlich optimalen Zubaues und Einsatzes von Kraftwerken. Diss., Aachen: 1968.

Recker, M., Miebach, P.: Herleitung und Anwendung eines energetischen Input-Output-Verfahrens. In: Zeitschrift für Energiewirtschaft (1980) 4, S.85-94.

Reichel, W.-C.: Möglichkeiten und Grenzen der gekoppelten Wärme- und Elektroenergieversorgung von Industriebetrieben. In: Energietechnik 36 (1986) 1, S.1-6.

Reiff, G.: Gemeinsamkeit macht stark: Effektive Zusammenarbeit von Praktikern und Spezialisten in Energiespar-Konferenzen. In: Energie 36 (1984) 5, S.21-23.

Reis, A., Smith, I., Peube, J.L., Stephan, K. (Hrsg.): Energy Economics and Management in Industry. Oxford, New York, Toronto, Sydney, Paris, Frankfurt: 1984, Vol.1, S.241-247.

Rentz, O.: Techno-Ökonomie betrieblicher Emissionsminderungsmaßnahmen. Berlin: 1979.

Rentz, O.: Zur Optimierung der Konfiguration von Emissionsminderungsmaßnahmen an Kohlekraftwerken. In: Brennstoff-Wärme-Kraft 40 (1988) 5, S.210-214.

Riebel, P.: Kuppelproduktion und -kalkulation. In: Management-Enzyklopädie, Bd. 3, München: 1970, S.1243-1265.

Riebel, P.: Einzelkosten- und Deckungsbeitragsrechnung. 4. Auflage. Wiesbaden: 1982.

Riebel, P., Paudtke, H., Zscherlich, W.: Verrechnungspreise für Zwischenprodukte. Opladen: 1973.

Rieper, B.: Hierarchische Entscheidungsmodelle in der Produktionswirtschaft. In: Zeitschrift für Betriebswirtschaft 55 (1985) 8, S.770-789.

Riesner, W., Sieber, W. (Hrsg.): Wirtschaftliche Energieanwendung; 3. Auflage. Leipzig: 1985.

Rix, E.: Ein Beitrag zur Betriebsoptimierung von Heizkraftwerken. Diss., Aachen: 1976.

Rödel, H.: Vorschriften und Maßnahmen zum Schutze der Umwelt. In: MAYR [1983], S.439-480.

Rohde, F.G.: In der Bundesrepublik Deutschland entwickelte Modelle zur Ausbauplanung von Kraftwerkssystemen. In: VDI-Berichte Nr. 262, S.71-82. Düsseldorf: 1976.

Rosenberg, O.: Investitionsplanung im Rahmen einer Gesamtplanung. Köln, Berlin, Bonn, München: 1975.

Rostek, H.-A.: Wirtschaftlichkeitsanalyse beim Bau von Anlagen der Energieversorgung. In: VDI-Berichte Nr. 435. Düsseldorf: 1982, S.19-23.

Rouvel, L.: Prognose des Wärmebedarfs in Industriebetrieben. In: Praktische Energiekunde 15 (1967) 5/6, S.98-101.

Rudolph, M.: Unkonventionelle Arten der Kraft-Wärme-Kopplung. In: Energie 29 (1977) 11, S.368-373.

Rudolph, M.: Entwicklung der Theorie, der Verfahren und eines Simulationsprogramms für die Höchstlastoptimierung beim Bezug elektrischer Energie. Diss., München: 1980.

Rudolph, M.: Höchstlastoptimierung großer Industrieverbraucher. In: Elektrizitätswirtschaft 80 (1981a) 11, S.370-371.

Rudolph, M.: Fortschritte bei der Optimierung des Energiebezugs. In: Chemische Rundschau 34 (1981b) 20, S.1-2.

Ruhland, J.: Energieplanung. In: Management Enzyklopädie, Band 3, 2. Auflage. Landsberg: 1982, S.228-237.

Rühland, P.C.: Optimaler Aggregateinsatz für den Betrieb von Kraftwerksanlagen bei der Erzeugung mehrerer Produkte. Diss., Berlin: 1979.

Rühland, P.C.: Wege zur rationellen Energieverwendung. In: Kresse, W., Alt, W. (Hrsg.): Jahrbuch für Betriebswirte, 6. Jahrgang Stuttgart: 1981, S.313-321.

Russell, C.S.: Residuals Management in Industry. Baltimore, London: 1973.

Rutz, W., Becker, M., Wicks, F.E., Yerazunis, S.: Sequential Objective Linear Programming for Generation Planning. In: IEEE Transactions on Power Apparatus and Systems Vol. PAS-98 (1979) 6, S.2015-2021.

Sage, M.: Eigenerzeugung von Elektrizität und Auswirkungen auf Stromlieferungsverträge. In: Glastechnische Berichte 52 (1979) 10, S.221-225.

Sager, M.A., Wood, A.J.: Corporate Model Programs for System Planning Evaluations. In: IEEE Transactions on Power Apparatus and Systems, 91 (1972), S.1079-1084.

Salzwedel, J.: Grundzüge des Umweltrechts. Berlin: 1982.

Sanghvi, A.P., Shavel, I.H., Spann,R.: Strategic Planning for Power System Reliability and Vulnerability: An Optimization Model for Resource Planning under Uncertainty. In: IEEE Transactions on Power Apparatus and Systems, Vol. PAS-101 (1982) 9, S.1420-1429.

Sanghvi, A.P., Shavel, I.H.: Investment Planning for Hydro-Thermal Power System Expansion: Stochastic Programming employing the Dantzig-Wolfe Decomposition Principle. In: IEEE Transactions on Power Systems, Vol. PWRS-1 (1986) 2, S.115-121.

Sauer, E.: Kühltechnik. In: BOHN [1985], S.285-322.

Sauer, E., Zeise, R.: identisch mit BOHN [1982b].

Sawey, R.M.; Zinn, C.D.: A Mathematical Model for Long Range Expansion Planning of Generation and Transmission in Electric Utility Systems. In: IEEE Transactions on Power Apparatus and Systems, Vol. PAS-96 (1977) 2. S.657-666.

Schaefer, H.: Kostenaufteilung bei der Wärmekraftkupplung. IfE, München: 1972.

Schaefer, H.: Analyse des industriellen Energiebedarfs. In: Planen-Prüfen-Investieren (PPI) (1975) III, S.49-54.

Schaefer, H.: Grundbegriffe der Energiewirtschaft und Energietechnik. In: Brennstoff-Wärme-Kraft 32 (1980a) Nr. 8, S.334-337.

Schaefer, H. (Hrsg): Struktur und Analyse des Energieverbrauchs in der Bundesrepublik Deutschland. Gräfelfing: 1980b.

Schaefer, H.: Betriebsverhalten und -kennlinien von Anlagen und Maschinen. IfE Schriftenreihe, Heft 4., München: 1982a.

Schaefer, H.: Gewinnen und Verarbeiten energetischer Daten. IfE Schriftenreihe, Heft 5, München: 1982b.

Schaefer, H.: Kumulierter Energieverbrauch von Produkten. Methoden der Ermittlung - Probleme der Bewertung. In: Brennstoff-Wärme-Kraft 34 (1982c) 7, S.337-344.

Schaefer, H.: Ist Energiesparen noch aktuell? In: Technische Rundschau (1986) 16, S.40-45.

Schaefer, H., Hartmann, D., Jensch, W.: Dezentrale Energieversorgung. In: Energiewirtschaftliche Tagesfragen 36 (1986) 8, S.610-619.

Schäff, K.: Die Bewertung der Energie in Dampfkraftwerken. In: Brennstoff-Wärme-Kraft 7 (1955) 5, S.202-210.

Schäper, W.: Untersuchung der für den Tagesbetrieb notwendigen Kraftwerksreserve. Diss., Aachen: 1982.

Schärer, B.: Stand und Problematik der geldlichen Bewertung von Schadenswirkungen durch Luftverschmutzung. In: Müller-Witt (Hrsg): Arbeitsplätze contra Umwelt? Freiburg: 1980, S.38-51.

Scharff, E.H.: Wirtschaftlichkeitsanalysen der Energieversorgung von Industriebetrieben, In: Gas Wärme International 30 (1981) 4, S.173-178.

Scharff, E.H.: Investitionen in Energiesparmaßnahmen bei sinkenden Mineralölpreisen - ein Widerspruch? In: VDI-Berichte Nr. 534, Düsseldorf: 1984, S.1-14.

Scharmer, K.: Energieeinsparung durch kombinierte Stoff- und Energiewirtschaft. In: Brennstoff-Wärme-Kraft 36 (1984) 11, S.466-472.

Scharmer, K.: Notwendigkeiten und Möglichkeiten der Stoff- und Energieeinsparung in der Produktion. In: Brennstoff-Wärme-Kraft 39 (1987) 12, S.535-538.

Scheer, A.-W.: EDV-Unterstützung bei der Investitions- und Finanzplanung. In: Kilger, W., Scheer, A.-W.: Investitions- und Finanzplanung im Wechsel der Konjunktur. 2. Saarbrücker Arbeitstagung, Würzburg, Wien: 1981, S.48-85.

Scheer, A.-W.: CIM - Computer Integrated Manufacturing. 3. Auflage. Berlin, Heidelberg, New York, London, Paris, Tokyo: 1988a.

Scheer, A.-W.: Wirtschaftsinformatik. Berlin, Heidelberg, New York, London, Paris, Tokyo: 1988b.

Scheiderer, L.: Stromwirtschaftliche Unterscheidungsmerkmale bei Sondervertragskunden und ihre Konsequenzen für die Preisgestaltung. In: Energiewirtschaftliche Tagesfragen 29 (1979) 19, S.607-615.

Schenkel, G.: Die Ermittlung von Energie-Verbrauchsfunktionen. Diss., Karlsruhe: 1961.

Scherer, C.R.: Estimating Peak and Off-Peak marginal Costs for an electric Power System: An ex ante Approach. In: The Bell Journal of Economics 7 (1976), S.575-601.

Scherer, C.R., Leland, J.: Electric Power System Planning with explicit stochastic Reserves Constraint. In: Management Science 23 (1977) 9, S.978-985.

Schilling, H.-D.: Wärme- und Stromerzeugung aus Kohle - Strukturveränderungen in der Bundesrepublik Deutschland. In: Energiewirtschaftliche Tagesfragen 37 (1987) 1, S.30-39.

Schliermann, E.: Wirtschaftliche Anwendung von Dampfturbinen im Wärme-Kraft-Verbundbetrieb der Industrie. In: Technische Mitteilungen AEG-Telefunken 68 (1978) 1/2, S.2-8.

Schmidt, E.: Properties of Water and Steam in SI-Units. Berlin, Heidelberg, New York: 1969.

Schmidt, F., Beckers, A.: Industrielle Kraft- und Wärmewirtschaft. Berlin: 1957.

Schmidt-Burr, P.: Ein Energiedaten-Erfassungssystem, Beispiele aus der Textilindustrie. In: VDI-Berichte Nr. 414, Düsseldorf: 1981, S.99-108.

Schmidt-Salzer, J.: Haftung der Energieversorgungsunternehmen im Sonderkundenbereich der Elektrizitäts- und der Gasversorgung sowie im Industriekundenbereich der Fernwärme- und der Wasserversorgung. In: Betriebsberater 35 (1980) 33, S.1701-1711.

Schmillen, K., Henkel, H.: Wirtschaftlichkeitsberechnung und Leistungsauslegung einer BHKW-Anlage mittels EDV-Programm. In VIK-Mitteilungen (1983) 1, S.5-9.

Schmitt, D.: Zur Problematik der Anwendung von Kostenvergleichsrechnungen bei Investitionsentscheidungen in der Elektrizitätswirtschaft. In: Betriebswirtschaftliche Forschung und Praxis 36 (1984) 2, S.93-108.

Schmitt, O.: Anwendungskriterien für Blockheizkraftwerke in Industriebetrieben. In: Maschinenmarkt 91 (1985) 34, S.658-659.

Schmitz, K.: Langfristplanung in der Energiewirtschaft. Basel: 1979.

Schmitz, P., Schönlein, A.: Lineare und linearisierbare Optimierungsmodelle sowie ihre ADV-gestützte Lösung. Braunschweig: 1978.

Schneider, A.: Energieversorgung eines Chemiewerkes nach betrieblichen und wirtschaftlichen Gesichtspunkten. In: Energie 26 (1974) 6, S.195-201.

Schneider, D.: Investition und Finanzierung. 6. Auflage, Wiesbaden: 1988.

Schneider, H.K.: Planung in der Energiewirtschaft. München: 1978.

Schneider, H.K.: Produktion in der Energiewirtschaft. In: Handwörterbuch der Produktionswirtschaft. Stuttgart: 1979, S.490-504.

Schneider, H.K.: Unternehmenspolitische Folgerungen aus der aktuellen Energieversorgungssituation. In: Die Betriebswirtschaft 41 (1981) 2, S.171-181.

Schneider, W., Starkloff, B.: Vergleich von Methoden zur Stromgestehungskostenberechnung. In: Angewandte Systemanalyse 1 (1980) 2, S.69-77.

Schneider-Fresenius, W., Kirsch, J.: Auswirkungen der Rauchgasentschwefelung auf die Kosten am Beispiel der Stromerzeugung. In: Technische Mitteilungen 78 (1985) 1/2, S.49-54.

Schobert, H.: Kaufmann und Techniker in der industriellen Unternehmung. Diss., Frankfurt: 1931.

Schöne, A.: Über abstrakte Modelle technischer Systeme und deren Strukturen. In: VDI-Zeitschrift 119 (1977) 15/16, S.753-758.

Schönlein, A.: Separable Optimierung - praxisrelevante affin-lineare Ansätze und deren Äquivalenz. In: Noltemeier, H.: Computergestütze Planungssysteme: Würzburg, Wien: 1976, S.355-375.

Schrage, L.: User's Manual for Linear, Integer and Quadratic Programming with LINDO. Redwood City: 1988.

Schreiner, M.: Umweltmanagement in 22 Lektionen. Wiesbaden: 1988.

Schröder, K.: Große Dampfkraftwerke, Band 2: Die Lehre vom Kraftwerksbau. Berlin, Göttingen, Heidelberg: 1962.

Schroeder, T.J.: Langfristige Energieeinsatzplanung von Kraftwerksystemen unter Berücksichtigung stochastischer Einflüsse. Diss., Aachen: 1984.

Schubert, H.: Die Regressionsrechnung als Hilfsmittel der Lastanalyse. In: Elektrizitätswirtschaft 75 (1976) 4, S.65-68.

Schuh, F. (Hrsg): Enzyklopädie Naturwissenschaft und Technik. München: 1980.

Schüller, K.-H.: Industriekraftwerke. In: BOHN [1984], S.279-308.

Schüller, K.-H.: Auslegungsdaten fossil beheizter Kraftwerke. In: BOHN [1985], S.375-450.

Schüller, K.-H.: Methodisches Vorgehen bei Wirtschaftlichkeitsuntersuchungen von Kraftwerken. Köln: 1985a.

Schulte, R.P., Sheble, G.B., Larsen, S.L., Wrubel, J.N., Wollenberg, B.F.: Artificial Intelligence Solutions to Power Operating Problems. In: IEEE Transactions on Power Systems, Vol. PWRS-2 (1987) 4, S.920-925.

Schulz, M.: Planung und Durchführung eines Energiekonzepts am Beispiel eines Betriebes der kunststoffverarbeitenden Industrie. In: Schaefer, H. (Hrsg.): Struktur und Tendenzen in der industriellen Energiebedarfsdeckung. Berlin, Heidelberg, New York, Tokyo: 1985, S.143-159.

Schulz, V., Stehfest, H.: Regional Energy Supply Optimization with Multiple Objectives. In: European Journal of Operational Research 17 (1984), S.302-312.

Schumacher, K.S.: These und Antithese - Die Wirkung des Gleichzeitigkeitsgrades auf die kostenorientierte Strompreisbildung für Sondervertragskunden. In: Energie 33 (1981) 7, S.247-249.

Schummer, A.: Dimensionierung und Wirtschaftlichkeitsnachweis von Anlagen der Kraft-Wärmekopplung für Industriebetriebe. In: VIK-Mitteilungen 4 (1985), S.87-94.

Schürmann, H.-J.: Strukturwandel in der Weltenergieversorgung - bisherige Anpassungen und künftige Herausforderungen. In: VIK-Mitteilungen 1 (1985), S.1-16.

Schwarz, O., Trenkler, H.: Wechselwirkungen zwischen Umweltschutzgesetzgebung, Kraftwerkstechnik und Elektrizitätswirtschaft. In: Brennstoff-Wärme-Kraft 38 (1986) 9, S.390-396.

Schwarzenbach, A.: Dampfturbinen. In: BOHN [1985], S.99-130.

Schweim, J.: Integrierte Unternehmensplanung. Bielefeld: 1969.

Schwieger, H.-J.: Multikriteria-Ansätze zur Planung von effizienten Ausbaustrategien eines Kraftwerkbestandes. Fortschrittberichte der VDI-Zeitschriften Reihe 16, Nr. 13. Düsseldorf: 1982.

Seelbach, H.: Planungsmodelle in der Investitionsrechnung. Würzburg, Wien: 1967.

Seicht, G.: Investitionsentscheidungen richtig treffen. 4. Aufl., Wien: 1983.

Senn, J.F.: Ökologie-orientierte Unternehmensführung. Frankfurt: 1986.

Sherali, H.D., Soyster, A.L.: Analysis of Network Structured Models for Electric Utility Capacity Planning and Marginal Cost Pricing Problems. In: Lev, B. (Hrsg.): Energy Models and Studies. Amsterdam, New York, Oxford: 1983, S.113-134.

Sherali, H.D., Soyster, A.L., Murphy, F.H., Sen, S.: Linear Programming Based Analysis of Marginal Cost Pricing in electric Utility Capacity Expansion. In: European Journal of Operational Research 11 (1982), S.349-360.

Sieben, G.: Rechnungswesen bei mehrfacher Zielsetzung: Möglichkeiten der Berücksichtigung gesellschaftsbezogener Ziele durch die Betriebswirtschaftslehre. In. Zeitschrift für betriebswirtschaftliche Forschung (1974) 26, S.694-702.

Sieben, G., Goetzke, W.: Investitionskalküle unter Berücksichtigung pluralistischer Interessen. In: Betriebswirtschaftliche Forschung und Praxis (1976) 28, S.27-52.

SIEMENS (Hrsg.): Industrie-Dampfturbinen nach dem Bausteinsystem. Schrift-Nr.: E-25/2040. Erlangen: 1982.

SIEMENS (Hrsg): Energie besser nutzen durch Kraft-Wärme-Kopplung. Schrift-Nr.: 3-8009-3824-0, Erlangen: 1983.

Siemes, B.: Zur Berücksichtigung ungenauer Eingangsdaten bei der Zuverlässigkeitsberechnung von Systemen der elektrischen Energieversorgung. Diss., Aachen: 1980.

Sillaber, A.: Die Anwendung der gemischt-ganzzahligen linearen Optimierung zur Planung elektrischer Energieverteilnetze. In: Zeitschrift für Operations Research 25 (1981), S.B251-B263.

Sims, G.V.: Better Cogen Economic Analysis. In: Hydrocarbon Processing (1986) 7, S.61-64.

Snyder, W.L., Powell, H.D., Rayburn, J.C.: Dynamic Programming Approach to Unit Commitment. In: IEEE Transactions on Power Systems, Vol. PWRS-2 (1987) 2, S.339-349.

Solling, H.: Elektrizität - Ware und Markt. Frankfurt: 1981.

Spanyar, H.: Energie-Management: neue Funktion in der Unternehmensorganisation. In: Management-Zeitschrift Industrielle Organisation 50 (1981), S.95-98.

Specht, H.: Eigenerzeugung elektrischer Energie - Probleme beim Fremdbezug. In: Elektrotechnische Zeitschrift 104 (1983) 13, S.652-655.

Spreer, F.: Zeitvariabler linearer Stromtarif. In: Energiewirtschaftliche Tagesfragen 37 (1987) 12, S.988-991.

Spremann, K., Klinkhammer, M.: Grundgebühren und zweiteilige Tarife. In: Zeitschrift für Betriebswirtschaft 55 (1985) 8, S.791-820.

Springell, J., Foster, D.: Software Systems to Optimize Combined Heat and Power Plant. In: Sirchis, J. (Hrsg.): Energy Efficiency in Industry. London, New York: 1988, S.192-198.

Stadler, F.: Alternativen der industriellen Kraftwerkstechnik. In: Energie 30 (1978), S.105-109.

Stahlknecht, P.: Strategien zur Implementierung von OR-gestützten Planungsmodellen in der Praxis. In: Die Betriebswirtschaft 38 (1978) 1, S.39-50.

Stahlmann, V.: Umweltorientierte Materialwirtschaft. Wiesbaden: 1988.

STATISTISCHES BUNDESAMT (Hrsg.): Statistisches Jahrbuch. Stuttgart, Mainz: 1987.

Staudt, E., Schultheiß, B.: Recycling. In: Wirtschaftswissenschaftliches Studium (1973) 2, S.491-493.

Stecco, S.S.: On Thermodynamic Comparison Criteria of Heat and Power Cogeneration. In: Reis, A., Smith, I., Peube, J.L., Stephan, K. (Hrsg.): Energy Economics and Management in Industry. Oxford, New York, Toronto, Sydney, Paris, Frankfurt: 1984, Vol.2, S.95-99.

Steger, U.: Umweltmanagement. Wiesbaden: 1988.

Steimle, F., Suttor, K.-H.: Bewertung von Maßnahmen zur rationellen Energieverwendung. In: Energie (1976) 28, S.306-311.

Steinbach, K.: Ein methodisches Konzept zur Analyse langfristiger komplexer Planungsprobleme. Diss., Berlin: 1975.

Steinbauer, E.: Das wirtschaftliche Optimum in der Elektrizitätswirtschaft. Diss., Wien: 1969.

Steinmetz, E.: Wärme-Kraft-Kälte-Kopplung. Haus der Technik, Essen: 1977.

Stender, K.: Die wirtschaftliche Bedeutung des stochastischen Reservebedarfs von Kraftwerkssystemen. Diss., Aachen: 1982.

Stephenson, H.: Elektrizitätswirtschaftslehre. Wien: 1976.

Stoughton, N.M., Chan, R.C., Lee, S.T.: Direct Construction of Optimal Generation Mix. In: IEEE Transactions on Power Apparatus and Systems Vol. PAS-99 (1980) 2, S.753-759.

Strebel, H.: Industriebetriebliche Abfallwirtschaft im Spannungsfeld ökologischer und ökonomischer Ziele. In: Zeitschrift für betriebswirtschaftliche Forschung 30 (1978), S.844-854.

Strebel, H.: Umwelt und Betriebswirtschaft. Berlin: 1980.

Strebel, H.: Umweltwirkungen der Produktion. In: Zeitschrift für betriebswirtschaftliche Forschung 33 (1981), S.457-475.

Strebel, H., Nosko, H.: Energierechnung im Unternehmen. In: Umwelt und Energie, Loseblattsammlung, Gr.12, S.271-290, Freiburg: 1981-1988.

Ströbele, W.: Wirtschaftswachstum bei begrenzten Energieressourcen. Beiträge zur angewandten Wirtschaftsforschung, Band 13. Berlin, München: 1984.

Stumpf, H.: Grundsätze für die Bewertung von Abwärme. In: VDI-Berichte Nr. 415, Düsseldorf: 1981, S.33-43.

Stumpf, H., Hollenweger, R.: Kostenträgerrechnung der Elektrizitätsversorgungsunternehmen als Grundlage kostenorientierter Preisbildung für elektrische Energie. In: Energiewirtschaft (1980) 4, S.315-323.

Stumpf, H., Welter, J.: Grundlagen der Wirtschaftlichkeitsrechnung in Heizkraftwerken. In: Elektrizitätswirtschaft 68 (1969) 4, S.140-152.

Styczynski, Z.: Methode zur Bestimmung der optimalen Konfiguration von elektroenergetischen Industrienetzen. In: Energietechnik 30 (1980) 2. S.64-67.

Sullivan, R.L.: Power System Planning: New York: 1977.

Suttor, K.-H.: Verteilung, Erfassung und Verrechnung von Energie in Industriebetrieben. VIK-Bericht Nr. 185. Essen: 1971.

Suttor, K.-H.: Was ist die Kopplung der Kraft- und Wärmewirtschaft? In: Technische Mitteilungen 73 (1980) 5, S.311-314.

Suttor, K.-H.: Was bringt die Analyse der industriellen Kraft-Wärme-Kopplung dem Energieversorger? In: Fernwärme international 13 (1984) 5, S.249-253.

Suttor, K.-H.: Der Versorgungsbeitrag der industriellen Kraftwirtschaft. In: VIK-Mitteilungen (1986) 1, S.1-12.

Suttor, K.H., Scharff, E.H.: Strom aus Abwärme. In: Energie 31 (1979) 12, S. 415-416.

Suttor, K.-H., Suttor, W.: Das Energieprogramm MOT. Karlsruhe: 1983.

Swoboda, P.: Investition und Finanzierung. 2. Auflage. Göttingen: 1977.

Szargut, J., Ziebik, A.: Ausgewählte Probleme der industriellen Energiewirtschaft. Wien, New York: 1976.

Taud, R.: Optimale kurzfristige Kraftwerkseinsatzplanung unter Berücksichtigung der Kraftwerkszuverlässigkeit. Diss., Aachen: 1979.

Taylor, D.: The Role of the Energy Manager. In: Reis, A., Smith, I., Peube, J.L., Stephan, K. (Hrsg.): Energy Economics and Management in Industry. Oxford, New York, Toronto, Sydney, Paris, Frankfurt: 1984, Vol.2, S.415-429.

Teghem, J., Kunsch, P.L.: Multi-Objective Decision Making under Uncertainty: An Example for Power System. In: Beckmann, M., Krelle, W. (Hrsg.): Lecture Notes in Economics and Mathematical Systems 242: Decision Making with Multiple Objectives. Berlin, Heidelberg, New York, Tokyo: 1985, S.443-456.

Telson, M.L.: The Economics of alternative Levels of Reliability for Electric Power Generation Systems. In: The Bell Journal of Economics 6 (1975), S.679-694.

Tepasse, H.: Zeitvariante Produktionsfunktion des Erzeugungsprozesses von Sekundärenergiearten in Energieversorgungsunternehmen. Diss., Berlin: 1977.

Tepasse, H.: Faktorverbrauch von Anpassungsvorgängen bei der kombinierten Erzeugung von Strom und Fernwärme - Kosteneinflußgröße für die Produktionssteuerung. In: Kroll, G., Müller,, H., Sohn, P. (Hrsg.): Elektrizitätsversorgungsunternehmen als Träger von Forschungs- und Entwicklungsaktivitäten und Adressaten von Technologietransfer. Frankfurt, Bern, Cirencester: 1980, S.104-118.

Thabit, S.S., Stark, J.: Combined Heat and Power Plant: A Thermoeconomic Analysis. In: Energy Economics and Management in Industry, Vol.1. Oxford, New York, Toronto, Sydney, Paris, Frankfurt: 1985, S.165-170.

Theilsiefje, K.: Modellansätze zur Ausbauplanung von Energieversorgungssystemen. In: VDI-Berichte Nr. 262, Düsseldorf: 1976, S.63-70.

Thieme, H., Windorfer, E.: EDV-Programm zur Planung der Strombeschaffung und Fernwärmeerzeugung. In: Brennstoff-Wärme-Kraft 37 (1985) 12, S.471-475.

Thomas, H.-J.: Thermische Kraftanlagen. Berlin, Heidelberg, New York: 1975.

Thompson, R.G., Moore, L.T., Calloway, J.A., Young, H.P., Lievano, R.J., Nawalanic, L.A.: Environment, Energy and Capital in the Fossil Fueled Electric Power Industry. In: Computers & Operations Research 3 (1976), S.241-257.

Thorn, W.: Verfahren zur Ermittlung des Verlaufs kurz- und mittelfristig zu erwartender Tagesbelastungskurven. In: Elektrizitätswirtschaft 75 (1976) 17, S.489-502.

Tiedtke, J.: Die direkten und indirekten Energiekosten in der Industrie. In: Zeitschrift für Energiewirtschaft (1980) 2, S.148-150.

Traupel, W.: Thermische Turbomaschinen. 3. Auflage. Berlin: 1977.

Trenkler, H.: Neue Einflüsse auf die Entwicklung der Kraft- und Wärmewirtschaft. In: VGB Kraftwerkstechnik 66 (1986) 2, S.85-97.

Tröscher, H.: Implementation Problems in Model Building for Corporate Planning. In: Grochla, E., Szyperski, N. (Hrsg.): Modell- und computergestützte Unternehmensplanung. Wiesbaden: 1973, S.365-381.

Tröscher, H.: Systemtechnische Methoden zur Untersuchung der Möglichkeiten zentraler und dezentraler Stromerzeugung unter besonderer Berücksichtigung der Energiespeicherung und der Kraft-Wärme-Kopplung. Diss., Essen: 1979.

Tröscher, H.: Einsatz von computerunterstützten Modellen für die Finanzplanung und für Unternehmensanalysen. In: OR Spektrum 2 (1981), S.159-178.

Tsatsaronis, G.: Combination of Exergetic and Economic Analysis in Energy Conversion Process. In: Energy Economics and Management in Industry, Vol.1. Oxford, New York, Toronto, Sydney, Paris, Frankfurt: 1985, S.151-157.

Turner, W.C.: Energy Management Handbook. New York, Chichester, Brisbane, Toronto, Singapore: 1982.

Ullmann, A.A.: Industrie und Umweltschutz. Implementation von Umweltschutzgesetzen in deutschen Unternehmen. Frankfurt, New York: 1982.

Ullmann, A.A.: "Lohnt" sich soziale Verantwortung? In: Zeitschrift für Betriebswirtschaft 58 (1988) 9, S.908-926.

Urban, B., Dittrich, G.: Beitrag zur Optimierung technischer Systeme unter Ungewißheit. In: Energietechnik 37 (1987) 5, S.186-190.

Urbanek, T.: Klassifizierung von Maßstäben der Energieeffektivität. In: Betriebswirtschaftliche Forschung und Praxis 36 (1984) 2, S.165-172.

Utz, H.W.: Umweltwandel und Unternehmenspolitik. München: 1978.

Vardi, J., Zahavi, J., Avi-Itzhak, B.: The Combined Load Duration Curve and its Derivation. In: IEEE Transaction on Power Apparatus and Systems 96 (1977), S.978-983.

Vassell, G.S., Tibberts, N.: Analysis of Generating Capacity Reserve Requirements. In: IEEE Transactions on Power Apparatus and Systems 91 (1972), S.638-649.

VEA (Hrsg.): Energietips für Einkauf und Betrieb. Hannover: 1984.

VDEW (Hrsg.): Wirtschaftliche Investitionsplanung in der Elektrizitätswirtschaft. Frankfurt: 1966.

VDEW (Hrsg.): Begriffsbestimmungen in der Energiewirtschaft, Teil 1-4, 5. Ausgabe. Frankfurt: 1978.

VDEW (Hrsg.): Kostenträgerrechnung in der Elektrizitätswirtschaft nach dem differenzierten Höchstleistungsverfahren mit charakteristischen Leistungsganglinien. In: Elektrizitätswirtschaft 80 (1981) 23, S.841-849.

VDEW (Hrsg.): Strompreise für Sondervertragskunden. Frankfurt: 1983.

VDEW (Hrsg.): Tariflicher Bereitstellungspreis. Möglichkeiten für eine Umstellung auf eine elektrische Bemessungsgröße bei Gewerbe und Landwirtschaft. In: Elektrizitätswirtschaft 83 (1984) 25, S.1051-1073.

VDEW (Hrsg.): Kosten- und Leistungsrechnung der Energie- und Wasserversorgungsunternehmen, 3. Auflage, Frankfurt: 1987.

VDEW, BDI, VIK: Zur stromwirtschaftlichen Zusammenarbeit. In: Energiewirtschaftliche Tagesfragen 29 (1979) 11, S.706-708.

VDEW, BDI, VIK: Neue Ergänzung zur stromwirtschaftlichen Zusammenarbeit. In: VIK-Mitteilungen (1988) 4, S.95-99.

VDI (Hrsg.): Struktur und Tendenzen in der industriellen Energiebedarfsdeckung. Berlin: 1985.

Veigel, G.: Kostenrechnung und Preispolitik in der Elektrizitätswirtschaft. Wiesbaden: 1962.

Vettermann, G.: Elektrizitätswirtschaft im industriellen Betrieb. Frankfurt: 1965.

VIK (Hrsg.): Blockheizkraftwerke in der Industrie. VIK-Bericht Nr.194, Essen: 1985a.

VIK (Hrsg.): VIK-Statistik der Energiewirtschaft 1984/1985. Essen: 1985b.

VIK (Hrsg.): Gasturbinen in der Industrie. VIK-Bericht Nr.195, Essen: 1986a.

VIK (Hrsg.): Umweltrecht für Energieanlagen. Essen: 1986b.

Villaseca, F.E., Fardanesh, B.: Fast Thermal Generation Rescheduling. In: IEEE Transactions on Power Systems, Vol. PWRS-2 (1987) 1, S.65-71.

Voß, A.: Nutzen und Grenzen von Energiemodellen - einige grundsätzliche Überlegungen. In: Angewandte Systemanalyse 3 (1982) 3, S.111-117.

Voß, A.: Energieprognosen - Überflüssig oder notwendig? In: Brennstoff-Wärme-Kraft 35 (1983) 5, S.215-221.

Waeber, M.: Weiterverteilende und letztverbrauchende Sondervertragskunden. In: Energiewirtschaftliche Tagesfragen 37 (1987) 10, S.821-827.

Wagner, G.: Rechnergestützte Optimierung der Energiebezugskosten. In: Computer Magazin 1/2 (1983), S.76-83.

Waight, J.G., Albuyeh, F., Bose, A.: Scheduling of Generation and Reserve Margin Using Dynamic and Linear Programming. In: IEEE Transactions on Power Apparatus and Systems, Vol. PAS-100 (1981) 9, S.2226-2230.

Walbeck, M., Wagner, H.-J., Martinsen, D., Bundschuh, V.: Energie und Umwelt als Optimierungsaufgabe. Berlin, Heidelberg, New York, London, Paris, Tokyo: 1988.

Waldmann, R.: Die Theorie des Peak-Load-Pricing. Diss., Giessen: 1981.

Waltenberger, G.: Betriebskosten von Industrie-Dampfturbinen und Möglichkeiten zu deren Beeinflussung. In: VGB Kraftwerkstechnik 68 (1988) 3, S.244-248.

Waterland, A.F.: Energy Auditing. In: Turner, W.C. (Hrsg.): Energy Management Handbook. New York, Chichester, Brisbane, Toronto, Singapore: 1982, S.24-72.

Weber, K.: OR-Modelle für Elektrizitätsversorgungsunternehmen. In: Bulletin SEV/VSE 65 (1974) 9.

Weber, K.: Unternehmensplanspiele für die Elektrizitätswirtschaft. In: Elektrizitätswirtschaft 76 (1977), S.857-859.

Weblus, B.: Produktionseigenarten der chemischen Industrie, ihr Einfluß auf Kalkulation und Programmgestaltung. Berlin: 1958.

Wegener, H.: Datenkontrolle in der dynamischen Investitionsplanung. Göttingen: 1981.

Weidner, H.-J.: Zur Ermittlung elektrischer Belastungen in Industriebetrieben (Teil 1 und 2). In: Energietechnik 13 (1963) 11, S.511-515 und 13 (1963) 12, S.538-544.

Weingärtner, W.: Über den wärmewirtschaftlichen Gewinn bei der Heizkraftkupplung. In: Brennstoff-Wärme-Kraft 3 (1951) 9, S.296-300.

Weise, A.: Energieeinsparung und -kostensenkung bei der Dampfwärmenutzung und Eigenstromerzeugung. Berlin, Köln: 1975.

Weitzig, J.: Gesellschaftsorientierte Unternehmenspolitik und Unternehmensverfassung. Berlin, New York: 1979.

Welter, J.: Zur optimalen Betriebsgröße von Heizkraftwerken. Diss., Aachen: 1971.

Wenders, J.T.: Peak Load Pricing in the Electric Utility Industry. In: Bell Journal of Economics 7 (1976), S.232-241.

Werkmeister, H.: Koppelprodukte, Stromkennzahlen und Heizwärmeexergie in der Heizkraftwirtschaft. In: Energie 21 (1969) 11, S.353-359.

Werner, H., Gertis, K.: Zur Wahl von Kalkulationsmethoden bei der Ermittlung der Wirtschaftlichkeit von Energiesparmaßnahmen. In: Baumaschine und Bautechnik (1979) 2, S.65-73.

Wester, H.-J.: KWK: Planung - Technik - Kosten. In: Energie 33 (1981) 11, S.358-366.

Wettstein, A.: Rauchgasentschwefelung kontra schwefelarme Brennstoffe. In: Technische Rundschau (1985) 27, S.34-35.

Wicke, L.: Umweltökonomie. München: 1982.

Wiebking, R.: Stochastische Modelle zur optimalen Lastverteilung in einem Kraftwerksverbund. In: Zeitschrift für Operations Research 21 (1977), S.B197-B217.

Wiehn, H., Martin, H., Schuster, H.: Trends und Lösungen im internationalen Dampferzeugerbau. In: VGB Kraftwerkstechnik (1985) 12, S.1126-1132.

Wiesenack, G.: Energiekennzahlen - Richtwerte der wärmeverbrauchenden Industrie. In: Brennstoff-Wärme-Kraft 5 (1958) 11, S.394-398.

Wilck, A.-F.: Die Bedeutung der Kondensationsturbine im reinen Gegendruckkraftwerk. In: VIK-Mitteilungen (1967) 1/2, S.1-10.

Williams, H.P.: Model Building in Mathematical Programming. Chichester, New York, Brisbane, Toronto: 1978.

Williams, M.A.: Initiating, Organizing and Managing Energy Management Programs. In: Turner, W.C. (Hrsg.): Energy Management Handbook. New York, Chichester, Brisbane, Toronto, Singapore: 1982, S.7-23.

Winje, D., Hanitsch, R. (Hrsg.): Energiemanagement. 6 Bände; Bd 1: Berlin, Heidelberg, New York, Tokyo: 1986.

Winkens, H.P.: Die Wirtschaftlichkeit der Fernwärmeversorgung unter besonderer Berücksichtigung der Kraft-Wärme-Kopplung. In: Elektrizitätswirtschaft 69 (1970) 4, S.82-95.

Winkler, R.L.: Risk and Energy Systems: Deterministic Probabilistic Models. IIASA, Laxenburg: 1973.

Witt, F.-J.: Strategien des Energieträger-Marketing bei Substitutionsbeziehungen und ordnungspolitischen Reformen im Energiebereich. Bochumer wirtschaftswissenschaftliche Studien, Nr.97, Bochum: 1983.

Wittchow, E.: Stand und Entwicklung von Dampferzeugern und Feuerungsanlagen. In: Technische Mitteilungen 78 (1985) 10, S.479-489.

Witte, E.: Finanzplanung der Unternehmung. 2. Auflage. Opladen: 1980.

Wittemann, N.: Produktionsplanung mit verdichteten Daten. Berlin, Heidelberg, New York, Tokyo: 1985.

Wöhe, G.: Einführung in die Allgemeine Betriebswirtschaftslehre. 16. Auflage, München: 1986.

Woite, G.: Grundzüge und Anwendungsbeispiele der bei der IAEA verwendeten Modelle. In: VDI-Berichte Nr. 262, Düsseldorf: 1976, S.83-90.

Wolf, J.: Industriebetriebliche Energienutzung und Produktionsplanung. Heidelberg: 1987.

Wolf, M.: Belastungskurven und Dauerlinien in der elektrischen Energiewirtschaft. Enzyklopädie der Energiewirtschaft, Bd.2, Berlin, Göttingen, Heidelberg: 1959.

Woll, A.: Allgemeine Volkswirtschaftslehre. München: 1988.

Wood, A.J.: Corporate Models in the Electric Utility Industry. In: Grochla, E., Szyperski, N. (Hrsg.): Modell- und computergestützte Unternehmensplanung. Wiesbaden: 1973, S.353-362.

WORKING GROUP ON EXCHANGE OF POWER SYSTEM ANALYTICAL DATA: Proposed Data Structure of Power System Analytical Data. In: IEEE Transactions on Power Systems, Vol. PWRS-1 (1986) 2, S.8-15.

Worm, N.: Kostenrechnung und Preisbildung. In: Elektrizitätswirtschaft 82 (1983) 17/18, S.628-633.

Yakin, M.Z.: Optimal Operations of Power Systems. A Survey. In: Lev, B. (Hrsg.): Energy Models and Studies. Amsterdam, New York, Oxford: 1983, S.563-584.

Yamayee, Z.A., Hakimmashhadi, H.: Production Simulation for Power System Studies. In: IEEE Transactions on Power Apparatus and Systems, Vol. PAS-104 (1985), S.3376-3381.

Youn, L.T.O., Lee, K.Y., Park, Y.M.: Optimal Long Range Expansion Planning for Hydro-Thermal System Based on Analytical Production Costing Model. In: IEEE Transactions on Power Systems, Vol. PWRS-2 (1987) 2, S.278-286.

Zahavi, J.: Planning New Electric Generating Capacity: The Short-Term Problem. In: Journal of Operational Research Society 31 (1980), S.367-376.

Zäpfel, G., Gfrerer, H.: Sukzessive Produktionsplanung. In: Wirtschaftswissenschaftliches Studium (1984) 5, S.235-241.

Zeise, R.: Ein Beitrag zur langfristigen Planung des Ausbaus elektrischer Übertragungsnetze unter Verwendung modifizierter Optimierungsverfahren der Null-Eins-Programmierung. Diss., Bremen: 1978.

Zeise, R.: Ausbauplanung in einem Elektrizitätsversorgungsunternehmen. In: DGOR (Hrsg.): Modellgestützte Planung im Unternehmen. Henstedt-Ulzburg: 1982, S.11-19.

Zentes, J.: Die Optimalkomplexion von Entscheidungsmodellen - Ein Beitrag zur betriebswirtschaftlichen Meta-Entscheidungstheorie. Köln: 1976.

Ziemann, W.: Investitions- und Wirtschaftlichkeitsrechnungen in der Elektrizitätswirtschaft. Wirtschaftswissenschaftliches Forum der Universität Bochum 1983, Arbeitsbericht Nr. 27. Bochum: 1983.

Zimmermann, P.: Elektrischer Netzanschluß und Eigenbedarfsversorgung von Wärmekraftwerken. In: BOHN [1985], S.583-622.

Zscherlich, W.: Die Bewertung von Strom und Dampf bei Kraft-Wärme-Kopplung. Diss., Frankfurt: 1971.

Zschocke, D.: Betriebsökonometrie. Würzburg, Wien: 1974.

Zwehl, W.v.: Staatliche Umweltschutzmaßnahmen in betriebswirtschaftlicher Sicht. In: Der Betrieb 26 (1973) 15, S.729-736.

Physica-Schriften zur Betriebswirtschaft

Herausgegeben von

K. Bohr, Regensburg · W. Bühler, Dortmund · W. Dinkelbach, Saarbrücken · G. Franke, Konstanz · P. Hammann, Bochum · K.-P. Kistner, Bielefeld · H. Laux, Frankfurt · O. Rosenberg, Paderborn · B. Rudolph, Frankfurt

---

Band 1:
Wilhelm Hummeltenberg
Optimierungsmethoden zur betrieblichen Standortwahl

Band 2:
Hermann-Josef Scholl
Fixkostenorientierte Plankostenrechnung

Band 3:
Erwin Huberty
Optimale Finanzierung von Wohnungseigentum

Band 4:
Rainer Rhode
Kurzfristige Material- und Finanzplanung bei mehrfacher Zielsetzung

Band 5:
Felix Liermann
Koordinationsentscheidungen bei Unsicherheit

Band 6:
Horst Tempelmeier
Lieferzeit-orientierte Lagerungs- und Auslieferungsplanung

Band 7:
Lothar Streitferdt
Entscheidungsregeln zur Abweichnungsauswertung

Band 8:
Friedrich Wilhelm Selchert und Axel Otte
Das steuerlich optimale Haus- und Wohnungseigentum

Band 9:
Michael Spielberger
Betriebliche Investitionskontrolle

Band 10:
Jack Wahl
Informationsbewertung und -effizienz auf dem Kapitalmarkt

Band 11:
Siegmar Stöppler
Nachfrageprognose und Produktionsplanung bei saisonalen und konjunkturellen Schwankungen

Band 12:
Lothar Hans
Planung und Plankostenrechnung in Betrieben mit Selbstkostenpreis-Erzeugnissen

Band 13:
Walter Erfle
Die Optimierung der Kontrolle regelmäßig wiederkehrender Arbeitsprozesse

Band 14:
Hans Paul Kaus
Die Steuerung von Entscheidungsgremien über Verhaltensnormen - ein entscheidungstheoretischer Beitrag

Band 15:
Bernhard Wondrak
Management von Zinsänderungs-chancen und -risiken

Band 16:
Ulrich Lorscheider
Dialogorientierte Verfahren zur kurzfristigen Unternehmens-planung unter Unsicherheit

Band 17:
Harmut Rothacker
Zeitstetige Bewertungsmodelle für Tilgungsanleihen - Eine empirische Studie des deutschen Kapitalmarktes -

Band 18:
Eva Terberger
Der Kreditvertrag als Instrument zur Lösung von Anreizproblemen - Fremdfinanzierung als Principal/Agent-Beziehung -

Band 19:
Hubert Jäger
Die Bewertung von konzerninternen Lieferungen und Leistungen in der operativen Planung

Band 20:
Otmar Welzel
Möglichkeiten und Grenzen der Stochastischen Break even-Analyse als Grundlage von Entscheidungsverfahren

Band 21:
Alfred Bischoff
Die Strukturierung von Käufer-Produkt-Beziehungen mit Hilfe der allgemeinen Komponentenanalyse - Eine empirische Untersuchung am Beispiel des Automobilsektors -

Band 22:
Heinrich Exeler
Das homogene Packproblem in der betriebswirtschaftlichen Logistik

Band 23:
Hartmut Stadtler
Hierarchische Produktionsplanung bei losweiser Fertigung

Band 24:
Rolf-Dieter Eberwein
Organisation flexibel automatisierter Produktionssysteme

Band 25:
Marion Switalski
Hierarchische Produktionsplanung - Konzeption und Einsatzbereich -

Band 26:
Joannis N. Paraschis
Optimale Gestaltung von Mehrprodukt-Distributionssystemen - Modelle-Methoden-Anwendungen -

Band 27:
Engelbert Götz
Technische Aktienanalyse und die Effizienz des deutschen Kapitalmarktes

Band 28:
Stefan Kiener
Die Principal-Agent-Theorie aus informationsökonomischer Sicht

Band 29:
Frank Ruhl
Erfolgsabhängige Anreizsysteme in ein- und zweistufigen Hierarchien

Band 30:
Alfred Wagenhofer
Informationspolitik im Jahresabschluß

Band 31:
Heinrich Kuhn
Einlastungsplanung von flexiblen Fertigungssystemen

GPSR Compliance

The European Union's (EU) General Product Safety Regulation (GPSR) is a set of rules that requires consumer products to be safe and our obligations to ensure this.

If you have any concerns about our products, you can contact us on ProductSafety@springernature.com

In case Publisher is established outside the EU, the EU authorized representative is:

Springer Nature Customer Service Center GmbH
Europaplatz 3
69115 Heidelberg, Germany

Batch number: 10816188

Printed by Printforce, the Netherlands